COLETÂNEA DE QUESTÕES

CIÊNCIAS EXATAS E NATURAIS

2014 © Wander Garcia

Coordenador da Obra: Alexandre Moreira Nascimento
Organizador da Formação Geral: Elson Garcia
Organizadores dos Componentes Específicos: Alexandre Moreira Nascimento e Anna Carolina Müller Queiroz
Editor: Márcio Dompieri
Gerente Editorial: Paula Tseng
Equipe Editora Foco: Erica Coutinho, Georgia Dias e Ivo Shigueru Tomita
Projeto gráfico, Capa e Diagramação: R2 Editorial

Dados Internacionais de Catalogação na Publicação (CIP)
(Câmara Brasileira do Livro, SP, Brasil)

Coletânea de questões do ENADE: Ciências exatas e naturais /
Alexandre Moreira Nascimento, coordenador da coleção. --
Alexandre Moreira Nascimento, Anna Carolina Müller Queiroz e
Elson Garcia, organizadores da obra. -- Indaiatuba, SP : Editora
Foco Jurídico, 2014. -- (Coletânea de questões do ENADE

1. Ciências exatas 2. Ciências naturais 3. Ensino superior -
Avaliação - Brasil 4. Universidades e faculdades - Avaliação
- Brasil I. Nascimento, Alexandre Moreira. II. Queiroz, Anna
Carolina Müller. III. Série.

978-85-8242-099-7

14-05024   CDD-378

Índices para catálogo sistemático:
1. Ensino superior : Avaliação : Brasil   378

2014
Todos os direitos reservados à
Editora Foco Jurídico Ltda.
Al. Júpiter 578 - Galpão 01 – American Park Distrito Industrial
CEP 13347-653 – Indaiatuba – SP
E-mail: contato@editorafoco.com.br
www.editorafoco.com.br

SUMÁRIO

CAPÍTULO I
AVALIAÇÃO DAS HABILIDADES E CONTEÚDOS GERAIS E ESPECÍFICOS — **6**

CAPÍTULO II
QUESTÕES DE FORMAÇÃO GERAL — **8**

HABILIDADE 01
INTERPRETAR, COMPREENDER E ANALISAR TEXTOS, CHARGES, FIGURAS, FOTOS, GRÁFICOS E TABELAS 10

HABILIDADE 02
ESTABELECER COMPARAÇÕES, CONTEXTUALIZAÇÕES, RELAÇÕES, CONTRASTES E
RECONHECER DIFERENTES MANIFESTAÇÕES ARTÍSTICAS 20

HABILIDADE 03
ELABORAR SÍNTESES E EXTRAIR CONCLUSÕES 32

HABILIDADE 04
CRITICAR, ARGUMENTAR, OPINAR, PROPOR SOLUÇÕES E FAZER ESCOLHAS 42

ANEXO
GABARITO E PADRÃO DE RESPOSTA 51

CAPÍTULO III
QUESTÕES DE COMPONENTE ESPECÍFICO DE CIÊNCIAS DA COMPUTAÇÃO — **57**

HABILIDADE 01
ALGORITMOS E COMPLEXIDADE 60

HABILIDADE 02
ARQUITETURA DE COMPUTADORES, REDES DE COMPUTADORES E DE TELECOMUNICAÇÕES,
E SISTEMAS DISTRIBUÍDOS 66

HABILIDADE 03
ENGENHARIA DE *SOFTWARE*, GERÊNCIA DE PROJETOS, QUALIDADE DE *SOFTWARE* E GESTÃO 75

HABILIDADE 04
ESTRUTURAS DE DADOS, TIPOS DE DADOS ABSTRATOS E BANCO DE DADOS 81

HABILIDADE 05
ÉTICA, COMPUTADOR E SOCIEDADE 88

HABILIDADE 06
LINGUAGENS FORMAIS, AUTÔMATOS, COMPUTABILIDADE E COMPILADORES 90

HABILIDADE 07
LÓGICA, MATEMÁTICA, MATEMÁTICA DISCRETA, PROBABILIDADE E ESTATÍSTICA............94

HABILIDADE 08
FUNDAMENTOS DE PROGRAMAÇÃO, LINGUAGEM DE PROGRAMAÇÃO, MODELOS DE LINGUAGENS DE PROGRAMAÇÃO............99

HABILIDADE 09
SISTEMAS DIGITAIS E CIRCUITOS DIGITAIS 101

HABILIDADE 10
SISTEMAS OPERACIONAIS 105

HABILIDADE 11
TEORIA DOS GRAFOS............108

HABILIDADE 12
COMPUTAÇÃO GRÁFICA E PROCESSAMENTO DE IMAGEM............109

HABILIDADE 13
INTELIGÊNCIA ARTIFICIAL E COMPUTACIONAL............112

HABILIDADE 14
SISTEMAS DE INFORMAÇÃO APLICADOS............114

CAPÍTULO IV
QUESTÕES DE COMPONENTE ESPECÍFICO DE FÍSICA   **115**

HABILIDADE 01
CONTEÚDOS GERAIS E ESPECÍFICOS PARA O BACHARELADO 119

HABILIDADE 02
CONTEÚDOS ESPECÍFICOS PARA A LICENCIATURA 186

CAPÍTULO V
QUESTÕES DE COMPONENTE ESPECÍFICO DE MATEMÁTICA   **201**

HABILIDADE 01
COMUNS AOS BACHARELANDOS E LICENCIANDOS E REFERENTES A CONTEÚDOS MATEMÁTICOS DA EDUCAÇÃO BÁSICA............204

HABILIDADE 02
COMUNS AOS BACHARELANDOS E LICENCIANDOS E REFERENTES AOS CONTEÚDOS MATEMÁTICOS DO ENSINO SUPERIOR............227

HABILIDADE 03
ESPECÍFICAS PARA OS BACHARELANDOS 248

HABILIDADE 04
ESPECÍFICAS PARA OS LICENCIANDOS............259

CAPÍTULO VI
QUESTÕES DE COMPONENTE ESPECÍFICO DE QUÍMICA   **277**

HABILIDADE 01
GERAIS 280

HABILIDADE 02
QUÍMICO BACHAREL 344

HABILIDADE 03

QUÍMICO LICENCIADO 345

HABILIDADE 04

ESPECÍFICOS - QUÍMICO COM ATRIBUIÇÕES TECNOLÓGICAS 355

CAPÍTULO VII
QUESTÕES DE COMPONENTE ESPECÍFICO DE CIÊNCIAS BIOLÓGICAS
362

HABILIDADE 01

BIOLOGIA CELULAR E MOLECULAR..365

HABILIDADE 02

DIVERSIDADE BIOLÓGICA (ZOOLOGIA, BOTÂNICA, MICROBIOLOGIA E MICOLOGIA)........................387

HABILIDADE 03

ECOLOGIA E MEIO AMBIENTE 408

HABILIDADE 04

FUNDAMENTOS DE CIÊNCIAS EXATAS E DA TERRA CONHECIMENTOS MATEMÁTICOS, FÍSICOS, QUÍMICOS, ESTATÍSTICOS, GEOLÓGICOS, PALEONTOLÓGICOS E OUTROS FUNDAMENTAIS PARA O ENTENDIMENTO DOS PROCESSOS E PADRÕES BIOLÓGICOS 427

HABILIDADE 05

FUNDAMENTOS FILOSÓFICOS E SOCIAIS. CONHECIMENTOS FILOSÓFICOS, ÉTICOS E LEGAIS RELACIONADOS AO EXERCÍCIO PROFISSIONAL..429

HABILIDADE 06

APLICAÇÃO DO CONHECIMENTO E DE TÉCNICAS ESPECÍFICAS UTILIZADAS EM BIOTECNOLOGIA E PRODUÇÃO 432

HABILIDADE 07

BIOSSEGURANÇA E BIOÉTICA..434

HABILIDADE 08

ENSINO DE CIÊNCIAS NO ENSINO FUNDAMENTAL E BIOLOGIA NO ENSINO MÉDIO.........................436

CAPÍTULO VIII
GABARITO E PADRÃO DE RESPOSTA
444

ANEXO

GABARITO E PADRÃO DE RESPOSTA...445

CAPÍTULO III

COMPUTAÇÃO...445

CAPÍTULO IV

FÍSICA...446

CAPÍTULO V

MATEMÁTICA..447

CAPÍTULO VI

QUÍMICA 450

CAPÍTULO VII

BIOLOGIA...452

Capítulo I
Avaliação das Habilidades e Conteúdos Gerais e Específicos

Avaliação das Habilidades e Conteúdos Gerais e Específicos

Mais do que nunca as Instituições de Ensino Superior, o Ministério da Educação e o mercado de trabalho buscam a formação de profissionais que desenvolvam habilidades, competências e conteúdos gerais e específicos.

Nesse sentido, o Exame Nacional de Desempenho dos Estudantes - ENADE, instituído pela Lei 10.861/04, vem submetendo, principalmente junto aos alunos concluintes, exame **obrigatório** que avalia habilidades e competências destes, e não apenas a capacidade de decorar do estudante, o que faz com que essa avaliação esteja muito mais próxima do que é a "vida real", o mercado de trabalho, do que outros exames de proficiência e de concursos com os quais o estudante se depara durante sua vida escolar e profissional.

Esse exame tem os seguintes **objetivos**:

a) avaliar o desempenho dos estudantes com relação aos **conteúdos programáticos** previstos nas diretrizes curriculares dos cursos de graduação;

b) avaliar o desempenho dos estudantes quanto ao **desenvolvimento de competências e habilidades** necessárias ao aprofundamento da formação geral e profissional;

c) avaliar o desempenho dos estudantes quanto ao **nível de atualização** com relação à realidade brasileira e mundial;

d) servir como um dos **instrumentos de avaliação** das instituições de ensino superior e dos cursos de graduação.

Dessa forma, o exame não privilegia o verbo **decorar**, mas sim os verbos analisar, comparar, relacionar, organizar, contextualizar, interpretar, calcular, **raciocinar**, argumentar, propor, dentre outros.

É claro que será aferido também se os conteúdos programáticos ministrados nos cursos superiores foram bem compreendidos, mas o foco maior é a avaliação do desenvolvimento da capacidade de compreensão, de síntese, de crítica, de argumentação e de proposição de soluções por parte dos estudantes.

Além disso, o exame é **interdisciplinar** e **contextualizado**, inserindo o estudante dentro de situações-problemas, de modo a verificar a capacidade deste de *aprender a pensar*, a *refletir* e a *saber como fazer*.

O exame é formado por 40 questões, sendo 10 questões de **Formação Geral, das quais duas são subjetivas,** e 30 questões de **Componente Específico, das quais três são subjetivas.**

As questões subjetivas costumam avaliar textos argumentativos a serem escritos, em geral, em até 15 linhas.

O peso da parte de formação geral é de 25%, ao passo que o peso da segunda parte é de 75%.

O objetivo da presente obra é colaborar com esse processo contínuo de desenvolvimento de habilidades e conteúdos gerais e específicos junto aos alunos, a partir do conhecimento e resolução de questões do exame mencionado e do Exame Nacional de Cursos, questões essas que, como se viu, primam pela avaliação desses conteúdos e competências.

Capítulo II
Questões de Formação Geral

COLETÂNEA DE QUESTÕES – FORMAÇÃO GERAL

1) Conteúdos e Habilidades objetos de perguntas nas questões de Formação Geral.

As questões de Formação Geral avaliam, junto aos estudantes, o conhecimento e a compreensão, dentre outros, dos seguintes **Conteúdos**:

I. Arte e cultura; filosofia e estética;

II. Avanços tecnológicos;

III. Ciência, tecnologia e inovação;

IV. Democracia, ética, cidadania e direitos humanos;

V. Ecologia/biodiversidad e;

VI. Globalização e geopolítica;

VII. Políticas públicas: educação, habitação, saneamento, saúde, transporte, segurança, defesa e desenvolvimento sustentável;

VIII. Relações de trabalho;

IX. Responsabilidade social e redes sociais: setor público, privado, terceiro setor;

X. Sociodiversidade: multiculturalismo, tolerância, inclusão/exclusão (inclusive digital), relações de gênero; minorias;

XI. Tecnologias de Informação e Comunicação;

XII. Vida urbana e rural;

XIII. Violência e terrorismo.

XIV. Relações interpessoais

XV. Propriedade intelectual

XVI. Diferentes mídias e tratamento da informação

Tais conteúdos são o pano de fundo para avaliação do desenvolvimento dos seguintes grupos de Habilidades:

a) **Interpretar**, **compreender** e **analisar** textos, charges, figuras, fotos, gráficos e tabelas.

b) Estabelecer **comparações**, contextualizações, relações, contrastes e reconhecer diferentes manifestações artísticas.

c) Elaborar sínteses e extrair **conclusões**.

d) **Criticar**, **argumentar**, opinar, propor **soluções** e fazer escolhas.

As questões objetivas costumam trabalhar com as três primeiras habilidades, ao passo que as questões discursivas trabalham, normalmente, com a quarta habilidade.

Com relação às questões de Formação Geral optamos por classificá-las nesta obra pelas quatro Habilidades acima enunciadas.

2) Questões de Formação Geral classificadas por Habilidades.

Habilidade 01

INTERPRETAR, COMPREENDER E ANALISAR TEXTOS, CHARGES, FIGURAS, FOTOS, GRÁFICOS E TABELAS

1. (EXAME 2004)

TEXTO

"O homem se tornou lobo para o homem, porque a meta do desenvolvimento industrial está concentrada num objeto e não no ser humano. A tecnologia e a própria ciência não respeitaram os valores éticos e, por isso, não tiveram respeito algum para o humanismo. Para a convivência. Para o sentido mesmo da existência.

Na própria política, o que contou no pós-guerra foi o êxito econômico e, muito pouco, a justiça social e o cultivo da verdadeira imagem do homem. Fomos vítimas da ganância e da máquina. Das cifras. E, assim, perdemos o sentido autêntico da confiança, da fé, do amor. As máquinas andaram por cima da plantinha sempre tenra da esperança. E foi o caos."

ARNS, Paulo Evaristo. **Em favor do homem.**
Rio de Janeiro: Avenir, s/d. p.10.

De acordo com o texto, pode-se afirmar que

(A) a industrialização, embora respeite os valores éticos, não visa ao homem.
(B) a confiança, a fé, a ganância e o amor se impõem para uma convivência possível.
(C) a política do pós-guerra eliminou totalmente a esperança entre os homens.
(D) o sentido da existência encontra-se instalado no êxito econômico e no conforto.
(E) o desenvolvimento tecnológico e científico não respeitou o humanismo.

2. (EXAME 2004)

Millôr e a ética do nosso tempo

A charge de Millôr aponta para

(A) a fragilidade dos princípios morais.
(B) a defesa das convicções políticas.
(C) a persuasão como estratégia de convencimento.
(D) o predomínio do econômico sobre o ético.
(E) o desrespeito às relações profissionais.

3. (EXAME 2004)

Os países em desenvolvimento fazem grandes esforços para promover a inclusão digital, ou seja, o acesso, por parte de seus cidadãos, às tecnologias da era da informação. Um dos indicadores empregados é o número de hosts, ou seja, número de computadores que estão conectados à Internet. A tabela e o gráfico abaixo mostram a evolução do número de *hosts* nos três países que lideram o setor na América Latina.

Numero de *hosts*

	2000	2001	2002	2003	2004
Brasil	446444	876596	1644575	2237527	3163349
México	404873	559165	918288	1107795	1333406
Argentina	142470	270275	465359	495920	742358

Fonte: Internet Systems Consortium, 2004

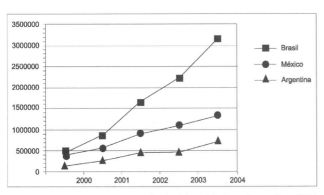

Fonte: Internet Systems Consortium, 2004

Dos três países, os que apresentaram, respectivamente, o maior e o menor crescimento percentual no número de *hosts* no período 2000-2004 foram:

(A) Brasil e México.
(B) Brasil e Argentina.
(C) Argentina e México.
(D) Argentina e Brasil.
(E) México e Argentina.

4. (EXAME 2005)

As ações terroristas cada vez mais se propagam pelo mundo, havendo ataques em várias cidades, em todos os continentes.

Nesse contexto, analise a seguinte notícia:

> No dia 10 de março de 2005, o Presidente de Governo da Espanha José Luis Rodriguez Zapatero em conferência sobre o terrorismo, ocorrida em Madri para lembrar os atentados do dia 11 de março de 2004, "assinalou que os espanhóis encheram as ruas em sinal de dor e solidariedade e dois dias depois encheram as urnas, mostrando assim o único caminho para derrotar o terrorismo: a democracia. Também proclamou que não existe álibi para o assassinato indiscriminado. Zapatero afirmou que não há política, nem ideologia, resistência ou luta no terror, só há o vazio da futilidade, a infâmia e a barbárie. Também defendeu a comunidade islâmica, lembrando que não se deve vincular esse fenômeno com nenhuma civilização, cultura ou religião. Por esse motivo apostou na criação pelas Nações Unidas de uma aliança de civilizações para que não se continue ignorando a pobreza extrema, a exclusão social ou os Estados falidos, que constituem, segundo ele, um terreno fértil para o terrorismo".

(MANCEBO, Isabel. **Madri fecha conferência sobre terrorismo e relembra os mortos de 11-M**. (Adaptado). Disponível em: http://www2.rnw.nl/rnw/pt/atualidade/europa/at050311_onzedemarco?Acesso em Set. 2005)

A principal razão, indicada pelo governante espanhol, para que haja tais iniciativas do terror está explicitada na seguinte afirmação:

(A) O desejo de vingança desencadeia atos de barbárie dos terroristas.
(B) A democracia permite que as organizações terroristas se desenvolvam.
(C) A desigualdade social existente em alguns países alimenta o terrorismo.
(D) O choque de civilizações aprofunda os abismos culturais entre os países.
(E) A intolerância gera medo e insegurança criando condições para o terrorismo.

5. (EXAME 2005)

(Laerte. *O condomínio*)

(Laerte. *O condomínio*)

(Disponível em: http://www2.uol.com.br/laerte/tiras/index-condomínio.html)

As duas charges de Laerte são críticas a dois problemas atuais da sociedade brasileira, que podem ser identificados pela crise

(A) na saúde e na segurança pública.
(B) na assistência social e na habitação.
(C) na educação básica e na comunicação.
(D) na previdência social e pelo desemprego.
(E) nos hospitais e pelas epidemias urbanas.

6. (EXAME 2005)

(**La Vanguardia**, 04 dez. 2004)

O referendo popular é uma prática democrática que vem sendo exercida em alguns países, como exemplificado, na charge, pelo caso espanhol, por ocasião da votação sobre a aprovação ou não da Constituição Europeia. Na charge, pergunta-se com destaque:

"Você aprova o tratado da Constituição Europeia?", sendo apresentadas várias opções, além de haver a possibilidade de dupla marcação.

A **crítica** contida na charge indica que a prática do referendo deve

(A) ser recomendada nas situações em que o plebiscito já tenha ocorrido.

(B) apresentar uma vasta gama de opções para garantir seu caráter democrático.

(C) ser precedida de um amplo debate prévio para o esclarecimento da população.

(D) significar um tipo de consulta que possa inviabilizar os rumos políticos de uma nação.

(E) ser entendida como uma estratégia dos governos para manter o exercício da soberania.

7. (EXAME 2006)

Jornal do Brasil, 3 ago. 2005.

Tendo em vista a construção da ideia de nação no Brasil, o argumento da personagem expressa

(A) a afirmação da identidade regional.
(B) a fragilização do multiculturalismo global.
(C) o ressurgimento do fundamentalismo local.
(D) o esfacelamento da unidade do território nacional.
(E) o fortalecimento do separatismo estadual.

8. (EXAME 2006)

A formação da consciência ética, baseada na promoção dos valores éticos, envolve a identificação de alguns conceitos como: "consciência moral", "senso moral", "juízo de fato" e "juízo de valor".

A esse respeito, leia os quadros a seguir.

Quadro I - Situação
Helena está na fila de um banco, quando, de repente, um indivíduo, atrás na fila, se sente mal. Devido à experiência com seu marido cardíaco, tem a impressão de que o homem está tendo um enfarto. Em sua bolsa há uma cartela com medicamento que poderia evitar o perigo de acontecer o pior. Helena pensa: "Não sou médica – devo ou não devo medicar o doente? Caso não seja problema cardíaco – o que acho difícil –, ele poderia piorar? Piorando, alguém poderá dizer que foi por minha causa – uma curiosa que tem a pretensão de agir como médica. Dou ou não dou o remédio? O que fazer?"

Quadro II - Afirmativas
1 - O "senso moral" relaciona-se à maneira como avaliamos nossa situação e a de nossos semelhantes, nosso comportamento, a conduta e a ação de outras pessoas segundo idéias como as de justiça e injustiça, certo e errado.
2 - A "consciência moral" refere-se a avaliações de conduta que nos levam a tomar decisões por nós mesmos, a agir em conformidade com elas e a responder por elas perante os outros.

Qual afirmativa e respectiva razão fazem uma associação mais adequada com a situação apresentada?

(A) Afirmativa 1- porque o "senso moral" se manifesta como consequência da "consciência moral", que revela sentimentos associados às situações da vida.

(B) Afirmativa 1- porque o "senso moral" pressupõe um "juízo de fato", que é um ato normativo enunciador de normas segundo critérios de correto e incorreto.

(C) Afirmativa 1- porque o "senso moral" revela a indignação diante de fatos que julgamos ter feito errado provocando sofrimento alheio.

(D) Afirmativa 2- porque a "consciência moral" se manifesta na capacidade de deliberar diante de alternativas possíveis que são avaliadas segundo valores éticos.

(E) Afirmativa 2- porque a "consciência moral" indica um "juízo de valor" que define o que as coisas são, como são e por que são.

9. (EXAME 2006)

A legislação de trânsito brasileira considera que o condutor de um veículo está dirigindo alcoolizado quando o teor alcoólico de seu sangue excede 0,6 gramas de álcool por litro de sangue. O gráfico abaixo mostra o processo de absorção e eliminação do álcool quando um indivíduo bebe, em um curto espaço de tempo, de 1 a 4 latas de cerveja.

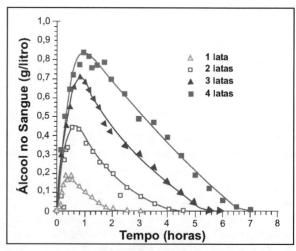

(Fonte: **National Health Institute**, Estados Unidos)

Considere as afirmativas a seguir.

I. O álcool é absorvido pelo organismo muito mais lentamente do que é eliminado.

II. Uma pessoa que vá dirigir imediatamente após a ingestão da bebida pode consumir, no máximo, duas latas de cerveja.

III. Se uma pessoa toma rapidamente quatro latas de cerveja, o álcool contido na bebida só é completamente eliminado após se passarem cerca de 7 horas da ingestão.

Está(ão) correta(s) a(s) afirmativa(s)

(A) II, apenas.
(B) I e II, apenas.
(C) I e III, apenas.
(D) II e III, apenas.
(E) I, II e III.

10. (EXAME 2006)

A tabela abaixo mostra como se distribui o tipo de ocupação dos jovens de 16 a 24 anos que trabalham em 5 Regiões Metropolitanas e no Distrito Federal.

Distribuição dos jovens ocupados, de 16 a 24 anos, segundo posição na ocupação
Regiões Metropolitanas e Distrito Federal - 2005 (em porcentagem)

Regiões Metropolitanas e Distrito Federal	Assalariados					Autônomos			Empregado Doméstico	Outros
	Total	Setor privado			Setor público	Total	Trabalha para o público	Trabalha para empresas		
		Total	Com carteira assinada	Sem carteira assinada						
Belo Horizonte	79,0	72,9	53,2	19,7	6,1	12,5	7,9	4,6	7,4	(1)
Distrito Federal	80,0	69,8	49,0	20,8	10,2	9,8	5,2	4,6	7,1	(1)
Porto Alegre	86,0	78,0	58,4	19,6	8,0	7,7	4,5	3,2	3,0	(1)
Recife	69,8	61,2	36,9	24,3	8,6	17,5	8,4	9,1	7,1	(1)
Salvador	71,6	64,5	39,8	24,7	7,1	18,6	14,3	4,3	7,2	(1)
São Paulo	80,4	76,9	49,3	27,6	3,5	11,3	4,0	7,4	5,3	(1)

(Fonte: Convênio DIEESE / Seade, MTE / FAT e convênios regionais.
PED - Pesquisa de Emprego e Desemprego Elaboração: DIEESE)
Nota: (1) A amostra não comporta a desagregação para esta categoria.

Das regiões estudadas, aquela que apresenta o maior percentual de jovens sem carteira assinada, dentre os jovens que são assalariados do setor privado, é

(A) Belo Horizonte.
(B) Distrito Federal.
(C) Recife.
(D) Salvador.
(E) São Paulo.

11. (EXAME 2007)

Os países em desenvolvimento fazem grandes esforços para promover a inclusão digital, ou seja, o acesso, por parte de seus cidadãos, às tecnologias da era da informação. Um dos indicadores empregados é o número de *hosts*, isto é, o número de computadores que estão conectados à Internet. A tabela e o gráfico abaixo mostram a evolução do número de *hosts* nos três países que lideram o setor na América do Sul.

	2003	2004	2005	2006	2007
Brasil	2.237.527	3.163.349	3.934.577	5.094.730	7.422.440
Argentina	495.920	742.358	1.050.639	1.464.719	1.837.050
Colômbia	55.626	115.158	324.889	440.585	721.114

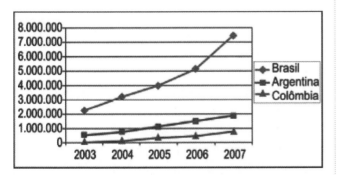

Fonte: IBGE (**Network Wizards**, 2007)

Dos três países, os que apresentaram, respectivamente, o maior e o menor crescimento percentual no número de *hosts*, no período 2003–2007, foram

(A) Brasil e Colômbia.
(B) Brasil e Argentina.
(C) Argentina e Brasil.
(D) Colômbia e Brasil.
(E) Colômbia e Argentina.

12. (EXAME 2008)

CIDADÃS DE SEGUNDA CLASSE?

As melhores leis a favor das mulheres de cada país-membro da União Europeia estão sendo reunidas por especialistas.

O objetivo é compor uma legislação continental capaz de contemplar temas que vão da contracepção à equidade salarial, da prostituição à aposentadoria. Contudo, uma legislação que assegure a inclusão social das cidadãs deve contemplar outros temas, além dos citados.

São dois os temas mais específicos para essa legislação:

(A) aborto e violência doméstica.
(B) cotas raciais e assédio moral.
(C) educação moral e trabalho.
(D) estupro e imigração clandestina.
(E) liberdade de expressão e divórcio.

13. (EXAME 2008)

A foto a seguir, da americana Margaret Bourke-White (1904-71), apresenta desempregados na fila de alimentos durante a Grande Depressão, que se iniciou em 1929.

STRICKLAND, Carol; BOSWELL, John. **Arte Comentada**: da pré-história ao pós-moderno. Rio de Janeiro: Ediouro [s.d.].

Além da preocupação com a perfeita composição, a artista, nessa foto, revela

(A) a capacidade de organização do operariado.
(B) a esperança de um futuro melhor para negros.
(C) a possibilidade de ascensão social universal.
(D) as contradições da sociedade capitalista.
(E) o consumismo de determinadas classes sociais.

14. (EXAME 2008)

CENTROS URBANOS MEMBROS DO GRUPO "ENERGIA-CIDADES"

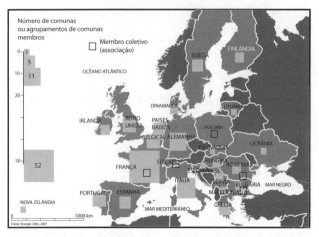

LE MONDE Diplomatique Brasil. **Atlas do Meio Ambiente**, 2008. p. 82.

No mapa, registra-se uma prática exemplar para que as cidades se tornem sustentáveis de fato, favorecendo as trocas horizontais, ou seja, associando e conectando territórios entre si, evitando desperdícios no uso de energia.

Essa prática exemplar apoia-se, fundamentalmente, na

(A) centralização de decisões políticas.
(B) atuação estratégica em rede.
(C) fragmentação de iniciativas institucionais.
(D) hierarquização de autonomias locais.
(E) unificação regional de impostos.

15. (EXAME 2008)

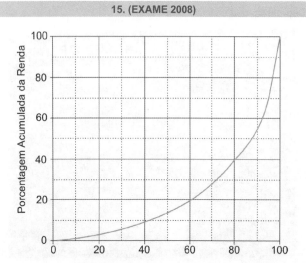

Disponível em: http://www.ipea.gov.br/sites/000/2/livros/desigualdaderendanobrasil/cap_04_avaliandoasignificancia.pdf

Apesar do progresso verificado nos últimos anos, o Brasil continua sendo um país em que há uma grande desigualdade de renda entre os cidadãos. Uma forma de se constatar este fato é por meio da Curva de Lorenz, que fornece, para cada valor de x entre 0 e 100, o percentual da renda total do País auferido pelos x% de brasileiros de menor renda. Por exemplo, na Curva de Lorenz para 2004, apresentada ao lado, constata-se que a renda total dos 60% de menor renda representou apenas 20% da renda total.

De acordo com o mesmo gráfico, o percentual da renda total correspondente aos 20% de **maior** renda foi, aproximadamente, igual a

(A) 20%
(B) 40%
(C) 50%
(D) 60%
(E) 80%

16. (EXAME 2009)

Leia o trecho:

> **O sertão vai a Veneza**
>
> Festival de Veneza exibe "Viajo Porque Preciso, Volto Porque Te Amo", de Karim Aïnouz e Marcelo Gomes, feito a partir de uma longa viagem pelo sertão nordestino. [...] Rodaram 13 mil quilômetros, a partir de Juazeiro do Norte, no Ceará, passando por Pernambuco, Paraíba, Sergipe e Alagoas, improvisando dia a dia os locais de filmagem. "Estávamos à procura de tudo que encetava e causava estranhamento. Queríamos romper com a ideia de lugar isolado, intacto, esquecido, arraigado numa religiosidade intransponível. Eu até evito usar a palavra 'sertão' para ter um novo olhar sobre esse lugar", conta Karim.
>
> A ideia era afastar-se da imagem histórica da região na cultura brasileira. "Encontramos um universo plural que tem desde uma feira de equipamentos eletrônicos a locais de total desolação", completa Marcelo.

CRUZ, Leonardo. **Folha de S. Paulo**, p. E1, 05/09/2009.

A partir da leitura desse trecho, é INCORRETO afirmar que

(A) a feira de equipamentos eletrônicos, símbolo da modernidade e da tecnologia sofisticada, é representativa do contrário do que se pensa sobre o sertão nordestino.
(B) as expressões isolamento, esquecimento e religiosidade, utilizadas pelos cineastas, são consideradas adequadas para expressar a atual realidade sertaneja.
(C) o termo "sertão" tem conotação pejorativa, por implicar atraso e pobreza; por isso, seu uso deve ser cuidadoso.
(D) os entrevistados manifestam o desejo de contribuir para a desmitificação da imagem do sertão nordestino, congelada no imaginário de parte dos brasileiros.
(E) revela o estranhamento que é comum entre pessoas mal informadas e simplificadoras, que veem o sertão como uma região homogênea.

17. (EXAME 2009)

Leia o planisfério, em que é mostrada uma imagem noturna da superfície terrestre, obtida a partir de imagens de satélite:

http://antwrp.gsfc.nasa.gov/apod/image/0011/earthlights_dmsp_big.jpg (Acessado em 21 set. 2009).

Com base na leitura desse planisfério, é CORRETO afirmar que as regiões continentais em que se verifica luminosidade noturna mais intensa

(A) abrigam os espaços de economia mais dinâmica do mundo contemporâneo, onde se localizam os principais centros de decisão que comandam a atual ordem mundial.
(B) expressam a divisão do Planeta em dois hemisférios – o Leste e o Oeste – que, apesar de integrados à economia-mundo, revelam indicadores sociais discrepantes.
(C) comprovam que o Planeta pode abrigar o dobro de seu atual contingente populacional, desde que mantido o padrão de consumo praticado pela sociedade contemporânea.
(D) registram fluxos reduzidos de informação, de pessoas, de mercadorias e de capitais, tendo em vista a saturação de suas redes de circulação, alcançada no início do século XXI.
(E) substituíram suas tradicionais fontes de energia não renováveis, historicamente empregadas na geração de eletricidade, por alternativas limpas e não poluentes.

18. (EXAME 2010)

A charge acima representa um grupo de cidadãos pensando e agindo de modo diferenciado, frente a uma decisão cujo caminho exige um percurso ético. Considerando a imagem e as ideias que ela transmite, avalie as afirmativas que se seguem.

I. A ética não se impõe imperativamente nem universalmente a cada cidadão; cada um terá que escolher por si mesmo os seus valores e ideias, isto é, praticar a autoética.
II. A ética política supõe o sujeito responsável por suas ações e pelo seu modo de agir na sociedade.
III. A ética pode se reduzir ao político, do mesmo modo que o político pode se reduzir à ética, em um processo a serviço do sujeito responsável.
IV. A ética prescinde de condições históricas e sociais, pois é no homem que se situa a decisão ética, quando ele escolhe os seus valores e as suas finalidades.
V. A ética se dá de fora para dentro, como compreensão do mundo, na perspectiva do fortalecimento dos valores pessoais.

É correto apenas o que se afirma em

(A) I e II.
(B) I e V.
(C) II e IV.
(D) III e IV.
(E) III e V.

19. (EXAME 2010)

De agosto de 2008 a *janeiro* de 2009, o desmatamento na Amazônia Legal concentrou-se em regiões específicas. Do ponto de vista fundiário, a maior parte do desmatamento (cerca de 80%) aconteceu em áreas privadas ou em diversos estágios de posse. O restante do desmatamento ocorreu em assentamentos promovidos pelo INCRA, conforme a política de Reforma Agrária (8%), unidades de conservação (5%) e em terras indígenas (7%).

Disponível em: <WWW.imazon.org.br>.
Acesso em: 26 ago. 2010. (com adaptações).

Infere-se do texto que, sob o ponto de vista fundiário, o problema do desmatamento na Amazônia Legal está centrado

(A) nos grupos engajados na política de proteção ambiental, pois eles não aprofundaram o debate acerca da questão fundiária.
(B) nos povos indígenas, pois eles desmataram a área que ocupavam mais do que a comunidade dos assentados pelo INCRA.
(C) nos posseiros irregulares e proprietários regularizados, que desmataram mais, pois muitos ainda não estão integrados aos planos de manejo sustentável da terra.
(D) nas unidades de conservação, que costumam burlar leis fundiárias; nelas, o desmatamento foi maior que o realizado pelos assentados pelo INCRA.
(E) nos assentamentos regulamentados pelo INCRA, nos quais o desmatamento foi maior que o realizado pelos donos de áreas privadas da Amazônia Legal.

20. (EXAME 2010)

Levantamento feito pelo jornal Folha de S. Paulo e publicado em 11 de abril de 2009, com base em dados de 2008, revela que o índice de homicídios por 100 mil habitantes no Brasil varia de 10,6 a 66,2. O levantamento inclui dados de 23 estados e do Distrito Federal. De acordo com a Organização Mundial da Saúde (OMS), áreas com índices superiores a 10 assassinatos por 100 mil habitantes são consideradas zonas epidêmicas de homicídios.

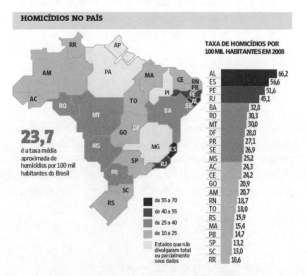

Análise da mortalidade por homicídios no Brasil. Disponível em: <http://www1.folha.uol.com.br/folha/cotidiano/ult95u549196.shtml>.
Acesso em: 22 ago. 2010.

A partir das informações do texto e do gráfico acima, conclui-se que

(A) o número total de homicídios em 2008 no estado da Paraíba é inferior ao do estado de São Paulo.
(B) os estados que não divulgaram os seus dados de homicídios encontram-se na região Centro-Oeste.
(C) a média aritmética das taxas de homicídios por 100 mil habitantes da região Sul é superior à taxa média aproximada do Brasil.
(D) a taxa de homicídios por 100 mil habitantes do estado da Bahia, em 2008, supera a do Rio Grande do Norte em mais de 100%.
(E) Roraima é o estado com menor taxa de homicídios por 100 mil habitantes, não se caracterizando como zona epidêmica de homicídios.

21. (EXAME 2011)

Retrato de uma princesa desconhecida

Para que ela tivesse um pescoço tão fino
Para que os seus pulsos tivessem um quebrar de caule
Para que os seus olhos fossem tão frontais e limpos
Para que a sua espinha fosse tão direita
E ela usasse a cabeça tão erguida
Com uma tão simples claridade sobre a testa
Foram necessárias sucessivas gerações de escravos
De corpo dobrado e grossas mãos pacientes
Servindo sucessivas gerações de príncipes
Ainda um pouco toscos e grosseiros
Ávidos cruéis e fraudulentos
Foi um imenso desperdiçar de gente
Para que ela fosse aquela perfeição
Solitária exilada sem destino

ANDRESEN, S. M. B. Dual. Lisboa: Caminho, 2004. p. 73.

No poema, a autora sugere que

(A) os príncipes e as princesas são naturalmente belos.
(B) os príncipes generosos cultivavam a beleza da princesa.
(C) a beleza da princesa é desperdiçada pela miscigenação racial.
(D) o trabalho compulsório de escravos proporcionou privilégios aos príncipes.
(E) o exílio e a solidão são os responsáveis pela manutenção do corpo esbelto da princesa.

22. (EXAME 2011)

A cibercultura pode ser vista como herdeira legítima (embora distante) do projeto progressista dos filósofos do século XVII. De fato, ela valoriza a participação das pessoas em comunidades de debate e argumentação. Na linha reta das morais da igualdade, ela incentiva uma forma de reciprocidade essencial nas relações humanas. Desenvolveu-se a partir de uma prática assídua de trocas de informações e conhecimentos, coisa que os filósofos do Iluminismo viam como principal motor do progresso. (...) A cibercultura não seria pós-moderna, mas estaria inserida perfeitamente na continuidade dos ideais revolucionários e republicanos de liberdade, igualdade e fraternidade. A diferença é apenas que, na cibercultura, esses "valores" se encarnam em dispositivos técnicos concretos. Na era das mídias eletrônicas, a igualdade se concretiza na possibilidade de cada um transmitir a todos; a liberdade toma forma nos *softwares* de codificação e no acesso a múltiplas comunidades virtuais, atravessando fronteiras, enquanto a fraternidade, finalmente, se traduz em interconexão mundial.

LEVY, P. **Revolução virtual**. Folha de S. Paulo.
Caderno Mais, 16 ago. 1998, p.3 (adaptado).

O desenvolvimento de redes de relacionamento por meio de computadores e a expansão da Internet abriram novas perspectivas para a cultura, a comunicação e a educação.

De acordo com as ideias do texto acima, a cibercultura

(A) representa uma modalidade de cultura pós-moderna de liberdade de comunicação e ação.
(B) constituiu negação dos valores progressistas defendidos pelos filósofos do Iluminismo.
(C) banalizou a ciência ao disseminar o conhecimento nas redes sociais.
(D) valorizou o isolamento dos indivíduos pela produção de *softwares* de codificação.
(E) incorpora valores do Iluminismo ao favorecer o compartilhamento de informações e conhecimentos.

23. (EXAME 2011)

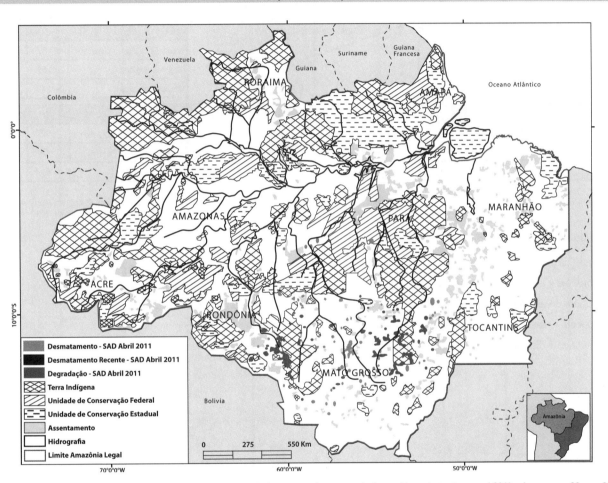

Desmatamento na Amazônia Legal. Disponível em: <www.imazon.org.br/mapas/desmatamento-mensal-2011>. Acesso em: 20 ago. 2011.

O ritmo de desmatamento na Amazônia Legal diminuiu no mês de junho de 2011, segundo levantamento feito pela organização ambiental brasileira Imazon (Instituto do Homem e Meio Ambiente da Amazônia). O relatório elaborado pela ONG, a partir de imagens de satélite, apontou desmatamento de 99 km² no bioma em junho de 2011, uma redução de 42% no comparativo com junho de 2010. No acumulado entre agosto de 2010 e junho de 2011, o desmatamento foi de 1 534 km², aumento de 15% em relação a agosto de 2009 e junho de 2010. O estado de Mato Grosso foi responsável por derrubar 38% desse total e é líder no *ranking* do desmatamento, seguido do Pará (25%) e de Rondônia (21%).

Disponível em: <http://www.imazon.org.br/imprensa/imazon-na-midia>. Acesso em: 20 ago. 2011 (com adaptações).

De acordo com as informações do mapa e do texto,

(A) foram desmatados 1 534 km² na Amazônia Legal nos últimos dois anos.
(B) não houve aumento do desmatamento no último ano na Amazônia Legal.
(C) três estados brasileiros responderam por 84% do desmatamento na Amazônia Legal entre agosto de 2010 e junho de 2011.
(D) o estado do Amapá apresenta alta taxa de desmatamento em comparação aos demais estados da Amazônia Legal.
(E) o desmatamento na Amazônia Legal, em junho de 2010, foi de 140 km², comparando-se o índice de junho de 2011 ao índice de junho de 2010.

24. (EXAME 2012)

Segundo a pesquisa Retratos da Leitura no Brasil, realizada pelo Instituto Pró-Livro, a média anual brasileira de livros lidos por habitante era, em 2011, de 4,0. Em 2007, esse mesmo parâmetro correspondia a 4,7 livros por habitante/ano.

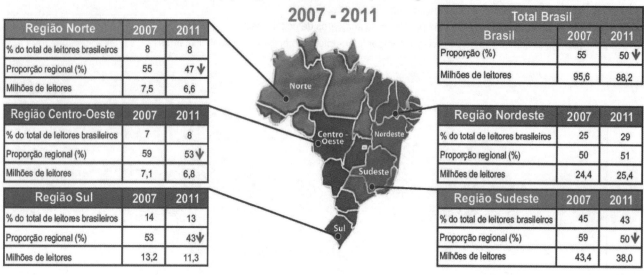

Instituto Pró-Livro. Disponível em: <http://www.prolivro.org.br>.
Acesso em: 3 jul. 2012 (adaptado).

De acordo com as informações apresentadas acima, verifica-se que

(A) metade da população brasileira é constituída de leitores que tendem a ler mais livros a cada ano.

(B) o Nordeste é a região do Brasil em que há a maior proporção de leitores em relação à sua população.

(C) o número de leitores, em cada região brasileira, corresponde a mais da metade da população da região.

(D) o Sudeste apresenta o maior número de leitores do país, mesmo tendo diminuído esse número em 2011.

(E) a leitura está disseminada em um universo cada vez menor de brasileiros, independentemente da região do país.

25. (EXAME 2012)

O anúncio feito pelo Centro Europeu para a Pesquisa Nuclear (CERN) de que havia encontrado sinais de uma partícula que pode ser o bóson de Higgs provocou furor no mundo científico. A busca pela partícula tem gerado descobertas importantes, mesmo antes da sua confirmação. Algumas tecnologias utilizadas na pesquisa poderão fazer parte de nosso cotidiano em pouco tempo, a exemplo dos cristais usados nos detectores do acelerador de partículas *large hadron colider* (LHC), que serão utilizados em materiais de diagnóstico médico ou adaptados para a terapia contra o câncer. "Há um círculo vicioso na ciência quando se faz pesquisa", explicou o diretor do CERN. "Estamos em busca da ciência pura, sem saber a que servirá. Mas temos certeza de que tudo o que desenvolvemos para lidar com problemas inéditos será útil para algum setor."

CHADE, J. Pressão e disputa na busca do bóson.
O Estado de S. Paulo, p. A22, 08/07/2012 (adaptado).

Considerando o caso relatado no texto, avalie as seguintes asserções e a relação proposta entre elas.

I. É necessário que a sociedade incentive e financie estudos nas áreas de ciências básicas, mesmo que não haja perspectiva de aplicação imediata.

PORQUE

II. O desenvolvimento da ciência pura para a busca de soluções de seus próprios problemas pode gerar resultados de grande aplicabilidade em diversas áreas do conhecimento.

A respeito dessas asserções, assinale a opção correta.

(A) As asserções I e II são proposições verdadeiras, e a II é uma justificativa da I.

(B) As asserções I e II são proposições verdadeiras, mas a II não é uma justificativa da I.

(C) A asserção I é uma proposição verdadeira, e a II é uma proposição falsa.

(D) A asserção I é uma proposição falsa, e a II é uma proposição verdadeira.

(E) As asserções I e II são proposições falsas.

26. (EXAME 2012)

Taxa de rotatividade por setores de atividade econômica:
2007 – 2009

Setores	Taxa de rotatividade (%), excluídos transferências, aposentadorias, falecimentos e desligamentos voluntários		
	2007	2008	2009
Total	34,3	37,5	36,0
Extrativismo mineral	19,3	22,0	20,0
Indústria de transformação	34,5	38,6	36,8
Serviço industrial de utilidade pública	13,3	14,4	17,2
Construção civil	83,4	92,2	86,2
Comércio	40,3	42,5	41,6
Serviços	37,6	39,8	37,7
Administração pública direta e autárquica	8,4	11,4	10,6
Agricultura, silvicultura, criação de animais, extrativismo vegetal	79,9	78,6	74,4

Disponível em: <http://portal.mte.gov.br>.
Acesso em: 12 jul. 2012 (adaptado).

A tabela acima apresenta a taxa de rotatividade no mercado formal brasileiro, entre 2007 e 2009. Com relação a esse mercado, sabe-se que setores como o da construção civil e o da agricultura têm baixa participação no total de vínculos trabalhistas e que os setores de comércio e serviços concentram a maior parte das ofertas. A taxa média nacional é a taxa média de rotatividade brasileira no período, excluídos transferências, aposentadorias, falecimentos e desligamentos voluntários.

Com base nesses dados, avalie as afirmações seguintes.

I. A taxa média nacional é de, aproximadamente, 36%.

II. O setor de comércio e o de serviços, cujas taxas de rotatividade estão acima da taxa média nacional, têm ativa importância na taxa de rotatividade, em razão do volume de vínculos trabalhistas por eles estabelecidos.

III. As taxas anuais de rotatividade da indústria de transformação são superiores à taxa média nacional.

IV. A construção civil é o setor que apresenta a maior taxa de rotatividade no mercado formal brasileiro, no período considerado.

É correto apenas o que se afirma em

(A) I e II.

(B) I e III.

(C) III e IV.

(D) I, II e IV.

(E) II, III e IV.

Habilidade 02

ESTABELECER COMPARAÇÕES, CONTEXTUALIZAÇÕES, RELAÇÕES, CONTRASTES E RECONHECER DIFERENTES MANIFESTAÇÕES ARTÍSTICAS

TEXTO I

"O homem se tornou lobo para o homem, porque a meta do desenvolvimento industrial está concentrada num objeto e não no ser humano. A tecnologia e a própria ciência não respeitaram os valores éticos e, por isso, não tiveram respeito algum para o humanismo. Para a convivência. Para o sentido mesmo da existência.

Na própria política, o que contou no pós-guerra foi o êxito econômico e, muito pouco, a justiça social e o cultivo da verdadeira imagem do homem. Fomos vítimas da ganância e da máquina. Das cifras. E, assim, perdemos o sentido autêntico da confiança, da fé, do amor. As máquinas andaram por cima da plantinha sempre tenra da esperança. E foi o caos."

ARNS, Paulo Evaristo. **Em favor do homem.** Rio de Janeiro: Avenir, s/d. p.10.

TEXTO II

Millôr e a ética do nosso tempo

1. (EXAME 2004)

A charge de Millôr e o texto de Dom Paulo Evaristo Arns tratam, em comum,

(A) do total desrespeito às tradições religiosas e éticas.
(B) da defesa das convicções morais diante da corrupção.
(C) da ênfase no êxito econômico acima de qualquer coisa.
(D) da perda dos valores éticos nos tempos modernos.
(E) da perda da fé e da esperança num mundo globalizado.

2. (EXAME 2004)

"Os determinantes da globalização podem ser agrupados em três conjuntos de fatores: tecnológicos, institucionais e sistêmicos."

GONÇALVES, Reinaldo. **Globalização e Desnacionalização.** São Paulo: Paz e Terra, 1999.

"A ortodoxia neoliberal não se verifica apenas no campo econômico. Infelizmente, no campo social, tanto no âmbito das ideias como no terreno das políticas, o neoliberalismo fez estragos (...)."

SOARES, Laura T. **O Desastre Social.** Rio de Janeiro: Record, 2003.

"Junto com a globalização do grande capital, ocorre a fragmentação do mundo do trabalho, a exclusão de grupos humanos, o abandono de continentes e regiões, a concentração da riqueza em certas empresas e países, a fragilização da maioria dos Estados, e assim por diante (...). O primeiro passo para que o Brasil possa enfrentar esta situação é parar de mistificá-la."

BENJAMIM, Cesar & outros. **A Opção Brasileira.** Rio de Janeiro: Contraponto, 1998.

Diante do conteúdo dos textos apresentados acima, algumas questões podem ser levantadas.

1. A que está relacionado o conjunto de fatores de "ordem tecnológica"?
2. Considerando que globalização e opção política neoliberal caminharam lado a lado nos últimos tempos, o que defendem os críticos do neoliberalismo?
3. O que seria necessário fazer para o Brasil enfrentar a situação da globalização no sentido de "parar de mistificá-la"?

A alternativa que responde corretamente às três questões, em ordem, é:

(A) revolução da informática / reforma do Estado moderno com nacionalização de indústrias de bens de consumo / assumir que está em curso um mercado de trabalho globalmente unificado.
(B) revolução nas telecomunicações / concentração de investimentos no setor público com eliminação gradativa de subsídios nos setores da indústria básica / implementar políticas de desenvolvimento a médio e longo prazos que estimulem a competitividade das atividades negociáveis no mercado global.
(C) revolução tecnocientífica / reforço de políticas sociais com presença do Estado em setores produtivos estratégicos / garantir níveis de bem-estar das pessoas considerando que uma parcela de atividades econômicas e de recursos é inegociável no mercado internacional.
(D) revolução da biotecnologia / fortalecimento da base produtiva com subsídios à pesquisa tecnocientífica nas transnacionais / considerar que o aumento das barreiras ao deslocamento de pessoas, o mundo do trabalho e a questão social estão circunscritos aos espaços regionais.
(E) Terceira Revolução Industrial / auxílio do FMI com impulso para atração de investimentos estrangeiros / compreender que o desempenho de empresas brasileiras que não operam no mercado internacional não é decisivo para definir o grau de utilização do potencial produtivo, o volume de produção a ser alcançado, o nível de emprego e a oferta de produtos essenciais.

3. (EXAME 2004)

A leitura do poema de Carlos Drummond de Andrade traz à lembrança alguns quadros de Cândido *Portinari*.

Portinari

*De um baú de folhas-de-flandres no caminho da roça
um baú que os pintores desprezaram
mas que anjos vêm cobrir de flores namoradeiras
salta João Cândido trajado de arco-íris
saltam garimpeiros, mártires da liberdade, São João da Cruz
salta o galo escarlate bicando o pranto de Jeremias
saltam cavalos-marinhos em fila azul e ritmada
saltam orquídeas humanas, seringais, poetas de e sem óculos, transfigurados
saltam caprichos do nordeste – nosso tempo
(nele estamos crucificados e nossos olhos dão testemunho)
salta uma angústia purificada na alegria do volume justo e da cor autêntica
salta o mundo de Portinari que fica lá no fundo
maginando novas surpresas.*

ANDRADE, Carlos Drummond de. **Obra completa.** Rio de Janeiro: Companhia Editora Aguilar, 1964. p.380-381.

Uma análise cuidadosa dos quadros selecionados permite que se identifique a alusão feita a eles em trechos do poema.

I

II

III

IV

V

Podem ser relacionados ao poema de Drummond os seguintes quadros de Portinari:

(A) I, II, III e IV.
(B) I, II, III e V.
(C) I, II, IV e V.
(D) I, III, IV e V.
(E) II, III, IV e V.

4. (EXAME 2005)

Leia e relacione os textos a seguir

> O Governo Federal deve promover a inclusão digital, pois a falta de acesso às tecnologias digitais acaba por excluir socialmente o cidadão, em especial a juventude.

(Projeto Casa Brasil de inclusão digital começa em 2004. In: MAZZA, Mariana. **JB online**.)

Comparando a proposta acima com a charge, pode-se concluir que

(A) o conhecimento da tecnologia digital está democratizado no Brasil.
(B) a preocupação social é preparar quadros para o domínio da informática.
(C) o apelo à inclusão digital atrai os jovens para o universo da computação.
(D) o acesso à tecnologia digital está perdido para as comunidades carentes.
(E) a dificuldade de acesso ao mundo digital torna o cidadão um excluído social.

5. (EXAME 2005)

Leia trechos da carta-resposta de um cacique indígena à sugestão, feita pelo Governo do Estado da Virgínia (EUA), de que uma tribo de índios enviasse alguns jovens para estudar nas escolas dos brancos.

> "(...) Nós estamos convencidos, portanto, de que os senhores desejam o nosso bem e agradecemos de todo o coração. Mas aqueles que são sábios reconhecem que diferentes nações têm concepções diferentes das coisas e, sendo assim, os senhores não ficarão ofendidos ao saber que a vossa ideia de educação não é a mesma que a nossa. (...) Muitos dos nossos bravos guerreiros foram formados nas escolas do Norte e aprenderam toda a vossa ciência. Mas, quando eles voltaram para nós, eram maus corredores, ignorantes da vida da floresta e incapazes de suportar o frio e a fome. Não sabiam caçar o veado, matar o inimigo ou construir uma cabana e falavam nossa língua muito mal. Eles eram, portanto, inúteis. (...) Ficamos extremamente agradecidos pela vossa oferta e, embora não possamos aceitá-la, para mostrar a nossa gratidão concordamos que os nobres senhores de Virgínia nos enviem alguns de seus jovens, que lhes ensinaremos tudo que sabemos e faremos deles homens."

(BRANDÃO, Carlos Rodrigues. **O que é educação**. São Paulo: Brasiliense, 1984)

A relação entre os dois principais temas do texto da carta e a forma de abordagem da educação privilegiada pelo cacique está representada por:

(A) sabedoria e política / educação difusa.

(B) identidade e história / educação formal.

(C) ideologia e filosofia / educação superior.

(D) ciência e escolaridade / educação técnica.

(E) educação e cultura / educação assistemática.

6. (EXAME 2005)

(Colecção Roberto Marinho. **Seis décadas da arte moderna brasileira.** Lisboa: Fundação Calouste Gulbenkian, 1989. p.53.)

A "cidade" retratada na pintura de Alberto da Veiga Guignard está tematizada nos versos

(A) Por entre o Beberibe, e o oceano
Em uma areia sáfia, e lagadiça
Jaz o Recife povoação mestiça,
Que o belga edificou ímpio tirano.

(MATOS, Gregório de. **Obra poética**. Ed. James Amado. Rio de Janeiro: Record, 1990. Vol. II, p. 1191.)

(B) Repousemos na pedra de Ouro Preto,
Repousemos no centro de Ouro Preto:
São Francisco de Assis! igreja ilustre, acolhe,
À tua sombra irmã, meus membros lassos.

(MENDES, Murilo. **Poesia completa e prosa**. Org. Luciana Stegagno Picchio. Rio de Janeiro: Nova Aguilar, 1994. p. 460.)

(C) Bembelelém
Viva Belém!
Belém do Pará porto moderno integrado na equatorial
Beleza eterna da paisagem
Bembelelém
Viva Belém!

(BANDEIRA, Manuel. **Poesia e prosa**. Rio de Janeiro: Aguilar, 1958. Vol. I, p. 196.)

(D) Bahia, ao invés de arranha-céus, cruzes e cruzes
De braços estendidos para os céus,
E na entrada do porto,
Antes do Farol da Barra,
O primeiro Cristo Redentor do Brasil!

(LIMA, Jorge de. **Poesia completa**. Org. Alexei Bueno. Rio de Janeiro: Nova Aguilar, 1997. p. 211.)

(E) No cimento de Brasília se resguardam
maneiras de casa antiga de fazenda,
de copiar, de casa-grande de engenho,
enfim, das casaronas de alma fêmea.

(MELO NETO, João Cabral. **Obra completa**. Rio de Janeiro: Nova Aguilar, 1994. p. 343.)

7. (EXAME 2006)

INDICADORES DE FRACASSO ESCOLAR NO BRASIL

ATÉ OS ANOS 90	DADOS DE 2002
Mais da metade (52%) dos que iniciavam não conseguiam concluir o Ensino Fundamental na idade correta.	Já está em 60% a taxa dos que concluem o Ensino Fundamental na idade certa.
Quando conseguiam, o tempo médio era de 12 anos.	Tempo médio atual é de 9.7 anos.
Por isso não iam para o Ensino Médio, iam direto para o mercado de trabalho.	Ensino Médio - 1 milhão de novos alunos por ano e idade média de ingresso caiu de 17 para 15, indicador indireto de que os concluintes do Fundamental estão indo para o Médio.
A escolaridade média da força de trabalho era de 5.3 anos.	A escolaridade média da força de trabalho subiu para 6.4 anos.
No Ensino Médio, o atendimento à população na série correta (35%) era metade do observado em países de desenvolvimento semelhante, como Argentina, Chile e México.	No Ensino Médio, o atendimento à população na série correta é de 45%.

Disponível em <http://revistaescola.abril.com.br/edicoes/0173/aberto/fala_exclusivo.pdf>.

Observando os dados fornecidos no quadro, percebe-se

(A) um avanço nos índices gerais da educação no País, graças ao investimento aplicado nas escolas.

(B) um crescimento do Ensino Médio, com índices superiores aos de países com desenvolvimento semelhante.

(C) um aumento da evasão escolar, devido à necessidade de inserção profissional no mercado de trabalho.

(D) um incremento do tempo médio de formação, sustentado pelo índice de aprovação no Ensino Fundamental.

(E) uma melhoria na qualificação da força de trabalho, incentivada pelo aumento da escolaridade média.

8. (EXAME 2006)

José Pancetti

O tema que domina os fragmentos poéticos abaixo é o mar. Identifique, entre eles, aquele que mais se aproxima do quadro de Pancetti.

(A) Os homens e as mulheres
   adormecidos na praia
   que nuvens procuram
   agarrar?
   (MELO NETO, João Cabral de. Marinha. **Os melhores poemas**. São Paulo: Global, 1985. p. 14.)

(B) Um barco singra o peito
   rosado do mar.
   A manhã sacode as ondas
   e os coqueiros.
   (ESPÍNOLA, Adriano. Pesca. **Beira-sol**. Rio de Janeiro: TopBooks, 1997. p. 13.)

(C) Na melancolia de teus olhos
   Eu sinto a noite se inclinar
   E ouço as cantigas antigas
   Do mar.
   (MORAES, Vinícius de. Mar. **Antologia poética**. 25 ed. Rio de Janeiro: José Olympio, 1984. p. 93.)

(D) E olhamos a ilha assinalada
   pelo gosto de abril que o mar trazia
   e galgamos nosso sono sobre a areia
   num barco só de vento e maresia.
   (SECCHIN, Antônio Carlos. A ilha. **Todos os ventos**. Rio de Janeiro: Nova Fronteira, 2002. p. 148.)

(E) As ondas vêm deitar-se no estertor da praia larga...
   No vento a vir do mar ouvem-se avisos naufragados...
   Cabeças coroadas de algas magras e de estrados...
   Gargantas engolindo grossos goles de água amarga...
   (BUENO, Alexei. Maresia. **Poesia reunida**. Rio de Janeiro: Nova Fronteira, 2003. p. 19.)

9. (EXAME 2006)

Observe as composições a seguir.

(CAULOS. **Só dói quando eu respiro**. Porto Alegre: L & PM, 2001.)

QUESTÃO DE PONTUAÇÃO

Todo mundo aceita que ao homem
cabe pontuar a própria vida:
que viva em ponto de exclamação
(dizem: tem alma dionisíaca);

viva em ponto de interrogação
(foi filosofia, ora é poesia);
viva equilibrando-se entre vírgulas
e sem pontuação (na política):

o homem só não aceita do homem
que use a só pontuação fatal:
que use, na frase que ele vive
o inevitável ponto final.

(MELO NETO, João Cabral de. **Museu de tudo e depois**. Rio de Janeiro: Nova Fronteira, 1988.)

Os dois textos acima relacionam a vida a sinais de pontuação, utilizando estes como metáforas do comportamento do ser humano e das suas atitudes.

A exata correspondência entre a estrofe da poesia e o quadro do texto "Uma Biografia" é

(A) a primeira estrofe e o quarto quadro.
(B) a segunda estrofe e o terceiro quadro.
(C) a segunda estrofe e o quarto quadro.
(D) a segunda estrofe e o quinto quadro.
(E) a terceira estrofe e o quinto quadro.

10. (EXAME 2007)

Cidadezinha qualquer

Casas entre bananeiras
mulheres entre laranjeiras
pomar amor cantar.

Um homem vai devagar.
Um cachorro vai devagar.
Um burro vai devagar.
Devagar... as janelas olham.

Eta vida besta, meu Deus.

ANDRADE, Carlos Drummond de. Alguma poesia. In: **Poesia completa**. Rio de Janeiro: Nova Aguilar, 2002, p. 23.

Cidadezinha cheia de graça...
Tão pequenina que até causa dó!
Com seus burricos a pastar na praça...
Sua igrejinha de uma torre só...

Nuvens que venham, nuvens e asas,
Não param nunca nem num segundo...
E fica a torre, sobre as velhas casas,
Fica cismando como é vasto o mundo!...

Eu que de longe venho perdido,
Sem pouso fixo (a triste sina!)
Ah, quem me dera ter lá nascido!

Lá toda a vida poder morar!
Cidadezinha... Tão pequenina
Que toda cabe num só olhar...

QUINTANA, Mário. A rua dos cataventos In: **Poesia completa**. Org. Tânia Franco Carvalhal. Rio de Janeiro: Nova Aguilar, 2006, p. 107.

Ao se escolher uma ilustração para esses poemas, qual das obras, abaixo, estaria de acordo com o tema neles dominante?

(A)

Di Cavalcanti

(B)

Tarsila do Amaral

(C)

Taunay

(D)

Manezinho Araújo

(E)

Guignard

11. (EXAME 2007)

Vamos supor que você recebeu de um amigo de infância e seu colega de escola um pedido, por escrito, vazado nos seguintes termos:

> "Venho mui respeitosamente solicitar-lhe o empréstimo do seu livro de Redação para Concurso, para fins de consulta escolar."

Essa solicitação em tudo se assemelha à atitude de uma pessoa que

(A) comparece a um evento solene vestindo *smoking* completo e cartola.
(B) vai a um piquenique engravatado, vestindo terno completo, calçando sapatos de verniz.
(C) vai a uma cerimônia de posse usando um terno completo e calçando botas.
(D) frequenta um estádio de futebol usando sandálias de couro e bermudas de algodão.
(E) veste terno completo e usa gravata para proferir um conferência internacional.

12. (EXAME 2008)

O escritor Machado de Assis (1839-1908), cujo centenário de morte está sendo celebrado no presente ano, retratou na sua obra de ficção as grandes transformações políticas que aconteceram no Brasil nas últimas décadas do século XIX.

O fragmento do romance *Esaú e Jacó*, a seguir transcrito, reflete o clima político-social vivido naquela época.

> *Podia ter sido mais turbulento. Conspiração houve, decerto, mas uma barricada não faria mal. Seja como for, venceu-se a campanha. (...)*
>
> *Deodoro é uma bela figura. (...)*
>
> *Enquanto a cabeça de Paulo ia formulando essas ideias, a de Pedro ia pensando o contrário; chamava o movimento um crime.*
>
> *— Um crime e um disparate, além de ingratidão; o imperador devia ter pegado os principais cabeças e mandá-los executar.*
>
> ASSIS, Machado de. Esaú e Jacó. In:__. **Obra completa**. Rio de Janeiro: Nova Aguilar, 1979. v. 1, cap. LXVII (Fragmento).

Os personagens a seguir estão presentes no imaginário brasileiro, como símbolos da Pátria.

I

Disponível em: <http://www.morcegolivre.vet.br/tiradentes_lj.html>.

II

ERMAKOFF, George. Rio de Janeiro, **1840-1900**: Uma crônica fotográfica. Rio de Janeiro: G. Ermakoff Casa Editorial, 2006. p.189.

III

ERMAKOFF, George. Rio de Janeiro, **1840-1900**: Uma crônica fotográfica. Rio de Janeiro: G. Ermakoff Casa Editorial, 2006. p.38.

IV

LAGO, Pedro Corrêa do; BANDEIRA, **Júlio. Debret e o Brasil**: obra completa 1816-1831. Rio de Janeiro: Capivara, 2007. p. 78.

V

LAGO, Pedro Corrêa do; BANDEIRA, Julio. **Debret e o Brasil**: Obra Completa 1816-1831. Rio de Janeiro: Capivara, 2007. p. 93.

Das imagens acima, as figuras referidas no fragmento do romance *Esaú e Jacó* são

(A) I e III
(B) I e V
(C) II e III
(D) II e IV
(E) II e V

13. (EXAME 2008)

Quando o homem não trata bem a natureza, a natureza não trata bem o homem.

Essa afirmativa reitera a necessária interação das diferentes espécies, representadas na imagem a seguir.

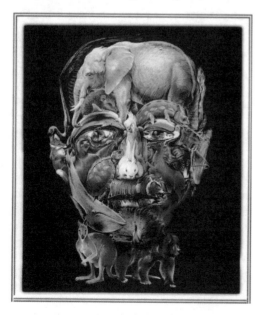

Disponível em: <http://curiosidades.spaceblog.com.br>. Acesso em: 10 out. 2008.

Depreende-se dessa imagem a

(A) atuação do homem na clonagem de animais pré-históricos.
(B) exclusão do homem na ameaça efetiva à sobrevivência do planeta.
(C) ingerência do homem na reprodução de espécies em cativeiro.
(D) mutação das espécies pela ação predatória do homem.
(E) responsabilidade do homem na manutenção da biodiversidade.

14. (EXAME 2008)

O filósofo alemão Friedrich Nietzsche (1844-1900), talvez o pensador moderno mais incômodo e provocativo, influenciou várias gerações e movimentos artísticos. O Expressionismo, que teve forte influência desse filósofo, contribuiu para o pensamento contrário ao racionalismo moderno e ao trabalho mecânico, através do embate entre a razão e a fantasia.

As obras desse movimento deixam de priorizar o padrão de beleza tradicional para enfocar a instabilidade da vida, marcada por angústia, dor, inadequação do artista diante da realidade. Das obras a seguir, a que reflete esse enfoque artístico é

(A)

Homem idoso na poltrona Rembrandt van Rijn - Louvre, Paris
Disponível em: <http://www.allposters.com/ gallery.asp?startat=/ getposter.aspolAPNum=1350898>.

(B)

Figura e borboleta Milton Dacosta. Disponível em:
<http://www.unesp.br/ouvidoria/ publicacoes/ed_0805.php>.

(C)

O grito - Edvard Munch - Museu Munch, Oslo. Disponível em: <http://members.cox.net/ claregerber2/The%20Scream2.jpg>.

(D)

Menino mordido por um lagarto Michelangelo Merisi (Caravaggio) – National Gallery, Londres Disponível em: <http://vr.theatre.ntu.edu.tw/artsfile/artists/images/Caravaggio/Caravaggio024/File1.jpg>.

(E)

Abaporu - Tarsila do Amaral. Disponível em: <http://tarsiladoamaral.com.br/index_frame.htm>.

15. (EXAME 2009)

A urbanização no Brasil registrou marco histórico na década de 1970, quando o número de pessoas que viviam nas cidades ultrapassou o número daquelas que viviam no campo. No início deste século, em 2000, segundo dados do IBGE, mais de 80% da população brasileira já era urbana.

Considerando essas informações, estabeleça a relação entre as charges:

PORQUE

BARALDI, Márcio. <http://www.marciobaraldi.com.br/baraldi2/component/joomgallery/?func=detail&id=178>. (Acessado em 5 out. 2009)

Com base nas informações dadas e na relação proposta entre essas charges, é CORRETO afirmar que

(A) a primeira charge é falsa, e a segunda é verdadeira.
(B) a primeira charge é verdadeira, e a segunda é falsa.
(C) as duas charges são falsas.
(D) as duas charges são verdadeiras, e a segunda explica a primeira.
(E) as duas charges são verdadeiras, mas a segunda não explica a primeira.

16. (EXAME 2009)

Leia o gráfico, em que é mostrada a evolução do número de trabalhadores de 10 a 14 anos, em algumas regiões metropolitanas brasileiras, em dado período:

<http://www1.folha/uol.com.br/folha/cotidiano/ult95u85799.shtml>, acessado em 2 out. 2009. (Adaptado)

Leia a charge:

<www.charges.com.br>, acessado em 15 set. 2009.

Há relação entre o que é mostrado no gráfico e na charge?

(A) Não, pois a faixa etária acima dos 18 anos é aquela responsável pela disseminação da violência urbana nas grandes cidades brasileiras.
(B) Não, pois o crescimento do número de crianças e adolescentes que trabalham diminui o risco de sua exposição aos perigos da rua.
(C) Sim, pois ambos se associam ao mesmo contexto de problemas socioeconômicos e culturais vigentes no país.
(D) Sim, pois o crescimento do trabalho infantil no Brasil faz crescer o número de crianças envolvidas com o crime organizado.
(E) Ambos abordam temas diferentes e não é possível se estabelecer relação mesmo que indireta entre eles.

17. (EXAME 2010)

Painel da série Retirantes, de Cândido Portinari.
Disponível em: <http://3.bp.blogspot.com>. Acesso em 24 ago. 2010.

Morte e Vida Severina

(trecho)

Aí ficarás para sempre,
livre do sol e da chuva,
criando tuas saúvas.
— Agora trabalharás
só para ti, não a meias,
como antes em terra alheia.
— Trabalharás uma terra
da qual, além de senhor,
serás homem de eito e trator.
— Trabalhando nessa terra,
tu sozinho tudo empreitas:
serás semente, adubo, colheita.
— Trabalharás numa terra
que também te abriga e te veste:
embora com o brim do Nordeste.
— Será de terra
tua derradeira camisa:
te veste, como nunca em vida.
— Será de terra
e tua melhor camisa:
te veste e ninguém cobiça.
— Terás de terra
completo agora o teu fato:
e pela primeira vez, sapato.
Como és homem,
a terra te dará chapéu:
fosses mulher, xale ou véu.
— Tua roupa melhor
será de terra e não de fazenda:
não se rasga nem se remenda.
— Tua roupa melhor
e te ficará bem cingida:
como roupa feita à medida.

João Cabral de Melo Neto. **Morte e Vida Severina.**
Rio de Janeiro: Objetiva. 2008.

Analisando o painel de Portinari apresentado e o trecho destacado de Morte e Vida Severina, conclui-se que

(A) ambos revelam o trabalho dos homens na terra, com destaque para os produtos que nela podem ser cultivados.

(B) ambos mostram as possibilidades de desenvolvimento do homem que trabalha a terra, com destaque para um dos personagens.

(C) ambos mostram, figurativamente, o destino do sujeito sucumbido pela seca, com a diferença de que a cena de Portinari destaca o sofrimento dos que ficam.

(D) o poema revela a esperança, por meio de versos livres, assim como a cena de Portinari traz uma perspectiva próspera de futuro, por meio do gesto.

(E) o poema mostra um cenário próspero com elementos da natureza, como sol, chuva, insetos, e, por isso, mantém uma relação de oposição com a cena de Portinari.

18. (EXAME 2010)

Para preservar a língua, é preciso o cuidado de falar de acordo com a norma padrão. Uma dica para o bom desempenho linguístico é seguir o modelo de escrita dos clássicos. Isso não significa negar o papel da gramática normativa; trata-se apenas de ilustrar o modelo dado por ela. A escola é um lugar privilegiado de limpeza dos vícios de fala, pois oferece inúmeros recursos para o domínio da norma padrão e consequente distância da não padrão. Esse domínio é o que levará o sujeito a desempenhar competentemente as práticas sociais; trata-se do legado mais importante da humanidade.

PORQUE

A linguagem dá ao homem uma possibilidade de criar mundos, de criar realidades, de evocar realidades não presentes. E a língua é uma forma particular dessa faculdade [a linguagem] de criar mundos. A língua, nesse sentido, é a concretização de uma experiência histórica. Ela está radicalmente presa à sociedade.

> XAVIER, A. C. & CORTEZ. s. (orgs.). **Conversas com Linguistas**: virtudes e controvérsias da Linguística. Rio de Janeiro: Parábola Editorial, p. 72-73. 2005 (com adaptações).

Analisando a relação proposta entre as duas asserções acima, assinale a opção correta.

(A) As duas asserções são proposições verdadeiras, e a segunda é uma justificativa correta da primeira.

(B) As duas asserções são proposições verdadeiras, mas a segunda não é uma justificativa correta da primeira.

(C) A primeira asserção é uma proposição verdadeira, e a segunda é uma proposição falsa.

(D) A primeira asserção é uma proposição falsa, a segunda é uma proposição verdadeira.

(E) As duas asserções são proposições falsas.

19. (EXAME 2011)

Com o advento da República, a discussão sobre a questão educacional torna-se pauta significativa nas esferas dos Poderes Executivo e Legislativo, tanto no âmbito Federal quanto no Estadual. Já na Primeira República, a expansão da demanda social se propaga com o movimento da escolarnovista; no período getulista, encontram-se as reformas de Francisco Campos e Gustavo Capanema; no momento de crítica e balanço do pós-1946, ocorre a promulgação da primeira Lei de Diretrizes e Bases da Educação Nacional, em 1961. É somente com a Constituição de 1988, no entanto, que os brasileiros têm assegurada a educação de forma universal, como um direito de todos, tendo em vista o pleno desenvolvimento da pessoa no que se refere a sua preparação para o exercício da cidadania e sua qualificação para o trabalho. O artigo 208 do texto constitucional prevê como dever do Estado a oferta da educação tanto a crianças como àqueles que não tiveram acesso ao ensino em idade própria à escolarização cabida.

Nesse contexto, avalie as seguintes asserções e a relação proposta entre elas.

A relação entre educação e cidadania se estabelece na busca da universalização da educação como uma das condições necessárias para a consolidação da democracia no Brasil.

PORQUE

Por meio da atuação de seus representantes nos Poderes Executivos e Legislativo, no decorrer do século XX, passou a ser garantido no Brasil o direito de acesso à educação, inclusive aos jovens e adultos que já estavam fora da idade escolar.

A respeito dessas asserções, assinale a opção correta.

(A) As duas são proposições verdadeiras, e a segunda é uma justificativa correta da primeira.

(B) As duas são proposições verdadeiras, mas a segunda não é uma justificativa correta da primeira.

(C) A primeira é uma proposição verdadeira, e a segunda, falsa.

(D) A primeira é uma proposição falsa, e a segunda, verdadeira.

(E) Tanto a primeira quanto a segunda asserções são proposições falsas.

20. (EXAME 2011)

A definição de desenvolvimento sustentável mais usualmente utilizada é a que procura atender às necessidades atuais sem comprometer a capacidade das gerações futuras. O mundo assiste a um questionamento crescente de paradigmas estabelecidos na economia e também na cultura política. A crise ambiental no planeta, quando traduzida na mudança climática, é uma ameaça real ao pleno desenvolvimento das potencialidades dos países.

O Brasil está em uma posição privilegiada para enfrentar os enormes desafios que se acumulam. Abriga elementos fundamentais para o desenvolvimento: parte significativa da biodiversidade e da água doce existentes no planeta; grande extensão de terras cultiváveis; diversidade étnica e cultural e rica variedade de reservas naturais.

O campo do desenvolvimento sustentável pode ser conceitualmente dividido em três componentes: sustentabilidade ambiental, sustentabilidade econômica e sustentabilidade sociopolítica.

Nesse contexto, o desenvolvimento sustentável pressupõe

(A) a preservação do equilíbrio global e do valor das reservas de capital natural, o que não justifica a desaceleração do desenvolvimento econômico e político de uma sociedade.

(B) a redefinição de critérios e instrumentos de avaliação de custo-benefício que reflitam os efeitos socioeconômicos e os valores reais do consumo e da preservação.

(C) o reconhecimento de que, apesar de os recursos naturais serem ilimitados, deve ser traçado um novo modelo de desenvolvimento econômico para a humanidade.

(D) a redução do consumo das reservas naturais com a consequente estagnação do desenvolvimento econômico e tecnológico.

(E) a distribuição homogênea das reservas naturais entre as nações e as regiões em nível global e regional.

Habilidade 03
ELABORAR SÍNTESES E EXTRAIR CONCLUSÕES

1. (EXAME 2004)

"Crime contra Índio Pataxó comove o país

(...) Em mais um triste "Dia do Índio", Galdino saiu à noite com outros indígenas para uma confraternização na Funai. Ao voltar, perdeu-se nas ruas de Brasília (...). Cansado, sentou-se num banco de parada de ônibus e adormeceu. Às 5 horas da manhã, Galdino acordou ardendo numa grande labareda de fogo. Um grupo "insuspeito" de cinco jovens de classe média alta, entre eles um menor de idade, (...) parou o veículo na avenida W/2 Sul e, enquanto um manteve-se ao volante, os outros quatro dirigiram-se até a avenida W/3 Sul, local onde se encontrava a vítima. Logo após jogar combustível, atearam fogo no corpo. Foram flagrados por outros jovens corajosos, ocupantes de veículos que passavam no local e prestaram socorro à vítima. Os criminosos foram presos e conduzidos à 1ª Delegacia de Polícia do DF onde confessaram o ato monstruoso. Aí, a estupefação: 'os jovens queriam apenas se divertir' e 'pensavam tratar-se de um mendigo, não de um índio', o homem a quem incendiaram. Levado ainda consciente para o Hospital Regional da Asa Norte – HRAN, Galdino, com 95% do corpo com queimaduras de 3º grau, faleceu às 2 horas da madrugada de hoje."

Conselho Indigenista Missionário - Cimi, Brasília-DF, 21 abr. 1997.

A notícia sobre o crime contra o índio Galdino leva a reflexões a respeito dos diferentes aspectos da formação dos jovens.

Com relação às questões éticas, pode-se afirmar que elas devem:

(A) manifestar os ideais de diversas classes econômicas.
(B) seguir as atividades permitidas aos grupos sociais.
(C) fornecer soluções por meio de força e autoridade.
(D) expressar os interesses particulares da juventude.
(E) estabelecer os rumos norteadores de comportamento.

2. (EXAME 2004)

Muitos países enfrentam sérios problemas com seu elevado crescimento populacional.

Em alguns destes países, foi proposta (e por vezes colocada em efeito) a proibição de as famílias terem mais de um filho.

Algumas vezes, no entanto, esta política teve consequências trágicas (por exemplo, em alguns países houve registros de famílias de camponeses abandonarem suas filhas recém-nascidas para terem uma outra chance de ter um filho do sexo masculino). Por essa razão, outras leis menos restritivas foram consideradas. Uma delas foi: as famílias teriam o direito a um segundo (e último) filho, caso o primeiro fosse do sexo feminino.

Suponha que esta última regra fosse seguida por todas as famílias de um certo país (isto é, sempre que o primeiro filho fosse do sexo feminino, fariam uma segunda e última tentativa para ter um menino). Suponha ainda que, em cada nascimento, sejam iguais as chances de nascer menino ou menina.

Examinando os registros de nascimento, após alguns anos de a política ter sido colocada em prática, seria esperado que:

(A) o número de nascimentos de meninos fosse aproximadamente o dobro do de meninas.
(B) em média, cada família tivesse 1,25 filhos.
(C) aproximadamente 25% das famílias não tivessem filhos do sexo masculino.
(D) aproximadamente 50% dos meninos fossem filhos únicos.
(E) aproximadamente 50% das famílias tivessem um filho de cada sexo.

3. (EXAME 2005)

Está em discussão, na sociedade brasileira, a possibilidade de uma reforma política e eleitoral. Fala-se, entre outras propostas, em financiamento público de campanhas, fidelidade partidária, lista eleitoral fechada e voto distrital. Os dispositivos ligados à obrigatoriedade de os candidatos fazerem declaração pública de bens e prestarem contas dos gastos devem ser aperfeiçoados, os órgãos públicos de fiscalização e controle podem ser equipados e reforçados.

Com base no exposto, mudanças na legislação eleitoral poderão representar, como principal aspecto, um reforço da

(A) política, porque garantirão a seleção de políticos experientes e idôneos.
(B) economia, porque incentivarão gastos das empresas públicas e privadas.
(C) moralidade, porque inviabilizarão candidaturas despreparadas intelectualmente.
(D) ética, porque facilitarão o combate à corrupção e o estímulo à transparência.
(E) cidadania, porque permitirão a ampliação do número de cidadãos com direito ao voto.

4. (EXAME 2006)

Samba do Approach

Venha provar meu brunch
Saiba que eu tenho approach
Na hora do lunch
Eu ando de ferryboat

Eu tenho savoir-faire
Meu temperamento é light
Minha casa é hi-tech
Toda hora rola um insight
Já fui fã do Jethro Tull
Hoje me amarro no Slash
Minha vida agora é cool
Meu passado é que foi trash

Fica ligada no link
Que eu vou confessar, my love
Depois do décimo drink
Só um bom e velho engov
Eu tirei o meu green card
E fui pra Miami Beach
Posso não ser pop star
Mas já sou um nouveau riche

Eu tenho sex-appeal
Saca só meu background
Veloz como Damon Hill
Tenaz como Fittipaldi
Não dispenso um happy end
Quero jogar no dream team
De dia um macho man
E de noite uma drag queen.

(Zeca Baleiro)

I. "(...) Assim, nenhum verbo importado é defectivo ou simplesmente irregular, e todos são da primeira conjugação e se conjugam como os verbos regulares da classe."
(POSSENTI, Sírio. **Revista Língua**. Ano I, n.3, 2006.)

II. "O estrangeirismo lexical é válido quando há incorporação de informação nova, que não existia em português."
(SECCHIN, Antonio Carlos. **Revista Língua**, Ano I, n.3, 2006.)

III. "O problema do empréstimo linguístico não se resolve com atitudes reacionárias, com estabelecer barreiras ou cordões de isolamento à entrada de palavras e expressões de outros idiomas. Resolve-se com o dinamismo cultural, com o gênio inventivo do povo. Povo que não forja cultura dispensa-se de criar palavras com energia irradiadora e tem de conformar-se, queiram ou não queiram os seus gramáticos, à condição de mero usuário de criações alheias."
(CUNHA, Celso. **A língua portuguesa e a realidade brasileira**. Rio de Janeiro: Tempo Brasileiro, 1972.)

IV. "Para cada palavra estrangeira que adotamos, deixa-se de criar ou desaparece uma já existente."
(PILLA, Éda Heloisa. **Os neologismos do português e a face social da língua**. Porto Alegre: AGE, 2002.)

O Samba do Approach, de autoria do maranhense Zeca Baleiro, ironiza a mania brasileira de ter especial apego a palavras e a modismos estrangeiros. As assertivas que se confirmam na letra da música são, apenas,

(A) I e II.
(B) I e III.
(C) II e III.
(D) II e IV.
(E) III e IV.

5. (EXAME 2007)

Revista **Isto É Independente**. São Paulo: Ed. Três [s.d.]

O alerta que a gravura acima pretende transmitir refere-se a uma situação que

(A) atinge circunstancialmente os habitantes da área rural do País.
(B) atinge, por sua gravidade, principalmente as crianças da área rural.
(C) preocupa no presente, com graves consequências para o futuro.
(D) preocupa no presente, sem possibilidade de ter consequências no futuro.
(E) preocupa, por sua gravidade, especialmente os que têm filhos.

6. (EXAME 2007)

Os ingredientes principais dos fertilizantes agrícolas são nitrogênio, fósforo e potássio (os dois últimos sob a forma dos óxidos P_2O_5 e K_2O, respectivamente). As percentagens das três substâncias estão geralmente presentes nos rótulos dos fertilizantes, sempre na ordem acima. Assim, um fertilizante que tem em seu rótulo a indicação 10–20–20 possui, em sua composição, 10% de nitrogênio, 20% de óxido de fósforo e 20% de óxido de potássio. Misturando-se 50 kg de um fertilizante 10–20–10 com 50 kg de um fertilizante 20–10–10, obtém-se um fertilizante cuja composição é

(A) 7,5–7,5–5.
(B) 10–10–10.
(C) 15–15–10.
(D) 20–20–15.
(E) 30–30–20.

7. (EXAME 2007)

Leia o esquema abaixo.

1. Coleta de plantas nativas, animais silvestres, micro-organismos e fungos da floresta Amazônica.
2. Saída da mercadoria do país, por portos e aeroportos, camuflada na bagagem de pessoas que se disfarçam de turistas, pesquisadores ou religiosos.
3. Venda dos produtos para laboratórios ou colecionadores que patenteiam as substâncias provenientes das plantas e dos animais.
4. Ausência de patente sobre esses recursos, o que deixa as comunidades indígenas e as populações tradicionais sem os benefícios dos *royalties*.
5. Prejuízo para o Brasil!

Com base na análise das informações acima, uma campanha publicitária contra a prática do conjunto de ações apresentadas no esquema poderia utilizar a seguinte chamada:

(A) Indústria farmacêutica internacional, fora!
(B) Mais respeito às comunidades indígenas!
(C) Pagamento de *royalties* é suficiente!
(D) Diga não à biopirataria, já!
(E) Biodiversidade, um mau negócio?

8. (EXAME 2007)

Entre 1508 e 1512, Michelangelo pintou o teto da Capela Sistina no Vaticano, um marco da civilização ocidental. Revolucionária, a obra chocou os mais conservadores, pela quantidade de corpos nus, possivelmente, resultado de seus secretos estudos de anatomia, uma vez que, no seu tempo, era necessária a autorização da Igreja para a dissecação de cadáveres.

Recentemente, perceberam-se algumas peças anatômicas camufladas entre as cenas que compõem o teto. Alguns pesquisadores conseguiram identificar uma grande quantidade de estruturas internas da anatomia humana, que teria sido a forma velada de como o artista "imortalizou a comunhão da arte com o conhecimento".

Uma das cenas mais conhecidas é "A criação de Adão". Para esses pesquisadores ela representaria o cérebro num corte sagital, como se pode observar nas figuras a seguir.

 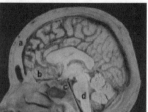

BARRETO, Gilson e OLIVEIRA, Marcelo G. de. **A arte secreta de Michelangelo** - Uma lição de anatomia na Capela Sistina. ARX.

Considerando essa hipótese, uma ampliação interpretativa dessa obra-prima de Michelangelo expressaria

(A) o Criador dando a consciência ao ser humano, manifestada pela função do cérebro.
(B) a separação entre o bem e o mal, apresentada em cada seção do cérebro.
(C) a evolução do cérebro humano, apoiada na teoria darwinista.
(D) a esperança no futuro da humanidade, revelada pelo conhecimento da mente.
(E) a diversidade humana, representada pelo cérebro e pela medula.

9. (EXAME 2008)

A exposição aos raios ultravioleta tipo B (UVB) causa queimaduras na pele, que podem ocasionar lesões graves ao longo do tempo. Por essa razão, recomenda-se a utilização de filtros solares, que deixam passar apenas uma certa fração desses raios, indicada pelo Fator de Proteção Solar (FPS).

Por exemplo, um protetor com FPS igual a 10 deixa passar apenas 1/10 (ou seja, retém 90%) dos raios UVB. Um protetor que retenha 95% dos raios UVB possui um FPS igual a

(A) 95   (B) 90   (C) 50   (D) 20   (E) 5

10. (EXAME 2009)

O Ministério do Meio Ambiente, em junho de 2009, lançou campanha para o consumo consciente de sacolas plásticas, que já atingem, aproximadamente, o número alarmante de 12 bilhões por ano no Brasil.

Veja o *slogan* dessa campanha:

O possível êxito dessa campanha ocorrerá porque

I. se cumpriu a meta de emissão zero de gás carbônico estabelecida pelo Programa das Nações Unidas para o Meio Ambiente, revertendo o atual quadro de elevação das médias térmicas globais.
II. deixaram de ser empregados, na confecção de sacolas plásticas, materiais oxibiodegradáveis e os chamados bioplásticos que, sob certas condições de luz e de calor, se fragmentam.
III. foram adotadas, por parcela da sociedade brasileira, ações comprometidas com mudanças em seu modo de produção e de consumo, atendendo aos objetivos preconizados pela sustentabilidade.
IV. houve redução tanto no quantitativo de sacolas plásticas descartadas indiscriminadamente no ambiente, como também no tempo de decomposição de resíduos acumulados em lixões e aterros sanitários.

Estão CORRETAS somente as afirmativas

(A) I e II.
(B) I e III.
(C) II e III.
(D) II e IV.
(E) III e IV.

11. (EXAME 2009)

Leia o trecho:

> O movimento antiglobalização apresenta-se, na virada deste novo milênio, como uma das principais novidades na arena política e no cenário da sociedade civil, dada a sua forma de articulação/atuação em redes com extensão global. Ele tem elaborado uma *nova gramática no repertório das demandas e dos conflitos sociais*, trazendo novamente as lutas sociais para o palco da cena pública, e a política para a dimensão, tanto na forma de operar, nas ruas, como no conteúdo do debate que trouxe à tona: o modo de vida capitalista ocidental moderno e seus efeitos destrutivos sobre a natureza (humana, animal e vegetal).

GOHN, 2003.

É INCORRETO afirmar que o movimento antiglobalização referido nesse trecho

(A) cria uma rede de resistência, expressa em atos de desobediência civil e propostas alternativas à forma atual da globalização, considerada como o principal fator da exclusão social existente.
(B) defende um outro tipo de globalização, baseado na solidariedade e no respeito às culturas, voltado para um novo tipo de modelo civilizatório, com desenvolvimento econômico, mas também com justiça e igualdade social.
(C) é composto por atores sociais tradicionais, veteranos nas lutas políticas, acostumados com o repertório de protestos políticos, envolvendo, especialmente, os trabalhadores sindicalizados e suas respectivas centrais sindicais.
(D) recusa as imposições de um mercado global, uno, voraz, além de contestar os valores impulsionadores da sociedade capitalista, alicerçada no lucro e no consumo de mercadorias supérfluas.
(E) utiliza-se de mídias, tradicionais e novas, de modo relevante para suas ações com o propósito de dar visibilidade e legitimidade mundiais ao divulgar a variedade de movimentos de sua agenda.

12. (EXAME 2009)

O Brasil tem assistido a um debate que coloca, frente a frente, como polos opostos, o desenvolvimento econômico e a conservação ambiental. Algumas iniciativas merecem considerações, porque podem agravar ou desencadear problemas ambientais de diferentes ordens de grandeza.

Entre essas iniciativas e suas consequências, é INCORRETO afirmar que

(A) a construção de obras previstas pelo PAC (Programa de Aceleração do Crescimento) tem levado à redução dos prazos necessários aos estudos de impacto ambiental, o que pode interferir na sustentabilidade do projeto.
(B) a construção de grandes centrais hidrelétricas nas bacias do Sudeste e do Sul gera mais impactos ambientais do que nos grandes rios da Amazônia, nos quais o volume de água, o relevo e a baixa densidade demográfica reduzem os custos da obra e o passivo ambiental.
(C) a exploração do petróleo encontrado na plataforma submarina pelo Brasil terá, ao lado dos impactos positivos na economia e na política, consequências ambientais negativas, se persistir o modelo atual de consumo de combustíveis fósseis.
(D) a preocupação mais voltada para a floresta e os povos amazônicos coloca em alerta os ambientalistas, ao deixar em segundo plano as ameaças aos demais biomas.
(E) os incentivos ao consumo, sobretudo aquele relacionado ao mercado automobilístico, para que o Brasil pudesse se livrar com mais rapidez da crise econômica, agravarão a poluição do ar e o intenso fluxo de veículos nas grandes cidades.

13. (EXAME 2010)

Conquistar um diploma de curso superior não garante às mulheres a equiparação salarial com os homens, como mostra o estudo "Mulher no mercado de trabalho: perguntas e respostas", divulgado pelo Instituto Brasileiro de Geografia e Estatística (IBGE), nesta segunda-feira, quando se comemora o Dia Internacional da Mulher.

Segundo o trabalho, embasado na Pesquisa Mensal de Emprego de 2009, nos diversos grupamentos de atividade econômica, a escolaridade de nível superior não aproxima os rendimentos recebidos por homens e mulheres. Pelo contrário, a diferença acentua-se. No caso do comércio, por exemplo, a diferença de rendimento para profissionais com escolaridade de onze anos ou mais de estudo é de R$ 616,80 a mais para os homens. Quando a comparação é feita para o nível superior, a diferença é de R$ 1.653,70 para eles.

Disponível em: <http://oglobo.globo.com/economia/boachance/mat/2010/03/08>. Acesso em: 19 out. 2010 (com adaptações).

Considerando o tema abordado acima, analise as afirmações seguintes.

I. Quanto maior o nível de análise dos indicadores de gêneros, maior será a possibilidade de identificação da realidade vivida pelas mulheres no mundo do trabalho e da busca por uma política igualitária capaz de superar os desafios das representações de gênero.

II. Conhecer direitos e deveres, no local de trabalho e na vida cotidiana, é suficiente para garantir a alteração dos padrões de inserção das mulheres no mercado de trabalho.

III. No Brasil, a desigualdade social das minorias étnicas, de gênero e de idade não está apenas circunscrita pelas relações econômicas, mas abrange fatores de caráter histórico-cultural.

IV. Desde a aprovação da Constituição de 1988, tem havido incremento dos movimentos gerados no âmbito da sociedade para diminuir ou minimizar a violência e o preconceito contra a mulher, a criança, o idoso e o negro.

É correto apenas o que se afirma em

(A) I e II.
(B) II e IV.
(C) III e IV.
(D) I, II e III.
(E) I, II e IV.

14. (EXAME 2010)

O mapa abaixo representa as áreas populacionais sem acesso ao saneamento básico.

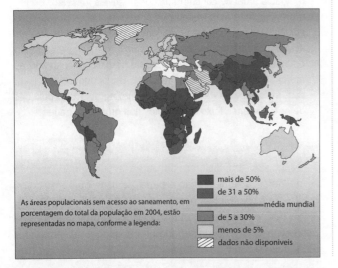

Considerando o mapa apresentado, analise as afirmações que se seguem.

I. A globalização é fenômeno que ocorre de maneira desigual entre os países, e o progresso social independe dos avanços econômicos.

II. Existe relação direta entre o crescimento da ocupação humana e o maior acesso ao saneamento básico.

III. Brasil, Rússia, Índia e China, países pertencentes ao bloco dos emergentes, possuem percentual da população com acesso ao saneamento básico abaixo da média mundial.

IV. O maior acesso ao saneamento básico ocorre, em geral, em países desenvolvidos.

V. Para se analisar o índice de desenvolvimento humano (IDH) de um país, deve-se diagnosticar suas condições básicas de infraestrutura, seu PIB per capita, a saúde e a educação.

É correto apenas o que se afirma em

(A) I e II.
(B) I e III.
(C) II e V.
(D) III e IV.
(E) IV e V.

15. (EXAME 2010)

Isótopos radioativos estão ajudando a diagnosticar as causas da poluição atmosférica. Podemos, com essa tecnologia, por exemplo, analisar o ar de uma região e determinar se um poluente vem da queima do petróleo ou da vegetação.

Outra utilização dos isótopos radioativos que pode, no futuro, diminuir a área de desmatamento para uso da agricultura é a irradiação nos alimentos. A técnica consiste em irradiar com isótopos radioativos para combater os micro-organismos que causam o apodrecimento dos vegetais e aumentar a longevidade dos alimentos, diminuindo o desperdício. A irradiação de produtos alimentícios já é uma realidade, pois grandes indústrias que vendem frutas ou suco utilizam essa técnica.

Na área médica, as soluções nucleares estão em ferramentas de diagnóstico, como a tomografia e a ressonância magnética, que conseguem apontar, sem intervenção cirúrgica, mudanças metabólicas em áreas do corpo. Os exames conseguem, inclusive, detectar tumores que ainda não causam sintomas, possibilitando um tratamento precoce do câncer e maior possibilidade de cura.

A notícia acima

(A) comenta os malefícios do uso de isótopos radioativos, relacionando-os às causas da poluição atmosférica.

(B) elenca possibilidades de uso de isótopos radioativos, evidenciando, assim, benefícios do avanço tecnológico.

(C) destaca os perigos da radiação para a saúde, alertando sobre os cuidados que devem ter a medicina e a agroindústria.

(D) propõe soluções nucleares como ferramentas de diagnóstico em doenças de animais, alertando para os malefícios que podem causar ao ser humano.

(E) explica cientificamente as várias técnicas de tratamento em que se utilizam isótopos radioativos para matar os micro-organismos que causam o apodrecimento dos vegetais.

16. (EXAME 2011)

Exclusão digital é um conceito que diz respeito às extensas camadas sociais que ficaram à margem do fenômeno da sociedade da informação e da extensão das redes digitais. O problema da exclusão digital se apresenta como um dos maiores desafios dos dias de hoje, com implicações diretas e indiretas sobre os mais variados aspectos da sociedade contemporânea.

Nessa nova sociedade, o conhecimento é essencial para aumentar a produtividade e a competição global. É fundamental para a invenção, para a inovação e para a geração de riqueza. As tecnologias de informação e comunicação (TICs) proveem uma fundação para a construção e aplicação do conhecimento nos setores públicos e privados. É nesse contexto que se aplica o termo exclusão digital, referente à falta de acesso às vantagens e aos benefícios trazidos por essas novas tecnologias, por motivos sociais, econômicos, políticos ou culturais.

Considerando as ideias do texto acima, avalie as afirmações a seguir.

I. Um mapeamento da exclusão digital no Brasil permite aos gestores de políticas públicas escolherem o público-alvo de possíveis ações de inclusão digital.

II. O uso das TICs pode cumprir um papel social, ao prover informações àqueles que tiveram esse direito negado ou negligenciado e, portanto, permitir maiores graus de mobilidade social e econômica.

III. O direito à informação diferencia-se dos direitos sociais, uma vez que esses estão focados nas relações entre os indivíduos e, aqueles, na relação entre o indivíduo e o conhecimento.

IV. O maior problema de acesso digital no Brasil está na deficitária tecnologia existente em território nacional, muito aquém da disponível na maior parte dos países do primeiro mundo.

É correto apenas o que se afirma em

(A) I e II.
(B) II e IV.
(C) III e IV.
(D) I, II e III.
(E) I, III e IV.

17. (EXAME 2011)

A educação é o Xis da questão

Desemprego
Aqui se vê que a taxa de desemprego é menor para quem fica mais tempo na escola

13,05% — Até 10 anos de estudo

7,91% — 12 a 14 anos de estudo

8 600 — Salário de quem tem curso superior e fala uma língua estrangeira

1 800 — Salário de quem conclui o ensino médio

Salário
Aqui se vê que os salários aumentam conforme os anos de estudo (em reais)

18 500 — Salário de quem tem doutorado ou MBA

3,83% — 15 a 17 anos de estudo

2,66% — Mais de 17 anos de estudo

Fontes: Manager Assessoria em Recursos Humanos e IBGE

Disponível em: <http://ead.uepb.edu.br/noticias,82>. Acesso em: 24 ago. 2011.

A expressão "o Xis da questão" usada no título do infográfico diz respeito

(A) à quantidade de anos de estudos necessários para garantir um emprego estável com salário digno.

(B) às oportunidades de melhoria salarial que surgem à medida que aumenta o nível de escolaridade dos indivíduos.

(C) à influência que o ensino de língua estrangeira nas escolas tem exercido na vida profissional dos indivíduos.

(D) aos questionamentos que são feitos acerca da quantidade mínima de anos de estudo que os indivíduos precisam para ter boa educação.

(E) à redução da taxa de desemprego em razão da política atual de controle da evasão escolar e de aprovação automática de ano de acordo com a idade.

18. (EXAME 2011)

Em reportagem, Owen Jones, autor do livro **Chavs: a difamação da classe trabalhadora**, publicado no Reino Unido, comenta as recentes manifestações de rua em Londres e em outras principais cidades inglesas.

Jones prefere chamar atenção para as camadas sociais mais desfavorecidas do país, que desde o início dos distúrbios, ficaram conhecidas no mundo todo pelo apelido *chavs*, usado pelos britânicos para escarnecer dos hábitos de consumo da classe trabalhadora. Jones denuncia um sistemático abandono governamental dessa parcela da população: "Os políticos insistem em culpar os indivíduos pela desigualdade", diz. (...) "você não vai ver alguém assumir ser um *chav*, pois se trata de um insulto criado como forma de generalizar o comportamento das classes mais baixas. Meu medo não é o preconceito e, sim, a cortina de fumaça que ele oferece. Os distúrbios estão servindo como o argumento ideal para que se faça valer a ideologia de que os problemas sociais são resultados de defeitos individuais, não de falhas maiores. Trata-se de uma filosofia que tomou conta da sociedade britânica com a chegada de Margaret Thatcher ao poder, em 1979, e que basicamente funciona assim: você é culpado pela falta de oportunidades. (...) Os políticos insistem em culpar os indivíduos pela desigualdade".

Suplemento Prosa & Verso, **O Globo**, Rio de Janeiro, 20 ago. 2011, p. 6 (adaptado).

Considerando as ideias do texto, avalie as afirmações a seguir.

I. *Chavs* é um apelido que exalta hábitos de consumo de parcela da população britânica.

II. Os distúrbios ocorridos na Inglaterra serviram para atribuir deslizes de comportamento individual como causas de problemas sociais.

III. Indivíduos da classe trabalhadora britânica são responsabilizados pela falta de oportunidades decorrente da ausência de políticas públicas.

IV. As manifestações de rua na Inglaterra reivindicavam formas de inclusão nos padrões de consumo vigente.

É correto apenas o que se afirma em

(A) I e II.

(B) I e IV.

(C) II e III.

(D) I, III e IV.

(E) II, III e IV.

19. (EXAME 2012)

O Cerrado, que ocupa mais de 20% do território nacional, é o segundo maior bioma brasileiro, menor apenas que a Amazônia. Representa um dos *hotspots* para a conservação da biodiversidade mundial e é considerado uma das mais importantes fronteiras agrícolas do planeta.

Considerando a conservação da biodiversidade e a expansão da fronteira agrícola no Cerrado, avalie as afirmações a seguir.

I. O Cerrado apresenta taxas mais baixas de desmatamento e percentuais mais altos de áreas protegidas que os demais biomas brasileiros.

II. O uso do fogo é, ainda hoje, uma das práticas de conservação do solo recomendáveis para controle de pragas e estímulo à rebrota de capim em áreas de pastagens naturais ou artificiais do Cerrado.

III. Exploração excessiva, redução progressiva do *habitat* e presença de espécies invasoras estão entre os fatores que mais provocam o aumento da probabilidade de extinção das populações naturais do Cerrado.

IV. Elevação da renda, diversificação das economias e o consequente aumento da oferta de produtos agrícolas e da melhoria social das comunidades envolvidas estão entre os benefícios associados à expansão da agricultura no Cerrado.

É correto apenas o que se afirma em

(A) I.

(B) II.

(C) I e III.

(D) II e IV

(E) III e IV.

20. (EXAME 2012)

A floresta virgem é o produto de muitos milhões de anos que passaram desde a origem do nosso planeta. Se for abatida, pode crescer uma nova floresta, mas a continuidade é interrompida. A ruptura nos ciclos de vida natural de plantas e animais significa que a floresta nunca será aquilo que seria se as árvores não tivessem sido cortadas. A partir do momento em que a floresta é abatida ou inundada, a ligação com o passado perde-se para sempre. Trata-se de um custo que será suportado por todas as gerações que nos sucederem no planeta. É por isso que os ambientalistas têm razão quando se referem ao meio natural como um "legado mundial".

Mas, e as futuras gerações? Estarão elas preocupadas com essas questões amanhã? As crianças e os jovens, como indivíduos principais das futuras gerações, têm sido, cada vez mais, estimulados a apreciar ambientes fechados, onde podem relacionar-se com jogos de computadores, celulares e outros equipamentos interativos virtuais, desviando sua atenção de questões ambientais e do impacto disso em vidas no futuro, apesar dos esforços em contrário realizados por alguns setores. Observe-se que, se perguntarmos a uma criança ou a um jovem se eles desejam ficar dentro dos seus quartos, com computadores e jogos eletrônicos, ou passear em uma praça, não é improvável que escolham a primeira opção. Essas posições de jovens e crianças preocupam tanto quanto o descaso com o desmatamento de florestas hoje e seus efeitos amanhã.

> SINGER, P. **Ética Prática**. 2. ed. Lisboa: Gradiva, 2002,
> p. 292 (adaptado).

É um título adequado ao texto apresentado acima:

(A) Computador: o legado mundial para as gerações futuras

(B) Uso de tecnologias pelos jovens: indiferença quanto à preservação das florestas

(C) Preferências atuais de lazer de jovens e crianças: preocupação dos ambientalistas

(D) Engajamento de crianças e jovens na preservação do legado natural: uma necessidade imediata

(E) Redução de investimentos no setor de comércio eletrônico: proteção das gerações futuras

21. (EXAME 2012)

É ou não ético roubar um remédio cujo preço é inacessível, a fim de salvar alguém, que, sem ele, morreria? Seria um erro pensar que, desde sempre, os homens têm as mesmas respostas para questões desse tipo. Com o passar do tempo, as sociedades mudam e também mudam os homens que as compõem. Na Grécia Antiga, por exemplo, a existência de escravos era perfeitamente legítima: as pessoas não eram consideradas iguais entre si, e o fato de umas não terem liberdade era considerado normal. Hoje em dia, ainda que nem sempre respeitados, os Direitos Humanos impedem que alguém ouse defender, explicitamente, a escravidão como algo legítimo.

> MINISTÉRIO DA EDUCAÇÃO. Secretaria de Educação Fundamental.
> **Ética**. Brasília, 2012. Disponível em: <portal.mec.gov.br>.
> Acesso em: 16 jul. 2012 (adaptado).

Com relação a ética e cidadania, avalie as afirmações seguintes.

I. Toda pessoa tem direito ao respeito de seus semelhantes, a uma vida digna, a oportunidades de realizar seus projetos, mesmo que esteja cumprindo pena de privação de liberdade, por ter cometido delito criminal, com trâmite transitado e julgado.

II. Sem o estabelecimento de regras de conduta, não se constrói uma sociedade democrática, pluralista por definição, e não se conta com referenciais para se instaurar a cidadania como valor.

III. Segundo o princípio da dignidade humana, que é contrário ao preconceito, toda e qualquer pessoa é digna e merecedora de respeito, não importando, portanto, sexo, idade, cultura, raça, religião, classe social, grau de instrução e orientação sexual.

É correto o que se afirma em

(A) I, apenas.

(B) III, apenas.

(C) I e II, apenas.

(D) II e III, apenas.

(E) I, II e III.

22. (EXAME 2012)

A globalização é o estágio supremo da internacionalização. O processo de intercâmbio entre países, que marcou o desenvolvimento do capitalismo desde o período mercantil dos séculos 17 e 18, expande-se com a industrialização, ganha novas bases com a grande indústria nos fins do século 19 e, agora, adquire mais intensidade, mais amplitude e novas feições. O mundo inteiro torna-se envolvido em todo tipo de troca: técnica, comercial, financeira e cultural. A produção e a informação globalizadas permitem a emergência de lucro em escala mundial, buscado pelas firmas globais, que constituem o verdadeiro motor da atividade econômica.

> SANTOS, M. **O país distorcido**. São Paulo:
> Publifolha, 2002 (adaptado).

No estágio atual do processo de globalização, pautado na integração dos mercados e na competitividade em escala mundial, as crises econômicas deixaram de ser problemas locais e passaram a afligir praticamente todo o mundo. A crise recente, iniciada em 2008, é um dos exemplos mais significativos da conexão e interligação entre os países, suas economias, políticas e cidadãos.

Considerando esse contexto, avalie as seguintes asserções e a relação proposta entre elas.

I. O processo de desregulação dos mercados financeiros norte-americano e europeu levou à formação de uma bolha de empréstimos especulativos e imobiliários, a qual, ao estourar em 2008, acarretou um efeito dominó de quebras nos mercados.

PORQUE

II. As políticas neoliberais marcam o enfraquecimento e a dissolução do poder dos Estados nacionais, bem como asseguram poder aos aglomerados financeiros que não atuam nos limites geográficos dos países de origem.

A respeito dessas asserções, assinale a opção correta.

(A) As asserções I e II são proposições verdadeiras, e a II é uma justificativa da I.

(B) As asserções I e II são proposições verdadeiras, mas a II não é uma justificativa da I.

(C) A asserção I é uma proposição verdadeira, e a II é uma proposição falsa.

(D) A asserção I é uma proposição falsa, e a II é uma proposição verdadeira.
(E) As asserções I e II são proposições falsas.

23. (EXAME 2012)

Legisladores do mundo se comprometem a alcançar os objetivos da Rio+20

Reunidos na cidade do Rio de Janeiro, 300 parlamentares de 85 países se comprometeram a ajudar seus governantes a alcançar os objetivos estabelecidos nas conferências Rio+20 e Rio 92, assim como a utilizar a legislação para promover um crescimento mais verde e socialmente inclusivo para todos.

Após três dias de encontros na Cúpula Mundial de Legisladores, promovida pela GLOBE International — uma rede internacional de parlamentares que discute ações legislativas em relação ao meio ambiente —, os participantes assinaram um protocolo que tem como objetivo sanar as falhas no processo da Rio 92.

Em discurso durante a sessão de encerramento do evento, o vice-presidente do Banco Mundial para a América Latina e o Caribe afirmou: "Esta Cúpula de Legisladores mostrou claramente que, apesar dos acordos globais serem úteis, não precisamos esperar. Podemos agir e avançar agora, porque as escolhas feitas hoje nas áreas de infraestrutura, energia e tecnologia determinarão o futuro".

Disponível em: <www.worldbank.org/pt/news/2012/06/20>. Acesso em: 22 jul. 2012 (adaptado).

O compromisso assumido pelos legisladores, explicitado no texto acima, é condizente com o fato de que

(A) os acordos internacionais relativos ao meio ambiente são autônomos, não exigindo de seus signatários a adoção de medidas internas de implementação para que sejam revestidos de exigibilidade pela comunidade internacional.
(B) a mera assinatura de chefes de Estado em acordos internacionais não garante a implementação interna dos termos de tais acordos, sendo imprescindível, para isso, a efetiva participação do Poder Legislativo de cada país.
(C) as metas estabelecidas na Conferência Rio 92 foram cumpridas devido à propositura de novas leis internas, incremento de verbas orçamentárias destinadas ao meio ambiente e monitoramento da implementação da agenda do Rio pelos respectivos governos signatários.
(D) a atuação dos parlamentos dos países signatários de acordos internacionais restringe-se aos mandatos de seus respectivos governos, não havendo relação de causalidade entre o compromisso de participação legislativa e o alcance dos objetivos definidos em tais convenções.
(E) a Lei de Mudança Climática aprovada recentemente no México não impacta o alcance de resultados dos compromissos assumidos por aquele país de reduzir as emissões de gases do efeito estufa, de evitar o desmatamento e de se adaptar aos impactos das mudanças climáticas.

QUESTÕES DISCURSIVA

1. (EXAME 2004) DISCURSIVA

Leia o e-mail de Elisa enviado para sua prima que mora na Itália e observe o gráfico.

Vivi durante anos alimentando os sonhos sobre o que faria após minha aposentadoria que deveria acontecer ainda este ano.

Um deles era aceitar o convite de passar uns meses aí com vocês, visto que os custos da viagem ficariam amenizados com a hospedagem oferecida e poderíamos aproveitar para conviver por um período mais longo.

Carla, imagine que completei os trinta anos de trabalho e não posso me aposentar porque não tenho a idade mínima para a aposentadoria. Desta forma, teremos, infelizmente, que adiar a ideia de nos encontrar no próximo ano.

Um grande abraço, Elisa.

Fonte: **Brasil em números 1999**. Rio de Janeiro. IBGE, 2000.

Ainda que mudanças na dinâmica demográfica não expliquem todos os problemas dos sistemas de previdência social, apresente:

a) uma explicação sobre a relação existente entre o envelhecimento populacional de um país e a questão da previdência social;

b) uma situação, além da elevação da expectativa de vida, que possivelmente contribuiu para as mudanças nas regras de aposentadoria do Brasil nos últimos anos.

2. (EXAME 2005) DISCURSIVA

Nos dias atuais, as novas tecnologias se desenvolvem de forma acelerada e a Internet ganha papel importante na dinâmica do cotidiano das pessoas e da economia mundial. No entanto, as conquistas tecnológicas, ainda que representem avanços, promovem consequências ameaçadoras.

Leia os gráficos e a situação-problema expressa através de um diálogo entre uma mulher desempregada, à procura de uma vaga no mercado de trabalho, e um empregador.

Acesso à Internet

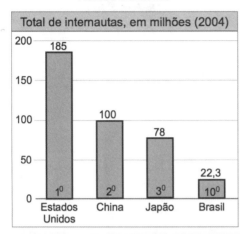

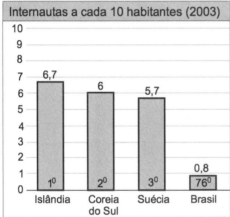

Situação-problema

- **mulher:**
- *Tenho 43 anos, não tenho curso superior completo, mas tenho certificado de conclusão de secretariado e de estenografia.*

- **empregador:**
- *Qual a abrangência de seu conhecimento sobre o uso de computadores? Quais as linguagens que você domina? Você sabe fazer uso da Internet?*

- **mulher:**
- *Não sei direito usar o computador. Sou de família pobre e, como preciso participar ativamente da despesa familiar, com dois filhos e uma mãe doente, não sobra dinheiro para comprar um.*

- **empregador:**
- *Muito bem, posso, quando houver uma vaga, oferecer um trabalho de recepcionista. Para trabalho imediato, posso oferecer uma vaga de copeira para servir cafezinho aos funcionários mais graduados.*

Apresente uma conclusão que pode ser extraída da análise

a) dos dois gráficos;
b) da situação-problema, em relação aos gráficos.

3. (EXAME 2006) DISCURSIVA

Sobre a implantação de "políticas afirmativas" relacionadas à adoção de "sistemas de cotas" por meio de Projetos de Lei em tramitação no Congresso Nacional, leia os dois textos a seguir.

Texto I

"Representantes do Movimento Negro Socialista entregaram ontem no Congresso um manifesto contra a votação dos projetos que propõem o estabelecimento de cotas para negros em Universidades Federais e a criação do Estatuto de Igualdade Racial.

As duas propostas estão prontas para serem votadas na Câmara, mas o movimento quer que os projetos sejam retirados da pauta. (...) Entre os integrantes do movimento estava a professora titular de Antropologia da Universidade Federal do Rio de Janeiro, Yvonne Maggie. 'É preciso fazer o debate. Por isso ter vindo aqui já foi um avanço', disse."

(**Folha de S.Paulo** – Cotidiano, 30 jun. 2006 com adaptação.)

Texto II

"Desde a última quinta-feira, quando um grupo de intelectuais entregou ao Congresso Nacional um manifesto contrário à adoção de cotas raciais no Brasil, a polêmica foi reacesa. (...) O diretor executivo da Educação e Cidadania de Afrodescendentes e Carentes (Educafro), frei David Raimundo dos Santos, acredita que hoje o quadro do país é injusto com os negros e defende a adoção do sistema de cotas."

(**Agência Estado-Brasil**, 03 jul. 2006.)

Ampliando ainda mais o debate sobre todas essas políticas afirmativas, há também os que adotam a posição de que o critério para cotas nas Universidades Públicas não deva ser restritivo, mas que considere também a condição social dos candidatos ao ingresso.

Analisando a polêmica sobre o sistema de cotas "raciais", identifique, no atual debate social,

a) um argumento coerente utilizado por aqueles que o criticam;
b) um argumento coerente utilizado por aqueles que o defendem.

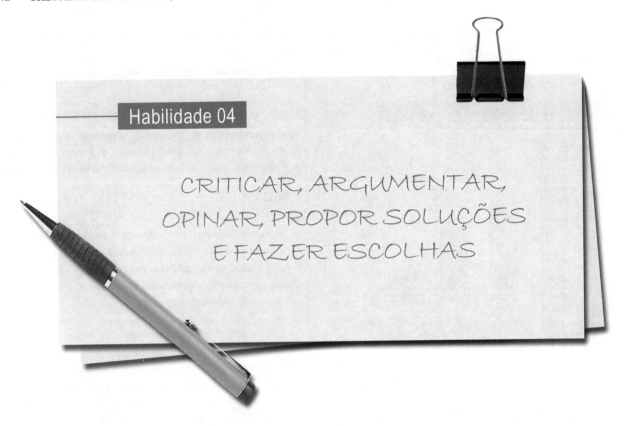

1. (EXAME 2007)

Desnutrição entre crianças quilombolas

"Cerca de três mil meninos e meninas com até 5 anos de idade, que vivem em 60 comunidades quilombolas em 22 Estados brasileiros, foram pesados e medidos. O objetivo era conhecer a situação nutricional dessas crianças.(...)

De acordo com o estudo, 11,6% dos meninos e meninas que vivem nessas comunidades estão mais baixos do que deveriam, considerando-se a sua idade, índice que mede a desnutrição. No Brasil, estima-se uma população de 2 milhões de quilombolas.

A escolaridade materna influencia diretamente o índice de desnutrição. Segundo a pesquisa, 8,8% dos filhos de mães com mais de quatro anos de estudo estão desnutridos. Esse indicador sobe para 13,7% entre as crianças de mães com escolaridade menor que quatro anos.

A condição econômica também é determinante. Entre as crianças que vivem em famílias da classe E (57,5% das avaliadas), a desnutrição chega a 15,6%; e cai para 5,6% no grupo que vive na classe D, na qual estão 33,4% do total das pesquisadas.

Os resultados serão incorporados à política de nutrição do País. O Ministério de Desenvolvimento Social prevê ainda um estudo semelhante para as crianças indígenas."

BAVARESCO, Rafael. UNICEF/BRZ. **Boletim**, ano 3, n. 8, jun. 2007.

O boletim da UNICEF mostra a relação da desnutrição com o nível de escolaridade materna e a condição econômica da família. Para resolver essa grave questão de subnutrição infantil, algumas iniciativas são propostas:

I. distribuição de cestas básicas para as famílias com crianças em risco;
II. programas de educação que atendam a crianças e também a jovens e adultos;
III. hortas comunitárias, que ofereçam não só alimentação de qualidade, mas também renda para as famílias.

Das iniciativas propostas, pode-se afirmar que

(A) somente I é solução dos problemas a médio e longo prazo.
(B) somente II é solução dos problemas a curto prazo.
(C) somente III é solução dos problemas a curto prazo.
(D) I e II são soluções dos problemas a curto prazo.
(E) II e III são soluções dos problemas a médio e longo prazo.

2. (EXAME 2009)

Leia os gráficos:

Gráfico I:
Domínio da leitura e escrita pelos brasileiros (em %)

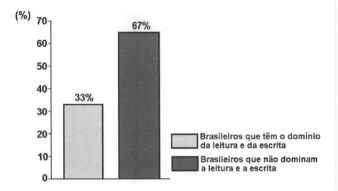

Gráfico II:
Municípios brasileiros que possuem livrarias (em %)

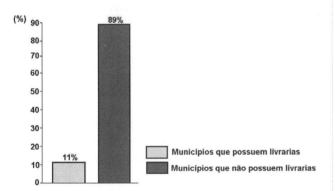

Indicador Nacional de Alfabetismo Funcional - INAF, 2005.

Relacione esses gráficos às seguintes informações:

O Ministério da Cultura divulgou, em 2008, que o Brasil não só produz mais da metade dos livros do continente americano, como também tem parque gráfico atualizado, excelente nível de produção editorial e grande quantidade de papel. Estima-se que 73% dos livros do país estejam nas mãos de 16% da população.

Para melhorar essa situação, é necessário que o Brasil adote políticas públicas capazes de conduzir o país à formação de uma sociedade leitora.

Qual das seguintes ações NÃO contribui para a formação de uma sociedade leitora?

(A) Desaceleração da distribuição de livros didáticos para os estudantes das escolas públicas, pelo MEC, porque isso enriquece editoras e livreiros.

(B) Exigência de acervo mínimo de livros, impressos e eletrônicos, com gêneros diversificados, para as bibliotecas escolares e comunitárias.

(C) Programas de formação continuada de professores, capacitando-os para criar um vínculo significativo entre o estudante e o texto.

(D) Programas, de iniciativa pública e privada, garantindo que os livros migrem das estantes para as mãos dos leitores.

(E) Uso da literatura como estratégia de motivação dos estudantes, contribuindo para uma leitura mais prazerosa.

QUESTÕES DISCURSIVA

1. (EXAME 2004) DISCURSIVAS

A Reprodução Clonal do Ser Humano

A reprodução clonal do ser humano acha-se no rol das coisas preocupantes da ciência juntamente com o controle do comportamento, a engenharia genética, o transplante de cabeças, a poesia de computador e o crescimento irrestrito das flores plásticas.

A reprodução clonal é a mais espantosa das perspectivas, pois acarreta a eliminação do sexo, trazendo como compensação a eliminação metafórica da morte. Quase não é consolo saber que a nossa reprodução clonal, idêntica a nós, continua a viver, principalmente quando essa vida incluirá, mais cedo ou mais tarde, o afastamento provável do eu real, então idoso. É difícil imaginar algo parecido à afeição ou ao respeito filial por um único e solteiro núcleo; mais difícil ainda é considerar o nosso novo eu autogerado como algo que não seja senão um total e desolado órfão. E isso para não mencionar o complexo relacionamento interpessoal inerente à autoeducação desde a infância, ao ensino da linguagem, ao estabelecimento da disciplina e das maneiras etc. Como se sentiria você caso se tornasse, por procuração, um incorrigível delinquente juvenil na idade de 55 anos?

As questões públicas são óbvias. Quem será selecionado e de acordo com que qualificações? Como enfrentar os riscos da tecnologia erroneamente usada, tais como uma reprodução clonal autodeterminada pelos ricos e poderosos, mas socialmente indesejáveis, ou a reprodução feita pelo Governo de massas dóceis e idiotas para realizarem o trabalho do mundo? Qual será, sobre os não reproduzidos clonalmente, o efeito de toda essa mesmice humana? Afinal, nós nos habituamos, no decorrer de milênios, ao permanente estímulo da singularidade; cada um de nós é totalmente diverso, em sentido fundamental, de todos os bilhões. A individualidade é um fato essencial da vida. A ideia da ausência de um eu humano, a mesmice, é aterrorizante quando a gente se põe a pensar no assunto.

(...)

Para fazer tudo bem direitinho, com esperanças de terminar com genuína duplicata de uma só pessoa, não há outra escolha. É preciso clonar o mundo inteiro, nada menos.

THOMAS, Lewis. **A medusa e a lesma.**
Rio de Janeiro: Nova Fronteira, 1980. p.59.

Em no máximo dez linhas, expresse a sua opinião em relação a uma – e somente uma – das questões propostas no terceiro parágrafo do texto.

2. (EXAME 2005) DISCURSIVA

(JB ECOLÓGICO. **JB**, Ano 4, n. 41, junho 2005, p. 21.)

> Agora é vero. Deu na imprensa internacional, com base científica e fotos de satélite: a continuar o ritmo atual da devastação e a incompetência política secular do Governo e do povo brasileiro em contê-la, a Amazônia desaparecerá em menos de 200 anos. A última grande floresta tropical e refrigerador natural do único mundo onde vivemos irá virar deserto.
>
> Internacionalização já! Ou não seremos mais nada. Nem brasileiros, nem terráqueos. Apenas uma lembrança vaga e infeliz de vida breve, vida louca, daqui a dois séculos.
>
> A quem possa interessar e ouvir, assinam essa declaração: todos os rios, os céus, as plantas, os animais, e os povos índios, caboclos e universais da Floresta Amazônica. Dia cinco de junho de 2005.
>
> Dia Mundial do Meio Ambiente e Dia Mundial da Esperança. A última.
>
> (CONCOLOR, Felis. Amazônia? Internacionalização já! In: **JB ecológico**. Ano 4, n. 41, jun. 2005, p. 14-15. fragmento)

> A tese da internacionalização, ainda que circunstancialmente possa até ser mencionada por pessoas preocupadas com a região, longe está de ser solução para qualquer dos nossos problemas. Assim, escolher a Amazônia para demonstrar preocupação com o futuro da humanidade é louvável se assumido também, com todas as suas consequências, que o inaceitável processo de destruição das nossas florestas é o mesmo que produz e reproduz diariamente a pobreza e a desigualdade por todo o mundo.
>
> Se assim não for, e a prevalecer mera motivação "da propriedade", então seria justificável também propor devaneios como a internacionalização do Museu do Louvre ou, quem sabe, dos poços de petróleo ou ainda, e neste caso não totalmente desprovido de razão, do sistema financeiro mundial.
>
> (JATENE, Simão. Preconceito e pretensão. In: **JB ecológico**. Ano 4, n. 42, jul. 2005, p. 46-47. fragmento)

A partir das ideias presentes nos textos acima, expresse a sua opinião, fundamentada em dois argumentos sobre **a melhor maneira de se preservar a maior floresta equatorial do planeta. (máximo de 10 linhas)**

3. (EXAME 2005) DISCURSIVA

Vilarejos que afundam devido ao derretimento da camada congelada do subsolo, uma explosão na quantidade de insetos, números recorde de incêndios florestais e cada vez menos gelo – esses são alguns dos sinais mais óbvios e assustadores de que o Alasca está ficando mais quente devido às mudanças climáticas, disseram cientistas.

As temperaturas atmosféricas no Estado norte-americano aumentaram entre 2ºC e 3ºC nas últimas cinco décadas, segundo a Avaliação do Impacto do Clima no Ártico, um estudo amplo realizado por pesquisadores de oito países.

(**Folha de S. Paulo**, 28 set. 2005)

O aquecimento global é um fenômeno cada vez mais evidente devido a inúmeros acontecimentos como os descritos no texto e que têm afetado toda a humanidade.

Apresente duas sugestões de providências a serem tomadas pelos governos que tenham como objetivo minimizar o processo de aquecimento global.

4. (EXAME 2006) DISCURSIVA

Leia com atenção os textos abaixo.

> Duas das feridas do Brasil de hoje, sobretudo nos grandes centros urbanos, são a banalidade do crime e a violência praticada no trânsito. Ao se clamar por solução, surge a pergunta: de quem é a responsabilidade?

> São cerca de 50 mil brasileiros assassinados a cada ano, número muito superior ao de civis mortos em países atravessados por guerras. Por que se mata tanto? Por que os governantes não se sensibilizam e só no discurso tratam a segurança como prioridade? Por que recorrer a chavões como endurecer as leis, quando já existe legislação contra a impunidade? Por que deixar tantos jovens morrerem, tantas mães chorarem a falta dos filhos?

(**O Globo**. Caderno Especial. 2 set. 2006.)

Diante de uma tragédia urbana, qualquer reação das pessoas diretamente envolvidas é permitida. Podem sofrer, revoltar-se, chorar, não fazer nada. Cabe a quem está de fora a atitude. Cabe à sociedade perceber que o drama que naquela hora é de três ou cinco famílias é, na verdade, de todos nós. E a nós não é reservado o direito da omissão. Não podemos seguir vendo a vida dos nossos jovens escorrer pelas mãos. Não podemos achar que evoluir é aceitar crianças de 11 anos consumindo bebidas alcoólicas e, mais tarde, juntando esse hábito ao de dirigir, sem a menor noção de responsabilidade. (...) Queremos diálogo com nossos meninos. Queremos campanhas que os alertem. Queremos leis que os protejam. Queremos mantê-los no mundo para o qual os trouxemos. Queremos – e precisamos – ficar vivos para que eles fiquem vivos.

(**O Dia**, Caderno Especial, Rio de Janeiro, 10 set. 2006.)

Com base nas ideias contidas nos textos acima, responda à seguinte pergunta, fundamentando o seu ponto de vista com argumentos.

Como o Brasil pode enfrentar a violência social e a violência no trânsito?

Observações:

- Seu texto deve ser dissertativo-argumentativo (não deve, portanto, ser escrito em forma de poema ou de narração).
- O seu ponto de vista deve estar apoiado em argumentos.
- Seu texto deve ser redigido na modalidade escrita padrão da Língua Portuguesa.
- O texto deve ter entre 8 e 12 linhas.

5. (EXAME 2007) DISCURSIVA

Leia, com atenção, os textos a seguir.

JB Ecológico. Nov. 2005

Revista **Veja**. 12 out. 2005.

"Amo as árvores, as pedras, os passarinhos. Acho medonho que a gente esteja contribuindo para destruir essas coisas."

"Quando uma árvore é cortada, ela renasce em outro lugar. Quando eu morrer, quero ir para esse lugar, onde as árvores vivem em paz."

Antônio Carlos Jobim. **JB Ecológico**.
Ano 4, nº 41, jun. 2005, p.65.

Desmatamento cai e tem baixa recorde

O governo brasileiro estima que cerca de 9.600 km² da floresta amazônica desapareceram entre agosto de 2006 e agosto de 2007, uma área equivalente a cerca de 6,5 cidades de São Paulo.

Se confirmada a estimativa, a partir de análise de imagens no ano que vem, será o menor desmatamento registrado em um ano desde o início do monitoramento, em 1998, representando uma redução de cerca de 30% no índice registrado entre 2005 e 2006. (...)

Com a redução do desmatamento entre 2004 e 2006, "o Brasil deixou de emitir 410 milhões de toneladas de CO_2 (gás do efeito estufa). Também evitou o corte de 600 milhões de árvores e a morte de 20 mil aves e 700 mil primatas. Essa emissão representa quase 15% da redução firmada pelos países desenvolvidos para o período 2008-2012, no Protocolo de Kyoto." (...)

"O Brasil é um dos poucos países do mundo que tem a oportunidade de implementar um plano que protege a biodiversidade e, ao mesmo tempo, reduz muito rapidamente seu processo de aquecimento global."

SELIGMAN, Felipe. **Folha de S. Paulo**.
Editoria de Ciência, 11 ago. 2007 (Adaptado).

Soja ameaça a tendência de queda, diz ONG

Mesmo se dizendo otimista com a queda no desmatamento, Paulo Moutinho, do IPAM (Instituto de Pesquisa Ambiental da Amazônia), afirma que é preciso esperar a consolidação dessa tendência em 2008 para a "comemoração definitiva".

"Que caiu, caiu. Mas, com a recuperação nítida do preço das commodities, como a soja, é preciso ver se essa queda acentuada vai continuar", disse o pesquisador à Folha.

"O momento é de aprofundar o combate ao desmatamento", disse Paulo Adário, coordenador de campanha do Greenpeace.

Só a queda dos preços e a ação da União não explicam o bom resultado atual, diz Moutinho.

"Estados como Mato Grosso e Amazonas estão fazendo esforços particulares. E parece que a ficha dos produtores caiu. O desmatamento, no médio prazo, acaba encarecendo os produtos deles."

GERAQUE, Eduardo. **Folha de S. Paulo**.
Editoria de Ciência. 11 ago. 2007 (Adaptado)

A partir da leitura dos textos motivadores, redija uma proposta, fundamentada em dois argumentos, sobre o seguinte tema:

EM DEFESA DO MEIO AMBIENTE

Procure utilizar os conhecimentos adquiridos, ao longo de sua formação, sobre o tema proposto.

Observações

- Seu texto deve ser dissertativo-argumentativo (não deve, portanto, ser escrito em forma de poema ou de narração).
- A sua proposta deve estar apoiada em, pelo menos, dois argumentos.
- O texto deve ter entre 8 e 12 linhas.
- O texto deve ser redigido na modalidade escrita padrão da Língua Portuguesa.
- Os textos motivadores não devem ser copiados.

6. (EXAME 2007) DISCURSIVA

Sobre o papel desempenhado pela mídia nas sociedades de regime democrático, há várias tendências de avaliação com posições distintas. Vejamos duas delas:

Posição I: A mídia é encarada como um mecanismo em que grupos ou classes dominantes são capazes de difundir ideias que promovem seus próprios interesses e que servem, assim, para manter o *status quo*. Desta forma, os contornos ideológicos da ordem hegemônica são fixados, e se reduzem os espaços de circulação de ideias alternativas e contestadoras.

Posição II: A mídia vem cumprindo seu papel de guardiã da ética, protetora do decoro e do Estado de Direito. Assim, os órgãos midiáticos vêm prestando um grande serviço às sociedades, com neutralidade ideológica, com fidelidade à verdade factual, com espírito crítico e com fiscalização do poder onde quer que ele se manifeste.

Leia o texto a seguir, sobre o papel da mídia nas sociedades democráticas da atualidade – exemplo do jornalismo.

> "Quando os jornalistas são questionados, eles respondem de fato: 'nenhuma pressão é feita sobre mim, escrevo o que quero'. E isso é verdade. Apenas deveríamos acrescentar que, se eles assumissem posições contrárias às normas dominantes, não escreveriam mais seus editoriais. Não se trata de uma regra absoluta, é claro. Eu mesmo sou publicado na mídia norte-americana. Os Estados Unidos não são um país totalitário. (...) Com certo exagero, nos países totalitários, o Estado decide a linha a ser seguida e todos devem-se conformar. As sociedades democráticas funcionam de outra forma: a linha jamais é anunciada como tal; ela é subliminar. Realizamos, de certa forma, uma 'lavagem cerebral em liberdade'. Na grande mídia, mesmo os debates mais apaixonados se situam na esfera dos parâmetros implicitamente consentidos – o que mantém na marginalidade muitos pontos de vista contrários."

Revista Le Monde Diplomatique Brasil, ago. 2007 - texto de entrevista com Noam Chomsky.

Sobre o papel desempenhado pela mídia na atualidade, faça, em no máximo, 6 linhas, o que se pede:

a) escolha entre as posições I e II a que apresenta o ponto de vista mais próximo do pensamento de Noam Chomsky e explique a relação entre o texto e a posição escolhida;

b) apresente uma argumentação coerente para defender seu posicionamento pessoal quanto ao fato de a mídia ser ou não livre.

7. (EXAME 2008) DISCURSIVA

DIREITOS HUMANOS EM QUESTÃO

O caráter universalizante dos direitos do homem (...) não é da ordem do saber teórico, mas do operatório ou prático: eles são invocados para agir, desde o princípio, em qualquer situação dada.

François JULIEN, filósofo e sociólogo.

Neste ano, em que são comemorados os 60 anos da Declaração Universal dos Direitos Humanos, novas perspectivas e concepções incorporam-se à agenda pública brasileira. Uma das novas perspectivas em foco é a visão mais integrada dos direitos econômicos, sociais, civis, políticos e, mais recentemente, ambientais, ou seja, trata-se da integralidade ou indivisibilidade dos direitos humanos. Dentre as novas concepções de direitos, destacam-se:

- a habitação como **moradia digna** e não apenas como necessidade de abrigo e proteção;
- a segurança como **bem-estar** e não apenas como necessidade de vigilância e punição;
- o trabalho como **ação para a vida** e não apenas como necessidade de emprego e renda.

Tendo em vista o exposto acima, selecione **uma** das concepções destacadas e esclareça por que ela representa um avanço para o exercício pleno da cidadania, na perspectiva da integralidade dos direitos humanos.

Seu texto deve ter entre **8** e **10** linhas.

LE MONDE Diplomatique Brasil. Ano 2, n. 7, fev. 2008, p. 31.

8. (EXAME 2008) DISCURSIVA

Revista Veja, 20 ago. 2008. p. 72-73.

Alunos dão nota 7,1 para ensino médio

Apesar das várias avaliações que mostram que o ensino médio está muito aquém do desejado, os alunos, ao analisarem a formação que receberam, têm outro diagnóstico. No questionário socioeconômico que responderam no Enem (Exame Nacional do Ensino Médio) do ano passado, eles deram para seus colégios nota média 7,1. Essa boa avaliação varia pouco conforme o desempenho do aluno. Entre os que foram mal no exame, a média é de 7,2; entre aqueles que foram bem, ela fica em 7,1.

GOIS, Antonio. **Folha de S.Paulo**, 11 jun. 2008 (Fragmento).

Entre os piores também em matemática e leitura

O Brasil teve o quarto pior desempenho, entre 57 países e territórios, no maior teste mundial de matemática, o Programa Internacional de Avaliação de Alunos (Pisa) de 2006. Os estudantes brasileiros de escolas públicas e particulares ficaram na 54ª posição, à frente apenas de Tunísia, Qatar e Quirguistão. Na prova de leitura, que mede a compreensão de textos, o país foi o oitavo pior, entre 56 nações.

Os resultados completos do Pisa 2006, que avalia jovens de 15 anos, foram anunciados ontem pela Organização para a Cooperação e o Desenvolvimento (OCDE), entidade que reúne países adeptos da economia de mercado, a maioria do mundo desenvolvido.

WEBER, Demétrio. Jornal **O Globo**, 5 dez. 2007, p. 14 (Fragmento).

Ensino fundamental atinge meta de 2009

O aumento das médias dos alunos, especialmente em matemática, e a diminuição da reprovação fizeram com que, de 2005 para 2007, o país melhorasse os indicadores de qualidade da educação. O avanço foi mais visível no ensino fundamental. No ensino médio, praticamente não houve melhoria. Numa escala de zero a dez, o ensino fundamental em seus anos iniciais (da primeira à quarta série) teve nota 4,2 em 2007. Em 2005, a nota fora 3,8. Nos anos finais (quinta a oitava), a alta foi de 3,5 para 3,8. No ensino médio, de 3,4 para 3,5. Embora tenha comemorado o aumento da nota, ela ainda foi considerada "pior do que regular" pelo ministro da Educação, Fernando Haddad.

GOIS, Antonio e PINHO, Angela. **Folha de S.Paulo**, 12 jun. 2008 (Fragmento).

A partir da leitura dos fragmentos motivadores reproduzidos, redija um texto dissertativo (fundamentado em pelo menos **dois** argumentos), sobre o seguinte tema:

A CONTRADIÇÃO ENTRE OS RESULTADOS DE AVALIAÇÕES OFICIAIS E A OPINIÃO EMITIDA PELOS PROFESSORES, PAIS E ALUNOS SOBRE A EDUCAÇÃO BRASILEIRA.

No desenvolvimento do tema proposto, utilize os conhecimentos adquiridos ao longo de sua formação.

Observações

- Seu texto deve ser de cunho dissertativo-argumentativo (não deve, portanto, ser escrito em forma de poema, de narração etc.).
- Seu ponto de vista deve estar apoiado em pelo menos **dois** argumentos.
- O texto deve ter entre **8** e **10** linhas.
- O texto deve ser redigido na modalidade padrão da Língua Portuguesa.
- Seu texto não deve conter fragmentos dos textos motivadores.

9. (EXAME 2009) DISCURSIVA

O Ministério da Educação (MEC) criou o Índice Geral de Cursos – IGC, que é o resultado das notas atribuídas a cada instituição de Ensino Superior pelo MEC, considerando-se a qualidade dos cursos de graduação de cada uma delas. O IGC tem como função orientar o público sobre a qualidade do ensino oferecido em cada instituição.

Segundo o sítio do Ministério da Educação, as instituições recebem uma nota de 1 a 5, considerando:

I. o resultado dos estudantes no Enade; e
II. variáveis de insumo, tais como:
   - corpo docente (formação acadêmica, jornada e condições de trabalho);
   - infraestrutura da instituição (instalações físicas, biblioteca, salas de aula, laboratórios);
   - programa pedagógico.

Com base nessas informações, considere a situação a seguir e faça o que se pede:

Um universitário que frequenta um curso de graduação em uma escola Y consulta o sítio do MEC e verifica que seu curso recebeu IGC 2,0. No mesmo endereço, ele consulta os critérios empregados pelo Ministério para o cálculo desse índice.

a) Leia esta afirmativa: (Valor: 4 pontos)

O critério corpo docente é o que contribuiu de forma determinante para a obtenção do IGC 2,0, da escola Y.

Assinale com um X, no espaço indicado, se você concorda ou não com essa afirmativa.

☐ Sim, concordo.   ☐ Não concordo.

Apresente dois argumentos que deem suporte à sua resposta.

Argumento 1:_____

Argumento 2:_____

b) Proponha duas ações para que os atores envolvidos no curso de graduação da escola Y devem empreender com vistas à melhoria da qualidade de ensino e consequente elevação do IGC na próxima avaliação a ser realizada pelo MEC. (Valor: 6 pontos)

10. (EXAME 2009) DISCURSIVA

Leia o trecho:

> Quais as possibilidades, no Brasil atual, de a cidadania se enraizar nas práticas sociais? Essa é uma questão que supõe discutir as possibilidades, os impasses e os dilemas da construção da cidadania, tendo como foco a dinâmica da sociedade. Antes de mais nada, é preciso dizer que tomar a sociedade como foco de discussão significa um modo determinado de problematizar a questão dos direitos. Os direitos são aqui tomados como práticas, discursos e valores que afetam o modo como as desigualdades e diferenças são figuradas no cenário público, como interesses se expressam e os conflitos se realizam.

TELLES, 2006. (Adaptado)

Na abordagem salientada nesse trecho, qual direito social você destacaria para diminuir as desigualdades de renda familiar no Brasil? Apresente dois argumentos que deem suporte à sua resposta.

11. (EXAME 2010) DISCURSIVA

As seguintes acepções dos termos democracia e ética foram extraídas do Dicionário Houaiss da Língua Portuguesa.

democracia. POL. **1** governo do povo; governo em que o povo exerce a soberania **2** sistema político cujas ações atendem aos interesses populares **3** governo no qual o povo toma as decisões importantes a respeito das políticas públicas, não de forma ocasional ou circunstancial, mas segundo princípios permanentes de legalidade **4** sistema político comprometido com a igualdade ou com a distribuição equitativa de poder entre todos os cidadãos **5** governo que acata a vontade da maioria da população, embora respeitando os direitos e a livre expressão das minorias

ética. 1 parte da filosofia responsável pela investigação dos princípios que motivam, distorcem, disciplinam ou orientam o comportamento humano, refletindo esp. a respeito da essência das normas, valores, prescrições e exortações presentes em qualquer realidade social **2** p.ext. conjunto de regras e preceitos de ordem valorativa e moral de um indivíduo, de um grupo social ou de uma sociedade

Dicionário Houaiss da Língua Portuguesa.
Rio de Janeiro: Objetiva, 2001.

Considerando as acepções acima, elabore um texto dissertativo, com até 15 linhas, acerca do seguinte tema:

COMPORTAMENTO ÉTICO NAS SOCIEDADES DEMOCRÁTICAS.

Em seu texto, aborde os seguintes aspectos:

a) conceito de sociedade democrática; **(valor: 4,0 pontos)**
b) evidências de um comportamento não ético de um indivíduo; **(valor: 3,0 pontos)**
c) exemplo de um comportamento ético de um futuro profissional comprometido com a cidadania **(valor: 3,0 pontos)**

12. (EXAME 2010) DISCURSIVA

Para a versão atual do Plano Nacional de Educação (PNE), em vigor desde 2001 e com encerramento previsto para 2010, a esmagadora maioria dos municípios e estados não aprovou uma legislação que garantisse recursos para cumprir suas metas. A seguir, apresentam-se alguns indicativos do PNE 2001.

Entre 2001 e 2007, 10,9 milhões de pessoas fizeram parte de turmas de Educação de Jovens e Adultos (EJA). Parece muito, mas representa apenas um terço dos mais de 29 milhões de pessoas que não chegaram à 4ª série e seriam o público-alvo dessa faixa de ensino. A inclusão da EJA no Fundo de Manutenção e Desenvolvimento da Educação Básica e de Valorização dos Profissionais da Educação (FUNDEB) representou uma fonte de recursos para ampliar a oferta, mas não atacou a evasão, hoje em alarmantes 43%.

Disponível em: <http://revistaescola.abril.com.br/politicas-publicas>.
Acesso em: 31 ago. 2010 (com adaptações).

Com base nos dados do texto acima e tendo em vista que novas diretrizes darão origem ao PNE de 2011 – documento que organiza prioridades e propõe metas a serem alcançadas nos dez anos seguintes –, redija um único texto argumentativo em, no máximo, 15 linhas, acerca da seguinte assertiva:

O DESAFIO, HOJE, NÃO É SÓ MATRICULAR, MAS MANTER OS ALUNOS DA EDUCAÇÃO DE JOVENS E ADULTOS NA ESCOLA, DIMINUINDO A REPETÊNCIA E O ABANDONO.

Em seu texto, contemple os seguintes aspectos:

a) a associação entre escola e trabalho na vida dos estudantes da EJA; (valor: 5,0 pontos)
b) uma proposta de ação que garanta a qualidade do ensino e da aprendizagem e diminua a repetência e a evasão. (valor: 5,0 pontos)

13. (EXAME 2011) DISCURSIVA

A Educação a Distância (EaD) é a modalidade de ensino que permite que a comunicação e a construção do conhecimento entre os usuários envolvidos possam acontecer em locais e tempos distintos. São necessárias tecnologias cada vez mais sofisticadas para essa modalidade de ensino não presencial, com vistas à crescente necessidade de uma pedagogia que se desenvolva por meio de novas relações de ensino-aprendizagem.

O Censo da Educação Superior de 2009, realizado pelo MEC/INEP, aponta para o aumento expressivo do número de matrículas nessa modalidade. Entre 2004 e 2009, a participação da EaD na Educação Superior passou de 1,4% para 14,1%, totalizando 838 mil matrículas, das quais 50% em cursos de licenciatura. Levantamentos apontam ainda que 37% dos estudantes de EaD estão na pós-graduação e que 42% estão fora do seu estado de origem.

Considerando as informações acima, enumere três vantagens de um curso a distância, justificando brevemente cada uma delas.

14. (EXAME 2011) DISCURSIVA

A Síntese de Indicadores Sociais (SIS 2010) utiliza-se da Pesquisa Nacional por Amostra de Domicílios (PNAD) para apresentar sucinta análise das condições de vida no Brasil. Quanto ao analfabetismo, a SIS 2010 mostra que os maiores índices se concentram na população idosa, em camadas de menores rendimentos e predominantemente na região Nordeste, conforme dados do texto a seguir.

A taxa de analfabetismo referente a pessoas de 15 anos ou mais de idade baixou de 13,3% em 1999 para 9,7% em 2009. Em números absolutos, o contingente era de 14,1 milhões de pessoas analfabetas. Dessas, 42,6% tinham mais de 60 anos, 52,2% residiam no Nordeste e 16,4% viviam com ½ salário-mínimo de renda familiar *per capita*. Os maiores decréscimos no analfabetismo por grupos etários entre 1999 a 2009 ocorreram na faixa dos 15 a 24 anos. Nesse grupo, as mulheres eram mais alfabetizadas, mas a população masculina apresentou queda um pouco mais acentuada dos índices de analfabetismo, que passou de 13,5% para 6,3%, contra 6,9% para 3,0% para as mulheres.

SIS 2010: Mulheres mais escolarizadas são mães mais tarde e têm menos filhos. Disponível em: <www.ibge.gov.br /home/presidencia/noticias>. Acesso em: 25 ago. 2011 (adaptado).

População analfabeta com idade superior a 15 anos	
ano	porcentagem
2000	13,6
2001	12,4
2002	11,8
2003	11,6
2004	11,2
2005	10,7
2006	10,2
2007	9,9
2008	10,0
2009	9,7

Fonte: IBGE

Com base nos dados apresentados, redija um texto dissertativo acerca da importância de políticas e programas educacionais para a erradicação do analfabetismo e para a empregabilidade, considerando as disparidades sociais e as dificuldades de obtenção de emprego provocadas pelo analfabetismo. Em seu texto, apresente uma proposta para a superação do analfabetismo e para o aumento da empregabilidade.

15. (EXAME 2012) DISCURSIVA

As vendas de automóveis de passeio e de veículos comerciais leves alcançaram 340 706 unidades em junho de 2012, alta de 18,75%, em relação a junho de 2011, e de 24,18%, em relação a maio de 2012, segundo informou, nesta terça-feira, a Federação Nacional de Distribuição de Veículos Automotores (Fenabrave). Segundo a entidade, este é o melhor mês de junho da história do setor automobilístico.

Disponível em: <http://br.financas.yahoo.com>. Acesso em: 3 jul. 2012 (adaptado).

Na capital paulista, o trânsito lento se estendeu por 295 km às 19h e superou a marca de 293 km, registrada no dia 10 de junho de 2009. Na cidade de São Paulo, registrou-se, na tarde desta sexta-feira, o maior congestionamento da história, segundo a Companhia de Engenharia de Tráfego (CET). Às 19 h, eram 295 km de trânsito lento nas vias monitoradas pela empresa. O índice superou o registrado no dia 10 de junho de 2009, quando a CET anotou, às 19 h, 293 km de congestionamento.

Disponível em: <http://noticias.terra.com.br>. Acesso em: 03 jul. 2012 (adaptado).

O governo brasileiro, diante da crise econômica mundial, decidiu estimular a venda de automóveis e, para tal, reduziu o imposto sobre produtos industrializados (IPI). Há, no entanto, paralelamente a essa decisão, a preocupação constante com o desenvolvimento sustentável, por meio do qual se busca a promoção de crescimento econômico capaz de incorporar as dimensões socioambientais.

Considerando que os textos acima têm caráter unicamente motivador, redija um texto dissertativo sobre sistema de transporte urbano sustentável, contemplando os seguintes aspectos:

a) conceito de desenvolvimento sustentável; **(valor: 3,0 pontos)**
b) conflito entre o estímulo à compra de veículos automotores e a promoção da sustentabilidade; **(valor: 4,0 pontos)**
c) ações de fomento ao transporte urbano sustentável no Brasil. **(valor: 3,0 pontos)**

16. (EXAME 2012) DISCURSIVA

A Organização Mundial da Saúde (OMS) define violência como o uso de força física ou poder, por ameaça ou na prática, contra si próprio, outra pessoa ou contra um grupo ou comunidade, que resulte ou possa resultar em sofrimento, morte, dano psicológico, desenvolvimento prejudicado ou privação. Essa definição agrega a intencionalidade à prática do ato violento propriamente dito, desconsiderando o efeito produzido.

DAHLBERG, L. L.; KRUG, E. G. **Violência**: um problema global de saúde pública. Disponível em: <http://www.scielo.br>. Acesso em: 18 jul. 2012 (adaptado).

CABRAL, I. Disponível em: <http://www.ivancabral.com>.
Acesso em: 18 jul. 2012.

Disponível em: <http://www.pedagogiaaopedaletra.com.br>.
Acesso em: 18 jul. 2012.

A partir da análise das charges acima e da definição de violência formulada pela OMS, redija um texto dissertativo a respeito da violência na atualidade. Em sua abordagem, deverão ser contemplados os seguintes aspectos:

a) tecnologia e violência; **(valor: 3,0 pontos)**
b) causas e consequências da violência na escola; **(valor: 3,0 pontos)**
c) proposta de solução para o problema da violência na escola. **(valor: 4,0 pontos)**

HABILIDADE 01 – INTERPRETAR, COMPREENDER E ANALISAR TEXTOS, CHARGES, FIGURAS, FOTOS, GRÁFICOS E TABELAS

1. E	10. C	19. C
2. A	11. D	20. A
3. A	12. A	21. D
4. C	13. D	22. E
5. A	14. B	23. C
6. C	15. D	24. D
7. A	16. B	25. A
8. D	17. A	26. D
9. D	18. A	

HABILIDADE 02 – ESTABELECER COMPARAÇÕES, CONTEXTUALIZAÇÕES, RELAÇÕES, CONTRASTES E RECONHECER DIFERENTES MANIFESTAÇÕES ARTÍSTICAS

1. D	8. B	15. E
2. C	9. E	16. C
3. B	10. E	17. C
4. E	11. B	18. D
5. E	12. C	19. A
6. B	13. E	20. B
7. E	14. C	

HABILIDADE 03 – ELABORAR SÍNTESES E EXTRAIR CONCLUSÕES

1. E	9. D	17. B
2. C	10. E	18. E
3. D	11. C	19. E
4. C	12. B	20. D
5. C	13. E	21. E
6. C	14. E	22. C
7. D	15. B	23. B
8. A	16. A	

QUESTÕES DISCURSIVA

1. **DISCURSIVA**

ANÁLISE OFICIAL – PADRÃO DE RESPOSTA

a) O envelhecimento da população, resultado de um processo de aumento da participação dos idosos no conjunto total da população, se, por um lado, é um dado positivo porque expressa o aumento da expectativa de vida das pessoas, por outro, implica um ônus maior para os sistemas previdenciários e de saúde, pois os governos têm que pagar por mais tempo os benefícios/direitos de aposentadoria e arcar com assistência médica e hospitalar de um número maior de idosos (a elevação da expectativa de vida do brasileiro prolonga o tempo de recebimento dos benefícios da aposentadoria). Isso implica a necessidade de medidas eficazes por parte da previdência social que possam garantir aposentadoria e assistência médica satisfatória.

b) Pode ser apresentada uma das seguintes situações:

- a redução das taxas de fecundidade deverá provocar, a médio e longo prazos, a diminuição de contribuintes ao sistema previdenciário;
- ao contrário dos países desenvolvidos que primeiro acumularam riquezas e depois envelheceram, o Brasil entra num processo de envelhecimento da população com questões econômicas e sociais não resolvidas;
- grande parcela de trabalhadores no Brasil não é contribuinte do sistema previdenciário;
- o sistema previdenciário, ao longo do tempo, permitiu a coexistência de milhares de aposentadorias extremamente elevadas ao lado de milhões de aposentadorias miseráveis;
- fraudes no sistema previdenciário, inclusive com formação de quadrilhas;
- o alargamento de benefícios a outras camadas da população que não pagaram a previdência pelo tempo regular;
- a opção política neoliberal, com a proposta de redução do papel do Estado, estimulou a previdência privada;
- a metodologia que anteriormente era adotada no cálculo da previdência social.

2. DISCURSIVA

ANÁLISE OFICIAL – PADRÃO DE RESPOSTA

a) Poderá ser apresentada uma das conclusões:

- O Brasil, que é uma das nações mais populosas do mundo, tem um número absoluto de internautas alto, correspondendo a 22,3 milhões em 2004, o que coloca o país na 10ª posição no *ranking* mundial. Porém, isso representa uma pequena parcela da população, pois, para cada 10 habitantes, em 2003, havia menos de 1 internauta.
- O Brasil reflete um panorama global de desigualdade no acesso às novas tecnologias de informática, como o uso da internet, o que caracteriza um índice considerável de exclusão digital: em números absolutos somos o 10° país com maior quantidade de internautas, mas em números relativos o quadro muda, visto que mais de 80% dos brasileiros ainda não têm acesso à Internet.
- leitura comparativa dos países que aparecem no gráfico, levando em conta os valores absolutos e relativo/tamanho da população.

b) Poderá ser apresentada uma das conclusões:

- Com a introdução das novas tecnologias de informática, o desemprego estrutural é uma realidade no Brasil e no mundo, reduzindo os postos de trabalho e de tarefas no mundo do trabalho e exigindo pessoas preparadas para o uso dessas novas tecnologias.
- A pequena oferta de trabalho pelo desemprego estrutural gera o deslocamento de pessoas com bom nível de educação formal, mas sem preparo para o uso das novas tecnologias de informática, para atividades que exigem baixa qualificação profissional.

- No mundo atual, a camada mais pobre da população precisa, além de outros fatores, se preocupar com mais um obstáculo para ter uma vida digna: a exclusão digital. Não possuir acesso à rede mundial na área de informática significa mais dificuldade para conseguir emprego e perda em aspectos primordiais da cidadania. Assim, dominar recursos básicos de informática torna-se exigência para quem quer ingressar no mercado de trabalho. Na atualidade, além da exigência de qualificação para o uso das novas tecnologias de informática, a discriminação da mulher no mercado de trabalho, com o aumento dodesemprego estrutural, é facilitada, colocando-a numa situação subalterna, mesmo quando ela tem bom nível de educação formal.

3. DISCURSIVA

ANÁLISE OFICIAL – PADRÃO DE RESPOSTA

Tema – Políticas Públicas / Políticas Afirmativas / Sistema de Cotas "raciais

a) O aluno deverá apresentar, num texto coerente e coeso, a essência de um dos argumentos a seguir contra o sistema de cotas.

- Diversos dispositivos dos projetos (Lei de cotas e Estatuto da Igualdade Racial) ferem o princípio constitucional da igualdade política e jurídica, visto que todos são iguais perante a lei. Para se tratar desigualmente os desiguais, é preciso um fundamento razoável e um fim legítimo e não um fundamento que envolve a diferença baseada, somente, na cor da pele.
- Implantar uma classificação racial oficial dos cidadãos brasileiros, estabelecer cotas raciais no serviço público e criar privilégios nas relações comerciais entre poder público e empresas privadas que utilizem cotas raciais na contratação de funcionários é um equívoco. Sendo aprovado tal estatuto, o País passará a definir os direitos das pessoas com base na tonalidade da pele e a História já condenou veementemente essas tentativas.
- Políticas dirigidas a grupos "raciais estanques em nome da justiça social não eliminam o racismo e podem produzir efeito contrário; dando-se respaldo legal ao conceito de "raça, no sentido proposto, é possível o acirramento da intolerância.
- A adoção de identidades étnicas e culturais não deve ser imposta pelo Estado. A autorização da inclusão de dados referentes ao quesito raça/cor em instrumentos de coleta de dados em fichas de instituições de ensino e nas de atendimento em hospitais, por exemplo, pode gerar ainda mais preconceito.
- O sistema de cotas valorizaria excessivamente a raça, e o que existe, na verdade, é a raça humana. Além disso, há dificuldade para definir quem é negro porque no País domina a miscigenação.
- O acesso à Universidade deve basear-se em um único critério: o de mérito. Não sendo assim, a qualidade acadêmica pode ficar ameaçada por alunos despreparados. Nesse sentido, a principal luta é a de reivindicar propostas que incluam maiores investimentos na educação básica.
- O acesso à Universidade Pública que não esteja unicamente vinculado ao mérito acadêmico pode provocar a falência do ensino público e gratuito, favorecendo as faculdades da rede privada de ensino superior.

b) O aluno deverá apresentar, num texto coerente e coeso, a essência de um dos argumentos a seguir a favor do sistema de cotas.

- É preciso avaliar sobre que "igualdade se está tratando quando se diz que ela está ameaçada com os projetos em questão. Há necessidade de diferenciar a igualdade formal (do ordenamento jurídico e da estrutura estatal) da igualdade material (igualdade de fato na vida econômica). Ao longo da História, manteve-se a centralização política e a exclusão de grande parte da população brasileira na maioria dos direitos, perpetuando-se o mando sobre uma enorme massa de população.
É preciso, então, fazer uma reparação.

- Não se pode ocultar a diversidade e as especificidades sociopolíticas e culturais do povo brasileiro.

- O princípio da igualdade assume hoje um significado complexo que deve envolver o princípio da igualdade na lei, perante a lei e em suas dimensões formais e materiais. A cota não tira direitos, mas rediscute a distribuição dos bens escassos da nação até que a distribuição igualitária dos serviços públicos seja alcançada.

- Não se pode negar a dimensão racial como uma categoria de análise das relações sociais brasileiras. A acusação de que a defesa do sistema de cotas promove a criação de grupos sociais estanques não procede; é injusta e equivocada. Admitir as diferenças não significa utilizá-las para inferiorizar um povo, uma pessoa pertencente a um determinado grupo social.

- A utilização das expressões "raça e "racismo pelos que defendem o sistema de cotas está relacionada ao entendimento informal, e nunca como purismo biológico; trata-se de um conceito político aplicado ao processo social construído sobre diferenças humanas, portanto, um construto em que grupos sociais se identificam e são identificados.

- Na luta por ações afirmativas e pelo Estatuto da Igualdade Racial se defende muito mais do que o aumento de vagas para o trabalho e o ensino; defende-se um projeto político contra a opressão e a favor do respeito às diferenças.

- Dizer que é difícil definir quem é negro é uma hipocrisia, pois não faltam agentes sociais versados em identificar negros e discriminá-los.

- As Universidades Públicas no Brasil sempre operaram num velado sistema de cotas para brancos afortunados, visto que a metodologia dos vestibulares acaba por beneficiar os alunos egressos das escolas particulares e dos cursinhos caros.

- Pesquisas revelam que, para as Universidades que já adotaram o sistema de cotas, não há diferenças de rendimento entre alunos cotistas e não cotistas; os números revelam, inclusive, que no quesito frequência os cotistas estão em vantagem (são mais assíduos).

HABILIDADE 04 – CRITICAR, ARGUMENTAR, OPINAR, PROPOR SOLUÇÕES E FAZER ESCOLHAS

1. E
2. A

QUESTÕES DISCURSIVA

1. DISCURSIVA

ANÁLISE OFICIAL – PADRÃO DE RESPOSTA

O estudante poderá focalizar uma das seguintes questões:

- qualificação para o processo de seleção clonal;
- autodeterminação pelos ricos e poderosos da reprodução de indivíduos socialmente indesejáveis;
- riscos de tecnologia, erroneamente usada pelo Governo, de massas dóceis e idiotas para realizar trabalhos do mundo;
- efeito de toda a mesmice humana sobre os não reproduzidos clonalmente;
- estímulo à singularidade que acompanha o homem há milênios;
- individualidade como fato essencial da vida;
- aterrorizante ausência de um eu-humano, a mesmice.

Na análise das respostas, serão considerados os seguintes aspectos:

- adequação ao tema
- coerência
- coesão textual
- correção gramatical do texto

2. DISCURSIVA

ANÁLISE OFICIAL – PADRÃO DE RESPOSTA

O candidato deverá, em no máximo 10 linhas, apresentar uma proposta de preservação da Floresta Amazônica, fundamentada em dois argumentos coerentes com a proposta e coerentes entre si, no padrão formal culto da língua.

O aluno poderá utilizar os textos apresentados, articulando-os para elaborar sua resposta, ou utilizálos como estímulo para responder à questão.

No desenvolvimento do tema o candidato deverá fornecer uma proposta que garanta, pelo menos uma das três possibilidades: a proteção, ou a recuperação, ou a sustentabilidade da Floresta Amazônica.

Algumas possibilidades de encaminhamento do tema:

1) Articulação entre o aspecto ecológico e econômico da preservação da Amazônia.

2) A Amazônia é uma das nossas principais riquezas naturais. Os países ricos acabaram com as suas florestas e agora querem preservar a nossa a qualquer custo. Internacionalizar a Floresta Amazônica é romper com a soberania nacional, uma vez que ela é parte integrante do território brasileiro.

3) A Floresta Amazônica é tão importante para o Brasil quanto para o mundo e, como o nosso país não tem conseguido preservá-la, a internacionalização tornou-se uma necessidade.

4) Para preservar a floresta amazônica deve-se adotar uma política de autossustentabilidade que valorize, ao mesmo tempo a produção para a sobrevivência e a geração de riquezas sem destruir as árvores.

5) Na política de valorização da Amazônia, deve-se reflorestar o que tiver sido destruído, sobretudo a vegetação dos mananciais hídricos.

6) Criar condições para que a população da floresta possa sobreviver dignamente com os recursos oferecidos pela região.

7) Propor políticas ambientais, numa parceria público-privada, para aproveitar o potencial da região.

8) Despertar a consciência ecológica na população local, para ela aprender a defender o seu próprio patrimônio/desenvolver o turismo ecológico.

9) Promover, em todo o País, campanhas em defesa da Floresta Amazônica.

10) Criar incentivos financeiros para aqueles que cumprirem a legislação ambiental.

3. DISCURSIVA

ANÁLISE OFICIAL – PADRÃO DE RESPOSTA

Uma sugestão que pode ser feita é a repressão ao desmatamento, especialmente àquele feito através das queimadas, garantindo que as florestas mantenham ou ampliem suas dimensões atuais para restabelecer a emissão de oxigênio na atmosfera e garantir o equilíbrio do regime de chuvas.

A outra é o controle da emissão de gases poluentes de automóveis e indústrias, especialmente os de origem fóssil, com o objetivo de minimizar o efeito estufa, um dos fatores que contribuem para o aquecimento global.

4. DISCURSIVA

ANÁLISE OFICIAL – PADRÃO DE RESPOSTA

O aluno deverá apresentar proposta de como o País poderá enfrentar a violência social e a violência no trânsito, sobretudo nos grandes centros urbanos, responsáveis pela morte de milhares de jovens. O texto, desenvolvido entre oito e doze linhas, deve estar fundamentado em argumentos e ser redigido na modalidade escrita padrão da Língua Portuguesa.

Conteúdo informativo dos dois textos:

Texto 1 "Por quê?: O número de brasileiros, sobretudo de jovens, assassinados anualmente é superior ao de vários países em guerra, pouco sendo feito, na prática, para impedir essa tragédia.

Texto 2 "Fique vivo: O que a sociedade pode fazer para evitar que jovens morram de acidentes de trânsito? Ela deve oferecer leis que os protejam, campanhas que os alertem através do diálogo para criar noção de responsabilidade.

Para o desenvolvimento do tema, poderão ser consideradas as abordagens a seguir.

1) A **violência social,** responsável pela morte de muitos jovens, é fruto de vários fatores: a miséria, o desnível econômico numa sociedade de consumo, a baixa escolaridade, a desorganização familiar, a ausência do poder público em comunidades que carecem de projetos que valorizem a cidadania através de atividades esportivas, culturais e educativas.

Aspectos que podem ser focalizados no encaminhamento do tema:

- investimento na educação de tempo integral em que à atividade educativa se agregue a esportiva/cultural;

- acesso dos jovens das periferias das grandes cidades ao mercado de trabalho através de projetos de redução do desnível socioeconômico;

- combate à violência e repressão ao crime organizado com investimento financeiro na formação, no salário e no aparelhamento das polícias;

- rigor no cumprimento da legislação contra o crime com o controle externo do Judiciário.

2) A **violência no trânsito,** responsável pela morte de muitos jovens, é, em grande parte, consequência tanto do consumo excessivo do álcool quanto da alta velocidade. A glamorização de bebidas alcoólicas e de carros velozes tem levado adolescentes a dirigirem embriagados e em excesso de velocidade. A legislação vigente deve ser revista para que as penas sejam mais rigorosas. Além disso, é necessário promover campanhas educativas, melhorar a fiscalização do trânsito, e conscientizar a todos da tragédia que é a morte dos jovens que transformam a bebida e o automóvel em armas contra a própria vida.

Aspectos que podem ser focalizados no encaminhamento do tema:

- proibiçã o de propaganda de bebida alcoólica nos veículos de comunicação;
- obrigatoriedade de os fabricantes de veículos divulgarem os perigos da alta velocidade nos carros mais potentes;
- inserção, nos critérios para tirar carteira de motorista, de leitura de material educativo sobre as graves consequências de dirigir alcoolizado;
- campanhas conjuntas dos governos e da sociedade civil que alertem os jovens para dirigir com responsabilidade;
- legislação mais rigorosa sobre os crimes de dirigir embriagado e em alta velocidade.

5. DISCURSIVA

ANÁLISE OFICIAL – PADRÃO DE RESPOSTA

O estudante deverá apresentar uma proposta de defesa do meio ambiente, fundamentada em dois argumentos. O texto, desenvolvido entre oito e doze linhas, deve ser redigido na modalidade escrita padrão da Língua Portuguesa. Conteúdo informativo dos textos:

1) Desmatamento cai e tem baixa recorde Análise de imagens vem comprovando a redução do desmatamento no Brasil. Com isso, o país protege a sua biodiversidade, adequando-se às metas do Protocolo de Kyoto.

2) Soja ameaça a tendência de queda, diz ONG A confirmação da tendência de queda no desmatamento depende dos dados referentes a 2008. A elevação do preço da soja no mercado internacional pode comprometer a consolidação da tendência de queda do desmatamento. Os produtores de soja compreendem que a redução do desmatamento pode levar à valorização do seu produto.

Possibilidades de encaminhamento do tema:

1) Medidas governamentais para a redução do desmatamento.
2) Contribuição do Brasil em defesa da biodiversidade.
3) Cumprimento das metas do Protocolo que Kyoto.
4) Tomada de consciência da necessidade de preservação do meio ambiente.
5) Implementação de ações individuais e coletivas visando à salvação do meio ambiente.
6) Participação da sociedade em movimentos ecológicos.
7) Estimulo à educação ambiental promovida pela sociedade civil e pelos governos.
8) Elaboração de programas em defesa do meio ambiente veiculados pela mídia.
9) Preservação do meio ambiente compatível com o progresso econômico e social.
10) Necessidade de conscientização dos grandes produtores rurais de que a preservação do meio ambiente favorece o agronegócio.

6. DISCURSIVA

ANÁLISE OFICIAL – PADRÃO DE RESPOSTA

a) Posição I

Explicação – O estudante deverá, no seu texto (com o máximo de 6 linhas, de forma coerente, com boa organização textual e com pertinência ao tema e coesão), elaborar uma explicação envolvendo, do ponto de vista do conteúdo, a relação entre os elementos da coluna da esquerda (posição I) com os elementos da coluna da direita (texto de Noam Chomsky).

b) Resposta mais livre do estudante com a elaboração de um texto (com o máximo de 6 linhas, de forma coerente, com boa organização textual e com pertinência ao tema) que expresse seu posicionamento quanto ao fato de a mídia ser ou não livre e que apresente argumentos para caracterizar a dependência ou a independência da produção midiática.

7. DISCURSIVA

ANÁLISE OFICIAL – PADRÃO DE RESPOSTA QUESTÃO 9

A concepção que foi destacada nos três itens corresponde à ultrapassagem da mera noção de necessidade humana básica para aquela de direito humano, como um princípio de ação, na medida em que não se trata de reconhecer apenas uma carência a ser suprida, mas a possibilidade de exigência da dignidade e qualidade de vida, através da efetivação do direito (à habitação/à segurança/ao trabalho). Assim, o trabalho como ação qualificada está em correspondência com a possibilidade de uma moradia adequada, dentro de uma ambiência de bem-estar cidadão, numa perspectiva integrada, isto é, remetendo-se esses direitos uns aos outros.

8. DISCURSIVA

ANÁLISE OFICIAL – PADRÃO DE RESPOSTA

Com base nos dados veiculados pelos textos motivadores versando sobre o fraco desempenho dos alunos nas avaliações internacionais (PISA) e a opinião favorável dos professores quanto à sua preparação para o desempenho docente, dos pais em relação ao que auferem das escolas onde seus filhos estudam e dos próprios discentes que consideram o ensino recebido como de boa qualidade, espera-se que seja apontada a contradição existente entre esses pontos de vista e os dados oficiais.

Assim, o estudante deve produzir um texto dissertativo, fundamentado em argumentos (texto opinativo), no padrão escrito formal da Língua Portuguesa, sobre a contradição aludida (opinião dos pais, professores e alunos *vs* dados oficiais) e as suas causas.

9. DISCURSIVA

ANULADA

10. DISCURSIVA

ANÁLISE OFICIAL – PADRÃO DE RESPOSTA

O estudante poderá propor:

- **Acesso à educação pública, gratuita e de qualidade**, o que favorece ao cidadão ocupar postos de trabalho que exigem maior qualificação e, consequentemente, maior remuneração;
- **Permanência do estudante na escola, em todos os níveis escolares – da educação infantil a educação superior** – o que possibilita o cidadão se qualificar profissionalmente e ter acesso a melhores condições de trabalho e remuneração e, consequentemente, de vida;
- **Condições dignas de trabalho, com remuneração que garanta qualidade de vida do indivíduo**, fruto de reivindicação daquele que tem condições de trabalhar com qualidade, como consequência de seu preparo cultural e profissional;
- **Assistência à saúde, em seu contexto mais amplo**, o que favorece uma renda familiar não comprometida com a suspensão de enfermidades e, até mesmo, caracterizada pela redução de gastos com portadores de necessidades especiais;
- **Ser proprietário do imóvel em que se reside**, o que se reduz os gastos com aluguel e promove o equilíbrio financeiro familiar.

11. DISCURSIVA

ANÁLISE OFICIAL – PADRÃO DE RESPOSTA

O aluno deverá explicitar as características de uma sociedade democrática: representatividade do povo no poder, regulação por meio de leis, igualdade de direitos e de deveres. (Valor: 4,0 pontos)

O aluno deverá caracterizar comportamento não ético como aquele que fere a igualdade de direitos e de deveres, buscando apenas o benefício pessoal em detrimento dos objetivos da sociedade como um todo. (Valor: 3,0 pontos)

O aluno deverá ilustrar sua argumentação com dois exemplos de comportamentos éticos. (Valor: 3,0 pontos)

12. DISCURSIVA

ANÁLISE OFICIAL – PADRÃO DE RESPOSTA

Espera-se que a resposta a essa questão seja um único texto, contendo os aspectos solicitados.

O estudante deverá comentar o texto-base, que mostra os números da evasão escolar na EJA.

Ele deverá considerar, em seu texto, a responsabilidade dos governos em relação à educação de jovens e adultos, que precisam conciliar o estudo e o trabalho em seu dia a dia.

Por fim, espera-se que o texto apresente alguma sugestão de ação para garantir a qualidade do ensino e a aprendizagem desses alunos, mantendo-os na escola e diminuindo, portanto, o índice de evasão nesse nível de ensino.

13. DISCURSIVA

ANÁLISE OFICIAL – PADRÃO DE RESPOSTA

O estudante deve ser capaz de apontar algumas vantagens dentre as seguintes, quanto à modalidade EaD:

(i) flexibilidade de horário e de local, pois o aluno estabelece o seu ritmo de estudo;

(ii) valor do curso, em geral, é mais baixo que do ensino presencial;

(iii) capilaridade ou possibilidade de acesso em locais não atendidos pelo ensino presencial;

(iv) democratização de acesso à educação, pois atende a um público maior e mais variado que os cursos presenciais; além de contribuir para o desenvolvimento local e regional;

(v) troca de experiência e conhecimento entre os participantes, sobretudo quando dificilmente de forma presencial isso seria possível (exemplo, de pontos geográficos longínquos);

(vi) incentivo à educação permanente em virtude da significativa diversidade de cursos e de níveis de ensino;

(vii) inclusão digital, permitindo a familiarização com as mais diversas tecnologias;

(viii) aperfeiçoamento/formação pessoal e profissional de pessoas que, por distintos motivos, não poderiam frequentar as escolas regulares;

(ix) formação/qualificação/habilitação de professores, suprindo demandas em vastas áreas do país;

(x) inclusão de pessoas com comprometimento motor reduzindo os deslocamentos diários.

14. DISCURSIVA

ANÁLISE OFICIAL – PADRÃO DE RESPOSTA

O estudante deve abordar em seu texto:

- identificação e análise das desigualdades sociais acentuadas pelo analfabetismo, demonstrando capacidade de examinar e interpretar criticamente o quadro atual da educação com ênfase no analfabetismo;

- abordagem do analfabetismo numa perspectiva crítica, participativa, apontando agentes sociais e alternativas que viabilizem a realização de esforços parasua superação, estabelecendo relação entre o analfabetismo e a dificuldade para a obtenção de emprego;

- indicação de avanços e deficiências de políticas e de programas de erradicação do analfabetismo, assinalando iniciativas realizadas ao longo do período tratado e seus resultados, expressando que estas ações, embora importantes para a eliminação do analfabetismo, ainda se mostram insuficientes.

15. DISCURSIVA

ANÁLISE OFICIAL – PADRÃO DE RESPOSTA

O estudante deve redigir texto dissertativo, abordando os seguintes tópicos:

a) A ideia de que desenvolvimento sustentável pode ser entendido como proposta ou processo que atende às necessidades das gerações presentes sem comprometer capacidade similar das gerações futuras.

b) A redução do IPI para a compra de automóveis incentiva a utilização de veículos movidos a combustíveis fósseis num cenário de baixa mobilidade urbana nas cidades brasileiras. Mais automóveis nas cidades gera mobilidade deficitária e mais consumo de combustíveis fósseis, pois os motores ficam mais tempo acionados. O aumento da queima de combustíveis nestes motores gera maiores quantidades de emissões de gases poluentes, como os gases de efeito estufa, o monóxido de carbono, os óxidos de enxofre e os particulados. Como consequência, o ar atmosférico das cidades se torna mais poluído.

c) São ações de fomento:

Concessão de subsídios governamentais ao transporte coletivo em detrimento do transporte particular, como exemplo a redução de IPI para a fabricação de equipamentos de transporte coletivo como ônibus, vagões de metrôs, trólebus e barcas públicas.

Concessão de subsídios governamentais para a manufatura e venda de veículos de transporte movidos a combustíveis limpos ou mais sustentáveis, como os veículos a energia solar, gás natural, energia elétrica, hidrogênio, biodiesel, dentre outros.

Incentivo ao uso de bicicletas e da caminhada, como a construção de ciclovias e de passeios seguros, amplos e agradáveis.

16. DISCURSIVA

ANÁLISE OFICIAL – PADRÃO DE RESPOSTA

O estudante deverá redigir texto dissertativo, abordando os seguintes aspectos:

a) Comentários gerais a respeito da violência na atualidade, considerando o papel de tecnologias no estímulo ou combate à violência.

b) Aspectos relacionados à educação escolar e a violência, apontando suas causas e consequências.

c) Ações/soluções para a violência na escola. Exemplos: atualização dos profissionais da educação, conscientização da comunidade escolar sobre o assunto, desenvolvimento de políticas públicas ligadas ao combate à violência.

Capítulo III
Questões de Componente Específico de Ciências da Computação

1) Conteúdos e Habilidades objetos de perguntas nas questões de Componente Específico.

As questões de Componente Específico são criadas de acordo com o curso de graduação do estudante.

Essas questões, que representam ¾ (três quartos) da prova e são em número de 30, podem trazer, em Ciências da Computação, dentre outros, os seguintes **Conteúdos**:

Conteúdos comuns aos perfis de todos os cursos:

I. Algoritmos e Estruturas de Dados;

II. Engenharia de *Software* e Interação Homem-Computador;

III. Ética, Computador e Sociedade;

IV. Sistemas Operacionais e Arquitetura de Computadores;

V. Lógica e Matemática Discreta;

VI. Sistemas Digitais;

VII. Fundamentos e Técnicas de Programação;

VIII. Paradigmas de Linguagens de Programação;

IX. Redes de Computadores e Sistemas Distribuídos;

X. Linguagens Formais, Autômatos e Compiladores;

XI. Teoria da Computabilidade e Complexidade;

XII. Inteligência Artificial e Computacional.

Conteúdos específicos dos cursos com perfil de Bacharelado em Ciência da Computação:

I. Métodos Formais;

II. Banco de Dados;

III. Computação Gráfica e Processamento de Imagem;

IV. Teoria dos Grafos;

V. Probabilidade e Estatística.

Conteúdos específicos dos cursos com perfil de Licenciatura em Computação:

I. Tecnologia de Ensino a Distância;

II. Educação e Pedagogia;

III. Tecnologias de Sistemas de Informação;

IV. Gestão e Processos;

V. Educação na Computação.

O objetivo aqui é avaliar junto ao estudante a compreensão dos conteúdos programáticos mínimos a serem vistos no curso de graduação, de forma avançada. Também é avaliado o nível de atualização com relação à realidade brasileira e mundial e às questões jurídicas de maior relevância.

Avalia-se aqui também *competências* e *habilidades*. A ideia é verificar se o estudante desenvolveu as principais **Habilidades** para o profissional de Ciências da Computação, que são as seguintes:

I. Bacharelado em Ciência da Computação:

a) criar soluções algorítmicas para problemas em qualquer domínio de conhecimento e de aplicação;

b) identificar e analisar requisitos e especificações para problemas específicos e planejar estratégias para suas soluções;

c) especificar, projetar, implementar, manter e avaliar sistemas de computação e sistemas embarcados, empregando teorias, práticas e ferramentas adequadas;

d) conceber soluções computacionais que visem ao equilíbrio de todos os fatores e restrições envolvidas;

e) empregar metodologias que visem garantir critérios de qualidade ao longo de todas as etapas de desenvolvimento de uma solução computacional;

f) analisar o quanto um sistema computacional atende aos requisitos definidos para adequação de seu uso corrente e futuro;

g) gerenciar projetos de desenvolvimento de sistemas computacionais;

h) aplicar temas e princípios recorrentes, tais como abstração, complexidade, princípio da localidade de referência, compartilhamento de recursos, segurança, concorrência, evolução de sistemas, reuso e modularização;

i) aplicar boas práticas e técnicas que conduzam ao raciocínio rigoroso no planejamento, na medição e no gerenciamento da qualidade de sistemas computacionais;

j) relacionar problemas do mundo real com suas soluções, considerando aspectos de computabilidade, complexidade e escalabilidade;

k) identificar e gerenciar os riscos que podem estar envolvidos no uso de equipamentos de computação, incluindo os aspectos de confiabilidade e segurança.

II. Licenciatura em Computação:

a) especificar os requisitos pedagógicos para o desenvolvimento de Tecnologias Educacionais;

b) especificar e avaliar *softwares* e equipamentos para aplicações educacionais;

c) projetar e desenvolver *softwares* e equipamentos para aplicações educacionais em equipes interdisciplinares;

d) atuar na concepção, desenvolvimento e avaliação de projetos de educação à distância;

e) atuar junto a instituições de ensino e organizações no uso efetivo e adequado das tecnologias da educação;

f) produzir materiais didáticos com a utilização de recursos computacionais, propiciando inovações nos produtos, processos e metodologias de ensino-aprendizagem;

g) projetar, implementar e gerenciar espaços de ensino e inclusão digital;

h) atuar como docente com a visão crítica e reflexiva;

i) propor, coordenar e avaliar, projetos de pesquisa para a inovação em processos de ensino-aprendizagem com apoio de tecnologias educacionais digitais.

Com relação às questões de Componente Específico optamos por classificá-las pelos Conteúdos enunciados no início deste item.

2) Questões de Componente Específico Classificadas por Conteúdos.

Habilidade 01
ALGORITMOS E COMPLEXIDADE

1. (ENADE – 2011)

O problema da parada para máquinas de *Turing*, ou simplesmente problema da parada, pode ser assim descrito: determinar, para quaisquer máquina de *Turing* M e palavra w, se M irá eventualmente parar com entrada w.

Mais informalmente, o mesmo problema também pode ser assim descrito: dados um algoritmo e uma entrada finita, decidir se o algoritmo termina ou se executará indefinidamente.

Para o problema da parada,

(A) existe algoritmo exato de tempo de execução polinomial para solucioná-lo.
(B) existe algoritmo exato de tempo de execução exponencial para solucioná-lo.
(C) não existe algoritmo que o solucione, não importa quanto tempo seja disponibilizado.
(D) não existe algoritmo exato, mas existe algoritmo de aproximação de tempo de execução polinomial que o soluciona, fornecendo respostas aproximadas.
(E) não existe algoritmo exato, mas existe algoritmo de aproximação de tempo de execução exponencial que o soluciona, fornecendo respostas aproximadas.

2. (ENADE – 2011)

Um dos problemas clássicos da computação científica é a multiplicação de matrizes. Assuma que foram declaradas e inicializadas três matrizes quadradas de ponto flutuante, a, b e c, cujos índices variam entre 0 e n - 1. O seguinte trecho de código pode ser usado para multiplicar matrizes de forma sequencial:

```
1.  for [i = 0 to n - 1] {
2.    for [j = 0 to n - 1] {
3.      c[i, j] = 0.0;
4.      for [k = 0 to n - 1]
5.        c[i, j] = c[i, j] + a[i, k] * b[k, j];
6.    }
7.  }
```

O objetivo é paralelizar esse código para que o tempo de execução seja reduzido em uma máquina com múltiplos processadores e memória compartilhada. Suponha que o comando "co" seja usado para definição de comandos concorrentes, da seguinte forma: "co [i = 0 to n - 1] { x; y; z;}" cria n processos concorrentes, cada um executando sequencialmente uma instância dos comandos x, y, z contidos no bloco.

Avalie as seguintes afirmações sobre o problema.

I. Esse problema é exemplo do que se chama "embaraçosamente paralelo", porque pode ser decomposto em um conjunto de várias operações menores que podem ser executadas independentemente.
II. O programa produziria resultados corretos e em tempo menor do que o sequencial, trocando-se o "for" na linha 1 por um "co".
III. O programa produziria resultados corretos e em tempo menor do que o sequencial, trocando-se o "for" na linha 2 por um "co".
IV. O programa produziria resultados corretos e em tempo menor do que o sequencial, trocando-se ambos "for", nas linhas 1 e 2, por "co".

É correto o que se afirma em

(A) I, II e III, apenas.
(B) I, II e IV, apenas.
(C) I, III e IV, apenas.
(D) II, III e IV, apenas.
(E) I, II, III, IV.

3. (ENADE – 2011)

Algoritmos criados para resolver um mesmo problema podem diferir de forma drástica quanto a sua eficiência.

Para evitar este fato, são utilizadas técnicas algorítmicas, isto é, conjunto de técnicas que compreendem os métodos de codificação de algoritmos de forma a salientar sua complexidade, levando-se em conta a forma pela qual determinado algoritmo chega à solução desejada.

Considerando os diferentes paradigmas e técnicas de projeto de algoritmos, analise as afirmações abaixo.

I. A técnica de tentativa e erro (*backtracking*) efetua uma escolha ótima local, na esperança de obter uma solução ótima global.

II. A técnica de divisão e conquista pode ser dividida em três etapas: dividir a instância do problema em duas ou mais instâncias menores; resolver as instâncias menores recursivamente; obter a solução para as instâncias originais (maiores) por meio da combinação dessas soluções.

III. A técnica de programação dinâmica decompõe o processo em um número finito de subtarefas parciais que devem ser exploradas exaustivamente.

IV. O uso de heurísticas (ou algoritmos aproximados) é caracterizado pela ação de um procedimento chamar a si próprio, direta ou indiretamente.

É correto apenas o que se afirma em

(A) I.
(B) II.
(C) I e IV.
(D) II e III.
(E) III e IV.

4. (ENADE – 2011)

Suponha que se queira pesquisar a chave 287 em uma árvore binária de pesquisa com chaves entre 1 e 1 000.

Durante uma pesquisa como essa, uma sequência de chaves é examinada. Cada sequência abaixo é uma suposta sequência de chaves examinadas em uma busca da chave 287.

I. 7, 342, 199, 201, 310, 258, 287
II. 110, 132, 133, 156, 289, 288, 287
III. 252, 266, 271, 294, 295, 289, 287
IV. 715, 112, 530, 249, 406, 234, 287

É válido apenas o que se apresenta em

(A) I.
(B) III.
(C) I e II.
(D) II e IV.
(E) III e IV.

5. (ENADE – 2011)

O problema **P versus NP** é um problema ainda não resolvido e um dos mais estudados em Computação.

Em linhas gerais, deseja-se saber se todo problema cuja solução pode ser eficientemente verificada por um computador, também pode ser eficientemente obtida por um computador. Por "eficientemente" ou "eficiente" significa "em tempo polinomial".

A classe dos problemas cujas soluções podem ser eficientemente obtidas por um computador é chamada de **classe P**. Os algoritmos que solucionam os problemas dessa classe têm complexidade de pior caso polinomial no tamanho das suas entradas.

Para alguns problemas computacionais, não se conhece solução eficiente, isto é, não se conhece algoritmo eficiente para resolvê-los. No entanto, se para uma dada solução de um problema é possível verificá-la eficientemente, então o problema é dito estar em NP. Dessa forma, a classe de problemas para os quais suas soluções podem ser eficientemente verificadas é chamada de **classe NP**.

Um problema é dito ser **NP-completo** se pertence à classe NP e, além disso, se qualquer outro problema na classe NP pode ser eficientemente transformado nesse problema. Essa transformação eficiente envolve as entradas e saídas dos problemas.

Considerando as noções de complexidade computacional apresentadas acima, analise as afirmações que se seguem.

I. Existem problemas na classe P que não estão na classe NP.
II. Se o problema A pode ser eficientemente transformado no problema B e B está na classe P, então A está na classe P.
III. Se P = NP, então um problema NP-completo pode ser solucionado eficientemente.
IV. Se P é diferente de NP, então existem problemas na classe P que são NP-completos.

É correto apenas o que se afirma em

(A) I.
(B) IV.
(C) I e III.
(D) II e III.
(E) II e IV.

6. (ENADE – 2011)

Considere que a figura abaixo corresponde ao cenário de um jogo de computador. Esse cenário é dividido em 24 quadrados e a movimentação de um personagem entre cada quadrado tem custo 1, sendo permitida apenas na horizontal ou na vertical. Os quadrados marcados em preto correspondem a regiões para as quais os personagens não podem se mover.

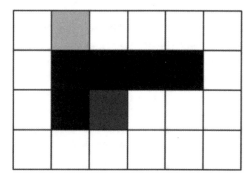

Nesse cenário, o algoritmo A* vai ser usado para determinar o caminho de custo mínimo pelo qual um personagem deve se mover desde o quadrado verde até o quadrado vermelho. Considere que, no A*, o custo $f(x) = g(x) + h(x)$ de determinado nó x é computado somando-se o custo real $g(x)$ ao custo da função heurística $h(x)$ e que a função heurística utilizada é a distância de Manhattan (soma das distâncias horizontal e vertical de x até o objetivo). Desse modo, o custo $f(x)$ do quadrado verde é igual a

(A) 2.

(B) 3.

(C) 5.

(D) 7.

(E) 9.

7. (ENADE – 2008)

Um programador propôs um algoritmo não recursivo para o percurso em preordem de uma árvore binária com as seguintes características.

- Cada nó da árvore binária é representado por um registro com três campos: `chave`, que armazena seu identificador; `esq` e `dir`, ponteiros para os filhos esquerdo e direito, respectivamente.

- O algoritmo deve ser invocado inicialmente tomando o ponteiro para o nó raiz da árvore binária como argumento.

- O algoritmo utiliza `push()` e `pop()` como funções auxiliares de empilhamento e desempilhamento de ponteiros para nós de árvore binária, respectivamente.

A seguir, está apresentado o algoritmo proposto, em que λ representa o ponteiro nulo.

```
Procedimento preordem (ptraiz : PtrNoArvBin)
     Var ptr : PtrNoArvBin;
     ptr := ptraiz;
     Enquanto (ptr ≠ λ) Faça
           escreva (ptr↑.chave);
           Se (ptr↑.dir ≠ λ) Então
                push(ptr↑.dir);
           Se (ptr↑.esq ≠ λ) Então
                push(ptr↑.esq);
           ptr := pop();
     Fim_Enquanto
Fim_Procedimento
```

Com base nessas informações e supondo que a raiz de uma árvore binária com n nós seja passada ao procedimento `preordem()`, julgue os itens seguintes.

I. O algoritmo visita cada nó da árvore binária exatamente uma vez ao longo do percurso.

II. O algoritmo só funcionará corretamente se o procedimento `pop()` for projetado de forma a retornar λ caso a pilha esteja vazia.

III. Empilhar e desempilhar ponteiros para nós da árvore são operações que podem ser implementadas com custo constante.

IV. A complexidade do pior caso para o procedimento `preordem()` é $O(n)$.

Assinale a opção correta.

(A) Apenas um item está certo.

(B) Apenas os itens I e IV estão certos.

(C) Apenas os itens I, II e III estão certos.

(D) Apenas os itens II, III e IV estão certos.

(E) Todos os itens estão certos.

8. (ENADE – 2008)

Os números de Fibonacci constituem uma sequência de números na qual os dois primeiros elementos são 0 e 1 e os demais, a soma dos dois elementos imediatamente anteriores na sequência. Como exemplo, a sequência formada pelos 10 primeiros números de Fibonacci é: 0, 1, 1, 2, 3, 5, 8, 13, 21, 34. Mais precisamente, é possível definir os números de Fibonacci pela seguinte relação de recorrência:

fib (n) = 0, se n = 0

fib (n) = 1, se n = 1

fib (n) = fib (n - 1) + fib (n - 2), se n > 1

Abaixo, apresenta-se uma implementação em linguagem funcional para essa relação de recorrência:

```
fib :: Integer -> Integer
fib 0 = 0
fib 1 = 1
fib n = fib (n - 1) + fib (n - 2)
```

Considerando que o programa acima não reutilize resultados previamente computados, quantas chamadas são feitas à função `fib` para computar `fib 5`?

(A) 11

(B) 12

(C) 15

(D) 24

(E) 25

9. (ENADE – 2005)

Julgue os itens a seguir, acerca de algoritmos para ordenação.

I. O algoritmo de ordenação por inserção tem complexidade $O(n \times \log n)$.

II. Um algoritmo de ordenação é dito estável caso ele não altere a posição relativa de elementos de mesmo valor.

III. No algoritmo *quicksort*, a escolha do elemento pivô influencia o desempenho do algoritmo.

IV. O *bubble-sort* e o algoritmo de ordenação por inserção fazem, em média, o mesmo número de comparações.

Estão certos apenas os itens

(A) I e II.

(B) I e III.

(C) II e IV.

(D) I, III e IV.

(E) II, III e IV.

10. (ENADE – 2005)

No processo de pesquisa binária em um vetor ordenado, os números máximos de comparações necessárias para se determinar se um elemento faz parte de vetores com tamanhos 50, 1.000 e 300 são, respectivamente, iguais a

(A) 5, 100 e 30.
(B) 6, 10 e 9.
(C) 8, 31 e 18.
(D) 10, 100 e 30.
(E) 25, 500 e 150.

11. (ENADE – 2005)

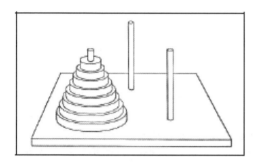

No famoso jogo da Torre de Hanoi, é dada uma torre com discos de raios diferentes, empilhados por tamanho decrescente em um dos três pinos dados, como ilustra a figura anterior. O objetivo do jogo é transportar-se toda a torre para um dos outros pinos, de acordo com as seguintes regras: apenas um disco pode ser deslocado por vez, e, em todo instante, todos os discos precisam estar em um dos três pinos; além disso, em nenhum momento, um disco pode ser colocado sobre um disco de raio menor que o dele; é claro que o terceiro pino pode ser usado como local temporário para os discos.

Imaginando que se tenha uma situação em que a torre inicial tenha um conjunto de 5 discos, qual o número mínimo de movimentações de discos que deverão ser realizadas para se atingir o objetivo do jogo?

(A) 25
(B) 28
(C) 31
(D) 34
(E) 38

12. (ENADE – 2005)

Considere que, durante a análise de um problema de programação, tenha sido obtida a seguinte fórmula recursiva que descreve a solução para o problema.

$$C(i,j) = \begin{cases} 0 & se \quad i=0 \text{ ou } j=0 \\ 1+C(i-1,j-1) & se \quad 0<i \leq M, 0<j \leq N \text{ e } i=j \\ \max\{C(i,j-1),C(i-1,j)\} & se \quad 0<i \leq M, 0<j \leq N \text{ e } i \neq j \end{cases}$$

Qual a complexidade da solução encontrada?

(A) $O(n \times \log n)$
(B) $O(n^2)$
(C) $O(n^2 \times \log n)$
(D) $O(2^n)$
(E) $O(n^3)$

13. (ENADE – 2005)

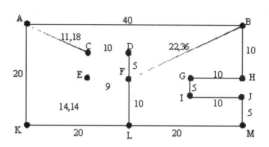

Uma forma de analisar e comparar o desempenho de algoritmos de busca heurística é utilizar um problema bem conhecido como referência. Um exemplo desse tipo de problema é o cálculo de rotas entre diferentes cidades. No grafo ilustrado acima, cada nó representa uma cidade distinta, e cada ramo, uma rodovia que interliga as cidades representadas pelos nós que ele une, cujo peso indica a distância, em km, entre essas cidades pela rodovia.

Suponha que se deseje encontrar a melhor rota entre as cidades A e M, indicadas nesse grafo. Considere, ainda, os valores indicados na tabela abaixo como distância em linha reta, em km, de cada cidade para a cidade M.

A	44,72	E	30,67	I	11,18
B	20,00	F	22,36	J	5,00
C	33,54	G	14,14	K	40,00
D	25,00	H	10,00	L	20,00

A partir dessas informações, julgue os itens seguintes, relativos a algoritmos de busca.

I. Utilizando-se o algoritmo A*, a rota ente A e M encontrada no problema acima é ACDFLM e o custo do caminho é 56,18.

II. Utilizando-se a busca gulosa, a rota encontrada no problema acima é ACDFLM.

III. Para utilizar algoritmos de busca heurística, deve-se definir uma heurística que superestime o custo da solução.

IV. O A* é um algoritmo ótimo e completo quando heurísticas admissíveis são utilizadas.

V. No *simulated annealing*, é possível haver movimentos para um estado com avaliação pior do que a do estado corrente, dependendo da temperatura do processo e da probabilidade de escolha.

Estão certos apenas os itens

(A) I, II e III.
(B) I, IV e V.
(C) I, III, e V.
(D) II, III, e IV.
(E) II, IV e V.

14. (ENADE – 2005)

estado	símbolo lido na fita	símbolo gravado na fita	direção	próximo estado
início	●	●	direita	0
0	0	1	direita	0
0	1	0	direita	0
0	△	△	esquerda	1
1	0	0	esquerda	1
1	1	1	esquerda	1
1	●	●	direita	parada

Na tabela acima, estão descritas as ações correspondentes a cada um dos quatro estados (início, 0, 1, parada) de uma máquina de Turing, que começa a operar no estado "início" processando símbolos do alfabeto {0,1,●, △}, em que '△' representa o espaço em branco. Considere que, no estado "início", a fita a ser processada esteja com a cabeça de leitura/gravação na posição 1, conforme ilustrado a seguir.

1	2	3	4	5	6	7	8	9	10	11	...
●	0	1	1	0	1	△	△	△	△	△	...

Considerando essa situação, assinale a opção que indica corretamente a posição da cabeça de leitura/gravação e o conteúdo da fita após o término da operação, ou seja, após a máquina atingir o estado "parada".

(A)

1	2	3	4	5	6	7	8	9	10	11	...
●	0	0	1	1	1	1	0	0	1	1	...

(B)

1	2	3	4	5	6	7	8	9	10	11	...
●	0	1	1	0	1	△	△	△	△	△	...

(C)

1	2	3	4	5	6	7	8	9	10	11	...
●	0	1	1	0	1	0	1	0	0	1	...

(D)

1	2	3	4	5	6	7	8	9	10	11	...
●	△	△	△	△	△	1	△	△	△	△	...

(E)

1	2	3	4	5	6	7	8	9	10	11	...
●	1	0	0	1	0	△	△	△	△	△	...

15. (ENADE – 2005)

A análise de complexidade provê critérios para a classificação de problemas com base na computabilidade de suas soluções, utilizando-se a máquina de Turing como modelo referencial e possibilitando o agrupamento de problemas em classes. Nesse contexto, julgue os itens a seguir.

I. É possível demonstrar que $P \subseteq NP$ e $NP \subseteq P$.

II. É possível demonstrar que se $P \neq NP$, então $P \cap NP\text{-Completo} = \emptyset$.

III. Se um problema Q é NP-difícil e $Q \in NP$, então Q é NP-completo.

IV. O problema da satisfatibilidade de uma fórmula booleana F (uma fórmula é satisfatível, se é verdadeira em algum modelo) foi provado ser NP-difícil e NP-Completo.

V. Encontrar o caminho mais curto entre dois vértices dados em um grafo de N vértices e M arestas não é um problema da classe P.

Estão certos apenas os itens

(A) I, III e IV.

(B) II, III, e IV.

(C) III, IV e V.

(D) I, II, III, e IV.

(E) II, III, IV e V.

16. (ENADE – 2005)

Considere o algoritmo que implementa o seguinte processo: uma coleção desordenada de elementos é dividida em duas metades e cada metade é utilizada como argumento para a reaplicação recursiva do procedimento. Os resultados das duas reaplicações são, então, combinados pela intercalação dos elementos de ambas, resultando em uma coleção ordenada. Qual é a complexidade desse algoritmo?

(A) $O(n^2)$

(B) $O(n^{2n})$

(C) $O(2^n)$

(D) $O(\log n \times \log n)$

(E) $O(n \times \log n)$

17. (ENADE – 2011) DISCURSIVA

Os números de Fibonacci correspondem à uma sequência infinita na qual os dois primeiros termos são 0 e 1. Cada termo da sequência, à exceção dos dois primeiros, é igual à soma dos dois anteriores, conforme a relação de recorrência abaixo.

$$f_n = f_{n-1} + f_{n-2}$$

Desenvolva dois algoritmos, um iterativo e outro recursivo, que, dado um número natural n > 0, retorna o n-ésimo termo da sequência de Fibonacci. Apresente as vantagens e desvantagens de cada algoritmo. **(valor: 10,0 pontos)**

18. (ENADE – 2011) DISCURSIVA

Listas ordenadas implementadas com vetores são estruturas de dados adequadas para a busca binária, mas possuem o inconveniente de exigirem custo computacional de ordem linear para a inserção de novos elementos. Se as operações de inserção ou remoção de elementos forem frequentes, uma alternativa é transformar a lista em uma árvore binária de pesquisa balanceada, que permitirá a execução dessas operações com custo logarítmico.

Considerando essas informações, escreva um algoritmo recursivo que construa uma árvore binária de pesquisa completa, implementada por estruturas autorreferenciadas ou apontadores, a partir de um vetor ordenado, v, de n inteiros, em que $n = 2^m - 1$, m > 0. O algoritmo deve construir a árvore em tempo linear, sem precisar fazer qualquer comparação entre os elementos do vetor, uma vez que este já está ordenado. Para isso,

a) descreva a estrutura de dados utilizada para a implementação da árvore **(valor = 2,0 pontos)**

b) escreva o algoritmo para a construção da árvore. A chamada principal à função recursiva deve passar, como parâmetros, o vetor, índice do primeiro e último elementos, retornando a referência ou apontador para a raiz da árvore criada **(valor: 8,0 pontos)**.

Observação: Qualquer notação em português estruturado, de forma imperativa ou orientada a objetos deve ser considerada, assim como em uma linguagem de alto nível, como o Pascal, C e Java.

19. (ENADE – 2005) DISCURSIVA

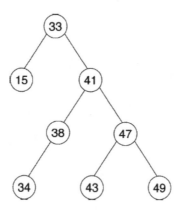

Tendo como base a árvore acima, faça o que se pede nos itens a seguir.

a) Descreva uma ordem de visita dos nós para uma busca em profundidade a partir do nó de valor 41. **(valor: 3,0 pontos)**

b) Considerando que o nó de valor 33 seja a raiz da árvore, descreva a ordem de visita para uma varredura em pré-ordem (r-e-d, ou prefixado à esquerda) na árvore. **(valor: 3,0 pontos)**

c) Considerando que a árvore cuja raiz é o nó de valor 33 represente uma árvore de busca binária, desenhe a nova árvore que será obtida após a realização das seguintes operações: inserir um nó de valor 21; remover o nó de valor 47; inserir um nó de valor 48. **(valor: 4,0 pontos)**

Habilidade 02

ARQUITETURA DE COMPUTADORES, REDES DE COMPUTADORES E DE TELECOMUNICAÇÕES, E SISTEMAS DISTRIBUÍDOS

1. (ENADE – 2011)

Suponha que seja necessário desenvolver uma ferramenta que apresente o endereço IP dos múltiplos roteadores, salto a salto, que compõem o caminho do hospedeiro em que a ferramenta é executada até um determinado destino (segundo seu endereço IP), assim como o *round-trip time* até cada roteador. Tal ferramenta precisa funcionar na *Internet* atual, sem demandar mudanças em roteadores nem a introdução de novos protocolos.

Considerando o problema acima, qual dos seguintes protocolos representaria a melhor (mais simples e eficiente) solução?

(A) IP: *Internet Protocol*.
(B) UDP: *User Datagram Protocol*.
(C) TCP: *Transmission Control Protocol*.
(D) ICMP: *Internet Control Message Protocol*.
(E) DHCP: *Dynamic Host Configuration Protocol*.

2. (ENADE – 2011)

Um navegador *Web* executa em um hospedeiro **A**, em uma rede de uma organização, e acessa uma página localizada de um servidor *Web* em um hospedeiro **B**, situado em outra rede na *Internet*. A rede em que **A** se situa conta com um servidor DNS local. Um profissional deseja fazer uma lista com a sequência de protocolos empregados e comparar com o resultado apresentado por uma ferramenta de monitoramento executada no hospedeiro **A**. A lista assume que

i) todas as tabelas com informações temporárias e *cache*s estão vazias;
ii) o hospedeiro cliente está configurado com o endereço IP do servidor DNS local.

Qual das sequências a seguir representa a ordem em que mensagens, segmentos e pacotes serão observados em um meio físico ao serem enviados pelo hospedeiro **A**?

(A) ARP, DNS/UDP/IP, TCP/IP e HTTP/TCP/IP.
(B) ARP, DNS/UDP/IP, HTTP/TCP/IP e TCP/IP.
(C) DNS/UDP/IP, ARP, HTTP/TCP/IP e TCP/IP.
(D) DNS/UDP/IP, ARP, TCP/IP e HTTP/TCP/IP.
(E) HTTP/TCP/IP, TCP/IP, DNS/UDP/IP e ARP.

3. (ENADE – 2008)

Com relação às diferentes tecnologias de armazenamento de dados, julgue os itens a seguir.

I. Quando a tensão de alimentação de uma memória ROM é desligada, os dados dessa memória são apagados. Por isso, esse tipo de memória é denominado volátil.
II. O tempo de acesso à memória RAM é maior que o tempo de acesso a um registrador da unidade central de processamento (UCP).
III. O tempo de acesso à memória *cache* da UCP é menor que o tempo de acesso a um disco magnético.
IV. O tempo de acesso à memória *cache* da UCP é maior que o tempo de acesso à memória RAM.

Estão certos apenas os itens

(A) I e II.
(B) I e III.
(C) II e III.
(D) II e IV.
(E) III e IV.

4. (ENADE – 2008)

Em redes locais de computadores, o protocolo de controle de acesso ao meio define um conjunto de regras que devem ser adotadas pelos múltiplos dispositivos para compartilhar o meio físico de transmissão. No caso de uma rede Ethernet IEEE 802.3 conectada fisicamente a um concentrador (*hub*), em que abordagem se baseia o protocolo de controle de acesso ao meio?

(A) na passagem de permissão em anel

(B) na ordenação com contenção

(C) na ordenação sem contenção

(D) na contenção com detecção de colisão

(E) na ar*bit*ragem centralizada

5. (ENADE – 2008)

Na comunicação sem fio, o espectro de radiofrequência adotado é um recurso finito e apenas determinada banda de frequência está disponível para cada serviço.

Dessa forma, torna-se crítico explorar técnicas de múltiplo acesso que permitam o compartilhamento da banda de frequência do serviço entre os usuários. Qual opção apresenta apenas técnicas de múltiplo acesso para o compartilhamento da banda de frequência alocada a um serviço?

(A) Bluetooth, WiFi e WiMax

(B) CDMA, GSM, TDMA

(C) 3G, WAP e ZigBee

(D) CDMA, FDMA e TDMA

(E) CCMP, TKIP e WEP

6. (ENADE – 2008)

Modems são dispositivos capazes de converter um sinal digital em um sinal analógico e vice-versa. No processo de modulação, para representar o sinal digital, o *modem* pode manipular as características de uma onda portadora (amplitude, frequência e fase), derivando diferentes técnicas de modulação, por exemplo: chaveamento da amplitude (ASK), chaveamento da frequência (FSK) e chaveamento da fase (PSK). Com relação a técnicas de modulação, julgue os itens a seguir.

I. A modulação ASK é suscetível a ruídos.

II. A modulação FSK possui maior imunidade a ruídos quando comparada à modulação ASK.

III. Na modulação PSK, a fase da portadora é modificada durante o intervalo de sinalização.

IV. Existem técnicas híbridas de modulação digital que modificam tanto a amplitude quanto a fase da portadora.

V. As diversas técnicas de modulação transmitem, no mínimo, um único *bit* e, no máximo, 2 *bits*, por intervalo de sinalização.

Estão certos apenas os itens

(A) I, II e IV.

(B) I, II e V.

(C) I, III e IV.

(D) II, III e V.

(E) III, IV e V.

7. (ENADE – 2008)

Uma arquitetura de rede é usualmente organizada em um conjunto de camadas e protocolos com o propósito de estruturar o *hardware* e o *software* de comunicação. Como exemplos, têm-se as arquiteturas OSI e TCP/IP. A arquitetura TCP/IP, adotada na *Internet*, é um exemplo concreto de tecnologia de interconexão de redes e sistemas heterogêneos usada em escala global. Com relação à arquitetura TCP/IP, assinale a opção correta.

(A) A camada de interface de rede, também denominada intrarrede, adota o conceito de portas para identificar os dispositivos da rede física. Cada porta é associada à interface de rede do dispositivo e os quadros enviados transportam o número das portas para identificar os dispositivos de origem e de destino.

(B) A camada de rede, também denominada inter-rede, adota endereços IP para identificar as redes e seus dispositivos. Para interconectar redes físicas que adotam diferentes tamanhos máximos de quadros, a camada de rede adota os conceitos de fragmentação e remontagem de datagramas.

(C) A camada de transporte é responsável pelo processo de roteamento de datagramas. Nesse processo, a camada de transporte deve selecionar os caminhos ou rotas que os datagramas devem seguir entre os dispositivos de origem e de destino, passando assim através das várias redes interconectadas.

(D) A camada de aplicação é composta por um conjunto de protocolos, que são implementados pelos processos executados nos dispositivos. Cada protocolo de aplicação deve especificar a interface gráfica ou textual oferecida pelo respectivo processo para permitir a interação com os usuários da aplicação.

(E) A arquitetura TCP/IP é uma implementação concreta da arquitetura conceitual OSI. Portanto, a arquitetura TCP/IP é também estruturada em 7 camadas, que são as camadas: física, de enlace, de rede, de transporte, de sessão, de apresentação e de aplicação.

8. (ENADE – 2008)

Redes locais sem fio que utilizam tecnologia IEEE 802.11, comumente referenciada como Wi-Fi, estão se tornando cada vez mais populares. Julgue os itens abaixo, relativos a essa tecnologia.

I. Computadores em redes IEEE 802.11 podem-se comunicar por dois modos básicos: usando uma infraestrutura coordenada por pontos de acesso à rede (*access points* — AP), ou no modo *ad hoc*, em que cada computador troca informações diretamente com os demais.

II. Para poder transmitir por meio de um ponto de acesso, uma interface de rede deve realizar um procedimento de associação, que inclui o conhecimento de um campo identificador (*service set identifier* — SSI).

III. Um mecanismo de detecção de colisão durante a transmissão indica a necessidade de retransmissão e evita o envio de mensagens de confirmação.

IV. Um mecanismo de requisição para transmissão (*request to send* — RTS) e de liberação para transmissão (*clear to send* — CTS) pode ser usado para evitar colisões.

V. O protocolo WEP (*wired equivalent privacy*) impede que interfaces não autorizadas recebam sinais propagados pelo meio.

Estão certos apenas os itens

(A) I, II e IV.

(B) I, III e V.

(C) I, IV e V.

(D) II, III e IV.

(E) II, III e V.

9. (ENADE – 2008)

Ao se realizar o acesso a um servidor WWW usando o protocolo HTTPS, uma sessão SSL é estabelecida sobre a conexão TCP, entre o programa navegador do usuário e o processo servidor. Para tanto, usam-se mecanismos baseados em criptografia simétrica e assimétrica para prover serviços de segurança. Em relação ao acesso HTTP, sem SSL, que serviços de segurança são providos para o usuário?

(A) autenticação do servidor e controle de acesso do cliente

(B) autenticação do cliente e controle da velocidade de transmissão

(C) autenticação da rede e proteção contra vírus

(D) autenticação do servidor e confidencialidade das transmissões

(E) autenticação do cliente e temporização das ações executadas

10. (ENADE – 2008)

A transmissão em fibra óptica é realizada pelo envio de feixes de luz através de um cabo óptico que consiste em um filamento de sílica ou plástico. A fibra óptica funciona com base nos princípios de refração e reflexão dos feixes de luz no interior do filamento condutor. Para controlar a direção da propagação dos feixes de luz, o núcleo e a casca do filamento condutor são produzidos com diferentes índices de refração. Variando-se os índices de refração do núcleo e da casca, diferentes categorias de fibras ópticas são produzidas. Qual opção apresenta três categorias de fibras ópticas?

(A) monomodo, bimodo e multimodo

(B) monomodo refratário, monomodo reflexivo e multimodo

(C) monomodo, multimodo degrau e multimodo gradual

(D) monomodo, multimodo sílico e multimodo plástico

(E) monomodo digital, monomodo analógico e multimodo

11. (ENADE – 2008)

No encaminhamento de pacotes na *Internet*, cabe a cada nó determinar se é possível entregar um pacote diretamente ao destino ou se é preciso encaminhá-lo a um nó intermediário. Para tanto, usa-se uma tabela de rotas. Um exemplo de tabela de rotas simplificada é apresentado a seguir e pertence a um computador com endereço IP 192.0.2.100 e máscara de rede 255.255.255.0.

endereço de rede	máscara	endereço do gateway	interface	custo
127.0.0.0	255.0.0.0	127.0.0.1	127.0.0.1	0
192.0.2.0	255.255.255.0	192.0.2.100	192.0.2.100	0
172.16.0.0	255.255.0.0	192.0.2.254	192.0.2.100	0
0.0.0.0	0.0.0.0	192.0.2.1	192.0.2.100	1

Na situação em que o referido computador precise enviar pacotes para os endereços 192.0.2.50 e 192.168.0.100, de acordo com a tabela de rotas apresentada, como ocorrerá a entrega desses pacotes?

(A) Diretamente para 192.0.2.50 e diretamente para 192.168.0.100, respectivamente.

(B) Diretamente para 192.0.2.50 e encaminhando para 192.0.2.254, respectivamente.

(C) Diretamente para 192.0.2.50 e encaminhando para 192.0.2.1, respectivamente.

(D) Encaminhando para 192.0.2.50 e encaminhando para 192.0.2.50, respectivamente.

(E) Encaminhado para 192.0.2.254 e diretamente para 192.168.0.100, respectivamente.

12. (ENADE – 2008)

Julgue os itens abaixo, relativos à transmissão de dados em redes de computadores que utilizam fios metálicos.

I. Diferentes níveis de tensão no fio, como −5 V e +5 V, e transições entre os níveis definidos de tensão podem ser usados para representar *bits* durante a transmissão.

II. Diferentes tipos de modulação, com mudanças de fase e de amplitude, podem ser aplicados a uma onda portadora para representar *bits* durante a transmissão.

III. A taxa máxima de transmissão suportada por um canal é definida como função, entre outros parâmetros, do nível máximo de tensão suportado no canal.

IV. Largura de banda é definida como a frequência mais alta que pode ser transmitida através de um meio de transmissão.

V. Informações transmitidas por meio de sinais modulados podem ser recuperadas no receptor usando-se taxa de amostragem com o dobro da frequência máxima do sinal transmitido.

Estão certos apenas os itens

(A) I, II e IV.

(B) I, II e V.

(C) I, III e IV.

(D) II, III e V.

(E) III, IV e V.

13. (ENADE – 2008)

Considerando o mecanismo de tradução de endereços e portas (*network address port translation* – NAPT), para redes que utilizam os endereços IP privados (10.0.0.0/8, 172.16.0.0/12 e 192.168.0.0/16), analise as asserções a seguir.

Ao passar por um roteador com NAPT, os endereços de origem nos pacotes originados pelas estações da rede privada são substituídos pelo endereço externo desse roteador

PORQUE

não há rotas na *Internet* para o encaminhamento de pacotes destinados a endereços IP privados, de forma que pacotes destinados a esses endereços são descartados ou rejeitados.

Em relação às asserções acima, assinale a opção correta.

(A) As duas asserções são proposições verdadeiras, e a segunda é uma justificativa correta da primeira.
(B) As duas asserções são proposições verdadeiras, e a segunda não é uma justificativa correta da primeira.
(C) A primeira asserção é uma proposição verdadeira, e a segunda é uma proposição falsa.
(D) A primeira asserção é uma proposição falsa, e a segunda é uma proposição verdadeira.
(E) As duas asserções são proposições falsas.

14. (ENADE – 2008)

No desenvolvimento e na programação de aplicações em redes TCP/IP, qual tipo de protocolo de transporte libera o programador da responsabilidade de detectar e corrigir erros durante a transmissão, objetivando tornar a programação da aplicação mais simples?

(A) sem conexão
(B) orientado a conexão
(C) orientado a *bit*
(D) orientado a *byte*
(E) datagrama confirmado

15. (ENADE – 2008)

Ethernet e suas evoluções de 100 Mbps e 1 Gbps são tecnologias padronizadas para comunicações em redes locais com infraestrutura de transmissão compartilhada. Acerca das transmissões que usam essas tecnologias, assinale a opção **incorreta**.

(A) Embora diversos segmentos de uma rede possam ser definidos com o uso de equipamentos de comutação (*switches*), transmissões de pacotes com endereço de *broadcast* (difusão) atingem todos os computadores na mesma rede.
(B) O mecanismo de controle de acesso ao meio utilizado é distribuído e, nas redes com concentradores (*hubs*), cada interface de rede deve determinar quando é possível realizar uma transmissão.
(C) Comutadores (*switches*) realizam o encaminhamento seletivo de quadros com base nos endereços IP de cada estação.
(D) A escuta do meio durante as transmissões permite detectar colisões em segmentos compartilhados e a necessidade de retransmissões, mas não há envio de quadros (*frames*) de confirmação de recebimento.
(E) Um mecanismo de controle de consistência é usado para verificar a integridade de cada quadro (*frame*) transmitido.

16. (ENADE – 2008)

Considere que a figura abaixo ilustre o cenário de NAPT em uma empresa cujos equipamentos de rede interna (LAN) usam endereços IP privados.

Considere, ainda, que haja apenas um endereço IP válido nas redes dessa empresa, que é atribuído à interface externa do roteador. Considerando que os computadores A e B façam acessos simultâneos a um servidor WWW externo (www.inep.gov.br, por exemplo), quais deverão ser os endereços IP de origem contidos nos pacotes de A e B, respectivamente, que chegarão a esse servidor?

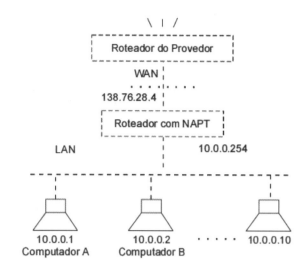

(A) 10.0.0.1 e 10.0.0.2
(B) 10.0.0.254 e 10.0.0.254
(C) 138.76.28.4 e 138.76.28.4
(D) 138.76.28.1 e 138.76.28.2
(E) 169.254.1.1 e 169.254.1.2

17. (ENADE – 2005)

Apesar de todo o desenvolvimento, a construção de computadores e processadores continua, basicamente, seguindo a arquitetura clássica de von Neumann. As exceções a essa regra encontram-se em computadores de propósitos específicos e nos desenvolvidos em centros de pesquisa. Assinale a opção em que estão corretamente apresentadas características da operação básica de um processador clássico.

(A) Instruções e dados estão em uma memória física única; um programa é constituído de uma sequência de instruções de máquina; uma instrução é lida da memória de acordo com a ordem dessa sequência e, quando é executada, passa-se, então, para a próxima instrução na sequência.
(B) Instruções e dados estão em memórias físicas distintas; um programa é constituído de um conjunto de instruções de máquina; uma instrução é lida da memória quando o seu operando-destino necessita ser recalculado; essa instrução é executada e o resultado é escrito no operando de destino, passando-se, então, para o próximo operando a ser recalculado.
(C) Instruções e dados estão em uma memória física única; um programa é constituído de um conjunto de instruções de máquina; uma instrução é lida da memória quando todos os seus operandos-fonte estiverem prontos e disponíveis; essa instrução é executada e o resultado é escrito no operando de destino, passando-se, então, para a instrução seguinte que tiver todos seus operandos disponíveis.
(D) Instruções e dados estão em memórias físicas distintas; um programa é constituído de um conjunto de instruções de máquina; uma instrução é lida da memória quando todos os seus operandos-fonte estiverem prontos e disponíveis; essa instrução é executada e o resultado é escrito no operando de destino, passando-se, então, para a instrução seguinte que estiver com todos os seus operandos disponíveis.

(E) Instruções e dados estão em memórias físicas distintas; um programa é constituído de uma sequência de instruções de máquina; uma instrução é lida da memória de acordo com a ordem dessa sequência e, quando é executada, passa-se, então, para a próxima instrução na sequência.

18. (ENADE – 2005)

Um elemento imprescindível em um computador é o sistema de memória, componente que apresenta grande variedade de tipos, tecnologias e organizações. Com relação a esse assunto, julgue os itens seguintes.

I. Para endereçar um máximo de 2^E palavras distintas, uma memória semicondutora necessita de, no mínimo, E bits de endereço.

II. Em memórias secundárias constituídas por discos magnéticos, as palavras estão organizadas em blocos, e cada bloco possui um endereço único, com base na sua localização física no disco.

III. A tecnologia de memória dinâmica indica que o conteúdo dessa memória pode ser alterado (lido e escrito), ao contrário da tecnologia de memória estática, cujo conteúdo pode apenas ser lido, mas não pode ser alterado.

Assinale a opção correta.

(A) Apenas um item está certo.
(B) Apenas os itens I e II estão certos.
(C) Apenas os itens I e III estão certos.
(D) Apenas os itens II e III estão certos.
(E) Todos os itens estão certos.

19. (ENADE – 2005)

Entre os aspectos importantes relativos à segurança de sistemas de informação, inclui-se

I. a proteção de dados por meio de senhas e criptografia forte.

II. a existência de um plano de recuperação de desastres associado a backups frequentes.

III. a utilização de firewalls associada a mecanismos de detecção de intrusão.

Assinale a opção correta.

(A) Apenas um item está certo.
(B) Apenas os itens I e II estão certos.
(C) Apenas os itens I e III estão certos.
(D) Apenas os itens II e III estão certos.
(E) Todos os itens estão certos.

20. (ENADE – 2005)

Considere que a rede de uma empresa usará os protocolos TCP/IP para facilitar o acesso do público às informações dessa empresa a partir de máquinas conectadas à Internet. Considere ainda que, ao serem descritos os protocolos que serão usados na rede, alguns erros foram cometidos. As descrições estão apresentadas nos itens a seguir.

I. O Internet Protocol (IP) provê serviço não orientado a conexão, e garante a entrega dos datagramas enviados. Além de garantir a entrega dos datagramas enviados, outra importante responsabilidade do IP é rotear os datagramas por meio de redes interligadas. O roteamento é feito usando-se endereços IP.

II. O Internet Control Message Protocol (ICMP) possibilita que mensagens de erro e de controle sejam trocadas entre máquinas. As mensagens ICMP são transferidas como dados em datagramas do IP.

III. O Transmission Control Protocol (TCP) provê um serviço orientado a conexão. Os dados são transferidos por meio de uma conexão em unidades conhecidas como segmentos. O TCP espera que a recepção dos segmentos transmitidos seja confirmada pelo destino e retransmite segmentos cuja recepção não seja confirmada.

IV. O User Datagram Protocol (UDP) provê um mecanismo para que aplicações possam comunicar-se usando datagramas. O UDP provê um protocolo de transporte orientado a conexão e não garante a entrega dos datagramas.

V. A emulação de terminal usará o protocolo TELNET, e a transferência de arquivos, o File Transfer Protocol (FTP).

O correio eletrônico será provido pelo Simple Mail Transfer Protocol (SMTP) e as mensagens serão transferidas dos servidores de correio eletrônico para as máquinas dos usuários via Internet Mail Access Protocol (IMAP).

Estão corretas apenas as descrições

(A) I, II e IV.
(B) I, II e V.
(C) I, III e IV.
(D) II, III e V.
(E) III, IV e V.

21. (ENADE – 2005)

Uma empresa tem a sua sede em Natal e filiais em Brasília e Florianópolis. Em cada cidade, a empresa possui computadores que serão interligados. A seguir, encontram-se os requisitos que devem ser observados no projeto da rede.

Requisito A: Em Natal, existem dois prédios. Para interligá-los, devem ser usados dispositivos que dividam o tráfego entre os prédios. Os dispositivos devem atuar na camada de enlace e a presença dos mesmos deve ser transparente às máquinas na rede.

Requisito B: Em Brasília, há computadores em vários departamentos. Para interligar os departamentos, devem ser usados dispositivos que dividam o tráfego entre os departamentos e que possibilitem a comunicação simultânea entre esses departamentos.

Requisito C: As redes em Natal, Brasília e Florianópolis devem ser interligadas por dispositivos que dividam o tráfego e que possibilitem a interligação de redes com diferentes protocolos da camada física. Para decidir os destinos dos dados, devem ser usados endereços de rede. Os dispositivos devem possibilitar que o tráfego seja filtrado.

Requisito D: A rede deve usar TCP/IP. O endereço da rede será da classe B e um dos bytes identificará o segmento da rede localizado em cada cidade. Em cada segmento, servidores distribuirão automaticamente os endereços IP entre as máquinas.

Requisito E: Os nomes das máquinas serão traduzidos em endereços IP por servidores em cada cidade. Esses servidores estarão organizados em uma hierarquia. Cada servidor será responsável por um ou por vários subdomínios.

A seguir, encontram-se as decisões que foram tomadas para cada requisito.

I. Usar repetidores para atender ao requisito A.

II. Usar comutadores (*switches*) para atender ao requisito B.

III. Usar roteadores para atender ao requisito C.

IV. Usar o endereço de rede 164.41.0.0, a máscara 255.255.0.0 e servidores DHCP para atender ao requisito D.

V. Configurar servidores *Domain Name System* (DNS) para atender ao requisito E.

Estão corretas apenas as decisões

(A) I, II e IV.

(B) I, II e V.

(C) I, III e IV.

(D) II, III e V.

(E) III, IV e V.

22. (ENADE – 2005)

Processadores atuais incluem mecanismos para o tratamento de situações especiais, conhecidas como interrupções. Em uma interrupção, o fluxo normal de instruções é interrompido para que a causa da interrupção seja tratada. Com relação a esse assunto, assinale a opção correta.

(A) Controladores de entrada e saída geram interrupções de forma síncrona à execução do processador, para que nenhuma instrução fique incompleta devido à ocorrência da interrupção.

(B) Quando uma interrupção ocorre, o próprio processador salva todo o seu contexto atual, tais como registradores de dados e endereço e códigos de condição, para que esse mesmo contexto possa ser restaurado pela rotina de atendimento da interrupção.

(C) O processador pode autointerromper-se para tratar exceções de execução, tais como um erro em uma operação aritmética, uma tentativa de execução de instrução ilegal ou uma falha de página em memória virtual.

(D) Rotinas de tratamento de interrupção devem ser executadas com o mecanismo de interrupção inibido, pois esse tipo de rotina não permite aninhamento.

(E) O uso de interrupção para realizar entrada ou saída de dados somente é eficiente quando o periférico trata grandes quantidades de dados, como é o caso de discos magnéticos e discos ópticos. Para periféricos com pouco volume de dados, como teclados e *mouses*, o uso de interrupção é ineficiente.

23. (ENADE – 2005)

Duas possibilidades para a construção de sistemas com múltiplos processadores são: processadores idênticos com um único espaço de endereçamento interligados por um barramento único (SMP); e máquinas monoprocessadas conectadas por uma rede (*cluster*). Com relação a esses sistemas, assinale a opção correta.

(A) A comunicação entre processadores de um *cluster* é, potencialmente, muito mais rápida que a comunicação entre processadores de um sistema SMP, pois redes atuais possuem taxa de transmissão da ordem de *gigabits*/s, enquanto as melhores memórias operam somente com frequências da ordem de centenas de *megahertz*.

(B) Comunicação entre processos pode ser implementada de forma muito mais eficiente em um *cluster* que em um sistema SMP, pois, nesse último, todos os processos precisam compartilhar os mesmos dispositivos de entrada e saída.

(C) Em um sistema SMP, é mais simples substituir um processador defeituoso, pois, em um *cluster*, toda a rede de comunicação deve ser desabilitada para que a troca seja efetuada sem prejudicar a troca de mensagens entre os processos.

(D) Alocação de memória para processos é muito mais simples em um *cluster*, pois cada processador executa um único processo na sua memória exclusiva e, dessa forma, não existe o problema de distribuição de processos no espaço de endereçamento único da máquina SMP.

(E) Em um *cluster*, o custo da escalabilidade é muito menor, pois, para a interconexão entre as máquinas, podem ser utilizados equipamentos comuns usados em uma rede local de computadores, ao passo que um sistema SMP exige conexões extras no barramento e gabinetes especiais.

24. (ENADE – 2005)

Deseja-se supervisionar as redes de comunicação de dados de um conjunto de empresas. Cada empresa tem a sua própria rede, que é independente das redes das outras empresas e é constituída de ramos de fibra óptica. Cada ramo conecta duas filiais distintas (ponto a ponto) da empresa. Há, no máximo, um ramo de fibra interligando diretamente um mesmo par de filiais.

A comunicação entre duas filiais pode ser feita diretamente por um ramo de fibra que as interliga, se este existir, ou, indiretamente, por meio de uma sequência de ramos e filiais. A rede de cada empresa permite a comunicação entre todas as suas filiais.

A tabela abaixo apresenta algumas informações acerca das redes dessas empresas.

empresa	n.º de filiais	número de ramos de fibra entre filiais
E1	9	18
E2	10	45
E3	14	13
E4	8	24

Com relação à situação apresentada acima, é correto deduzir que,

I. no caso da empresa E1, a falha de um ramo de rede certamente fará que, ao menos, uma filial não possa mais comunicar-se diretamente com todas as outras filiais da empresa.

II. na rede da empresa E2, a introdução de um novo ramo de rede certamente violará a informação de que há somente um par de fibras entre duas filiais.

III. no caso da empresa E3, a falha de um único ramo de rede certamente fará que, ao menos, uma filial não possa mais comunicar-se, direta ou indiretamente, com todas as outras filiais da empresa.

IV. na rede da empresa E4, todas as filiais da empresa comunicam-se entre si diretamente.

Estão certos apenas os itens

(A) I e II.
(B) I e IV.
(C) II e III.
(D) II e IV.
(E) III e IV.

25. (ENADE – 2005)

O método de alocação de espaço de disco utilizado para armazenamento de informações em um sistema de arquivos determina o desempenho desse sistema. Com relação a esse assunto, julgue os itens seguintes.

I. A alocação contígua é um método adequado para sistemas em que inserções e remoções de arquivos são frequentes.

II. Na alocação indexada, o tamanho máximo de um arquivo depende do número de *bits* utilizados para representar um índice e do tamanho dos blocos de índices.

III. Na alocação encadeada, o tamanho máximo de um arquivo depende do tamanho dos blocos de dados.

Assinale a opção correta.

(A) Apenas um item está certo.
(B) Apenas os itens I e II estão certos.
(C) Apenas os itens I e III estão certos.
(D) Apenas os itens II e III estão certos.
(E) Todos os itens estão certos.

26. (ENADE – 2005)

Suponha que uma empresa esteja projetando um protocolo de transporte orientado a conexão. Suponha, ainda, que os projetistas tenham pouca experiência e que alguns requisitos originalmente listados não sejam típicos de um protocolo de transporte orientado a conexão. A seguir, apresenta-se a lista dos requisitos propostos pela equipe de projetistas.

I. O protocolo deve controlar a transmissão por meio de mecanismo de janela deslizante (*sliding window*). Vários pacotes poderão ser enviados antes de a origem aguardar uma confirmação de recepção. O número máximo de pacotes transmitidos antes de uma confirmação ser recebida será variável, o que possibilitará o controle do fluxo dos dados.

II. O protocolo deve rotear os pacotes entre redes interligadas. O roteamento deve ser realizado a partir das informações em tabelas de roteamento. Em uma tabela de roteamento, cada entrada deve conter o endereço de um destino e o endereço da próxima máquina para a qual os pacotes devem ser enviados, de modo a serem encaminhados para o destino.

III. Uma comunicação passará por três fases: estabelecimento da conexão, transferência dos dados e término da conexão. O protocolo manterá informações sobre uma conexão em uma estrutura de dados. Uma instância dessa estrutura será alocada quando uma conexão for estabelecida e será liberada quando a conexão for terminada.

IV. O protocolo deve calcular dinamicamente o tempo (*timeout*) que a origem de um pacote deve aguardar até retransmitir a informação caso a recepção não seja confirmada, possibilitando que atrasos variáveis sejam acomodados. Isso deverá ser feito por meio de um algoritmo de retransmissão adaptativo que periodicamente ajuste o *timeout*.

Para um protocolo de transporte orientado a conexão, são adequados apenas os requisitos

(A) I e II.
(B) I e IV.
(C) II e III.
(D) I, III e IV.
(E) II, III e IV.

27. (ENADE – 2005)

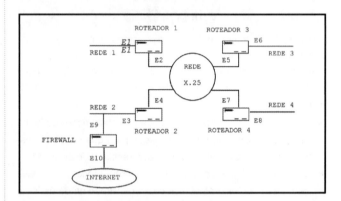

A rede de uma empresa cujo esquema está ilustrado acima é composta por 4 redes TCP/IP locais. Essas redes TCP/IP são interligadas por uma rede X.25, que opera como túnel para as 4 redes. As placas dos computadores pertencentes a essas redes são numeradas com endereços IP das redes 10.0.0.0 ou 164.41.0.0. Um *firewall* protege a rede no acesso à *Internet*, sendo que, a partir de qualquer máquina na rede, pode-se acessar a *Internet*.

A partir dessas informações, julgue os itens a seguir, relativos à rede da referida empresa, considerando o seu correto funcionamento.

I. É correto utilizar a máscara 255.255.0.0 para segmentar a rede.

II. Os endereços de E1 a E9 podem ser endereços na rede 10.0.0.0.

III. Os endereços E2, E4, E5 e E7 devem estar em uma mesma sub-rede.

IV. O endereço E10 deve ser um endereço na rede 164.41.0.0.

V. O *firewall* deve traduzir entre os endereços na rede 10.0.0.0 e os endereços na rede 164.41.0.0.

VI. Os pacotes X.25 são transferidos dentro de pacotes IP.

VII. Não devem ter sido atribuídos endereços X.25 aos roteadores 1, 2, 3 e 4.

VIII. A rota *default* nas tabelas de roteamento dos roteadores 1, 3 e 4 é o endereço E4.

IX. A rota *default* na tabela de roteamento do roteador 2 é o endereço E10.

X. Os endereços na rede 10.0.0.0 são visíveis pelas máquinas que estiverem na *Internet*.

Estão certos apenas os itens

(A) I, II, III, V, VIII e X.
(B) I, II, III, IV, V e VIII.
(C) II, IV, V, VIII, IX e X.
(D) III, V, VI, VII, VIII e IX.
(E) III, IV, V, VII, VIII e IX.

28. (ENADE – 2005)

O estudo de dimensionamento e de desempenho de redes de comunicação é uma ciência que usa constantemente os resultados da teoria de filas. Nesse tipo de análise, é comum a adoção de modelos de filas M/M/1 para a análise de enlaces de roteadores e comutadores. Nesse tipo de modelo, a chegada de pacotes para transmissão e a transmissão deles são processos de Poisson. Assim, as características da fila que se forma em cada enlace podem ser determinadas em função da taxa de chegada (tempo médio decorrido entre a chegada de pacotes sucessivos encaminhados para transmissão pelo enlace) e da taxa de serviço (tempo médio para transmissão de um pacote). Acerca do modelo M/M/1 aplicado ao estudo de capacidade e desempenho de enlaces de redes, por comutação de pacotes, assinale a opção correta.

(A) Caso a taxa de chegada seja maior que a taxa de serviço (taxa de saída), conclui-se que o enlace está subdimensionado e haverá perda de pacotes.
(B) A taxa de serviço é independente do tamanho do pacote.
(C) Em um roteador com múltiplos enlaces, a taxa de chegada para cada enlace é igual ao somatório das capacidades de todos os enlaces dividido pelo número de enlaces do roteador.
(D) O modelo M/M/1 apresenta instabilidade numérica sempre que a taxa de chegada for próxima de zero.
(E) Quando a taxa de chegada é menor que a taxa de serviço, pode-se esperar que o número médio de pacotes na fila seja igual a zero.

29. (ENADE – 2005)

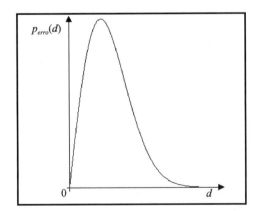

Considere que, em uma rede WLAN, a função de densidade de probabilidade (PDF) de erro de *bit* na transmissão entre um computador conectado à rede e o *erro* ponto de acesso (*access point*) — $p_{erro}(d)$ — seja dada pela função cujo gráfico está mostrado acima, em que $d \geq 0$ é a distância entre o ponto de acesso e o computador.

Considerando essas informações, julgue os itens a seguir.

I. A probabilidade de erro de *bit* na transmissão no caso de o computador estar localizado à distância d_0 é dada por
$$\int_0^{d_0} p_{erro}(s)ds.$$

II. Sabendo-se que a média da distribuição correspondente à PDF acima mencionada é igual a x, conclui-se que é de 0,5 a probabilidade de erro de *bit* na transmissão no caso de o computador estar localizado à distância $d = x$.

III. Supondo-se que o sistema de transmissão seja binário, as informações apresentadas são suficientes para se concluir que a probabilidade de erro dado que foi enviado um *bit* 1 é igual à probabilidade de erro dado que foi enviado um *bit* 0.

Assinale a opção correta.

(A) Apenas um item está certo.
(B) Apenas os itens I e II estão certos.
(C) Apenas os itens I e III estão certos.
(D) Apenas os itens II e III estão certos.
(E) Todos os itens estão certos.

30. (ENADE – 2005)

Com relação à tecnologia *bluetooth*, que possibilita a comunicação sem fios entre dispositivos, assinale a opção correta.

(A) Essa tecnologia utiliza a transmissão em enlace via rádio na banda de frequência VHF.
(B) Essa tecnologia possibilita a transmissão de voz e dados a curtas distâncias.
(C) Um dispositivo pode assumir, simultaneamente, o papel de mestre e de escravo em uma mesma *piconet* que utiliza essa tecnologia.
(D) Uma *piconet* pode ser formada por até 255 mestres e 255 escravos.
(E) Um dispositivo pode participar, simultaneamente, de duas *piconets*, desde que ele seja mestre em ambas.

31. (ENADE – 2005)

Considere que uma empresa esteja projetando um protocolo da camada de rede. Considere, ainda, que a equipe de projeto tenha proposto o seguinte conjunto de requisitos.

I. O protocolo deve prover um serviço de comunicação não orientado a conexão e sem garantia da entrega. O protocolo não é responsável por ordenar os datagramas que, embora recebidos com sucesso, estejam fora da ordem em que foram transmitidos.

II. Os datagramas devem conter, além dos endereços de rede das máquinas, números que identifiquem as entidades nas máquinas de origem e destino para distinguirem as entidades nas máquinas envolvidas em uma comunicação.

III. O protocolo deve evitar que as aplicações tenham de definir os formatos usados para representar os dados nas máquinas. Na transmissão, o protocolo deve converter os dados de um formato específico de máquina para um formato independente de máquina. Na recepção, deve converter de um formato independente de máquina para um formato específico de máquina.

IV. O protocolo poderá fragmentar um datagrama na origem e remontá-lo no destino, para que dados sejam transmitidos por meio de redes cujas camadas físicas tenham tamanhos variados para as unidades máximas de transferência (*maximum transfer unit*).

V. O protocolo deve implementar o controle de acesso ao meio de transmissão. Antes de transmitir, deve aguardar o meio de transmissão ficar livre. Se outras máquinas tentarem transmitir ao mesmo tempo, ele deve enviar um sinal para garantir que as máquinas detectem a colisão. Em seguida, deve aguardar e novamente tentar transmitir.

Entre os requisitos propostos pela equipe de projeto, estão adequados para um um protocolo da camada de rede os requisitos

(A) I, II e IV.

(B) I, III e V.

(C) I, IV e V.

(D) II, III e IV.

(E) II, IV e V.

32. (ENADE – 2008) DISCURSIVA

Para transmissões de sinais em banda base, a largura de banda do canal limita a taxa de transmissão máxima. Como resultado do teorema de Nyquist, na ausência de ruído, a taxa de transmissão máxima C de um canal que possui largura de banda W, em *hertz*, é dada pela equação a seguir.

$$C = 2 \times W \text{ bauds}$$

No entanto, em qualquer transmissão, o ruído térmico está presente nos dispositivos eletrônicos e meios de transmissão. Esse ruído, causado pela agitação dos elétrons nos condutores, é caracterizado pela potência de ruído N. De acordo com a lei de Shannon, na presença de ruído térmico, a taxa de transmissão máxima de um canal que possui largura de banda W, em *hertz*, e apresenta uma relação sinal-ruído S/N, expressa em decibel (dB), é definida pela equação abaixo.

$$C = W \times \log_2 \left(1 + 10^{\frac{S/N}{10}}\right) \text{ bps}$$

Tendo como referência inicial as informações acima, considere que seja necessário determinar a taxa de transmissão máxima de um canal de comunicação que possui largura de banda de 3 kHz, relação sinal-ruído de 30,1 dB e adota 16 diferentes níveis de sinalização. Nessa situação, responda aos seguintes questionamentos.

A Na ausência de ruído, de acordo com o teorema de Nyquist, qual a taxa de transmissão máxima do referido canal, **em bits por segundo**. Apresente os cálculos necessários. **(valor: 3,0 pontos)**

B Na presença de ruído térmico, de acordo com a lei de Shannon, qual a taxa de transmissão máxima do canal, **em bits por segundo**? Apresente os cálculos necessários e considere que $\log_{10} (1.023) = 3,01$. **(valor: 3,0 pontos)**

C Na presença de ruído térmico, é possível adotar mais de 16 níveis de sinalização no referido canal? Justifique. **(valor: 4,0 pontos)**

33. (ENADE – 2008) DISCURSIVA

A Secretaria de Saúde de determinado município está executando um projeto de automação do seu sistema de atendimento médico e laboratorial, atualmente manual. O objetivo do projeto é melhorar a satisfação dos usuários com relação aos serviços prestados pela Secretaria. O sistema automatizado deve contemplar os seguintes processos: marcação de consulta, manutenção de prontuário do paciente, além do pedido e do registro de resultados de exame laboratorial.

A Secretaria possui vários postos de saúde e cada um deles atende a um ou mais bairros do município. As consultas a cada paciente são realizadas no posto de saúde mais próximo de onde ele reside. Os exames laboratoriais são realizados por laboratórios terceirizados e conveniados.

A solução proposta pela equipe de desenvolvimento e implantação da automação contempla, entre outros, os seguintes aspectos:

– sistema computacional do tipo cliente-servidor na *web*, em que cada usuário cadastrado utiliza *login* e senha para fazer uso do sistema;

– uma aplicação, compartilhada por médicos e laboratórios, gerencia o pedido e o registro de resultados dos exames. Durante uma consulta o próprio médico registra o pedido de exames no sistema;

– uma aplicação, compartilhada por médicos e pacientes, permite que ambos tenham acesso aos resultados dos exames laboratoriais;

– uma aplicação, compartilhada por médicos e pacientes, que automatiza o prontuário dos pacientes, em que os registros em prontuário, efetuados por cada médico para cada paciente, estão disponíveis apenas para o paciente e o médico específicos. Além disso, cada médico pode fazer registros privados no prontuário do paciente, apenas visíveis por ele;

– uma aplicação, compartilhada por pacientes e atendentes de postos de saúde, que permite a marcação de consultas por pacientes e(ou) por atendentes. Esses atendentes atendem o paciente no balcão ou por telefone.

Considerando as informações apresentadas no texto e considerando, ainda, que entre os principais benefícios de um projeto de melhoria de sistema de informação destacam-se o aumento da: (I) eficiência; (II) eficácia; (III) integridade; e (IV) disponibilidade, faça o que se pede a seguir.

a) Cite quatro vantagens da solução proposta, frente à atual, para tratar a interação entre pacientes e os serviços de saúde, sendo duas delas relativas à eficiência e duas relativas à eficácia. **(valor: 5,0 pontos)**

b) Descreva dois riscos de segurança da informação que aumentam quando se substitui o sistema atual pelo sistema proposto, e que são relativos à interação entre pacientes e os serviços da referida secretaria de saúde. Um dos riscos deve ser relativo à perda de disponibilidade e o outro, à perda de integridade. **(valor: 5,0 pontos)**

34. (ENADE – 2005) DISCURSIVA

Em sistemas distribuídos, é necessário, muitas vezes, resolver problemas decorrentes do fato de diferentes plataformas poderem adotar diferentes formas para representar os dados.

A respeito de sistemas distribuídos heterogêneos, faça o que se pede a seguir.

a) Apresente exemplos das diferenças nas formas de representação dos dados que podem causar problemas em sistemas distribuídos. **(valor: 5,0 pontos)**

b) Explique o que é *eXternal Data Representation* (XDR) e como uma biblioteca XDR pode ser usada em chamadas a procedimentos remotos. **(valor: 5,0 pontos)**

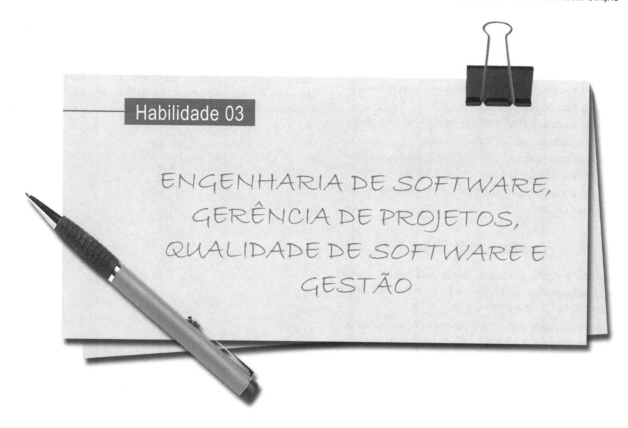

Habilidade 03

ENGENHARIA DE SOFTWARE, GERÊNCIA DE PROJETOS, QUALIDADE DE SOFTWARE E GESTÃO

1. (ENADE – 2011)

Uma equipe está realizando testes com base nos códigos-fonte de um sistema. Os testes envolvem a verificação de diversos componentes individualmente, bem como das interfaces entre os componentes.

No contexto apresentado, essa equipe está realizando testes em nível de

(A) unidade.
(B) aceitação.
(C) sistema e aceitação.
(D) integração e sistema.
(E) unidade e integração.

2. (ENADE – 2011)

Um Padrão de Projeto nomeia, abstrai e identifica os aspectos-chave de uma estrutura de projeto comum para torná-la útil para a criação de um projeto orientado a objetos reutilizáveis.

GAMMA, E., HELM, R., JOHNSON, R., VLISSIDES, J. **Padrões de Projeto-Soluções Reutilizáveis de** *Software* **Orientado a Objetos**. Porto Alegre: Bookman, 2000.

Em relação a Padrões de Projeto, analise as afirmações a seguir.

I. *Prototype* é um tipo de padrão estrutural.
II. *Singleton* tem por objetivos garantir que uma classe tenha ao menos uma instância e fornecer um ponto global de acesso para ela.
III. *Template Method* tem por objetivo definir o esqueleto de um algoritmo em uma operação, postergando a definição de alguns passos para subclasses.

IV. *Iterator* fornece uma maneira de acessar sequencialmente os elementos de um objeto agregado sem expor sua representação subjacente.

É correto apenas o que se afirma em

(A) I.
(B) II.
(C) I e IV.
(D) II e III.
(E) III e IV.

3. (ENADE – 2011)

No desenvolvimento de um *software* para um sistema de venda de produtos nacionais e importados, o analista gerou o diagrama de casos de uso a seguir.

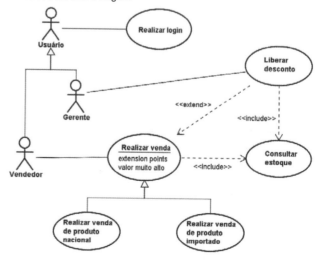

Da análise do diagrama, conclui-se que

(A) a execução do caso de uso 'Consultar estoque' incorpora opcionalmente o caso de uso 'Liberar desconto'.
(B) a execução do caso de uso 'Liberar desconto' incorpora opcionalmente o caso de uso 'Realizar venda'.
(C) a execução do caso de uso 'Realizar venda' incorpora obrigatoriamente o caso de uso 'Consultar estoque'.
(D) a execução do caso de uso 'Realizar venda de produto nacional' incorpora obrigatoriamente o caso de uso 'Liberar desconto'.
(E) um Gerente pode interagir com o caso de uso 'Realizar venda', pois ele é um Usuário.

4. (ENADE – 2011)

Considerando o conceito de sistema, trazido pela Teoria Geral de Sistemas, um projeto de desenvolvimento de *software* poderia ser considerado como um sistema aberto.

Nessa perspectiva, solicitações de mudanças originadas de um *stakeholder* externo e que afetam o projeto podem ser consideradas como

(A) ambiente.
(B) entrada.
(C) *feedback*.
(D) processos.
(E) saída.

5. (ENADE – 2011)

Uma empresa vem desenvolvendo um programa de melhoria de seus processos de *software* utilizando o modelo de qualidade CMMI. O programa envolveu a definição de todos os processos padrão da organização, implementação de técnicas de controle estatístico de processos e métodos de melhoria contínua. Após a avaliação SCAMPI, classe A, foi detectado que a área de processo de PP - *Project Planning* (Planejamento de Projeto) não estava aderente ao modelo.

Nesse contexto, considerando a representação por estágios do CMMI, a empresa seria classificada em que nível de maturidade?

(A) Nível 1.
(B) Nível 2.
(C) Nível 3.
(D) Nível 4.
(E) Nível 5.

6. (ENADE – 2008)

Ao longo de todo o desenvolvimento do *software*, devem ser aplicadas atividades de garantia de qualidade de *software* (GQS), entre as quais se encontra a atividade de teste. Um dos critérios de teste utilizados para gerar casos de teste é o denominado critério dos caminhos básicos, cujo número de caminhos pode ser determinado com base na complexidade ciclomática.

Considerando-se o grafo de fluxo de controle apresentado na figura abaixo, no qual os nós representam os blocos de comandos e as arestas representam a transferência de controle, qual a quantidade de caminhos básicos que devem ser testados no programa associado a esse grafo de fluxo de controle, sabendo-se que essa quantidade é igual à complexidade ciclomática mais um?

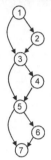

(A) 1.
(B) 3.
(C) 4.
(D) 7.
(E) 8.

7. (ENADE – 2008)

O gerenciamento de configuração de *software* (GCS) é uma atividade que deve ser realizada para identificar, controlar, auditar e relatar as modificações que ocorrem durante todo o desenvolvimento ou mesmo durante a fase de manutenção, depois que o *software* for entregue ao cliente. O GCS é embasado nos chamados itens de configuração, que são produzidos como resultado das atividades de engenharia de *software* e que ficam armazenados em um repositório. Com relação ao GCS, analise as duas asserções apresentadas a seguir.

No GCS, o processo de controle das modificações obedece ao seguinte fluxo: começa com um pedido de modificação de um item de configuração, que leva à aceitação ou não desse pedido e termina com a atualização controlada desse item no repositório

PORQUE

o controle das modificações dos itens de configuração baseia-se nos processos de *check-in* e *check-out* que fazem, respectivamente, a inserção de um item de configuração no repositório e a retirada de itens de configuração do repositório para efeito de realização das modificações.

Acerca dessas asserções, assinale a opção correta.

(A) As duas asserções são proposições verdadeiras, e a segunda é uma justificativa correta da primeira.
(B) As duas asserções são proposições verdadeiras, e a segunda não é uma justificativa correta da primeira.
(C) A primeira asserção é uma proposição verdadeira, e a segunda é uma proposição falsa.
(D) A primeira asserção é uma proposição falsa, e a segunda é uma proposição verdadeira.
(E) As duas asserções são proposições falsas.

8. (ENADE – 2008)

Estágios do ciclo de vida de um serviço de TI

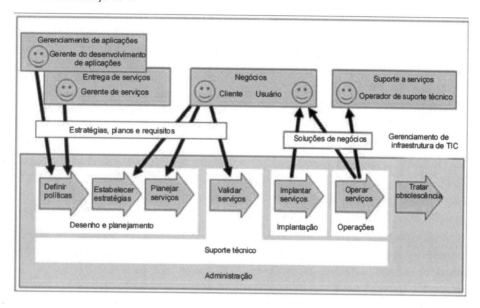

A figura acima, adaptada do documento que descreve o gerenciamento de serviços de tecnologia da informação do modelo ITIL (*Information Technology Infra-Structure Library*), apresenta as relações entre elementos que participam dos estágios do ciclo de vida de um serviço de TI. Com base no modelo acima descrito, qual elemento detém maior responsabilidade por definir as necessidades de informação da organização que utilizará um serviço de TI?

(A) usuário
(B) cliente
(C) operador de suporte técnico
(D) gerente de serviços
(E) gerente de desenvolvimento de aplicações

9. (ENADE – 2008)

O código de ética da Organização Internacional de Instituições Supremas de Auditoria (INTOSAI) define como valores e princípios básicos da atuação da auditoria a independência, a objetividade, a imparcialidade, o segredo profissional e a competência. Ao iniciar um trabalho de auditoria sem definir claramente a finalidade da auditoria e o modelo de conformidade no qual a auditoria se apoia, qual valor ou princípio um auditor estaria primariamente falhando em atender?

(A) independência
(B) objetividade
(C) imparcialidade
(D) segredo profissional
(E) competência

10. (ENADE – 2008)

A figura a seguir apresenta uma proposta de classificação de sistemas de informação, organizada tanto no que se refere ao nível hierárquico, no qual atuam os sistemas no âm*bit*o de uma organização, quanto no que se refere às áreas funcionais nas quais esses sistemas são aplicados.

Laudon & Laudon. **Sistemas de Informação Gerencial**. Pearson, 2004 (com adaptações).

Considere a situação hipotética em que uma rede de supermercados deverá tomar uma decisão com relação à substituição do sistema de automação de "frente de loja", que apoia as atividades dos caixas nos *check-outs*.

A decisão envolve substituir o sistema atual, que emprega tecnologia de terminais "burros", por um que emprega computadores pessoais e redes sem fio. Nesse sentido e considerando a proposta de classificação apresentada, qual das opções a seguir apresenta uma classificação adequada de nível hierárquico, área funcional e grupo atendido pelo sistema de informações, que oferece apoio direto à referida tomada de decisão?

(A) estratégico, vendas e *marketing*, gerentes seniores
(B) conhecimento, finanças, trabalhadores do conhecimento
(C) gerencial, contabilidade, gerentes médios
(D) operacional, vendas e *marketing*, gerentes operacionais
(E) estratégico, recursos humanos, gerentes médios

11. (ENADE – 2008)

Considere os seguintes itens: (i) características do produto; (ii) o modelo de maturidade e capacidade; (iii) o paradigma e os métodos de desenvolvimento. A quais níveis de abstração de processos esses itens estão, respectivamente, associados?

(A) processo padrão, processo especializado e processo instanciado
(B) processo padrão, processo instanciado e processo especializado
(C) processo instanciado, processo padrão e processo especializado
(D) processo instanciado, processo especializado e processo padrão
(E) processo especializado, processo padrão e processo instanciado

12. (ENADE – 2008)

Segundo o modelo COBIT (*control objectives for information technology*), os processos de TI devem ser auditados por meio de um processo composto pelas etapas de: (i) COMPREENSÃO dos riscos relacionados aos requisitos de negócios e das medidas de controle relevantes; (ii) avaliação da ADEQUABILIDADE (PROPRIEDADE) dos controles declarados; (iii) avaliação de CONFORMIDADE por meio do teste de funcionamento consistente e contínuo dos controles, conforme prescritos; e (iv) SUBSTANCIAÇÃO do risco dos objetivos de controle não serem alcançados por meio de técnicas analíticas e(ou) consulta a fontes alternativas. Com relação a essas etapas, assinale a opção correta.

(A) Durante a etapa de SUBSTANCIAÇÃO, são realizadas entrevistas com o gestor e os empregados que desempenham o processo de TI, visando identificar leis e regulamentos aplicáveis.
(B) Durante a etapa de CONFORMIDADE, são documentadas as fraquezas dos controles em prática, com a indicação das ameaças e vulnerabilidades presentes.
(C) Durante a etapa de ADEQUABILIDADE, são obtidas evidências diretas e indiretas aplicáveis a determinados artefatos e períodos de tempo diretamente relacionados ao processo de TI, visando-se garantir que os procedimentos em prática sejam compatíveis com os controles declarados.
(D) Durante a etapa de COMPREENSÃO, são identificados e documentados impactos reais e potenciais para a organização, empregando-se análises de causa-raiz.
(E) Durante a etapa de ADEQUABILIDADE, é avaliada a conveniência das medidas de controle adotadas para o processo de TI, por meio da consideração de critérios bem definidos, práticas padronizadas da indústria, fatores críticos de sucesso para as medidas de controle, bem como o julgamento profissional pelo auditor.

13. (ENADE – 2008)

Um ponto crítico para as organizações é a gerência de seus sistemas legados. Quanto a esses sistemas, é importante decidir se eles devem sofrer uma reengenharia, sendo reimplementados, ou não. Essa decisão é tomada após se avaliarem os sistemas legados com base em dois parâmetros: valor estratégico para a organização, ou seja, o valor que ele agrega para os serviços e produtos da organização; e qualidade do sistema, ou seja, o custo de manutenção uma vez que sistemas de baixa qualidade possuem alto custo de manutenção. Essa avaliação classifica esses sistemas de acordo com as situações de I a IV indicadas abaixo.

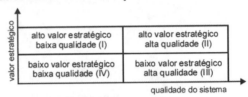

Em qual(ais) dessas situações um sistema legado deve ser classificado para ser indicado a uma reengenharia?

(A) Apenas na situação I.
(B) Apenas na situação IV.
(C) Apenas nas situações I e II.
(D) Apenas nas situações II e III.
(E) Apenas nas situações III e IV.

14. (ENADE – 2008)

alternativa 1   alternativa 2

Coesão e acoplamento são dois conceitos fundamentais para a qualidade do projeto modular de um *software*. A coesão diz respeito à funcionalidade dos módulos que compõem o *software* e é relacionada ao conceito de ocultação de informação.

O acoplamento está relacionado aos dados e representa a interconexão entre os módulos. Suponha que determinado sistema possa ter a arquitetura de seus módulos projetada por meio das duas alternativas diferentes mostradas na figura acima, sendo a funcionalidade de um módulo a mesma nas duas alternativas. Nessa figura, os retângulos representam os módulos e as arestas representam chamadas a funcionalidades de outros módulos. A partir dessas informações, assinale a opção correta.

(A) A coesão e o acoplamento de todos os módulos são iguais nas duas alternativas.
(B) Em relação à alternativa 1, na alternativa 2, a coesão do módulo A é menor, a dos módulos B e C é maior e o acoplamento do projeto é maior.
(C) Em relação à alternativa 1, na alternativa 2, a coesão do módulo A é maior, a dos módulos B e C é menor e o acoplamento do projeto é maior.
(D) Em relação à alternativa 1, na alternativa 2, a coesão do módulo A é maior, a dos módulos B e C é maior e o acoplamento do projeto é menor.
(E) Em relação à alternativa 1, na alternativa 2, a coesão do módulo A é menor, a dos módulos B e C é maior e o acoplamento do projeto é menor.

15. (ENADE – 2008)

Uma das técnicas que auxiliam na gerência de projetos de *software* é o gráfico de atividades, por meio do qual é possível calcular, por exemplo, a duração de um projeto, as atividades críticas e as atividades que possuem folga para sua execução. Nesse gráfico, os círculos representam os eventos iniciais e finais de cada atividade, as arestas representam as atividades, e os números associados às arestas representam a duração dessas atividades.

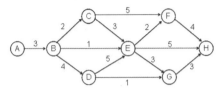

Tabela de custo de aceleração		
atividade	unidades de aceleração permitidas	custo de aceleração por unidade de tempo (R$)
C-F	2	50
D-E	1	300
E-F	2	100
E-G	1	80
E-H	2	75
F-H	2	85

Considerando-se o gráfico de atividades acima e a tabela de custo de aceleração das atividades da rede que podem ser aceleradas, qual(is) atividade(s) deve(m) ser acelerada(s) para que o tempo do projeto associado a esse gráfico seja reduzido em uma unidade de tempo e para que o custo total de aceleração seja o menor possível?

(A) apenas a atividade (C-F)
(B) apenas as atividades (D-E) e (E-G)
(C) apenas a atividade (E-G)
(D) apenas as atividades (E-G) e (F-H)
(E) apenas a atividade (E-H)

16. (ENADE – 2008)

No processo de desenvolvimento de *software*, todo *software* passa pelas fases de análise e projeto, associadas, respectivamente, com o que deve ser feito e como deve ser feito. A partir dessa informação, avalie a opção correta.

(A) Na fase de análise, três modelos que devem ser considerados são: do domínio da informação, o funcional e o comportamental.
(B) Na fase de projeto, dois níveis de projeto devem ser considerados: o projeto detalhado, que se preocupa com uma transformação dos requisitos em um projeto de dados e arquitetural; e o projeto preliminar, que se preocupa em aprimorar o projeto detalhado para que a implementação possa ser realizada em seguida.
(C) O objetivo do projeto arquitetural é desenvolver uma estrutura de programa e representar os diversos fluxos de dados entre os módulos.
(D) O projeto arquitetural independe do paradigma de desenvolvimento.
(E) Para lidar com a complexidade do *software*, pode-se aplicar o princípio do particionamento, quebrando o problema em problemas menores. Esse princípio não é aplicado nas outras fases de desenvolvimento e ele não causa impacto nos custos de desenvolvimento.

17. (ENADE – 2008)

Considere que você trabalhe em uma empresa de desenvolvimento de *software* e que a empresa tenha decidido desenvolver um novo editor de texto para colocar no mercado. Esse editor deve ser um *software* que forneça recursos adicionais de apoio à autoria, embasado no estilo de escrita do usuário, o que o torna um *software* de funcionalidade mais complexa. Considere que a empresa deseje disponibilizar o produto no mercado em versões que agreguem esse suporte de forma gradativa, fazendo análise de risco para avaliar a viabilidade de desenvolvimento de uma nova versão. Tendo de escolher um modelo de processo para desenvolver esse editor, e conhecendo as características dos modelos existentes, entre os modelos abaixo, qual é o modelo apropriado para esse caso?

(A) cascata
(B) espiral
(C) RAD (*rapid application development*)
(D) prototipação
(E) *cleanroom*

18. (ENADE – 2008)

A Secretaria de Saúde de determinado município está executando um projeto de automação do seu sistema de atendimento médico e laboratorial, atualmente manual. O objetivo do projeto é melhorar a satisfação dos usuários com relação aos serviços prestados pela Secretaria. O sistema automatizado deve contemplar os seguintes processos: marcação de consulta, manutenção de prontuário do paciente, além do pedido e do registro de resultados de exame laboratorial.

A Secretaria possui vários postos de saúde e cada um deles atende a um ou mais bairros do município. As consultas a cada paciente são realizadas no posto de saúde mais próximo de onde ele reside. Os exames laboratoriais são realizados por laboratórios terceirizados e conveniados.

A solução proposta pela equipe de desenvolvimento e implantação da automação contempla, entre outros, os seguintes aspectos:

– sistema computacional do tipo cliente-servidor na *web*, em que cada usuário cadastrado utiliza *login* e senha para fazer uso do sistema;
– uma aplicação, compartilhada por médicos e laboratórios, gerencia o pedido e o registro de resultados dos exames. Durante uma consulta o próprio médico registra o pedido de exames no sistema;
– uma aplicação, compartilhada por médicos e pacientes, permite que ambos tenham acesso aos resultados dos exames laboratoriais;
– uma aplicação, compartilhada por médicos e pacientes, que automatiza o prontuário dos pacientes, em que os registros em prontuário, efetuados por cada médico para cada paciente, estão disponíveis apenas para o paciente e o médico específicos. Além disso, cada médico pode fazer registros privados no prontuário do paciente, apenas visíveis por ele;
– uma aplicação, compartilhada por pacientes e atendentes de postos de saúde, que permite a marcação de consultas por pacientes e(ou) por atendentes. Esses atendentes atendem o paciente no balcão ou por telefone.

Considerando o contexto acima, julgue os seguintes itens.

I. No contexto do projeto acima descrito, aquele que desempenha o papel de usuário do sistema de informação automatizado não é apenas o paciente, e aquele que desempenha o papel de cliente pode não ser um médico.
II. O sistema de informação manual atualmente em uso na referida secretaria de saúde não dá suporte aos processos de negócio dessa secretaria.
III. O projeto de automação dos serviços de saúde não é uma solução de *outsourcing*.
IV. No sistema acima, os riscos de não repúdio são aumentados com a automação.
V. Para o gestor do sistema de informação a ser automatizado, a acessibilidade é uma característica de menor importância jurídica frente à necessidade de ampliar a confidencialidade.

Estão certos apenas os itens

(A) I e II.
(B) I e III.
(C) II e IV.
(D) III e V.
(E) IV e V.

19. (ENADE – 2008) DISCURSIVA

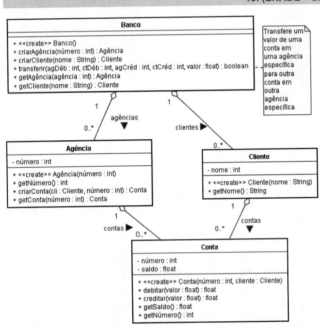

Durante a análise de um sistema de controle de contas bancárias (SCCB), um analista elaborou o diagrama de classes ao lado, em que são especificados os objetos de negócio da aplicação, por meio do qual foram distribuídas as responsabilidades e colaborações entre os elementos do modelo. Foi atribuída a outro analista a tarefa de elaborar o diagrama de sequência do caso de uso chamado DUPLA_CONTA, que apresenta o seguinte comportamento: cria um banco, cria uma agência bancária, cria um cliente e duas contas bancárias associadas ao cliente e agência bancária anteriormente criados, e, por fim, realiza uma transferência de valores entre essas duas contas bancárias. O diagrama de sequência em UML apresentado abaixo foi elaborado com o intuito de corresponder ao caso de uso em questão.

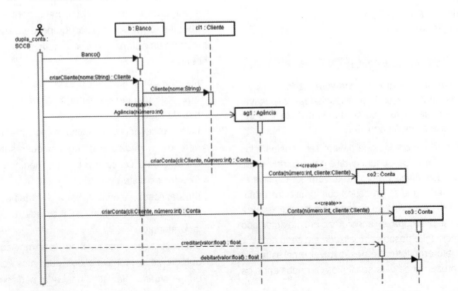

No diagrama de sequência apresentado, há problemas conceituais, relativos à especificação do diagrama de classes e à descrição textual do caso de uso DUPLA-CONTA. Com relação a essa situação, faça o que se pede a seguir.

a) Descreva, textualmente, três falhas de tipos distintos presentes no diagrama de sequência apresentado, relativas ao uso da sintaxe e(ou) da semântica da UML. (valor: 4,0 pontos)

b) Descreva, textualmente, três falhas distintas presentes no diagrama de sequência apresentado, relativas à especificação das classes, responsabilidades e colaborações propostas no diagrama de classe mostrado. (valor: 6,0 pontos)

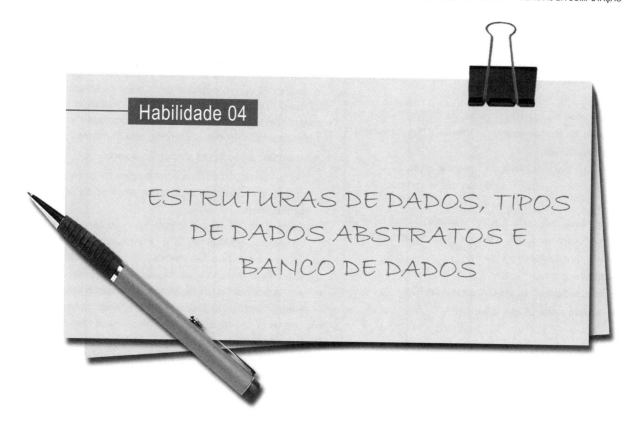

Habilidade 04
ESTRUTURAS DE DADOS, TIPOS DE DADOS ABSTRATOS E BANCO DE DADOS

1. (ENADE – 2011)

No desenvolvimento de um *software* que analisa bases de DNA, representadas pelas letras A, C, G, T, utilizou-se as estruturas de dados: pilha e fila.

Considere que, se uma sequência representa uma pilha, o topo é o elemento mais à esquerda; e se uma sequência representa uma fila, a sua frente é o elemento mais à esquerda.

Analise o seguinte cenário: "a sequência inicial ficou armazenada na primeira estrutura de dados na seguinte ordem: (A,G,T,C,A,-G,T,T). Cada elemento foi retirado da primeira estrutura de dados e inserido na segunda estrutura de dados, e a sequência ficou armazenada na seguinte ordem: (T,T,G,A,C,T,G,A). Finalmente, cada elemento foi retirado da segunda estrutura de dados e inserido na terceira estrutura de dados e a sequência ficou armazenada na seguinte ordem: (T,T,G,A,C,T,G,A)".

Qual a única sequência de estruturas de dados apresentadas a seguir pode ter sido usada no cenário descrito acima?

(A) Fila - Pilha - Fila.
(B) Fila - Fila - Pilha.
(C) Fila - Pilha - Pilha.
(D) Pilha - Fila - Pilha.
(E) Pilha - Pilha - Pilha.

2. (ENADE – 2011)

As filas de prioridades (*heaps*) são estruturas de dados importantes no projeto de algoritmos. Em especial, *heaps* podem ser utilizados na recuperação de informação em grandes bases de dados constituídos por textos.

Basicamente, para se exibir o resultado de uma consulta, os documentos recuperados são ordenados de acordo com a relevância presumida para o usuário. Uma consulta pode recuperar milhões de documentos que certamente não serão todos examinados. Na verdade, o usuário examina os primeiros m documentos dos n recuperados, em que m é da ordem de algumas dezenas.

Considerando as características dos *heaps* e sua aplicação no problema descrito acima, avalie as seguintes afirmações.

I. Uma vez que o *heap* é implementado como uma árvore binária de pesquisa essencialmente completa, o custo computacional para sua construção é $O(n \log n)$.

II. A implementação de *heaps* utilizando-se vetores é eficiente em tempo de execução e em espaço de armazenamento, pois o pai de um elemento armazenado na posição i se encontra armazenado na posição $2i+1$.

III. O custo computacional para se recuperar de forma ordenada os m documentos mais relevantes armazenados em um *heap* de tamanho n é $O(m \log n)$.

IV. Determinar o documento com maior valor de relevância armazenado em um *heap* tem custo computacional $O(1)$.

Está correto apenas o que se afirma em

(A) I e II.
(B) II e III.
(C) III e IV.
(D) I, II e IV.
(E) I, III e IV.

3. (ENADE – 2011)

O conceito de Tipo de Dados Abstrato (TDA) é popular em linguagens de programação. Nesse contexto, analise as afirmativas a seguir.

I. A especificação de um TDA é composta das operações aplicáveis a ele, da sua representação interna, e das implementações das operações.

II. Dois mecanismos utilizáveis na implementação de um TDA em programas orientados a objetos são a composição e a herança.

III. Se S é um subtipo de outro T, então entidades do tipo S em um programa podem ser substituídas por entidades do tipo T, sem alterar a corretude desse programa.

IV. O encapsulamento em linguagens de programação orientadas a objetos é um efeito positivo do uso de TDA.

É correto apenas o que se afirma em

(A) I.

(B) II.

(C) I e III.

(D) II e IV.

(E) III e IV.

4. (ENADE – 2011)

Em um modelo de dados que descreve a publicação acadêmica de pesquisadores de diferentes instituições em eventos acadêmicos, considere as tabelas abaixo.

DEPARTAMENTO (#CodDepartamento, NomeDepartamento)

EMPREGADO (#CodEmpregado, NomeEmpregado, CodDepartamento, Salario)

Na linguagem SQL, o comando mais simples para recuperar os códigos dos departamentos cuja média salarial seja maior que 2000 é

(A)
```
SELECT CodDepartamento
FROM EMPREGADO
GROUP BY CodDepartamento
HAVING AVG (Salario) > 2000
```

(B)
```
SELECT CodDepartamento
FROM EMPREGADO
WHERE AVG (Salario) > 2000
GROUP BY CodDepartamento
```

(C)
```
SELECT CodDepartamento
FROM EMPREGADO
WHERE AVG (Salario) > 2000
```

(D)
```
SELECT CodDepartamento, AVG (Salario) > 2000
FROM EMPREGADO
GROUP BY CodDepartamento
```

(E)
```
SELECT CodDepartamento
FROM EMPREGADO
GROUP BY CodDepartamento
ORDER BY AVG (Salario) > 2000
```

5. (ENADE – 2011)

Uma empresa de natureza estritamente operacional deseja implantar um setor de suporte ao processo de tomada de decisão, já que os resultados que vem apresentando demonstram contínua queda da margem de lucro e aumento do custo operacional. Para isso, os executivos de alto escalão da empresa decidiram investir na aquisição de uma ferramenta OLAP acoplada a uma *data warehouse.*

Nessa situação, avalie as afirmações a seguir.

I. No que tange ao tipo de suporte propiciado, os sistemas OLAP podem ser classificados como sistemas de trabalhadores do conhecimento.

II. Ferramentas OLAP apresentam foco orientado a assunto, em contraposição a sistemas OLTP, que são orientados a aplicação.

III. Tendo em vista que *data marts* são construídos utilizando-se os sistemas legados da empresa, sem a utilização de dados externos, o processo de extração, transformação e carga envolve a integração de dados, suprimindo-se a tarefa de limpeza.

IV. O projeto de um *data warehouse* define a forma com que a base de dados será construída. Uma das opções é a abordagem *data mart*, em que os diversos *data marts são* integrados, até que se obtenha, ao final do processo, um *data warehouse* da empresa.

É correto o que se afirma em

(A) I e III, apenas.

(B) I e IV, apenas.

(C) II e III, apenas.

(D) II e IV, apenas.

(E) I, II, III e IV.

6. (ENADE – 2008)

Considere a relação EMPREGADO (<u>NumeroEmp</u>, RG, nome, sobrenome, salario, endereco), em que o atributo grifado corresponde à chave primária da relação. Suponha que se deseje realizar as seguintes consultas:

1 Listar o nome dos empregados com sobrenome Silva;

2 Listar o nome dos empregados em ordem crescente de seus sobrenomes.

Em relação à definição de um índice sobre o atributo sobrenome para melhorar o desempenho das consultas acima, julgue os itens a seguir.

I. Um índice que implemente Árvore-B+ será adequado para melhorar o desempenho da consulta 1.

II. Um índice que implemente Árvore-B+ será adequado para melhorar o desempenho da consulta 2.

III. Um índice que implemente uma função *hash* será adequado para melhorar o desempenho da consulta 1.

IV. Um índice que implemente uma função *hash* será adequado para melhorar o desempenho da consulta 2.

Assinale a opção correta.

(A) Apenas um item está certo.

(B) Apenas os itens I e II estão certos.

(C) Apenas os itens III e IV estão certos.

(D) Apenas os itens I, II e III estão certos.

(E) Todos os itens estão certos.

7. (ENADE – 2008)

Considere o esquema de banco de dados relacional apresentado a seguir, formado por 4 relações, que representa o conjunto de estudantes de uma universidade que podem, ou não, morar em repúblicas (moradias compartilhadas por estudantes). A relação Estudante foi modelada como um subconjunto da relação Pessoa.

Considere que os atributos grifados correspondam à chave primária da respectiva relação e os atributos que são seguidos da palavra referencia sejam chaves estrangeiras.

```
Pessoa(IdPessoa:integer,    Nome:varchar(40),
Endereco:varchar(40))
FonePessoa(IdPessoa:integer referencia Pessoa,
DDD:varchar(3), Prefixo:char(4), Nro:char(4))
Republica(IdRep:integer,    Nome:varchar(30),
Endereco:varchar(40))
Estudante(RA:integer,    Email:varchar(30),
IdPessoa:integer    referencia    Pessoa,
IdRep:integer referencia Republica)
```

Suponha que existam as seguintes tuplas no banco de

```
Pessoa(1, 'José Silva', 'Rua 1, 20');
Republica(20, 'Várzea', 'Rua Chaves, 2001')
```

Qual opção apresenta apenas tuplas válidas para esse esquema de banco de dados relacional?

(A) Estudante(10, 'jsilva@ig.com.br', null, 20);
    FonePessoa(10, '019', '3761', '1370')

(B) Estudante(10, 'jsilva@ig.com.br', 1, null);
    FonePessoa(10, '019', '3761', '1370')

(C) Estudante(10, 'jsilva@ig.com.br', 1, 20);
    FonePessoa(1, null, '3761', '1370')

(D) Estudante(10, 'jsilva@ig.com.br', 1, 50);
    FonePessoa(1, '019', '3761', '1370')

(E) Estudante(10, 'jsilva@ig.com.br', 1, null);
    FonePessoa(1, '019', '3761', '1370')

8. (ENADE – 2008)

Considere a seguinte representação de abstração de generalização/especialização, com propriedade de cobertura parcial e sobreposta, segundo notação do diagrama entidade-relacionamento estendido.

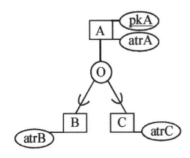

Qual opção apresenta um esquema de banco de dados relacional que representa corretamente a referida abstração?

(A) A(pkA, atrA) B(atrB) C(atrC).
(B) A(pkA, atrA, atrB, atrC, tipoBouC), **em que** tipoBouC **é booleano**.
(C) A(pkA, atrA, atrB, atrC, tipoB, tipoC), **em que** tipoB e tipoC **são booleanos**.
(D) B(pkA, atrA, atrB) C(pkA, atrA, atrC).
(E) A(pkA, atrA) B(pkB, atrB) C(pkC, atrC), **em que** pkB e pkC **são atributos artificiais criados para ser a chave primária das relações** B e C, **respectivamente**.

9. (ENADE – 2008)

Considere as seguintes tabelas:

```
CREATE TABLE Departamento
(
    IdDep int NOT NULL,
    NomeDep varchar(15),
    CONSTRAINT Departamentopkey PRIMARY KEY (IdDep)
);

CREATE TABLE Empregado
(
    IdEmpregado int NOT NULL,
    IdDep int,
    salario float,
    CONSTRAINT Empregadopkey PRIMARY KEY (IdEmpregado),
    CONSTRAINT EmpregadoIdDepfkey FOREIGN KEY (IdDep)
        REFERENCES Departamento(IdDep)
        ON UPDATE RESTRICT ON DELETE RESTRICT
)
```

Considere as seguintes consultas SQL.

```
I  SELECT NomeDep, count(*)
   FROM Departamento D, Empregado E
   WHERE D.IdDep=E.IdDep and E.salario > 10000
   GROUP BY NomeDep
   HAVING count(*) > 5;

II SELECT NomeDep, count(*)
   FROM Departamento D, Empregado E
   WHERE D.IdDep=E.IdDep and E.salario >10000 and
         E.IdDep IN (SELECT IdDep
                     FROM Empregado
                     GROUP BY IdDep
                     HAVING count(*) > 5)
   GROUP BY NomeDep;
```

Quando as consultas acima são realizadas, o que é recuperado em cada uma delas?

(A) I: os nomes dos departamentos que possuem mais de 5 empregados que ganham mais de 10.000 reais e o número de empregados nessa condição. II: os nomes dos departamentos que possuem mais de 5 empregados e o número de empregados que ganham mais de 10.000 reais.

(B) I: os nomes dos departamentos que possuem mais de 5 empregados e o número de empregados que ganham mais de 10.000 reais. II: os nomes dos departamentos que possuem mais de 5 empregados que ganham mais de 10.000 reais e o número de empregados nessa condição.

(C) I: os nomes dos departamentos que possuem mais de 5 empregados que ganham mais de 10.000 reais e o número total de funcionários do departamento. II: os nomes dos departamentos que possuem mais de 5 empregados que ganham mais de 10.000 reais e o número de empregados nessa condição.

(D) I: os nomes dos departamentos que possuem mais de 5 empregados que ganham mais de 10.000 reais e o número de empregados nessa condição. II: os nomes dos departamentos que possuem mais de 5 empregados que ganham mais de 10.000 reais e o número total de funcionários do departamento.

(E) I: os nomes dos departamentos que possuem mais de 5 empregados que ganham mais de 10.000 reais e o número de empregados nessa condição. II: os nomes dos departamentos que possuem mais de 5 empregados que ganham mais de 10.000 reais e o número de empregados nessa condição.

10. (ENADE – 2008)

Considere o esquema de relação `Cliente(CPF, nome, RGemissor RGnro, endereco, loginemail, dominioemail)` e as seguintes dependências funcionais (DF) válidas sobre o esquema:

```
DF1: CPF → nome, RGemissor, RGnro, endereco, loginemail, dominioemail
DF2: RGemissor, RGnro → CPF, nome, endereco, loginemail, dominioemail
DF3: loginemail, dominioemail → CPF
```

Qual é o conjunto completo de chaves candidatas de Cliente e em que forma normal mais alta essa relação está?

(A) { (RGemissor, RGnro), (CPF) }, **na Forma Normal de Boyce-Codd (FNBC)**.

(B) { (RGemissor, RGnro), (CPF) }, **na Segunda Forma Normal (2FN)**.

(C) { (loginemail, dominioemail) }, **na Forma Normal de Boyce-Codd (FNBC)**.

(D) { (RGemissor, RGnro), (loginemail, dominioemail), (CPF) }, **na Forma Normal de Boyce-Codd (FNBC)**.

(E) { (RGemissor, RGnro), (loginemail, dominioemail), (CPF) }, **na Segunda Forma Normal (2FN)**.

11. (ENADE – 2005)

Os proprietários de um teatro necessitam de uma ferramenta de *software* para reserva de lugares.

O desenvolvedor contratado verificou que as poltronas disponíveis para reserva são referenciadas pelo número da fila (a partir do n.º 1) e pelo número da cadeira (a partir do n.º 1) em cada fila, em uma representação matricial em que as linhas e colunas da matriz correspondem, respectivamente, às filas e às colunas de cadeiras. Embora o contexto seja o da organização matricial — N filas de cadeiras (linhas), cada uma contendo M cadeiras (colunas) —, a solução a ser implementada utilizará uma estrutura linear unidimensional (vetor), sendo, portanto, necessária uma conversão entre o lugar referenciado (número f da fila, número c da cadeira) e a posição real na estrutura de armazenamento (posição p no vetor).

Na situação apresentada, considere que a referida matriz seja armazenada no vetor segundo sua sequência de linhas, da primeira para a última, e, em cada linha, da primeira coluna para a última, e que a primeira posição no vetor tenha índice 0. Nessa situação, a posição p da poltrona do teatro localizada à fila de número f e à coluna de número c, é igual a

(A) $c + f \times M$.
(B) $f + c \times M$.
(C) $M \times (f-1) + (c-1)$.
(D) $M \times (c-1) + (f-1)$.
(E) $M \times (c-1) + M \times f$.

12. (ENADE – 2005)

Na definição da aquisição de um novo *software* de banco de dados (SGBD) para uma empresa da área de transporte coletivo urbano, a direção da área de Informática conduziu o processo de decisão da seguinte forma: foi designado um profissional da área de banco de dados (aquele com maior experiência na área) e atribuída a ele a tarefa de decidir qual seria o melhor SGBD a ser adquirido. Esse profissional desenvolveu uma série de estudos sobre as opções disponíveis utilizando técnicas de simulação e testes específicos para cada SGBD analisado. Ao final, apresentou ao diretor um relatório em que indicava claramente qual o melhor SGBD (solução ótima) disponível no mercado. Com base nessa informação, o diretor da empresa disparou o processo de compra do *software* (SGBD) indicado.

Esse processo decisório classifica-se na abordagem

(A) racional.
(B) de racionalidade limitada.
(C) política.
(D) do incrementalismo.
(E) do componente subjetivo.

13. (ENADE – 2005)

Todo jogador deve pertencer a um único clube.

Assinale a opção que representa corretamente, no modelo entidade-relacionamento, a especificação apresentada acima.

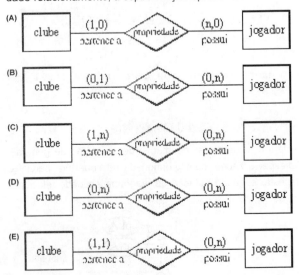

14. (ENADE – 2005)

O gerente de tecnologia de uma empresa de TI recebeu a incumbência de especificar a arquitetura de um sistema de informação para atender a um cliente na área de diagnóstico por imagem (raio X, tomografia computadorizada e ressonância magnética). O cliente está interessado em agilizar o diagnóstico por armazenamento e recuperação de imagens digitalizadas e em se manter na vanguarda do mercado, dada a melhoria contínua de sua solução em TI. O cliente pretende iniciar digitalizando 1.000 imagens por mês, cada imagem com tamanho médio de 20 *kilobytes*, até chegar, em 12 meses, a 20.000 imagens por mês.

Considerando essas informações, julgue os seguintes itens.

I. Um SBD orientado a objeto é adequado para a arquitetura do SI do cliente porque é voltado justamente para aplicações que tratam objetos complexos e tem alta integração com linguagens de programação orientadas a objetos.

II. Um SBD relacional não é adequado para a arquitetura do SI do cliente porque não constitui ainda uma tecnologia bem estabelecida e bem testada, apesar de ser uma linguagem de consulta poderosa.

III. Um SBD objeto-relacional é adequado para a arquitetura do SI do cliente porque alia estruturas não normalizadas, capazes de representar objetos complexos, a uma linguagem de consulta poderosa.

Assinale a opção correta.

(A) Apenas um item está certo.
(B) Apenas os itens I e II estão certos.
(C) Apenas os itens I e III estão certos.
(D) Apenas os itens II e III estão certos.
(E) Todos os itens estão certos.

15. (ENADE – 2005)

T1	
1	Leitura(X);
2	X = X - 100;
3	Escrita(X);
4	Leitura(Y);
5	Y = Y + 100;
6	Escrita(Y);

Considere um sistema bancário simplificado e uma transação T1, que transfira R$ 100,00 da conta X para a conta Y e é definida pelas operações listadas acima. Considere ainda que uma transação T2 esteja sendo executada simultaneamente com T1. Caso a transação T2 realize a operação Escrita(Y) depois da execução da operação 4 e antes da execução da operação 6 por T1, qual propriedade de transações será violada no banco de dados do referido sistema bancário?

(A) Atomicidade.
(B) Isolamento.
(C) Distributividade.
(D) Consistência.
(E) Durabilidade.

16. (ENADE – 2005)

O gerente de desenvolvimento de uma empresa de TI examinou a seguinte planilha sobre andamento de projetos.

projeto	percentual completado (em %)	percentual do orçamento já despendido (em %)
P1	50	70
P2	80	65

Com base nessa planilha e com relação aos conceitos de dado, informação e conhecimento, julgue os itens que se seguem.

I. O número 65, na célula inferior direita, é um dado.
II. Associar o número 80 (célula inferior central) ao percentual completado (em %) e a P2, e concluir que o projeto P2 está 80% completado é um conhecimento.
III. Dizer que P1 está adiantado ou atrasado é uma informação.
IV. Dizer o quanto P1 vai precisar a mais do que foi inicialmente previsto no orçamento é um conhecimento. Estão certos apenas os itens

(A) I e II.
(B) I e IV.
(C) II e III.
(D) II e IV.
(E) III e IV.

17. (ENADE – 2005)

Considerando o diagrama de Hasse apresentado acima, assinale a opção que apresenta uma lista ordenada, da esquerda para a direita, que preserva a ordem do diagrama.

(A) Marcos, José Roberto, Emerson, Ronaldo, Adriano
(B) Emerson, Marcos, Ronaldo, Adriano, José Roberto
(C) Adriano, Ronaldo, José Roberto, Marcos, Emerson
(D) Ronaldo, Marcos, Emerson, Adriano, José Roberto
(E) Marcos, Adriano, Emerson, José Roberto, Ronaldo

18. (ENADE – 2005)

Considere um sistema bancário simplificado e uma transação T1, que, por meio das 6 operações apresentadas na tabela abaixo, transfere R$ 100,00 da conta X para a conta Y. A partir dessas informações, julgue os itens que se seguem.

T1	
1	leitura(X);
2	X = X - 100;
3	escrita(X);
4	leitura(Y);
5	Y = Y + 100;
6	escrita (Y);

I. Se, durante a execução de T1, ocorrer uma falha depois da operação 3 e antes da operação 6, e o sistema de banco de dados restabelecer o valor original de X, estará garantida a atomicidade de T1.

II. Se ocorrer uma falha de sistema após a transação T1 ser completada com sucesso, mas, ao ser reiniciado o sistema, o usuário que a tiver disparado for notificado da transferência de fundos e o sistema de banco de dados reconstruir as atualizações feitas pela transação, estará garantida a durabilidade de T1.

III. Se outra transação, T2, que estiver sendo executada simultaneamente a T1, tentar executar a operação Escrita(Y) depois de T1 ter executado a operação 4 e ainda não ter executado a operação 6, e o sistema de banco de dados impedir essa escrita, estará garantida a consistência de T1.

Assinale a opção correta.

(A) Apenas um item está certo.
(B) Apenas os itens I e II estão certos.
(C) Apenas os itens I e III estão certos.
(D) Apenas os itens II e III estão certos.
(E) Todos os itens estão certos.

19. (ENADE – 2005)

Considere o seguinte esquema relacional para o banco de dados de um grande banco com cobertura nacional.

```
AGENCIAS(NOME_AGENCIA, CIDADE_AGENCIA, FUNDOS);
CONTAS(NOME_AGENCIA, NUMERO_CONTA, SALDO) NOME_AGENCIA
REFERENCIA AGENCIAS;
CLIENTES(NOME_CLIENTE, CIDADE_NASCIMENTO, NUMERO_CONTA)
NUMERO_CONTA REFERENCIA CONTAS;
```

Considere, ainda, que os atributos sublinhados correspondam às chaves primárias das respectivas relações e, após as definições das relações CONTAS e CLIENTES, sejam descritas as regras de integridade referenciais. Suponha que o banco de dados armazene informações de 500 agências, de 1.000.000 de contas e de 1.500.000 clientes, sendo que 200.000 contas são de agências da cidade de São Paulo e 100.000 clientes nasceram em Recife. Considere, finalmente, que esse sistema de banco de dados tenha um otimizador de consultas embasado em heurísticas e que se precise realizar a seguinte consulta.

```
SELECT *
FROM AGENCIAS, CONTAS, CLIENTES
WHERE CONTAS.NOME_AGENCIA = AGENCIAS.NOME_AGENCIA
  AND CLIENTES.NUMERO_CONTA = CONTAS.NUMERO_CONTA
  AND CIDADE_AGENCIA = 'SAO PAULO'
  AND CIDADE_NASCIMENTO = 'RECIFE'
  AND SALDO > 1000;
```

A partir dessas informações e considerando ⋈ o operador de junção natural e σ o operador de seleção, assinale a opção que apresenta o melhor plano de avaliação de consultas para a consulta apresentada acima.

(A)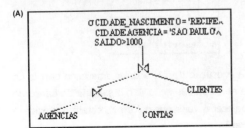

(B)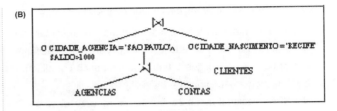

(C)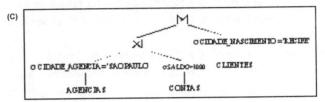

(D)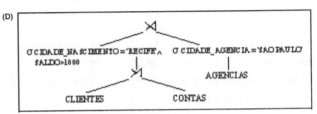

(E)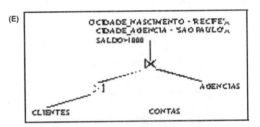

20. (ENADE – 2005)

	T₁	T₂	T₃
1	bloqueia A	bloqueia B	bloqueia B
2	recupera A	recupera B	recupera B
3	atualiza A	atualiza B	atualiza B
4	desbloqueia A	bloqueia A	bloqueia A
5	bloqueia B	recupera A	recupera A
6	recupera B	atualiza A	recupera A
7	atualiza B	desbloqueia A	desbloqueia A
8	desbloqueia B	desbloqueia B	desbloqueia B

A execução de duas transações, T_i e T_j, em um banco de dados, é serializável se produz o mesmo resultado para a execução serial de qualquer intercalação de operações dessas transações (T_i seguida de T_j ou T_j seguida de T_i). O uso de bloqueios (locks) é uma maneira de se garantir que transações concorrentes sejam serializáveis. A tabela acima mostra informações relativas a três transações, T_1, T_2 e T_3, que operam sobre dois dados compartilhados, A e B, e utilizam bloqueios para controle de concorrência. Com relação às transações T_1, T_2 e T_3, julgue os itens seguintes.

I. O conjunto (T_1, T_2) não é serializável, e há o perigo de ocorrer deadlock durante a execução concorrente dessas transações.

II. O conjunto (T_1, T_3) não é serializável, mas não há o perigo de ocorrer deadlock durante a execução concorrente dessas transações.

III. O conjunto (T_2, T_3) é serializável, e não há o perigo de ocorrer deadlock durante a execução concorrente dessas transações.

Assinale a opção correta.

(A) Apenas um item está certo.

(B) Apenas os itens I e II estão certos.

(C) Apenas os itens I e III estão certos.

(D) Apenas os itens II e III estão certos.

(E) Todos os itens estão certos.

21. (ENADE – 2005)

Considere o seguinte *script* SQL de criação de um banco de dados.

```
CREATE TABLE PECAS (CODIGO NUMERIC(5) NOT NULL,
  DESCRICAO VARCHAR(20) NOT NULL,
  ESTOQUE NUMERIC(5) NOT NULL,
  PRIMARY KEY(CODIGO));

CREATE TABLE FORNECEDORES
(COD_FORN NUMERIC(3) NOT NULL,
  NOME VARCHAR(30) NOT NULL,
  PRIMARY KEY(COD_FORN));

CREATE TABLE FORNECIMENTOS
(COD_PECA NUMERIC(5) NOT NULL,
  COD_FORN NUMERIC(3) NOT NULL,
  QUANTIDADE NUMERIC(4) NOT NULL,
  PRIMARY KEY(COD_PECA, COD_FORN),
  FOREIGN KEY (COD_PECA) REFERENCES PECAS,
  FOREIGN KEY (COD_FORN) REFERENCES
  FORNECEDORES);
```

A partir desse *script*, assinale a opção que apresenta comando SQL que permite obter uma lista que contenha o nome de cada fornecedor que tenha fornecido alguma peça, o código da peça fornecida, a descrição dessa peça e a quantidade fornecida da referida peça.

(A) ```
SELECT * FROM PECAS, FORNECEDORES,
  FORNECIMENTOS;
```

(B) ```
SELECT * FROM PECAS, FORNECEDORES,
  FORNECIMENTOS WHERE PECAS.CODIGO =
  FORNECIMENTOS.COD_PECA AND
  FORNECEDORES.COD_FORN =
  FORNECIMENTOS.COD_FORN;
```

(C) ```
SELECT NOME, CODIGO, DESCRICAO, QUANTIDADE
  FROM PECAS, FORNECEDORES, FORNECIMENTOS;
```

(D) ```
SELECT NOME, CODIGO, DESCRICAO, QUANTIDADE
  FROM PECAS, FORNECEDORES, FORNECIMENTOS
  WHERE PECAS.CODIGO = FORNECIMENTOS.COD_PECA
  AND FORNECEDORES.COD_FORN =
  FORNECIMENTOS.COD_FORN;
```

(E) ```
SELECT DISTINCT NOME, CODIGO, DESCRICAO,
  QUANTIDADE
  FROM PECAS, FORNECEDORES, FORNECIMENTOS
  WHERE CODIGO = COD_PECA;
```

## 22. (ENADE – 2011) DISCURSIVA

Tabelas de dispersão (tabelas *hash*) armazenam elementos com base no valor absoluto de suas chaves e em técnicas de tratamento de colisões. As funções de dispersão transformam chaves em endereços-base da tabela, ao passo que o tratamento de colisões resolve conflitos em casos em que mais de uma chave é mapeada para um mesmo endereço-base da tabela.

Suponha que uma aplicação utilize uma tabela de dispersão com 23 endereços-base (índices de 0 a 22) e empregue $h(x) = x$ mod 23 como função de dispersão, em que $x$ representa a chave do elemento cujo endereço-base deseja-se computar. Inicialmente, essa tabela de dispersão encontra-se vazia. Em seguida, a aplicação solicita uma sequência de inserções de elementos cujas chaves aparecem na seguinte ordem: 44, 46, 49, 70, 27, 71, 90, 97, 95. Com relação à aplicação descrita, faça o que se pede a seguir.

A) Escreva o conjunto das chaves envolvidas em colisões. **(valor: 4,0 pontos)**

B) Assuma que a tabela de dispersão trate colisões por meio de encadeamento exterior. Esboce a tabela de dispersão para mostrar seu conteúdo após a sequência de inserções referida. **(valor: 6,0 pontos)**
```

Habilidade 05

ÉTICA, COMPUTADOR E SOCIEDADE

1. (ENADE – 2008)

Além do acesso a páginas html, a *Internet* tem sido usada cada vez mais para a cópia e troca de arquivos de músicas, filmes, jogos e programas. Muitos desses arquivos possuem direitos autorais e restrições de uso.

Considerando o uso das redes ponto-a-ponto para a troca de arquivos de músicas, filmes, jogos e programas na *Internet*, a quem cabe a identificação e o cumprimento das restrições de uso associados a esses arquivos?

(A) aos programas de troca de arquivo
(B) aos usuários
(C) ao sistema operacional
(D) aos produtores dos arquivos
(E) aos equipamentos roteadores da *Internet*

2. (ENADE – 2005)

No processo de desenvolvimento de um sistema de tomada de decisões a ser implementado por uma instituição financeira de natureza privada, um profissional de sistemas de informações, contratado por prestação de serviços, recebeu a incumbência de garantir que o novo sistema operasse com uma função de concessão de crédito para clientes com maior probabilidade de honrar compromissos e que representassem menor risco para a instituição. Para a análise do perfil de cada cliente, o projetista definiu uma função de pesquisa e cruzamento de informações obtidas de terceiros e referentes a dados bancários, pessoais, comerciais, de previdência e saúde, e gastos com cartão de crédito. Em pouco tempo de operação, o novo sistema elevou os indicadores de desempenho da instituição financeira, apesar de ter diminuído o número de pessoas atendidas com o programa de concessão de créditos.

Quanto às questões éticas associadas à prática profissional, no contexto da situação apresentada, julgue os itens abaixo.

I. É direito da empresa utilizar qualquer informação disponível, desde que seja para benefício corporativo.
II. A empresa deve controlar, notificar e solicitar consentimento para armazenar e usar informações dos clientes.
III. A responsabilidade pelo uso correto de informações é de quem as fornece, de quem as adquire e dos profissionais que as utilizam na construção de sistemas.

Assinale a opção correta.

(A) Apenas um item está certo.
(B) Apenas os itens I e II estão certos.
(C) Apenas os itens I e III estão certos.
(D) Apenas os itens II e III estão certos.
(E) Todos os itens estão certos.

3. (ENADE – 2005)

Um estudo recente realizado pela Associação Brasileira das Empresas de *Software* (ABES) e a *Business Software Alliance* (BSA) mostra uma redução na pirataria de *software* no mundo e no Brasil, de 1994 a 2002. Com relação a esse assunto, julgue os itens a seguir.

I. A redução da pirataria de *software* no contexto brasileiro traz benefícios para a criação de empregos, aumento da arrecadação de impostos e aumento no faturamento da economia.
II. A reprodução de *software* original ou autorizado para fins de segurança ou *backup* é também considerada pirataria de *software*.
III. As iniciativas antipirataria devem incluir ações de conscientização, educação e atuação direta sobre os contraventores.

IV. A pirataria de *software* é uma atividade criminosa, contudo não há no Brasil, ainda, legislação específica que regulamente essa questão.

Estão certos apenas os itens

(A) I e II.
(B) I e III.
(C) II e III.
(D) II e IV.
(E) III e IV.

4. (ENADE – 2005)

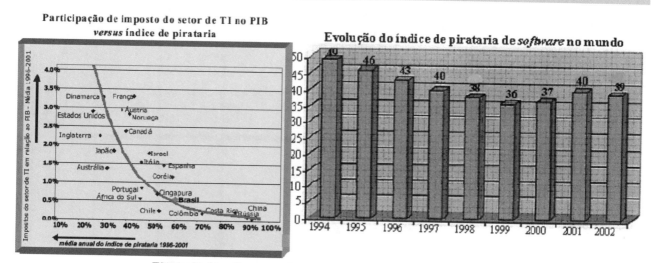

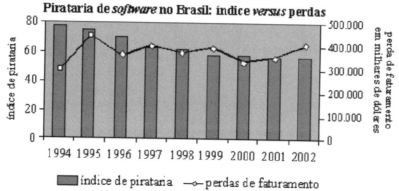

Informações obtidas no **Relatório Oficial da ABES e BSA**, 2005.

A redução da pirataria de *software* no Brasil e no mundo é resultado de esforços advindos da iniciativa privada e das entidades representativas do setor. Um estudo objetivando mensurar o índice de pirataria no mundo e os benefícios de sua redução apresentou os gráficos acima, obtidos de uma amostra de 57 países, incluindo-se o Brasil.

Com base nas informações apresentadas, é correto afirmar que

I. a taxa de redução do índice de pirataria de *software* no mundo manteve-se constante ano após ano no período mostrado.
II. o Brasil reduziu em torno de 25% seu índice de pirataria de *software*, comparando os anos de 1994 e 2002.
III. o Brasil foi, entre os países mostrados, o que apresentou a maior redução do índice de pirataria no período estudado.
IV. países com maior participação do setor de TI no PIB apresentam, normalmente, menores índices de pirataria.
V. o Brasil apresentou aumento de faturamento no período de 2000 a 2002, apesar do aumento de pirataria. Estão certos apenas os itens

(A) I e II.
(B) I e III.
(C) II e IV.
(D) III e V.
(E) IV e V.

Habilidade 06

LINGUAGENS FORMAIS, AUTÔMATOS, COMPUTABILIDADE E COMPILADORES

1. (ENADE – 2011)

Considere a gramática a seguir, em que S, A e B são símbolos não terminais, 0 e 1 são terminais e ε é a cadeia vazia.

$$S \to 1S|0A|\varepsilon$$
$$A \to 1S|0B|\varepsilon$$
$$B \to 1S|\varepsilon$$

A respeito dessa gramática, analise as afirmações a seguir.

I. Nas cadeias geradas por essa gramática, o último símbolo é *1*.
II. O número de zeros consecutivos nas cadeias geradas pela gramática é, no máximo, dois.
III. O número de uns em cada cadeia gerada pela gramática é maior que o número de zeros.
IV. Nas cadeias geradas por essa gramática, todos os uns estão à esquerda de todos os zeros.

É correto apenas o que se afirma em

(A) I.
(B) II.
(C) I e III.
(D) II e IV.
(E) III e IV.

2. (ENADE – 2011)

Autômatos finitos possuem diversas aplicações práticas, como na detecção de sequências de caracteres em um texto. A figura a seguir apresenta um autômato que reconhece sequências sobre o alfabeto $\Sigma = \{a, b, c\}$ e uma gramática livre de contexto que gera um subconjunto de Σ^*, em que λ representa o *string* vazio.

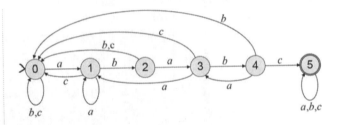

$$S \to aS|bS|cS|abA$$
$$A \to abA|abcB$$
$$B \to aB|bB|cB|\lambda$$

Analisando a gramática e o autômato acima, conclui-se que

(A) a linguagem gerada pela gramática é inerentemente ambígua.
(B) a gramática é regular e gera uma linguagem livre de contexto.
(C) a linguagem reconhecida pelo autômato é a mesma gerada pela gramática.
(D) o autômato reconhece a linguagem sobre Σ em que os *strings* possuem o prefixo *ababc*.
(E) a linguagem reconhecida pelo autômato é a mesma que a representada pela expressão regular $(a+b+c)^*(ab)^*abc(a+b+c)^*$

3. (ENADE – 2011)

É comum que linguagens de programação permitam a descrição textual de constantes em hexadecimal, além de descrições na base dez. O compilador para uma linguagem que suporte constantes inteiras em hexadecimal precisa diferenciar inteiros em base dez dos números hexadecimais que não usam os dígitos de A a F. Por exemplo, a sequência de caracteres 12 pode ser interpretada como doze em base dez ou como dezoito em hexadecimal. Uma maneira de resolver esse problema é exigindo que as constantes em hexadecimal terminem com o caracter "x". Assim, não há ambiguidade, por exemplo, no tratamento das sequências 12 e $12x$.

A gramática a seguir descreve números inteiros, possivelmente com o símbolo "x" após os dígitos. Os não terminais são M, N, E e os terminais são x e d, em que d representa um dígito.

$M \to E$
$M \to N$
$E \to Nx$
$N \to Nd$
$N \to d$

Durante a construção de um autômato LR para essa gramática, os seguintes estados são definidos:

e_0:
$M' \to \cdot M$
$M \to \cdot E$
$M \to \cdot N$
$E \to \cdot Nx$
$N \to \cdot Nd$
$N \to \cdot d$
$e_1(e_0, N)$:
$M \to N \cdot$
$M \to N \cdot x$
$M \to N \cdot d$

A respeito dessa gramática, analise as seguintes asserções e a relação proposta entre elas.

A gramática descrita é do tipo LR(0).

PORQUE

É possível construir um autômato LR(0), determinístico, cujos estados incluem e_0 e e_1 acima descritos.

Acerca dessas asserções, assinale a opção correta.

(A) As duas asserções são proposições verdadeiras, e a segunda é uma justificativa correta da primeira.
(B) As duas asserções são proposições verdadeiras, mas a segunda não é uma justificativa correta da primeira.
(C) A primeira asserção é uma proposição verdadeira, e a segunda, uma proposição falsa.
(D) A primeira asserção é uma proposição falsa, e a segunda, uma proposição verdadeira.
(E) Tanto a primeira quanto a segunda asserções são proposições falsas.

4. (ENADE – 2008)

Qual tipo de *software* tradutor deve ser utilizado para programas em geral, quando a velocidade de execução é uma exigência de alta prioridade?

(A) compiladores
(B) interpretadores
(C) tradutores híbridos
(D) macroprocessadores
(E) interpretadores de macroinstruções

5. (ENADE – 2008)

Considere a gramática G definida pelas regras de produção abaixo, em que os símbolos não terminais são S, A e B, e os símbolos terminais são a e b.

$$
\begin{aligned}
S &\to AB \\
AB &\to AAB \\
A &\to a \\
B &\to b
\end{aligned}
$$

Com relação a essa gramática, é correto afirmar que

(A) a gramática G é ambígua.
(B) a gramática G é uma gramática livre de contexto.
(C) a cadeia aabbb é gerada por essa gramática.
(D) é possível encontrar uma gramática regular equivalente a G.
(E) a gramática G gera a cadeia nula.

6. (ENADE – 2008)

Compiladores de linguagens de programação traduzem programas-fonte, em uma linguagem de entrada, para programas-objeto, em uma linguagem de saída. Durante o processo de tradução, o compilador deve verificar se as sentenças do programa-fonte estão sintaticamente corretas.

Esse processo de análise sintática pode ser realizado construindo-se uma árvore de análise segundo duas principais abordagens: *top-down*, quando a árvore é investigada da raiz às folhas; ou *bottom-up*, das folhas à raiz. Acerca desse assunto, julgue os itens seguintes.

I. A análise *top-down* é adequada quando a linguagem de entrada é definida por uma gramática recursiva à esquerda.

II. Independentemente da abordagem adotada, *top-down* ou *bottom-up*, o analisador sintático utiliza informações resultantes da análise léxica.

III. Se os programas em uma linguagem podem ser analisados tanto em abordagem *top-down* como em *bottom-up*, a gramática dessa linguagem é ambígua.

IV A análise *bottom-up* utiliza ações comumente conhecidas como deslocamentos e reduções sobre as sentenças do programa-fonte.

Estão certos apenas os itens

(A) I e II.
(B) I e III.
(C) II e IV.
(D) I, III e IV.
(E) II, III e IV.

7. (ENADE – 2008)

A identificação e o tratamento de erros em programas de computador estão entre as tarefas dos compiladores. Os erros de um programa podem ter variados tipos e precisam ser identificados e tratados em diferentes fases da compilação. Considere uma linguagem de programação que exige que as variáveis manipuladas por seus programas sejam previamente declaradas, não podendo haver duplicidade de identificadores para variáveis em um mesmo escopo. Considere, ainda, que a sintaxe dessa linguagem tenha sido definida por meio de uma gramática livre de contexto e as produções seguintes definam a forma das declarações de variáveis em seus programas.

```
D → TL; | TL; D
T → int | real | char
L → id | id,L
```

Considere os exemplos de sentenças — I e II — a seguir, com a indicação — entre os delimitadores /* e */ — de diferentes tipos de erros.

I. `int: a, b; /* dois pontos após a palavra int */`

II. `int a,b; real a; /* declaração dupla da variável a */`

A partir dessas informações, assinale a opção correta.

(A) A identificação e a comunicação do erro em qualquer uma das sentenças são funções do analisador léxico.
(B) O compilador não tem meios para identificar e relatar erros como o da sentença I.
(C) A identificação e a comunicação do erro na sentença I são funções da geração de código intermediário.
(D) A identificação e a comunicação do erro na sentença II são funções do analisador léxico.
(E) A identificação e a comunicação do erro na sentença II são funções da análise semântica.

8. (ENADE – 2005)

Considere a necessidade de se implementar um componente de *software* que realiza cálculos de expressões matemáticas simples para as operações básicas (soma, subtração, multiplicação, divisão e exponenciação). O *software* reproduz na tela do computador a entrada, os resultados parciais e o resultado final da expressão e, ainda, trata os operadores de exponenciação, multiplicação e divisão com precedência sobre os operadores de soma e subtração.

Para obter o referido *software*, é correto que o projetista

I. defina uma cadeia de caracteres para armazenar e imprimir toda a expressão de entrada.
II. defina uma gramática regular para identificar as expressões aritméticas válidas.
III. defina um reconhecedor de linguagem regular com autômato finito determinístico.
IV. especifique a ordem de precedência dos operadores com uma notação de gramática livre de contexto.

Estão certos apenas os itens

(A) I e II.
(B) III e IV.
(C) I, II e IV.
(D) I, III e IV.
(E) II, III e IV.

9. (ENADE – 2005)

Que cadeia é reconhecida pelo autômato representado pelo diagrama de estados ao lado?

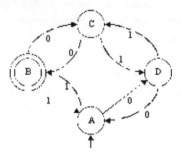

(A) 101010
(B) 111011000
(C) 11111000
(D) 10100
(E) 00110011

10. (ENADE – 2008) DISCURSIVA

O banco de dados de um sistema de controle bancário implementado por meio de um SGBD relacional possui a relação `Cliente`, com as informações apresentadas a seguir, em que a chave primária da relação é grifada.

Cliente(<u>nroCliente</u>, nome, endereco, data_nascimento, renda, idade)

Para essa relação, foram criados dois índices secundários: `IndiceIdade`, para o atributo `idade`, e `IndiceRenda`, para o atributo renda. Existe um tipo de serviço nesse banco cujo alvo são tanto os clientes que possuem menos de 40 anos de idade quanto aqueles que possuem renda mensal superior a 30.000 reais. Para recuperar esses clientes, a seguinte expressão de consulta em SQL foi utilizada:

```
SELECT nome, endereco
FROM Cliente
WHERE idade < 40 OR renda > 30000;
```

Com o aumento do número de clientes desse banco, essa consulta passou a apresentar problemas de desempenho. Verificou-se, então, que o otimizador de consultas não considerava os índices existentes para `idade` e `renda`, e a consulta era realizada mediante varredura sequencial na relação `Cliente`, tornando essa consulta onerosa. O plano de execução da consulta, usado pelo otimizador, é apresentado na árvore de consulta abaixo, na qual π e s σ representam as operações de projeção e de seleção, respectivamente.

Para que o otimizador de consultas passasse a utilizar os índices, a solução encontrada foi elaborar a consulta em dois blocos separados — um que recupera os clientes com idade inferior a 40 anos, e outro que recupera os clientes com renda mensal superior a 30.000 reais — para, então, juntar as tuplas das duas relações geradas.

Considerando a situação apresentada, faça o que se pede a seguir.

A) Escreva o código de uma consulta em SQL que corresponda à solução proposta. **(valor: 5,0 pontos)**

B) Desenhe a árvore de consulta para essa solução. **(valor: 5,0 pontos)**

11. (ENADE – 2008) DISCURSIVA

Qualquer expressão aritmética binária pode ser convertida em uma expressão totalmente parentizada, bastando reescrever cada subexpressão binária a Ä b como (a q b), em que Ä denota um operador binário. Expressões nesse formato podem ser definidas por regras de uma gramática livre de contexto, conforme apresentado a seguir. Nessa gramática, os símbolos não terminais E, S, O e L representam expressões, subexpressões, operadores e literais, respectivamente, e os demais símbolos das regras são terminais.

```
E  →  ( S O S )
S  →  L | E
O  →  + | - | * | /
L  →  a | b | c | d | e
```

Tendo como referência as informações acima, faça o que se pede a seguir.

A) Mostre que a expressão `(a * (b / c))` pode ser obtida por derivações das regras acima. Para isso, desenhe a árvore de análise sintática correspondente. (valor: 5,0 pontos)

B) Existem diferentes derivações para a expressão `(((a + b) * c) + (d * e))`. É correto, então, afirmar que a gramática acima é ambígua? Justifique sua resposta. (valor: 5,0 pontos)

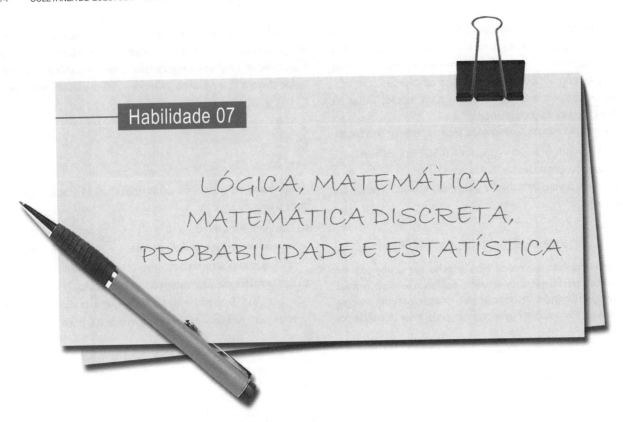

Habilidade 07

LÓGICA, MATEMÁTICA, MATEMÁTICA DISCRETA, PROBABILIDADE E ESTATÍSTICA

1. (ENADE – 2011)

Seja A um conjunto e seja ~ uma relação entre pares de elementos de A.

Diz-se que ~ é uma relação de equivalência entre pares de elementos de A se as seguintes propriedades são verificadas, para quaisquer elementos a, a' e a'' de A:

(i) $a \sim a$;

(ii) se $a \sim a'$, então $a' \sim a$;

(iii) se $a \sim a'$ e $a' \sim a''$, então $a \sim a''$.

Uma classe de equivalência do elemento a de A com respeito à relação ~ é o conjunto $\bar{a} = \{x \in A : x \sim a\}$.

O conjunto quociente de A pela relação de equivalência ~ é o conjunto de todas as classes de equivalência relativamente à relação ~, definido e denotado como a seguir:

$$A/\sim = \{\bar{a} : a \in A\}.$$

A função $\pi : A \to A/\sim$ é chamada projeção canônica e é definida como $\pi(a) = \bar{a}, \forall a \in A$.

Considerando as definições acima, analise as afirmações a seguir.

I. A relação de equivalência ~ no conjunto A particiona o conjunto A em subconjuntos disjuntos: as classes de equivalência.

II. A união das classes de equivalência da relação de equivalência ~ no conjunto A resulta no conjunto das partes de A.

III. As três relações seguintes $=$
$\equiv (\bmod n)$
$\geq$

são relações de equivalência no conjunto dos números inteiros $\mathbb{Z}$.

IV. Qualquer relação de equivalência no conjunto A é proveniente de sua projeção canônica.

É correto apenas o que se afirma em

(A) II.
(B) III.
(C) I e III.
(D) I e IV.
(E) II e IV.

2. (ENADE – 2011)

Em determinado período letivo, cada estudante de um curso universitário tem aulas com um de três professores, esses identificados pelas letras X, Y e Z. As quantidades de estudantes (homens e mulheres) que têm aulas com cada professor é apresentada na tabela de contingência abaixo.

	Professor X	Professor Y	Professor Z
Estudantes homens	45	5	32
Estudantes mulheres	67	2	4

A partir do grupo de estudantes desse curso universitário, escolhe-se um estudante ao acaso. Qual é a probabilidade de que esse estudante seja mulher, dado que ele tem aulas apenas com o professor X?

(A) $\dfrac{61}{73}$

(B) $\frac{61}{155}$

(C) $\frac{67}{155}$

(D) $\frac{22}{112}$

(E) $\frac{67}{112}$

3. (ENADE – 2011)

Observe o diagrama de Venn a seguir.

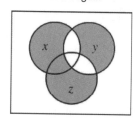

A função representada em cinza no diagrama também poderia ser expressa pela função lógica

(A) $(x+z)\,y + x\,\overline{y}\,z$

(B) $(x+z)\,y + \overline{x}\,y\,\overline{z}$

(C) $(x+z)\,y + \overline{x}\,\overline{y}\,\overline{z}$

(D) $(x+z)\,\overline{y} + x\,\overline{y}\,z$

(E) $(x+z)\,\overline{y} + \overline{x}\,y\,\overline{z}$

4. (ENADE – 2011)

Considere a seguinte tabela verdade, na qual estão definidas quatro entradas – A, B, C e D – e uma saída S.

A	B	C	D	S
0	0	0	0	1
0	0	0	1	0
0	0	1	0	1
0	0	1	1	0
0	1	0	0	1
0	1	0	1	0
0	1	1	0	1
0	1	1	1	0
1	0	0	0	1
1	0	0	1	1
1	0	1	0	0
1	0	1	1	1
1	1	0	0	0
1	1	0	1	0
1	1	1	0	1
1	1	1	1	1

A menor expressão de chaveamento representada por uma soma de produtos correspondente à saída S é

(A) AB'(D+C')+A'D'+ABC.

(B) AD + A'BD'+A'BC+A'B'C'.

(C) A'D' + AB'D+AB'C'+ABC.

(D) (A'+D)(A+B+C')(A+B'+C+D').

(E) (A+D')(A'+B'+C)(A'+B+C'+D).

5. (ENADE – 2011)

Um baralho tem 52 cartas, organizadas em 4 naipes, com 13 valores diferentes para cada naipe.

Os valores possíveis são: Ás, 2, 3, ..., 10, J, Q, K.

No jogo de *poker*, uma das combinações de 5 cartas mais valiosas é o *full house*, que é formado por três cartas de mesmo valor e outras duas cartas de mesmo valor. São exemplos de *full houses*: i) três cartas K e duas 10 (como visto na figura) ou ii) três cartas 4 e duas Ás.

Quantas possibilidades para *full house* existem em um baralho de 52 cartas?

(A) 156.

(B) 624.

(C) 1872.

(D) 3744.

(E) 7488.

6. (ENADE – 2008)

Considerando o conjunto A = {1, 2, 3, 4, 5, 6}, qual opção corresponde a uma partição desse conjunto?

(A) {{1}, {2}, {3}, {4}, {5}, {6}}

(B) {{1}, {1,2}, {3,4}, {5, 6}}

(C) {{ }, {1, 2, 3}, {4, 5, 6}}

(D) {{1, 2, 3}, {5, 6}}

(E) {{1, 2}, {2, 3}, {3, 4}, {4, 5}, {5, 6}}

7. (ENADE – 2008)

Uma fórmula bem formada da lógica de predicados é válida se ela é verdadeira para todas as interpretações possíveis.

Considerando essa informação, analise as duas asserções apresentadas a seguir.

A fórmula bem formada ($\exists x$) P(x) $\Rightarrow$ ($\forall x$) P(x) é válida

PORQUE,

em qualquer interpretação de uma fórmula da lógica de predicados, se todo coelemento do conjunto universo tem a propriedade P, então existe um elemento do conjunto que tem essa propriedade.

Assinale a opção correta com relação a essas asserções.

(A) As duas asserções são proposições verdadeiras, e a segunda é uma justificativa correta da primeira.
(B) As duas asserções são proposições verdadeiras, e a segunda não é uma justificativa correta da primeira.
(C) A primeira asserção é uma proposição verdadeira, e a segunda é uma proposição falsa.
(D) A primeira asserção é uma proposição falsa, e a segunda é uma proposição verdadeira.
(E) As duas asserções são proposições falsas.

8. (ENADE – 2008)

Uma empresa realizou uma avaliação de desempenho de um sistema web. Nessa avaliação, foram determinados o desvio padrão e a média do tempo de resposta do referido sistema, tendo como base 10 consultas realizadas. Constatou-se que o tempo de resposta do sistema web possui distribuição normal. Para um nível de confiança de 95%, identificou-se o intervalo de confiança para a média do tempo de resposta das consultas.

Com relação a essa avaliação de desempenho, julgue os itens abaixo.

I. Com a medição do tempo de resposta do sistema para 10 consultas adicionais, é possível que a média e o desvio padrão do tempo de resposta para o conjunto das 20 consultas aumente ou diminua.

II. Com a medição do tempo de resposta do sistema para 15 consultas adicionais, com nível de confiança de 95%, o intervalo de confiança para o conjunto das 25 consultas é maior que o intervalo de confiança para o conjunto das 10 consultas iniciais.

III. Na medição do tempo de resposta das 10 consultas iniciais, o intervalo de confiança com nível de confiança de 99% é maior que o intervalo de confiança com nível de confiança de 95%.

Assinale a opção correta.

(A) Apenas um item está certo.
(B) Apenas os itens I e II estão certos.
(C) Apenas os itens I e III estão certos.
(D) Apenas os itens II e III estão certos.
(E) Todos os itens estão certos.

9. (ENADE – 2008)

Considere que a correlação linear entre o número de erros de código de programação (Y) e o respectivo tamanho de um programa (X), em número de linhas de código, seja igual a 0,7.

A variável aleatória Y segue uma distribuição Normal com média e desvio padrão iguais a 0,1 erro de código, enquanto que a variável X segue uma distribuição Normal com média 15 e desvio padrão 5 linhas de código. A reta de regressão linear é uma esperança condicional na forma $E(Y|X = x) = ax – 0,11$, em que $x > 10$ é um dado valor para o tamanho do programa e a é o coeficiente angular da reta de regressão. Nessa situação, para um programa cujo tamanho é $x = 20$, pela reta de regressão linear, qual é o número esperado de erros de código de programação?

(A) 0,10
(B) 0,12
(C) 0,17
(D) 0,20
(E) 0,22

10. (ENADE – 2008)

Considere $y = f(x)$ uma função contínua e não negativa ($f \geq 0$), definida em um intervalo $[a, b]$, e R a região delimitada pelo eixo x, o gráfico de f e as retas $x = a$ e $x = b$. Considere S o sólido obtido pela rotação do conjunto R em torno do eixo das abscissas, conforme ilustram as figuras a seguir. O volume V do sólido S pode ser obtido como resultado da integral $\int_a^b \pi(f(x))^2 dx$.

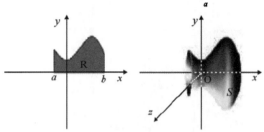

Com base nessas informações, julgue os itens a seguir.

I. Cada seção transversal do sólido S obtida quando este é interceptado em $x = c$ por um plano paralelo ao plano yOz é um círculo centrado no ponto $(c, 0, 0)$ e de raio medindo $f(x)$ e, portanto, de área igual a $\pi(f(x))^2$.

II. Se P é uma partição uniforme do intervalo $[a, b]$, sendo $P = \{a = x_0 < x_1 < x_2 < ... < x_n = b\}$, tal que $\Delta x = x_i - x_{i-1}$, então $V = \lim_{n \to \infty} \sum_{i=1}^{n} \pi(f(c_i))^2 \Delta x$, para $c_i \in [x_i, x_{i-1}]$, $1 < i < n$.

III. É igual a 2π o volume do sólido gerado pela rotação em torno do eixo x da região do plano delimitada pelo eixo x, o gráfico de $f(x) = \sqrt{x}$ e as retas $x = 0$ e $x = 2$.

Assinale a opção correta.

(A) Apenas o item I está certo.
(B) Apenas o item III está certo.
(C) Apenas os itens I e II estão certos.
(D) Apenas os itens II e III estão certos.
(E) Todos os itens estão certos.

11. (ENADE – 2008)

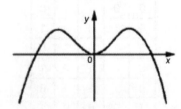

No plano de coordenadas cartesianas xOy acima, está representado o gráfico de uma função contínua e derivável $y = f(x)$. A partir dessas informações, qual opção apresenta características corretas acerca da função y?

(A) A função y possui derivada de primeira ordem positiva em todo o seu domínio.
(B) A função y possui derivada de segunda ordem positiva em todo o seu domínio.

(c) A função y possui exatamente dois pontos críticos de primeira ordem em todo o seu domínio.

(D) A função y possui exatamente dois pontos de inflexão em todo o seu domínio.

(E) A função y tem exatamente dois zeros em todo o seu domínio.

12. (ENADE – 2008)

Considere $f(x) = x^3 + 3x - 1$, em que $x \in \mathbb{R}$. A fim de que sejam obtidas as raízes da função f, vários métodos de cálculo numérico podem ser aplicados, sendo a maioria deles embasada em processos iterativos, o que exige uma primeira aproximação para cada raiz que se deseje determinar e para o intervalo em que ela deva ser encontrada. Suponha que se esteja aplicando o princípio da bissecção para a determinação de uma raiz aproximada para a função f descrita acima e que, para isso, seja necessária a definição de um intervalo de busca inicial I, bem como uma primeira aproximação para a raiz $x_\circ$ de f que se encontra em I. Nesse sentido, qual das opções a seguir apresenta uma definição correta de I e a aproximação $x_\circ$ associada, de acordo com o método da bissecção?

(A) $I = [-1, -\frac{1}{2}]$, $x_\circ = -61/16$

(B) $I = [-\frac{1}{2}, 0]$, $x_\circ = -1/4$

(C) $I = [-1, 0]$, $x_\circ = -1/2$

(D) $I = [0, \frac{1}{2}]$, $x_\circ = 1/4$

(E) $I = [-1, 1]$, $x_\circ = 1/4$

13. (ENADE – 2008)

Um sinal a ser registrado por um dispositivo, em intervalos regulares de tempo $t = 1, 2, 3, ..., n$, resultará em uma sequência de variáveis aleatórias contínuas $X_1, X_2, ..., X_n$. Considere, nessa sequência, os eventos A e B apresentados a seguir, em que $t = 2, 3, ..., n - 1$.

$$A = X_{t-1} - X_t < 0 \text{ e } X_t - X_{t+1} > 0$$

$$B = X_{t-1} - X_t > 0 \text{ e } X_t - X_{t+1} < 0$$

Na hipótese de a sequência $X_1, X_2, ..., X_n$ ser independente e que seja impossível que $X_t = X_{t-1}$ ($t = 2, 3, ..., n$), julgue os seguintes itens.

I. A probabilidade de ocorrer o evento A em uma subsequência $\{X_{t-1}, X_t, X_{t+1}\}$ é inferior a 0,3.

II. O número esperado das ocorrências dos eventos A ou B na sequência $X_1, X_2, ..., X_n$ é igual a $\dfrac{2(n-2)}{3}$.

III. Os eventos A e B são mutuamente exclusivos e, por isso, são independentes.

Assinale a opção correta.

(A) Apenas um item está certo.

(B) Apenas os itens I e II estão certos.

(C) Apenas os itens I e III estão certos.

(D) Apenas os itens II e III estão certos.

(E) Todos os itens estão certos.

14. (ENADE – 2008)

Considere que um sistema seja constituído por três componentes montados em paralelo que funcionam independentemente. Para cada um desses componentes, a probabilidade de que uma falha ocorra até o tempo t é dada por $1 - e^{-0,1t}$, em que $t > 0$. Os componentes, após falharem, são irrecuperáveis. Como os componentes estão montados em paralelo, o sistema falha no instante em que todos os três componentes tiverem falhado.

O sistema é também irrecuperável. Considerando a situação apresentada, qual é a probabilidade de que o sistema falhe até o tempo t?

(A) $[1 - e^{-0,3t}]^3$

(B) $1 - [1 - e^{-0,1t}]^3$

(C) $e^{-0,3t}$

(D) $1 - e^{-0,3t}$

(E) $[1 - e^{-0,1t}]^3$

15. (ENADE – 2005)

Julgue os itens seguintes.

I. $(\forall x\, P(x)) \lor (\forall x\, \neg P(x))$ é uma sentença válida porque existe uma interpretação que a torna verdadeira.

II. A frase "Se um carro é mais caro que todos os carros nacionais, ele deve ser alemão" pode ser traduzida pela seguinte sentença: $\forall x\, carro(x) \land \forall y\, [carro(y) \land fabricado(y, \text{Brasil}) \land (preco(x) > preco(y)) \Rightarrow fabricado(x, Alemanha)$.

III. A frase "Existe um aluno que gosta de todas as disciplinas difíceis" pode ser traduzida por: $\exists x\, aluno(x) \land \forall y\, [disciplina(y) \land dificil(y)] \land gosta(x, y)$.

Assinale a opção correta.

(A) Apenas um item está certo.

(B) Apenas os itens I e II estão certos.

(C) Apenas os itens I e III estão certos.

(D) Apenas os itens II e III estão certos.

(E) Todos os itens estão certos.

16. (ENADE – 2005)

João, ao tentar consertar o módulo eletrônico de um carrinho de brinquedos, levantou as características de um pequeno circuito digital incluso no módulo. Verificou que o circuito tinha dois *bits* de entrada, x_0 e x_1, e um *bit* de saída. Os *bits* x_0 e x_1 eram utilizados para representar valores de inteiros de 0 a 3 (x_0, o *bit* menos significativo e x_1, o *bit* mais significativo).

Após testes, João verificou que a saída do circuito é 0 para todos os valores de entrada, exceto para o valor 2.

Qual das expressões a seguir representa adequadamente o circuito analisado por João?

(A) x_0 (not x_1)

(B) (not x_0) or (not x_1)

(C) (not x_0) and x_1

(D) x_0 and x_1

(E) x_0 o (not x_1)

17. (ENADE – 2005)

Para o desenvolvimento de um projeto, determinada organização precisa definir dois grupos de trabalho, um com três membros e outro com quatro membros. Para o grupo de três elementos, o primeiro indivíduo nomeado será o presidente, o segundo, o relator, e o terceiro será o auxiliar, enquanto que, para o de quatro elementos, a ordem de nomeação não é relevante. Essa organização conta com um quadro de quatorze funcionários, todos igualmente aptos a compor qualquer um dos grupos de trabalho, em qualquer função, sendo que cada um deles integrará, no máximo, um desses grupos.

Nessa situação, representando por $C(m, p)$ a combinação de m elementos p a p e por $A(m, p)$ o arranjo de m elementos p a p, conclui-se que a quantidade de maneiras distintas que a organização citada dispõe para compor os seus dois grupos de trabalho é igual a

(A) $A(14, 4) \times A(14, 3)$.

(B) $A(14, 4) \times C(14, 3)$.

(C) $C(14, 4) \times A(10, 3)$.

(D) $C(10, 3) \times A(14, 4)$.

(E) $C(14, 4) \times C(10, 3)$.

18. (ENADE – 2005)

Um engenheiro de uma companhia fabricante de memórias semicondutoras estudou o comportamento do custo em função do número de *bits* da fabricação de um *chip* de memória RAM com determinada tecnologia. Ele chegou à conclusão de que, considerando-se a evolução tecnológica, o custo $C(x)$, expresso em determinada unidade monetária, de um *chip* de memória RAM com x *bits*, na data de conclusão do processo de fabricação, seria determinado pela equação

$$C(x) = \frac{25 \times 10^{-3}}{1.024} [x^2 - (2.048 \times 10^6)x + 2(1.024 \times 10^6)^2].$$

Considerando-se que o modelo desenvolvido pelo engenheiro esteja correto, caso a empresa decida pelo *chip* de menor custo, ela deverá optar por um *chip* com memória de capacidade de

(A) 256 *megabits*.

(B) 512 *megabits*.

(C) 1.024 *megabits*.

(D) 2.048 *megabits*.

(E) 4.096 *megabits*.

Habilidade 08

FUNDAMENTOS DE PROGRAMAÇÃO, LINGUAGEM DE PROGRAMAÇÃO, MODELOS DE LINGUAGENS DE PROGRAMAÇÃO

1. (ENADE – 2011)

Escopo dinâmico: para as linguagens com escopo dinâmico, a vinculação das variáveis ao escopo é realizada em tempo de execução. (...) Se uma variável é local ao bloco, então o uso da dada variável no bloco será sempre vinculado àquela local. Contudo, se a variável for não local, a sua vinculação depende da ordem de execução, a última vinculada na execução. A consequência disso é que, em um mesmo bloco de comandos, um identificador pode ter significados diferentes, e o programador precisa ter a ideia precisa de qual variável está sendo usada.

de MELO, A. C. V.; da SILVA, F. S. C. **Princípios de Linguagens de Programação**. São Paulo: Edgard Blucher, 2003. p.65.

Suponha que uma linguagem de programação tenha sido projetada com vinculação e verificação estáticas para tipos de variáveis, além de passagem de parâmetros por valor.

Também é exigido pela especificação da linguagem que programas sejam compilados integralmente e que não é permitido compilar bibliotecas separadamente. Durante uma revisão da especificação da linguagem, alguém propôs que seja adicionado um mecanismo para suporte a variáveis com escopo dinâmico.

A respeito da proposta de modificação da linguagem, analise as seguintes afirmações.

I. As variáveis com escopo dinâmico podem ser tratadas como se fossem parâmetros para os subprogramas que as utilizam, sem que o programador tenha que especificá-las ou declarar seu tipo (o compilador fará isso). Assim, elimina-se a necessidade de polimorfismo e é possível verificar tipos em tempo de compilação.

II. Como diferentes subprogramas podem declarar variáveis com o mesmo nome mas com tipos diferentes, se as variáveis com escopo dinâmico não forem declaradas no escopo onde são referenciadas, será necessário que a linguagem suporte polimorfismo de tipos.

III. Se as variáveis dinâmicas forem declaradas tanto nos escopos onde são criadas como nos subprogramas em que são referenciadas, marcadas como tendo escopo dinâmico, será possível identificar todos os erros de tipo em tempo de compilação.

É correto apenas o que se afirma em

(A) I.
(B) II.
(C) I e III.
(D) II e III.
(E) I, II e III.

2. (ENADE – 2005)

A orientação a objetos é uma forma abstrata de pensar um problema utilizando-se conceitos do mundo real e não, apenas, conceitos computacionais. Nessa perspectiva, a adoção do paradigma orientado a objetos implica necessariamente que

(A) os usuários utilizem as aplicações de forma mais simples.
(B) os sistemas sejam encapsulados por outros sistemas.
(C) os programadores de aplicações sejam mais especializados.
(D) os objetos sejam implementados de maneira eficiente e simples.
(E) a computação seja acionada por troca de mensagens entre objetos.

3. (ENADE – 2005)

No modo recursivo de representação, a descrição de um conceito faz referência ao próprio conceito. Julgue os itens abaixo, com relação à recursividade como paradigma de programação.

I. São elementos fundamentais de uma definição recursiva: o caso-base (base da recursão) e a reaplicação da definição.

II. O uso da recursão não é possível em linguagens com estruturas para orientação a objetos.

III. As linguagens de programação funcionais têm, na recursão, seu principal elemento de repetição.

IV. No que diz respeito ao poder computacional, as estruturas iterativas e recursivas são equivalentes.

V. Estruturas iterativas e recursivas não podem ser misturadas em um mesmo programa.

Estão certos apenas os itens

(A) I e IV.
(B) II e III.
(C) I, III e IV.
(D) I, III e V.
(E) II, IV e V.

4. (ENADE – 2005)

Acerca de paradigmas de linguagens de programação, julgue os itens a seguir.

I. Linguagens procedurais facilitam a legibilidade e a documentação do software.

II. Linguagens declarativas facilitam o desenvolvimento de sistemas de apoio à decisão.

III. Linguagens funcionais facilitam a definição de requisitos e a decomposição funcional.

IV. Linguagens estruturadas promovem o forte acoplamento entre dados e funções.

V. Linguagens orientadas a objeto permitem reduzir custos de desenvolvimento e manutenção.

Estão certos apenas os itens

(A) I e II.
(B) I e IV.
(C) II e III.
(D) III e V.
(E) IV e V.

5. (ENADE – 2005)

Considere que, em uma empresa que desenvolve aplicações distribuídas, tenha sido elaborado um manual destinado ao treinamento de empregados e que o responsável por elaborar o manual tenha cometido alguns erros. Analise os seguintes trechos do referido manual.

I. Uma aplicação que usa o *User Datagram Protocol* (UDP) para transporte dos dados pode ter de tratar os problemas decorrentes de perdas de mensagens, mensagens recebidas fora de ordem e duplicações de mensagens.

II. Um mecanismo de chamada a procedimento remoto (*remote procedure call*) ou de invocação a método remoto (*remote method invocation*) possibilita que programas chamem procedimentos ou métodos em diferentes computadores e que se abstraiam de todos os detalhes relacionados à distribuição.

III. Em um sistema de comunicação embasado na chamada a procedimento remoto ou na invocação de método remoto, os serviços remotos são definidos por meio de interfaces. Uma interface é tipicamente processada por um compilador que gera códigos (*stubs*), que, nos clientes, se fazem passar pelos códigos remotos que são chamados.

IV. Sistemas de chamada a procedimentos remotos ou de invocação a métodos remotos tipicamente implementam as semânticas *at-most-once* ou *at-least-once*, pois é mais difícil implementar a semântica *exactly-once*, segundo a qual quem chama o procedimento sabe que ele é executado exatamente uma vez.

Estão certos apenas os trechos

(A) I e II.
(B) III e IV.
(C) I, II e III.
(D) I, III e IV.
(E) II, III e IV.

6. (ENADE – 2005)

xpto([ ], R, R).
xpto([H | T1], Y, [H | T2]) :- xpto(T1, Y, T2).
zpto(X, [X|Y]).
zpto(X, [Y|Z]) :- zpto(X, Z).

Com relação aos predicados escritos em Prolog acima, julgue os itens a seguir.

I. A execução de xpto([1,2,3],[ ], F) conclui com sucesso instanciando F para [1,2,3].

II. A execução de zpto(5,[1,2,3]) conclui sem sucesso.

III. A execução de zpto(X,[1,2,3]) conclui com sucesso, instanciando X para 1.

Assinale a opção correta.

(A) Apenas um item está certo.
(B) Apenas os itens I e II estão certos.
(C) Apenas os itens I e III estão certos.
(D) Apenas os itens II e III estão certos.
(E) Todos os itens estão certos.

Habilidade 09

SISTEMAS DIGITAIS E CIRCUITOS DIGITAIS

1. (ENADE – 2011)

A tabela a seguir apresenta a relação de mintermos e maxtermos para três variáveis.

Linha	x_1	x_2	x_3	Mintermo	Maxtermo
0	0	0	0	$m_0 = \overline{x}_1\overline{x}_2\overline{x}_3$	$M_0 = x_1 + x_2 + x_3$
1	0	0	1	$m_1 = \overline{x}_1\overline{x}_2 x_3$	$M_1 = x_1 + x_2 + \overline{x}_3$
2	0	1	0	$m_2 = \overline{x}_1 x_2\overline{x}_3$	$M_2 = x_1 + \overline{x}_2 + x_3$
3	0	1	1	$m_3 = \overline{x}_1 x_2 x_3$	$M_3 = x_1 + \overline{x}_2 + \overline{x}_3$
4	1	0	0	$m_4 = x_1\overline{x}_2\overline{x}_3$	$M_4 = \overline{x}_1 + x_2 + x_3$
5	1	0	1	$m_5 = x_1\overline{x}_2 x_3$	$M_5 = \overline{x}_1 + x_2 + \overline{x}_3$
6	1	1	0	$m_6 = x_1 x_2\overline{x}_3$	$M_6 = \overline{x}_1 + \overline{x}_2 + x_3$
7	1	1	1	$m_7 = x_1 x_2 x_3$	$M_7 = \overline{x}_1 + \overline{x}_2 + \overline{x}_3$

Analise o circuito de quatro variáveis a seguir.

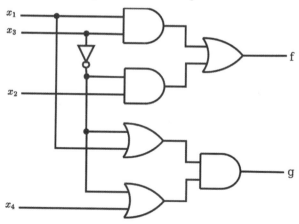

Considerando esse circuito, as funções **f** e **g** são, respectivamente,

(A) Σm(0,1,2,3,6,7,8,9) e Σm(2,3,6,7,10,14).
(B) Σm(4,5,10,11,12,13,14,15) e Σm(0,1,4,5,8,9,11,12,13,15).
(C) ΠM (0,1,2,3,6,7,8,9) e ΠM (0,1,4,5,8,9,11,12,13,15).
(D) ΠM (4,5,10,11,12,13,14,15) e Σm(2,3,6,7,10,14).
(E) ΠM (4,5,10,11,12,13,14,15) e ΠM (2,3,6,7,10,14).

2. (ENADE – 2011)

O *razor* é uma arquitetura para desempenho *better-than-worst-case* que usa um registrador especializado, mostrado na figura, que mede e avalia os erros.

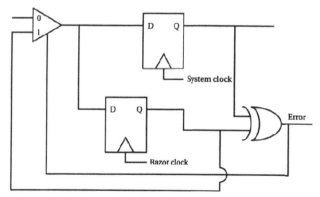

O registrador do sistema mantém o valor chaveado e é comandado por um *clock* de sistema *better-than-worst-case*. Um registrador adicional é comandado separadamente por um *clock* ligeiramente atrasado com relação ao do sistema.

Se os resultados armazenados nos dois registradores são diferentes, então um erro ocorreu, provavelmente devido à temporização. A porta XOR detecta o erro e faz com que este valor seja substituído por aquele no registrador do sistema.

Wolf, W. **High-performance embedded computing: architectures, applications, and methodologies**. Morgan Kaufmann, 2007

Considerando essas informações, analise as afirmações a seguir.

I. Sistemas digitais são tradicionalmente concebidos como sistemas assíncronos regidos por um *clock*.
II. *Better-than-worst-case* é um estilo de projeto alternativo em que a lógica detecta e se recupera de erros, permitindo que o circuito possa operar com uma frequência maior.
III. Nos sistemas digitais, o período de *clock* é determinado por uma análise cuidadosa para que os valores sejam armazenados corretamente nos registradores, com o período de *clock* alargado para abranger o atraso de pior caso.

É correto o que se afirma em

(A) I, apenas.
(B) III, apenas.
(C) I e II, apenas.
(D) II e III, apenas.
(E) I, II e III.

3. (ENADE – 2011)

Os amplificadores operacionais, como ilustra a figura a seguir, são componentes úteis em diversas aplicações.

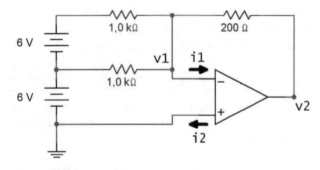

Considerando que o amplificador operacional do circuito é ideal, avalie as seguintes afirmativas.

I. A corrente i1 é idealmente nula.
II. A corrente i2 é idealmente nula.
III. O circuito exemplifica um seguidor de tensão.
IV. A diferença de potencial entre o ponto v1 e o ponto terra do circuito é idealmente nula.
V. A diferença de potencial entre o ponto v2 e o ponto terra do circuito é de +3,6 V.

É correto apenas o que se afirma em

(A) I, II e III.
(B) I, II e IV.
(C) I, III e V.
(D) II, IV e V.
(E) III, IV e V.

4. (ENADE – 2008)

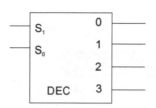

entradas		saídas			
S_1	S_0	0	1	2	3
0	0	1	0	0	0
0	1	0	1	0	0
1	0	0	0	1	0
1	1	0	0	0	1

Considere o bloco decodificador ilustrado acima, o qual opera segundo a tabela apresentada. Em cada item a seguir, julgue se a função lógica mostrada corresponde ao circuito lógico a ela associado.

I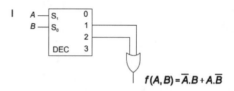

II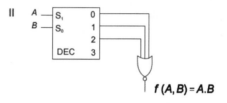

III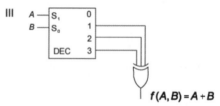

Assinale a opção correta.

(A) Apenas um item está certo.
(B) Apenas os itens I e II estão certos.
(C) Apenas os itens I e III estão certos.
(D) Apenas os itens II e III estão certos.
(E) Todos os itens estão certos.

5. (ENADE – 2008)

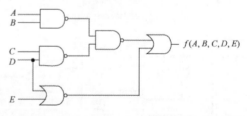

No circuito acima, que possui cinco entradas — A, B, C, D e E — e uma saída f (A, B, C, D, E), qual opção apresenta uma expressão lógica equivalente à função f (A, B, C, D, E)?

(A) $\overline{A.B} + \overline{C.D} + D.E$
(B) $(A+B).(C+D)+D.E$
(C) $\overline{A.B} + \overline{C.D} + D + E$
(D) $A.B + C.D + D + E$
(E) $A.B + C.D + \overline{D}.\overline{E}$

6. (ENADE – 2008)

Em ambientes de manufatura integrada, utilizam-se computadores para conectar processos concorrentes separados fisicamente, isto é, um sistema integrado requer dois ou mais computadores conectados para trocar informações. Quando integrados, os processos podem compartilhar informações e iniciar ações, permitindo decisões mais rápidas com menos erros. A automação também permite a execução de processos de manufatura sem necessidade de intervenções. Um exemplo simples pode ser um controlador de um robô e um controlador lógico programável trabalhando juntos em uma única máquina. Um exemplo complexo é uma planta inteira de manufatura envolvendo centenas de estações conectadas a bancos de dados com instruções e planejamento de operações e tarefas em tempo real, envolvendo sensores, atuadores, transdutores, conversores etc. Entender, projetar e construir esses sistemas é um grande desafio que impõe uma abordagem sistemática pelo uso de ferramentas e conhecimento conceitual de modelagem lógica, manipulação matemática, abstração, decomposição, concorrência etc. Nesse contexto, julgue os seguintes itens.

I. Controladores lógicos programáveis são computadores para processamento de entradas e saídas, sendo que a maioria permite múltiplos programas que podem ser utilizados como sub-rotinas.
II. Para leituras de um sinal analógico que varia entre ± 10 volts, com precisão de ± 0,05 volts, é necessário um conversor AD com, no mínimo, 9 *bits*.
III. O principal objetivo das redes de Petri Coloridas é a redução do tamanho do modelo, permitindo que *tokens* individualizados (coloridos) representem diferentes processos ou recursos em uma mesma sub-rede.

Assinale a opção correta.

(A) Apenas um item está certo.
(B) Apenas os itens I e II estão certos.
(C) Apenas os itens I e III estão certos.
(D) Apenas os itens II e III estão certos.
(E) Todos os itens estão certos.

7. (ENADE – 2008)

Considere que seja necessário escrever um código para um microcontrolador capaz de identificar teclas acionadas em um teclado conectado como mostrado abaixo. O microcontrolador atribui valores lógicos às linhas X_3, X_2, X_1 e X_0 de uma porta de saída do tipo coletor aberto, e lê os valores lógicos das linhas Y_3, Y_2, Y_1 e Y_0 em uma porta de entrada.

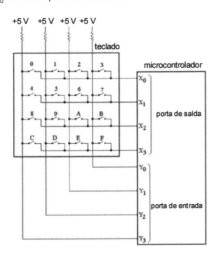

Caso apenas a tecla 9 do teclado esteja pressionada e o microcontrolador esteja atribuindo os valores lógicos 1011 às linhas X_3, X_2, X_1 e X_0, respectivamente, qual o padrão binário que deverá ser lido nas linhas Y_3, Y_2, Y_1 e Y_0, respectivamente?

(A) 0111
(B) 1011
(C) 1101
(D) 1110
(E) 1111

8. (ENADE – 2008)

Considere, a seguir, o circuito combinatório, a tensão analógica V_A definida pela tabela I, e a tabela lógica definida pela tabela II

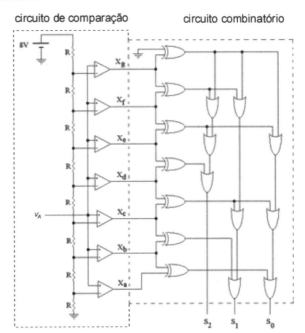

Tabela I

v_A (em volts)	S_2	S_1	S_0
$v_A < 1$	0	0	0
$1 < v_A < 2$	0	0	1
$2 < v_A < 3$	0	1	0
$3 < v_A < 4$	0	1	1
$4 < v_A < 5$	1	0	0
$5 < v_A < 6$	1	0	1
$6 < v_A < 7$	1	1	0
$v_A > 7$	1	1	1

Tabela II

X_a	X_b	X_c	X_d	X_e	X_f	X_g	S_2	S_1	S_0
0	0	0	0	0	0	0	0	0	0
1	0	0	0	0	0	0	0	0	1
1	1	0	0	0	0	0	0	1	0
1	1	1	0	0	0	0	0	1	1
1	1	1	1	0	0	0	1	0	0
1	1	1	1	1	0	0	1	0	1
1	1	1	1	1	1	0	1	1	0
1	1	1	1	1	1	1	1	1	1

Analise o circuito, os dados das tabelas I e II e as seguintes asserções.

O circuito apresentado converte a tensão analógica v_A em uma palavra de três *bits* cujo valor binário é uma representação quantizada da tensão v_A, conforme apresentado na tabela I

PORQUE

o circuito combinatório formado pelas portas lógicas apresenta o comportamento dado pela tabela lógica II quando o circuito de comparação é excitado com uma tensão v_A adequada.

Assinale a opção correta, com relação às asserções acima.

(A) As duas asserções são proposições verdadeiras, e a segunda é uma justificativa correta da primeira.

(B) As duas asserções são proposições verdadeiras, mas a segunda não é uma justificativa correta da primeira.

(C) A primeira asserção é uma proposição verdadeira, e a segunda, uma proposição falsa.

(D) A primeira asserção é uma proposição falsa, e a segunda, uma proposição verdadeira.

(E) Tanto a primeira quanto a segunda asserções são proposições falsas.

9. (ENADE – 2008)

Deseja-se projetar um bloco lógico do tipo *look-up table* que fará parte de um dispositivo lógico programável. O bloco lógico, ilustrado abaixo, deve produzir em sua saída qualquer uma das diferentes funções lógicas possíveis envolvendo três entradas de dados, dependendo dos valores lógicos aplicados a *n* sinais binários de controle.

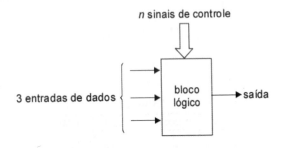

Para esse bloco lógico, qual é o menor valor de *n* que pode ser usado para selecionar uma das diferentes funções lógicas possíveis?

(A) 4
(B) 8
(C) 16
(D) 256
(E) 65.536

10. (ENADE – 2005)

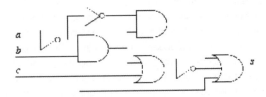

Considere o circuito combinacional ilustrado acima, que apresenta *a*, *b* e *c* como sinais de entrada e *s* como sinal de saída. A equação booleana mínima que descreve a função desse circuito é igual a

(A) $s = a$ or not(b) or c.
(B) $s = a$ and not(b) and c.
(C) $s = $ not(a) or b or not(c).
(D) $s = $ not(a) and b and not(c).
(E) $s = $ (not(a) and b) or c.

11. (ENADE – 2005)

Dispositivos Lógicos Programáveis (DLP, ou PLD — *programmable logic devices*) são muito utilizados hoje em dia para o projeto de circuitos digitais especiais. Com relação a esse assunto, julgue os itens a seguir.

I. Como um PLA (*programmable logic array*) somente implementa equações booleanas descritas na forma de soma de termosproduto, e não implementa portas lógicas multinível, então nem todas as funções booleanas podem ser implementadas em um PLA.

II. Em uma PROM (*programmable ROM*), o arranjo de portas AND é fixo, e somente o arranjo de portas OR pode ser programado; em um PAL (*programmable array logic*), o arranjo de portas OR é fixo, e somente o *array* de portas AND é programável; e, em um PLA (*programmable logic array*), tanto o arranjo de portas AND como o de portas OR são programáveis.

III. Um circuito digital implementado por meio de um dispositivo lógico programável ocupa mais área e consome mais potência do que um circuito integrado dedicado, mas, em compensação, ele pode operar em frequências maiores, pois seus transistores e portas lógicas são projetados de forma a otimizar o chaveamento de estados.

Assinale a opção correta.

(A) Apenas o item II está certo.
(B) Apenas o item III está certo.
(C) Apenas os itens I e II estão certos.
(D) Apenas os itens I e III estão certos.
(E) Apenas os itens II e III estão certos.

Habilidade 10

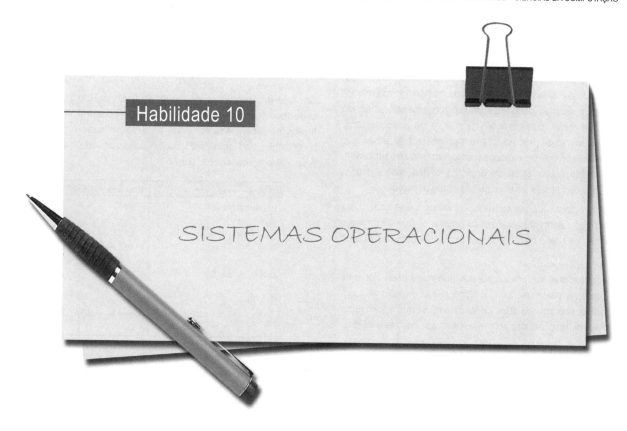

SISTEMAS OPERACIONAIS

1. (ENADE – 2011)

Um vendedor de artigos de pesca obteve com um amigo o código executável (já compilado) de um programa que gerencia vendas e faz o controle de estoque, com o intuito de usá-lo em sua loja. Segundo o seu amigo, o referido programa foi compilado em seu sistema computacional pessoal (sistema A) e funciona corretamente. O vendedor constatou que o programa excecutável também funciona corretamente no sistema computacional de sua loja (sistema B). Considerando a situação relatada, analise as afirmações a seguir.

I. Os computadores poderiam ter quantidades diferentes de núcleos (cores).

II. As chamadas ao sistema (system call) do sistema operacional no sistema A devem ser compatíveis com as do sistema B.

III. O conjunto de instruções do sistema A poderia ser diferente do conjunto de instruções do sistema B.

IV. Se os registradores do sistema A forem de 64 bits, os registradores do sistema B poderiam ser de 32 bits.

É correto o que se afirma em

(A) III, apenas.
(B) I e II, apenas.
(C) III e IV, apenas.
(D) I, II e IV, apenas.
(E) I, II, III e IV.

2. (ENADE – 2011)

Uma antiga empresa de desenvolvimento de *software* resolveu atualizar toda sua infraestrutura computacional adquirindo um sistema operacional multitarefa, processadores *multi-core* (múltiplos núcleos) e o uso de uma linguagem de programação com suporte a *threads*.

O sistema operacional multitarefa de um computador é capaz de executar vários processos (programas) em paralelo. Considerando esses processos implementados com mais de uma *thread* (*multi-threads*), analise as afirmações abaixo.

I. Os ciclos de vida de processos e *threads* são idênticos.

II. *Threads* de diferentes processos compartilham memória.

III. Somente processadores *multi-core* são capazes de executar programas *multi-threads*.

IV. Em sistemas operacionais multitarefa, *threads* podem migrar de um processo para outro.

É correto apenas o que se afirma em

(A) I.
(B) II.
(C) I e III.
(D) I e IV.
(E) II e IV.

3. (ENADE – 2008)

Uma alternativa para o aumento de desempenho de sistemas computacionais é o uso de processadores com múltiplos núcleos, chamados *multi-cores*. Nesses sistemas, cada núcleo, normalmente, tem as funcionalidades completas de um processador, já sendo comuns, atualmente, configurações com 2, 4 ou mais núcleos. Com relação ao uso de processadores *multi-cores*, e sabendo que *threads* são estruturas de execução associadas a um processo, que compartilham suas áreas de código e dados, mas mantêm contextos independentes, analise as seguintes asserções.

Ao dividirem suas atividades em múltiplas *threads* que podem ser executadas paralelamente, aplicações podem se beneficiar mais efetivamente dos diversos núcleos dos processadores *multi-cores*

PORQUE

o sistema operacional nos processadores *multi-cores* pode alocar os núcleos existentes para executar simultaneamente diversas sequências de código, sobrepondo suas execuções e, normalmente, reduzindo o tempo de resposta das aplicações às quais estão associadas.

Acerca dessas asserções, assinale a opção correta.

(A) As duas asserções são proposições verdadeiras, e a segunda é uma justificativa correta da primeira.

(B) As duas asserções são proposições verdadeiras, mas a segunda não é uma justificativa correta da primeira.

(C) A primeira asserção é uma proposição verdadeira, e a segunda, uma proposição falsa.

(D) A primeira asserção é uma proposição falsa, e a segunda, uma proposição verdadeira.

(E) Tanto a primeira quanto a segunda asserções são proposições falsas.

4. (ENADE – 2005)

Com relação ao gerenciamento de memória com paginação em sistemas operacionais, assinale a opção correta.

(A) As páginas utilizadas por um processo, sejam de código ou de dados, devem ser obrigatoriamente armazenadas na partição de *swap* do disco, quando o processo não estiver sendo executado.

(B) Todas as páginas de um processo em execução devem ser mantidas na memória física enquanto o processo não tiver terminado.

(C) Um processo somente pode ser iniciado se o sistema operacional conseguir alocar um bloco contíguo de páginas do tamanho da memória necessária para execução do processo.

(D) O espaço de endereçamento virtual disponível para os processos pode ser maior que a memória física disponível.

(E) Um processo somente pode ser iniciado se o sistema operacional conseguir alocar todas as páginas de código desse processo.

5. (ENADE – 2005)

O problema do *buffer* limitado de tamanho N é um problema clássico de sincronização de processos: um grupo de processos utiliza um *buffer* de tamanho N para armazenar temporariamente itens produzidos; processos produtores produzem os itens, um a um, e os armazenam no *buffer*; processos consumidores retiram os itens do *buffer*, um a um, para processamento. O problema do *buffer* limitado de tamanho N

pode ser resolvido com a utilização de semáforos, que são mecanismos de *software* para controle de concorrência entre processos. Duas operações são definidas para um semáforo s: `wait(s)` e `signal(s)`.

Considere o problema do *buffer* limitado de tamanho N cujos pseudocódigos dos processos produtor e consumidor estão mostrados na tabela abaixo. Pode-se resolver esse problema com a utilização dos semáforos *mutex*, *cheio* e *vazio*, inicializados, respectivamente, com 1, 0 e N.

processo produtor	processo consumidor
produz item	`comando_e` `comando_f`
`comando_a` `comando_b`	**retira do *buffer***
coloca no *buffer*	`comando_g` `comando_h`
`comando_c` `comando_d`	**consome o item**

A partir dessas informações, para que o problema do *buffer* limitado de tamanho N cujos pseudocódigos foram apresentados possa ser resolvido a partir do uso dos semáforos *mutex*, *cheio* e *vazio*, é necessário que `comando_a`, `comando_b`, `comando_c`, `comando_d`, `comando_e`, `comando_f`, `comando_g` e `comando_h` correspondam, respectivamente, às operações

(A) `wait(vazio)`, `wait(mutex)`, `signal(mutex)`, `signal(cheio)`, `wait(cheio)`, `wait(mutex)`, `signal(mutex)` e `signal(vazio)`.

(B) `wait(cheio)`, `wait(mutex)`, `signal(mutex)`, `signal(vazio)`, `wait(vazio)`, `signal(mutex)`, `signal(mutex)` e `wait(cheio)`.

(C) `wait(mutex)`, `wait(vazio)`, `signal(cheio)`, `signal(mutex)`, `wait(mutex)`, `wait(vazio)`, `signal(cheio)` e `signal(mutex)`.

(D) `wait(mutex)`, `wait(vazio)`, `signal(cheio)`, `signal(mutex)`, `wait(mutex)`, `wait(cheio)`, `signal(vazio)` e `signal(mutex)`.

(E) `wait(vazio)`, `signal(mutex)`, `signal(cheio)`, `wait(mutex)`, `wait(cheio)`, `signal(mutex)`, `signal(vazio)` e `signal(mutex)`.

6. (ENADE – 2005)

Sistemas operacionais de tempo real são utilizados em controle de processos automatizados, em que o tempo de resposta a determinados eventos é um fator crítico. Com relação a esse assunto, julgue os itens seguintes.

I. Sistemas de tempo real estritos (*hard real-time*) não utilizam dispositivos de memória secundária (como discos), pois estes não oferecem garantia de término das operações dentro de uma quantidade máxima de tempo.

II. Um sistema operacional de propósito geral pode ser modificado para ser de tempo real atribuindo-se prioridades fixas para cada um dos processos.

III. O escalonamento mais utilizado por sistemas operacionais de tempo real é o *shortest-job-first* (tarefa mais curta primeiro).

Assinale a opção correta.

(A) Apenas um item está certo.
(B) Apenas os itens I e II estão certos.
(C) Apenas os itens I e III estão certos.
(D) Apenas os itens II e III estão certos.
(E) Todos os itens estão certos.

7. (ENADE – 2011) DISCURSIVA

As memórias *cache* são usadas para diminuir o tempo de acesso à memória principal, mantendo cópias de seus dados. Uma função de mapeamento é usada para determinar em que parte da memória *cache* um dado da memória principal será mapeado. Em certos casos, é necessário usar um algoritmo de substituição para determinar qual parte da *cache* será substituída.

Suponha uma arquitetura hipotética com as seguintes características:

- A memória principal possui 4 *Gbytes*, em que cada *byte* é diretamente endereçável com um endereço 32 *bits*.
- A memória *cache* possui 512 *Kbytes*, organizados em 128 K linhas de 4 *bytes*.
- Os dados são transferidos entre as duas memórias em blocos de 4 *bytes*.

Considerando os mapeamentos direto, totalmente associativo e associativo por conjuntos (em 4 vias), redija um texto que contemple as organizações dessas memórias, demonstrando como são calculados os endereços das palavras, linhas (blocos), rótulos (*tags*) e conjunto na memória *cache* em cada um dos três casos. Cite as vantagens e desvantagens de cada função de mapeamento, bem como a necessidade de algoritmos de substituição em cada uma delas. (valor: 10,0 pontos)

8. (ENADE – 2008) DISCURSIVA

No projeto de sistemas de tempo real, normalmente são atribuídas prioridades às tarefas.

Escalonadores orientados à preempção por prioridade são utilizados para ordenar a execução de tarefas de modo a atender seus requisitos temporais. Inversão de prioridade é o termo utilizado para descrever a situação na qual a execução de uma tarefa de mais alta prioridade é suspensa em benefício de uma tarefa de menor prioridade. A inversão de prioridade pode ocorrer quando tarefas com diferentes prioridades necessitam utilizar um mesmo recurso simultaneamente. A duração desta inversão pode ser longa o suficiente para causar a perda do *deadline* das tarefas suspensas.

Protocolos de sincronização em tempo real auxiliam limitando e minimizando a inversão de prioridades.

Considere o conjunto de três tarefas com as seguintes características:

I. T_1 tem prioridade 1 (mais alta), custo de execução total de 6 ut (unidades de tempo) e instante de chegada $t_1 = 6$. A partir de seu início, após executar durante 1 ut, essa tarefa necessita do recurso compartilhado R_1 durante 2 ut. Para concluir, utiliza o recurso compartilhado R_2 durante 2 ut finais.

II. T_2 tem prioridade 2, custo de execução total de 8 ut e instante de chegada $t_2 = 3$. A partir de seu início, após executar durante 2 ut, a tarefa necessita do recurso compartilhado R2 durante 2 ut.

III. T_3 tem prioridade 3 (mais baixa), custo total de execução de 12 ut e instante de chegada $t_3 = 0$. A partir de seu início, após executar durante 2 ut, essa tarefa necessita do recurso compartilhado R_1 durante 2 ut.

A partir dessas informações, desenhe a(s) linha(s) de tempo(s) para que um escalonamento dessas três tarefas em um único processador seja possível, utilizando-se o protocolo de herança de prioridade. (valor: 10,0 pontos)

9. (ENADE – 2005) DISCURSIVA

O grande desejo de todos os desenvolvedores de programas é utilizar quantidades ilimitadas de memória que, por sua vez, seja extremamente rápida. Infelizmente, isso não corresponde à realidade, como tenta representar a figura abaixo, que descreve uma hierarquia de memória: para cada elemento, estão indicados os tamanhos típicos disponíveis para armazenamento de informação e o tempo típico de acesso à informação armazenada.

Como pode ser visto no diagrama acima, registradores do processador e memória *cache* operam com tempos distintos, o mesmo ocorrendo com a memória principal com relação à memória *cache*, e com a memória secundária com relação à memória principal.

Considerando as informações acima apresentadas, responda às seguintes perguntas.

a) Que características um programa deve ter para que o uso de memória *cache* seja muito vantajoso? (valor: 4,0 pontos)

b) Se registradores do processador e a memória *cache* operassem com os mesmos tempos de acesso, ainda haveria vantagem em se utilizar a memória *cache*? E se a memória *cache* e a memória principal operassem com os mesmos tempos de acesso, ainda haveria vantagem em se utilizar a memória *cache*? Justifique suas respostas. (valor: 6,0 pontos)

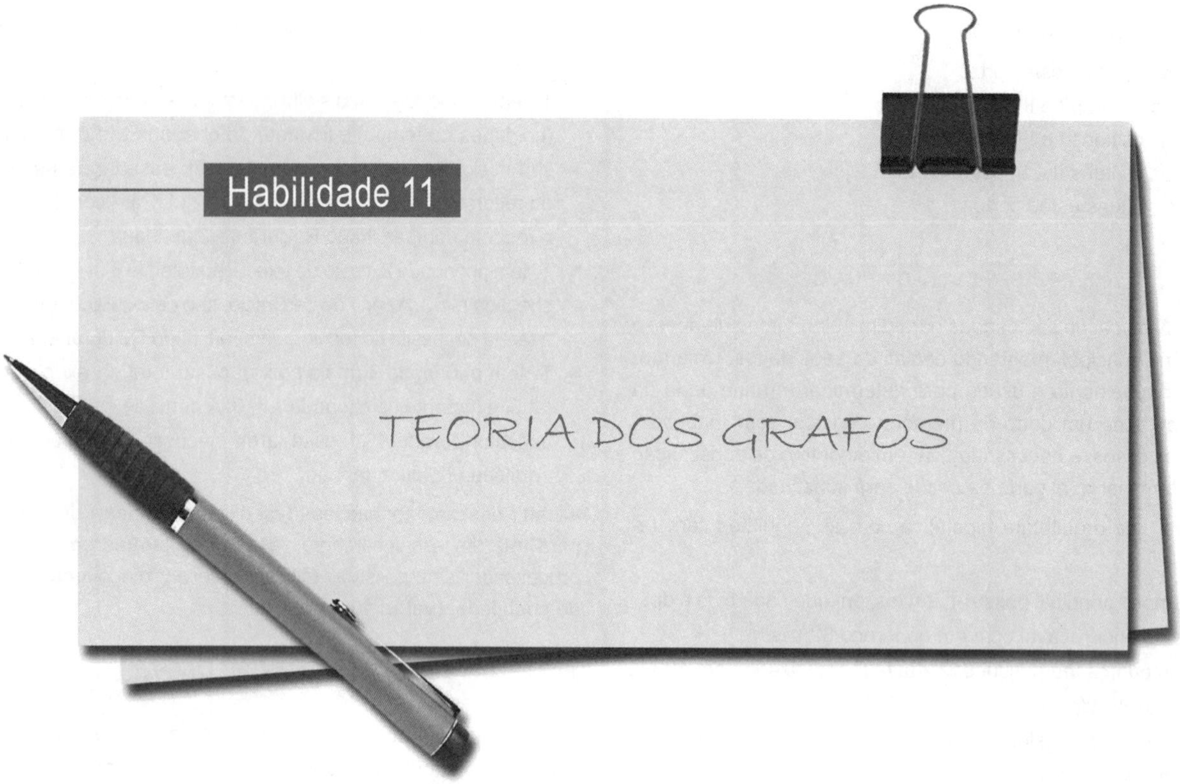

Habilidade 11

TEORIA DOS GRAFOS

1. (ENADE – 2011)

Considere que G é um grafo qualquer e que V e E são os conjuntos de vértices e de arestas de G, respectivamente.

Considere também que grau (v) é o grau de um vértice v pertencente ao conjunto V. Nesse contexto, analise as seguintes asserções.

Em G, a quantidade de vértices com grau ímpar é ímpar.

PORQUE

Para G, vale a identidade dada pela expressão

$$\sum_{v \in V} \mathrm{grau}(v) = 2|E|$$

Acerca dessas asserções, assinale a opção correta.

(A) As duas asserções são proposições verdadeiras, e a segunda é uma justificativa correta da primeira.

(B) As duas asserções são proposições verdadeiras, mas a segunda não é uma justificativa correta da primeira.

(C) A primeira asserção é uma proposição verdadeira, e a segunda uma proposição falsa.

(D) A primeira asserção é uma proposição falsa, e a segunda uma proposição verdadeira.

(E) Tanto a primeira quanto a segunda asserções são proposições falsas.

Habilidade 12

COMPUTAÇÃO GRÁFICA E PROCESSAMENTO DE IMAGEM

---

1. (ENADE – 2011)

A figura abaixo ilustra a tentativa de se utilizar um filtro digital no domínio da frequência, para suavizar o sinal bidimensional de entrada que está no domínio do espaço.

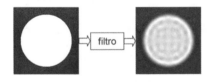

A partir do resultado obtido no processo de filtragem, analise as seguintes asserções e a relação proposta entre elas.

O sinal de saída possui as características de um sinal processado por um filtro passa-baixa ideal.

PORQUE

Embora suavizado, o sinal de saída evidencia a presença do efeito de *ringing*, que é típico de um sinal convolucionado pela função *sinc* no domínio do espaço.

Acerca dessas asserções, assinale a opção correta.

(A) As duas asserções são proposições verdadeiras, e a segunda é uma justificativa correta da primeira.
(B) As duas asserções são proposições verdadeiras, mas a segunda não é uma justificativa correta da primeira.
(C) A primeira asserção é uma proposição verdadeira e a segunda, uma proposição falsa.
(D) A primeira asserção é uma proposição falsa e a segunda, uma proposição verdadeira.
(E) Tanto a primeira quanto a segunda asserções são proposições falsas.

2. (ENADE – 2008)

A figura acima ilustra uma imagem binária com *pixels* brancos formando retas sobre um fundo preto. Com relação à aplicação de transformadas sobre essa imagem, assinale a opção correta.

(A) A transformada de Fourier, quando aplicada à imagem descrita, produz como resultado um mapa de frequências que equivale ao histograma dos níveis de cinza das retas presentes.
(B) A transformada de Hadamard da imagem apresentada tem resultado equivalente à aplicação de um filtro passa-baixas, o que destaca as retas existentes.
(C) Ao se aplicar a transformada da distância à imagem binária, considerando *pixels* brancos como objetos, são geradas as distâncias entre as retas presentes e o centro da imagem, o que permite identificar as equações das retas formadas na imagem.
(D) O uso da transformada dos cossenos produz uma lista dos coeficientes lineares e angulares das diversas retas existentes nessa imagem binária.
(E) O resultado da aplicação da transformada de Hough usando parametrização de retas é um mapa cujos picos indicam os *pixels* colineares, permitindo que sejam identificados coeficientes que descrevem as diversas retas formadas na imagem.

3. (ENADE – 2008)

Figura I

Figura II

As figuras I e II apresentam duas imagens, ambas com resolução de 246 *pixels* × 300 *pixels*, sendo que a figura I apresenta 256 níveis de cinza e a figura II, 4 níveis de cinza.

Considere que a imagem da figura I seja a original, tendo sido manipulada em um único atributo para gerar a imagem da figura II. Nessa situação, em qual atributo se diferenciam as imagens I e II acima?

(A) resolução
(B) quantização
(C) iluminação
(D) escala
(E) amostragem espacial

4. (ENADE – 2008)

A segmentação de imagens é uma das partes essenciais na área de processamento de imagens. Assinale a opção **incorreta** em relação à detecção de bordas no contexto da segmentação de imagens.

(A) A detecção de bordas é a determinação dos limites de um objeto em uma imagem, envolvendo a avaliação da variação nos níveis de cinza dos *pixels* em uma vizinhança, sendo uma das formas de segmentação de imagens.
(B) Sobel, Prewitt e Roberts são operadores usados para detecção de bordas, todos embasados em gradientes calculados sobre os níveis de cinza de uma imagem.
(C) A detecção de bordas é um processo de segmentação de imagens, mas com princípio diferente das técnicas que agrupam *pixels* vizinhos que compartilham determinado atributo.
(D) Crescimento de regiões é um método de detecção de bordas embasado em gradientes, usando como critério a disparidade de valores entre *pixels* vizinhos.
(E) O operador LoG (*laplacian of gaussian*) é empregado para detecção de bordas, usando os cruzamentos de zero na determinação dos *pixels* que formam o limiar entre um objeto e outro em uma imagem.

5. (ENADE – 2005)

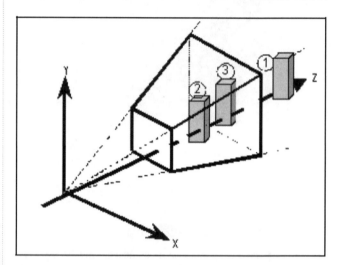

Considere o volume de visualização e os objetos identificados como ①, ② e ③ na figura acima. Considere, ainda, que todos os objetos têm o mesmo tamanho, que o objeto ① está localizado fora do volume de visualização e que os objetos ② e ③ estão dentro dele. A partir desses dados, no que concerne à execução do *pipeline* de visualização na situação acima representada, é correto inferir que

I. o objeto ① está na linha de visão do observador, mas não aparece na imagem final.
II. é suficiente, para a determinação das faces visíveis, realizar o recorte contra o volume canônico.
III. a remoção de faces traseiras (*back face culling*) utiliza informação de posição e orientação do observador.
IV. o processo de visualização garante que os objetos ② e ③ sejam totalmente visíveis na imagem final.

Estão certos apenas os itens

(A) I e II.
(B) I e III.
(C) II e III.
(D) III e IV.
(E) III e IV.

6. (ENADE – 2005)

I

II

Considere que um colega seu tenha ganhado uma máquina fotográfica digital e tenha tirado a foto identificada por I acima.

Na sequência, a partir da imagem I, considere que ele tenha gerado a imagem II acima. Nessa situação, o processamento realizado sobre a imagem I que melhor explica a geração da imagem II envolve a aplicação de

(A) filtro passa-baixas.
(B) quantizador.
(C) reamostragem.
(D) filtro passa-altas.
(E) compressão.

7. (ENADE – 2005)

O termo imagem designa uma função intensidade luminosa bidimensional f, em que um valor de intensidade é associado a coordenadas espaciais (x, y). Uma imagem digital é obtida pela digitalização das coordenadas espaciais por meio de um processo conhecido como amostragem da imagem. Dessa forma, uma imagem contínua monocromática $f(x, y)$ é aproximada por amostras igualmente espaçadas, arranjadas na forma de uma matriz $N \times M$, em que cada elemento é um valor inteiro g. O intervalo $[G_{min}, G_{max}]$, do menor ao maior valor de intensidade g, é denominado escala de cinza. Normalmente, $G_{min} = 0$ corresponde a preto, e $G_{max} = G$ corresponde ao branco.

Considerando os conceitos apresentados acima, assinale a opção correta.

(A) O processo de digitalização da imagem requer que as dimensões N e M da matriz mencionada anteriormente sejam múltiplas do número de tons de cinza na imagem.
(B) Para imagens binárias, se L for o número de tons de cinza representáveis, e $L = 2^k$, então $k = 2$.
(C) Os métodos para realce de imagens que operam no domínio espacial fazem uso do conceito de vizinhança de *pixel*.
(D) Métodos de filtragem normalmente usam máscaras para impedir a transformação dos níveis de cinza dos *pixels* da imagem.
(E) Limiarização é um tipo de processamento de imagens que amplia o número de níveis de cinza da imagem.

8. (ENADE – 2005)

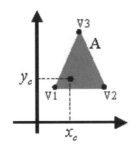 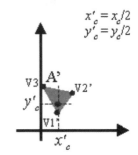

Observe a situação representada acima, em que o triângulo identificado por A sofre transformações geométricas que o levam para a situação identificada por A'. Considerando-se dx e dy parâmetros de translação e s, parâmetro fator de escala, então o triângulo A' pode ser obtido a partir da aplicação da seguinte sequência de transformações aos vértices do triângulo A:

(A) rotação em torno do ponto (x_c, y_c); escala com fator uniforme $s = 2$.
(B) rotação em torno do ponto (x_c, y_c); escala com fator uniforme $s = 0,5$.
(C) rotação em torno do ponto (x'_c, y'_c); escala com fator uniforme $s = 0,5$; translação com parâmetros de deslocamento $dx = -x_c$ e $d_y = -y_c$.
(D) escala com fator uniforme $s = 0,5$; translação com parâmetros de deslocamento $dx = x'_c$ e $d_y = y'_c$; rotação em torno do ponto (x_c, y_c).
(E) tanslação com parâmetros de deslocamento $dx = -x_c$ e $dy = -y_c$; rotação em torno do ponto (x_c, y_c); translação com parâmetros de deslocamento $dx = x_c$ e $dy = y_c$; escala com fator uniforme $s = 0,5$.

INTELIGÊNCIA ARTIFICIAL E COMPUTACIONAL

1. (ENADE – 2011)

Sabendo que a principal tarefa de um sistema será de classificação em domínios complexos, um gerente de projetos precisa decidir como vai incorporar essa capacidade em um sistema computacional a fim de torná-lo inteligente. Existem diversas técnicas de inteligência computacional / artificial que possibilitam isso.

Nesse contexto, a técnica de inteligência artificial mais indicada para o gerente é

(A) lógica nebulosa.
(B) árvores de decisão.
(C) redes neurais artificiais.
(D) ACO (do inglês, *Ant-Colony Optimization*).
(E) PSO (do inglês, *Particle Swarm Optimization*).

2. (ENADE – 2008)

A figura acima mostra uma árvore de decisão construída por um algoritmo de aprendizado indutivo a partir de um conjunto de dados em que os objetos são descritos por 4 atributos: X1, X2, X3 e X4. Dado um objeto de classe desconhecida, essa árvore classifica o objeto na classe 1 ou na classe 2. A tabela a seguir apresenta três objetos a serem classificados: O1, O2 e O3.

Objeto	X1	X2	X3	X4
O1	a	P	20	não
O2	b	M	21	não
O3	c	M	10	sim

A que classes corresponderiam, respectivamente, os objetos O1, O2 e O3?

(A) 1, 1 e 2
(B) 1, 2 e 1
(C) 2, 1 e 2
(D) 2, 2 e 1
(E) 1, 1 e 1

3. (ENADE – 2008)

Julgue os itens a seguir, relativos a métodos de busca com informação (busca heurística) e sem informação (busca cega), aplicados a problemas em que todas as ações têm o mesmo custo, o grafo de busca tem fator de ramificação finito e as ações não retornam a estados já visitados.

I. A primeira solução encontrada pela estratégia de busca em largura é a solução ótima.
II. A primeira solução encontrada pela estratégia de busca em profundidade é a solução ótima.
III. As estratégias de busca com informação usam funções heurísticas que, quando bem definidas, permitem melhorar a eficiência da busca.
IV. A estratégia de busca gulosa é eficiente porque expande apenas os nós que estão no caminho da solução.

Estão certos apenas os itens

(A) I e II.
(B) I e III.
(C) I e IV.
(D) II e IV.
(E) III e IV.

4. (ENADE – 2008)

Considere um jogo do tipo 8-*puzzle*, cujo objetivo é conduzir o tabuleiro esquematizado na figura abaixo para o seguinte estado final.

1	2	3
8		4
7	6	5

Considere, ainda, que, em determinado instante do jogo, se tenha o estado E0 a seguir.

3	4	6
5	8	
2	1	7

Pelas regras desse jogo, sabe-se que os próximos estados possíveis são os estados E1, E2 e E3 mostrados abaixo.

3	4	6		3	4	6		3	4	
5		8		5	8	7		5	8	6
2	1	7		2	1			2	1	7
E1				**E2**				**E3**		

Considere uma função heurística h embasada na soma das distâncias das peças em relação ao estado final desejado, em que a distância **d** a que uma peça **p** está da posição final é dada pela soma do número de linhas com o número de colunas que a separam da posição final desejada. Por exemplo, em E1, $d(1) = 2 + 1 = 3$. A partir dessas informações analise as asserções a seguir.

Utilizando-se um algoritmo de busca gulosa pela melhor escolha que utiliza a função *h*, o próximo estado no desenvolvimento do jogo a partir do estado E0 tem de ser E3

PORQUE,

dos três estados E1, E2 e E3 possíveis, o estado com menor soma das distâncias entre a posição atual das peças e a posição final é o estado E3.

Assinale a opção correta a respeito dessas asserções.

(A) As duas asserções são proposições verdadeiras, e a segunda é uma justificativa correta da primeira.

(B) As duas asserções são proposições verdadeiras, e a segunda não é uma justificativa correta da primeira.

(C) A primeira asserção é uma proposição verdadeira, e a segunda é uma proposição falsa.

(D) A primeira asserção é uma proposição falsa, e a segunda é uma proposição verdadeira.

(E) As duas asserções são proposições falsas.

5. (ENADE – 2005)

A escolha de uma boa representação de conhecimento é tarefa fundamental na resolução de problemas que envolvem inteligência artificial. Acerca desse assunto, assinale a opção correta.

(A) O encadeamento regressivo, por utilizar busca em largura para resolução de conflitos, é menos usado que o progressivo.

(B) O encadeamento progressivo utiliza busca gulosa para fazer a comparação entre os fatos armazenados na memória de trabalho do sistema e os antecedentes das regras a disparar.

(C) As redes semânticas, mecanismo mais expressivo que a lógica de primeira ordem, foram desenvolvidas para se superar uma dificuldade dos sistemas embasados em lógica de representar categorias.

(D) A representação de conhecimento *frames* é uma boa alternativa para esse tipo de problema, por incluir, além de um mecanismo de inferência semanticamente bem definido, mecanismos de encapsulamento e componentes, comuns ao paradigma orientado a objeto.

(E) Tanto redes semânticas quanto *frames* representam facilmente conhecimento estrutural, comportamental e procedural.

6. (ENADE – 2005)

No que diz respeito às redes neurais, assinale a opção correta.

(A) O treinamento de uma rede neural tem tempo determinado de execução.

(B) Não há problemas em realizar o teste de desempenho de uma rede neural com o mesmo conjunto de dados usado para o treinamento.

(C) O número de pesos de uma rede neural não influencia a rapidez com que ela processa dados.

(D) O aprendizado supervisionado é o paradigma de treinamento mais utilizado para desenvolver aplicações de redes neurais para classificação e predição.

(E) O número de camadas ocultas de uma rede de alimentação direta é inversamente proporcional ao aumento do espaço de hipóteses que ela pode representar.

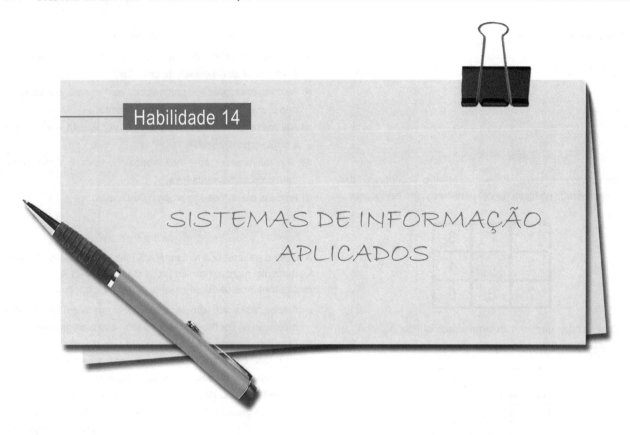

Habilidade 14
SISTEMAS DE INFORMAÇÃO APLICADOS

1. (ENADE – 2008)

Uma empresa de crédito e financiamento utiliza um sistema de informação para analisar simulações, com base em cenários, e determinar como as variações da taxa básica de juros do país afetam seus lucros.

Como deve ser classificado esse sistema de informação?

(A) sistema de processamento de transações
(B) sistema de controle de processos
(C) sistema de informação gerencial
(D) sistema de apoio à decisão
(E) sistema de informação executivo

Capítulo IV

Questões de Componente Específico de Física

1) Conteúdos e Habilidades objetos de perguntas nas questões de Componente Específico.

As questões de Componente Específico são criadas de acordo com o curso de graduação do estudante.

Essas questões, que representam ¾ (três quartos) da prova e são em número de 30, podem trazer, em Física, dentre outros, os seguintes **Conteúdos**:

I. Conteúdos comuns

a) Evolução das ideias da Física: origens e consolidação da mecânica; origens e desenvolvimento da Termodinâmica; origens da teoria eletromagnética de Maxwell e do conceito de campo; impasses da Física clássica no início do século XX; surgimento da teoria da relatividade e da teoria quântica e suas implicações na Física e na Tecnologia; aspectos históricos, filosóficos e sociológicos no desenvolvimento da Física; epistemologia da Física; implicações sociais, econômicas, políticas, tecnológicas e ambientais dos desenvolvimentos da Física; aplicações tecnológicas dos desenvolvimentos de Física;

b) Mecânica: cinemática; *momentum* linear; centro de massa; leis de Newton; gravitação universal e leis de Kepler; trabalho; energia e potência; torque e *momentum* angular; leis de conservação; movimento do corpo rígido; rotação; referenciais não inerciais; fluidos;

c) Termodinâmica: temperatura e Lei Zero da Termodinâmica; trabalho, calor e Primeira Lei da Termodinâmica; calor específico; Gás Ideal; Segunda Lei da Termodinâmica, reversibilidade e irreversibilidade; sistemas termodinâmicos e máquinas térmicas; Ciclo de Carnot e entropia; Terceira Lei da Termodinâmica; calor latente; transição de fase da água; transporte de calor;

d) Eletricidade e Magnetismo: lei de conservação da carga elétrica; lei de Ampère; lei de Faraday; propriedades elétricas e magnéticas dos materiais; equações de Maxwell; campo elétrico; lei de Gauss; potencial elétrico; equação da continuidade; corrente elétrica, resistores, capacitores e indutores; campo magnético; circuitos de corrente contínua e alternada; radiação eletromagnética;

e) Física Ondulatória e Ótica Física: oscilações livres, amortecidas e forçadas; ressonância; ondas sonoras e eletromagnéticas; reflexão; refração; polarização; dispersão; interferência e coerência; difração; instrumentos óticos;

f) Física Moderna: introdução à relatividade especial; simultaneidade, contração do espaço e dilatação do tempo; transformações de Lorentz; equivalência massa-energia; *momentum* relativístico; radiação do corpo negro; efeito fotoelétrico; dualidade onda-partícula; princípio da incerteza de Heisenberg; modelos atômicos; espectro do átomo de hidrogênio; spin do elétron;

g) Estrutura da Matéria: princípio de Pauli; átomos de muitos elétrons; tabela periódica; moléculas; interação da radiação com a matéria; partículas idênticas; noções de estatística quântica; sólidos; núcleo atômico; forças nucleares; decaimento radioativo; energia nuclear; física de partículas e cosmologia.

II. Conteúdos específicos para o Bacharelado:

a) Mecânica: coordenadas generalizadas; equações de Lagrange; equações de Hamilton; introdução à mecânica dos meios contínuos; teoria das oscilações;

b) Eletricidade e Magnetismo: eletrostática e magnetostática em vácuo e em meio material; formulação diferencial das equações de Maxwell; ondas eletromagnéticas em meios materiais; introdução à ótica e aplicações; caráter relativístico do Eletromagnetismo;

c) Física Quântica: aparato matemático e postulados da mecânica quântica; equação de Schrödinger; sistemas unidimensionais: poços, efeito túnel e oscilador harmônico; sistemas tridimensionais: *momentum* angular e átomo de Hidrogênio;

d) Termodinâmica e Mecânica Estatística: potenciais termodinâmicos e relações de Maxwell; potencial químico, relação de Euler, equação Gibbs-Duhem; transições de fase; distribuição estatística de equilíbrio; função de partição: aplicações; interpretação estatística da termodinâmica; equipartição de energia; radiação térmica;

estados de equilíbrio de um sistema; ensembles; distribuição de Boltzmann, de Fermi e de Bose; calor específico dos sólidos;

e) Teoria da Relatividade Especial: invariância das leis físicas; *momentum*, energia e trabalho relativísticos; efeito Doppler em ondas eletromagnéticas; conceitos de relatividade geral;

f) Física da Matéria Condensada: redes direta e recíproca; cristais; bandas de energia; metais, isolantes e semicondutores;

g) Física Nuclear: componentes do núcleo; estabilidade e radioatividade; decaimento radioativo;

h) Física de Partículas Elementares: modelo padrão.

III. Conteúdos específicos para a Licenciatura:

a) Fundamentos históricos, filosóficos e sociológicos da Física e o ensino da Física: ciência e cultura na sociedade contemporânea; utilização de aspectos históricos, filosóficos e sociológicos no Ensino da Física;

b) Políticas educacionais e o ensino da Física: normativas legais para a formação de professores para a Educação Básica e para o ensino da Física; propostas de configurações curriculares para a Educação Básica e para o ensino da Física; orientações oficiais para o ensino da Física, seu desenvolvimento e sua avaliação nas diversas regiões do país; alfabetização científico-tecnológica e a organização escolar; atualização e inovação curricular no ensino da Física; políticas educacionais atuais para a melhoria da Educação Básica; políticas educacionais atuais para a melhoria da formação dos professores;

c) Organização didático-curricular para o ensino da Física: fundamentos sócio-históricos, pedagógicos e metodológicos para organização e desenvolvimento de currículos para o ensino da Física; perspectivas e enfoques de currículos para o ensino de Física; enfoque CTSA (Ciência, Tecnologia, Sociedade e Ambiente) no ensino da Física; articulações entre projeto político-pedagógico escolar e programação curricular para o ensino da Física na Educação Básica; resolução de problemas como estratégia didática;

d) Metodologia do ensino da Física: conteúdos de ensino e recursos didáticos para o ensino da Física; organização e desenvolvimento de atividades e materiais didáticos para o ensino da Física; papel da linguagem na construção do conhecimento científico e nas aulas de Física; papel da experimentação no ensino da Física; modelização e relações entre Física e Matemática no ensino da Física; análise de textos didáticos, projetos de ensino, aplicativos didáticos e objetos educacionais digitais e sua utilização no ensino da Física; abordagens didático-pedagógicas utilizadas na Educação Básica e no ensino da Física; obstáculos de aprendizagem, concepções alternativas e mudança conceitual no Ensino da Física; concepções, metodologias e instrumentos de avaliação na Educação Básica e no ensino da Física; tecnologias de informação e comunicação no ensino da Física; papel dos espaços e dos veículos de divulgação científica no ensino da Física; resolução de problemas e novas tecnologias.

O objetivo aqui é avaliar junto ao estudante a compreensão dos conteúdos programáticos mínimos a serem vistos no curso de graduação, de forma avançada. Também é avaliado o nível de atualização com relação à realidade brasileira e mundial e às questões jurídicas de maior relevância.

Avalia-se aqui, também, *competências* e *habilidades*. A ideia é verificar se o estudante desenvolveu as principais **Habilidades** para o profissional de Física, que são as seguintes:

I. comuns ao Bacharelado e à Licenciatura:

a) analisar situações históricas e avaliar as suas relações na evolução conceitual da Física;

b) relacionar conhecimentos de Física com possibilidades de aplicações tecnológicas, avaliando implicações sociais, políticas, econômicas e ambientais;

c) avaliar situações físicas, elaborar modelos explicativos e identificar seus domínios de validade;

d) expressar corretamente elementos do campo conceitual da área de conhecimento de Física, utilizando a linguagem científica;

e) realizar estimativas numéricas na análise de fenômenos físicos;

f) formular e expressar matematicamente fenômenos físicos;

g) representar grandezas físicas em gráficos e interpretá-los;

h) utilizar elementos básicos da instrumentação científica na realização de experimentos;

i) planejar e conduzir experimentos, realizando medições e avaliando os resultados e as conclusões;

j) diagnosticar situações-problema, avaliando riscos e possibilidades, mediante a mobilização de conhecimento de Física, de modo a subsidiar a implementação de soluções adequadas à realidade brasileira.

II. específicas para a Licenciatura:

a) diagnosticar situações-problema, avaliando riscos e possibilidades, de modo a subsidiar a implementação de soluções adequadas à realidade escolar brasileira no que diz respeito ao ensino da Física;

b) elaborar, avaliar e adaptar criticamente materiais didáticos, experimentos didático-científicos ou projetos de ensino da Física de diferentes naturezas e origens, estabelecendo seus objetivos educacionais e de aprendizagem;

c) organizar, desenvolver e avaliar práticas educativas em situações cotidianas escolares e não escolares em consonância com a realidade social;

d) utilizar e avaliar uso das novas tecnologias da informação e comunicação no processo de ensino/aprendizagem/avaliação;

e) organizar e desenvolver práticas avaliativas do processo de ensino/aprendizagem, estabelecendo parâmetros e indicadores para as reorientações necessárias.

Com relação às questões de Componente Específico optamos por classificá-las pelos Conteúdos enunciados no início deste item.

2) Questões de Componente Específico classificadas por Conteúdos.

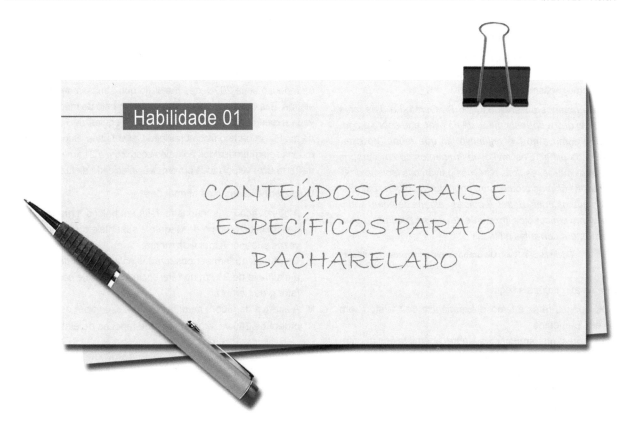

Habilidade 01

CONTEÚDOS GERAIS E ESPECÍFICOS PARA O BACHARELADO

1) Evolução das Ideias da Física

1. (ENADE – 2011)

Ao final do século XIX, alguns físicos pensavam que a Física estava praticamente completa. Lord Kelvin chegou a recomendar que os jovens não se dedicassem à Física, pois só faltavam alguns poucos detalhes de interesse, como, por exemplo, o refinamento de medidas.

No entanto, ele mencionou que havia "duas pequenas nuvens" no horizonte da Física. Essas pequenas nuvens se tornariam grandes tempestades, pois a interpretação desses dois fenômenos levaria a uma reformulação da nossa visão de mundo, até então dominada pelo sucesso da mecânica newtoniana.

Essas "pequenas nuvens" mencionadas por Kelvin ao final do século XIX eram

(A) os resultados do experimento de Compton e a assimetria nas equações de Maxwell para a Eletricidade e o Magnetismo.

(B) as dificuldades em explicar a distribuição de energia na radiação de um corpo aquecido e o princípio da complementaridade.

(C) os resultados negativos do experimento de Michelson e Morley e a assimetria nas equações de Maxwell para a Eletricidade e o Magnetismo.

(D) os resultados negativos do experimento de Michelson e Morley e as dificuldades em explicar a distribuição de energia na radiação de um corpo aquecido.

(E) as dificuldades em explicar a distribuição de energia na radiação de um corpo aquecido e a assimetria nas equações de Maxwell para a Eletricidade e o Magnetismo.

2. (ENADE – 2008)

Em fins do século XVIII, a Academia de Ciências da França publicou o trabalho de C.A. de Coulomb intitulado "Primeira memória sobre a eletricidade e o magnetismo", no qual foram relatados a construção de uma "balança de torção" e experimentos que relacionavam corpos carregados eletricamente com forças a distância entre esses corpos.

Posteriormente, M. Faraday concebeu um sistema de "linhas invisíveis" que existiriam no espaço entre as cargas elétricas, contribuindo para o desenvolvimento do conceito de campo elétrico.

Considerando esse contexto, analise as afirmações a seguir.

I. Para Coulomb, as interações elétricas eram forças a distância entre as cargas.

II. As linhas invisíveis de Faraday não correspondem às linhas de força de um campo elétrico.

III. O conceito de campo elétrico permitiu a substituição do conceito de ação a distância.

Está(ão) correta(s) **APENAS** a(s) afirmativa(s)

(A) I
(B) II
(C) III
(D) I e II
(E) I e III

3. (ENADE – 2005)

O trecho abaixo, extraído de um texto de Ampère de 1820, é considerado por muitos historiadores como um dos trabalhos seminais do eletromagnetismo.

Reduzi os fenômenos observados pelo Sr. Oersted a dois fatos gerais. Mostrei que a corrente que está na pilha age sobre a agulha imantada como a do fio conjuntivo [fio que reúne, no exterior, os polos da pilha]. Descrevi os instrumentos que me propus construir, entre outros, espirais e hélices galvânicas [solenoides]. Anunciei que as últimas produziram, em todos os casos, os mesmos efeitos que os ímãs. Entrei depois em alguns detalhes sobre a maneira como concebo os ímãs, que devem as suas propriedades unicamente a correntes elétricas...

(*apud* Michel Rival. **Os grandes experimentos científicos**. Jorge Zahar editor, 1996. p. 58)

Considere as afirmações a seguir:

I. Ampère apenas refez a famosa experiência de Oersted com novos equipamentos.

II. Ampère apresenta argumentos sobre a equivalência entre ímãs e equipamentos percorridos por corrente elétrica.

III. Ampère apresenta resultados experimentais que contradizem as experiências realizadas por Oersted.

A partir do texto pode-se afirmar que SOMENTE

(A) I é verdadeira.

(B) II é verdadeira.

(C) III é verdadeira.

(D) I e II são verdadeiras.

(E) I e III são verdadeiras.

4. (ENADE – 2005)

Em uma carta à revista *American Journal of Physics* (Am. J. Phys. v. 63, janeiro/1995), Roy Glauber, Prêmio Nobel de Física deste ano, discute a interpretação de resultados de experiências sobre interferência de fótons, que visam contradizer a seguinte afirmação de Paul Dirac, também Prêmio Nobel de Física, sobre a experiência de Michelson:

"Cada fóton só interfere consigo mesmo. A interferência entre dois fótons não pode ocorrer nunca".

Numa das experiências comentadas por Glauber, cientistas franceses obtiveram franjas de interferência entre dois lasers distintos, mas bem sintonizados entre si, e interpretaram o resultado como interferência entre fótons.

Tendo em vista esses resultados experimentais, considere as seguintes ponderações.

I. A afirmação de Dirac está incorreta, pois seu argumento só se aplica à interferência quântica.

II. Em relação aos fótons, a interferência quântica e a interferência clássica são fenômenos idênticos.

III. A afirmação de Dirac está correta contrariando a interpretação dos cientistas franceses.

Estão corretas SOMENTE as ponderações

(A) I

(B) II

(C) III

(D) I e II

(E) II e III

5. (ENADE – 2005)

Em 1935, Yukawa postulou a existência de um novo tipo de partícula com uma vida média, em repouso, da ordem de 10^{-6} s e cuja massa de repouso seria 200 vezes maior do que a massa de repouso do elétron. Essa partícula, batizada posteriormente de múon, foi observada experimentalmente, em 1947, pela equipe de Frank Powell, da qual fazia parte o físico brasileiro César Lattes. Suponha que os múons sejam produzidos por raios cósmicos, a 21 km da superfície da Terra com velocidades próximas à velocidade da luz.

Considere as seguintes afirmações:

I. A observação dos múons foi feita em balões a grandes altitudes, pois seu tempo de viagem à superfície da Terra é muitas vezes superior à sua vida média.

II. Os múons podem ser observados na superfície da Terra, pois a distância de 21 km no referencial do múon é contraída pelo fator g de Lorentz.

III. A energia do múon, medida por um observador na Terra, é da ordem de 200 vezes a energia de repouso do elétron.

É verdadeiro SOMENTE o que se afirma em

(A) I

(B) II

(C) III

(D) I e II

(E) II e III

6. (ENADE – 2003)

Leia o texto abaixo.

"Com efeito, nos planos inclinados descendentes está presente uma causa de aceleração, enquanto nos planos ascendentes está presente uma causa de retardamento; segue-se disso ainda que o movimento sobre um plano horizontal é eterno, visto que se é uniforme, não aumenta nem diminui, muito menos se acaba."

(Galileu Galilei. **Duas novas ciências**, São Paulo: Nova Stella, 1988. p. 213)

Esse texto é considerado a primeira expressão de um dos princípios fundamentais da Física, o princípio da

(A) inércia.

(B) ação e reação.

(C) proporcionalidade entre força e aceleração.

(D) conservação do momento angular.

(E) conservação da energia mecânica.

7. (ENADE – 2003)

Kepler concluiu que

I. As órbitas dos planetas são planas.

II. As órbitas dos planetas são elípticas e o Sol ocupa um dos focos.

III. O raio vetor varre áreas iguais em tempos iguais (velocidade areolar constante).

IV. O quadrado do período de revolução é proporcional ao cubo do semieixo maior da órbita.

Newton descobriu que a força gravitacional é uma força central e esse fato implica obrigatoriamente na validade SOMENTE das afirmações

(A) I e II

(B) I e III

(C) I e IV

(D) II e IV

(E) III e IV

8. (ENADE – 2003)

Embora a existência do neutrino tenha sido sugerida por Pauli, em 1930, para explicar a variação de energia dos elétrons no decaimento beta, sua comprovação experimental demorou mais de 26 anos, porque o neutrino

(A) não tem carga e tem massa de repouso muito menor do que a do elétron.

(B) é uma partícula com tempo médio de vida muito curto e tem massa nula.

(C) tem carga elétrica muito menor que a do elétron e velocidade igual à da luz.

(D) tem velocidade muito pequena e carga positiva.

(E) é muito espalhado na atmosfera e facilmente absorvido.

9. (ENADE – 2002)

"A fotografia, para mim, é um meio que leva a um fim, mas foi transformada na coisa mais importante. Aos poucos fui me acostumando ao turbilhão, mas isso levou tempo. Há exatamente quatro semanas que não consigo fazer uma experiência!"

(E. SEGRÈ)

Assim o físico alemão Wilhelm C. Röntgen (1845 – 1923) queixa-se em carta a um amigo, da grande repercussão na imprensa da sua descoberta, que revolucionou a medicina e lhe deu o primeiro Prêmio Nobel de Física, em 1902. Trata-se da descoberta dos raios

(A) beta, radiação eletromagnética de baixa frequência.

(B) X, feixes de elétrons, também conhecidos como raios catódicos.

(C) X, radiação eletromagnética de alta frequência.

(D) gama, feixes de prótons emitidos por substâncias radiativas.

(E) gama, feixes de nêutrons, emitidos por substâncias radiativas.

10. (ENADE – 2001)

No início do século XX, Rutherford estava envolvido numa pesquisa cujo objetivo era descrever e explicar os fenômenos que acompanhavam a passagem das partículas alfa através da matéria. Um de seus alunos observou que, vez por outra, as partículas alfa, em vez de seguirem direta ou quase diretamente, eram defletidas pela matéria e se desviavam em ângulos consideráveis.

Os grandes desvios surpreenderam Rutherford que, mais tarde, declarou que foi como se alguém lhe tivesse dito que, ao atirar em uma folha de papel, a bala tivesse ricocheteado!

Em 1911, Rutherford anunciou que descobrira a razão pela qual as partículas alfa desviavam-se em ângulos grandes.

Sua descoberta implicou diretamente a

(A) formulação de um novo modelo atômico, planetário, em substituição ao "modelo do pudim de passas".

(B) descoberta da estrutura do núcleo atômico, composto por prótons e nêutrons.

(C) postulação da existência de órbitas estacionárias para os elétrons que, dessa forma, não seriam capturados pelos prótons do núcleo atômico.

(D) descoberta dos raios X, radiações eletromagnéticas emitidas pela matéria quando bombardeada pelas partículas alfa.

(E) descoberta do nêutron, partícula eletricamente neutra que possibilitaria a estabilidade do núcleo atômico.

11. (ENADE – 2001)

Considere o texto: "É bem possível que não exista um movimento perfeitamente igual que possa servir de medida exata do tempo, pois todo movimento pode ser acelerado ou retardado, mas o fluxo do tempo absoluto não é passível de nenhuma mudança. A duração ou perseverança da existência das coisas permanece a mesma, sejam os movimentos rápidos, sejam eles lentos ou mesmo quando não há qualquer movimento. Portanto, cumpre distinguir o tempo daquilo que são apenas suas medidas sensíveis."

(NEWTON, Isaac. **Princípios matemáticos de filosofia natural,** 1687)

Nesse trecho, Newton afirma que o tempo

(A) tem as suas medidas sensíveis.

(B) não depende de referenciais.

(C) dos movimentos acelerados pode ser medido.

(D) deve ser medido por movimentos.

(E) absoluto pode ser medido.

12. (ENADE – 2001)

Segundo se conta, desde a adolescência Einstein refletia sobre algumas questões para as quais as respostas dadas pela física da sua época não o satisfaziam. Uma delas, conhecida como "o espelho de Einstein", era a seguinte: se uma pessoa pudesse viajar com a velocidade da luz, segurando um espelho a sua frente, não poderia ver a sua imagem, pois a luz que emergisse da pessoa nunca atingiria o espelho. Para Einstein, essa era uma situação tão estranha que deveria haver algum princípio ou lei física ainda desconhecido que a "impedisse" de ocorrer.

Mais tarde, a Teoria da Relatividade Restrita formulada pelo próprio Einstein mostrou que essa situação seria

(A) impossível, porque a velocidade da luz que emerge da pessoa e se reflete no espelho não depende da velocidade da pessoa, nem da velocidade do espelho.

(B) impossível, porque a luz refletida pelo espelho, jamais poderia retornar ao observador, estando no mesmo referencial.

(C) impossível, porque estando à velocidade da luz, a distância entre a pessoa e o espelho se reduziria a zero, tornando os dois corpos indistinguíveis entre si.

(D) possível, porque a pessoa e o espelho estariam num mesmo referencial e, nesse caso, seriam válidas as leis da física clássica que admitem essa situação.

(E) possível, porque a luz é composta de partículas, os fótons, que nesse caso permanecem em repouso em relação à pessoa e, portanto, nunca poderiam atingir o espelho.

13. (ENADE – 2000)

Em 1900, Max Planck apresenta à Sociedade Alemã de Física um estudo, onde, entre outras coisas, surge a ideia de quantização. Em 1920, ao receber o prêmio Nobel, no final do seu discurso, referindo-se às ideias contidas naquele estudo, comentou:

"O fracasso de todas as tentativas de lançar uma ponte sobre o abismo logo me colocou frente a um dilema: ou o *quantum* de ação era uma grandeza meramente fictícia e, portanto, seria falsa toda a dedução da lei da radiação, puro jogo de fórmulas, ou na base dessa dedução havia um conceito físico verdadeiro. A admitir-se este último, o *quantum* tenderia a desempenhar, na física, um papel fundamental... destinado a transformar por completo nossos conceitos físicos que, desde que Leibnitz e Newton estabeleceram o cálculo infinitesimal, permaneceram baseados no pressuposto da continuidade das cadeias causais dos eventos. A experiência se mostrou a favor da segunda alternativa."

(Adaptado de Moulton, F.R. e Schiffers, J.J. **Autobiografia de la ciencia**. Trad. Francisco A. Delfiane. 2 ed. México: Fondo de Cultura Económica, 1986. p. 510)

O referido estudo foi realizado para explicar

(A) a confirmação da distribuição de Maxwell-Boltzmann, de velocidades e de trajetórias das moléculas de um gás.

(B) a experiência de Rutherford de espalhamento de partículas alfa, que levou à formulação de um novo modelo atômico.

(C) o calor irradiante dos corpos celestes, cuja teoria havia sido proposta por Lord Kelvin e já havia dados experimentais.

(D) as emissões radioativas do isótopo Rádio-226, descoberto por Pierre e Marie Curie, a partir do minério chamado "pechblenda".

(E) o espectro de emissão do corpo negro, cujos dados experimentais não estavam de acordo com leis empíricas até então formuladas.

14. (ENADE – 2000)

Analise o texto abaixo de Galileu Galilei.

"Não me parece oportuno ser este o momento para empreender a investigação da causa da aceleração do movimento natural; a respeito, vários filósofos apresentaram diferentes opiniões, reduzindo-a, alguns, à aproximação do centro; outros, à redução progressiva das partes do meio que falta serem atravessadas; [...] Estas fantasias, e muitas outras, conviria serem examinadas

e resolvidas com pouco proveito. Por ora, é suficiente que se investiguem e demonstrem algumas propriedades de um movimento acelerado (qualquer que seja a causa da aceleração) de tal modo que a intensidade de sua velocidade aumenta, após ter saído do repouso [...]."

(Adaptado de Galileu Galilei. **Duas Novas Ciências**. Trad. Mariconda, L. e Mariconda, P.R. São Paulo: Nova Stella, ched editora e Istituto Italiano di Cultura, 1982. p. 131)

Nesse trecho, o autor tece considerações que representam uma tomada de posição importante para a Ciência, que é a

(A) prova de que a explicação de Aristóteles sobre a queda dos corpos era errada.

(B) busca explicativa do "como" os corpos caem, ao invés do "por quê".

(C) necessidade de inclusão do meio, para explicar a queda dos corpos.

(D) busca explicativa do "porquê" os corpos caem, ao invés do "como".

(E) negação das suas ideias, frente à sua condenação pelo "Tribunal do Santo Ofício".

2) Mecânica

1. (ENADE – 2011)

Em um experimento, dois projéteis de mesma massa, um de metal e o outro de borracha, são disparados, sucessivamente, com a mesma velocidade e atingem um grande bloco de madeira no mesmo local, em colisão frontal. Verifica-se que o corpo metálico fica encrustado no bloco, fazendo-o inclinar ao atingi-lo. O objeto de borracha ricocheteia no bloco, retornando com aproximadamente a mesma velocidade e o faz tombar.

Com base nessas informações, analise as seguintes asserções.

Ao ricochetear, a bala de borracha é mais efetiva em derrubar o bloco de madeira.

PORQUE

Na colisão elástica entre a bala de borracha e o bloco de madeira, o impulso transmitido ao bloco é, aproximadamente, duas vezes maior que o impulso resultante da colisão inelástica entre o projétil de metal e o bloco de madeira.

Acerca dessas asserções, assinale a opção correta.

(A) As duas asserções são proposições verdadeiras, e a segunda é uma justificativa correta da primeira.

(B) As duas asserções são proposições verdadeiras, mas a segunda não é uma justificativa correta da primeira.

(C) A primeira asserção é uma proposição verdadeira, e a segunda é uma proposição falsa.

(D) A primeira asserção é uma proposição falsa, e a segunda é uma proposição verdadeira.

(E) As duas asserções são proposições falsas.

2. (ENADE – 2008)

No dia 19 de agosto de 2008 foi lançado, pelo foguete russo Proton Breeze M o I4-F3, um dos maiores satélites já construídos, que será utilizado para serviços de telefonia e *Internet*. O conjunto foguete + satélite partiu de uma posição vertical. Sendo a massa *m* do satélite igual a 6 toneladas, a massa *M* do foguete igual a 690 toneladas e a velocidade de escape dos gases no foguete (v_{gases}) igual a 1.500 m/s, qual é a quantidade mínima de gás expelida por segundo ($\Delta m_{gases}/\Delta t$) para que o foguete eleve o conjunto no instante do lançamento?

(Considere g = 10 m/s²)

(A) $9,3 \times 10^3$ kg/s
(B) $4,6 \times 10^3$ kg/s
(C) $2,3 \times 10^3$ kg/s
(D) $2,3 \times 10^2$ kg/s
(E) $2,2 \times 10^4$ kg/s

3. (ENADE – 2008)

A figura abaixo representa o movimento de uma bola, em um plano vertical, registrado com uma fonte de luz pulsada a 20 Hz. (As escalas vertical e horizontal são iguais.)

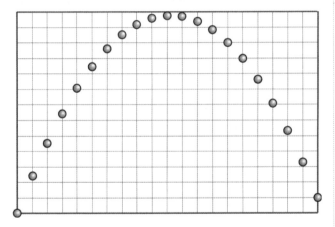

Supondo que a aceleração da gravidade local seja igual a 10 m/s², qual é o módulo da componente horizontal da velocidade da bola?

(A) 2 m/s
(B) 3 m/s
(C) 4 m/s
(D) 5 m/s
(E) 6 m/s

4. (ENADE – 2008)

Um disco gira livremente, com velocidade angular ω em torno de um eixo vertical que passa pelo seu centro. O momento de inércia do disco em relação ao eixo é I_1.

Um segundo disco, inicialmente sem rotação, é colocado no mesmo eixo e cai sobre o primeiro disco, como mostra a figura.

Após algum tempo, o atrito faz com que os dois discos girem juntos. Se o momento de inércia do segundo disco é I_2, qual é a velocidade angular final de rotação do conjunto?

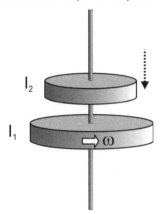

(A) ω
(B) $\dfrac{\omega}{2}$
(C) $\omega \dfrac{I_1}{I_2}$
(D) $\omega \dfrac{I_1}{I_1+I_2}$
(E) $\omega \sqrt{\dfrac{I_1}{I_1+I_2}}$

5. (ENADE – 2005)

Um caminhão de 6 toneladas colidiu frontalmente com um automóvel de 0,8 toneladas. Na investigação sobre o acidente, o motorista do caminhão disse que estava com velocidade constante de 20 km/h e pisou no freio a certa distância do automóvel. Já o motorista do automóvel disse que estava com velocidade constante de 30 km/h no momento da colisão. A perícia constatou que o carro realmente colidiu com a velocidade mencionada e os veículos pararam instantaneamente, ou seja, não se deslocaram após o choque.

Pode-se afirmar que o motorista do caminhão

(A) certamente mentiu, pois se chocou com velocidade constante inicial.
(B) certamente mentiu, pois acelerou antes do choque.
(C) pode ter falado a verdade, pois a sua velocidade era nula no momento do choque.
(D) pode ter falado a verdade, pois a sua velocidade era 4 km/h no momento do choque.
(E) pode ter falado a verdade, pois a sua velocidade era 15 km/h no momento do choque.

6. (ENADE – 2005)

Os pontos representados no gráfico abaixo foram obtidos através da análise de uma fita de papel que registrou, em intervalos de tempos iguais, a posição de um carrinho em movimento sobre um trilho de ar.

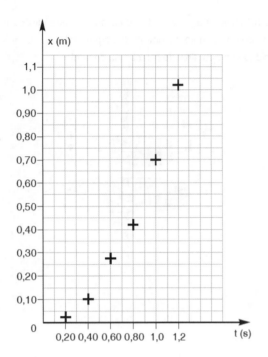

Pode-se concluir da análise desse gráfico que o carrinho tem movimento retilíneo

(A) acelerado com aceleração $(1,4 \pm 0,3)$ m/s^2.
(B) acelerado com aceleração $(2,88 \pm 0,02)$ m/s^2.
(C) acelerado com aceleração $(7,56 \pm 0,05)$ m/s^2.
(D) uniforme com velocidade $(1,2 \pm 0,2)$ m/s.
(E) uniforme com velocidade $(2,59 \pm 0,03)$ m/s.

7. (ENADE – 2005)

Em um jogo de futebol, um jogador fez um lançamento em profundidade para o atacante. Antes de chegar ao atacante, a bola toca o gramado e ele não consegue alcançá-la. Um conhecido locutor de televisão assim narrou o lance: "a bola quica no gramado e ganha velocidade". Considere as possíveis justificativas abaixo para o aumento da velocidade linear da bola, como narrou o locutor.

A velocidade linear da bola

I. sempre aumenta, pois independentemente do tipo de choque entre a bola e o solo, ao tocar o solo a velocidade de rotação da bola diminui.
II. pode aumentar, se a velocidade angular da bola diminuir no seu choque com o solo.
III. aumenta quando o choque é elástico e a bola aumenta a sua energia cinética de rotação.

Está correto o que se afirma em

(A) I, somente.
(B) II, somente.
(C) III, somente.
(D) I e II, somente.
(E) I, II e III.

8. (ENADE – 2003)

Um corpo de massa **m = 1,0 kg** se movimenta num plano horizontal, perfeitamente liso, sob a ação de uma força horizontal cujo módulo em função do tempo é dado no gráfico.

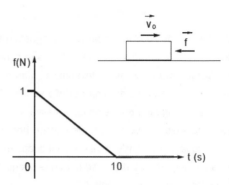

No instante inicial a velocidade do corpo é $v_0 = 20$ m/s. Nessas condições, as velocidades do corpo, em m/s, nos instantes **t = 10 s** e **t = 15 s** serão, respectivamente,

(A) 10 e –1,0
(B) 10 e 0
(C) 10 e 15
(D) 15 e 10
(E) 15 e 15

Atenção: Para responder as duas questões seguintes considere as informações que seguem.

Para determinar a aceleração e a velocidade de decolagem de um avião comercial, um passageiro fez uma experiência bastante elementar. Numa cartolina, num plano vertical, ele montou um pêndulo simples, com um fio inextensível e um pequeno peso, como representado na figura.

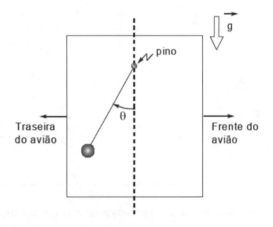

A partir do instante em que o piloto <u>acelerou as turbinas</u>, com o avião praticamente do repouso, passou a medir o ângulo θ de inclinação do pêndulo com a vertical, a cada intervalo de 5s, até que em **t = 25s** o avião decolou. Os resultados são mostrados na tabela abaixo.

Tempo(s)	θ (°)	sen θ	cos θ
0	9,9	0,172	0,985
5	14,8	0,255	0,967
10	13,8	0,238	0,971
15	13,0	0,225	0,974
20	12,0	0,208	0,978
25	11,4	0,198	0,980

(D. A. Wardle, **Phys**. **Teacher**. v. 37, p. 410, 1999)

9. (ENADE – 2003)

Os valores aproximados da aceleração e da velocidade do avião, no instante da decolagem (**t = 25 s**) são, respectivamente,

(A) 0,20 m/s² e 18 km/h
(B) 2,0 m/s² e 18 km/h
(C) 2,0 m/s² e 200 km/h
(D) 9,8 m/s² e 200 km/h
(E) 9,8 m/s² e 880 km/h

10. (ENADE – 2003)

Suponha que os ângulos tenham sido medidos com precisão $\Delta\theta = \pm 1°$ e que a aceleração da gravidade medida no local tenha valor **g** = (9,758 ± 0,002) m/s².

O erro relativo, $\frac{\Delta a}{a}$, na determinação da aceleração no instante da decolagem foi, aproximadamente,

(A) $\frac{0,002}{11,4 \times 9,758}$

(B) $\frac{1 \times 9,758}{11,4 \times 0,002}$

(C) $\frac{0,002}{9,758}$

(D) $\frac{1}{11,4}$

(E) 1,002

11. (ENADE – 2003)

Para medir a eficiência do motor de seu carro, movendo-se com velocidade média de 80 km/h, um engenheiro fez a seguinte experiência: inicialmente, com o tanque do carro cheio, colocou-o em movimento a uma velocidade de 85 km/h, numa estrada horizontal plana. Quando o veículo estava mantendo essa velocidade constante, o pôs em ponto morto e verificou que sua velocidade baixou a 77 km/h num intervalo de tempo Δt = 3,0 s, aproximadamente.

Sabendo que o peso do veículo, incluindo o motorista, é aproximadamente 8 000 **N**, conclui-se que a força média de resistência ao movimento, medida na primeira parte da experiência, foi cerca de

(A) 8 000 N
(B) 1 800 N
(C) 1 000 N
(D) 600 N
(E) 200 N

12. (ENADE – 2003)

Ao saltar com vara, um atleta corre e atinge a velocidade de 10 m/s. Verifica-se que o atleta alcança uma altura de 5,2 m. Pode-se afirmar que o atleta

(A) utilizou exclusivamente a energia cinética adquirida na corrida, e conseguiu aproveitá-la integralmente.
(B) utilizou exclusivamente a energia cinética adquirida na corrida, e só conseguiu aproveitá-la parcialmente.
(C) utilizou exclusivamente a energia cinética adquirida na corrida, mas obteve um rendimento maior graças ao uso da vara.
(D) acrescentou à energia cinética adquirida na corrida mais energia, resultante de sua própria força muscular.
(E) não utilizou a energia cinética adquirida na corrida, mas a sua própria força muscular obtida do envergamento da vara.

13. (ENADE – 2003)

Um jogador de sinuca dá uma tacada horizontal em uma bola. A direção da força aplicada está contida no plano vertical que passa pelo centro de massa da bola.

Considerando-se o movimento adquirido pela bola, é correto afirmar que

(A) independentemente da posição do ponto de aplicação da força, a bola girará apenas no sentido horário.
(B) se não houver atrito entre a bola e o piso, a bola nunca rolará, apenas escorregará.
(C) se a tacada for na direção do centro de massa, a bola nunca rolará.
(D) a força de atrito estático não dependerá do sentido da rotação da bola.
(E) o sentido de rotação da bola dependerá do ponto de aplicação da força.

14. (ENADE – 2003) DISCURSIVA

Um rolo cilíndrico, com massa **m** e raio **R**, rola sem escorregar sobre uma superfície horizontal. O rolo, de momento de inércia $I = \frac{1}{2} m R^2$, tem seu eixo preso a uma mola de constante elástica **k**.

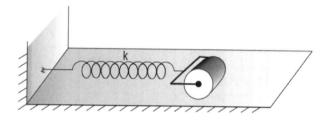

Para pequenos deslocamentos, a frequência de oscilação do sistema é

(A) $\frac{(\sqrt{m/k})}{2\pi}$

(B) $\frac{(\sqrt{2k/3m})}{2\pi}$

(C) $\frac{(\sqrt{5k/2m})}{2\pi}$

(D) $\frac{(\sqrt{k/m})}{2\pi}$

(E) $\frac{(\sqrt{m/2k})}{2\pi}$

15. (ENADE – 2002)

Uma esfera de alumínio de 100 cm³ e densidade 2,7 g/cm³ está pendurada num dinamômetro calibrado em newtons. Logo abaixo, um recipiente contendo água está equilibrado numa balança por uma certa quantidade de massas-padrão. Baixa-se o dinamômetro até que a esfera seja totalmente imersa na água.

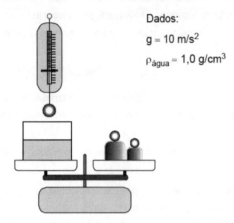

Dados:
$g = 10$ m/s²
$\rho_{água} = 1,0$ g/cm³

O valor marcado no dinamômetro, em newtons, e a massa, em gramas, colocada no prato à direita para que a balança continue em equilíbrio são, respectivamente,

(A) 1,0 e 170
(B) 1,7 e zero
(C) 1,7 e 100
(D) 2,7 e zero
(E) 2,7 e 100

16. (ENADE – 2002)

O período **T** de revolução de um planeta em órbita no sistema solar é proporcional a **R**ª, onde **R** é o semieixo maior da órbita. A constante a pode ser obtida do gráfico que mostra $\log_{10}T$ em função de $\log_{10}R$.

Um asteroide hipotético **X** está também assinalado no gráfico.

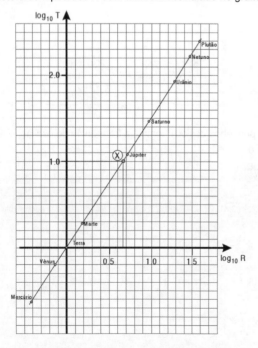

Pode-se afirmar que a relação entre o semieixo maior de **X** e o da Terra vale

(A) $10^{0,66}$
(B) $10^{0,53}$
(C) $10^{0,50}$
(D) $10^{0,34}$
(E) $10^{0,33}$

17. (ENADE – 2002)

A figura representa um bloco de massa **m** 1,0 kg apoiado sobre um plano inclinado no ponto **A**.

A mola tem constante elástica **K** = $10\frac{N}{m}$ e está vinculada ao bloco.

O bloco é solto da altura **h** = 40 cm, com a mola na vertical, sem deformação.

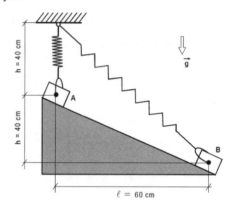

Adotando **g** = 10 m/s², pode-se afirmar que ao passar pelo ponto **B** a sua velocidade, em m/s, é

(A) $\sqrt{7,3}$
(B) $\sqrt{5,2}$
(C) $\sqrt{4,4}$
(D) $4\sqrt{2,0}$
(E) $3\sqrt{5,0}$

18. (ENADE – 2002)

Na figura estão representados dois recipientes, **A** e **B**, contendo água onde flutuam dois blocos de gelo.

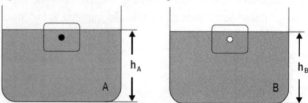

No bloco de gelo, que flutua em **A**, está incrustada uma pequena bola de chumbo e no bloco de gelo, que flutua em **B**, está aprisionada uma pequena bolha de ar, ambas com o mesmo volume. O nível da água em relação à base dos recipientes é h_A em **A** e h_B em **B**.

Depois de algum tempo, o gelo derrete completamente em ambos os recipientes e o nível da água em **A** passa a ser h_A' e em **B** passa a ser h_B'. Desprezando a evaporação da água e o empuxo do ar, pode-se afirmar que

(A) $h_A' = h_A$ e $h_B' = h_B$
(B) $h_A' > h_A$ e $h_B' > h_B$
(C) $h_A' < h_A$ e $h_B' > h_B$
(D) $h_A' < h_A$ e $h_B' = h_B$
(E) $h_A' > h_A$ e $h_B' < h_B$

19. (ENADE – 2002)

O maior valor possível, α_{MAX}, do ângulo α de inclinação da rampa, para que o carrinho consiga subi-la é dado por

(A) $\cos \alpha_{MAX} = \dfrac{M_i}{M_c}$

(B) $\cos \alpha_{MAX} = \dfrac{M_c}{M_i}$

(C) $\operatorname{sen} \alpha_{MAX} = \dfrac{M_i}{M_c}$

(D) $\operatorname{sen} \alpha_{MAX} = \dfrac{M_c}{M_i}$

(E) $\operatorname{tg} \alpha_{MAX} = \dfrac{M_i}{M_c}$

20. (ENADE – 2002)

A velocidade constante **v** do sistema, em (m/s), é dada, aproximadamente, por

(A) $\dfrac{3}{16}\left(1 - \dfrac{3}{2}\operatorname{sen}\alpha\right)$

(B) $\dfrac{3}{2}(1 - \operatorname{sen}\alpha)$

(C) $\dfrac{3}{16}\left(1 - \dfrac{3}{2}\cos\alpha\right)$

(D) $\dfrac{3}{2}(1 - \cos\alpha)$

(E) $\dfrac{3}{16}\left(1 - \dfrac{3}{2}\operatorname{tg}\alpha\right)$

Atenção: Para responder as duas questões seguintes considere as informações a seguir.

A figura representa uma haste delgada de massa **M**, densidade uniforme e comprimento **L** 6a. A haste é posta a oscilar com pequena amplitude em torno de um eixo que passa pelo ponto 0.

21. (ENADE – 2002)

Sabendo que para uma haste delgada são válidas as relações:

$$I = \dfrac{ML^2}{12} \quad \text{e} \quad T = 2\pi\sqrt{\dfrac{I_0}{Mgd}}$$

onde:

I: momento de inércia em relação ao centro da massa

M: massa da haste

L: comprimento da haste

T: período de oscilação em torno do centro

I_0: momento de inércia em relação ao centro de suspensão

d: distância do centro de suspensão ao centro de massa

g: aceleração da gravidade.

Pode-se afirmar que o período **T** de oscilação dessa haste é dado por:

(A) $\pi\sqrt{\dfrac{a}{g}}$

(B) $\pi\sqrt{\dfrac{3a}{g}}$

(C) $2\pi\sqrt{\dfrac{a}{2g}}$

(D) $2\pi\sqrt{\dfrac{2a}{3g}}$

(E) $4\pi\sqrt{\dfrac{a}{g}}$

22. (ENADE – 2002)

O movimento oscilatório dessa haste reduz-se gradativamente até extinguir-se por completo. Do ponto de vista termodinâmico, esse movimento caracteriza um fenômeno

(A) irreversível, porque a energia total do sistema se conserva.
(B) reversível, porque o sistema tende sempre a voltar à posição inicial.
(C) irreversível, porque a entropia do sistema diminui.
(D) reversível, porque o sistema tende ao equilíbrio.
(E) irreversível, porque parte da energia mecânica do sistema se transforma em calor.

23. (ENADE – 2001)

Uma classe importante de forças da natureza é o conjunto de forças conservativas, que podem ser obtidas a partir de uma energia potencial. São conservativas as forças

(A) de resistência do ar e gravitacional.
(B) peso e propulsora da hélice de um avião.
(C) gravitacional e eletrostática.
(D) viscosa de um fluido e magnética.
(E) magnética e centrífuga.

24. (ENADE – 2001)

Um tubo flexível AB, de diâmetro constante, fechado em sua extremidade A e aberto em B, é parcialmente preenchido por mercúrio. Em sua parte fechada, aprisiona uma certa quantidade de gás. Quando se suspende ou baixa a extremidade B, as alturas h_1, h_2 e h_3 vão variar, permitindo o estudo da variação do volume do gás com a pressão nele exercida a uma temperatura constante (lei de Boyle).

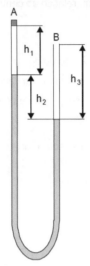

Para a verificação dessa lei, é necessário calcular a pressão exercida sobre o gás e o seu volume. Para o cálculo da pressão e do volume precisa-se, respectivamente, medir as alturas

(A) h_1 e h_2
(B) h_1 e h_3
(C) h_2 e h_1
(D) h_2 e h_3
(E) h_3 e h_1

25. (ENADE – 2001)

No gráfico a seguir estão representados, sem barras de erros, pontos obtidos numa experiência realizada para a verificação da lei de Hooke. Na montagem, num suporte vertical, foi pendurada uma mola em cuja extremidade inferior foram colocadas, sucessiva e cumulativamente, 10 massas padrão idênticas. A cada massa colocada foram medidos os correspondentes alongamentos sofridos pela mola em relação ao seu comprimento inicial, sem carga. No eixo y estão colocados os módulos dos pesos dessas massas em newtons, P(N), e no eixo x estão colocados os valores dos respectivos alongamentos em milímetros, x(mm).

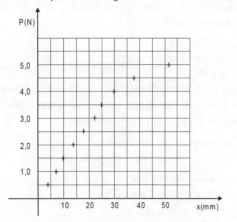

A partir dos pontos obtidos, pode-se afirmar que essa mola

(A) obedece à lei de Hooke em todo o alongamento estudado e sua constante elástica vale, aproximadamente, 250 N/m.
(B) só obedece à lei de Hooke nos alongamentos iniciais, onde sua constante vale, aproximadamente, 140 N/m.
(C) obedece à lei de Hooke em todo o alongamento estudado e sua constante elástica vale, aproximadamente, 500 N/m.
(D) só obedece à lei de Hooke nos alongamentos finais e sua constante elástica nesse trecho vale, aproximadamente, 100 N/m.
(E) não obedece à lei de Hooke em nenhum trecho do alongamento estudado e não faz sentido determinar sua constante elástica.

26. (ENADE – 2001)

Um anel cilíndrico de massa M e raio r está pendurado por um fio inextensível nele enrolado, conforme mostra a figura.

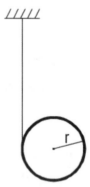

Sendo g a aceleração da gravidade local, a aceleração com que o fio desce verticalmente é

(A) $2g$
(B) g
(C) $\dfrac{g}{2}$
(D) $\dfrac{g}{3}$
(E) $\dfrac{g}{4}$

27. (ENADE – 2001)

Um potencial atrativo tem a forma $U(r) = -\dfrac{k}{\sqrt{r}}$, onde k é uma constante e r é a distância entre o centro de atração e a partícula de massa m. O movimento dessa partícula pode ser assim descrito:

(A) A energia E é conservada, dada por $E = \dfrac{1}{2}m\dot{r}^2 - \dfrac{k}{\sqrt{r}}$ e o movimento resultante é multidimensional.

(B) A energia E é conservada, dada por $E = \dfrac{1}{2}mv^2 - \dfrac{k}{\sqrt{r}}$, onde $\vec{v}$ é a velocidade e a lei das áreas não será satisfeita.

(C) O momento linear $\vec{p}$ e a energia E são conservados, sendo $E = \dfrac{1}{2}m\dot{r}^2 - \dfrac{k}{\sqrt{r}} + \dfrac{p^2}{2mr^4}$, a lei das áreas será satisfeita, mas o movimento será tridimensional.

(D) A energia E é conservada, dada por $E = \frac{1}{2}mv^2 - \frac{k}{\sqrt{r}} + \frac{L^2}{2mr^2}$, onde $\vec{v}$ é a velocidade, $\vec{L}$ é o momento angular e o movimento é tridimensional.

(E) O momento angular $\vec{L}$ e a energia E são conservados, sendo $E = \frac{1}{2}m\dot{r}^2 - \frac{k}{\sqrt{r}} + \frac{L^2}{2mr^2}$ e o movimento é planar.

28. (ENADE – 2001)

Dois blocos de massas m e 2m estão ligados por uma mola de massa desprezível e apoiam-se sobre uma superfície sem atrito. Os blocos são afastados e, em seguida, soltos.

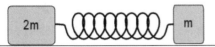

O gráfico da velocidade de cada bloco, em função do tempo, é dado por

(A)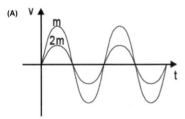

(B)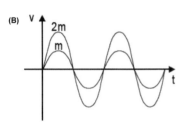

(C)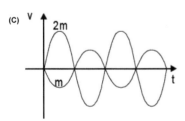

(D)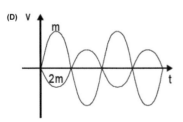

(E)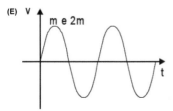

Instruções: Para responder às duas questões seguintes considere a figura que representa um *looping*, um dispositivo utilizado frequentemente em centros de ciências para demonstrações experimentais. Nesse dispositivo, uma esfera abandonada no trecho inclinado do trilho, a partir de determinada altura, pode percorrer toda a trajetória curva do trilho.

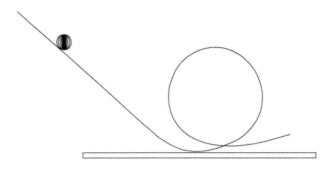

29. (ENADE – 2001)

Suponha que a esfera passe pelo ponto mais alto da trajetória circular na condição limite, isto é, sem tocar na parte superior do trilho. Nessas condições, nesse ponto, os esquemas que representam as forças que atuam sobre a esfera em relação a um referencial fixo no centro de ciências (I) e em relação a um referencial na esfera (II) são:

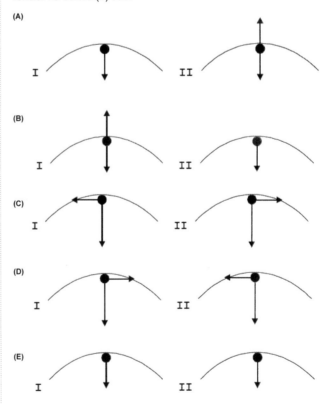

30. (ENADE – 2001)

Suponha que esse dispositivo permita que o trilho possa ser percorrido por um pequeno bloco em forma de paralelepípedo, de mesma massa da esfera, com atrito desprezível. A altura mínima da qual esse bloco ou a esfera devem ser abandonados, para percorrerem toda trajetória do *looping* é

(A) igual para ambos, desde que a esfera não gire.
(B) igual para ambos, mesmo que a esfera gire.
(C) sempre menor para a esfera, desde que ela gire.
(D) sempre menor para o bloco, quer a esfera gire ou não.
(E) sempre maior para o bloco, quer a esfera gire ou não.

31. (ENADE – 2001)

A figura mostra as órbitas de quatro satélites artificiais da Terra, três elipses, descritas pelos satélites S_1, S_2 e S_3, nas quais a Terra ocupa um dos focos e uma circunferência, descrita por S_4, em que a Terra está no centro.

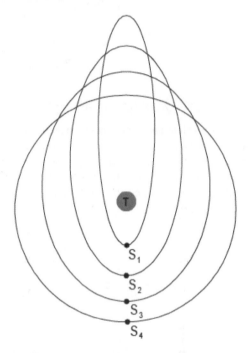

A superposição dessas órbitas resulta na figura abaixo.

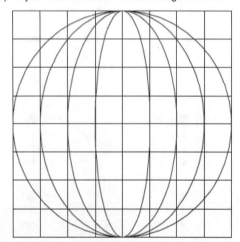

Sabendo-se que o satélite S_4 tem um período de 4,0 horas, pode-se afirmar que o período, em horas, de

(A) S_1 é 1,0
(B) S_2 é 1,0
(C) S_3 é 1,5
(D) S_3 é 2,0
(E) S_1 é 4,0

32. (ENADE – 2000)

A figura abaixo representa a trajetória de um ponto material que passa pelos pontos A, B e C, com velocidades $\vec{v}_A$, $\vec{v}_B$ e $\vec{v}_C$ de módulos v_A 8,0 m/s, v_B 12,0 m/s e v_C 16,0 m/s. Sabe-se que o intervalo de tempo gasto para esse ponto material percorrer os trechos AB e BC é o mesmo e vale 10s.

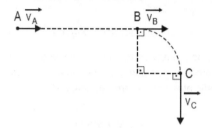

Pode-se afirmar que o módulo da aceleração média desse ponto material nos trechos AB e BC, respectivamente, em m/s², é de

(A) 0,40 e 0,20
(B) 0,40 e 0,40
(C) 0,40 e 2,0
(D) 4,0 e 2,0
(E) 4,0 e 4,0

33. (ENADE – 2000)

Observe a figura abaixo.

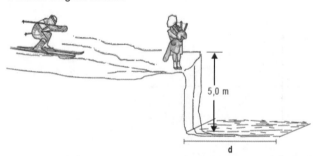

Um escocês toca, distraidamente, sua gaita parado na beira de um barranco, coberto de neve, com 5,0 m de altura. Um esquiador, apesar de seus esforços para brecar, atinge o escocês com uma velocidade de 10 m/s e, agarrados, se precipitam pelo barranco. Sabendo-se que os dois homens com seus respectivos apetrechos têm a mesma massa e que a aceleração gravitacional local é igual a 10 m/s², eles cairão a uma distância **d** da base do barranco. O valor de **d**, em metros, é aproximadamente,

(A) 2,5
(B) 5,0
(C) 10,0
(D) 12,5
(E) 15,0

34. (ENADE – 2000)

Um ovo quebra quando cai de determinada altura num piso rígido, mas não quebra se cair da mesma altura num tapete felpudo. Isso ocorre porque

(A) a variação da quantidade de movimento do ovo é maior quando ele cai no piso.

(B) a variação da quantidade de movimento do ovo é maior quando ele cai no tapete.
(C) o tempo de interação do choque é maior quando o ovo cai no tapete.
(D) o tempo de interação do choque é maior quando o ovo cai no piso.
(E) o impulso do piso sobre o ovo é maior que o impulso do tapete.

35. (ENADE – 2000)

Em um tubo horizontal, a água flui com velocidade v, sob pressão p. Num certo trecho, o tubo tem seu diâmetro reduzido à metade do diâmetro original. Na seção mais estreita, a

(A) vazão é reduzida à metade do seu valor inicial.
(B) velocidade de escoamento é igual a $\frac{v}{2}$.
(C) pressão é igual a 2p.
(D) velocidade de escoamento permanece igual a v.
(E) pressão é menor que p.

36. (ENADE – 2000)

Uma força no plano xy é dada por $\vec{F} = \frac{F_0}{r}(y\vec{i} - x\vec{j})$, onde F_0 é uma constante e $r = \sqrt{x^2 + y^2}$. O trabalho realizado por essa força sobre uma partícula é

(A) igual a $-2\pi R F_0$ se a partícula descrever uma circunferência completa de raio R, no sentido anti-horário.
(B) igual a $F_0 r$ se a partícula se deslocar em linha reta, desde a origem até o ponto localizado em $\vec{r} = x\vec{i} + y\vec{j}$.
(C) nulo, se a partícula percorrer um número inteiro de ciclos sobre uma circunferência.
(D) sempre nulo, para qualquer deslocamento sobre um arco de circunferência.
(E) independente da trajetória no plano onde a partícula se desloca.

37. (ENADE – 2000)

Uma roda de raio R = 0,7 m e massa M = 10 kg gira a uma frequência de 1 Hz em torno de seu eixo. A roda é colocada em um tanque redondo fixo, com 1 000 kg de água. Considerando desprezível a dissipação de energia nas paredes do tanque, a frequência final da roda, em Hz, será

Dados:
Momento de inércia da água = 500 kgm²
Momento de inércia da roda = MR²

(A) 0
(B) 0,005
(C) 0,01
(D) 0,1
(E) 1

38. (ENADE – 2000)

A figura a seguir representa um gás encerrado por um cilindro com êmbolo móvel E de massa m = 2,5 kg, área A = 40 cm². Todas as paredes são adiabáticas, exceto a da base inferior, que separa o cilindro do reservatório térmico R.

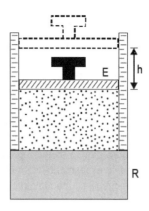

Suponha que o gás absorva do reservatório térmico a quantidade de calor Q = 4,5J e, em consequência, o êmbolo suba uma altura h = 1,0 cm. Pode-se afirmar que o trabalho realizado pelo gás contra a pressão atmosférica e a variação da energia interna, de acordo com a Primeira Lei da Termodinâmica, em joules, são, respectivamente,

Dados:
g = 10 m/s²
$p_{atm} = 1,0 \cdot 10^5$ Pa

(A) 2,0 e 0,20
(B) 2,0 e 0,25
(C) 4,0 e 0,20
(D) 4,0 e 0,25
(E) 4,0 e 0,30

39. (ENADE – 2000)

Um bloco sólido de 0,1 kg, inicialmente a -100°C, é aquecido e o gráfico de sua temperatura em função da energia que lhe é fornecida está representado abaixo.

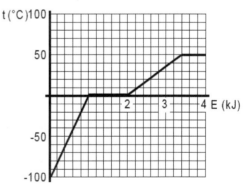

Uma análise dos valores representados no gráfico permite concluir que o calor específico do material que constitui o bloco no estado sólido (C_S), o calor latente de fusão daquele material (L_F) e seu calor específico no estado líquido (C_L) são, respectivamente,

	C_S J/kg°C	L_F J/kg	C_L J/kg°C
A	200	10 000	350
B	100	10 000	280
C	100	2 000	35
D	10	1 000	35
E	5	500	7

40. (ENADE – 2000)

Numa prática experimental com objetivo de estudar um movimento retilíneo, utiliza-se um trilho de ar, dispositivo que torna o atrito desprezível. Um carro desliza sobre o trilho, puxado por um fio que passa por uma roldana muito leve, preso a uma carga que cai verticalmente. Para registrar as posições e os tempos, prende-se ao carro uma fita de papel que passa por um marcador de tempo, dispositivo que faz marcas na fita a intervalos de tempo regulares. A figura que se segue representa um pedaço de fita obtido num ensaio experimental com esse equipamento, junto a uma régua graduada em centímetros, com divisões em milímetros.

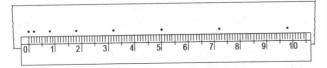

Sabendo-se que o marcador de tempo estava regulado para efetuar 10 marcações por segundo, a aceleração média do carro em cm/s², era de,

(A) 980
(B) 640
(C) 200
(D) 80
(E) 40

41. (ENADE – 2008) DISCURSIVA

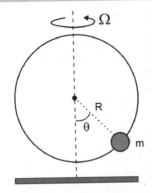

Uma partícula de massa m desliza sem atrito em um anel de raio R. O anel gira com velocidade angular constante W em torno de um eixo vertical, como mostra a figura acima. A aceleração da gravidade é g.

a) Encontre a lagrangiana do sistema, usando como coordenada generalizada o ângulo q definido na figura. **(valor: 3,0 pontos)**
b) Escreva a Equação de Euler-Lagrange desse sistema. **(valor: 3,0 pontos)**
c) Quantos pontos de equilíbrio (estáveis ou instáveis) existem para $\Omega^2 < g/R$ e para $\Omega^2 > g/R$? **(valor: 4,0 pontos)**

42. (ENADE – 2003) DISCURSIVA

A **Figura I** mostra uma haste rígida **AB** formando um ângulo α com o eixo vertical. A haste está fixa no eixo pelo vértice **A**, a uma altura h do plano horizontal. Um anel de massa **m** está encaixado na haste e pode nela deslizar sem atrito. O conjunto todo é posto a girar com velocidade angular constante ω, em torno do eixo vertical, com o anel partindo da posição **r** = 0, em **t** = 0, com velocidade nula ao longo da haste.

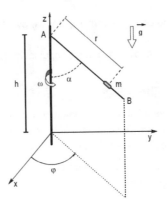

Figura I

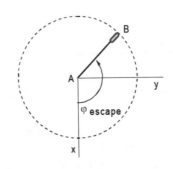

Figura II

a) Na **Figura II** é mostrado o sistema visto de cima, com o anel na posição de escape, em $\varphi = \varphi_{escape}$. Reproduza essa figura e indique esquematicamente a trajetória do anel quando ele escapar da barra. **(2,5 pontos)**
b) Utilizando as coordenadas **r**, α e φ , tal que **x** = r sen(α) cos(φ), **y** = r sen(α) sen(φ) e **z** = h - r cos(α), determine a expressão para a Lagrangiana do sistema, **L** = T - U, onde **T** é a energia cinética e **U** a energia potencial (**U** = 0 no plano xy). **(2,5 pontos)**
c) A partir da expressão da Lagrangiana, obtenha a equação diferencial do movimento para a coordenada **r** em função do tempo. **(2,5 pontos)**

43. (ENADE – 2002) DISCURSIVA

Uma massa **m** está presa a uma haste, de comprimento **b**, que tem outra extremidade articulada em **A**. No ponto **B** da haste, à distância **c** da extremidade articulada, atua uma mola de constante elástica **k**. Considere a massa da haste muito menor que **m**, e a articulação sem atrito.

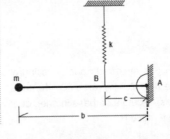

Dados:

L = T – V

$d/dt(\partial L/\partial \dot{q}) - \partial L/\partial q = 0$

a) Escreva a equação de equilíbrio para que este se dê na horizontal. **(2,5 pontos)**
b) Escolha as coordenadas generalizadas e escreva a Lagrangiana do sistema. **(2,5 pontos)**
c) Escreva a equação diferencial do movimento do sistema e determine seu período, para pequenas oscilações, utilizando as equações de Lagrange. **(2,5 pontos)**

44. (ENADE – 2001) DISCURSIVA

Um bloco de massa m_1 está sobre uma cunha de massa m_2 e ângulo q, conforme mostrado na Fig. 1. No instante inicial, t = 0, o bloco é abandonado, sob a ação da gravidade, se deslocando para a direita e a cunha, para a esquerda, conforme é indicado na Fig. 2, para um instante t > 0 (o movimento ocorre sem atrito).

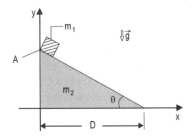

Fig. 1 (t = 0)

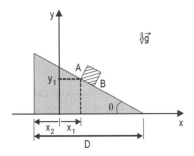

Fig. 2 (t > 0)

a) Utilize as coordenadas x_1 e y_1 para descrever o movimento do bloco de massa m_1 e a coordenada x_2 para descrever o movimento da cunha, como mostrado na Fig. 2. Escreva a Lagrangiana L = T - V do sistema, em termos destas coordenadas (não se preocupe com o fato de o ponto A não estar no centro de massa do bloco porque isto não influi na solução do problema). **(Valor: 1,0 ponto)**
b) Imponha a condição de vínculo correspondente ao bloco deslizar sobre a cunha, encontre a relação entre as coordenadas y_1, x_1 e x_2, e escreva a Lagrangiana em termos das coordenadas generalizadas x_1 e x_2. **(Valor: 1,0 ponto)**
c) Resolvendo as equações de Lagrange $\frac{d}{dt}\frac{\partial L}{\partial \dot{q}} - \frac{\partial L}{\partial q} = 0$, determine a relação entre as acelerações $\ddot{x}_1$ e $\ddot{x}_2$ e a expressão para $\ddot{x}_1$. **(Valor: 1,0 ponto)**
d) Faça um gráfico indicando a trajetória do bloco de massa m_1, no referencial xy, desde o instante inicial t = 0 (y = Dtg()) até o instante em que o bloco chega ao vértice inferior da cunha. **(Valor: 1,0 ponto)**

45. (ENADE – 2000) DISCURSIVA

Uma partícula de massa m move-se em torno de outra de massa M, fixa na origem de um sistema de coordenadas. Supõe-se que o potencial de interação, seja da forma $V(r) = -\frac{GMm}{r}$, com M >> m.

Dados:

Em coordenadas esféricas:

$$\vec{X} = r\,\hat{r}$$

$$\vec{V} = \dot{r}\,\hat{r} + r\dot{\theta}\,\hat{\theta} + r\,\text{sen}\,\theta\,\dot{\varphi}\,\hat{\varphi}$$

a) Calcule a força que atua sobre essa partícula. **(Valor: 1,0 ponto)**
b) Escreva a Lagrangiana L da partícula em coordenadas esféricas (r, q, j), onde q é o ângulo entre o vetor posição $\vec{r}$ eixo polar z. **(Valor: 1,0 ponto)**
c) Determine a quantidade conservada associada à coordenada cíclica nessa Lagrangiana. Qual a lei de conservação associada à simetria do problema, que nos permite fixar um dos ângulos, restringindo o movimento da partícula ao plano? **(Valor: 1,0 ponto)**
d) Após eliminar a variável cíclica, escreva a equação de conservação da energia. Represente os movimentos possíveis em um gráfico de energia. **(Valor: 1,0 ponto)**

3) Termodinâmica e Física Estatística

1. (ENADE – 2011)

As usinas termelétricas geram eletricidade a partir de turbinas movidas a vapor. O ciclo de Rankine é um ciclo termodinâmico ideal que pode ser utilizado para modelar, de forma simplificada, uma usina termelétrica. A figura abaixo mostra de forma esquemática os elementos básicos de um ciclo de Rankine simples ideal.

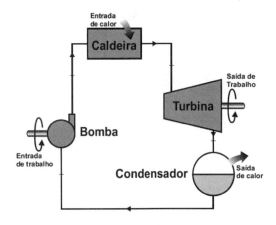

Considerando que algumas usinas termelétricas que utilizam turbinas a vapor podem ser encontradas próximas a grandes reservatórios de água, como rios e lagos, analise as seguintes afirmações.

I. O ciclo de Rankine simples mostrado na figura não prevê a reutilização da energia que é rejeitada no condensador e, por isso, tem rendimento comparável ao de um ciclo de Carnot que opera entre as mesmas temperaturas.

II. Historicamente, a instalação de algumas usinas próximas a grandes rios se dá devido à necessidade de remover calor do ciclo, por intermédio da transferência de calor que ocorre no condensador, porém, com implicações ao meio ambiente.

III. Em usinas que utilizam combustíveis fósseis, o vapor gerado na caldeira é contaminado pelos gases da combustão e não é reaproveitado no ciclo, sendo mais econômico rejeitá-lo, causando impacto ambiental.

IV. Entre as termelétricas, as usinas nucleares são as únicas que não causam impacto ambiental, exceto pela necessidade de se armazenar o lixo nuclear gerado.

É correto apenas o que se afirma em

(A) I.
(B) II.
(C) I e III.
(D) II e IV.
(E) II, III e IV

2. (ENADE – 2011)

A segunda lei da termodinâmica pode ser usada para avaliar propostas de construção de equipamentos e verificar se o projeto é factível, ou seja, se é realmente possível de ser construído. Considere a situação em que um inventor alega ter desenvolvido um equipamento que trabalha segundo o ciclo termodinâmico de potência mostrado na figura. O equipamento retira 800 kJ de energia, na forma de calor, de um dado local que se encontra na temperatura de 1000 K, desenvolve uma dada quantidade líquida de trabalho para a elevação de um peso e descarta 300 kJ de energia, na forma de calor, para outro local que se encontra a 500 K de temperatura. A eficiência térmica do ciclo é dada pela equação fornecida.

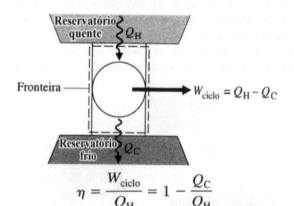

MORAN, M. J., SHAPIRO, H. N. **Princípios de Termodinâmica para Engenharia**. Rio de Janeiro: LTC S.A., 6. ed., 2009.

Nessa situação, a alegação do inventor é

(A) correta, pois a eficiência de seu equipamento é de 50% e é menor do que a eficiência teórica máxima.
(B) incorreta, pois a eficiência de seu equipamento é de 50% e é maior do que a eficiência teórica máxima.
(C) correta, pois a eficiência de seu equipamento é de 62,5% e é menor do que a eficiência teórica máxima.
(D) incorreta, pois a eficiência de seu equipamento é de 62,5% e é maior do que a eficiência teórica máxima.
(E) incorreta, pois a eficiência de seu equipamento é de 62,5% e é menor do que a eficiência teórica máxima.

3. (ENADE – 2011)

A lei de resfriamento de Newton diz que a taxa de variação temporal da temperatura de um corpo em resfriamento é proporcional à diferença entre a temperatura do corpo T e a temperatura constante T_m do meio ambiente, isto é,

$$\frac{dT}{dt} = -k(T - T_m),$$

em que k é uma constante de proporcionalidade.

Com o auxílio dessas informações, analise a seguinte situação-problema:

Um bolo é retirado do forno à temperatura de 160 °C. Transcorridos três minutos, a temperatura do bolo passa para 90 °C. Com uma temperatura ambiente de 20 °C determina-se o tempo necessário para que o bolo esteja a uma temperatura adequada para ser saboreado, ou seja, para atingir 25 °C, após ser retirado do forno. Considerando ln(1/2) = -0,69 e ln(28) = 3,33, o tempo transcorrido desde a retirada do forno até atingir a temperatura ideal é de, aproximadamente,

(A) 5,37 minutos.
(B) 5,27 minutos
(C) 7,17 minutos.
(D) 10,57 minutos.
(E) 14,47 minutos.

4. (ENADE – 2011)

A distribuição de Maxwell-Boltzmann unidimensional determina a probabilidade de encontrar uma partícula de gás monoatômico ideal com velocidade entre v e v+dv.

Essa distribuição é dada por

$$p(v) = \left(\frac{2\pi kT}{m}\right)^{-\frac{1}{2}} exp\left(-\frac{mv^2}{2kT}\right)$$

em que m = massa da partícula, k = constante de Boltzmann, T = temperatura do sistema.

Considerando uma partícula de gás monoatômico ideal, é correto afirmar que sua velocidade média e a probabilidade de se encontrar essa partícula com velocidade positiva são dadas, respectivamente, por

(A) 0 e $\left(\frac{2\pi kT}{m}\right)^{-\frac{1}{2}}$

(B) 0 e $\frac{1}{2}$

(C) $\frac{3}{2}kT$ e $\left(\frac{2\pi kT}{m}\right)^{-\frac{1}{2}}$

(D) $\frac{3}{2}kT$ e 1

(E) $\left(\frac{2\pi kT}{m}\right)^{-\frac{1}{2}}$ e $\frac{1}{2}$

5. (ENADE – 2008)

Uma certa quantidade de um gás ideal ocupa um volume inicial V_i à pressão p_i e temperatura T_i. O gás se expande até o volume V_f ($V_f > V_i$), segundo dois processos distintos: (1) a temperatura constante e (2) adiabaticamente.

Com relação à quantidade de calor Q fornecida, ao trabalho W realizado e à variação de energia interna ΔE de cada processo, pode-se afirmar que

I. $Q_1 = Q_2$
II. $Q_1 > Q_2$
III. $\Delta E_1 = \Delta E_2$
IV. $\Delta E_1 < \Delta E_2$
V. $W_1 > W_2$

São verdadeiras **APENAS** as afirmações

(A) I e III
(B) I e IV
(C) II e V
(D) III e V
(E) IV e V

6. (ENADE – 2008)

Em 1816, o escocês Robert Stirling criou uma máquina térmica a ar quente que podia converter em trabalho boa parte da energia liberada pela combustão externa de matéria-prima. Numa situação idealizada, o ar é tratado como um gás ideal com calor específico molar $C_v = 5R/2$, onde R é a constante universal dos gases. A máquina idealizada por Stirling é representada pelo diagrama P versus V da figura abaixo. Na etapa C → D (isotérmica), a máquina interage com o reservatório quente, e na etapa A → B (também isotérmica), com o reservatório frio. O calor liberado na etapa isovolumétrica D → A é recuperado integralmente na etapa B → C, também isovolumétrica. São conhecidas as temperaturas das isotermas T_1 e T_2, os volumes V_A e V_B e o número de moles **n** de ar contido na máquina.

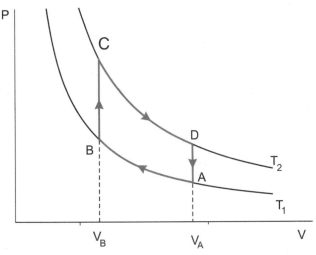

HALLIDAY, D; RESNICK, R; WALKER, J. **Fundamentos de Física**, v.2, 4 ed. Rio de Janeiro: LTC, 1996.

Qual o rendimento do ciclo e sua variação total de entropia?

(A) $1 - \dfrac{T_2}{T_1} \ln\left(\dfrac{V_A}{V_B}\right)$ e $nR \ln\left(\dfrac{V_A}{V_B}\right)$

(B) $1 - \dfrac{T_1}{T_2}$ e $nR \ln\left(\dfrac{V_A}{V_B}\right)$

(C) $1 - \dfrac{T_1}{T_2} \ln\left(\dfrac{V_A}{V_B}\right)$ e 0

(D) $1 - \dfrac{T_1}{T_2}$ e 0

(E) $1 - \ln\left(\dfrac{T_2 V_B}{T_1 V_A}\right)$ e 0

7. (ENADE – 2005)

Em um dia de inverno, uma estudante correu durante 1,0 hora, inspirando ar, à temperatura de 12 °C e expirando-o a 37 °C. Suponha que ela respire 40 vezes por minuto e que o volume médio de ar em cada respiração seja de 0,20 m³. A quantidade estimada de calor cedida pela estudante ao ar inalado durante o período do exercício, em joules, é de

Dados:

densidade do ar = 1,3 kg/m³
calor específico do ar = $1,0 \cdot 10^3$ J/kg °C

(A) $5,0 \times 10^6$
(B) $6,0 \times 10^6$
(C) $1,6 \times 10^7$
(D) $2,3 \times 10^7$
(E) $9,3 \times 10^7$

8. (ENADE – 2005)

Um certo número de moles de argônio é submetido a uma expansão isotérmica A → B, absorvendo uma quantidade de calor de 66 J. O sistema retorna ao estado inicial A, passando pelo estado C, conforme representado no diagrama abaixo.

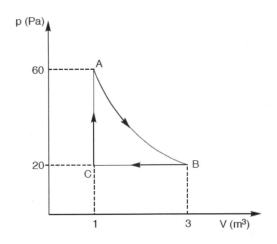

Considere o argônio como um gás ideal monoatômico e as afirmações que seguem.

I. Na transformação A → B o gás realiza uma quantidade de trabalho 40 J e a sua energia interna diminui 66 J.
II. Na transformação B → C o gás cede 100 J de calor para a vizinhança e a sua energia interna diminui 60 J.
III. Na transformação C → A o gás absorve 60 J de calor, enquanto que a sua energia interna aumenta 60 J.

Fórmulas relevantes:

Equação de estado de um gás ideal: pV = nRT

Energia interna de um gás ideal monoatômico:

$$U = \frac{3}{2}nRT$$

Está correto o que se afirma em

(A) I, somente.
(B) II, somente.
(C) III, somente.
(D) II e III, somente.
(E) I, II e III.

9. (ENADE – 2005)

Suponha que um motor funcione como uma máquina térmica em um ciclo de Carnot, entre a temperatura T_1 (fonte fria) e a temperatura T_2 (fonte quente). Nessas condições, o seu rendimento é de 40%. Se T_2 aumentar 20%, pode-se afirmar que

Dado:

$$e = \frac{W}{\Delta Q} = 1 - \frac{T_1}{T_2}$$

(A) o rendimento do motor também aumentará 20%.
(B) a variação de energia interna no ciclo aumentará.
(C) a quantidade de calor retirada da fonte quente diminuirá.
(D) a variação de entropia no ciclo diminuirá.
(E) o trabalho realizado no ciclo aumentará.

10. (ENADE – 2005)

A Teoria da Relatividade de Einstein é considerada como um conhecimento físico com pequeno impacto na tecnologia.

No entanto, o GPS (Global Position System), um dos equipamentos mais modernos da tecnologia atual, considera os conteúdos desta teoria.

Analise os itens abaixo relacionados à Teoria da Relatividade.

I. A contração dos comprimentos e a inexistência do éter.
II. A deformação do espaço-tempo decorrente da massa da Terra.
III. A constância da velocidade da luz como seu princípio básico.

São considerados na construção do GPS, SOMENTE

(A) I
(B) II
(C) III
(D) I e II
(E) II e III

11. (ENADE – 2005)

A figura representa o esquema de uma montagem experimental didática, na qual F simboliza uma fonte de luz (uma lâmpada fluorescente pequena), L uma lente convergente (lupa) apoiada em um suporte e A um anteparo de cartolina branca.

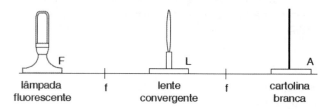

A atividade consiste em procurar posições de F, L e A de tal forma que seja possível observar a imagem nítida da fonte F projetada sobre o anteparo A por meio da lente L.

Sabendo que a lente tem distância focal de 20 cm, pode-se afirmar que uma dessas situações ocorre quando a distância da fonte à lente é de

(A) 10 cm, e a distância da lente ao anteparo é de 20 cm; nesse caso a imagem aparece direita e menor do que a lâmpada.
(B) 20 cm, e a distância da lente ao anteparo é de 40 cm; nesse caso a imagem aparece invertida e menor do que a lâmpada.
(C) 30 cm, e a distância da lente ao anteparo é de 60 cm; nesse caso a imagem aparece invertida e maior do que a lâmpada.
(D) 40 cm, e a distância da lente ao anteparo é de 80 cm; nesse caso a imagem aparece direita e maior do que a lâmpada.
(E) 50 cm, e a distância da lente ao anteparo é de 100 cm; nesse caso a imagem aparece direita e menor do que a lâmpada.

12. (ENADE – 2003)

Para medir a eficiência do motor de seu carro, movendo-se com velocidade média de 80 km/h, um engenheiro fez a seguinte experiência: inicialmente, com o tanque do carro cheio, colocou-o em movimento a uma velocidade de 85 km/h, numa estrada horizontal plana. Quando o veículo estava mantendo essa velocidade constante, o pôs em ponto morto e verificou que sua velocidade baixou a 77 km/h num intervalo de tempo Δt = 3,0 s, aproximadamente.

A quantidade de calor cedida ao sistema de refrigeração do veículo em um percurso em que foram consumidos 8,0 L de gasolina é, aproximadamente,

Dados:

Densidade da gasolina = 0,75 kg/L

Calor de combustão da gasolina = 45 MJ/kg

Eficiência do motor = 15%

(A) 400 MJ
(B) 330 MJ
(C) 230 MJ
(D) 100 MJ
(E) 0 MJ

Atenção: Para responder às duas questões seguintes, considere as informações a seguir.

No plano pressão ´ volume apresentado no gráfico, estão representadas duas transformações distintas realizadas por uma substância de trabalho entre os estados **A** e **C**. A transformação **I** é o processo adiabático **AC** e a transformação

II é constituída pelo processo isovolumétrico **AB** seguido do processo isobárico **BC**.

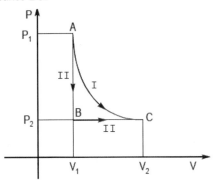

13. (ENADE – 2003)

Sejam Q_I, W_I e ΔU_I o calor fornecido à substância, o trabalho por ela realizado e a variação de sua energia interna, respectivamente, na transformação **I**, e sejam Q_{II}, W_{II} e $'U_{II}$ as mesmas grandezas na transformação **II**.

Considerando-se SOMENTE o <u>valor absoluto</u> dessas grandezas, pode-se afirmar que

(A) $Q_I > Q_{II}$; $W_I > W_{II}$; $\Delta U_I = \Delta U_{II}$
(B) $Q_I > Q_{II}$; $W_I > W_{II}$; $\Delta U_I > \Delta U_{II}$
(C) $Q_I < Q_{II}$; $W_I = W_{II}$; $\Delta U_I > \Delta U_{II}$
(D) $Q_I < Q_{II}$; $W_I < W_{II}$; $\Delta U_I < \Delta U_{II}$
(E) $Q_I < Q_{II}$; $W_I > W_{II}$; $\Delta U_I = \Delta U_{II}$

14. (ENADE – 2003)

A variação de entropia de **B** para **C** é igual a 4 000J/K.

Então as variações de entropia da **A** para **C**, pela transformação adiabática, e de **A** para **B**, pela transformação isovolumétrica, são, respectivamente,

(A) –4 000 J/K e –4 000 J/K
(B) –2 000 J/K e –2 000 J/K
(C) 0 J/K e –4 000 J/K
(D) 0 J/K e 4 000 J/K
(E) 4 000 J/K e –4 000 J/K

15. (ENADE – 2003)

Suponha que se deixe algumas pedras de gelo, num copo, ao sol. Depois de algum tempo o gelo estará parcialmente derretido e o sistema copo, gelo e água estará à mesma temperatura. Se esse sistema continuar exposto ao sol, a sua temperatura tenderá a subir até quando

(A) todo gelo derreter.
(B) toda água entrar em ebulição.
(C) toda água se transformar em vapor.
(D) o sistema atingir a temperatura ambiente.
(E) a potência emitida pelo sistema igualar-se à potência por ele absorvida.

16. (ENADE – 2002)

Considerando uma transformação termodinâmica em que um sistema isolado passa de um estado **1** para outro estado **2**, pode-se afirmar que

(A) a entropia do sistema permanece sempre constante.
(B) a variação da energia interna do sistema não depende do processo, mas a variação de entropia depende.
(C) todo processo quase estático é irreversível.
(D) o trabalho efetuado sobre o sistema não depende do processo.
(E) a variação de entropia e a variação da energia interna dependem do processo.

17. (ENADE – 2002)

Observe o gráfico.

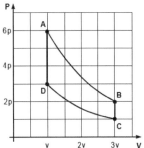

No estado **D** indicado no gráfico, a pressão e a temperatura, de 2,0 moles de um gás ideal monoatômico, são, respectivamente, 2,0 atm e 360 K. Os processos **AB** e **CD** são isotérmicos. O gás efetua o ciclo **DABCD**.

Sabendo que $R = 8,3$ J/mol.K e ln 3 = 1,1 pode-se concluir que o trabalho, em joule, efetuado pelo gás no ciclo é, aproximadamente,

Dado:

$$W = \int P dV$$

$$PV = nRT$$

(A) nulo.
(B) 4,2
(C) 6 500
(D) 13 000
(E) 19 000

<u>Instruções</u>: Para responder às duas questões seguintes considere uma máquina operando no ciclo de Carnot trabalhando entre duas temperaturas, T_f e T_q sendo $T_f < T_q$

18. (ENADE – 2001)

Pode-se afirmar que

(A) sendo uma máquina reversível, o sistema auxiliar que absorve trabalho do ciclo tem sempre entropia constante.
(B) sendo uma máquina reversível, o sistema auxiliar que absorve trabalho do ciclo está sempre à pressão constante.

(C) o ciclo de Carnot, como todo processo real, é irreversível e a entropia do sistema auxiliar nunca é constante.

(D) o ciclo de Carnot, tem fases onde o sistema auxiliar tem entropia constante e fases onde a pressão é constante.

(E) o ciclo de Carnot, tem fases de entropia constante e fases de temperatura constante.

19. (ENADE – 2001)

Suponha que essa máquina tem o reservatório frio a 27,0 °C e sua eficiência é 40,0%. Para que essa eficiência aumente para 50,0% deve-se aumentar a temperatura do reservatório quente, em kelvin, de Dado:

$$\eta = 1 - \frac{T_f}{T_q}$$

(A) 9,00

(B) 28,2

(C) 30,0

(D) 100

(E) 282

20. (ENADE – 2001)

A termodinâmica é uma teoria sobre processos reais macroscópicos, baseada em alguns postulados fundamentais.

Pode-se afirmar que as leis da termodinâmica

(A) podem ser deduzidas de uma teoria mais fundamental e mantêm as simetrias da mecânica clássica.

(B) podem ser deduzidas de uma teoria mais fundamental e mantêm as simetrias da mecânica quântica.

(C) correspondem a uma descrição estatística da natureza aliada a princípios dinâmicos fundamentais; devido a sua natureza estatística, simetrias microscópicas não são mais evidentes em processos macroscópicos.

(D) necessitam de uma teoria completa do caos para serem inteiramente compreendidas; devido a sua natureza estatística, simetrias macroscópicas não são mais evidentes em processos microscópicos.

(E) correspondem a uma descrição estatística de natureza caótica aliada a princípios dinâmicos fundamentais com sua natureza estatística. Simetrias fundamentais são explicitadas e explicadas em processos macroscópicos.

21. (ENADE – 2000)

Em um processo adiabático quase estático (I) e em uma expansão livre de um gás (II) pode-se dizer que a entropia

(A) se conserva em I, diminuindo em II.

(B) se conserva em ambos.

(C) aumenta em ambos.

(D) aumenta em I, conservando-se em II.

(E) se conserva em I, aumentando em II.

22. (ENADE – 2011) DISCURSIVA

A seguir são apresentados os dois principais enunciados da Segunda Lei da Termodinâmica referentes a máquinas térmicas.

(i) Enunciado de Kelvin-Planck:

É impossível para qualquer dispositivo que opera em um ciclo receber calor de um único reservatório e produzir uma quantidade líquida de trabalho.

(ii) Enunciado de Clausius:

É impossível construir um dispositivo que funcione em um ciclo e não produza qual outro efeito que não seja a transferência de calor de um corpo com temperatura mais baixa para um corpo com temperatura mais alta.

BOLES, M. A. **Termodinâmica**. 5. ed. São Paulo: McGraw-Hill, p. 224-236, 2006.

Considerando esses princípios, faça o que se pede nos itens a seguir.

a) Exemplifique um dispositivo que ilustre o enunciado de Kelvin-Planck, comentando suas características. **(valor: 3,0 pontos)**.

b) Exemplifique um dispositivo que ilustre o enunciado de Clausius, comentando suas características. **(valor: 3,0 pontos)**.

c) Mostre que, se o enunciado de Kelvin-Planck for violado, o enunciado de Clausius necessariamente também será violado. **(valor: 4,0 pontos)**.

23. (ENADE – 2008) DISCURSIVA

Numa competição entre estudantes de Física de várias instituições, um grupo projeta uma máquina térmica hipotética que opera entre somente dois reservatórios de calor, a temperaturas de 250 K e 400 K. Nesse projeto, a máquina hipotética produziria, por ciclo, 75 J de trabalho, absorveria 150 J de calor da fonte quente e cederia 75 J de calor para a fonte fria.

a) Verifique se essa máquina hipotética obedece ou não à Primeira Lei da Termodinâmica, justificando a sua resposta. **(valor: 3,0 pontos)**

b) Verifique se essa máquina hipotética obedece ou não à Segunda Lei da Termodinâmica, justificando a sua resposta. **(valor: 3,0 pontos)**

c) Considerando que o menor valor de entropia é 0,1 J/K, e que o trabalho realizado por ciclo é 75 J, esboce um diagrama "Temperatura *versus* Entropia" para um Ciclo de Carnot que opere entre esses dois reservatórios de calor, indicando os valores de temperaturas e entropias. **(valor: 4,0 pontos)**

24. (ENADE – 2005) DISCURSIVA

Uma caixa cúbica de lado L, contendo um mol de hélio em seu interior, encontra-se a uma temperatura T. A caixa é colocada sobre a superfície da Terra. O efeito do campo gravitacional uniforme da Terra sobre os átomos de hélio deve ser considerado, com a aceleração da gravidade, $\vec{g}$, e a massa dos átomos deste gás, m.

a) Determine a energia cinética média de um átomo. **(valor: 3,0 pontos)**

b) Calcule o momento linear médio transferido para as paredes da caixa devido à colisão de um átomo. **(valor: 3,0 pontos)**

c) Calcule a energia potencial gravitacional média de um átomo. **(valor: 4,0 pontos)**

25. (ENADE – 2005) DISCURSIVA

Um professor ouve falar na mídia que o aquecimento global vai derreter a calota polar no hemisfério norte e isso vai provocar a subida do nível do mar alagando e destruindo cidades litorâneas de todo o mundo. Decide trazer esse problema como tema de aula e para tornar essa ideia mais concreta, orienta os seus alunos para realizarem em sala de aula a seguinte atividade experimental de demonstração:

I. colocar um bloco de gelo flutuando em um recipiente com água;

II. assinalar o nível inicial da água;

III. aguardar o derretimento do bloco para verificar a variação do nível da água;

IV. repetir o procedimento dissolvendo sal na água.

Baseado nos seus conhecimentos de hidrostática:

a) Demonstre que na 1ª etapa da experiência (itens I, II e III) o nível da água no recipiente não se altera. **(valor: 4,0 pontos)**

b) Demonstre que na 2ª etapa da experiência (item IV) o nível da água no recipiente sobe ligeiramente. **(valor: 4,0 pontos)**

c) O que essa atividade permite concluir sobre as previsões da mídia? **(valor: 2,0 pontos)**

25. (ENADE – 2005)

A figura representa o esquema de uma montagem experimental didática em que E representa a fem (1,5 V) de uma pilha grande e R a sua resistência interna. L_1, L_2, L_3 e L_4 são quatro lâmpadas idênticas de lanterna, de tensão nominal 1,2 V, e C_1, C_2, C_3 e C_4 são chaves inicialmente desligadas. A resistência dos fios de ligação é muito pequena quando comparada com as demais resistências presentes nos circuitos.

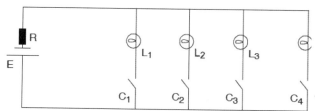

A atividade consiste, de início, em pedir aos alunos que discutam o que ocorreria com o acendimento e o brilho das lâmpadas se eles ligassem sequencialmente essas chaves, uma a uma. A seguir os alunos, em grupos, realizam a experiência e comparam o que observam com as discussões realizadas previamente. A respeito dessa atividade responda:

a) As "lâmpadas para uma pilha" como costumam ser vendidas no comércio, têm tensão nominal de 1,2 V, inferior à fem das pilhas que é de 1,5V. Por que elas não queimam? **(valor: 3,0 pontos)**

b) O que vai acontecer com o brilho da lâmpada L_1 à medida que se fecham as chaves C_2, C_3 e C_4, em relação ao brilho dessa lâmpada quando apenas C_1 está fechada? Justifique. **(valor: 4,0 pontos)**

c) Essa experiência pode ajudar seus alunos a perceberem que a corrente elétrica não se "desgasta" no percurso ao longo do circuito, uma das concepções alternativas comuns em relação à eletricidade. Explique por quê. **(valor: 3,0 pontos)**

27. (ENADE – 2003) DISCURSIVA

A figura abaixo representa o ciclo Otto idealizado de um motor a combustão.

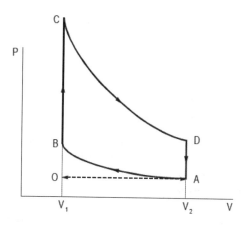

Os trechos tracejados **OA** e **AO** indicam apenas a injeção da mistura ar-combustível e a expulsão dos gases resultantes da combustão. Fora esses processos, o ciclo completo **ABCDA** pode ser considerado como um ciclo fechado, cuja substância de trabalho é a mistura ar-combustível. As transformações **AB** e **CD** são adiabáticas e as **BC** e **DA** são isovolumétricas.

Dados:

$PV = nRT$; $PVg = const$; $Q = nC_pDT$; $Q = nC_vDT$;

$g = C_p/C_v$; $W = \oint PdV$; $DU = Q + W$; $e = W/Q_q$; $dS = dQ/T$

a) Em que trecho(s) do ciclo completo a mistura ar-combustível transfere calor para o sistema de refrigeração do motor? Justifique sua resposta. **(2,5 pontos)**

b) Represente <u>esquematicamente</u> o ciclo **ABCDA** num diagrama entropia (**S**) versus temperatura (**T**). **(2,5 pontos)**

c) Calcule a eficiência térmica do ciclo em função da taxa de compressão V_1/V_2 e da constante adiabática g. **(2,5 pontos)**

4) Eletricidade e Magnetismo

1. (ENADE – 2011)

Em um experimento de eletromagnetismo, os terminais de um solenoide são conectados aos de uma lâmpada formando um circuito fechado, colocado próximo a um ímã. Podemos movimentar tanto o ímã quanto o solenoide e, como resultado dessa ação, observa-se variação da luminosidade da lâmpada.

Simulador Laboratório de Eletromagnetismo de Faraday.
Disponível em: < http://phet.colorado.edu/pt_BR/get-phet/one-at-a-time>. Acesso em: 23 de ago 2011.

Com base nessa situação, avalie as seguintes afirmações.

I. A luminosidade da lâmpada será tanto maior quanto maior for a velocidade do ímã, correspondendo a uma maior variação do fluxo magnético através do circuito.

II. A corrente induzida devido ao movimento do ímã em relação ao solenoide pode ser explicada pela força de Lorentz sobre os elétrons livres da espira.

III. O ato de empurrar o ímã na direção do solenoide produz uma corrente induzida no solenoide cujo campo magnético atrai o ímã.

É correto o que se afirma em

(A) I, apenas.
(B) III, apenas.
(C) I e II, apenas.
(D) II e III, apenas.
(E) I, II e III.

2. (ENADE – 2011)

Quando a radiação eletromagnética interage com a matéria, pode ocorrer a transferência da energia do fóton, ou de parte dela, para as partículas que compõem o meio material. Alguns dos principais tipos de interação da radiação eletromagnética com a matéria são: efeito fotoelétrico; espalhamento *Compton* e produção de pares, que se diferenciam entre si pelas características do meio material; energia do fóton incidente; energia transferida e situação do fóton após a interação (absorção total ou espalhamento com perda de energia do fóton).

Entre os mecanismos de interação da radiação eletromagnética com a matéria, o efeito fotoelétrico ocorre

(A) quando o fóton incidente interage com o núcleo atômico do átomo do material atenuador, cedendo toda a sua energia e originando um par de partículas.
(B) quando o fóton incidente é totalmente absorvido por um elétron livre de um metal e este é ejetado do material.
(C) quando o fóton de raios X ou gama é desviado por um elétron das camadas mais externas, transferindo a esse elétron parte de sua energia.
(D) mais predominantemente quando a energia do fóton incidente é muito maior que a energia transferida às partículas produzidas na interação.
(E) independentemente da energia do fóton incidente e do número atômico do meio.

3. (ENADE – 2011)

Com o objetivo de estudar o comportamento da resistência elétrica dos materiais em função da temperatura e da iluminação, realizou-se experimentos de medidas de resistência elétrica utilizando-se um ohmímetro, como descrito a seguir.

1. As pontas de prova do ohmímetro foram ligadas a um filamento de tungstênio de uma lâmpada, cujo bulbo foi retirado. Em seguida, o filamento foi aquecido até tornar-se incandescente, passando a emitir luz (Figura I).

Figura I

2. As pontas de prova do ohmímetro foram ligadas a um LDR (*Light Dependent Resistor*) feito do semicondutor sulfeto de cádmio (CdS). Em seguida, o LDR foi iluminado com uma lâmpada incandescente

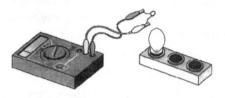

Figura II

VALADARES, E. C.; CHAVES, A. S. **Temas atuais da Física: aplicações da física quântica: do transistor à nanotecnologia**. São Paulo: Livraria da Física/SBF, 1. ed. p. 10,33-34, 2005.

Com base no experimento descrito, analise as seguintes afirmações.

I. O ohmímetro indicará alteração na resistência elétrica do filamento e do LDR.
II. A resistência do filamento diminui devido ao aquecimento e à consequente redução das vibrações da rede cristalina do metal.
III. O ohmímetro indica uma redução da resistência do LDR, resultante do aumento da população de elétrons livres na banda de condução.
IV. A resistência do LDR diminui devido à diminuição da largura da banda proibida do material semicondutor.

É correto apenas o que se afirma em

(A) I e II.
(B) I e III.
(C) III e IV.
(D) I, II e IV.
(E) II, III e IV.

4. (ENADE – 2011)

Uma partícula de carga *q* e massa *m* penetra em um campo magnético uniforme de intensidade *B*, de maneira que o ângulo entre o vetor velocidade da partícula e o vetor campo magnético é de $\pi/3$ rad. Represente por *v* o módulo da velocidade (constante) da partícula.

Nesse caso, o raio *r* e a frequência ciclotrônica *f* da trajetória helicoidal da partícula são dados, respectivamente, por

(A) $\dfrac{2\pi f}{v}$ e $\dfrac{2\pi m}{qB}$.

(B) $\dfrac{\sqrt{3}mv}{2qB}$ e $\dfrac{4\pi r}{v}$.

(C) $\dfrac{mv}{qB}$ e $\dfrac{qB}{2\pi m}$.

(D) $\dfrac{qB}{mv}$ e $\dfrac{v}{2\pi r}$.

(E) $\dfrac{\sqrt{3}mv}{2qB}$ e $\dfrac{qB}{2\pi m}$.

5. (ENADE – 2011)

Considere uma esfera de raio R carregada com uma densidade volumétrica de carga elétrica dada por $\varrho(r) = Ar^2$, em que A é uma constante positiva e r é a coordenada radial. Sabendo-se que o elemento de volume, em coordenadas esféricas, satisfaz a condição, $dV = 4\pi r^2 dr$, então a carga total da esfera e o módulo do campo elétrico produzido pela esfera a uma distância b > R do centro da esfera são dados, respectivamente, por

(A) A e $\dfrac{1}{4\pi\epsilon_0}\dfrac{A}{b^2}$

(B) $\dfrac{AR^3}{3}$ e $\dfrac{1}{4\pi\epsilon_0}\dfrac{A}{b^2}$

(C) $\dfrac{AR^3}{3}$ e $\dfrac{1}{12\pi\epsilon_0}\dfrac{AR^3}{b^2}$

(D) $4\pi\dfrac{AR^5}{5}$ e $\dfrac{1}{20\pi\epsilon_0}\dfrac{AR^5}{b^2}$

(E) $4\pi\dfrac{AR^5}{5}$ e $\dfrac{1}{5\epsilon_0}\dfrac{AR^5}{b^2}$

6. (ENADE – 2011)

A Lei de Biot-Savart, dada por

$$d\vec{B} = \dfrac{\mu_0}{4\pi}\dfrac{id\vec{s}\times\vec{r}}{r^3},$$

pode ser utilizada para calcular o campo magnético gerado no centro de um anel de raio r, percorrido por uma corrente i.

Suponha que um disco fino de material não condutor e de raio R possui uma carga q uniformemente distribuída ao longo de sua superfície. O disco gira em torno do seu eixo com velocidade angular constante ω. Nessa situação, a expressão algébrica que fornece o módulo do campo magnético no centro do disco é

(A) $\mu_0 q\omega/(2\pi R)$

(B) $\mu_0 q\omega/(4\pi^2 R)$

(C) $\mu_0 q\omega R/(2\pi)$

(D) $\mu_0 q^2 \omega^2/(4\pi R^2)$

(E) $\mu_0 q/(2\pi R)$

7. (ENADE – 2011)

Considere uma carga pontual q imersa em um meio dielétrico, de constante dielétrica K. Os vetores campos elétrico, $\vec{E}$, o vetor deslocamento elétrico, $\vec{D}$, e o vetor polarização, $\vec{P}$, são calculados e constata-se que, nesse caso, o campo elétrico encontra-se reduzido, quando comparado ao caso do vácuo. Isso se deve à carga de polarização Q_P, que aparece por causa do meio dielétrico, cujo módulo é dado por

(A) $Q_P = (K+1)q$

(B) $Q_P = \dfrac{1}{K}q$

(C) $Q_P = \dfrac{(K-1)}{K}q$

(D) $Q_P = \dfrac{K}{(K-1)}q$

(E) $Q_P = \dfrac{(K+1)}{K}q$

8. (ENADE – 2008)

Qual das equações do eletromagnetismo apresentadas a seguir implica a não existência de monopolos magnéticos?

(A) $\vec{\nabla}\cdot\vec{E} = \rho/\varepsilon_0$

(B) $\vec{\nabla}\cdot\vec{B} = 0$

(C) $\vec{\nabla}\times\vec{E} + \dfrac{\partial\vec{B}}{\partial t} = 0$

(D) $\vec{\nabla}\times\vec{B} - \mu_0\varepsilon_0\dfrac{\partial\vec{E}}{\partial t} = \mu_0\vec{J}$

(E) $\vec{\nabla}\cdot\vec{J} + \dfrac{\partial\rho}{\partial t} = 0$

9. (ENADE – 2008)

Uma barra metálica é puxada de modo a deslocar-se, com velocidade $\vec{V}$, sobre dois trilhos paralelos e condutores, separados por uma distância ℓ, como mostra a figura abaixo.

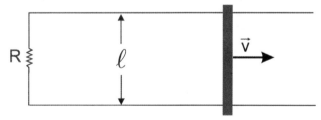

Um resistor de resistência elétrica R conecta os dois trilhos, e um campo magnético uniforme $\vec{B}$ atravessa, perpendicularmente, o plano do conjunto, preenchendo todo o espaço. Qual é a intensidade da corrente elétrica que atravessa o resistor?

(A) $BR\ell v$

(B) $\dfrac{B\ell v}{R}$

(C) $\dfrac{B\ell}{Rv}$

(D) $\dfrac{v\ell}{BR}$

(E) $\dfrac{R}{B\ell v}$

10. (ENADE – 2008)

Num dia de chuva, uma nuvem eletricamente carregada pode se descarregar produzindo relâmpagos. Uma nuvem típica se encontra a uma altura de 5.000 m do solo, com uma diferença de potencial de 10 milhões de volts em relação ao solo. Em um laboratório, uma estudante de Física realiza uma experiência para medir a rigidez dielétrica do ar seco usando um capacitor de placas planas e paralelas cuja distância entre as placas pode ser variada. Mantendo uma diferença de potencial constante entre as placas e iguais a 24 kV, a estudante diminui lentamente a distância entre elas até que, na distância de 0,8 cm, observa uma centelha no ar entre as placas.

Quais são os valores do campo elétrico entre a nuvem e o solo e da rigidez dielétrica do ar seco, respectivamente?

(A) 2,0 kV/m e 3,0 x 10^6 V/m
(B) 2,0 kV/m e 1,9 x 10^4 V/m
(C) 5,0 kV/m e 3,0 x 10^6 V/m
(D) 10 kV/m e 3,0 x 10^5 V/m
(E) 20 kV/m e 1,9 x 10^6 V/m

11. (ENADE – 2005)

Sabendo que a energia armazenada na bobina é dada por
E = $LI^2/2$, pode-se afirmar que a potência dissipada na bobina é nula

(A) somente no instante t_0.
(B) nos instantes t_0, t_2 e t_4.
(C) nos instantes t_1 e t_3.
(D) nos instantes t_0, t_1, t_2, t_3 e t_4.
(E) em todos os instantes entre t_2 e t_4.

12. (ENADE – 2005)

Considere as seguintes possibilidades para o sentido da corrente induzida no anel, I_{anel}, e para a direção do campo magnético B resultante que atua sobre ele.

(a)

(b)

(c)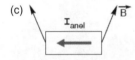

(d)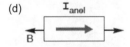

Pode-se afirmar que o anel

(A) só salta quando a corrente na bobina atinge o valor máximo positivo, no instante t_1, e os sentidos de I_{anel} e B são como indicados em a.
(B) só salta quando a corrente na bobina atinge o valor máximo negativo, no instante t_3, e os sentidos de I_{anel} e B são como indicados em b.
(C) salta num instante anterior a t_1 e os sentidos de I_{anel} e B são como indicados em c.
(D) salta num instante posterior a t_1 e os sentidos de I_{anel} e B são como indicados em d.
(E) só saltaria se o sentido da corrente na bobina fosse oposto ao indicado na figura 1 e, neste caso, os sentidos de I_{anel} e B seriam como indicados em a.

13. (ENADE – 2005)

Um observador monta uma experiência com o propósito de medir a amplitude do campo elétrico da radiação emitida por uma lâmpada incandescente. Lâmpadas de diferentes potências P são analisadas. Para cada lâmpada, medidas com diferentes distâncias (L) são efetuadas. As distâncias do observador para a lâmpada são suficientemente grandes de tal maneira que a mesma pode ser considerada como um emissor pontual de ondas eletromagnéticas em todas as direções do espaço. Pode-se afirmar que o observador medirá a amplitude do campo elétrico

(A) diretamente proporcional a P e inversamente proporcional a L.
(B) diretamente proporcional a P^2 e inversamente proporcional a L^2.
(C) diretamente proporcional a P^2 e inversamente proporcional a L.
(D) diretamente proporcional a $\sqrt{P}$ e inversamente proporcional a L.
(E) inversamente proporcional a P e diretamente proporcional a L.

14. (ENADE – 2005)

Dispõe-se de duas bolas maciças, isoladas, de mesmo raio, uma de cobre e outra de vidro. As bolas têm cargas positivas iguais e encontram-se em equilíbrio eletrostático.

Supondo-se que a distribuição de cargas na esfera de vidro seja uniforme, pode-se afirmar que, para pontos no interior das esferas,

(A) o potencial eletrostático aumenta com a distância ao centro, em ambas as esferas.
(B) o potencial eletrostático é constante na esfera de cobre e aumenta com a distância ao centro na esfera de vidro.
(C) a intensidade do vetor campo elétrico é constante e não nula na esfera de cobre e aumenta com a distância ao centro na esfera de vidro.
(D) a intensidade do vetor campo elétrico é nula na esfera de cobre e diminui com a distância ao centro na esfera de vidro.
(E) a intensidade do vetor campo elétrico aumenta com a distância ao centro, em ambas as esferas.

15. (ENADE – 2005)

Uma partícula carregada, ao penetrar num meio material, interage, via interação eletromagnética, com os núcleos e elétrons atômicos do meio, transferindo energia aos mesmos.

Embora este processo de transferência de energia seja bastante complexo, a ele pode-se associar uma força média, chamada poder de freamento, $\frac{dE}{dx}$, que agindo na partícula tem como efeito a sua gradual diminuição de velocidade. Na figura abaixo representa-se a curva do poder de freamento, em MeV/mm, de partículas a (Z = 2) no Au e no Aℓ como função da energia E_a.

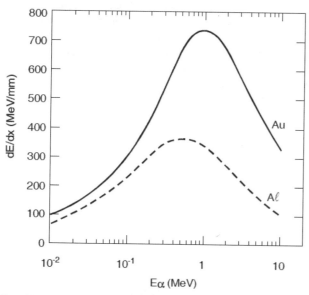

Considere as seguintes afirmações:

I. Para uma folha de Au de espessura Dx = 1 mm, a perda de energia para uma partícula a, de energia E_a = 4 MeV, é aproximadamente igual a 0,5 MeV.

II. Para uma dada energia E_a, a perda de energia das partículas a no Au é sempre maior que perda de energia no Aℓ, independentemente da espessura do absorvedor.

III. Para qualquer material, o poder de freamento de prótons (Z = 1) deve ser menor que o poder de freamento de partículas a, para qualquer energia.

Está correto o que se afirma SOMENTE em

(A) I
(B) II
(C) III
(D) I e II
(E) I e III

16. (ENADE – 2003)

A introdução da corrente de deslocamento nas equações de eletromagnetismo veio corrigir a lei de

(A) Gauss.
(B) Faraday.
(C) Coulomb.
(D) Ampère.
(E) Lenz.

17. (ENADE – 2003)

A figura abaixo representa uma situação ideal em que uma barra de cobre **C** desliza sem atrito sobre dois trilhos condutores, paralelos, num plano inclinado. A barra mantém contato perfeito com os trilhos que são terminados por uma resistência **R**. O sistema está imerso num campo magnético vertical e uniforme **B**.

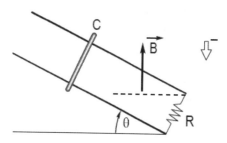

Após atingir o regime estacionário verifica-se que a velocidade da barra

(A) e a corrente são constantes.
(B) é nula e a corrente é crescente.
(C) é crescente e a corrente é constante.
(D) é constante e a corrente é crescente.
(E) e a corrente dependem do sentido do campo vertical.

18. (ENADE – 2003)

O esquema abaixo representa um corte transversal de um tubo de raios catódicos.

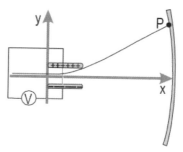

Nele duas placas paralelas carregadas criam no seu interior um campo elétrico uniforme que faz com que o feixe atinja o ponto **P**, da tela, formando uma mancha luminosa. Se a tensão uniforme **V** aplicada às placas for substituída por uma tensão alternada, a tela do tubo mostrará

(A) duas manchas simétricas.
(B) um segmento de reta.
(C) uma figura sinusoidal.
(D) uma circunferência.
(E) uma elipse.

19. (ENADE – 2003)

No esquema abaixo estão representadas algumas equipotenciais de uma distribuição de carga **Q**. O potencial V_1 é maior que V_2 e este maior que V_3 ($V_1 > V_2 > V_3$).

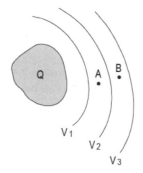

Pode-se afirmar que o sentido do gradiente do potencial e a carga **Q** são, respectivamente, de

(A) A para B e positiva.
(B) B para A e negativa.
(C) A para B e qualquer.
(D) B para A e positiva.
(E) A para B e negativa.

20. (ENADE – 2003)

Um circuito **RC** é formado por um resistor de resistência **R**, um capacitor de capacitância **C** e uma fonte cuja força eletromotriz é e. Fechando-se a chave, no instante **t = 0**, a carga **q** no capacitor como função do tempo é dada por

$$q = C\varepsilon(1 - e^{\frac{-t}{RC}})$$

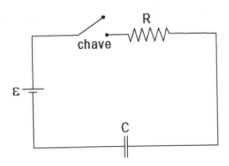

Considerando **i** a corrente no circuito, pode-se afirmar que para

(A) $t = 0$, $i = \frac{\varepsilon}{R}$

(B) $t = 0$, $q = C\varepsilon$

(C) $t = 0$, $i \to \infty$

(D) $t \to \infty$, $i \to \frac{\varepsilon}{R}$

(E) $t \to \infty$, $q \to RC$

21. (ENADE – 2003)

Quando se aproxima, horizontalmente, um bastão eletricamente carregado, de um filete d'água que cai verticalmente, observa-se que esse filete

(A) tende a se curvar e sempre se afasta do bastão, pois a molécula de água é um dipolo elétrico.
(B) não sofre qualquer alteração porque a água é eletricamente isolante.
(C) tende a se curvar afastando-se ou aproximando-se do bastão, dependendo da carga elétrica que ele possui.
(D) não sofre qualquer alteração porque as moléculas de água são eletricamente neutras.
(E) tende a se curvar e sempre se aproxima do bastão, pois a molécula de água é um dipolo elétrico.

22. (ENADE – 2003)

A **Figura I** abaixo mostra o esquema simplificado de um circuito para demonstrar experimentalmente a energia armazenada em um banco de capacitores. A posição da chave **S** é mudada após o capacitor ter sido carregado, sua energia é descarregada num resistor R_c, imerso em óleo, e a variação de temperatura resultante é medida. A **Figura II** mostra uma foto da montagem experimental. O calorímetro é a caixa no centro dessa figura, onde a chave **S** está presa.

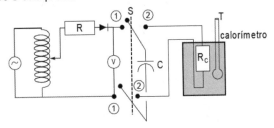

Figura I

Figura II

Pode-se dizer que os componentes **A**, **B**, **C**, **D** e **E**, mostrados na figura II são, respectivamente,

(A) multímetro, autotransformador, diodo, capacitor e resistor **R**.
(B) capacitor, resistor **R**, autotransformador, multímetro e diodo.
(C) resistor **R**, capacitor, multímetro, diodo e autotransformador.
(D) autotransformador, resistor **R**, diodo, capacitor e multímetro.
(E) capacitor, diodo, resistor **R**, multímetro e autotransformador.

23. (ENADE – 2003)

O texto a seguir foi extraído do catálogo de uma empresa de equipamentos experimentais para laboratórios didáticos de Física.

"Na câmara do condensador são introduzidas gotículas de azeite com um aerosol e iluminadas com uma lâmpada de halogênio. As gotículas são observadas com um microscópio calibrado com uma ocular micrométrica".

O catálogo se refere à experiência de

(A) Millikan, para a determinação da carga elétrica elementar.
(B) Thomson, para determinação da razão e/m, entre a carga e a massa do elétron.
(C) Compton, para determinação da dispersão da radiação eletromagnética de alta frequência.
(D) Franck-Hertz, para determinação da energia de excitação de átomos de mercúrio.
(E) Gerlach, para determinação do spin do elétron.

24. (ENADE – 2002)

Leia o trecho abaixo.

"Como é sabido, a eletrodinâmica de Maxwell (...) conduz (...) a assimetrias que não parecem ser inerentes aos fenômenos. Consideremos, por exemplo, as ações eletrodinâmicas entre um ímã e um condutor (...) se for móvel o ímã e estiver em repouso o condutor, estabelecer-se-á em volta do ímã, um campo elétrico (...) que dará origem a uma corrente elétrica nas regiões onde estiverem colocadas porções do condutor. Mas se é o ímã que está em repouso e o condutor que está em movimento, então, embora não se estabeleça em volta do ímã nenhum campo elétrico, há no entanto uma força eletromotriz (...) que dá lugar a correntes elétricas de grandeza e comportamento iguais às que tinham no primeiro caso (...)."

(H.A. Lorentz et alii)

Essa discussão sobre as assimetrias relaciona-se diretamente à formulação do Princípio da

(A) Indução, de Faraday.
(B) Relatividade, por A. Einstein.
(C) Incerteza, por Heisenberg.
(D) Exclusão, de Pauli.
(E) Mínima ação, de Lagrange.

25. (ENADE – 2002)

Em um experimento para medir a força magnética, um ímã é suspenso em um dinamômetro de precisão, indicado por **A** na figura. Um pequeno prendedor metálico de papel é preso, por um fio, a um segundo dinamômetro, indicado por **B**. Inicialmente, o ímã e o prendedor de papéis são suficientemente afastados, para que a força de atração magnética possa ser desprezada, e as leituras dos dois dinamômetros são ajustadas para zero. Então o prendedor é colocado logo abaixo do ímã, sem o tocar, onde permanece flutuando em equilíbrio. Nessa situação, as forças medidas pelos dois dinamômetros são registradas durante um certo intervalo de tempo. O gráfico mostra o sinal S_A, medido pelo dinamômetro **A**, durante um intervalo de tempo de 15 s. As flutuações ocorrem devido a oscilações inevitáveis no ímã.

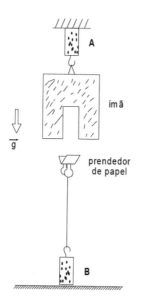

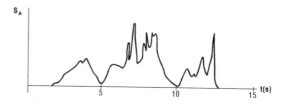

A força registrada pelo dinamômetro **B** será

(A) variável no tempo e exatamente igual, em módulo, à medida por **A**.
(B) sempre constante, igual ao peso do prendedor de papéis.
(C) igual a medida pelo dinamômetro **A** menos o peso do prendedor.
(D) igual a medida pelo dinamômetro **A** menos o peso do ímã e mais o peso do prendedor.
(E) nula, porque o zero do dinamômetro foi previamente ajustado, longe do ímã, e o efeito da força magnética é simplesmente compensar o peso do prendedor.

26. (ENADE – 2002)

A espira esquematizada na figura abaixo encontra-se no plano x0y e são conhecidos: $r_1 = 0,2$ m; $r_2 = 0,5$ m e

$$\theta = \frac{\pi}{3}.$$

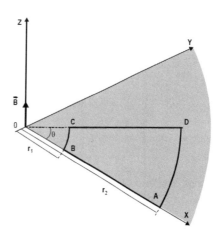

Ao ser percorrida por uma corrente elétrica, ela produz na origem do referencial dado o campo de indução magnética

$$\vec{B} = \frac{\mu_0}{2} \vec{k}, \text{ em unidades do SI.}$$

Nessas condições, pode-se afirmar que a corrente na espira e seu sentido são, respectivamente,

Dado:

$$\vec{B} = \int \frac{\mu_0 i}{4\pi r^2} d\vec{\ell} \times \frac{\vec{r}}{r}$$

(A) 2 A de **D** para **C**.
(B) 2 A de **C** para **D**.
(C) 6 A de **C** para **D**.
(D) 12 A de **D** para **C**.
(E) 12 A de **C** para **D**.

27. (ENADE – 2002)

Um cabo longo, de raio **a** = 2 cm, é composto de **N** = 500 fios bastante finos, como indicado na figura. Uma corrente de 1 kA passa pelo cabo, sendo igualmente distribuída pelos fios.

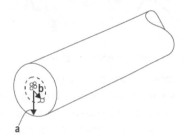

Dados:

$$\oint \vec{B} \cdot d\vec{\ell} = \mu_0 I$$

$$\vec{F} = I \int d\vec{\ell} \times \vec{B}$$

$$\mu_0 = 4\pi \times 10^{-7} \, H/m$$

A força por unidade de comprimento que atua num fio localizado na posição radial **b** = 1 cm é

(A) 5 ´ 10⁻⁴ N/m
(B) 4 ´ 10⁻⁴ N/m
(C) 1 ´ 10⁻⁴ N/m
(D) 4 ´ 10⁻² N/m
(E) 1 ´ 10⁻² N/m

28. (ENADE – 2002)

O vetor de Poynting, $\vec{S} = \dfrac{\vec{E} \times \vec{B}}{\mu_0}$, de uma onda eletromagnética se propagando no vácuo é dado por

$\vec{S} = \dfrac{10^2}{\mu_0 c} \cos^2\left[10x - (3 \cdot 10^9)t\right] \hat{i}$, em unidades do SI, e seu campo elétrico oscila na direção do eixo y. O comprimento de onda l, em metros, o módulo do campo elétrico, E_o, em volt por metro, e a direção de oscilação do campo magnético, $\vec{B}$, são, respectivamente,

(A) 0,2 π   10 $\hat{k}$
(B) 10   10 /μ_0 $\hat{j}$
(C) 0,2 π   10 $\hat{i}$
(D) 10   10 c $\hat{j}$
(E) 0,2 $10\sqrt{\mu_0 c}$ $\hat{k}$

29. (ENADE – 2002)

Na figura está esquematizado um cubo de aresta **d**, com um de seus vértices na origem de um sistema de coordenadas cartesianas **x**, **y**, **z**. As arestas do cubo são paralelas aos eixos coordenados. Um fio retilíneo **r**, paralelo ao eixo **z**, passa pelo centro geométrico do cubo e está eletrizado com densidade linear de carga l. O plano **xz** está carregado com densidade superficial de carga s

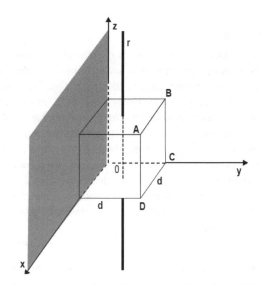

Supondo que o meio seja o vácuo e sabendo que o campo eletrostático gerado por um plano uniformemente eletrizado é dado por $E = \dfrac{\sigma}{2\varepsilon_0}$, o fluxo do vetor campo eletrostático resultante na face **ABCD**, é

(A) $\phi = \dfrac{\sigma d^2}{2\varepsilon_0}$

(B) $\phi = \dfrac{\lambda d^2}{\varepsilon_0}$

(C) $\phi = \dfrac{\sigma d^2}{2\varepsilon_0} + \dfrac{\lambda d}{\varepsilon_0}$

(D) $\phi = \dfrac{\sigma d^2}{2\varepsilon_0} + \dfrac{\lambda d}{4\varepsilon_0}$

(E) $\phi = \dfrac{\sigma d^2}{4\varepsilon_0} + \dfrac{\lambda d}{\varepsilon_0}$

30. (ENADE – 2002)

Um fio condutor de comprimento ℓ = 2,0 m é constituído de um material de condutividade s = 5,0 x 10⁷ 1/(W.m).

A densidade de corrente no condutor varia com o tempo, de acordo com o gráfico abaixo.

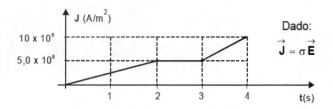

Dado: $\vec{J} = \sigma \vec{E}$

A partir do gráfico, obtém-se que a intensidade do campo elétrico no interior do condutor no instante **t** = 1 s e a diferença de potencial entre os extremos do condutor no instante **t** = 3,5 s são dados, em N/C e volt, respectivamente, por

(A) 0,10 e 0,15
(B) 0,050 e 0,30
(C) 0,050 e 13,00
(D) 0,13 e 0,75
(E) 20 e 3,3

31. (ENADE – 2002)

Um resistor **R** e um capacitor **C** estão ligados em série num gerador de ondas quadradas **G**, isto é, que introduz periodicamente, no circuito, uma tensão V_T como a que está representada no gráfico.

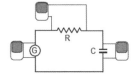 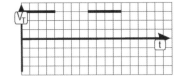

Com o auxílio de um osciloscópio medem-se as tensões em $G(V_T)$, em $R(V_R)$ e em $C(V_C)$. As tensões V_C e V_R em função do tempo que serão vistas nas telas do osciloscópio serão, aproximadamente,

(A)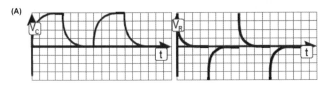

(B)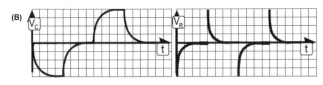

(C)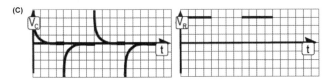

(D)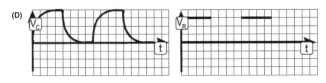

(E)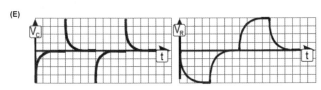

32. (ENADE – 2002)

A figura representa um ímã em forma de paralelepípedo e algumas linhas do campo magnético por ele gerado. Suponha que esse ímã possa ser cortado em duas partes, em cada um dos planos a, b, ou g, indicados na figura.

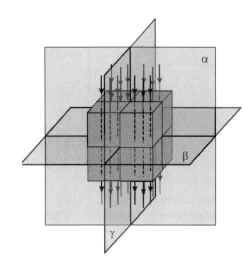

Logo em seguida ao corte, esses fragmentos vão se

(A) repelir, sempre, para qualquer plano de corte.
(B) atrair, sempre, para qualquer plano de corte.
(C) atrair quando o corte for feito no plano b e repelir quando o corte for feito nos outros dois planos.
(D) repelir quando o corte for feito no plano a e atrair quando o corte for feito nos outros dois planos.
(E) atrair quando o corte for feito nos planos a e b e repelir quando o corte for feito no plano g.

33. (ENADE – 2002)

Estando o cabo desconectado do carrinho, o ímã é abandonado. O gráfico que representa o movimento do ímã no interior do tubo é

(A)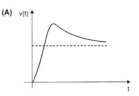

(B)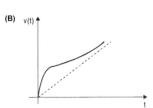

(C)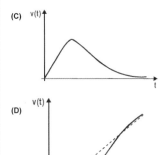

(D)

(E)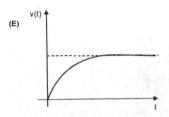

34. (ENADE – 2002)

A força magnética de frenamento F_m que atua sobre o ímã, é proporcional

(A) somente à componente B_z do campo.
(B) ao produto da componente B_z pela corrente induzida no tubo na direção q.
(C) ao produto da componente B_r pela corrente induzida no tubo na direção Z.
(D) somente à componente B_r do campo.
(E) ao produto da componente B_r pela corrente induzida no tubo na direção q.

35. (ENADE – 2002)

No gráfico estão representadas, além das curvas características, tensão x corrente, dos bipolos A e B, cinco curvas características de possíveis associações entre A e B.

A curva característica que representa a associação dos dois bipolos em série é a

(A) 1
(B) 2
(C) 3
(D) 4
(E) 5

36. (ENADE – 2001)

Uma partícula de carga q é transportada lentamente dentro do campo gerado por outra partícula de carga Q ao longo do percurso p entre os pontos A e B distantes r de Q.

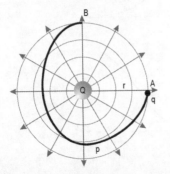

Considerando apenas a força eletrostática entre q e Q e sendo k a constante eletrostática do meio, o trabalho realizado para efetuar esse transporte vale

(A) $k \cdot \dfrac{q \cdot Q}{r} \cdot \pi$

(B) $k \cdot \dfrac{q \cdot Q}{2r} \cdot \pi$

(C) $-k \cdot \dfrac{q \cdot Q}{2r} \cdot \pi$

(D) $-k \cdot \dfrac{q \cdot Q}{r} \cdot \pi$

(E) zero.

37. (ENADE – 2001)

Radiação eletromagnética na faixa de micro-ondas incide sobre uma fenda de largura a = 6,0 cm. O primeiro mínimo de difração é observado num anteparo a um ângulo de 30° com o eixo central da fenda, normal ao plano que contém a fenda.

Dados:

$a \cdot \dfrac{C}{\lambda}$ $q = nI$

$f = \dfrac{c}{\lambda}$

$c = 3,0 \cdot 10^8$ m/s

Pode-se concluir que

(A) o comprimento de onda da radiação incidente é, aproximadamente, 5,2 cm.
(B) a frequência da radiação incidente é 5,0 GHz.
(C) a frequência da radiação incidente é 50 MHz.
(D) o segundo mínimo de difração ocorre em q 60°.
(E) o segundo mínimo de difração não pode ser observado.

38. (ENADE – 2001)

Considere a equação de Maxwell:
$$\nabla \times \vec{H} = \vec{J} + \dfrac{\partial \vec{D}}{\partial t}$$

O segundo termo, à direita, chamado de corrente de deslocamento, é reconhecido por muitos autores como a maior contribuição de Maxwell à teoria eletromagnética. O significado físico desse segundo termo é

(A) mostrar que um campo elétrico sempre gera um campo magnético.
(B) apresentar uma interpretação física da distância percorrida pela corrente.
(C) garantir a conservação da carga por meio da equação de continuidade.
(D) provar a existência de corrente elétrica fora de condutores.
(E) mostrar que as derivadas temporais dos campos são essenciais para se obter as equações de onda.

39. (ENADE – 2001)

É comum a utilização doméstica de transformadores, principalmente quando uma família muda de uma cidade para outra e as tensões das redes elétricas dessas cidades são diferentes, mas não se usam transformadores associados a pilhas ou baterias,

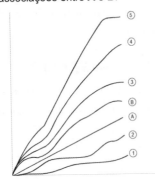

para transformar a tensão nominal de uma pilha de 1,5 V para 9,0 V, ou de uma bateria de 9,0 V para 1,5 V, por exemplo. Isso ocorre porque os transformadores

(A) só funcionam quando a tensão fornecida pela fonte, assim como a corrente por ela gerada, são contínuas.
(B) não funcionam quando associados a pilhas ou baterias, porque não circula corrente por eles.
(C) funcionam com ambas as tensões e correntes, mas só podem abaixar a tensão, nunca elevar.
(D) funcionam com ambas as tensões e correntes, mas só podem elevar a tensão, nunca abaixar.
(E) só funcionam quando a tensão fornecida pela fonte for alternada.

40. (ENADE – 2001)

Por um fio no espaço vazio passa uma corrente senoidal
$i = i_0 \sen wt$ de frequência angular w conhecida.

Essa corrente gera campos eletromagnéticos dependentes do tempo e, sobre tais campos, pode-se dizer que

(A) o campo elétrico é zero, pois não há cargas elétricas, e o campo magnético tem módulo $B = \frac{\mu_0 i}{2\pi r}$.
(B) o campo magnético é zero pois há indução com o campo elétrico cujo valor é $\vec{E} = \frac{1}{4\pi\varepsilon_0}\hat{r}$, onde $\hat{r}$ é o versor na direção radial.
(C) os campos são diferentes de zero, paralelos, e os comprimentos das ondas elétrica e magnética são perpendiculares.
(D) os campos são diferentes de zero, têm a mesma frequência e podem ser obtidos resolvendo-se as equações de Maxwell.
(E) os campos têm frequências iguais, mas as ondas elétrica e magnética têm frequências diferentes.

41. (ENADE – 2001)

Um ímã tem polos norte e sul. Ele é cortado ao meio de forma que apareçam novos polos sul e norte juntos, respectivamente, aos antigos polos norte e sul. Pode-se concluir com base no eletromagnetismo clássico que

(A) as cargas magnéticas sempre vêm aos pares e nesse caso, não há cargas elétricas.
(B) não há cargas magnéticas e as fontes dos campos magnéticos são correntes elétricas.
(C) as correntes magnéticas são mais intensas do que as correntes elétricas.
(D) as correntes elétricas são mais intensas do que as correntes magnéticas.
(E) as cargas elétricas vêm sempre aos pares e, nesse caso, não há carga magnética.

42. (ENADE – 2001)

Na experiência de Millikan, uma gotícula de óleo de densidade 800 kg/m³ é injetada numa câmara fechada penetrando na região entre duas placas paralelas dispostas horizontalmente a uma distância de 10 cm entre si. Se a diferença de potencial entre a placa superior e a inferior for + 10⁵ V, para que uma gota com excesso de 5 elétrons permaneça com velocidade constante durante a sua queda, seu volume em m³ deverá ser, aproximadamente, igual a

Dados:
$e = 1,6 \cdot 10^{-19}$ C
$g = 10$ m/s²

(A) 10^{-18}
(B) 10^{-17}
(C) 10^{-16}
(D) 10^{-15}
(E) 10^{-14}

43. (ENADE – 2001)

Considere o arranjo plano de resistores representados na figura abaixo, no qual duas cadeias infinitas se interceptam nos pontos **a**, **b**, **c**, e **d**.

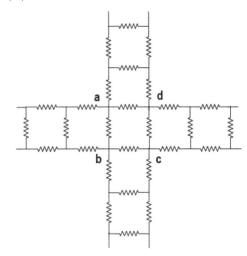

Se o valor de cada resistência é 1 W, a resistência equivalente entre os pontos **a** e **b**, em ohms, será de

(A) 1
(B) $\frac{3}{4}$
(C) $\sqrt{3} - 1$
(D) $\frac{3}{4} \cdot (\sqrt{3} - 1)$
(E) $\frac{1}{2}$

44. (ENADE – 2001)

No circuito abaixo as capacitâncias dos dois capacitores são iguais $C_1 = C_2 = C$. A chave S está aberta, o capacitor C_1 está carregado a uma tensão V e o capacitor C_2 está descarregado.

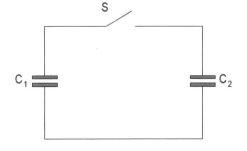

Após a chave S ser fechada, a

(A) carga em cada capacitor será igual à metade da carga inicial armazenada no capacitor C_1 e a energia total armazenada no sistema será metade da energia inicial armazenada em C_1.
(B) carga armazenada nos dois capacitores será a mesma e a energia armazenada no sistema será igual à energia inicial armazenada em C_1.
(C) tensão nos dois capacitores será igual à tensão inicial V no capacitador C_1 e a energia será conservada.
(D) tensão nos dois capacitores será $\frac{V}{2}$ e a carga armazenada em cada capacitor será igual a carga inicial armazenada em C_1.
(E) tensão no sistema se anula e a cargas armazenadas nos dois capacitores se igualam.

45. (ENADE – 2001)

O objetivo de uma atividade experimental é levantar a curva característica de um resistor R, isto é, o gráfico V ´ i, onde V é o valor da tensão a que esse resistor é submetido e i é a correspondente intensidade da corrente elétrica que o atravessa. O material disponível para essa atividade consta de:

- resistor, R
- fonte de tensão contínua, fixa, F
- reostato, r
- voltímetro, V_1
- voltímetro, V_2
- resistência padrão, R_p

Das montagens a seguir, a que satisfaz o objetivo da atividade é

(A)
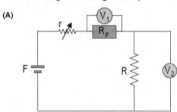

(B)
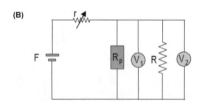

(C)
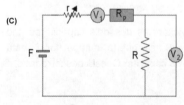

(D)
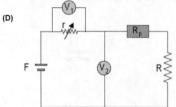

(E)
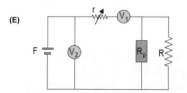

46. (ENADE – 2001)

Em circuitos elétricos há necessidade do uso de dissipadores de calor em alguns elementos para que eles não queimem, como é o caso das ventoinhas utilizadas nos circuitos integrados usados em computadores.

Considere um circuito elétrico operando a tensão constante, conectado a um dentre os cinco elementos, **1, 2, 3, 4 e 5,** cujas resistências elétricas variam com a temperatura, como representado nos gráficos a seguir.

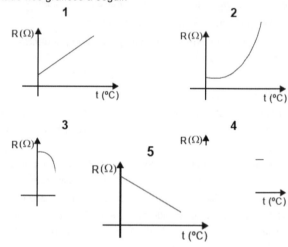

Dois elementos que obrigatoriamente necessitam de dissipadores de calor para funcionarem corretamente são

(A) 1 e 2
(B) 1 e 4
(C) 2 e 4
(D) 3 e 4
(E) 3 e 5

47. (ENADE – 2000)

Um corpo de dimensões muito pequenas, com carga **+Q**, está em frente a uma placa metálica aterrada, de dimensões consideradas infinitas. Se o corpo carregado dista **x** da placa, o valor da carga total induzida na placa vale

(A) -2/3 Q
(B) -2 pxQ
(C) -Q
(D) -2 Q
(E) zero

48. (ENADE – 2000)

Com um bloco de medidas **a**, **b**, **c**, feito de um material de grande resistividade, quer-se construir um resistor conforme a figura abaixo.

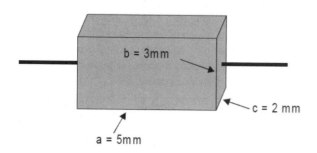

Quando se soldam ao bloco dois terminais paralelos às arestas de medida **a**, tanto o resistor como o valor de sua resistência serão denominados R_a. Quando os terminais forem soldados paralelamente às arestas de medida **b**, tem-se o resistor R_b e, na outra face, o resistor R_c.

Comparando-se os valores de R_a, R_b e R_c, tem-se:

(A) $R_a > R_c > R_b$
(B) $R_b > R_c > R_a$
(C) $R_c > R_a > R_b$
(D) $R_a > R_b > R_c$
(E) $R_c > R_b > R_a$

49. (ENADE – 2000)

Uma bobina, de seção reta igual a 60 cm² e resistência 36 W, submetida à taxa de variação do campo magnético de 150 T/s, perpendicular ao plano da bobina, produz corrente induzida de 2,0 A em suas espiras. O número de espiras dessa bobina é

(A) 40
(B) 64
(C) 80
(D) 480
(E) 640

50. (ENADE – 2000)

Coloca-se uma esfera de material de permeabilidade magnética P em uma região onde, inicialmente, há um campo magnético constante. Pode-se afirmar que o campo magnético

(A) não penetra na esfera.
(B) será reduzido, tanto no interior quanto no exterior da esfera.
(C) desaparece devido à blindagem eletrostática, comumente conhecida como gaiola de Faraday.
(D) induz no interior da esfera um campo de dipolo magnético que muda o valor do campo em seu exterior.
(E) induz na esfera um campo elétrico.

51. (ENADE – 2000)

O poder das pontas é uma consequência da forma como as partículas portadoras de carga elétrica se distribuem na superfície de um condutor. Em um dado condutor carregado, em equilíbrio eletrostático, pode-se afirmar que, em relação ao restante da superfície, nas pontas,

(A) a quantidade de cargas é sempre menor, mas a densidade de cargas é sempre maior.
(B) a quantidade de cargas é sempre maior, mas a densidade de cargas é sempre menor.
(C) a quantidade e a densidade de cargas são sempre maiores.
(D) a quantidade e a densidade de cargas são sempre menores.
(E) a quantidade e a densidade de cargas são sempre iguais.

52. (ENADE – 2000)

Considerando-se as equações de Maxwell pode-se afirmar que

(A) as ondas eletromagnéticas viajam sempre com velocidades menores que a da luz.
(B) os campos elétrico e magnético obedecem a equações de onda que podem ser escritas na forma relativística.
(C) cada campo, elétrico e magnético, é obtido resolvendo-se a respectiva equação de continuidade.
(D) o campo magnético de uma corrente dependente do tempo é dado pela Lei de Biot-Savart.
(E) o campo elétrico pode ser sempre obtido através da Lei de Coulomb, de acordo com teoria da relatividade.

53. (ENADE – 2000)

Uma barra de cobre cai horizontalmente, sob a ação da gravidade, perpendicularmente a um campo magnético constante. Suponha que, logo após o movimento se iniciar, seja induzida uma corrente de intensidade i pela barra, que flui como em um circuito fechado.

Desprezando-se a resistência do ar, pode-se afirmar que a barra

(A) continua a cair em queda livre.
(B) começa a frear e pára logo em seguida.
(C) tem sua aceleração aumentada, atingindo um valor maior que g.
(D) cai com velocidade proporcional à raiz quadrada do tempo.
(E) cai e sua velocidade aumenta até atingir um valor finito.

54. (ENADE – 2000)

Considere o próton como sendo uma esfera de carga +e, com densidade volumétrica de carga uniforme e raio R, centrada na origem do sistema de coordenadas.

Tomando-se o potencial igual a zero no infinito, pode-se afirmar que em seu interior o

(A) módulo do campo elétrico é constante.
(B) módulo do campo elétrico é menor em pontos mais afastados da origem.
(C) potencial elétrico é constante e vale $\dfrac{e}{4\pi\varepsilon_0 R}$.
(D) potencial elétrico é menor em pontos mais afastados da origem onde seu valor é maior que $\dfrac{e}{4\pi\varepsilon_0 R}$.
(E) potencial elétrico em pontos vizinhos à superfície interna difere daquele nas vizinhanças da superfície externa.

55. (ENADE – 2000)

Para determinar-se o valor do resistor R representado no circuito abaixo, foram utilizados dois multímetros, X e Y, e uma fonte F.

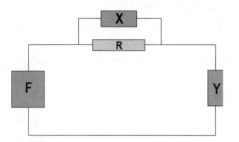

Os visores dos dois multímetros, bem como os fundos de escala de cada um deles, estão representados abaixo.

Os multímetros utilizados e o valor do resistor são:

	Multímetro X	Multímetro Y	Valor do resistor (ohms)
A	1	2	300
B	2	1	300
C	1	2	333
D	2	1	333
E	1	2	80

56. (ENADE – 2000)

Para uma demonstração experimental, considere a montagem esquematizada abaixo.

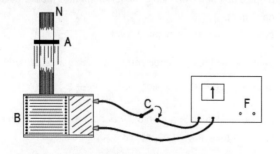

Quando a chave C, que liga os terminais da bobina à fonte F, é fechada, o anel A colocado no núcleo N, apoiado sobre a bobina B, salta verticalmente. Mantendo-se a chave ligada, o anel pode permanecer em equilíbrio, levitando a certa altura da bobina. Para que essa demonstração funcione, a fonte de tensão e os materiais utilizados adequados devem ser:

	Fonte de tensão	Anel de	Núcleo de lâminas de
A	contínua	aço	alumínio
B	alternada	aço	aço
C	contínua	alumínio	aço
D	alternada	alumínio	aço
E	contínua	alumínio	alumínio

57. (ENADE – 2005) DISCURSIVA

No circuito representado no esquema abaixo, a chave S_1 está inicialmente fechada, há muito tempo, e a chave S^2 está aberta.

No instante t = 0, a chave S_2 é fechada e a chave S_1 aberta, simultaneamente. Considere dados os valores da resistência R, capacitância C, indutância L e tensão V.

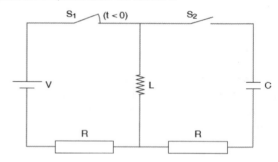

a) Determine a corrente I no circuito, antes do instante t = 0. **(valor: 2,0 pontos)**
b) Supondo que o valor de R seja muito menor que wL, onde w é a frequência angular, faça um gráfico qualitativo da corrente máxima no circuito, após o instante t = 0, em função de w. **(valor: 2,0 pontos)**
c) Nesta mesma condição, determine o máximo valor possível da energia armazenada no capacitor, após o instante t = 0. **(valor: 4,0 pontos)**
d) Determine a energia total dissipada no resistor entre t = 0 e t → ∞. **(valor: 2,0 pontos)**

58. (ENADE – 2005) DISCURSIVA

Durante muitos anos, a aplicação exclusiva de longas listas de exercícios foi considerada uma boa estratégia para ensinar Física no ensino médio. Hoje, sabe-se que as longas listas têm eficiência limitada.

a) Comente as principais limitações dessa estratégia. **(valor: 4,0 pontos)**
b) Proponha atividades complementares a essa estratégia. **(valor: 3,0 pontos)**
c) Justifique as atividades propostas anteriormente. **(valor: 3,0 pontos)**

59. (ENADE – 2003) DISCURSIVA

Com um perfil semicilíndrico transparente de acrílico, uma fonte de luz retilínea e um transferidor é possível realizar algumas atividades experimentais de óptica geométrica.

A figura ilustra uma forma de utilização da fonte e do perfil semicilíndrico: o raio de luz deve incidir na face cilíndrica, orientado para o centro **O** da face plana.

a) Explique a vantagem e/ou facilidade desse procedimento para o estudo da refração da luz. **(2,5 pontos)**

b) Explique como se pode utilizar essa montagem para determinar, experimentalmente, o índice de refração e o ângulo limite de refração do acrílico. **(2,5 pontos)**

c) Essa experiência permite a verificação qualitativa de um fenômeno óptico pouco explorado no Ensino Médio: a ocorrência simultânea da refração e da reflexão da luz e a dependência das intensidades da luz refletida e da luz refratada em função do ângulo de incidência. Explique como isso pode ser feito com essa montagem experimental. **(2,5 pontos)**

60. (ENADE – 2003) DISCURSIVA

Recentemente surgiu grande interesse sobre materiais com índice de refração negativo, primeiro porque foi descoberta uma forma de produzi-los e em segundo lugar porque com esses materiais é possível fazer lentes perfeitas. [D.R. Smith *et al*, Phys. Rev. Lett. **84**, 4184 (2000)]. Neste problema vamos utilizar as equações de Maxwell para investigar o comportamento do campo eletromagnético nesses materiais.

a) Considere uma onda eletromagnética plana se propagando num meio material com constante dielétrica $e = e_r e_0$ e permeabilidade magnética $m = m_r m_0$, onde e_r e m_r são os valores dessas constantes relativos aos do vácuo, e_0 e m_0. Suponha a onda se propagando na direção z, de forma que os campos elétrico e intensidade de campo magnético sejam dados por

$$\vec{E} = \vec{E}_0 e^{i(kz-\omega t)} \quad \text{e} \quad \vec{H} = \vec{H}_0 e^{i(kz-\omega t)}.$$

Utilizando as equações de Maxwell $\nabla \times \vec{E} = -\dfrac{\partial \vec{B}}{\partial t}$ e $\nabla \times \vec{H} = \dfrac{\partial \vec{D}}{\partial t}$, onde $\vec{D} = \varepsilon \vec{E}$ e $\vec{B} = \mu \vec{H}$, demonstre que as relações vetoriais envolvendo $\vec{E}_0$, $\vec{H}_0$, e $\vec{k} = k\hat{e}_z$ são $\vec{k} \times \vec{E}_0 = \omega \mu \vec{H}_0$ e $\vec{k} \times \vec{H}_0 = -\omega \varepsilon \vec{E}_0$. **(2,5 pontos)**

b) Considere o vetor campo elétrico na direção x, ou seja, $\vec{E}_0 = E_0 \hat{e}_x$. Determine a direção e o sentido de $\vec{H}_0$ nos casos (i) e > 0 ; m > 0 e (ii) e < 0 ; m < 0 e mostre que, em ambos, a expressão para o índice de refração, definido por $n = c/v_f$, onde $c = (m_0 e_0)^{-1/2}$ e v_f é a velocidade de fase da onda, é dada por $n^2 = e_r m_r$. **(2,5 pontos)**

c) De acordo com essa expressão, tanto faz ter e > 0 ; m > 0 ou e < 0 ; m < 0 , porque n^2 será sempre positivo. No entanto, considerando a incidência de uma onda na interface entre dois meios, é possível demonstrar que o sinal negativo da raiz $\sqrt{\varepsilon_r \mu_r}$ tem que ser tomado no segundo caso (ii) do item anterior. Considere uma onda plana incidente na interface entre dois meios, com índices de refração n_1 e n_2, como mostrado na figura. Os campos elétricos das ondas incidente, $\vec{E}_1$, refletida, $\vec{E}_1'$, e refratada, $\vec{E}_2$, são paralelos à interface e os ângulos de incidência, θ_1, e de refração, θ_2, satisfazem a lei de Snell $n_1 \text{sen}(\theta_1) = n_2 \text{sen}(\theta_2)$. Imponha as condições de contorno às componentes paralelas e normais do campo eletromagnético na interface entre os meios e, no caso $\varepsilon > 0$; $\mu > 0$ no meio 1 e $\varepsilon < 0$; $\mu < 0$ no meio 2, determine o sinal do ângulo θ_2 e de n_2 para que as condições de contorno e a lei de Snell sejam simultaneamente satisfeitas.

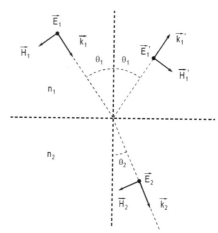

(2,5 pontos)

Dados:

$E_{t1} = E_{t2}$, $H_{t1} = H_{t2}$, $D_{n1} = D_{n2}$, $B_{n1} = B_{n2}$

Atenção: Para responder à próxima questão, considere a experiência descrita abaixo.

Uma forma muito eficaz de realizar uma experiência de demonstração, na qual um corpo se move com velocidade constante, é utilizar frenagem magnética como representado no esquema abaixo.

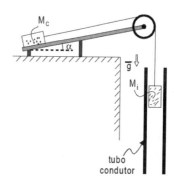

Um carrinho de massa M_c 90 g sobe num plano inclinado puxado por um ímã cilíndrico de massa M_i = 60 g, que cai dentro de um tubo condutor. O cabo que puxa o carrinho passa por uma polia. O efeito do atrito pode ser completamente desprezado. O sistema é posto em movimento com o ímã já dentro do tubo condutor. Após um breve período de aceleração, o sistema atinge uma velocidade constante **v**. O valor dessa velocidade pode ser facilmente alterado variando o ângulo de inclinação D da rampa. O gráfico que segue representa a força magnética de frenagem, F_m, em função da velocidade constante do conjunto. Adote **g** = 10 m/s².

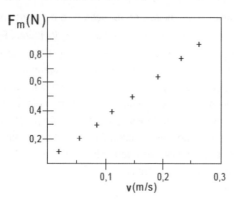

A figura abaixo mostra as componentes do campo magnético do ímã, num sistema de coordenadas cilíndricas, centrado em seu eixo.

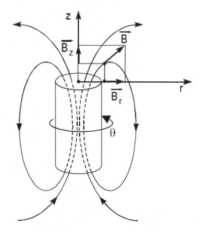

Dados:

$$\vec{\nabla} \cdot \vec{E} = \rho/\varepsilon_0$$
$$\vec{\nabla} \cdot \vec{B} = 0$$
$$\vec{\nabla} \times \vec{E} = -\partial \vec{B}/\partial t$$
$$\vec{\nabla} \times \vec{B} = \mu_0 \vec{J} + \mu_0 \varepsilon_0 \partial \vec{E}/\partial t$$

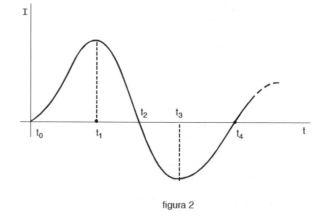

figura 2

Instruções: Para responder à próxima questão considere o texto e as figuras que se seguem.

Uma experiência para demonstrar a força eletromotriz induzida é a do anel saltador. Um anel metálico é colocado em um dos braços de um ferro U. No outro braço é colocada uma bobina com grande número de espiras. Quando uma corrente variável circula pela bobina, o anel salta. Na situação da figura 1, a bobina é energizada por um capacitor de capacitância C, carregado a uma tensão V. A figura 2 representa o gráfico da corrente que circula na bobina, quando a chave S é fechada, segundo o sentido indicado na fig. 1.

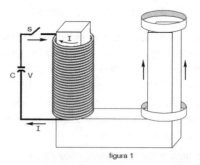

figura 1

61. (ENADE – 2002) DISCURSIVA

Em uma região do espaço, onde o meio é o vácuo, o vetor densidade de corrente de deslocamento é dado pela relação:

$$\vec{J}_D = J_0 \cos(\omega t - kz) \vec{i}$$

onde Z e **k** são constantes.

a) Determine a expressão do vetor campo elétrico $\vec{E}$.
(2,5 pontos)

b) Determine a expressão do vetor campo de indução magnética $\vec{B}$.
(2,5 pontos)

c) Responda qual deve ser a relação entre Z e **k** para que as equações de Maxwell estejam satisfeitas.
(2,5 pontos)

62. (ENADE – 2001) DISCURSIVA

Um capacitor cilíndrico, de raio interno R_1 e externo R_2 e comprimento L, submetido a uma diferença de potencial V é mostrado na figura, semimergulhado num líquido cuja constante dielétrica é e. O líquido sobe até uma distância h devido às forças elétricas. Admita que a aceleração da gravidade é g.

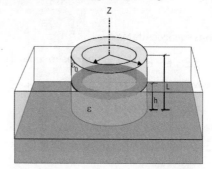

(corte transversal)

a) Suponha que, no equilíbrio, o capacitor seja constituído de duas partes, uma para z > h, e outra, para z< h. Calcule os campos elétricos no interior de cada capacitor, de modo que as condições de contorno sejam satisfeitas.
(Valor: 1,0 ponto)

b) Demonstre que a energia eletrostática total armazenada no conjunto é dada por U = $\dfrac{\pi V^2}{\ln(R_2/R_1)}\left[L\,\varepsilon_0 + (\varepsilon - \varepsilon_0)\,h \right]$.
(Valor: 1,0 ponto)

c) Determine a expressão do trabalho realizado pela bateria em função da variação da energia eletrostática.
(Valor: 1,0 ponto)

d) Faça uma variação infinitesimal em h. Em seguida, calcule h supondo que a força elétrica e o peso do fluido se equilibram.
(Valor: 1,0 ponto)

Dado:

Densidade de energia u = $\dfrac{1}{2}\,\varepsilon_0\,E^2$

63. (ENADE – 2001) DISCURSIVA

Considere um sistema de dois níveis descrito pelo Hamiltoniano

H = -mB(N_+ - N_-)

que representa a interação entre momentos magnéticos de N elétrons e um campo magnético externo de módulo B, na direção z. Nessa expressão, N_+ e N_- representam, respectivamente, a população de elétrons com momentos magnéticos paralelos e antiparalelos ao campo externo aplicado.

Determine:

a) A função de partição do sistema a partir da série geométrica
S(N) = 1+ r + ... +r^N .
(Valor: 1,0 ponto)

b) As populações médias $\overline{N}_+$ e $\overline{N}_-$, para N = 2.
(Valor: 1,0 ponto)

c) A magnetização, por unidade de volume, M = $\dfrac{\mu}{V}$ ($\overline{N}_+$ – $\overline{N}_-$) a altas e baixas temperaturas, isto é, bmB << 1e bmB >> 1, também para N = 2.
(Valor: 1,0 ponto)

d) Esboce num mesmo gráfico, as probabilidades de ocupação
$P_+ = \dfrac{\overline{N}_+}{N}$ e $P_- = \dfrac{\overline{N}_-}{N}$ em função da temperatura do sistema.
(Valor: 1,0 ponto)

Dados:

$Z = \sum_n e^{-\beta E_n}$

$S(N) = \dfrac{1 - r^{N+1}}{1-r}$

64. (ENADE – 2001) DISCURSIVA

Suponha que o único material de que uma escola dispõe para o estudo experimental de óptica geométrica são algumas lupas.

As salas de aula são iluminadas com lustres de lâmpadas fluorescentes e pode-se dispor de algumas trenas. Com esse precário material e outros encontrados comumente em sala de aula decide-se realizar algumas atividades experimentais simples.

a) Descreva um procedimento simples ilustrado por um esquema gráfico para:

I. Determinar a distância focal de cada lupa (não precisa ser em sala de aula). **(Valor: 1,0 ponto)**

II. Observar, com uma das lupas, uma imagem virtual. **(Valor: 1,0 ponto)**

b) Proponha duas atividades a serem realizadas em sala de aula, cada uma ilustrada com um esquema gráfico onde estejam representados a lente e sua distância focal, o objeto e a imagem com suas respectivas abscissas e a posição do observador, representada pela letra O. Os objetivos dessas atividades devem ser, respectivamente:

I. Verificar a equação de conjugação, que relaciona as posições do objeto e da imagem conjugada por uma lente,

usualmente expressa na forma $\dfrac{1}{p} + \dfrac{1}{p'} = \dfrac{1}{f}$, onde:

f é a distância focal e p e p' são as abscissas do objeto e da imagem em relação à lente.
(Valor: 1,0 ponto)

II. Verificar a equação do aumento linear transversal, usualmente expressa na forma $\dfrac{y'}{y} = -\dfrac{p'}{p}$, onde:

y e y' são as alturas do objeto e da imagem conjugados com essa lente. **(Valor: 1,0 ponto)**

65. (ENADE – 2000) DISCURSIVA

Considere as equações de Maxwell para uma dada densidade de carga r e de corrente

$\vec{J}$ no vácuo, no SI (Sistema Internacional).

$$\nabla \cdot \vec{E} = \dfrac{\rho}{\varepsilon_0}$$

$$\nabla \wedge \vec{E} = -\dfrac{\partial \vec{B}}{\partial t}$$

$$\nabla \cdot \vec{B} = 0$$

$$\nabla \wedge \vec{B} = \mu_0 \varepsilon_0 \dfrac{\partial \vec{E}}{\partial t} + \mu_0 \vec{J}$$

Dado:

$$\nabla \wedge \nabla \wedge \vec{F} = \nabla(\nabla \cdot \vec{F}) - \nabla^2 \vec{F}$$

onde $\vec{F}$ é um campo vetorial qualquer.

a) Indique a lei de Gauss, e a equação que prevê a inexistência de monopolos magnéticos, escrevendo-as na forma integral.
(Valor: 1,0 ponto)

b) Escrevendo a Lei de Faraday, na forma integral, calcule a força eletromotriz induzida num dado circuito genérico. **(Valor: 1,0 ponto)**

c) Demonstre que o termo $\dfrac{\partial E}{\partial t}$, descoberto por Maxwell, é necessário para que a carga se conserve. **(Valor: 1,0 ponto)**

d) Deduza uma equação de onda para $\vec{E}$, na ausência de fontes e demonstre que $c = \dfrac{1}{\sqrt{\mu_0 \varepsilon_0}}$ é a velocidade de propagação da mesma. **(Valor: 1,0 ponto)**

5) Física Ondulatória e Estatística Física

1. (ENADE – 2011)

A maior parte dos *tsunamis* é gerada devido ao movimento relativo das placas tectônicas em um oceano. Esse movimento origina uma perturbação na superfície livre da água que se propaga em todas as direções para longe do local de geração sob a forma de ondas. Em oceano aberto, onde a profundidade média é de 4 km, os *tsunamis* têm comprimento de onda da ordem de 200 km e velocidades superiores a 700 km/h. Quando um *tsunami* atinge a costa, a profundidade do oceano diminui, e, em consequência, a sua velocidade de propagação decresce, assim como seu comprimento de onda. Suponha que aqui se aplica o modelo de ondas rasas, em que a velocidade da onda é proporcional à raíz quadrada da profundidade em que a onda se encontra.

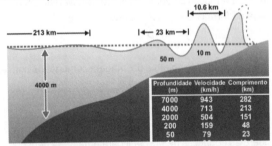

MARTINS, J.P.; PIRES, Ana. **Tsunami no Índico**: Causas e Consequências. Disponível em < http://fisica.fc.ul.pt/quantum/docs/quantum1cute.pdf>. Acesso em: 25 ago. 2011 (com adaptações).

Analisando-se os dados apresentados na figura, o valor do comprimento de onda para uma profundidade de 5 m é aproximadamente igual a

(A) 2,1 km.
(B) 4,1 km.
(C) 5,3 km.
(D) 7,5 km.
(E) 8,4 km.

2. (ENADE – 2011)

Para estimar a frequência de um forno micro-ondas, foi preparada uma placa de isopor do tamanho do forno coberta com papel toalha umedecido. Em seguida, com papel termossensível como aqueles utilizados em fax, o conjunto foi colocado no forno utilizando um suporte para não girar por alguns segundos. A figura apresenta as regiões escuras e claras formadas no papel termossensível. A régua na figura tem o comprimento de 20 cm.

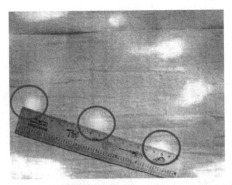

CARVALHO, R. P. **Temas Atuais de Física**: Micro-ondas. São Paulo: Editora Livraria da Física/SBF. 1. ed. p. 58-61, 2005.

Supondo que as ondas eletromagnéticas no interior do forno sejam todas estacionárias e que a régua está colocada em uma posição onde há claros representando os vales dessas ondas, qual a frequência estimada?

(A) 0,3 MHz.
(B) 15,0 MHz.
(C) 30,0 MHz.
(D) 1,5 GHz.
(E) 3,0 GHz.

3. (ENADE – 2011)

Os modelos mais precisos de sistemas físicos são não lineares. Exemplo disso é o sistema de um pêndulo simples, definido como uma partícula de massa m (desprezível), suspenso por um fio inextensível de comprimento L, cuja equação diferencial que descreve o movimento do pêndulo é

$$\frac{L}{g}\frac{\partial^2 \theta(t)}{\partial t^2} = -sen\,\theta(t)$$

A resolução da equação é simplificada por linearização (em função da amplitude), resultando em

$$\frac{\partial^2 \theta(t)}{\partial x^2} + \frac{g}{L}\theta(t) = 0$$

Isso ocorre quando se supõe q igual a aproximadamente

(A) 0 rad.
(B) π/6 rad.
(C) π/4 rad.
(D) π/3 rad.
(E) π/2 rad.

4. (ENADE – 2011)

Sistemas descritos por osciladores estão presentes na vida cotidiana nas mais variadas formas, dos cristais de nossos relógios digitais até os antigos relógios de pêndulos e circuitos de rádios. Os osciladores do tipo harmônicos amortecidos obedecem a uma equação do tipo

$$\ddot{x} + 2b\,\dot{x} + \omega_0^2 x = 0$$

Suponha que, ao resolver um problema de um oscilador harmônico amortecido e solucionar a equação correspondente, um estudante obteve três soluções possíveis, representadas pelas curvas A, B e C na Figura I.

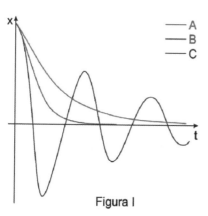

Figura I

Na situação descrita, o estudante

(A) estava correto na solução do problema, pois as três curvas representam, de fato, soluções da equação.
(B) estava parcialmente correto na solução do problema, pois apenas as curvas A e B representam, de fato, soluções da equação.
(C) estava parcialmente correto na solução do problema, pois apenas as curvas A e C representam, de fato, soluções da equação.
(D) estava parcialmente correto na solução do problema, pois apenas as curvas B e C representam, de fato, soluções da equação.
(E) cometeu um erro ao resolver o problema, pois nenhuma das três curvas representa uma solução da equação.

5. (ENADE – 2008)

Uma brincadeira de criança que mora perto de um riacho é atravessá-lo usando uma corda amarrada a uma árvore perto da margem. Dependendo da resistência da corda, essa travessia pode não se concretizar. Para avaliar o perigo da travessia, pode-se usar como modelo o movimento do pêndulo, e calcular a tensão máxima que a corda pode suportar. Considerando que a corda faz, inicialmente, um ângulo de 60° com a vertical, qual é a tensão máxima a ser suportada pela corda para que uma criança de 30 kg atravesse o riacho?

(Considere g = 10 m/s²)

TIPLER, P.A.; MOSCA, G. Física para cientistas e engenheiros, V1 - Mecânica, Oscilações, Ondas, Termodinâmica. Rio de Janeiro: LTC, 2006.

(A) 200 N
(B) 300 N
(C) 600 N
(D) 900 N
(E) 1.200 N

6. (ENADE – 2008)

Cinco sensores foram utilizados para medir a temperatura de um determinado corpo. As curvas de calibração da resistência elétrica, em função da temperatura destes sensores, são apresentadas no gráfico abaixo.

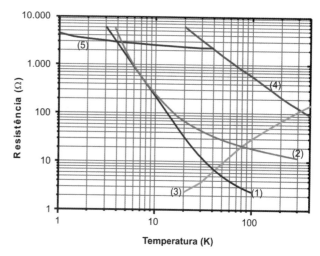

(1) Germânio
(2) Vidro-Carbono
(3) Platina
(4) Cernox Ò
(5) Rox Ò

Analisando-se o gráfico, foram feitas as afirmativas a seguir.

I. O sensor (2) só deve ser utilizado para temperaturas superiores a 20 K.
II. Para temperaturas entre 1 K e 3 K apenas o sensor (5) pode ser utilizado.
III. Quando a resistência do sensor (1) atingir o valor de cerca de 7 W o sensor (4) estará com uma resistência um pouco superior a 2 k W
IV. O sensor (3) é o único a ser empregado para temperaturas na faixa de 20 K a 300 K.

São verdadeiras **APENAS** as afirmações

(A) I e II
(B) I e IV
(C) II e III
(D) II e IV
(E) III e IV

7. (ENADE – 2008)

Uma onda se propaga em uma corda, representada na figura abaixo em dois momentos sucessivos. O intervalo de tempo entre esses dois momentos é de 0,2s.

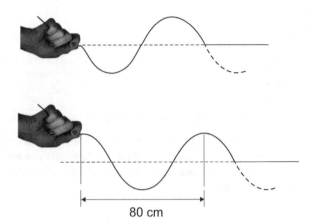

Com relação à propagação dessa onda, foram feitas as afirmativas a seguir.

I. A velocidade da onda é 40 cm/s.
II. A frequência da onda é 1,25 Hz.
III. As ondas estão defasadas de $\frac{\pi}{2}$.
IV. As ondas estão deslocadas de meio comprimento de onda.

São corretas APENAS as afirmações

(A) I e II
(B) I e IV
(C) II e III
(D) II e IV
(E) III e IV

8. (ENADE – 2008)

Em uma experiência de interferência entre duas fendas iguais, utilizou-se um feixe de luz monocromática, de comprimento de onda $l = 500$ nm, incidindo perpendicularmente ao plano que contém as fendas.

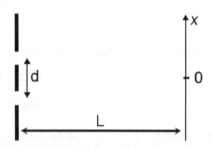

O padrão de interferência observado no anteparo, posicionado a uma distância $L = 1,0$ m do plano das fendas, está representado na figura a seguir com a intensidade I em função da posição x.

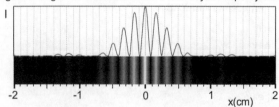

Considerando-se os dados apresentados, qual é a distância d entre as duas fendas?

(A) 1,70 cm
(B) 0,85 cm
(C) 1,50 mm
(D) 0,30 mm
(E) 0,15 mm

9. (ENADE – 2008)

Na flauta, o tubo sonoro ressoa notas diferentes, com frequências diferentes, de acordo com o número de furos fechados pelos dedos do flautista.

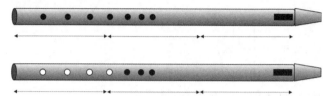

Com os furos todos tampados, é gerada a nota lá, de 440 Hz. Abrindo alguns furos, de modo a ressoar 2/3 do tubo, a frequência, em hertz, será

(A) 145
(B) 293
(C) 660
(D) 880
(E) 1.000

10. (ENADE – 2008)

Micro-ondas são ondas eletromagnéticas que, quando absorvidas pela água, geram calor no interior do alimento por aumentar a vibração de suas moléculas. Na porta de vidro de um forno de micro-ondas existe uma rede metálica de proteção. A rede metálica tem orifícios de 2 mm de diâmetro. Durante a operação, é possível ver o interior do forno. No entanto, o cozinheiro está protegido da radiação micro-ondas.

A esse respeito, foram feitas as afirmativas a seguir.

I. A radiação com comprimento de onda no infravermelho próximo (~ 1mm) é bloqueada pela grade.
II. A largura dos orifícios é da ordem de grandeza do comprimento de onda da luz visível.
III. A rede metálica impede a transmissão das micro-ondas, mas não impede a transmissão da radiação visível, por causa da diferença entre as frequências.
IV. O comprimento de onda da radiação micro-ondas é maior do que o da luz visível.

Está(ão) correta(s) APENAS a(s) afirmação(ões)

(A) I
(B) II
(C) III
(D) I e II
(E) III e IV

11. (ENADE – 2008)

A radiação térmica emitida por estrelas pode ser modelada como semelhante à de um corpo negro. A radiância espectral do corpo negro é máxima para uma frequência ou comprimento de onda. A Lei de Wien estabelece uma relação entre esse comprimento de onda l_{max} e a temperatura absoluta T do objeto, através de uma constante determinada, experimentalmente, como igual a $2,9 \times 10^{-3}$

m.K. Usando a Lei de Wien para a estrela Polar, com l_{max} = 350 nm, qual a temperatura absoluta dessa estrela, em milhares de kelvins?

(A) 1,7
(B) 3,9
(C) 5,7
(D) 8,3
(E) 11,0

12. (ENADE – 2008)

Quando uma onda eletromagnética plana penetra em um meio material, a sua amplitude decai com a distância de penetração, ou seja, ela tem a sua amplitude atenuada pelo meio.

A profundidade de penetração da onda (d) é a profundidade na qual a intensidade do campo foi reduzida a aproximadamente 1/3 do valor inicial. Define-se a profundidade da penetração como:

$$\delta = \sqrt{\frac{2}{\mu\omega\sigma}}$$

onde

s é a condutividade do meio;
m é a permeabilidade magnética do meio;
w é a frequência angular da onda.

Para onda com frequência específica w_0, a condutividade na prata é s_{prata} = 3x10^{-7} (mW)$^{-1}$ e no mar é s_{mar} = 4,0 x 10^{-7} (mW)$^{-1}$, e para ambos é m = 4p x 10^{-7} N/A².

A esse respeito, analise as afirmações a seguir.

I. A penetração da onda é maior na prata do que no mar.
II. Para um meio condutor com condutividade constante, uma onda com menor comprimento de onda tem uma profundidade de penetração maior do que outra onda com maior comprimento de onda.
III. A uma profundidade de 2 d da superfície, a sua amplitude será aproximadamente 10% da amplitude original.

Estão corretas **SOMENTE** as afirmações

(A) I
(B) II
(C) III
(D) I e III
(E) II e III

13. (ENADE – 2008)

O céu é azul devido ao espalhamento da luz solar pelas moléculas da atmosfera distribuídas de forma inomogênea. Este espalhamento, denominado Espalhamento Rayleigh, também importante em propagação de luz em fibras ópticas, varia com o inverso da quarta potência do comprimento de onda $(1/\lambda^4)$.

Considerando essas informações, analise as explicações dos fenômenos apresentados a seguir.

I. Em propagação de luz em fibras ópticas de vidro, o Espalhamento Rayleigh é responsável por uma atenuação maior da intensidade na transmissão óptica para comprimentos de onda da luz visível do que para a radiação infravermelha.
II. A cor avermelhada do pôr do sol ocorre porque, ao entardecer, os raios solares incidem tangencialmente à superfície da Terra e as cores de maior frequência não conseguem atravessar toda a extensão da atmosfera.
III. A cor azul do céu ocorre porque a luz solar, ao passar pela atmosfera, sofre um espalhamento maior para as radiações de menor comprimento de onda do que para as de maior comprimento de onda.

Está(ão) correta(s) a(s) explicação(ões)

(A) I, apenas.
(B) I e II, apenas.
(C) I e III, apenas.
(D) II e III, apenas.
(E) I, II e III.

14. (ENADE – 2005)

Em virtude de graves acidentes ocorridos recentemente, realizaram-se dois ensaios para testar a segurança de praticantes de *bungee jump* utilizando uma pedra de massa M = 60 kg, presa à extremidade de uma corda elástica, solta de uma ponte de altura H = 60 m, acima da superfície de um rio. Suponha que a corda no estado relaxado, tenha comprimento L = 30 m e se alongue de acordo com a lei de Hooke, com constante elástica k = 150 N/m. No ensaio A foram medidas a elongação máxima da corda (d), a menor distância atingida pela pedra em relação à superfície do rio (h) e no ensaio B, a posição de equilíbrio da pedra (ℓ), conforme o esquema abaixo.

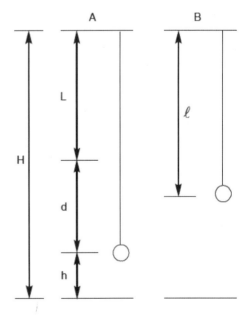

Adotando g = 10 m/s² e desprezando a resistência do ar, pode-se afirmar que os valores de d, h e ℓ, medidos em metros são, respectivamente,

(A) 12, 18, 34
(B) 15, 15, 30
(C) 20, 10, 34
(D) 25, 5, 32
(E) 30, 0, 34

15. (ENADE – 2005)

A figura abaixo apresenta a imagem da tela de um osciloscópio quando nele são inseridos os sinais da mesma nota dó tocada por um piano e por uma clarineta.

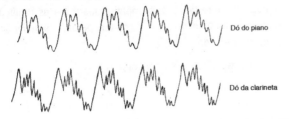

(Paul G. Hewitt. **Física conceitual**. Porto Alegre: Bookman, 2002. p. 363)

Sabendo que a altura é a frequência fundamental do instrumento, pode-se afirmar que os dois sons têm

(A) mesma altura e diferentes timbres.
(B) mesma altura e mesmo timbre.
(C) diferentes alturas e intensidades semelhantes.
(D) diferentes timbres e diferentes intensidades.
(E) mesmo timbre e intensidades semelhantes.

16. (ENADE – 2005)

No olho humano, o conjunto córnea-cristalino se comporta como uma lente convergente, cujo foco pode ser ajustado pelos músculos oculares. Num olho normal, quando os raios de luz vêm de uma fonte distante, ou seja, praticamente paralelos, a imagem é focalizada na retina R, conforme a figura 1. Se vierem de uma fonte muito próxima, isto é, como raios divergentes, a imagem se forma além da retina (figura 2). Mas, nesse caso, os músculos oculares conseguem alterar a forma da lente da córnea, de forma a fazer com que uma imagem nítida seja novamente formada na retina. No entanto, se os raios de luz já incidirem convergentes sobre a córnea, eles serão ainda mais focalizados pela sua lente, e a imagem se forma entre a córnea e a retina (figura 3). Neste último caso, não há como os músculos oculares modificarem a curvatura da córnea para focalizar a imagem na retina. Com esta informação, considere uma montagem (figura 4) na qual um observador vê uma laranja através de uma lente convergente e que a córnea do olho do observador esteja posicionado a uma distância da lente menor que sua distância focal f.

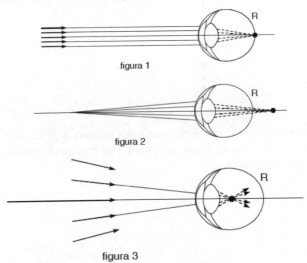

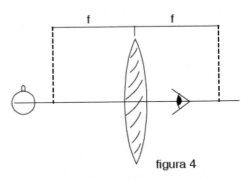

figura 4

Neste caso, pode-se afirmar que o observador vê a imagem nítida da laranja

(A) em qualquer posição que ela esteja com relação à lente.
(B) somente se ela estiver posicionada exatamente no foco da lente.
(C) somente se ela estiver a uma distância da lente maior que a distância focal.
(D) somente se ela estiver a uma distância infinita da lente.
(E) somente se ela estiver posicionada a uma distância da lente menor ou igual a sua distância focal.

17. (ENADE – 2005)

Um pêndulo de massa m suspenso num pivô de massa M pode se deslocar, sem atrito, numa barra horizontal. A haste do pêndulo tem comprimento L e sua massa pode ser desprezada em comparação com m e M.

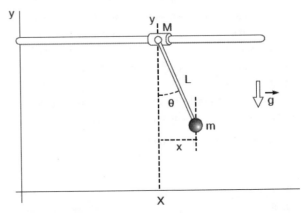

Denotando a posição do pivô X, as coordenadas de m no referencial do pivô por x e y e a derivada parcial por ponto, pode-se afirmar corretamente que

(A) X, x, e y são as coordenadas generalizadas do problema e a hamiltoniana do sistema depende somente de $\dot{x}$, $\dot{x}$, $\dot{y}$ e L.
(B) X e y são as coordenadas generalizadas do problema e a hamiltoniana do sistema depende somente de $\dot{x}$, $\dot{y}$ e L.
(C) a única coordenada generalizada do problema é o ângulo q e a hamiltoniana do sistema depende somente de $\dot{\theta}$, sen q, cos q.
(D) X e o ângulo q são as coordenadas generalizadas do problema e a hamiltoniana do sistema depende de $\dot{x}$, q e L.
(E) X e o ângulo q são as coordenadas generalizadas do problema e a hamiltoniana do sistema depende de $\dot{x}$, $\dot{\theta}$, cos q e L.

18. (ENADE – 2005)

A ionosfera é uma camada de gás ionizado localizada a uma altitude em torno de 100 km. A relação de dispersão w = f(k) para a ionosfera está representada no gráfico da figura 1. Quando k = 0, tem-se w = w_p, onde a frequência de plasma w_p é proporcional à raiz quadrada da densidade eletrônica da ionosfera. Considere uma onda eletromagnética emitida verticalmente da superfície da Terra para a ionosfera como esquematizado na figura 2.

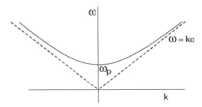

figura 1

$$V_f = \frac{\omega}{k} \quad V_g = \frac{d\omega}{dk}$$

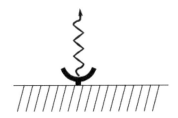

figura 2

Representando a velocidade de fase por V_f, a velocidade de grupo por V_g, a velocidade da luz por c, e sabendo que V_g é a velocidade com a qual a onda eletromagnética propaga energia, pode-se afirmar que

(A) a onda só atravessará a ionosfera se w > w_p; no entanto dentro da ionosfera V_f > c e V_g < c.

(B) a onda sempre atravessará a ionosfera e tanto V_f < c como V_g < c.

(C) parte da onda sempre atravessará a ionosfera e parte sempre será refletida; a parte que atravessar terá V_f menor do que a da parte refletida.

(D) a onda só atravessará a ionosfera se w < w_p; V_f será real enquanto V_g será imaginária.

(E) a onda só atravessará a ionosfera quando w < w_p se sua direção de propagação não for vertical, mas fizer um ângulo q com a normal à ionosfera.

19. (ENADE – 2005)

Um sólido cristalino pode ser descrito, de uma maneira simplificada, por um conjunto de partículas independentes, vibrando todas com a mesma freqüência angular w, em torno de suas posições de equilíbrio, como osciladores harmônicos, em cada uma das direções. Embora o tratamento do sistema em um espaço tridimensional não acarrete maiores complicações, nos restringiremos aqui a uma abordagem do problema unidimensional. Para temperaturas muito baixas, a maioria dos átomos se encontra na posição de equilíbrio, no estado de menor energia y_0 (x), com energia E_0 = ℏw/ 2. À medida que a temperatura aumenta, vibrações harmônicas surgem, de tal forma que as partículas passam a ocupar estados excitados y_n(x) com energia E_n = (n + 1/2)w ℏ . Considere uma partícula deslocada de sua posição de equilíbrio com x = [ℏ /(mw)]$^{1/2}$, onde m representa a massa da partícula.

Fórmulas relevantes:

$$\psi_0(x) = \left(\frac{m\omega}{\pi\hbar}\right)^{1/4} \exp\left(-\frac{m\omega}{2\hbar}x^2\right)$$

$$\psi_1(x) = \sqrt{2}\left(\frac{m\omega}{\pi\hbar}\right)^{1/4}\left[\exp\left(-\frac{m\omega}{2\hbar}x^2\right)\right]\left(\frac{m\omega}{\hbar}\right)^{1/2} x$$

Pode-se afirmar que a probabilidade de que esta partícula se encontre no

(A) estado fundamental é zero.

(B) primeiro estado excitado é um.

(C) estado fundamental é diferente de zero, sendo duas vezes menor do que a probabilidade de que a mesma se encontre no primeiro estado excitado.

(D) estado fundamental é diferente de zero, sendo duas vezes maior do que a probabilidade de que a mesma se encontre no primeiro estado excitado.

(E) estado fundamental é diferente de zero, sendo igual à probabilidade de que a mesma se encontre no primeiro estado excitado.

Atenção: Para responder às seguintes questões, considere o texto abaixo.

"Se as estrelas estiverem se aproximando ou se afastando da Terra, seu movimento, composto ao movimento da Terra, deveria alterar, para um observador na Terra, a refrangibilidade da luz emitida por elas e, consequentemente, as linhas de substâncias terrestres não deveriam coincidir com a posição no espectro das linhas escuras produzidas pela absorção de vapores da mesma substância existindo nas estrelas."

De fato, Huggins detectou na radiação eletromagnética emitida pela estrela Sirius, em 1868, um deslocamento na posição da raia **F** correspondente a um <u>aumento relativo</u> no comprimento de onda de 2,2 ′ 10^{-4}.

20. (ENADE – 2003)

O trecho citado, extraído do artigo original de Huggins, faz menção ao efeito

(A) Mössbauer.

(B) Doppler.

(C) da quantização de Planck.

(D) Compton.

(E) do deslocamento de Wien.

21. (ENADE – 2003)

A partir do resultado obtido por Huggins, pode-se estimar o movimento de Sirius como se

(A) afastando da Terra, com velocidade de 66 km/s.
(B) aproximando da Terra, com velocidade de 66 km/s.
(C) afastando do Sol, com velocidade desconhecida.
(D) aproximando da Terra, com velocidade de 1,3 ´ 10^5 km/s.
(E) afastando da Terra, com velocidade de 1,3 ´ 10^5 km/s.

Dados :

$$f = f' \left(1 \pm \frac{v}{c}\right)$$

$$\Delta\lambda = \lambda_c (1 - \cos\theta)$$

$$\frac{1}{\lambda} = R \left(\frac{1}{m^2} - \frac{1}{n^2}\right)$$

22. (ENADE – 2003)

Um sistema constituído de duas esferas I e II, de massas iguais, unidas por uma mola, está preso num suporte por um fio.

Figura 1

Queima-se o fio e o sistema cai de grande altura, no instante **t =** 0, com uma aceleração gravitacional $\vec{g}$.

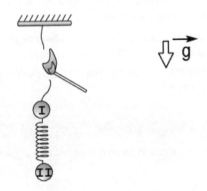

Figura 2

Em qual dos gráficos estão corretamente representadas as acelerações das massas I e II e a do centro de gravidade **CG** do sistema?

(A)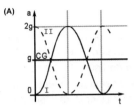

(B)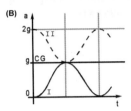

(C)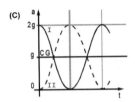

(D)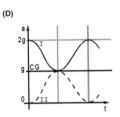

(E)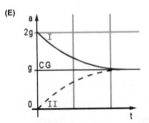

Atenção: Para responder às duas questões seguintes, considere as informações e os gráficos abaixo.

A pele humana tem propriedade de refletir, absorver e transmitir luz. Um diagnóstico importante para detectar manchas (melanoma) é a medida da refletância da pele, definida como $R = \frac{I_r}{I_i}$, onde I_i e I_r são, respectivamente, as intensidades da luz incidente e refletida, em **incidência normal**, à superfície da pele. O gráfico I representa a refletância da pele do braço de um **caucasiano**, em função do comprimento de onda, em duas condições: pele normal e pele bronzeada.

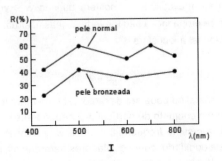

I

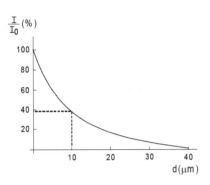

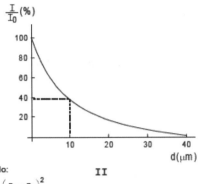

Dado:
$$R = \left(\frac{n_2 - n_1}{n_2 + n_1}\right)^2$$

(M. Trainer, **Phys. Education**. v. 37, p. 536, 2002)

23. (ENADE – 2003)

Os resultados do gráfico **I** indicam que

(A) o índice de refração da pele bronzeada é maior que o da pele normal.
(B) o índice de refração da pele bronzeada é menor que o da pele normal.
(C) os índices de refração são iguais, mas a pele bronzeada absorve mais luz por se aproximar melhor de um corpo negro.
(D) a relação entre os índices de refração das duas peles só poderia ser calculada se a medida fosse feita fora da pele normal.
(E) os valores dos índices de refração não influem na quantidade de luz refletida.

24. (ENADE – 2003)

O gráfico **II** mostra como a intensidade da luz decresce com a profundidade, ao penetrar em uma mancha. Pode-se concluir que a relação $\frac{B}{B_o}$ entre o campo magnético da luz numa profundidade de 10 mm dentro da mancha e o campo magnético na superfície da mancha é, aproximadamente,

(A) 2,5
(B) $\frac{\sqrt{10}}{2}$
(C) 1
(D) $\frac{2}{\sqrt{10}}$
(E) 0,4

Atenção: Para responder às duas próximas questões, considere a tabela e as informações abaixo.

O espectro de emissão do hidrogênio pode ser medido utilizando uma lâmpada de vapor d'água e um espectrômetro óptico simples com uma rede de difração de transmissão. Numa experiência padrão, um aluno procurou primeiro calibrar o espectrômetro utilizando uma lâmpada de mercúrio, cujo espectro é bem conhecido, para depois determinar o espectro do hidrogênio.

Na tabela abaixo são dados os ângulos obtidos para as linhas do mercúrio e do hidrogênio. Na sequência é dado um gráfico milimetrado para facilitar a determinação das linhas de hidrogênio.

Mercúrio			Hidrogênio	
cor	θ (°)	λ (10⁻⁹ m)	cor	θ (°)
violeta 1	14,0	404,66	violeta	14,0
violeta 2	14,2	407,78	azul	15,0
azul	15,1	435,84	turquesa	17,2
turquesa	17,1	491,60	vermelho	23,5
verde	19,0	546,07		
amarelo 1	20,1	576,96		
amarelo 2	20,3	579,07		

Dados: $E = hf$
$h = 6,6 \times 10^{-34}$ J.s
$hc = 1\,240 \times 10^{-9}$ eV.m
$a\,\text{sen}\,\theta = n\lambda$

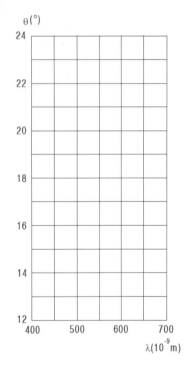

25. (ENADE – 2003)

Utilizando a calibração da rede com a lâmpada de mercúrio, pode-se afirmar que o número de ranhuras por **mm** da rede de difração utilizada é, aproximadamente,

(A) 100
(B) 200
(C) 600
(D) 1 000
(E) 2 000

26. (ENADE – 2003)

Um tubo em forma de **U** e de seção transversal uniforme **S**, encerra um líquido ideal de densidade r. Em equilíbrio, as superfícies do líquido nos dois ramos do tubo ficam no mesmo nível e o comprimento total da coluna líquida é **L**.

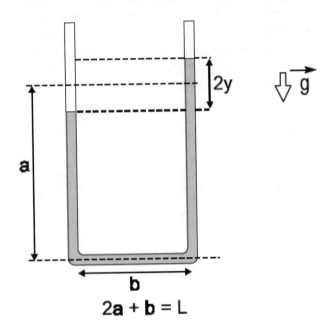

Deslocando-se o líquido de sua posição de equilíbrio, de modo a surgir uma diferença de nível de 2y entre seus ramos, aparece uma força restauradora, devido à diferença de pressão, originando um movimento harmônico simples de frequência

(A) $2\pi\sqrt{\dfrac{L}{2g}}$

(B) $2\pi\sqrt{\dfrac{2S}{Lg}}$

(C) $2\pi\sqrt{\dfrac{2y}{g}}$

(D) $\dfrac{\sqrt{Lg/2S}}{2\pi}$

(E) $\dfrac{\sqrt{2g/L}}{2\pi}$

27. (ENADE – 2003)

Um pulso se propaga numa corda sob tração e fixa numa parede em **x = 0**, como mostra o gráfico abaixo.

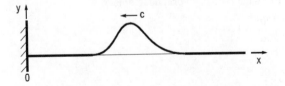

Sobre esse sistema pode-se afirmar que

(A) o gráfico não representa uma onda, porque não tem frequência bem definida.
(B) o pulso não se propaga como uma onda porque não é senoidal.
(C) ao se chocar com a parede, o pulso desaparece.
(D) ao se refletir na parede, o pulso retorna como no gráfico abaixo.

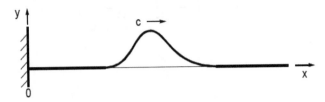

(E) ao se refletir na parede, o pulso retorna invertido, como no gráfico abaixo.

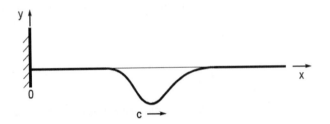

28. (ENADE – 2003)

A superfície de um metal de função de trabalho f = 2,3 eV é iluminada por dois feixes de luz, cujos parâmetros são dados na tabela abaixo. Nesta, E_{max} é a energia máxima dos fotoelétrons emitidos em cada caso.

	Comprimento da onda (nm)	E_{max} (eV)	Intensidade (W/m²)
Feixe 1	$\lambda_1 = \lambda$	$E_1 = 3,7$	$I_1 = 0,6$
Feixe 2	$\lambda_2 = 2\lambda$	E_2	I_2

Dados:

E = hf - f

hc = 1 240 ´ 10⁻⁹ eV.m

Os valores aproximados dos parâmetros l, E_2 e I_2 são, respectivamente,

(A) 890 ; 1,4 ; necessariamente 0,60
(B) 670 ; 1,4 ; necessariamente 1,2
(C) 400 ; 0,70 ; necessariamente 0,60
(D) 210 ; 0,70 ; qualquer
(E) 180 ; 1,8 ; qualquer

29. (ENADE – 2003)

A figura mostra a tela de um osciloscópio no qual foi injetada uma tensão senoidal **U** = 5 sen (1 000 pt), onde **t** é medido em segundos.

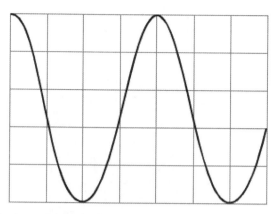

Portanto, a posição dos botões de controle do ganho vertical (em volt por divisão) e do gerador de varredura (em milisegundo por divisão) são, respectivamente,

(A) 0,50 - 1,0
(B) 2,0 - 0,50
(C) 2,0 - 5,0
(D) 5,0 - 0,50
(E) 5,0 - 10

30. (ENADE – 2003)

As figuras abaixo representam a imagem projetada num anteparo por um feixe de laser que atravessa dois *slides*, **A** e **B**.

Figura produzida com o *slide* **A**

Figura produzida com o *slide* **B**

Na primeira, correspondente ao *slide* **A**, observa-se uma mancha central alongada e contínua, enquanto na segunda, correspondente ao *slide* **B**, observa-se que a mancha central é fragmentada em espaços claros e escuros, equidistantes.

Dessas observações, pode-se concluir que o *slide* **A** é uma

(A) fenda simples, enquanto o *slide* **B** é uma fenda dupla.
(B) fenda simples, enquanto o *slide* **B** é uma rede de difração.
(C) rede de difração, enquanto o *slide* **B** é uma fenda simples.
(D) fenda dupla, enquanto o *slide* **B** é uma fenda simples.
(E) fenda dupla, enquanto o *slide* **B** é um orifício.

31. (ENADE – 2002)

O gráfico abaixo representa oscilações diferentes numa corda.

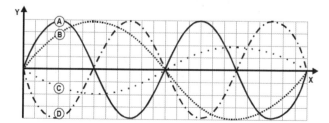

Pode-se afirmar que a oscilação

(A) **B** e **C** têm a mesma frequência e a mesma amplitude.
(B) **A** tem a metade da frequência de **C** e o dobro da sua amplitude.
(C) **B** tem a mesma frequência de **D** e a metade de sua amplitude.
(D) **C** tem a metade da amplitude de **D** e o dobro de sua frequência.
(E) **A** tem o dobro da frequência de **B** e a mesma amplitude.

32. (ENADE – 2002)

Para o estudo experimental do oscilador harmônico simples, utilizou-se uma mola de constante elástica **k**, a qual se penduraram corpos de massas previamente aferidas. Para cada massa **m** colocada, o sistema foi posto a oscilar livremente. Mediu-se o período **T** de oscilação e construiu-se o gráfico T^2 (s^2) x $m(10^{-3}$ kg) representado a seguir.

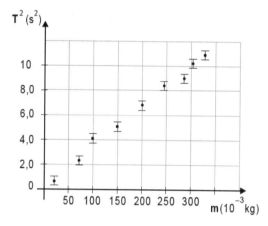

Sabendo que a expressão para o período de oscilação do oscilador massa-mola é $T = 2\pi\sqrt{\dfrac{m}{k}}$, pode-se afirmar que a constante elástica da mola utilizada vale, em N/m, aproximadamente,

(A) $0,040\ p^2$
(B) $0,080\ p^2$
(C) $0,12\ p^2$
(D) $0,16\ p^2$
(E) $0,20\ p^2$

33. (ENADE – 2002)

A dualidade onda-partícula para a luz permite afirmar que a

(A) luz é a soma de uma partícula e uma onda.
(B) interpretação ondulatória se aplica a alguns fenômenos, enquanto a interpretação corpuscular a outros.
(C) interpretação ondulatória é incompatível com a interpretação corpuscular.
(D) luz é composta de partículas superpostas em ondas.
(E) luz é uma partícula que se propaga ao longo de uma onda.

34. (ENADE – 2002)

As raias do espectro de hidrogênio podem ser obtidas pela relação:

$$f_{n_1 n_2} = R\left(\dfrac{1}{n_2^2} - \dfrac{1}{n_1^2}\right)$$

Onde $f\,n_1n_2$ representa a frequência da transição do elétron de uma órbita n_1 para uma órbita n_2 e **R** é a constante de Rydberg. Por outro lado, a frequência da luz visível pode ser expressa em termos de **R** e situa-se na faixa entre 0,13 **R** e 0,23 **R**. Considere a transição de uma órbita $n_1 = n$ para uma outra órbita adjacente $n_2 = n - 1$. Para que a radiação emitida nessa transição seja visível, o valor de **n** deve ser

(A) 6
(B) 5
(C) 4
(D) 3
(E) 2

35. (ENADE – 2002)

O efeito fotoelétrico contrariou as previsões teóricas da física clássica porque mostrou que a energia cinética máxima dos elétrons, emitidos por uma placa metálica iluminada, depende

(A) exclusivamente da amplitude da radiação incidente.
(B) da frequência e não do comprimento de onda da radiação incidente.
(C) da amplitude e não do comprimento de onda da radiação incidente.
(D) do comprimento de onda e não da frequência da radiação incidente.
(E) da frequência e não da amplitude da radiação incidente.

36. (ENADE – 2002)

Uma experiência que permite determinar aproximadamente o valor da constante de Planck utiliza a curva característica de leds (diodos emissores de luz).

O gráfico a seguir representa a curva corrente x tensão para um diodo ideal. O diodo só começa a conduzir quando a tensão aplicada é suficiente para que os elétrons ganhem energia para passar da banda de valência para a de condução. Ou seja, a tensão de corte V_c é dada aproximadamente por $V_c = E_g/e$, onde **e** é a carga do elétron e E_g é a separação de energia entre a banda de condução e a banda de valência do semicondutor. Acima de V_c, a corrente cresce linearmente com a tensão aplicada, de acordo com a condutividade do material

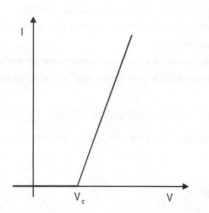

Por outro lado, leds emitem luz quando os elétrons decaem da banda de condução para a de valência. No gráfico que segue é mostrada a curva corrente x tensão obtida experimentalmente para o led laranja, cujo pico de emissão ocorre para $l = 6,07 \times 10^{-7}$m.

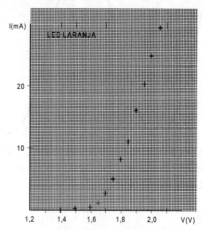

Dessa curva obtém-se que a melhor estimativa para a constante de Planck **h** é

Dados:

$c = 3,0 \times 10^8$ m/s

$e = 1,6 \times 10^{-19}$C

(A) $7,6 \times 10^{-34}$J
(B) $5,6 \times 10^{-34}$J
(C) $1,0 \times 10^{-34}$J
(D) $6,5 \times 10^{-34}$eV
(E) $5,6 \times 10^{-34}$eV

37. (ENADE – 2002)

Um estudante notou que, ao refletir a luz do sol na superfície de um disco compacto, CD, se veem estrias radiais de várias cores. Perguntando ao professor de Física a razão do fenômeno, este respondeu que o CD se comporta como uma rede de difração, devido ao grande número de furos muito próximos, na sua superfície, e propôs ao estudante montar um experimento simples para avaliar a distância **d** entre os furos. Para isto, ele fixou verticalmente um CD sobre uma mesa e o iluminou, praticamente perpendicularmente à sua superfície, com a luz de um ponteiro a laser. Colocando uma cartolina branca na vertical, paralela ao CD e a uma distância de aproximadamente 30 cm do disco, ele observou dois pontos refletidos na folha: um praticamente na direção do feixe incidente e outro 13 cm acima deste. Nas especificações do ponteiro ele encontrou que o comprimento de onda do *laser* é $l = 630 \times 10^{-9}$m.

Dado:

d.sen q = nl

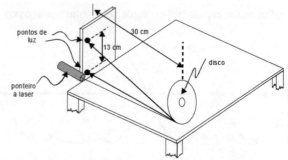

Dessas observações, ele pode concluir que a distância **d** entre os furos do CD é, aproximadamente,

(A) 6,3 × 10^{-6} m
(B) 3,1 × 10^{-6} m
(C) 1,5 × 10^{-6} m
(D) 2,7 × 10^{-7} m
(E) 1,0 × 10^{-7} m

38. (ENADE – 2002)

O ouvido humano é capaz de detectar sons de intensidade até **b** 120 db sem sentir dor. Um alto-falante, num salão de festas, emite uma potência sonora real de 50W.

Desprezando-se as perdas por absorção, a distância mínima aproximada que deverá se posicionar uma pessoa para escutar o som sem sentir dor é, aproximadamente,

Dado:
$b = 10 \log \dfrac{I}{I_0}$, onde

$I_0 = 10^{-12}$ W/m²

(A) 2,0 m
(B) 4,0 m
(C) 8,0 m
(D) 40 m
(E) 200 m

39. (ENADE – 2001)

Para ser apresentado numa feira de ciências, um grupo de alunos construiu um periscópio para observar objetos em cima de um armário.

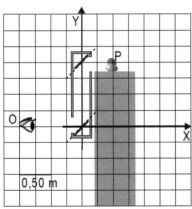

Considerando o sistema de eixos X, Y na figura anterior, a imagem, vista pelo observador O, do ponto P, em metros, tem coordenadas de

(A) 1,5 e 0
(B) 1,5 e 1,0
(C) -0,5 e 1,0
(D) -1,5 e 0
(E) 1,5 e 1,5

40. (ENADE – 2001)

Para obter o espectro de emissão de uma determinada substância utiliza-se uma fonte de luz contendo vapor dessa substância e observam-se visualmente as raias emitidas com o auxílio de um espectroscópio. O valor da frequência das radiações de cada uma das raias observadas pode ser obtido

(A) indiretamente, medindo-se a intensidade da radiação emitida utilizando-se um fotossensor.
(B) diretamente, utilizando um frequencímetro acoplado ao espectroscópio.
(C) indiretamente, medindo-se o ângulo da luz difratada ao atravessar uma rede de difração.
(D) diretamente, por meio de uma célula fotoelétrica acoplada ao espectroscópio.
(E) indiretamente, pelo coeficiente angular da reta resultante do gráfico intensidade × frequência da radiação.

41. (ENADE – 2001)

Uma fonte sonora oscila horizontal e harmonicamente com frequência angular de 10,0 rad/s e amplitude 0,300 m diante de um observador afastado, em repouso, na mesma horizontal, num lugar onde a velocidade do som é 303 m/s. Se a frequência do som emitido for igual a 6,00 kHz, a maior frequência sonora recebida por esse observador será, em kHz,

Dado:
$f' = f \cdot \dfrac{v \pm v_o}{v \pm v_f}$

(A) 7,60
(B) 6,36
(C) 6,06
(D) 6,00
(E) 5,90

42. (ENADE – 2001)

Considere uma partícula confinada numa caixa de comprimento L. Se a função de onda associada a essa partícula é dada por $y(x) = \sqrt{\dfrac{2}{L}} \operatorname{sen} \dfrac{3\pi x}{L}$, a probabilidade de encontrar essa partícula entre $\dfrac{2L}{3}$ e L é

(A) $\dfrac{1}{6}$
(B) $\dfrac{1}{4}$
(C) $\dfrac{1}{3}$
(D) $\dfrac{1}{2}$
(E) $\dfrac{2}{3}$

43. (ENADE – 2001)

A função trabalho, Φ hf, para o tungstênio vale aproximadamente 4,0 eV. O menor valor do comprimento de onda para que ocorra o efeito fotoelétrico, nesse metal é, em metros,

Dados:
$h \cong 4,0 \cdot 10^{-15}$ eV · s
$c = 3,0 \cdot 10^8$ m/s

(A) 1,2 . 10^{-8}
(B) 4,0 . 10^{-7}
(C) 3,0 . 10^{-7}
(D) 3,0 . 10^{-6}
(E) 3,0 . 10^{-5}

44. (ENADE – 2001)

Considere uma onda sonora propagando-se adiabaticamente através de um tubo cilíndrico que contém um gás ideal à temperatura T. Pode-se afirmar que a velocidade de propagação da onda, v,

Dados:

pV^γ = constante

$v^2 = \dfrac{B}{\rho}$

$B = -V\dfrac{dp}{dV}$

$p = \dfrac{\rho}{M}RT$

(A) não depende de T.
(B) é proporcional a $\sqrt{T}$.
(C) varia linearmente com T.
(D) é proporcional a T^2.
(E) é inversamente proporcional a T.

45. (ENADE – 2000)

O pêndulo de um relógio, feito com um material de coeficiente de dilatação a = 4,0 . 10^{-5} °C^{-1}, tem período de 1,0 s na temperatura em que foi calibrado. Utilizado a 10 °C acima dessa temperatura, a diferença aproximada que o uso nessas condições vai acarretar, durante um dia, em segundos, será de

Sugestão:

Utilize a expansão válida para um valor x pequeno:

$(1+x)^{\frac{1}{2}} \cong 1+\dfrac{x}{2}$

(A) 1,3
(B) 3,0
(C) 4,0
(D) 17
(E) 38

46. (ENADE – 2000)

Quando uma fonte sonora de frequência f aproxima-se de um observador com velocidade v_F, o observador perceberá esse som com uma frequência f ' dada por $f' = f\dfrac{v}{v-v_F}$, onde v é a velocidade do som no meio. Os sons mais graves que se pode escutar têm uma frequência de 20Hz. Para que um observador consiga escutar o som de uma fonte que se aproxima com velocidade v_F e emitindo um som de 15Hz, é necessário que a relação $\dfrac{v_F}{v}$ seja, no mínimo,

(A) $\dfrac{1}{4}$
(B) $\dfrac{1}{3}$
(C) $\dfrac{1}{2}$
(D) $\dfrac{3}{4}$
(E) $\dfrac{4}{3}$

47. (ENADE – 2000)

Uma onda luminosa, de comprimento l = 3 000 A (1 A = 10^{-10} m) incide sobre uma fenda dupla. A distância entre as fendas é de 0,5 mm. Coloca-se um anteparo a uma distância de 2,5 m das fendas. A distância do primeiro máximo de interferência em relação ao máximo principal, em mm, é

(A) 7,5
(B) 3,0
(C) 1,5
(D) 0,75
(E) 0,3

48. (ENADE – 2000)

A figura abaixo representa uma experiência para a determinação da velocidade do som no ar.

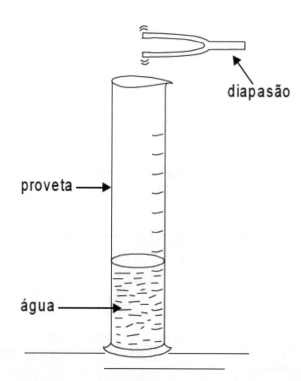

Um diapasão emite um som de freqüência de 440 Hz, obtendo-se um reforço sonoro (ressonância) quando a altura da superfície da água à boca da proveta é 17,5 cm.

Nesse caso, pode-se afirmar que a velocidade do som, é, em m/s,

(A) 340
(B) 338
(C) 330
(D) 320
(E) 308

49. (ENADE – 2000)

Uma onda é descrita pela função de onda
$Y(t, \vec{x}) = A\,\text{sen}(\vec{k} \cdot \vec{x} - wt)$, onde A, $\vec{k}$, w são constantes, sendo

$\vec{k} = (k_x, k_y, k_z)$ um vetor. Pode-se afirmar que a

(A) onda se propaga com frequência $f = \dfrac{\omega}{2\pi}$, comprimento de onda $l = \dfrac{2\pi}{|\vec{k}|}$ e velocidade da luz.

(B) onda se propaga com frequência $f = \dfrac{\omega}{2\pi}$, comprimento de onda $l = \dfrac{2\pi}{|\vec{k}|}$ e velocidade $v = \dfrac{\omega}{|\vec{k}|}$.

(C) velocidade de propagação depende do coeficiente de elasticidade m do meio e vale $v = \sqrt{\dfrac{A}{\mu}}$.

(D) onda é monocromática e estacionária e sua velocidade transversal é $v = \dfrac{\omega}{|\vec{k}|}$.

(E) onda se propaga com comprimento de onda $\vec{\lambda} = \dfrac{2\pi \vec{k}}{k^2}$ e frequência $f = \dfrac{\omega}{k}$.

50. (ENADE – 2000)

Uma maneira de obter-se, experimentalmente, ondas estacionárias numa corda é fazê-la vibrar presa, de um lado, a um alto-falante que emite som de determinada frequência e, do outro, a um peso que passa por uma roldana como representa a figura.

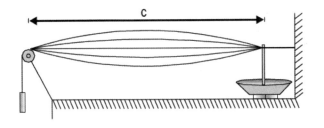

Dependendo da frequência emitida pelo alto-falante, do peso e de outras variáveis, poderão aparecer ondas estacionárias na corda. A relação entre o peso e o número de ventres formados pela corda e a frequência de vibração do alto-falante é

$$f = \dfrac{n}{2c\sqrt{\dfrac{P}{\mu}}}, \text{ onde:}$$

f = frequência de vibração do alto-falante
n = número de ventres formados
P = valor do peso pendurado
P = densidade linear da corda
c = comprimento da corda

Durante um experimento, com um peso de 100 N foi obtida uma onda estacionária com um ventre. O peso necessário para obter-se dois ventres na mesma corda e sob as mesmas condições é, em N,

(A) 400
(B) 200
(C) 50
(D) 25
(E) 20

51. (ENADE – 2011) DISCURSIVA

Em um ensaio de resposta em frequência de uma suspensão veicular, foi realizada uma varredura em frequência, tendo sido o sistema excitado com uma força do tipo $F = F_o \cdot \cos(\omega t)$. Para cada frequência com que se excitou a estrutura, mediu-se o deslocamento $x(\omega)$, resultando no gráfico de resposta de frequência mostrado a seguir.

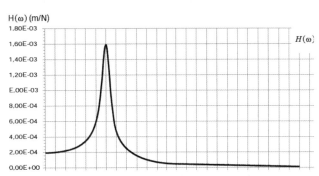

Modelando a suspensão como um sistema massa-mola de um grau de liberdade, a equação matemática para a resposta em frequência é

$$|H(\omega)| = \dfrac{1}{\sqrt{(k - m\omega^2)^2 + (c\omega)^2}}$$

em que k, c e m são os parâmetros que caracterizam a estrutura: constante elástica, amortecimento e massa, respectivamente. Com base no gráfico e na equação da resposta em frequência, faça o que se pede nos itens a seguir.

a) Encontre o valor da frequência de ressonância da estrutura (ω_n). **(valor: 2,5 pontos)**

b) Calcule o valor da constante elástica (k). **(valor: 2,5 pontos)**

c) Calcule o valor do amortecimento (c). **(valor: 2,5 pontos)**

d) Calcule o valor da massa (m). **(valor: 2,5 pontos)**

52. (ENADE – 2003) DISCURSIVA

Um oscilador harmônico, de massa **m** e frequência angular natural w_o, está inicialmente no estado representado pela função de Onda

$$\psi(x, t=0) = \dfrac{1}{\sqrt{5}}\left[\phi_0(x) + 2\phi_1(x)\right],$$

onde $f_0(x)$ e $f_1(x)$ são as autofunções (normalizadas) correspondentes aos autoestados com energias $E_0 = \dfrac{1}{2}\hbar\omega_0$ e $E_1 = \dfrac{3}{2}\hbar\omega_0$, respectivamente.

a) Calcule a energia média $\langle E \rangle$ do oscilador, em termos de $\hbar$, w_0 e **m**, e a probabilidade P_0 de se obter o valor E_0 quando a energia do oscilador for medida. **(2,5 pontos)**

b) Sabendo que as autofunções de onda normalizadas são dadas por
$$\phi_0(x) = [2\alpha/\pi]^{1/4} e^{-\alpha x^2} \text{ e}$$
$$\phi_1(x) = [32\alpha^3/\pi]^{1/4} x e^{-\alpha x^2},$$
onde a é uma constante, determine o valor dessa constante em termos de $\hbar$, w_0 e **m**.
(2,5 pontos)

c) Escreva a expressão para $\psi(x,t)$ e a expressão para o valor médio da energia $\langle E \rangle$ em função do tempo. **(2,5 pontos)**

Dados:

$$-\frac{\hbar^2}{2m}\frac{\partial^2}{\partial x^2}\psi(x,t) + \frac{1}{2}m\omega_0^2 x^2 \psi(x,t) = i\hbar\frac{\partial}{\partial t}\psi(x,t); \qquad \psi_n(x,t) = \varphi_n(x)e^{-iE_n t/\hbar}$$

$$\int_{-\infty}^{+\infty} e^{-ax^2}dx = \sqrt{\frac{\pi}{a}}; \qquad \int_{-\infty}^{+\infty} x^2 e^{-ax^2}dx = \frac{1}{2a}\sqrt{\frac{\pi}{a}}$$

6) Física Moderna e Estrutura da Matéria

1. (ENADE – 2011)

Analise as afirmações abaixo acerca do modelo atômico de Bohr.

I. Valendo-se dos experimentos de Geiger e Marsden, Bohr modificou o modelo de Rutherford, por meio de postulados.

II. Bohr postulou que o elétron poderia mover-se em certas órbitas (estados estacionários) e que a emissão de radiação só ocorreria quando o elétron mudasse de um estado estacionário para outro.

III. O modelo de Bohr só fornece uma descrição qualitativa, e não quantitativa, do átomo de hidrogênio.

É correto o que se afirma em

(A) I, apenas.
(B) III, apenas.
(C) I e II, apenas.
(D) II e III, apenas.
(E) I, II e III.

2. (ENADE – 2011)

A respeito dos resultados experimentais, que culminaram com a descrição do efeito fotoelétrico por Einstein, avalie as afirmações a seguir.

I. A energia dos elétrons emitidos depende da intensidade da radiação incidente.

II. A energia dos elétrons emitidos é proporcional à frequência da radiação incidente.

III. O potencial de corte para um dado metal depende da intensidade da radiação incidente.

IV. O resultado da relação carga-massa (e/m) das partículas emitidas é o mesmo que para os elétrons associados aos raios catódicos.

É correto apenas o que se afirma em

(A) I e II.
(B) I e III.
(C) II e IV.
(D) I, III e IV.
(E) II, III e IV.

3. (ENADE – 2011)

Avalie as seguintes afirmações envolvendo as origens e fundamentos da Física Quântica.

I. A explicação do efeito Compton baseia-se unicamente nas Leis de Newton.

II. O ato de fazer uma medida não influencia o sistema.

III. O modelo de Bohr consegue prever raios de órbitas e energia relacionadas a essas órbitas para elétrons em átomos do tipo hidrogenoides (1 elétron e número qualquer de prótons no núcleo)

IV. O corpo negro é assim chamado por não emitir nenhuma radiação.

V. As hipóteses de Louis de Broglie foram verificadas diretamente por meio da observação de padrões de interferência com feixes de elétrons.

Está correto apenas o que se afirma em

(A) I e III.
(B) II e IV.
(C) III e V.
(D) I, II e IV.
(E) III, IV e V.

4. (ENADE – 2011)

Devido à competição entre forças atrativas e repulsivas, os núcleos são sistemas com uma estabilidade extremamente delicada. É interessante analisar as formas dos potenciais entre os *nucleons*. Sabendo que o núcleo atômico tem dimensão finita, observe os gráficos a seguir.

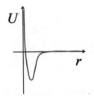
Gráfico I

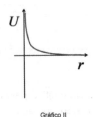
Gráfico II

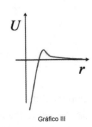
Gráfico III

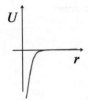
Gráfico IV

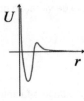
Gráfico V

Os potenciais de interação em função da distância entre os *nucleons* para interações nêutron-nêutron, próton-próton e nêutron-próton, estão melhor representados, respectivamente, nos graficos

(A) I, II e II.
(B) I, V e I.
(C) III, II e V.
(D) IV, II e III.
(E) IV, III e IV.

5. (ENADE – 2011)

Em 1896, Pieter Zeeman mostrou que um forte campo magnético amplia, e até duplica, a raia amarela intensa emitida por vapores de sódio, revelando um fenômeno geral de desdobramento das raias, o efeito Zeeman. Lorentz encontrou então, uma explicação para esse fenômeno: a luz é emitida por partículas em movimento no seio dos átomos e o campo magnético perturba este movimento. As partículas em questão têm uma carga negativa e a relação da sua carga com a sua massa revelou-se duas mil vezes mais elevada do que Lorentz esperava. O efeito Zeeman foi, no século XX, uma das vias de acesso privilegiadas à estrutura dos átomos.

LA COTARDIÈRE, P. **História das Ciências**. Editora Texto e Grafia, p. 77, 2011.

Sabendo que um estado atômico é caracterizado pelo número quântico de momento angular $j = 2$, conclui-se que o número de linhas do espectro de emissão desse átomo devido ao efeito Zeeman é igual a

(A) 2.
(B) 3.
(C) 4.
(D) 5.
(E) 6.

6. (ENADE – 2008)

Sobre o Modelo Atômico de Böhr, são feitas as seguintes afirmações:

I. o átomo é composto de um núcleo e de uma eletrosfera;
II. o momento angular orbital do elétron é um múltiplo inteiro de h / 2 p, onde h é a Constante de Planck;
III. a frequência da radiação eletromagnética emitida pelo átomo varia continuamente entre os dois valores correspondentes às órbitas de maior e menor energia.

Para Böhr, é verdadeiro **SOMENTE** o que se afirma em

(A) I
(B) II
(C) III
(D) I e II
(E) II e III

7. (ENADE – 2008)

Em relação à Teoria da Relatividade Restrita, analise as afirmações a seguir.

I. O módulo da velocidade da luz no vácuo é independente das velocidades do observador ou da fonte.
II. A Teoria Eletromagnética de Maxwell é compatível com a Teoria da Relatividade Restrita.
III. As leis da Física são as mesmas em todos os referenciais inerciais.

Está correto o que se afirma em

(A) I, apenas.
(B) II, apenas.
(C) III, apenas.
(D) I e III, apenas.
(E) I, II e III.

8. (ENADE – 2008)

Do ponto de vista da Física Moderna, a respeito do espectro de energias do oscilador harmônico, são feitas as seguintes afirmações:

I. o espectro de energia é contínuo;
II. o espectro de energia é discreto;
III. em acordo com o Princípio da Correspondência de Bohr, para grandes números quânticos a separação de energias entre dois níveis consecutivos torna-se desprezível quando comparada com estas energias.

Está(ão) correta(s) **APENAS** a(s) afirmação(ões)

(A) I
(B) II
(C) III
(D) I e II
(E) II e III

9. (ENADE – 2008)

Uma dada molécula orgânica, em determinada diluição, apresenta o espectro de absorvância descrito pela figura abaixo.

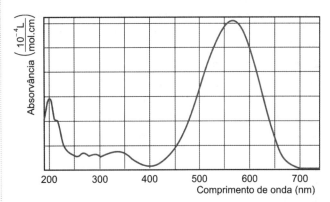

Supondo que esta molécula possa ser tratada como uma estrutura linear em que quatro elétrons estejam aprisionados em um poço quântico infinito, qual o valor estimado de L?

As energias do poço infinito são dadas por $E_n = \left(\dfrac{h^2}{8 m L^2} \right) n^2$, onde m é a massa do elétron e n = 1,2...

Desconsidere a interação entre elétrons e utilize $mc^2 = 0{,}51$ MeV e $hc = 1{,}2 \text{ eV.um}$.

(A) 0,6 nm
(B) 1nm
(C) 0,6 mm

(D) 1 mm
(E) 2 mm

10. (ENADE – 2008)

Um metal unidimensional tem um elétron de condução por átomo a temperatura T = 0 K. O espaçamento interatômico no metal é D. Supondo que os elétrons movem-se livremente, qual é a energia de Fermi E_F?

($\hbar$ = h / 2p é a Constante de Planck e m é a massa do elétron)

(A) $E_F = \dfrac{\pi^2 \hbar^2}{8mD^2}$

(B) $E_F = \dfrac{\pi^2 \hbar^2}{8mD^{3/2}}$

(C) $E_F = \dfrac{\pi^2 \hbar^2}{6mD^{3/2}}$

(D) $E_F = \dfrac{\pi^2 \hbar^2}{2mD^2}$

(E) $E_F = \dfrac{\pi^2 \hbar^2}{2mD^{3/2}}$

11. (ENADE – 2008)

O LHC (*Large Hadron Collider*), acelerador de partículas que entrou em operação este ano, busca uma nova Física na escala de até 14 TeV. A principal busca é pela partícula chamada Higgs, que supostamente gera as massas das partículas responsáveis pela interação nuclear fraca, como o W⁺ e o W⁻. Essas partículas são muito massivas se comparadas a outras como o próton e o elétron. Suas massas de repouso são da ordem de 82 GeV. Elas serão geradas em quantidade no LHC e com energias que podem chegar, em um experimento típico, a 500 GeV para o W⁺ ou o W⁻.

Essas partículas são muito instáveis, pois decaem rapidamente.

Estima-se que suas vidas médias sejam de 3 x 10⁻²⁵ s, em seu referencial de repouso. No referencial do laboratório (LHC), qual seria sua vida média, num experimento típico?

(Dados: 1 TeV = 10³ GeV = 10¹² eV 1eV = 1,6 x 10⁻¹⁹J)

(A) 9 x 10⁻²⁵s
(B) 18 x 10⁻²⁵s
(C) 27 x 10⁻²⁵s
(D) 3 x 10⁻²⁴s
(E) 18 x 10⁻²⁴s

12. (ENADE – 2008)

O urânio natural presente na Terra é uma mistura de ²³⁸U (99,3%) e ²³⁵U (0,7%). A vida média do ²³⁸U é 4,5 bilhões de anos e a do ²³⁵U é 1,0 bilhão de anos.

Supondo que, na explosão de uma supernova, esses isótopos tenham sido produzidos em quantidades iguais, há quanto tempo, em anos, deve ter ocorrido essa explosão?

(Considere ln(99,3/0,7) = 5)

(A) 6 mil
(B) 20 milhões
(C) 1 bilhão
(D) 6 bilhões
(E) 15 bilhões

13. (ENADE – 2005)

Ao incidir em uma superfície metálica, a radiação eletromagnética pode produzir a emissão de elétrons. Esse fenômeno, conhecido como efeito fotoelétrico, foi explicado por Einstein, em 1905. A equação por ele proposta para esse efeito pode ser escrita como:

$eV_F = hn - W$

onde:

V_F = potencial de freamento

e = carga do elétron

h = constante de Planck

n = frequência da radiação

W = função trabalho do metal.

A partir de uma experiência, obteve-se o valor do potencial de freamento, V_F, em função da frequência n da radiação que incide sobre a superfície de um determinado metal, como representado no gráfico abaixo.

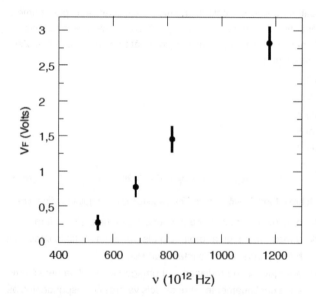

Dado:

h = 4,1 ´ 10⁻¹⁵ eV s

A partir do gráfico, o valor de W, em eV, é

(A) 1,0 ± 0,1
(B) 2,1 ± 0,2
(C) 3,5 ± 0,1
(D) 4,8 ± 0,5
(E) 6,0 ± 1,0

14. (ENADE – 2005)

A introdução da constante h por Planck, para interpretar o espectro de radiação de um corpo negro em função de sua frequência e temperatura, era de início uma hipótese provisória, segundo ele próprio, mas que acabou por tornar-se definitiva e dar origem a uma nova física. Entre as muitas razões para que o caráter provisório dessa constante se tornasse definitivo, foi a sua utilização como apoio teórico para a

(A) obtenção da expressão empírica da posição das linhas do espectro do hidrogênio (fórmula de Balmer) e a proposta do modelo atômico do "pudim de passas", de Thomson.

(B) obtenção da razão carga/massa do elétron e a proposta do modelo atômico de Rutherford.

(C) proposta do modelo atômico de Bohr e a dualidade onda-partícula de Broglie.

(D) postulação da constância da velocidade da luz e a proposta relativística da deformação do espaço tempo.

(E) descoberta da radioatividade artificial e a descoberta da equivalência massa-energia.

15. (ENADE – 2005)

O elemento hélio pode apresentar-se na forma de dois isótopos estáveis: átomos He^4, com spin total 0 (bósons), e átomos He^3, com spin total 1/2 (férmions). A baixas temperaturas (menores que 5K), notam-se diferenças significativas em diversas propriedades termodinâmicas, medidas em sistemas constituídos por um dos dois isótopos acima, por exemplo, temperatura de liquefação e viscosidade. Considere as seguintes afirmativas:

I. As diferenças fundamentais entre os dois sistemas acima são consequência direta do princípio de exclusão de Pauli se aplicar apenas para o He^3.

II. O princípio de exclusão de Pauli vale para ambos He^3 e He^4 e as diferenças acima são consequência das diferentes massas destes isótopos.

III. As diferenças entre as propriedades termodinâmicas do He^3 e He^4 tornam-se irrelevantes à medida que a temperatura for aumentada gradativamente.

Está correto SOMENTE o que se afirma em

(A) I

(B) II

(C) III

(D) I e II

(E) I e III

16. (ENADE – 2005)

Considere as seguintes proposições no contexto da Teoria da Relatividade Restrita:

I. A magnitude da velocidade da luz independe do movimento relativo entre a fonte emissora e o observador.

II. Um evento simultâneo em um referencial S será sempre simultâneo em um referencial S', que se move com velocidade constante em relação a S.

III. Uma partícula que possui energia e momento linear não nulos possui, necessariamente, massa de repouso não nula.

Pode-se afirmar que SOMENTE

(A) I é verdadeira.

(B) II é verdadeira.

(C) III é verdadeira.

(D) I e II são verdadeiras.

(E) I e III são verdadeiras.

17. (ENADE – 2005)

O uso da técnica PET (*Positron Emission Tomography*) permite obter imagens do corpo humano com um nível de detalhamento que não pode ser obtido com técnicas tomográficas convencionais. A base deste método é a utilização de um composto marcado com um elemento radioativo. O elemento radioativo decai por emissão b^+ (pósitron). Quando praticamente em repouso, o pósitron captura um elétron, decaindo através da emissão de dois raios g (processo de aniquilação). Para a obtenção de imagens do cérebro, utiliza-se a fluorodeoxiglicose (FDG), marcada com átomos de ^{18}F. O tempo de meia-vida $(t_{1/2})$ do ^{18}F é de 110 minutos. Suponha que numa tomografia PET, n_0 moléculas de FDG marcadas sejam administradas a um paciente. O tempo de duração do exame é de 55 minutos.

Dado:

$$n(t) = n_0 e^{-\lambda t}; \quad \lambda = \frac{\ln 2}{t_{1/2}}$$

É correto afirmar que

(A) o decaimento do ^{18}F pode ser representado por: $^{18}F \circledR {}^{17}F + n + \beta + n_e$, onde n representa o nêutron e n_e o neutrino.

(B) no decaimento b^+ um próton do núcleo emissor decai unicamente em um nêutron e um pósitron.

(C) os dois raios g, produzidos na aniquilação, são emitidos na mesma direção e sentido.

(D) o número de átomos ^{18}F que decaem durante o exame é aproximadamente $0,29\ n_0$.

(E) o número de átomos de ^{18}F restantes no paciente, 385 minutos após o final do exame será $0,25\ n_0$.

18. (ENADE – 2003)

De acordo com os resultados da experiência, a energia do fóton correspondente à emissão no vermelho do hidrogênio é, aproximadamente,

(A) 1,0 eV

(B) 1,9 eV

(C) 3,4 eV

(D) 6,0 eV

(E) 13,6 eV

19. (ENADE – 2003)

Sabendo que os níveis de energia do hidrogênio são dados por $E_n = -13,6\ eV/n^2$, a emissão no azul do hidrogênio corresponde a uma transição entre os níveis

(A) $6 \rightarrow 1$

(B) $5 \rightarrow 1$

(C) $4 \rightarrow 1$

(D) $5 \rightarrow 2$

(E) $5 \rightarrow 3$

20. (ENADE – 2003)

O gráfico abaixo representa a energia de ligação por núcleon, E_L/A, em função do número de massa, **A**, dos núcleos de todos os elementos e isótopos da natureza.

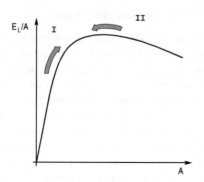

As setas **I** e **II** indicam transmutações possíveis de núcleos atômicos em reações nucleares.

Pode-se afirmar que a seta **I**

(A) indica uma reação de fusão, a seta **II** indica uma reação de fissão e nesta, a liberação de energia por núcleon é menor.

(B) indica uma reação de fusão, a seta **II** indica uma reação de fissão e nesta, a liberação de energia por núcleon é maior.

(C) indica uma reação de fissão, a seta **II** indica uma reação de fusão e nesta, a liberação de energia por núcleon é maior.

(D) indica uma reação de fissão, a seta **II** indica uma reação de fusão e nesta, a liberação de energia por núcleon é menor.

(E) e a seta **II** podem indicar reações de fusão ou fissão, mas na fissão a liberação de energia por núcleon é sempre maior.

Atenção: Para responder às seguintes, considere as informações e os dados apresentados abaixo.

Um elétron tem uma função de onda independente do tempo dada por

$$\psi(x) = \begin{cases} 0 & x < 0; \ x > a \\ A \operatorname{sen}\dfrac{n\pi x}{a} & 0 \le x \le a \end{cases}$$

sendo $U = 0$ para $0 \pounds x \pounds a$ e $n = 2$

Dados:

$$-(\hbar^2/2m)d^2\psi/dx^2 + U\psi = E\psi$$
$$\operatorname{sen}^2\theta = \frac{1}{2}\left[1 - \cos 2\theta\right]$$

21. (ENADE – 2003)

Pode-se afirmar que a constante **A** e a probabilidade de encontrar o elétron no intervalo $0 < ' < \dfrac{a}{2}$ valem, aproximadamente,

(A) $\sqrt{\dfrac{a}{2}}$ e 0,5

(B) $\sqrt{\dfrac{a}{3}}$ e 1,0

(C) $\sqrt{\dfrac{2}{a}}$ e 0,5

(D) $\sqrt{\dfrac{2}{a}}$ e 1,0

(E) $\sqrt{\dfrac{3}{a}}$ e 0,5

22. (ENADE – 2003)

Pode-se afirmar que a energia do elétron, de massa **m**, nesse estado, é

(A) $\dfrac{h^2}{2m}$

(B) $\dfrac{(A-U)h^2}{2m}$

(C) $\dfrac{2h^2 a^2}{m}$

(D) $\dfrac{A^2 h^2}{a^2}$

(E) $\dfrac{h^2}{2ma^2}$

23. (ENADE – 2003)

A **Figura 1** representa o esquema da experiência de Franck-Hertz. Elétrons emitidos pelo filamento **F** são acelerados, por uma tensão variável **V** até a grade **G** e retardados, por uma tensão fixa V_0, até a placa coletora **P**.

A corrente que flui na placa é medida pelo amperímetro **A**.

Todo o tubo é preenchido por mercúrio gasoso.

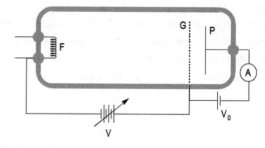

Figura 1

A **Figura 2** representa a corrente medida em função do potencial acelerador **V**.

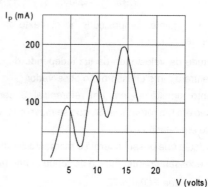

Figura 2

Pode-se afirmar que

(A) entre 0 e 4 V, os elétrons emitidos somam-se aos do mercúrio provocando um aumento gradual da corrente I_p com a tensão V, entre a grade e o filamento.

(B) nas proximidades de 5 V, os elétrons emitidos têm energia suficiente para excitar átomos do mercúrio para o primeiro nível quântico e a corrente I_p começa a diminuir.

(C) entre 5 V e 9 V, aproximadamente, os elétrons emitidos têm energia suficiente para excitar átomos do mercúrio e a corrente I_p começa a aumentar.

(D) o mínimo da corrente I_p na tensão da ordem de 7 V significa que os elétrons emitidos têm uma energia aproximada de 7 eV e esta fica abaixo da energia mínima para excitar átomos do mercúrio.

(E) o máximo da corrente I_p na tensão da ordem de 10 V significa que os elétrons emitidos têm energia aproximada de 10 eV e são capazes de excitar, cada um deles, inúmeros átomos de mercúrio.

24. (ENADE – 2003)

O tubo de um potente *laser*, na superfície da Terra, gira com velocidade angular w = 1,0 rad/s, num plano que passa pelo centro da Lua. Sabendo que a velocidade da luz é c = 300 000 km/s e que a distância Terra-Lua é 380 000 km, pode-se afirmar que, na superfície da Lua, bem defronte à Terra, a mancha iluminada pelo feixe

(A) tem velocidade superficial de 300 000 km/s porque a Teoria da Relatividade assim obriga.

(B) tem velocidade superficial de 80 000 km/s porque, nesse caso se aplica a Teoria da Relatividade Geral.

(C) tem velocidade de 380 000 km/s e isso não contradiz a Teoria da Relatividade.

(D) tem velocidade bem menor que 300 000 km/s, devido ao efeito Doppler.

(E) não se forma, porque isto contraria a Teoria da Relatividade.

25. (ENADE – 2002)

Suponha que em uma experiência, um feixe de elétrons passe por duas fendas, **A** e **B**, conforme mostra o esquema abaixo.

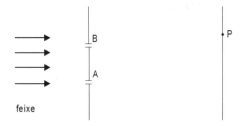

Quando apenas a fenda **A** estiver aberta mede-se em **P** a intensidade I = 100 elétrons/s. Quando apenas a fenda **B** estiver aberta, mede-se em **P** a intensidade I = 225 elétrons/s.

Quando ambas as fendas estiverem abertas, a intensidade em **P**, medida em elétrons/s, estará contida no intervalo

(A) 0 £ I £ 100
(B) 100 £ I £ 225
(C) 225 £ I £ 325
(D) 25 £ I £ 625
(E) 325 v I £ 550

26. (ENADE – 2002)

Num interessante '*site*' da *INTERNET* (www.pbs.org), há um programa de demonstração que permite 'construir' um átomo utilizando as partículas elementares do modelo padrão: '*quark up*' (carga +2/3), **u**, 'quark down' (carga –1/3), **d**, **e** elétron (spin ±1/2). O esquema de construção é indicado na figura.

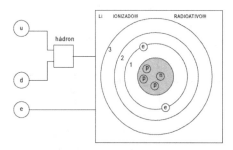

Para adicionar um núcleon, o usuário tem que primeiro trazer os números corretos de *quarks* **u** e **d** para a caixa denominada hádron. Uma vez construído o núcleon, é só arrastá-lo para dentro do núcleo. Para adicionar um elétron basta arrastá-lo para a órbita correta. Numa dada etapa de construção, um estudante obtém o átomo de lítio (indicado na figura). No entanto, o programa o alerta com mensagens que ficam piscando as palavras IONIZADO!! e RADIOATIVO!!. Para eliminar essas mensagens, ou seja, obter um átomo neutro não radioativo, o mínimo número de *quarks* **u** e **d** e de elétrons que o estudante tem que utilizar são, respectivamente,

(A) dois **u**, quatro **d** e um elétron na órbita 2.
(B) dois **u**, quatro **d** e um elétron na órbita 1.
(C) dois **u**, dois **d** e um elétron na órbita 2.
(D) quatro **u**, dois **d** e um elétron na órbita 2.
(E) quatro **u**, dois **d** e um elétron na órbita 1.

Atenção: Para responder às seguintes questões, considere as informações que se seguem.

Uma técnica de medicina nuclear que tem atraído grande interesse é a tomografia por emissão de fótons devido ao aniquilamento de pósitrons, ou PET (sigla para o nome em inglês '*Positron Emission Tomography*'), representada no esquema. Nesta técnica, um radionuclídeo que decai emitindo pósitrons (decaimento b) é injetado no paciente e funciona como um traçador.

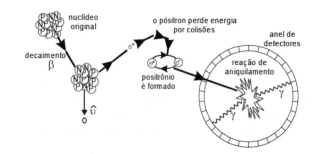

Os pósitrons emitidos perdem rapidamente sua energia por colisões com a matéria, não se deslocando mais que 1 ou 2 mm no tecido humano. Após esse processo os pósitrons se combinam com elétrons formando um átomo de tempo de vida curto, denominado positrônio. O positrônio sofre rapidamente uma reação de aniquilamento na qual a energia do par elétron/pósitron é convertida em radiação. O resultado mais provável dessa reação é a produção de dois fótons que são detectados num anel de detectores, em volta do paciente, utilizando a técnica de detecção coincidente.

27. (ENADE – 2002)

Um radionuclídeo muito utilizado na técnica PET é o isótopo de flúor $^{18}_{9}F$. Na tabela abaixo são dadas as massas atômicas (incluindo a massa dos elétrons), em unidades de MeV/c², de vários isótopos de oxigênio, flúor e neônio.

Elemento	Z	A	Massa atômica (MeV/c²)
O	8	17	15.834,32
		18	16.765,82
F	9	17	15.837,08
		18	16.767,48
Ne	10	17	15.851,60

Sabendo que a massa do elétron é $m_e = 0{,}51$ MeV/c², pode-se dizer que, na emissão do pósitron, o núcleo resultante e a energia do pósitron são, respectivamente,

(A) $^{17}_{8}O$ e 931,94 MeV, no máximo.

(B) $^{17}_{9}F$ e 929,48 MeV, no máximo.

(C) $^{17}_{10}Ne$ e 915,24 MeV, exatamente.

(D) $^{18}_{8}O$ e 0,64 MeV, no máximo.

(E) $^{18}_{8}O$ e 0,64 MeV, exatamente.

28. (ENADE – 2002)

Sabendo que os níveis de energia do átomo de hidrogênio são dados por $E_n = -(\mu e^4/32\pi^2\varepsilon_0^2\hbar^2)/n^2$, onde m é a massa reduzida do sistema próton-elétron, e que os valores numéricos das constantes fornece $E_n = -13{,}6$ eV/n², a energia do nível fundamental do átomo de positrônio Ps é

(A) –13,6 eV
(B) –6,8 eV
(C) –3,4 eV
(D) –1,7 eV
(E) –0,8 eV

29. (ENADE – 2002)

Apesar da semelhança com o átomo de hidrogênio, a estrutura hiperfina do espectro de energia do positrônio, **Ps**, é distinta da estrutura do hidrogênio. Existem dois estados para o nível fundamental (**n = 1**) do positrônio: o parapositrônio (**p–Ps**), quando os spins do elétron e do pósitron são antiparalelos, e o ortopositrônio (**o–Ps**), quando os spins são paralelos. Pode-se então dizer que, na presença de um campo magnético, o estado fundamental do **p–Ps**

(A) e o do **o–Ps** permanecem inalterados.
(B) permanece inalterado e o do **o–Ps** se subdivide em dois.
(C) se subdivide em dois e o do **o–Ps** permanece inalterado.
(D) permanece inalterado e o do **o–Ps** se subdivide em três.
(E) se subdivide em três e o do **o–Ps** permanece inalterado.

30. (ENADE – 2002)

Suponha que a reação de aniquilamento ocorra sem a influência de qualquer outra partícula e que o átomo de positrônio esteja praticamente em repouso. Então, considerando conservação de momento $\vec{p}$ e de energia, $E = (p^2c^2 + m_0^2c^4)/2$, pode-se dizer que, como resultado da reação,

(A) quando são emitidos dois fótons, eles necessariamente têm que se propagar em direções opostas, cada um com a mesma energia, 0,51 MeV.

(B) quando são emitidos dois fótons, eles podem se propagar em qualquer direção, desde que a equipartição de energia entre eles seja adequada.

(C) a conservação de energia e de momento não podem ser satisfeitas simultaneamente com a emissão de dois fótons.

(D) podem ser emitidos dois ou mais fótons, desde que a soma de suas energias seja igual a 0,51 MeV.

(E) pode ser emitido um único fóton com energia **E** = 1,02 MeV.

31. (ENADE – 2002)

Na figura abaixo é mostrado um arranjo experimental para estudar a absorção de radiação b por diferentes materiais.

Sal de KCℓ, que é disponível comercialmente, é colocado numa pequena caixa cilíndrica, em cima de uma folha fina do material a ser estudado. Abaixo da folha é colocada uma fotomultiplicadora e todo o sistema é blindado em chumbo. Como em potássio natural há uma abundância relativa de 0,0118% de ^{40}K, que sofre decaimento E, o sal de cloreto de potássio é fracamente radiativo.

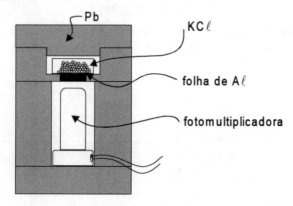

A experiência consiste em medir a taxa de contagens, **dN/dt** (número de pulsos contados por unidade de tempo), em função da espessura **x** da folha. Como a absorção depende da densidade do material, é usual expressar a espessura da folha em kg/m². No gráfico, em que a escala vertical é logarítmica e a horizontal é linear, é mostrado o resultado obtido para **dN/dt**, em função de **x**.

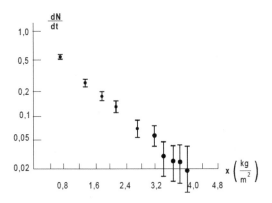

Sabendo que a absorção de radiação pela matéria leva ao decaimento do número de partículas que atravessam uma distância **x** dentro do meio, de acordo com a equação **N(x) = N₀e^(-mx)**, o coeficiente de absorção m para o alumínio, em unidades de m²/kg, é, aproximadamente,

Dados:

$e = 10^{0,434}$

$\log_{10} 2 \approx 0,30$

$\log_{10} 5 \approx 0,70$

(A) 0,10
(B) 0,20
(C) 0,50
(D) 1,0
(E) 2,0

32. (ENADE – 2002)

Aprisionamento por laser de átomos neutros em uma armadilha magnética foi uma das atividades científicas que mais se desenvolveu nos últimos anos. Para medir a temperatura da nuvem de átomos, se utiliza uma técnica denominada tempo de voo. O feixe de um laser é focalizado na forma de uma fatia plana a uma distância ℓ_0, abaixo do centro da armadilha conforme a figura.

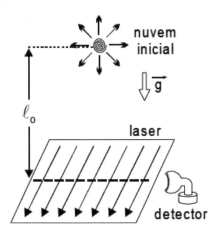

Quando o campo de confinamento é desligado, os átomos caem sob o efeito da gravidade e atravessam o feixe de laser. Um detector lateral registra a fluorescência dos átomos ao atravessar o feixe. Nos gráficos são mostradas possíveis formas do sinal registrado no detector em função do tempo, medido a partir do instante em que o campo de confinamento é desligado.

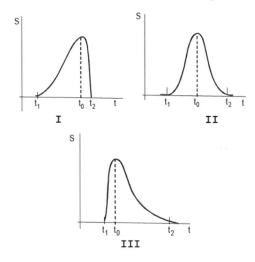

Supondo que a distribuição inicial de velocidades da nuvem de átomos frios, seja uma Maxwelliana,

$f(\vec{v}) = (m/2\pi k_B T)^{3/2} \exp(-mv^2/k_B T)$, com velocidade mais provável $v_0 = \sqrt{2k_B T/m}$, onde **m** é a massa dos átomos, pode-se dizer que a curva que representa o sinal registrado e a expressão para a energia térmica da nuvem de átomos, são, respectivamente, a curva

(A) I   e $k_B T \approx \dfrac{mg^2}{8}(t_2 - t_1)^2$

(B) II   e $k_B T \approx \dfrac{mg^2}{8}(t_2 - t_1)^2$

(C) III   e $k_B T \approx \dfrac{mg^2}{8}(t_2 - t_1)^2$

(D) I   e $k_B T \approx \dfrac{m}{2}\left(\dfrac{\ell_0}{t_0} - \dfrac{gt_0}{2}\right)^2$

(E) II   e $k_B T \approx \dfrac{m}{2}\left(\dfrac{\ell_0}{t_0} - \dfrac{gt_0}{2}\right)^2$

33. (ENADE – 2002)

A figura representa uma nave espacial que se move com uma grande velocidade constante $\vec{v}$ em relação à plataforma. O_1 é um observador localizado no centro da nave e O_2 é um observador externo, localizado no centro da plataforma. Cada observador tem dois telefones celulares, um C_A e um C_B, junto aos seus ouvidos. **A** e **B** são fontes de radiação eletromagnética localizadas na extremidade da plataforma.

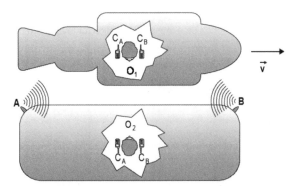

Suponha que, no instante representado, são emitidos simultaneamente um sinal do ponto **A** da plataforma, na frequência de recepção dos celulares C_A, e outro sinal do ponto **B** da plataforma, na frequência de recepção dos celulares C_B.

De acordo com a Teoria da Relatividade Especial, pode-se afirmar que os sinais captados pelos celulares C_A e C_B são simultâneos para

(A) ambos os observadores.

(B) O_1, mas para O_2 o celular C_A capta primeiro.

(C) O_1, mas para O_2 o celular C_B capta primeiro.

(D) O_2, mas para O_1 o celular C_A capta primeiro.

(E) O_2, mas para O_1 o celular C_B capta primeiro.

34. (ENADE – 2001)

A radiação de uma estrela visível a olho nu atinge a superfície da Terra com uma intensidade da ordem de 10^{-8} W/m. Admita que a freqüência da radiação visível seja da ordem de 10^{15} Hz e avalie a ordem de grandeza da área da pupila do olho humano. Nessas condições, pode-se afirmar que o número de fótons, por segundo, oriundos dessa estrela, que atravessam a pupila de um observador, tem ordem de grandeza, aproximadamente, de

Dado:

Constante de Planck: h = 6,6 . 10^{-34} J . s

(A) 10^{25}

(B) 10^{15}

(C) 10^{10}

(D) 10^5

(E) 10^2

35. (ENADE – 2001)

Os níveis de energia do átomo de hidrogênio são dados por $E_n = -\frac{13,6}{n^2}$ eV, sendo n 1,2,3,... o número quântico principal. O espectro visível corresponde aproximadamente à região compreendida entre os comprimentos de onda de 380 nm a 760 nm. Pode-se afirmar que

(A) para transições entre o contínuo e o estado fundamental, o comprimento de onda está no espectro visível.

(B) para transições entre o segundo e o primeiro estados excitados, o comprimento de onda está no espectro visível.

(C) todos os decaimentos estão na região das radiações ultravioletas.

(D) todos os decaimentos estão na região das radiações infravermelhas.

(E) só é possível calcular decaimentos e relacioná-los com comprimentos de onda se a teoria relativística for levada em conta.

36. (ENADE – 2001)

Um núcleo de rádio, $^{226,025}_{88}Ra$, em repouso, emite uma partícula alfa, $^{4,003}_{2}\alpha$, e se transforma em radônio, $^{222,017}_{86}Rn$.

Dado:

1 u (unidade unificada de massa atômica) = 931,502 MeV/c²

Pode-se afirmar que

(A) a energia final de cada partícula é 2,30 MeV/c².

(B) a energia de recuo do radônio é de 4,65 MeV/c².

(C) o radônio fica em repouso e a energia da partícula alfa é 9,3 MeV/c².

(D) o momento da partícula alfa é 183 MeV/c, o mesmo valor numérico do momento do radônio.

(E) o momento da partícula alfa é 4,65 MeV/c, igual em valor numérico ao momento do radônio.

37. (ENADE – 2001)

Suponha que uma espaçonave viaje com velocidade v = 0,80 c, onde c é a velocidade da luz. Supondo que se possa desprezar os tempos de aceleração e desaceleração da nave durante uma jornada de ida e volta que leva 12 anos, medidos por um astronauta a bordo, pode-se afirmar que um observador que permaneceu na Terra terá envelhecido, em anos,

Dados:

$$\gamma^2 = \frac{1}{1 - \dfrac{v^2}{c^2}}$$

$$\Delta t = \gamma \, \Delta t'$$

(A) 9,6

(B) 10

(C) 12

(D) 15

(E) 20

38. (ENADE – 2001)

Partículas chamadas múons são criadas na atmosfera, a cerca de 20 km de altitude, através da colisão de raios cósmicos com núcleos atômicos e se movem com velocidade v = 0,99 c em direção ao solo. A vida média do múon em repouso no solo é 2,2 . 10^{-8} s. Se a razão entre o tempo gasto pelo múon, desde que é criado nas altas camadas da atmosfera até atingir o solo, e sua vida média é 4,30, no referencial do solo, pode-se afirmar que essa razão no referencial do múon é

Dados:

c = 3,0 . 10^8 m/s

g @ 7,1

DL' = gDL

(A) 0,605

(B) 4,30

(C) 15,9

(D) 30,6

(E) 217

39. (ENADE – 2001)

O Princípio da Exclusão de Pauli, além de essencial para a descrição da física atômica, possibilitou a compreensão do paramagnetismo, do comportamento dos elétrons em metais e de muitos fenômenos de baixas temperaturas.

Esse princípio permite afirmar que

(A) há partículas bosônicas, que formam os núcleos, e fermiônicas, que formam os elétrons.
(B) os elétrons ocupam um único nível de energia, somente se o spin for inteiro.
(C) há níveis atômicos de energia que serão preenchidos apenas com elétrons de spin positivo.
(D) mais de duas partículas de spin 1/2, como o elétron, não podem ocupar um mesmo estado orbital ao mesmo tempo.
(E) os níveis atômicos serão preenchidos com pares de elétrons de mesmo spin que resultam ao final num spin positivo.

40. (ENADE – 2001)

Sabe-se que o número de núcleos dN que decaem durante o tempo dt é dado por dN = -lNdt, onde l é a probabilidade de um núcleo se desintegrar por unidade de tempo, e que a meia-vida de um isótopo radioativo é dada por $T = \frac{\ln 2}{\lambda} = \frac{0,69}{\lambda}$. Sabendo-se que a meia-vida do isótopo ^{60}X é de 69 s, o número de núcleos de 1,0 g desse isótopo que se desintegra em 1,0 s é

Dados:

Número de Avogadro:

n = 6,0 . 10^{23} mol^{-1}

$e^x = 1 + x$; $x \ll 1$

(A) 1,5 . 10^{14}
(B) 1,0 . 10^{20}
(C) 2,5 . 10^{22}
(D) 6,0 . 10^{23}
(E) 1,3 . 10^{26}

41. (ENADE – 2001)

A figura representa esquematicamente um contador Geiger-Müller, detector de radiatividade.

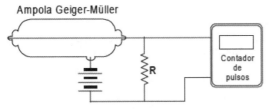

Para funcionar corretamente, ele precisa de um ajuste da tensão, processo em que se obtém a curva característica representada pela figura

(A)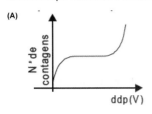

(B)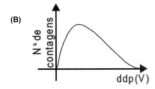

(C)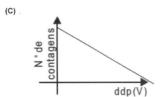

(D)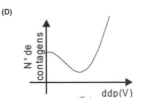

(E)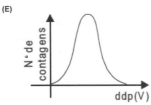

42. (ENADE – 2000)

A mecânica quântica trouxe novas ideias sobre o mundo subatômico. Em particular, permitiu melhor compreensão do conceito de dualidade onda-partícula revelado

(A) na relação de Einstein de momento-energia.
(B) na equação de força eletromagnética.
(C) na experiência de Wien do espectro de radiação.
(D) na difração de elétrons por um cristal.
(E) nos resultados experimentais do átomo de hélio.

43. (ENADE – 2000)

As hipóteses de Niels Bohr sobre a quantização de energia nos átomos foram confirmadas pela primeira vez em 1914, numa experiência realizada por J. Franck e G. Hertz. Nessa experiência, numa válvula contendo vapor de mercúrio, elétrons ejetados pelo cátodo aquecido mantido a um potencial zero, eram atraídos pela grade positiva e conseguiam vencer o potencial negativo da placa. Assim, obtém-se uma curva característica da intensidade de corrente elétrica i em função do potencial V_0 da grade, representada pelo gráfico

(A)

(B)

(C)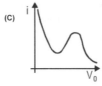

(D)

(E)

44. (ENADE – 2000)

No gráfico abaixo estão representadas três curvas que mostram como varia a energia emitida por um corpo negro para cada comprimento de onda, E(l), em função do comprimento de onda l, para três temperaturas absolutas diferentes: 1 000 K, 1 200 K e 1 600 K.

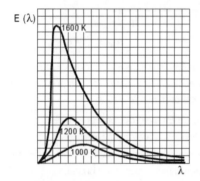

Com relação à energia total emitida pelo corpo negro e ao máximo de energia em função do comprimento de onda, pode-se afirmar que a energia total é

(A) proporcional à quarta potência da temperatura e quanto maior a temperatura, menor o comprimento de onda para o qual o máximo de energia ocorre.
(B) proporcional ao quadrado da temperatura e quanto maior a temperatura, maior o comprimento de onda para o qual o máximo de energia ocorre.
(C) proporcional à temperatura e quanto maior a temperatura, menor o comprimento de onda para o qual o máximo de energia ocorre.
(D) inversamente proporcional à temperatura e quanto maior a temperatura, maior o comprimento de onda para o qual o máximo de energia ocorre.
(E) inversamente proporcional ao quadrado da temperatura e quanto maior a temperatura, maior o comprimento de onda para o qual o máximo de energia ocorre.

45. (ENADE – 2000)

Um feixe de elétrons é acelerado até que cada elétron adquira energia cinética equivalente a $\frac{2}{3}$ de sua energia de repouso E_0. Nesse instante, a quantidade de movimento e a velocidade de cada um desses elétrons são, respectivamente, iguais a

(A) $\frac{2}{\sqrt{3}} \frac{E_0}{c}$ e $\frac{2}{\sqrt{3}} c$

(B) $\frac{2}{\sqrt{3}} \frac{E_0}{c}$ e $0{,}67 c$

(C) $\frac{2}{3} \frac{E_0}{c}$ e $0{,}67 c$

(D) $\frac{4}{3} \frac{E_0}{c}$ e $0{,}75 c$

(E) $\frac{4}{3} \frac{E_0}{c}$ e $0{,}80 c$

46. (ENADE – 2000)

Num determinado instante, o ponteiro dos minutos de um relógio em repouso, num referencial inercial S', faz um ângulo de 30° com a direção do movimento desse referencial que se move em relação a outro referencial inercial S. A velocidade relativa entre S' e S, para que o ângulo do ponteiro em S seja 60°, em relação à mesma direção, deve ser igual a

(A) $\frac{\sqrt{6}}{3} c$

(B) $\frac{\sqrt{8}}{3} c$

(C) $\frac{2}{3} c$

(D) $\frac{1}{\sqrt{3}} c$

(E) $\frac{1}{2} c$

47. (ENADE – 2000)

Considere a reação de fissão nuclear do ^{235}U quando induzida por neutrons, segundo a equação abaixo.

$^{235}U + n \rightarrow {}^{148}La + {}^{88}Br + Q$

Dados:

Nuclídeo	Massas aproximadas de 1 mol do nuclídeo
^{235}U	235 g
n	1 g
^{148}La	147 g
^{88}Br	87 g

1 MeV = $1{,}6 \cdot 10^{-13}$ J

c = $3{,}0 \cdot 10^8$ m/s

O valor de **Q**, para a reação de 1 mol de átomos de ^{235}U será, em MeV, da ordem de

(A) 10^{-29}
(B) 10^{-15}
(C) 10^{27}
(D) 10^{15}
(E) 10^{13}

48. (ENADE – 2000)

Uma partícula elementar deve ser interpretada como um

(A) estado ligado de *quarks*.

(B) campo eletricamente carregado.

(C) objeto movendo-se com a velocidade da luz.

(D) *quantum* de um campo relativístico.

(E) potencial eletromagnético.

49. (ENADE – 2000)

O princípio da incerteza

(A) não permite qualquer conhecimento da posição de uma partícula já que sua velocidade é sempre menor que a da luz, mesmo na mecânica quântica.

(B) traduz uma relação entre variáveis ditas conjugadas, de tal modo que maior definição no conhecimento do valor de uma variável implica, necessariamente, maior ignorância de sua conjugada, sendo x a variável, p sua conjugada, e Dx, Dp as incertezas $Dp \sim \hbar.Dx$.

(C) traduz uma relação entre variáveis ditas conjugadas, de tal modo que maior definição no conhecimento do valor de uma variável implica, necessariamente, maior ignorância de sua conjugada, sendo x a variável, p sua conjugada, e Dx, Dp as incertezas $Dp \sim \dfrac{\hbar}{\Delta x}$.

(D) traduz uma indefinição entre variáveis, de tal modo que uma maior definição no conhecimento do valor de uma implica, necessariamente, uma maior ignorância de outra, como por exemplo entre o momento $\vec{p}$ e a energia E.

(E) não permite qualquer conhecimento do balanço detalhado das partículas elementares, já que momento e energia são incertos, e portanto nunca fazem parte de um conjunto de observáveis.

50. (ENADE – 2000)

Dois núcleos de deutério, de massa $m_d = 1\,876\,\dfrac{MeV}{c^2}$ Se chocam frontalmente, tendo cada um uma quantidade de movimento dada por $p_d = 61\dfrac{Mev}{c}$ formando um núcleo de hélio de massa $m_{He} = 3\,728\,\dfrac{MeV}{c^2}$. Pode-se dizer que esse núcleo de hélio

(A) fica em repouso, liberando uma energia de, aproximadamente, 26MeV.

(B) é emitido com o dobro do momento linear de cada partícula de deutério.

(C) é emitido com a mesma velocidade das partículas de deutério.

(D) fica em repouso, liberando uma energia de, aproximadamente, 61MeV.

(E) é emitido com o mesmo momento angular de cada partícula, liberando a energia de 24MeV.

51. (ENADE – 2000)

A teoria quântica dá uma reinterpretação completa da visão do mundo, que advém de

(A) ela ser descrita por uma equação diferencial ordinária, como a equação de Newton.

(B) ela ser definida fazendo-se uma analogia formal com a mecânica clássica, mas reinterpretando a função de onda como amplitude de probabilidade.

(C) que, para obtê-la, deve-se considerar a expressão relativística da energia e do momento, substituindo as relações de incerteza.

(D) se poder fornecer os valores incertos da energia, enquanto que os valores exatos correspondentes aos estados não podem ser conhecidos, por causa do princípio da incerteza.

(E) se poder fornecer a energia do sistema exatamente, e não os valores do momento, momento angular ou posição que dependem do princípio da incerteza.

52. (ENADE – 2000)

Quando se realiza a experiência de Millikan para determinação da carga elétrica elementar, **e**, observa-se através de uma luneta uma gotícula de óleo carregada eletricamente.

Essa gotícula, fortemente iluminada, pode movimentar-se verticalmente entre as placas de um capacitor. Para obtenção do valor de **e** as variáveis a serem medidas são:

(A) a diferença de potencial e a intensidade do campo elétrico entre as placas.

(B) a intensidade luminosa e a diferença de potencial entre as placas.

(C) a diferença de potencial entre as placas e a viscosidade da gotícula.

(D) a intensidade luminosa e o tempo gasto pela gotícula para percorrer determinada distância.

(E) a diferença de potencial entre as placas e o tempo gasto pela gotícula para percorrer determinada distância.

53. (ENADE – 2000)

Uma conhecida atividade experimental da física moderna pode ser realizada com dois equipamentos. O mais antigo é um tubo de raios catódicos dentro do qual um feixe de elétrons passa entre as placas de um capacitor e produz na tela um ponto luminoso. A posição desse ponto luminoso pode se deslocar verticalmente, quando se varia a tensão no capacitor. O mais moderno, é um tubo contendo hélio onde um feixe de elétrons, imerso no campo magnético uniforme gerado por duas bobinas de *Helmholtz*, forma filete luminoso circular. O objetivo dessa atividade experimental é

(A) determinar a razão e/m do elétron.

(B) determinar a constante de Planck.

(C) medir a carga elétrica elementar.

(D) determinar a constante eletrostática do vácuo.

(E) estudar a ressonância do spin do elétron.

54. (ENADE – 2008) DISCURSIVA

A figura abaixo mostra o espectro de absorção de vibração-rotação de uma molécula diatômica heteronuclear na temperatura ambiente. Para moléculas desse tipo, as energias vibracionais-rotacionais são dadas por

$$E(n,j) = \left(n+\frac{1}{2}\right)h\nu_0 + \frac{h^2}{8\pi^2 I} j(j+1)$$

onde

j é o número quântico rotacional e n é o número quântico vibracional; I é o momento de inércia da molécula e n_0 é a frequência de vibração clássica da molécula. As transições mostradas correspondem às transições com $n_{final} = 1$ e $n_{inicial} = 0$ ($Dn = 1$) e ($Dj = \pm 1$).

(Dados: $h = 4,0 \times 10^{-15}$ eVs; $p^2 = 10$; massa reduzida da molécula $m = 1,5 \times 10^{-27}$ kg; $(0,360)^2 = 0,13$)

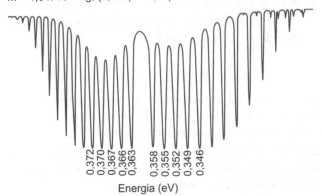

Energia (eV)

a) Apresente a expressão da energia das radiações absorvidas em função do momento de inércia. **(valor: 4,0 pontos)**

b) Calcule o valor numérico aproximado do momento de inércia da molécula. **(valor: 3,0 pontos)**

c) Calcule o valor numérico aproximado da constante elástica da molécula. **(valor: 3,0 pontos)**

55. (ENADE – 2005) DISCURSIVA

Considere a equação de Schrödinger independente do tempo para uma partícula em um potencial degrau

$$V(x) = \begin{cases} V_0, & \text{se } x > 0, \\ 0, & \text{se } x < 0, \end{cases}$$

com energia $E < V_0$.

Dado:
Equação de Schrödinger, independente do tempo, em uma dimensão:

$$-\frac{\hbar^2}{2m}\frac{d^2}{dx^2}\psi(x) + V\psi(x) = E\psi(x)$$

a) Determine a função de onda para $x < 0$. **(valor: 2,0 pontos)**

b) Determine a função de onda para $x > 0$. **(valor: 4,0 pontos)**

c) Estime a probabilidade de encontrar a partícula em uma posição $x = a$ ($a > 0$), supondo que a mesma incida sobre a barreira da esquerda para a direita. **(valor: 4,0 pontos)**

56. (ENADE – 2005) DISCURSIVA

Uma das formas de estudar a composição de elementos numa amostra de material desconhecido é através de sua emissão de raios – X. Num determinado arranjo experimental, uma fonte de amerício é utilizada para bombardear a amostra com raios - g de 5,6 MeV. Um fóton de raios - g, ao colidir com um elétron de uma camada interna de um átomo, o faz ser ejetado, deixando uma vacância na camada. Então um elétron de uma camada mais externa pode decair para a camada com a vacância, emitindo uma linha característica de raios – X. As linhas emitidas são representadas por uma letra maiúscula, indicando o número quântico principal **n** da camada para a qual houve a transição (**K: n** = 1; **L: n** = 2; **M: n** = 3; ...), com um índice que indica o subnível para o qual o elétron decaiu, conforme exemplificado na Fig. 1. O espectro do elemento érbio, obtido dessa forma, está representado na Fig. 2.

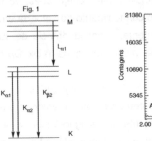 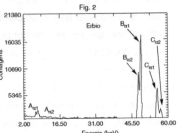

Em todas as linhas são observados dois picos, embora não bem distinguíveis nas linhas **A**.

a) Determine a massa m_0 e o momento **p** dos raios - g incidentes. **(valor: 3,0 pontos)**

b) Reproduza na folha de prova o esquema de níveis representado na Fig. 1, indicando a que transições devem corresponder as linhas A_{a1}, A_{a2}, B_{a1}, B_{a2}, C_{a1} e C_{a2}. **(valor: 3,0 pontos)**

c) Quais são os valores do número quântico **j**, correspondente ao momento angular total, nos cinco subníveis da camada **M** indicada na Fig. 1? **(valor: 4,0 pontos)**

Dados:

$c = 3 \times 10^8$ m/s; $E = \sqrt{p^2c^2 + m_0^2 c^4}$; $E = \hbar\omega$; $\vec{p} = \hbar\vec{k}$

1 eV = $1,6 \times 10^{-19}$ m/s; $(m_0 C^2)_{elétron} \approx 0,5$ MeV

57. (ENADE – 2003) DISCURSIVA

A energia de uma molécula diatômica, no estado fundamental de momento angular nulo, é uma função da distância **R** que pode ser modelada pela expressão

$$E(R) = -A\left(\frac{R_0}{R}\right)^6 + B\left(\frac{R_0}{R}\right)^{12}$$

onde $R_0 = 1,0 \times 10^{-10}$ m, $A = 16,0 \times 10^{-19}$ J e $B = 8,0 \times 10^{-19}$ J

a) Esboce a função E(R). **(2,5 pontos)**

b) Determine a distância interatômica de equilíbrio e a energia de dissociação da molécula. **(2,5 pontos)**

c) Determine a frequência w (rd/s) de vibração da molécula em termos da massa reduzida **M** da molécula (em kg).

(2,5 pontos)

50. (ENADE – 2002) DISCURSIVA

A equação de Schrödinger para oscilador harmônico é dada por

$$-\frac{\hbar^2}{2m}\frac{d^2\psi}{dx^2} + \frac{1}{2}m\omega^2 x\psi = E\psi,$$

onde Z é a frequência angular clássica do oscilador. A solução desta equação, com as condições de contorno apropriadas, fornece os níveis de energia do oscilador,) , 0,1, 2, ...

$$E_n = \left(n + \frac{1}{2}\right)\hbar\omega, \quad n = 0, 1, 2, \ldots$$

a) Os gráficos abaixo representam quatro funções de onda para o oscilador harmônico. Dê os valores da energia associada com cada função de onda, ou seja,

$E_A \leftrightarrow \psi_A$, $E_B \leftrightarrow \psi_B$, $E_C \leftrightarrow \psi_C$ e $E_D \leftrightarrow \psi_D$

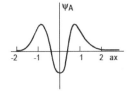
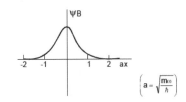

$\left(a = \sqrt{\frac{m\omega}{\hbar}}\right)$

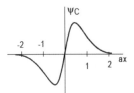
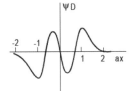

(2,5 pontos)

b) Suponha que o estado inicial de uma partícula no oscilador harmônico seja preparado de forma que sua função de onda seja conforme a esquematizada no gráfico abaixo. Se uma medida de energia da partícula for feita logo após o instante inicial, qual será seu valor mais provável? Justifique sua resposta.

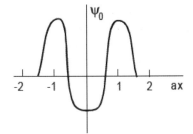

(2,5 pontos)

c) A expressão da função de onda de um estado do oscilador é dada por

$$\psi(x) = C\,x\,e^{-bx^2}.$$

Utilizando a equação de Schrödinger, determine a expressão para b e para a energia associada a este estado.
(2,5 pontos)

59. (ENADE – 2002) DISCURSIVA

Considere um sistema de dois elétrons, ambos com $\ell = 1$ e $s = \frac{1}{2}$

a) Ignorando o spin, determine os possíveis valores do número quântico **L** para o momento angular total $\vec{L} = \vec{L}_1 + \vec{L}_2$.
(2,5 pontos)

b) Determine os possíveis valores do número quântico **S** para o momento angular total $\vec{S} = \vec{S}_1 + \vec{S}_2$.
(2,5 pontos)

c) Para cada conjunto de valores **L** e **S**, determine o conjunto de valores possíveis para o número quântico **J** associado ao momento angular total .

$\vec{J} = \vec{L} + \vec{S}$.

(2,5 pontos)

60. (ENADE – 2002) DISCURSIVA

Considere uma amostra de **N** átomos, cada um com spin $\frac{1}{2}$, com somente dois estados possíveis, spin para cima e spin para baixo. Seja n_1 o número de átomos no primeiro estado e n_2 o número no segundo estado, tal que $n_1 \_ n_2$ **N**.

Suponha que no limite de baixa temperatura, **T** ® 0, todos os spins estejam alinhados num só sentido e no limite de alta temperatura, **T** ® ∞, estejam todos orientados de forma aleatória.

a) Em que limite a entropia do sistema é maior e em que limite a amostra se comporta como ferromagnética? Justifique sua resposta.
(2,5 pontos)

b) A entropia é definida em Mecânica Estatística por $S = k\ell n(w)$, onde **w** é o número de possibilidades para distribuir os átomos entre os estados do sistema. Para o sistema considerado pode-se mostrar que

$$S = -k\left(n_1 \ell n\frac{n_1}{N} + n_2 \ell n\frac{n_2}{N}\right)$$

Determine a entropia nos limites $T \to 0$ (S_0) e $T \to \infty$ (S_∞).
(2,5 pontos)

c) Em termodinâmica, a entropia é definida por $s = \int \frac{dq}{T}$. Demonstre que a capacidade calorífica do sistema tem que satisfazer a relação

$$\int_0^\infty \frac{C(T)dT}{T} = kN\ell n2.$$

(2,5 pontos)

61. (ENADE – 2001) DISCURSIVA

Um átomo pode ser bem representado por um potencial unidimensional, conforme representado na figura, onde se vê uma barreira infinita em x = 0 e outra finita em x = a.

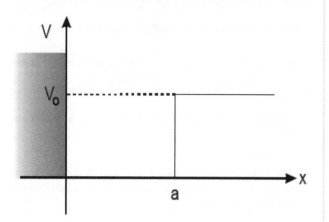

Dados:

Massa do elétron: m = 9,3 . 10^{-31} kg

1eV = 1,6 . 10^{-19} J

h @ 4,0 . 10^{-15} eV.s

a) Escreva a equação de Schrödinger e as suas soluções nas regiões 0 < x < a e x > a.

(Valor: 1,0 ponto)

b) Escreva as condições de contorno necessárias para determinar as constantes arbitrárias das soluções, supondo E < V_0.

(Valor: 1,0 ponto)

c) Encontre a condição para que haja estados ligados, representando os autovalores como solução de uma equação gráfica.

(Valor: 1,0 ponto)

d) Estime o valor da energia do estado fundamental para a = 10^{-10} m, V_0 » 20eV.

(Valor: 1,0 ponto)

62. (ENADE – 2001) DISCURSIVA

Um dos desenvolvimentos mais importantes da física nas últimas duas décadas foi a realização experimental do resfriamento e aprisionamento de um sistema de átomos por feixes de laser. O esquema básico é mostrado na Fig. 1. Um átomo se movendo com velocidade $\vec{V}$ (v<<c), no sentido contrário a um feixe de laser, é freiado nessa direção ao absorver fótons do laser numa transição atômica ressonante. Após a absorção, o átomo decai, emitindo um fóton espalhado numa direção qualquer. Num dos artigos originais publicados nesta área, é informado que átomos de sódio (Na, Z = 11), emitidos de um forno com velocidade inicial v » 800m/s, são freados para uma velocidade final de 200m/s, absorvendo fótons na transição $^2S_{1/2} \rightarrow ^2P_{3/2}$.

Suponha que se procure entender os princípios básicos do processo descrito no artigo, utilizando os conhecimentos de física moderna. Num determinado livro, encontra-se que o diagrama de níveis de energia envolvidos nas transições atômicas do Na é o mostrado na Fig. 2.

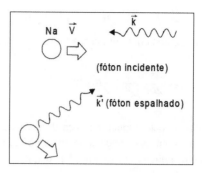

Fig 1: Esquema de freiamento de átomos por lasers

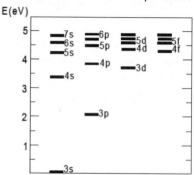

Fig 2: Diagrama de níveis de energia do Na

a) No diagrama da Fig. 2 não aparecem os símbolos $^2S_{1/2}$ e $^2P_{3/2}$. No entanto, sabendo pelo artigo que a transição ressonante é entre esses dois níveis, reproduza e complete a tabela abaixo para estes estados.

Estado	n° quântico principal n	n° quântico orbital ℓ	n° quântico de spin m_s	n° quântico momento angular j
$^2S_{1/2}$				
$^2P_{3/2}$				

(Valor: 1,0 ponto)

b) Determine, aproximadamente, o comprimento de onda l_L do laser e a variação de momento Dp que o átomo de sódio sofre ao absorver um fóton do laser.

(Valor: 1,0 ponto)

c) O átomo permanece no estado excitado $^2P_{3/2}$ durante um tempo médio t, denominado 'tempo de vida', antes de decair para o estado $^2S_{1/2}$. No artigo, é mostrado que a linha correspondente ao decaimento $^2P_{3/2} \rightarrow ^2S_{1/2}$ tem uma largura DE»1,24 . 10^{-7} eV, como indicado na Fig. 3. Utilize essa informação para estimar t.

(Valor: 1,0 ponto)

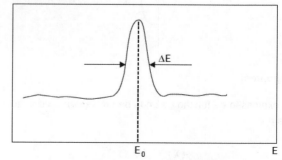

Fig. 3: Linha correspondente ao decaimento espontâneo $^2P_{3/2} \rightarrow ^2S_{1/2}$

Dados:

h = 6,62 . 10^{-34} J . s = 4,14 . 10^{-15} eV . s

hc = 1,242 . 10^{-6} eV . m

$\Delta E \Delta t \geq h$

d) Se o *laser* for suficientemente intenso, depois de absorver um fóton o átomo só poderá absorver um outro após ter decaído do estado excitado para o fundamental. Usando esta informação, estime a força média que o *laser* exerce sobre os átomos de sódio em termos de Δp e t.

(Valor: 1,0 ponto)

63. (ENADE – 2000) DISCURSIVA

Considere um elétron em repouso, no referencial do laboratório (massa m, carga e). Um fóton de comprimento de onda λ_0 incide sobre o mesmo, e é espalhado.

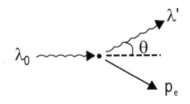

Dados:

h = 6,6 . 10^{-34} J . s

c = 3 . 10^8 m/s

1 MeV = 1,6 . 10^{-13} J

a) Segundo a física clássica, o que acontece com o comprimento de onda do fóton espalhado? **(Valor: 1,0 ponto)**

b) Considere o espalhamento quântico, onde o fóton sai com comprimento de onda λ' a um ângulo θ. Escreva as leis de conservação de momento e de energia. **(Valor: 1,0 ponto)**

c) Qual seria o comprimento de onda λ_c da radiação cuja energia equivalesse à energia de repouso do elétron, de massa

$m_e \cong 0,5 \dfrac{MeV}{c^2}$? **(Valor: 1,0 ponto)**

d) Entre as variáveis momento, energia, posição e instante de espalhamento escreva quais são os observáveis físicos.

(Valor: 1,0 ponto)

64. (ENADE – 2000) DISCURSIVA

Uma partícula de massa m está confinada em uma região tridimensional de largura L, isto é, $0 \leq x \leq L$, $0 \leq y \leq L$, $0 \leq z \leq L$, por um potencial que tem valor infinito além da região estabelecida.

Dados:

h = 6,6 . 10^{-34} J . s

c = 3 . 10^8 m/s

1 MeV = 1,6 . 10^{-13} J

a) Escreva a equação de Schrödinger. **(Valor: 1,0 ponto)**

b) Verifique que a função de onda da partícula é $\psi(x, y, z) = A \operatorname{sen}\dfrac{n\pi x}{L}$, sen $\dfrac{p\pi y}{L}$, sen $\dfrac{q\pi z}{L}$, onde n, p, q são inteiros.

(Valor: 1,0 ponto)

c) Calcule a energia do estado fundamental. Em um núcleo de largura L $\approx$ 10^{-15} m tem-se um próton de massa $m_p = 10^3 \dfrac{MeV}{c^2}$

Utilizando esses valores, estime essa energia. **(Valor: 1,0 ponto)**

d) Nas mesmas condições, estime a energia através do princípio da incerteza, comparando os resultados.

(Valor: 1,0 ponto)

65. (ENADE – 2000) DISCURSIVA

Uma molécula diatômica de um gás ideal pode ser descrita classicamente como um rotor rígido, constituído por duas partículas fixas às extremidades de uma haste fina, de massa desprezível.

Dados:

$$Z_\ell = \dfrac{1}{h^\ell} \int e^{-\beta H(p,q)} \, dq_1 \ldots dq_\ell \, dp_i \ldots dp_\ell ,$$

$$\int_{-\infty}^{\infty} dx \, e^{-\sigma x^2} = \sqrt{\dfrac{\pi}{\sigma}}$$

$$U = -\left(\dfrac{\partial \ln Z}{\partial \beta}\right)_V$$

a) Quantos graus de liberdade ℓ possui um sistema de N moléculas diatômicas? **(Valor: 1,0 ponto)**

b) Admitindo que o Hamiltoniano de uma molécula seja uma função quadrática dos momentos generalizados,

$H = a(p_x^2 + p_y^2 + p_z^2) + b(p_\zeta^2 + p_r^2)$, escreva a função

de partição Z_ℓ para uma única molécula. **(Valor: 1,0 ponto)**

c) Determine a energia interna U para um gás ideal diatômico de N moléculas, a partir da função de partição $Z = \dfrac{Z_\ell^\ell}{N!}$ do sistema. **(Valor: 1,0 ponto)**

d) Calcule o calor específico c_v desse gás a volume constante. Esse resultado está de acordo com o comportamento esperado a baixas temperaturas? Represente estes resultados em um gráfico c_v contra a temperatura absoluta T. **(Valor: 1,0 ponto)**

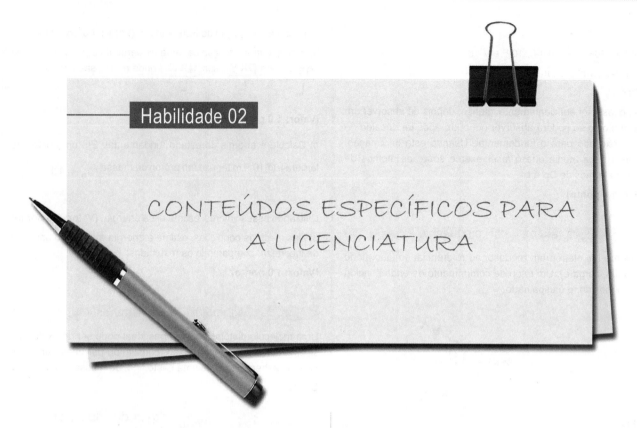

Habilidade 02
CONTEÚDOS ESPECÍFICOS PARA A LICENCIATURA

1) **Fundamentos Históricos, Filosóficos e Sociológicos da Física e o Ensino da Física**

1. (ENADE – 2011)

Na Sociologia da Educação, o currículo é considerado um mecanismo por meio do qual a escola define o plano educativo para a consecução do projeto global de educação de uma sociedade, realizando, assim, sua função social. Considerando o currículo na perspectiva crítica da Educação, avalie as afirmações a seguir.

I. O currículo é um fenômeno escolar que se desdobra em uma prática pedagógica expressa por determinações do contexto da escola.
II. O currículo reflete uma proposta educacional que inclui o estabelecimento da relação entre o ensino e a pesquisa, na perspectiva do desenvolvimento profissional docente.
III. O currículo é uma realidade objetiva que inviabiliza intervenções, uma vez que o conteúdo é condição lógica do ensino.
IV. O currículo é a expressão da harmonia de valores dominantes inerentes ao processo educativo.

É correto apenas o que se afirma em

(A) I.
(B) II.
(C) I e III.
(D) II e IV.
(E) III e IV.

2. (ENADE – 2011)

O fazer docente pressupõe a realização de um conjunto de operações didáticas coordenadas entre si. São o planejamento, a direção do ensino e da aprendizagem e a avaliação, cada uma delas desdobradas em tarefas ou funções didáticas, mas que convergem para a realização do ensino propriamente dito.

LIBÂNEO, J. C. **Didática**. São Paulo: Cortez, 2004, p. 72.

Considerando que, para desenvolver cada operação didática inerente ao ato de planejar, executar e avaliar, o professor precisa dominar certos conhecimentos didáticos, avalie quais afirmações abaixo se referem a conhecimentos e domínios esperados do professor.

I. Conhecimento dos conteúdos da disciplina que leciona, bem como capacidade de abordá-los de modo contextualizado.
II. Domínio das técnicas de elaboração de provas objetivas, por se configurarem instrumentos quantitativos precisos e fidedignos.
III. Domínio de diferentes métodos e procedimentos de ensino e capacidade de escolhê-los conforme a natureza dos temas a serem tratados e as características dos estudantes.
IV. Domínio do conteúdo do livro didático adotado, que deve conter todos os conteúdos a serem trabalhados durante o ano letivo.

É correto apenas o que se afirma em

(A) I e II.
(B) I e III.
(C) II e III.
(D) II e IV.
(E) III e IV.

3. (ENADE – 2011)

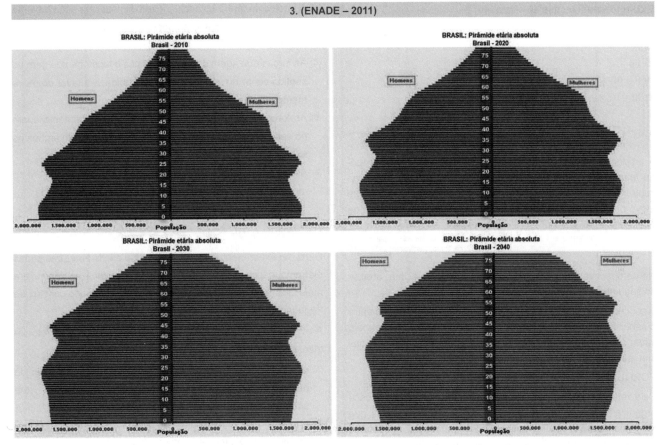

Figura. Brasil: Pirâmide Etária Absoluta (2010-2040)

Disponível em: <www.ibge.gov.br/home/estatistica/populacao/projecao_da_populacao/piramide/piramide.shtm>. Acesso em: 23 ago. 2011.

Com base na projeção da população brasileira para o período 2010-2040 apresentada nos gráficos, avalie as seguintes asserções.

Constata-se a necessidade de construção, em larga escala, em nível nacional, de escolas especializadas na Educação de Jovens e Adultos, ao longo dos próximos 30 anos.

PORQUE

Haverá, nos próximos 30 anos, aumento populacional na faixa etária de 20 a 60 anos e decréscimo da população com idade entre 0 e 20 anos.

A respeito dessas asserções, assinale a opção correta.

(A) As duas asserções são proposições verdadeiras, e a segunda é uma justificativa correta da primeira.
(B) As duas asserções são proposições verdadeiras, mas a segunda não é uma justificativa da primeira.
(C) A primeira asserção é uma proposição verdadeira, e a segunda, uma proposição falsa.
(D) A primeira asserção é uma proposição falsa, e a segunda, uma proposição verdadeira.
(E) Tanto a primeira quanto a segunda asserções são proposições falsas.

4. (ENADE – 2011)

Do ponto de vista didático, há diversos pontos favoráveis à utilização adequada de elementos da História da Física em aulas na Educação Básica, indicados na literatura própria da área de pesquisa em Ensino de Física.

Entre eles, podem ser apontados os seguintes:

I. melhora e enriquece a compreensão dos conteúdos conceituais, na medida em que humaniza o processo de construção do conhecimento científico.

II. permite, durante o processo de ensino e de aprendizagem, a contextualização proposta em orientações curriculares oficiais, no que tange aos aspectos presentes no contexto original de produção do conhecimento científico.

III. é sempre produtivo, pois, mesmo quando apenas ressalta a genialidade de certos personagens, serve para motivar os alunos a se tornarem futuros cientistas.

IV. garante melhor aprendizagem dos conteúdos conceituais, visto que os alunos acabam manifestando concepções prévias iguais às já encontradas na própria História da Física.

É correto apenas o que se afirma em

(A) I.

(B) IV.

(C) I e II.

(D) II e III.

(E) III e IV.

5. (ENADE – 2011)

A produção do conhecimento escolar crítico requer que a teoria anunciada na forma conceitual se transforme em ações no contexto de vida do aluno para alcançar uma visão crítica que move o seu agir no mundo para superar a visão fragmentada da realidade.

FAVERI, J. E. **Filosofia da educação**: o ensino da filosofia na perspectiva freireana. 2. ed. Petrópolis: Vozes, 2011, p. 44.

Na perspectiva das ideias do fragmento de texto acima, analise as seguintes asserções.

A concepção crítica de conteúdo fundamenta-se na relação entre o saber cotidiano do estudante, suas condições existenciais e o saber metódico já produzido. O produto dessa relação constitui sínteses qualitativamente melhoradas.

PORQUE

Pela reflexão crítica da realidade presente, o estudante busca organizar um novo saber na forma de teorias explicativas que identificam contradições e buscam sua superação com posturas concretas renovadas diante do seu contexto de vida.

Acerca dessas asserções, assinale a opção correta.

(A) As duas asserções são proposições verdadeiras, e a segunda é uma justificativa correta da primeira.

(B) As duas asserções são proposições verdadeiras, mas a segunda não é uma justificativa da primeira.

(C) A primeira asserção é uma proposição falsa, e a segunda, uma proposição verdadeira.

(D) A primeira asserção é uma proposição verdadeira, e a segunda, uma proposição falsa.

(E) Tanto a primeira quanto a segunda asserções são proposições falsas.

6. (ENADE – 2008)

Para avaliar se os estudantes haviam superado concepções comuns às da teoria medieval do *impetus* em relação à compreensão dinâmica da situação estudada, o professor propôs o problema apresentado a seguir.

> Uma bola de futebol é lançada verticalmente para cima, a partir do telhado de um edifício de altura h_0, com velocidade v_0. Apresente uma explicação relativa ao lançamento, que leve em conta a resistência do ar.

Qual das seguintes seria a resposta típica de um aluno dito "newtoniano"?

(A) A força com que a bola foi lançada diminui com o tempo, até se igualar, na posição de altura máxima, à soma das forças peso e atrito com o ar.

(B) A força com que a bola foi lançada diminui pela ação do atrito com o ar, até se igualar ao peso da bola na posição de altura máxima.

(C) As forças que agem sobre a bola após o lançamento agem no sentido contrário ao movimento na subida, e a favor do movimento, na descida.

(D) As forças que agem sobre a bola após o lançamento agem no sentido contrário ao movimento na subida, e em ambos os sentidos, na descida.

(E) As forças que agem sobre a bola após o lançamento agem no mesmo sentido que o movimento na subida e na descida.

7. (ENADE – 2008)

Hertz, no experimento em que evidenciou a existência das ondas eletromagnéticas, notou que a descarga elétrica no sensor era mais facilmente percebida quando este era iluminado com luz de frequência acima de um certo valor.

A explicação de Einstein para este efeito, denominado fotoelétrico, considera que

(A) o aumento da intensidade da luz implica um aumento do número de fótons de mesma energia que incide sobre o sensor.

(B) o intervalo de tempo entre a chegada da luz ao sensor e a emissão dos elétrons é diferente de zero.

(C) a luz se comporta como onda no momento em que ocorre o efeito.

(D) a energia dos elétrons que saem do sensor depende diretamente da intensidade de luz incidente.

(E) a energia do fóton incidente é igual à energia cinética do elétron atingido.

8. (ENADE – 2005)

Vários resultados recentes da cosmologia observacional indicam a existência de buracos negros no núcleo ativo de galáxias. A densidade de um buraco negro pode ser estimada, de acordo com a Lei da Gravitação Universal de Newton, calculando-se a velocidade de escape de uma "partícula" deslocando-se com a velocidade da luz, no campo gravitacional do buraco negro. Pode-se afirmar que a existência de buracos negros

(A) é inteiramente previsível a partir da Teoria da Gravitação de Newton.

(B) poderia ter sido inferida a partir das leis de Kepler para o movimento de corpos celestes.

(C) somente se tornou previsível a partir da formulação da Teoria da Relatividade Restrita, com a imposição da constância da velocidade da luz.

(D) somente se tornou previsível a partir da formulação da Teoria da Relatividade Restrita, acrescentada da Teoria Quântica para emissão de corpos negros.

(E) somente se tornou previsível a partir da formulação da Teoria da Relatividade Geral.

9. (ENADE – 2003) DISCURSIVA

Hertz, em 1888, produziu e detectou ondas eletromagnéticas num laboratório, fato até então inédito.

a) Qual teoria fundamental a experiência de Hertz confirmou? **(2,5 pontos)**

b) Na época, supunha-se a existência de um meio no qual as ondas eletromagnéticas se propagariam. Qual seria esse meio? Essa hipótese ainda é válida? **(2,5 pontos)**

c) Ao pegar um fio e conectar suas extremidades aos polos de uma pilha é possível interferir num rádio próximo, que esteja fora de estação. Basta para isso esfregar uma das extremidades do fio sobre um dos polos. Explique como essa experiência pode ser utilizada em sala de aula para ilustrar a experiência de Hertz. **(2,5 pontos)**

10. (ENADE – 2003) DISCURSIVA

Na Cosmologia de Aristóteles, os quatro elementos fundamentais do mundo terrestre se organizavam em rígida hierarquia em relação ao centro da Terra. O *elemento terra* situar-se-ia nas proximidades do centro, sobre o qual estaria o *elemento água*, seguido do *elemento ar* e acima de todos, o *elemento fogo*. Os movimentos dos corpos próximos à superfície terrestre eram de dois tipos: naturais e violentos. Os movimentos naturais consistiam no retorno de um dado elemento ao seu lugar natural segundo uma direção vertical, como por exemplo, o fogo que sobe durante a queima da madeira. Já os movimentos violentos eram devidos à ação de um agente externo, como no caso de terra que é elevada pela ação de uma pá.

a) Como Aristóteles explicava o movimento de uma flecha ou lança? **(2,5 pontos)**

b) Como essa explicação foi reformulada na Idade Média com o uso da ideia de *impetus*? **(2,5 pontos)**

c) Explique como a evolução dessas explicações históricas pode ser aproveitada em sala de aula para explorar a relação força-movimento. **(2,5 pontos)**

11. (ENADE – 2002) DISCURSIVA

O desenvolvimento e consolidação da termodinâmica, no século XIX, trouxe muitas ideias e conclusões novas para a física, algumas inquietantes. São destacados a seguir três físicos dessa época e suas ideias ou conclusões.

Explique, em cada caso, que experimentos, princípios ou leis levaram cada um desses físicos à respectiva ideia ou conclusão.

a) Joule: concluiu que o calor não é uma substância, mas uma forma de energia. **(2,5 pontos)**

b) Carnot: demonstrou que a perda de energia mecânica é inevitável, mesmo em sistemas ideais. **(2,5 pontos)**

c) Kelvin: previu a morte térmica do Universo. **(2,5 pontos)**

12. (ENADE – 2001) DISCURSIVA

O trecho apresentado a seguir foi extraído da obra **Lectures on elements of chemistry**, do físico, químico e médico escocês Joseph Black (1728 - 1799).

"A fusão é universalmente considerada como produzida pela adição de uma pequena quantidade de calor a um corpo sólido, depois dele ser aquecido até seu ponto de fusão, e o retorno de tal corpo para o estado sólido depende da diminuição de uma pequena quantidade de calor após ele ter esfriado do mesmo número de graus. [...]. Encontrei uma razão para considerar essa afirmação inconsistente em relação a muitos fatos quando atentamente observados. [...] Quando o gelo ou outra substância é fundida, eu penso que ele recebe uma grande quantidade de calor, maior que aquela que é perceptível nele, imediatamente depois por meio de um termômetro. [...] Uma grande quantidade de calor penetra na substância nessa ocasião sem aparentemente fazê-la mais quente. Esse calor, contudo, deve ser introduzido para lhe dar forma de líquido [...]. Se assim não fosse, na primavera, uma quantidade muito pequena de calor fornecida pelo ar seria suficiente para transformar em água as imensas quantidades de gelo e neve formados ao longo do inverno. A fusão se faria em poucos minutos e inevitavelmente iria produzir inundações catastróficas."

a) Que relação o autor faz entre fusão e temperatura? **(Valor: 1,0 ponto)**

b) Que conceito termodinâmico o autor antecipa nesses textos, em relação à mudança de fase? Justifique. **(Valor: 1,0 ponto)**

c) Esse texto poderá ser utilizado, em sala de aula, para se discutir a diferença entre calor e temperatura? Justifique. **(Valor: 1,0 ponto)**

d) Proponha uma experiência simples, para alunos de nível médio, que possa confirmar a argumentação do autor. **(Valor: 1,0 ponto)**

13. (ENADE – 2001) DISCURSIVA

Em 1767, o pastor, político e físico-químico inglês, Joseph Priestley (1733 - 1804) publicou **The history and present state of electricity**. Nesse livro, ele resume o conhecimento da eletricidade em seu tempo e formula, pela primeira vez, a hipótese de que a intensidade da interação entre partículas eletricamente carregadas varia com o inverso do quadrado da distância entre elas. Essa hipótese surgiu da observação experimental da forma como pequenos corpos carregados eletricamente colocados no interior de uma esfera condutora oca, também eletricamente carregada, interagem com ela. E foi confirmada vinte anos mais tarde pelo físico francês Charles Augustin de Coulomb (1736 - 1806) que formulou a lei que leva o seu nome, num notável trabalho teórico e experimental.

a) Essa observação experimental possibilitou a Priestley fazer uma analogia entre a interação eletrostática e a interação gravitacional de corpos colocados no interior de um planeta oco, devido à massa, prevista teoricamente pela Lei da Gravitação Universal de Newton. Nessas situações, o que há de comum entre essas duas interações? **(Valor: 1,0 ponto)**

b) Descreva uma demonstração dessa observação experimental que possa ser realizada num museu de ciências ou em sala de aula. Nessa demonstração, a esfera pode ser substituída por uma superfície oca qualquer. **(Valor: 1,0 ponto)**

c) Um equipamento semelhante ao construído por Coulomb para comprovar a sua lei foi construído dez anos mais tarde pelo físico inglês Henry Cavendish (1731 - 1810) para obter a constante gravitacional, G. Como é feita a medida da intensidade da força de interação eletrostática ou gravitacional nesses equipamentos? **(Valor: 1,0 ponto)**

d) Por convenção, a razão entre as intensidades das interações fundamentais da natureza é obtida a partir da intensidade da força de cada interação, em newtons, calculada entre dois prótons separados pela distância de 2 fm, de centro a centro, no vácuo. Determine a ordem de grandeza da razão entre as intensidades da interação eletromagnética e gravitacional, utilizando os dados abaixo.

Dados:

Massa do próton: $m_p = 1,7 \cdot 10^{-27}$kg

Carga elétrica elementar: $e = 1,6 \cdot 10^{-19}$C

Constante gravitacional: $G = 6,6 \cdot 10^{-11}$N.m^2 / kg^2

Constante eletrostática do vácuo: $k = 9,0 \cdot 10^{9}$N.m^2 /C^2

1 fm (femtômetro) $= 10^{-15}$m

(Valor: 1,0 ponto)

14. (ENADE – 2000) DISCURSIVA

No dia 6 de maio de 1850 a Academia de Ciências da França comunicou solenemente ao mundo que experimentos realizados pelos físicos franceses Fizeau e Foucault comprovavam que a velocidade da luz na água é menor do que no ar. Esse resultado era aguardado ansiosamente porque decidia, de forma praticamente definitiva, uma polêmica secular entre dois modelos propostos pelos físicos para a natureza da luz.

a) Que modelos eram esses? **(Valor: 1,0 ponto)**

b) Qual modelo previa que a velocidade da luz, ao passar do ar para a água, deveria aumentar? Explique por quê. **(Valor: 1,0 ponto)**

c) Qual modelo previa que a velocidade da luz, ao passar do ar para a água, deveria diminuir? Explique por quê. **(Valor: 1,0 ponto)**

d) Descreva uma experiência (procedimento, material utilizado e forma de abordagem), que possa ser realizada em sala de aula, para o estudo da refração da luz na passagem do ar para a água. **(Valor: 1,0 ponto)**

2) Políticas Educacionais e o Ensino da Física

1. (ENADE – 2011)

O tratamento de assuntos de Física Moderna e Contemporânea no currículo escolar do ensino médio sugerido em diversos documentos oficiais para essa etapa da escolaridade (Parâmetros Curriculares Nacionais para o Ensino Médio - PCN e PCN$^+$) induziu, nos últimos anos, o aparecimento desses assuntos em obras didáticas voltadas para a Física Escolar, com a correspondente proposição de questões para os alunos resolverem.

Alguns exemplos dessas questões, e que podem ser encontradas nessas obras didáticas, são apresentados a seguir.

1) Suponha que a massa de um pão de 50 g, em repouso, seja convertida em energia elétrica para acender uma lâmpada de 100 W. Quanto tempo essa lâmpada ficaria acesa?

2) Determine o comprimento de onda de um próton (m = 1,7 x 10^{-27} kg) com velocidade v = 5 x 10^7 m/s; faça o mesmo para um automóvel (m = 1000 kg) com velocidade v = 50 m/s.

3) Uma bola de futebol, de massa igual a 0,4 kg, atinge o gol com velocidade de 20 m/s. Qual a incerteza que se comete ao medir a posição dessa bola, supondo que a quantidade de movimento é determinada com uma incerteza de 5%?

Uma obra didática que inclua os exemplos listados acima

I. incorre em equívoco conceitual, tratado em diversos estudos presentes na literatura específica da área de pesquisa em Ensino de Física.

II. traz, para o tratamento de assuntos de Física Moderna, os mesmos equívocos, em termos metodológicos e curriculares, que já foram apontados em diversos estudos sobre o Ensino da Física.

III. exige apenas a utilização imediata de fórmulas matemáticas, reduzindo as aprendizagens possíveis a aspectos simplesmente memorísticos.

IV. não permite obter indicadores confiáveis de avaliação sobre a compreensão de aspectos conceituais próprios das elaborações teóricas da chamada Física Moderna.

É correto o que se afirma em

(A) I e II, apenas.

(B) I e IV, apenas.

(C) II e III, apenas.

(D) III e IV, apenas.

(E) I, II, III e IV.

2. (ENADE – 2011)

Em 2007, o Instituto Nacional de Estudos e Pesquisas Educacionais Anísio Teixeira (INEP) criou o Índice de Desenvolvimento da Educação Básica (IDEB), que busca reunir, em um só indicador, dois conceitos igualmente importantes para a qualidade da educação: fluxo escolar e médias de desempenho nas avaliações.

O IDEB é calculado a partir de dois componentes: taxa de rendimento escolar (aprovação) e médias de desempenho nos exames padronizados aplicados pelo INEP. Os índices de aprovação são obtidos a partir do Censo Escolar, realizado anualmente pelo INEP. As médias de desempenho utilizadas são as da Prova Brasil (para IDEBs de escolas e municípios) e do SAEB (no caso dos IDEBs dos estados e nacional).

A fórmula geral do IDEB é dada por: **IDEBji = Nji × Pji**; em que i = ano do exame (SAEB e Prova Brasil) e do Censo Escolar; **Nji** = média da proficiência em Língua Portuguesa e Matemática, padronizada para um indicador entre 0 e 10, dos alunos da unidade j, obtida em determinada edição do exame realizado ao final da etapa de ensino; **Pji** = indicador de rendimento baseado na taxa de aprovação da etapa de ensino dos alunos da unidade j;

O IDEB é usado como ferramenta para acompanhamento das metas de qualidade do Plano de Desenvolvimento da Educação (PDE) para a Educação Básica. O PDE estabelece como meta que, em 2022, o IDEB do Brasil seja 6,0 — média que corresponde a um sistema educacional de qualidade comparável à dos países desenvolvidos.

Disponível em: <http://portal.inep.gov.br/web/portal-ideb/portal-ideb>.
Acesso em: 30 set. 2011 (com adaptações).

A tabela a seguir apresenta dados hipotéticos das escolas, X, Y e Z.

Ano	2007	2008	2009	2007	2008	2009
Escola	Nota Média Padronizada (N)	Nota Média Padronizada (N)	Nota Média Padronizada (N)	Indicador de Rendimento (P)	Indicador de Rendimento (P)	Indicador de Rendimento (P)
X	4,50	5,50	7,00	0,80	0,80	0,80
Y	3,20	4,00	4,80	0,70	0,75	0,80
Z	5,50	6,50	7,00	0,80	0,85	0,90

I. Em 2009, as Escolas X e Z alcançaram IDEB acima da média estabelecida pelo PDE para o Brasil.

II. No triênio 2007-2009, a Escola Y foi a que apresentou maior crescimento no valor do IDEB.

III. Se for mantida para os próximos anos a taxa de crescimento do IDEB apresentada no triênio 2007-2009, a Escola Y conseguirá atingir a meta estabelecida pelo PDE para o Brasil em 2012.

É correto o que se afirma em

(A) I, apenas.

(B) II, apenas.

(C) I e III, apenas.

(D) II e III, apenas.

(E) I, II e III.

3. (ENADE – 2008)

O desenvolvimento da ação educativa a partir da construção de projetos político-pedagógicos tornou-se uma obrigação para as escolas. Neste contexto, a Física deve participar, aproveitando os momentos pedagógicos para trabalhar seus conteúdos. Numa escola hipotética, a realização de uma peça teatral é um desses momentos. Os professores de Física resolvem trabalhar, assim, com o tema estruturador 4 dos PCN+: Som, Imagem e Informação. O projeto da Física trabalhará com a iluminação do palco, sem esquecer as diretrizes do cenógrafo. As características do teatro são: as paredes do palco, quando iluminadas com luz verde e vermelho misturadas, ficam amarelas, e o piso, quando iluminado com luz verde e azul, misturadas, fica ciano.

As cores das paredes do palco e do piso, respectivamente, são:

(A) amarelo e azul.

(B) amarelo e amarelo.

(C) verde e magenta.

(D) azul e branco.

(E) branco e branco.

4. (ENADE – 2008)

No vocabulário pedagógico do MEC, presente nos Parâmetros Curriculares Nacionais (PCN), interdisciplinaridade, contextualização e autonomia são três pilares fundamentais da Educação. Nessa perspectiva, procurando seguir as orientações oficiais dos PCN, os currículos escolares apresentam algumas das recomendações abaixo.

I. A interdisciplinaridade não deve preceder a disciplinaridade.

II. Uma referência fundamental é considerar o que o jovem precisa para viver em um mundo tecnológico complexo e em transformação.

III. As disciplinas afins devem ser agrupadas em uma única disciplina.

IV. A lista de tópicos dos programas não deve ser o foco principal.

Estão de acordo com as orientações oficiais **APENAS** os currículos que seguem as recomendações

(A) I e II

(B) I, II e III

(C) I, II e IV

(D) I, III e IV

(E) II, III e IV

5. (ENADE – 2005)

O Programa Nacional do Livro do Ensino Médio (PNLEM), recém-lançado pelo Governo Federal, faz a avaliação dos livros didáticos e os recomenda, ou não, para a adoção pelas escolas públicas. No edital de convocação para aquisição de livros no ano de 2007 estão expostos alguns critérios eliminatórios, entre eles, o seguinte:

"Respeitando as conquistas e o modo próprio de construção do conhecimento de cada uma das ciências de referência, assim como as demandas próprias da escola, a obra didática deve mostrar-se atualizada em suas informações básicas, e, respeitadas as condições da transposição didática, em conformidade conceitual com essas mesmas ciências. Em decorrência, sob pena de descaracterizar o objeto de ensino-aprendizagem e, portanto, descumprir sua função didático-pedagógica, será excluída a obra que:

- *formular erroneamente os conceitos que veicule;*
- *fornecer informações básicas erradas e/ou desatualizadas;*
- *mobilizar de forma inadequada esses conceitos e informações, levando o aluno a construir erroneamente conceitos e procedimentos."*

(PNLEM, Anexo IX, p. 35-36, 2005).

Suponha que três livros didáticos de física apresentem a expressão da relação da força de atrito cinético ($\vec{F}_{at}$) com a força normal ($\vec{N}$) da seguinte forma:

Livro I: $F_{at} = -mN$

Livro II: $\vec{F}_{at} = m\vec{N}$

Livro III: $|\vec{F}_{at}| = m|\vec{N}|$

Analisando essas expressões e baseados nos critérios apresentados, pode-se afirmar que

(A) o livro I expressa a relação erroneamente PORQUE não assinala o caráter vetorial das forças envolvidas.

(B) o livro II expressa a relação erroneamente PORQUE os vetores têm mesma direção, mas sentidos opostos.

(C) o livro III expressa a relação erroneamente PORQUE não destaca o caráter vetorial das forças envolvidas.

(D) o livro III expressa a relação corretamente PORQUE utiliza os módulos das forças sem atribuir-lhes sinal.

(E) os livros estão corretos PORQUE todas as expressões dadas são equivalentes.

6. (ENADE – 2005)

Nos PCN estão relacionadas as principais **competências** em Física esperadas ao final da escolaridade básica e uma discussão dos possíveis encaminhamentos e suas diferentes compreensões (sentido), ressaltando os aspectos que as tornam significativas através de situações que as **exemplificam** (**detalhamento**).

Exemplos de Sentidos e Detalhamentos em Física

I. Frente a uma situação ou problema concreto, reconhecer a natureza dos fenômenos envolvidos, situando-os dentro do conjunto de fenômenos da Física e identificar as grandezas relevantes, em cada caso. Assim, diante de um fenômeno envolvendo calor, identificar fontes, processos envolvidos e seus efeitos, reconhecendo variações de temperatura como indicadores relevantes.

II. Compreender que tabelas, gráficos e expressões matemáticas podem ser diferentes formas de representação de uma mesma relação, com potencialidades e limitações próprias, para ser capaz de escolher e fazer uso da linguagem mais apropriada em cada situação, além de poder traduzir entre si os significados dessas várias linguagens.

III. Acompanhar o noticiário relativo à ciência em jornais, revistas e notícias veiculadas pela mídia, identificando a questão em discussão e interpretando, com objetividade, seus significados e implicações para participar do que se passa à sua volta.

Exemplos de Competências Gerais

a. ciência e tecnologia na história.
b. ciência e tecnologia na cultura contemporânea.
c. ciência e tecnologia, ética e cidadania.
d. estratégias para enfrentamento de situações-problema.
e. articulação dos símbolos e códigos da C&T (Ciência e Tecnologia).
f. análise e interpretação de textos e outras comunicações de C&T (Ciência e Tecnologia).

Para satisfazer os "sentidos e detalhamentos" expressos em I, II e III, deve-se optar por trabalhar em sala de aula, com as seguintes competências:

	I	II	III
A	a	b	c
B	c	d	a
C	d	e	f
D	e	a	b
E	f	e	d

7. (ENADE – 2008) DISCURSIVA

Reconhecendo que os sistemas democráticos se tornam vulneráveis sem a cultura científica, um professor de Física concordou com as preocupações expressas nos Parâmetros Curriculares Nacionais (PCN) sobre a formação do cidadão e com as sugestões de mudanças curriculares a serem adotadas nas escolas.

Nessa perspectiva, levando em conta os aspectos contextualizadores no cotidiano e na História da Ciência e os aspectos epistemológicos e metodológicos do Ensino da Física, descreva uma atividade a ser realizada em uma Unidade de Ensino sendo o tema estruturador "Universo, Terra e Vida", para cada habilidade abaixo.

a) Adquirir uma "compreensão atualizada das hipóteses, modelos e formas de investigação sobre a origem e evolução do Universo". **(valor: 5,0 pontos)**

b) Identificar formas pelas quais os modelos explicativos do Universo influenciaram a cultura e a vida humana ao longo da história da humanidade e vice-versa. **(valor: 5,0 pontos)**

8. (ENADE – 2002) DISCURSIVA

A figura representa um pêndulo cônico, em que o corpo **P** gira com movimento circular uniforme, preso por um fio a um ponto **O** fixo no teto de um laboratório. O fio tem comprimento ℓ e forma um ângulo α com a vertical.

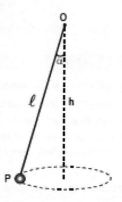

a) Para pequenos valores de α tais que $\ell \approx h$, o período do movimento circular uniforme descrito por **P** tem a mesma expressão do período de oscilação de um pêndulo simples para pequenas oscilações: $T = 2\pi\sqrt{\dfrac{\ell}{g}}$. Qual a justificativa física para essa coincidência? **(2,5 pontos)**

b) Na explicação da dinâmica do movimento do corpo **P**, alguns alunos estranham que quanto maior a força resultante centrípeta atuando sobre o corpo **P**, mais ele se afasta do centro da circunferência. Como o professor pode justificar esse paradoxo? **(2,5 pontos)**

c) Faça o esquema de forças que atuam em **P** adotando um referencial localizado:
   I. no laboratório;
   II. no ponto **P**.
   (2,5 pontos)

3) Resolução de Problemas e a Organização Curricular para o Ensino da Física

1. (ENADE – 2011)

No Brasil, desde a década de 1980, principalmente, professores e pesquisadores da área de ensino de Ciências têm buscado diferentes abordagens epistemológicas e metodológicas visando contribuir para a melhoria do ensino nessa área, por exemplo, a exploração de concepções prévias dos estudantes.

Na Física, especificamente no caso da mecânica newtoniana, pesquisas usando atividades que exploram concepções prévias indicam que os estudantes de Ensino Médio tendem dar explicações para situações envolvendo a relação entre força e movimento que remetem à concepção aristotélica.

Acerca do tema, considere um corpo lançado verticalmente para cima, no instante em que a altura não é a máxima. Com base nas informações do texto e usando a legenda abaixo, assinale a alternativa que mostra a representação correta da direção e sentido dos vetores força (**F**) e velocidade (**v**) no sistema, sob a óptica do estudante (considerada, nesta questão, aristotélica) (**F$_A$** e **v$_A$**) e da mecânica newtoniana (**F$_N$** e **v$_N$**), respectivamente. Despreze a resistência do ar.

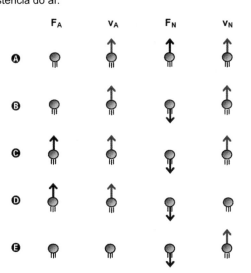

2. (ENADE – 2008)

Os Parâmetros Curriculares Nacionais (PCN) redirecionaram a Física, no Ensino Médio, para estimular, nos alunos, o interesse por conhecer o mundo físico a partir de procedimentos para formar cidadãos autônomos intelectualmente.

Considerando esse referencial, analise as seguintes abordagens presentes em materiais didáticos:

I. procedimentos de pesquisa de concepções de senso comum;

II. privilégio de aspectos teóricos;

III. utilização de novo saber em sua dimensão aplicada;

IV. apresentação do conhecimento como fruto da genialidade dos cientistas.

Para selecionar materiais didáticos que atendam às orientações dos PCN para o Ensino Médio, devem ser consideradas **APENAS** as abordagens

(A) I e III
(B) I e IV
(C) II e III
(D) II e IV
(E) III e IV

3. (ENADE – 2005)

A Teoria da Relatividade de Einstein é considerada como um conhecimento físico com pequeno impacto na tecnologia.

No entanto, o GPS (*Global Position System*), um dos equipamentos mais modernos da tecnologia atual, considera os conteúdos desta teoria.

Analise os itens abaixo relacionados à Teoria da Relatividade.

I. A contração dos comprimentos e a inexistência do éter.

II. A deformação do espaço-tempo decorrente da massa da Terra.

III. A constância da velocidade da luz como seu princípio básico.

São considerados na construção do GPS, SOMENTE

(A) I
(B) II
(C) III
(D) I e II
(E) II e III

4. (ENADE – 2005)

A figura representa o esquema de uma montagem experimental didática, na qual F simboliza uma fonte de luz (uma lâmpada fluorescente pequena), L uma lente convergente (lupa) apoiada em um suporte e A um anteparo de cartolina branca.

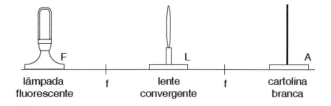

A atividade consiste em procurar posições de F, L e A de tal forma que seja possível observar a imagem nítida da fonte F projetada sobre o anteparo A por meio da lente L. Sabendo que a lente tem distância focal de 20 cm, pode-se afirmar que uma dessas situações ocorre quando a distância da fonte à lente é de

(A) 10 cm, e a distância da lente ao anteparo é de 20 cm; nesse caso a imagem aparece direita e menor do que a lâmpada.
(B) 20 cm, e a distância da lente ao anteparo é de 40 cm; nesse caso a imagem aparece invertida e menor do que a lâmpada.
(C) 30 cm, e a distância da lente ao anteparo é de 60 cm; nesse caso a imagem aparece invertida e maior do que a lâmpada.
(D) 40 cm, e a distância da lente ao anteparo é de 80 cm; nesse caso a imagem aparece direita e maior do que a lâmpada.
(E) 50 cm, e a distância da lente ao anteparo é de 100 cm; nesse caso a imagem aparece direita e menor do que a lâmpada.

5. (ENADE – 2008) DISCURSIVA

Nos circuitos das Figuras 1 e 2 abaixo, as pilhas e as lâmpadas são idênticas. Ao prever o brilho da lâmpada L1 em relação aos brilhos das lâmpadas L2 e L3, nos dois circuitos, é muito comum que alunos do Ensino Médio apresentem concepções alternativas às concepções científicas.

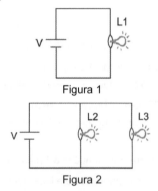

Figura 1

Figura 2

a) A esse respeito, apresente uma concepção científica e uma possível concepção alternativa, com a justificativa que os alunos poderiam apresentar. **(valor: 5,0 pontos)**
b) Descreva uma estratégia de ensino contextualizada para que os alunos avancem em direção ao conhecimento científico, realizando aprendizagem significativa dos conceitos de corrente elétrica, resistência elétrica, resistência equivalente e diferença de potencial. Indique nessa estratégia como o mundo vivencial dos alunos e as relações de Ciência, Tecnologia e Sociedade (CT&S) podem ser considerados e os recursos metodológicos a serem utilizados. **(valor: 5,0 pontos)**

6. (ENADE – 2003) DISCURSIVA

Dispondo-se de três molas idênticas e um corpo de massa m realiza-se a seguinte atividade experimental em sala de aula:

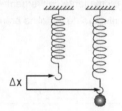

Figura I

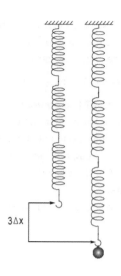

Figura II

1. Pendura-se, verticalmente, num suporte, o corpo em uma dessas molas e verifica-se que o alongamento da mola é Dx.
2. Em seguida associam-se as três molas em série, pendura-se o mesmo corpo nessa associação e verifica-se que, agora, o alongamento do conjunto formado é 3Dx.
3. Finalmente pode-se demonstrar teoricamente que, nessas condições, o sistema formado pelas três molas em série adquire o triplo da energia potencial elástica adquirida pelo sistema formado por uma única mola.

a) Explique fisicamente o resultado obtido em 2. **(2,5 pontos)**
b) Faça a demonstração citada em 3. **(2,5 pontos)**
c) Alguns alunos duvidam do resultado obtido em 3. Argumentam que, como o corpo pendurado nas duas situações é o mesmo, a energia não poderia ter triplicado. Como pode-se refutar essa argumentação? Qual a causa dessa "multiplicação" da energia? **(2,5 pontos)**

7. (ENADE – 2003) DISCURSIVA

A figura representa a montagem de uma balança de corrente. A armação **XYWZ**, feita de um fio rígido de cobre, apoiada em duas pequenas hastes condutoras é equilibrada horizontalmente com auxílio do contrapeso **P**. O lado **YW** está imerso no campo magnético entre dois ímãs fixados num suporte de aço em **U**. As hastes e parte da armação estão ligadas a uma fonte de tensão contínua formando um circuito elétrico que pode ser fechado por meio da chave **S**.

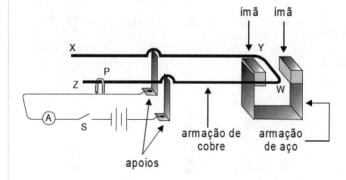

a) Descreva e justifique o que ocorre com esse sistema quando a chave é fechada. **(2,5 pontos)**
b) Pretende-se medir a intensidade do campo magnético $\vec{B}$ entre os ímãs, com essa montagem. Explique o procedimento que deve ser empregado. **(2,5 pontos)**
c) Deduza uma expressão para o cálculo do módulo de $\vec{B}$ em função das grandezas medidas, de acordo com o procedimento proposto no item anterior. **(2,5 pontos)**

8. (ENADE – 2002) DISCURSIVA

Um livro didático define resistor como "todo condutor que tem exclusivamente a função de converter energia elétrica em energia térmica". Logo em seguida, o mesmo livro formula a lei de Ohm afirmando que ela é válida "mantida a temperatura do resistor" e, mais adiante, apresenta a expressão da variação da resistência elétrica com a temperatura.

a) Critique a coerência dessas afirmações. Elas justificam o estudo da lei de Ohm? Explique. **(2,5 pontos)**
b) Proponha uma atividade experimental cujo objetivo seja a verificação da lei de Ohm para um determinado resistor.
   Essa proposta deve:
   I. apresentar o esquema do circuito adequado com todos os elementos necessários.
   II. descrever o procedimento e de que forma será possível concluir se a lei de Ohm foi ou não verificada. **(2,5 pontos)**
c) Esboce o gráfico V x i (curva característica) de um resistor não ôhmico cuja resistência aumenta com a temperatura. Justifique o esboço apresentado. **(2,5 pontos)**

9. (ENADE – 2002) DISCURSIVA

O moto-perpétuo é uma máquina capaz de produzir movimento na ausência de ações externas. Sistemas desse tipo foram muito difundidos ao longo da história, em particular no final da Idade Média e no Renascimento. A ideia básica era construir máquinas capazes de manter-se em movimento indefinidamente ou de aumentá-lo continuamente. A crença nos motos-perpétuos foi uma barreira à formulação do conceito de energia e sua conservação. Ainda hoje pode-se encontrar entre estudantes da educação básica e até mesmo em adultos, raciocínios intuitivos que sustentam o funcionamento de equipamentos do tipo moto-perpétuo.

O esquema abaixo representa um moto-perpétuo muito difundido na Idade Média. A partir da situação mostrada na figura, a haste da bolinha superior é colocada na vertical e levemente empurrada no sentido horário. Acreditava-se, com isso, que a queda subsequente das bolinhas, depois de atingir a posição superior, faria a roda adquirir uma determinada aceleração angular.

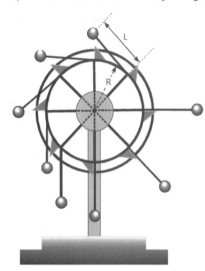

a) Explique de que maneira o funcionamento desse moto-perpétuo se opõe ao Princípio de Conservação de Energia. **(2,5 pontos)**
b) Explique como se pode demonstrar que esse sistema não adquire aceleração angular. **(2,5 pontos)**
c) Escreva como poderia ser utilizada a discussão sobre o moto-perpétuo para introduzir o Princípio de Conservação da Energia em sala de aula. **(2,5 pontos)**

10. (ENADE – 2001) DISCURSIVA

Os esquemas abaixo mostram duas formas diferentes de representar as forças que atuam sobre um bloco apoiado com atrito sobre um plano inclinado, em repouso, de ângulo D com a horizontal, como aparecem em textos didáticos de Física do ensino médio.

I

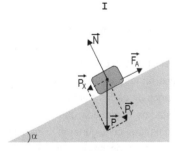

II

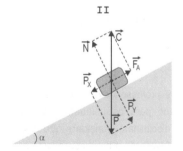

No esquema **I**, o texto admite três forças atuando sobre o bloco: o peso $\vec{P}$, a reação normal do plano, $\vec{N}$, e a força de atrito entre o bloco e o plano, $\vec{F_A}$. No esquema **II**, o texto admite duas forças: o peso $\vec{P}$ e a força de contato $\vec{C}$, exercida pelo plano sobre o bloco. Nesse caso, admite-se que a reação normal, $\vec{N}$, e a força de atrito, $\vec{F_A}$, são componentes ortogonais da força de contato, $\vec{C}$, que é única e sempre igual a $-\vec{P}$. Em ambos os esquemas estão representados também os componentes ortogonais do peso $\vec{P}$: $\vec{P}_X$ paralelo ao plano, e $\vec{P}_Y$, perpendicular ao plano.

a) Sabendo que em fenômenos dessa escala só há interações de natureza gravitacional e eletromagnética, qual a natureza da força de atrito? Justifique. **(Valor: 1,0 ponto)**

b) Sendo $\vec{P}_X$ e $\vec{P}_Y$ componentes ortogonais de $\vec{P}$, pode-se escrever: $\vec{P} = \vec{P}_X + \vec{P}_Y$. Essa relação é válida para qualquer valor a? Justifique. **(Valor: 1,0 ponto)**

c) Em relação ao esquema II, sendo $\vec{F}_A$ e $\vec{N}$ componentes ortogonais de $\vec{C}$, pode-se escrever: $\vec{C} = \vec{F}_A + \vec{N}$. Sendo a força $\vec{C}$ sempre igual a $-\vec{P}$, essa relação é válida para qualquer valor de D mesmo que o bloco acelere? Justifique. **(Valor: 1,0 ponto)**

d) Qual dos esquemas apresentados é correto para qualquer valor de a? Justifique. **(Valor: 1,0 ponto)**

11. (ENADE – 2001) DISCURSIVA

Um experimento bastante conhecido para determinar o coeficiente de dilatação linear de um tubo metálico utiliza um ponteiro cilíndrico (um arame, por exemplo) em forma de L sobre o qual se apoia o tubo em questão (ponto B). Do outro lado, o tubo é fixo num ponto A. Injetando vapor de água fervente pelo tubo, seu comprimento aumenta. Nesse processo, o tubo faz girar o ponteiro no qual se apoia, sem arrastá-lo.

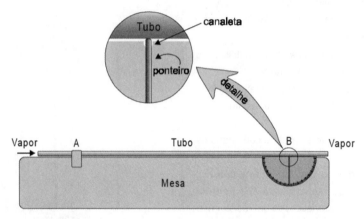

O ângulo de giro, medido com um transferidor, permite o cálculo da variação de comprimento do tubo.

a) Indique quais grandezas devem ser consideradas para que se possa determinar o coeficiente de dilatação do tubo. **(Valor: 1,0 ponto)**

b) Obtenha uma expressão que permita o cálculo do coeficiente de dilatação do tubo, em função dessas grandezas. **(Valor: 1,0 ponto)**

c) Suponha que o tubo tem comprimento $\ell = 1,0$ m e que seus cálculos dão para o aumento de comprimento o valor $D\ell = 0,0022$ m. Como se expressa o comprimento final desse tubo? Justifique. **(Valor: 1,0 ponto)**

d) Nesse experimento, o eixo do ponteiro pode passar por uma canaleta, sem se deslocar, como na figura, ou deslizar sobre a mesa, à medida que é empurrado pelo tubo. Essa diferença de procedimentos ocasiona alguma alteração na determinação do coeficiente? Explique. **(Valor: 1,0 ponto)**

4) Metodologia do Ensino da Física

1. (ENADE – 2011)

Na escola em que João é professor, existe um laboratório de informática, que é utilizado para os estudantes trabalharem conteúdos em diferentes disciplinas. Considere que João quer utilizar o laboratório para favorecer o processo ensino-aprendizagem, fazendo uso da abordagem da Pedagogia de Projetos. Nesse caso, seu planejamento deve

(A) ter como eixo temático uma problemática significativa para os estudantes, considerando as possibilidades tecnológicas existentes no laboratório.

(B) relacionar os conteúdos previamente instituídos no início do período letivo e os que estão no banco de dados disponível nos computadores do laboratório de informática.

(C) definir os conteúdos a serem trabalhados, utilizando a relação dos temas instituídos no Projeto Pedagógico da escola e o banco de dados disponível nos computadores do laboratório.

(D) listar os conteúdos que deverão ser ministrados durante o semestre, considerando a sequência apresentada no livro didático e os programas disponíveis nos computadores do laboratório.

(E) propor o estudo dos projetos que foram desenvolvidos pelo governo quanto ao uso de laboratórios de informática, relacionando o que consta no livro didático com as tecnologias existentes no laboratório.

2. (ENADE – 2011)

QUINO. **Toda a Mafalda**. Trad. Andréa Stahel M. da Silva et al. São Paulo: Martins Fontes, 1993, p. 71.

Muitas vezes, os próprios educadores, por incrível que pareça, também vítimas de uma formação alienante, não sabem o porquê daquilo que dão, não sabem o significado daquilo que ensinam e quando interrogados dão respostas evasivas: "é pré-requisito para as séries seguintes", "cai no vestibular", "hoje você não entende, mas daqui a dez anos vai entender". Muitos alunos acabam acreditando que aquilo que se aprende na escola não é para entender mesmo, que só entenderão quando forem adultos, ou seja, acabam se conformando com o ensino desprovido de sentido.

VASCONCELLOS, C. S. **Construção do conhecimento em sala de aula**. 13ª ed. São Paulo: Libertad, 2002, p. 27-8.

Correlacionando a tirinha de Mafalda e o texto de Vasconcellos, avalie as afirmações a seguir.

I. O processo de conhecimento deve ser refletido e encaminhado a partir da perspectiva de uma prática social.
II. Saber qual conhecimento deve ser ensinado nas escolas continua sendo uma questão nuclear para o processo pedagógico.
III. O processo de conhecimento deve possibilitar compreender, usufruir e transformar a realidade.
IV. A escola deve ensinar os conteúdos previstos na matriz curricular, mesmo que sejam desprovidos de significado e sentido para professores e alunos.

É correto apenas o que se afirma em

(A) I e III.
(B) I e IV.
(C) II e IV.
(D) I, II e III.
(E) II, III e IV.

3. (ENADE – 2008)

Há uma variedade de possibilidades e tendências do uso de estratégias de ensino frutíferas para se ensinar de modo significativo e consistente. Uma abordagem construtivista a ser adotada no laboratório didático é a que apresenta situações experimentais destinadas a que os alunos

(A) verifiquem e confirmem leis e teorias da Física, previamente ensinadas.
(B) revelem qualitativamente suas ideias prévias.
(C) exemplifiquem o uso da metodologia científica na produção da ciência.
(D) redescubram a ciência produzida por cientistas.
(E) evitem o desenvolvimento de concepções alternativas à científica.

4. (ENADE – 2008)

Calor e temperatura são conceitos estatísticos ligados às propriedades coletivas das partículas que constituem os corpos: a temperatura está ligada à energia cinética média das partículas e o calor, às trocas de energia entre os constituintes dos corpos.

Ao utilizar em aula um termoscópio, o professor, associando discussões históricas ao experimento, possibilitará que seus alunos distingam os conceitos de temperatura e calor, ao constatarem que, quando ele segura o termoscópio, o nível do líquido

(A) aumenta, caso a temperatura do professor seja superior à do ambiente.
(B) aumenta, caso a temperatura do professor seja igual à do ambiente.
(C) aumenta, para qualquer temperatura ambiente.
(D) não se altera, caso a temperatura do professor seja menor que a do ambiente.
(E) diminui, caso a temperatura do professor seja maior que a do ambiente.

5. (ENADE – 2005)

Um professor de Física do ensino médio pretende iniciar um novo assunto e gostaria de despertar o interesse de seus alunos utilizando uma atividade experimental didática. Ele discute com seus colegas e recebe sugestões de como encaminhar essa apresentação na aula. A sugestão que está de acordo com as tendências atuais no ensino de Física em relação à atividade experimental é o de

(A) buscar os equipamentos mais precisos e sofisticados e com isso montar uma experiência semelhante àquelas desenvolvidas em laboratórios de pesquisa.
(B) montar uma atividade experimental demonstrativa que apresente resultados inesperados na perspectiva dos estudantes e com isso promover uma discussão sobre a atividade.
(C) apresentar unicamente atividades experimentais passíveis de verificação numérica com a respectiva avaliação de incertezas.
(D) trazer uma série de manuais de equipamentos de laboratório e pedir aos alunos que descrevam o funcionamento de cada um.
(E) marcar uma visita aos laboratórios de uma instituição de pesquisa, pois é inútil a apresentação de atividades experimentais fora de um laboratório de pesquisa.

6. (ENADE – 2005)

Suponha que um professor leve à sala de aula as duas fotos a seguir que representam uma bexiga antes e depois de ser imersa em nitrogênio líquido.

(www.physics.lsa.umich.edu/demolab/demo.asp?id=852)

Em seguida, com a participação dos alunos, ele elabora o enunciado de um problema a respeito dessas fotos procurando orientá-los para que levem em consideração todos os aspectos que julga relevantes em função do conteúdo que pretende trabalhar. Essa metodologia é recomendada pelos pesquisadores em ensino de ciências, entre outras razões, por garantir o envolvimento do aluno na resolução do problema, além de desenvolver a habilidade de levantar hipóteses. Neste exemplo, o professor pretende trabalhar o seguinte conteúdo:

(A) teoria cinética dos gases.
(B) mudança de fase.
(C) calor específico de líquidos e gases.
(D) relação entre escalas termométricas.
(E) rendimento em um ciclo de Carnot.

7. (ENADE – 2005)

Um professor propõe aos seus alunos o seguinte problema:

Um automóvel de passeio tem velocidade constante de 72 km/h em uma estrada retilínea e horizontal. Sabendo que o módulo da resultante das forças de resistência ao movimento do automóvel é, em média, de 2×10^4 N, determine a potência média desenvolvida pelo motor desse automóvel.

Esse problema é

(A) adequado PORQUE o valor da potência obtido é típico de um automóvel.
(B) adequado PORQUE essa situação faz parte do cotidiano do aluno.
(C) inadequado PORQUE um automóvel nunca atinge essa velocidade.
(D) inadequado PORQUE essa situação não faz parte do cotidiano do aluno.
(E) inadequado PORQUE o resultado obtido está fora da realidade.

8. (ENADE – 2003)

Com um perfil semicilíndrico transparente de acrílico, uma fonte de luz retilínea e um transferidor é possível realizar algumas atividades experimentais de óptica geométrica.

A figura ilustra uma forma de utilização da fonte e do perfil semicilíndrico: o raio de luz deve incidir na face cilíndrica, orientado para o centro O da face plana.

a) Explique a vantagem e/ou facilidade desse procedimento para o estudo da refração da luz. **(2,5 pontos)**

b) Explique como se pode utilizar essa montagem para determinar, experimentalmente, o índice de refração e o ângulo limite de refração do acrílico. **(2,5 pontos)**

c) Essa experiência permite a verificação qualitativa de um fenômeno óptico pouco explorado no Ensino Médio: a ocorrência simultânea da refração e da reflexão da luz e a dependência das intensidades da luz refletida e da luz refratada em função do ângulo de incidência. Explique como isso pode ser feito com essa montagem experimental. **(2,5 pontos)**

9. (ENADE – 2002)

Associa-se tradicionalmente o método científico à formulação de leis como consequência de cuidadosas observações experimentais. O trecho que segue faz parte do trabalho inaugural de Newton sobre a teoria das cores.

"Senhor, para cumprir minha promessa anterior, devo sem mais cerimônias adicionais informar-lhe que no começo do ano de 1666 (época em que me dedicava a polir vidros Ópticos de formas diferentes da *Esférica*), obtive um Prisma de vidro Triangular para tentar com ele O célebre Fenômeno das cores (...) depois de um tempo dedicando-me a considerá-las mais seriamente fiquei surpreso por vê-las em uma forma ovalada que, de acordo com as leis da refração, esperava que deveria ter sido circular."

(Adaptado da tradução de Cibele Celestino Silva: A teoria das cores de Newton: um estudo crítico do livro 1 do Opticks. Dissertação de mestrado. Instituto de Física Gleb Wataghin, Unicamp, 1996).

a) No trecho acima, destaque duas informações que contradizem essa concepção tradicional do método científico. Justifique. **(2,5 pontos)**

b) Proponha uma atividade de ensino onde o trecho do texto original de Newton seja usado para introduzir o estudo do fenômeno de dispersão da luz branca. Indique os materiais e o procedimento a serem utilizados. **(2,5 pontos)**

c) Apresente e explique outra situação onde a História da Ciência pode ser utilizada de maneira análoga à exposta no item b. **(2,5 pontos)**

10. (ENADE – 2001)

Suponha que o único material de que uma escola dispõe para o estudo experimental de óptica geométrica são algumas lupas.

As salas de aula são iluminadas com lustres de lâmpadas fluorescentes e pode-se dispor de algumas trenas. Com esse precário material e outros encontrados comumente em sala de aula decide-se realizar algumas atividades experimentais simples.

a) Descreva um procedimento simples ilustrado por um esquema gráfico para:
  I. Determinar a distância focal de cada lupa (não precisa ser em sala de aula). **(Valor: 1,0 ponto)**
  II. Observar, com uma das lupas, uma imagem virtual. **(Valor: 1,0 ponto)**

b) Proponha duas atividades a serem realizadas em sala de aula, cada uma ilustrada com um esquema gráfico onde estejam representados a lente e sua distância focal, o objeto e

a imagem com suas respectivas abscissas e a posição do observador, representada pela letra O. Os objetivos dessas atividades devem ser, respectivamente:

I. Verificar a equação de conjugação, que relaciona as posições do objeto e da imagem conjugada por uma lente, usualmente expressa na forma $\frac{1}{p} + \frac{1}{p'} = \frac{1}{f}$, onde: f é a distância focal e p e p' são as abscissas do objeto e da imagem em relação à lente. **(Valor: 1,0 ponto)**

II. Verificar a equação do aumento linear transversal, usualmente expressa na forma $\frac{y'}{y} = -\frac{p'}{p}$, onde: onde y e y' são as alturas do objeto e da imagem conjugados com essa lente. **(Valor: 1,0 ponto)**

11. (ENADE – 2000)

Certos fenômenos são difíceis de serem ensinados aos alunos do ensino médio, por causa das concepções prévias que eles já têm. Um exemplo é o fenômeno da dilatação de uma placa com um furo, quando aquecida.

a) Nesse caso, qual é o erro conceitual mais comum que os alunos apresentam ao descrever a variação das dimensões do furo, devida ao aquecimento? **(Valor: 1,0 ponto)**

b) Fundamentando-se nos rudimentos do modelo mecânico do calor, isto é, modelo de vibração das partículas, qual a explicação correta para esse fenômeno? **(Valor: 1,0 ponto)**

c) Para auxiliar na explicação desse fenômeno proponha para alunos do ensino médio:
  I. Uma atividade experimental, que possa ser realizada em sala de aula. **(Valor: 1,0 ponto)**
  II. Uma analogia adequada que possa ser apresentada em sala de aula. **(Valor: 1,0 ponto)**

12. (ENADE – 2000)

Muitos dos livros didáticos de Física para o ensino médio referem-se ao atrito como uma força que sempre se opõe ao movimento de um corpo.

a) Explique essa abordagem do ponto de vista da mecânica newtoniana. **(Valor: 1,0 ponto)**

b) Uma pessoa poderia andar se não existisse o atrito? Explique. **(Valor: 1,0 ponto)**

c) Enuncie um problema que contrarie o sentido da força de atrito, na abordagem dos livros didáticos acima citados. **(Valor: 1,0 ponto)**

d) Resolva o problema que você enunciou, como se estivesse em sala de aula. **(Valor: 1,0 ponto)**

13. (ENADE – 2000)

Um estudante diz ao seu professor: "Na semana passada li em uma revista de divulgação científica que o Sol tem massa cerca de 300.000 vezes maior que a massa da Terra e que a distância do Sol até a Lua em média é cerca de 400 vezes maior do que a distância da Lua até a Terra. Então fiquei pensando: quem ganharia a briga, ou seja, quem exerce mais força sobre a Lua:

o Sol ou a Terra? Fiz umas contas e conclui que o Sol ganharia. Aí não entendi mais nada: por que o Sol não "arranca" a Lua da Terra?"

a) Que princípio ou lei física possibilitou ao aluno essa conclusão? **(Valor: 1,0 ponto)**

b) Refaça os cálculos do aluno para comprovar a correção dessa conclusão. **(Valor: 1,0 ponto)**

c) Considerar a Lua como um "objeto de disputa" entre a Terra e Sol é correto? Explique. **(Valor: 1,0 ponto)**

d) Considerar a Terra e a Lua como um só sistema, ajuda a responder a pergunta do aluno? Explique. **(Valor: 1,0 ponto)**

---

14. (ENADE – 2000)

Dispõe-se de uma bússola, um ímã em forma de barra sem marcação de polaridade, uma pilha e um pedaço de fio condutor flexível. Explique com o auxílio de esquemas gráficos como se poderia, em sala de aula, utilizar esse material para:

a) determinar a polaridade do ímã. **(Valor: 1,0 ponto)**

b) representar graficamente o vetor campo magnético, $\vec{B}$, gerado por esse ímã em três pontos diferentes, próximos ao ímã. **(Valor: 1,0 ponto)**

c) reproduzir a experiência de Oersted. **(Valor: 1,0 ponto)**

d) mostrar a configuração das linhas do campo magnético gerado por um condutor retilíneo vertical em planos horizontais, próximos do condutor. **(Valor: 1,0 ponto)**

Capítulo V

Questões de Componente Específico de Matemática

1) Conteúdos e Habilidades objetos de perguntas nas questões de Componente Específico.

As questões de Componente Específico são criadas de acordo com o curso de graduação do estudante.

Essas questões, que representam ¾ (três quartos) da prova e são em número de 30, podem trazer, em Matemática, dentre outros, os seguintes **Conteúdos**:

I. comuns ao Bacharelado e Licenciatura

a) conteúdos matemáticos da educação básica;

b) geometria analítica: vetores, produtos interno e vetorial, retas e planos, cônicas e

c) cálculo diferencial e integral:

1. funções de uma variável: limites, continuidade, teorema do valor intermediário, derivada, interpretações da derivada, teorema do valor médio, aplicações;

2. integrais: primitivas, integral definida, teorema fundamental do cálculo, aplicações;

3. funções de várias variáveis: derivadas parciais, derivadas direcionais; diferenciabilidade, regra da cadeia, aplicações;

4. integrais múltiplas: cálculo de áreas e volumes;

5. equações diferenciais ordinárias.

d) fundamentos de Álgebra:

1. princípio da indução finita, divisibilidade, números primos, teorema fundamental da aritmética, equações diofantinas lineares, congruências módulo m, pequeno teorema de Fermat;

2. grupos, anéis e corpos.

e) álgebra linear: soluções de sistemas lineares, espaços vetoriais, subespaços, bases e dimensão, transformações lineares e matrizes, autovalores e autovetores, produto interno, mudança de coordenadas, aplicações;

f) fundamentos de análise: números reais, convergência de sequências e séries numéricas, funções reais de uma variável real, limites e continuidade, extremos de funções contínuas, derivadas;

g) probabilidade e estatística.

II. específicas para o Bacharelado:

a) álgebra: anéis e corpos, ideais, homomorfismos e anéis quociente, fatoração única em anéis de polinômios, extensões de corpos, grupos, subgrupos, homomorfismos e quocientes, grupos de permutações, cíclicos, abelianos e solúveis;

b) álgebra linear: espaços vetoriais com produto interno, operadores autoadjuntos, operadores normais, teorema espectral, formas canônicas, aplicações;

c) análise: Fórmula de Taylor, integral, sequências e séries de funções;

d) cálculo diferencial e integral: integrais de linha e superfície, teoremas de Green, Gauss e Stokes;

e) análise complexa: funções de variável complexa, equações de Cauchy-Riemann, fórmula integral de Cauchy, resíduos, aplicações;

f) geometria diferencial: estudo local de curvas e superfícies, primeira e segunda forma fundamental, curvatura gaussiana, geodésicas, Teoremas Egregium e de Gauss-Bonet;

g) topologia dos espaços métricos.

III. específicas para a Licenciatura:

a) Matemática, história e cultura: conteúdos, métodos e significados na produção e organização do conhecimento matemático para a Educação Básica;

b) Matemática, escola e ensino: seleção, organização e tratamento do conhecimento matemático a ser ensinado;

c) Matemática, linguagem e comunicação na sala de aula: intenções e atitudes na escolha de procedimentos didáticos; história da matemática, modelagem e resolução de problemas; uso de tecnologias e de jogos;

d) Matemática e avaliação: análise de situações de ensino e aprendizagem em aulas da escola básica; análise de concepções, hipóteses e erros dos alunos; análise de recursos didáticos.

e) Fundamentos de Geometria.

O objetivo, aqui, é avaliar junto ao estudante a compreensão dos conteúdos programáticos mínimos a serem vistos no curso de graduação, de forma avançada. Também é avaliado o nível de atualização com relação à realidade brasileira e mundial e às questões jurídicas de maior relevância.

Avalia-se aqui também *competências* e *habilidades*. A ideia é verificar se o estudante desenvolveu as principais **Habilidades** para o profissional de Matemática, que são as seguintes:

I. estabelecer relações entre os aspectos formais e intuitivos;

II. formular conjecturas e generalizações;

III. elaborar argumentações e demonstrações matemáticas;

IV. utilizar diferentes representações para um conceito matemático, transitando por representações simbólicas, gráficas e numéricas, entre outras;

V. analisar dados utilizando conceitos e procedimentos matemáticos;

VI. resolver problemas utilizando conceitos e procedimentos matemáticos;

VII. elaborar modelos matemáticos utilizando conceitos e procedimentos matemáticos.

O Licenciado em Matemática deve também desenvolver, no processo de formação, habilidades e competências que lhe possibilite:

I. avaliar propostas curriculares de Matemática para a educação básica;

II. elaborar e avaliar propostas e metodologias de ensino-aprendizagem de Matemática para a educação básica.

Com relação às questões de Componente Específico optamos por classificá-las pelos Conteúdos enunciados no início deste item.

2) Questões de Componente Específico Classificadas por Conteúdos.

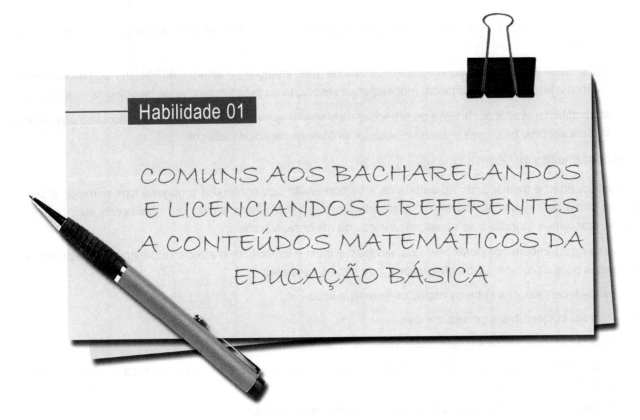

Habilidade 01

COMUNS AOS BACHARELANDOS E LICENCIANDOS E REFERENTES A CONTEÚDOS MATEMÁTICOS DA EDUCAÇÃO BÁSICA

A) Números Reais: Racionais, Irracionais, Frações Ordinárias, Representações Decimais;

1. (ENADE – 2011)

O matemático grego Hipócrates de Chios (470 a. C. – 410 a. C.) é conhecido como um excelente geômetra. Ele calculou a área de várias regiões do plano conhecidas como lúnulas, que são limitadas por arcos de circunferência, com centros e raios diferentes. As figuras I e II a seguir mostram, respectivamente, as lúnulas L_1 e L_2, limitadas por um arco de circunferência de centro O e raio r e por semicircunferências cujos diâmetros são o lado de um hexágono regular e o lado de um quadrado inscritos na circunferência de raio r e centro O.

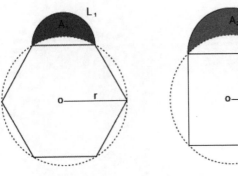

Figura I

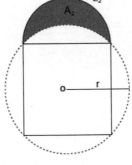

Figura II

Considerando r um número racional, avalie as asserções a seguir.

A razão entre as áreas A_1 e A_2 das lúnulas L_1 e L_2 é um número racional.

PORQUE

A_1 e A_2 podem ser, respectivamente, representadas por e , em que q_1 e q_2 são números racionais.

A respeito dessas asserções, assinale a opção correta.

(A) As duas asserções são proposições verdadeiras, e a segunda é uma justificativa correta da primeira.

(B) As duas asserções são proposições verdadeiras, mas a segunda não é uma justificativa da primeira.

(C) A primeira asserção é uma proposição verdadeira, e a segunda, uma proposição falsa.

(D) A primeira asserção é uma proposição falsa, e a segunda, uma proposição verdadeira.

(E) Tanto a primeira quanto a segunda asserções são proposições falsas.

2. (ENADE – 2011)

Duas grandezas x e y são ditas *comensuráveis* se existe um número racional q tal que a medida de x é igual a q vezes a medida de y.

Com base nesse conceito, são grandezas comensuráveis

(A) a aresta de um cubo de volume V e a aresta de um cubo de volume $2V$.

(B) a área e o perímetro de um círculo, quando o raio é um número racional.

(C) a área e o diâmetro de um círculo, quando o raio é um número racional.

(D) o comprimento e o diâmetro de uma circunferência.

(E) a diagonal e o lado de um quadrado.

3. (ENADE – 2011)

Considerando a, b e c pertencentes ao conjunto dos números naturais e representando por $a|b$ a relação "a divide b", analise as proposições abaixo.

I. Se $a|(b + c)$, então $a|b$ ou $a|c$.

II. Se $a|bc$ e $mdc(a,b) = 1$, então $a|c$.

III. Se a não é primo e $a|bc$, então $a|b$ ou $a|c$.

IV. Se $a|b$ e $mdc(b,c) = 1$, então $mdc(a,c) = 1$.

É correto apenas o que se afirma em

(A) I.

(B) II.

(C) I e III.

(D) II e IV.

(E) III e IV.

4. (ENADE – 2003)

Se o resto da divisão do inteiro N por 5 é igual a 3, o resto da divisão de N^2 por 5 é, necessariamente, igual a

(A) 0

(B) 1

(C) 2

(D) 3

(E) 4

5. (ENADE – 2002)

O resto da divisão do inteiro N por 20 é 8. Qual é o resto da divisão de N por 5?

(A) 0

(B) 1

(C) 2

(D) 3

(E) 4

6. (ENADE – 2002)

No texto a seguir, há uma argumentação e uma conclusão.

"Como $\frac{1}{3} = 0,333...$, multiplicando ambos os membros por 3 encontramos $1 = 0,999...$. Portanto, $0,999... = 1$."

Assim, podemos afirmar que

(A) a conclusão está incorreta, pois $0,999... < 1$.

(B) a argumentação está incorreta, pois $\frac{1}{3}$ não é igual a $0,333...$.

(C) a argumentação está incorreta, pois $3 \times 0,333...$ não é igual a $0,999...$.

(D) a argumentação e a conclusão estão incorretas.

(E) a argumentação e a conclusão estão corretas.

7. (ENADE – 2001)

Não existem quadrados perfeitos que divididos por 6 deem resto

(A) 0

(B) 1

(C) 2

(D) 3

(E) 4

8. (ENADE – 2001)

Considere os intervalos fechados A = [1, 3] e B = [2, 4] e as seguintes afirmações:

I. para todo $x \in A$, existe $y \in B$ tal que $x \geq y$;

II. existe $x \in A$ tal que, para todo $y \in B$, $x \geq y$;

III. para todos $x \in A$ e $y \in B$, $x \geq y$;

IV. existem $x \in A$ e $y \in B$ tais que $x \geq y$.

Então:

(A) I é falsa.

(B) II é falsa.

(C) III é falsa.

(D) IV é falsa.

(E) todas são verdadeiras.

9. (ENADE – 2000)

Multiplicando os números 42 567 896 095 416 765 443 769 (de 23 algarismos) e 1 568 973 210 875 453 666 875 (de 22 algarismos) obtemos um produto cuja quantidade de algarismos é:

(A) 43

(B) 44

(C) 45

(D) 46

(E) 47

10. (ENADE – 2000)

"Se $\sqrt{2}^{\sqrt{2}}$ for racional, temos um exemplo de um irracional que elevado a um irracional dá um racional. Se, por outro lado, $\sqrt{2}^{\sqrt{2}}$ for irracional, como $(\sqrt{2}^{\sqrt{2}})^{\sqrt{2}} = \sqrt{2}^2 = 2$, teremos um exemplo de um irracional que elevado a um irracional dá um racional."

O argumento acima prova que:

(A) $\sqrt{2}^{\sqrt{2}}$ é um racional.

(B) $\sqrt{2}^{\sqrt{2}}$ é um irracional.

(C) existem x e y irracionais tais que x^y é racional.

(D) existem x e y irracionais tais que x^y é irracional.

(E) se x e y são irracionais, x^y é irracional.

11. (ENADE – 1999)

Sobre a dízima periódica $0,999...$, pode-se afirmar que:

(A) é um número irracional.

(B) $\sqrt{0,999...} = 0.333...$

(C) $0,999... = 1$.

(D) $0,999... - \dfrac{999}{1000}$

(E) 0,999... não pode ser igual a 1, porque sua geratriz não pode ser um número inteiro.

12. (ENADE – 1998)

Assinale a única afirmativa verdadeira, a respeito de números reais.

(A) A soma de dois números irracionais é sempre um número irracional.

(B) O produto de dois números irracionais é sempre um número racional.

(C) Os números que possuem representação decimal periódica são irracionais.

(D) Todo número racional tem uma representação decimal finita.

(E) Se a representação decimal infinita de um número é periódica, então esse número é racional.

13. (ENADE – 1998)

O resto da divisão de 12^{12} por 5 é:

(A) 0

(B) 1

(C) 2

(D) 3

(E) 4

B) Contagem e Análise Combinatória, Probabilidade e Estatística: População e Amostra, Organização de Dados em Tabelas e Gráficos, Distribuição de Frequências, Medidas de Tendência Central;

1. (ENADE – 2008)

Há 10 postos de gasolina em uma cidade. Desses 10, exatamente dois vendem gasolina adulterada. Foram sorteados aleatoriamente dois desses 10 postos para serem fiscalizados. Qual é a probabilidade de que os dois postos infratores sejam sorteados?

(A) $\dfrac{1}{45}$

(B) $\dfrac{1}{20}$

(C) $\dfrac{1}{10}$

(D) $\dfrac{1}{5}$

(E) $\dfrac{1}{2}$

2. (ENADE – 2005)

Um restaurante do tipo *self-service* oferece 3 opções de entrada, 5 de prato principal e 4 de sobremesa. Um cliente desse restaurante deseja compor sua refeição com exatamente 1 entrada, 2 pratos principais e 2 sobremesas. De quantas maneiras diferentes esse cliente poderá compor a sua refeição?

(A) 4.

(B) 5.

(C) 12.

(D) 60.

(E) 180.

3. (ENADE – 2003)

As probabilidades dos eventos X, Y e $X \cap Y$ são iguais a 0,6; 0,5 e 0,1, respectivamente. Quanto vale a probabilidade do evento $X - Y$?

(A) 0,1

(B) 0,2

(C) 0,3

(D) 0,4

(E) 0,5

4. (ENADE – 2003)

"Para calcular o índice de discriminação das questões de múltipla escolha, foi adotado o seguinte procedimento: calcularam--se as notas de cada graduando no conjunto das questões objetivas. (...) A partir daí, os 27% que tiveram as notas mais altas foram denominados de grupo superior de desempenho e os 27% com as notas mais baixas, grupo inferior de desempenho. Verificou-se, então, para cada questão, o percentual dos integrantes de cada um desses grupos que acertaram a resposta. O índice de discriminação foi calculado pela diferença entre essas duas razões."

(adaptado de MEC/INEP/DAES. **Relatório do Exame Nacional de Cursos 2002** - Matemática)

Entre que valores pode variar o índice de discriminação?

(A) $-\infty$ e ∞

(B) -1 e 0

(C) -1 e 1

(D) 0 e 1

(E) 0 e ∞

5. (ENADE – 2003)

Em um jogo de par ou ímpar, cada um dos dois jogadores escolhe, ao acaso, um dos seis inteiros de 0 a 5. Verifica-se, então, se a soma dos números escolhidos é par ou ímpar.

Observando o jogo, José concluiu que era mais provável que a soma fosse par do que ímpar, porque há onze valores possíveis para a soma, os inteiros de 0 a 10, e, entre eles, há seis números pares e apenas cinco números ímpares.

Assinale, a respeito da conclusão de José e da justificativa por ele apresentada, a afirmativa correta.

(A) As probabilidades são iguais; José errou quando considerou 0 como par.

(B) As probabilidades são iguais; José errou quando considerou igualmente prováveis as várias somas possíveis.

(C) A probabilidade de a soma ser par é menor que a de ser ímpar.

(D) A probabilidade de a soma ser par é maior do que a de ser ímpar, mas não pelo motivo apresentado por José.

(E) A conclusão de José e sua justificativa estão corretas.

6. (ENADE – 2002)

Como você, outras 14 000 pessoas, aproximadamente, estão realizando esta prova de Matemática. Entre as apresentadas abaixo, a melhor estimativa da quantidade dessas pessoas que estão aniversariando hoje é

(A) 23

(B) 38

(C) 55

(D) 100

(E) 140

7. (ENADE – 2002)

A margem de erro em uma pesquisa eleitoral é inversamente proporcional à raiz quadrada do tamanho da amostra. Se, em uma pesquisa com 3 600 eleitores, a margem de erro é de 2%, em uma pesquisa com 1 600 eleitores será de

(A) 2,5%

(B) 2,75%

(C) 2,82%

(D) 3%

(E) 3,125%

8. (ENADE – 2002)

Selecionamos ao acaso duas das arestas de um cubo. Qual é a probabilidade de elas serem paralelas?

(A) $\dfrac{1}{2}$

(B) $\dfrac{1}{3}$

(C) $\dfrac{1}{4}$

(D) $\dfrac{3}{11}$

(E) $\dfrac{5}{12}$

9. (ENADE – 2002)

Numa eleição, há 7 candidatos e 100 eleitores, cada um dos quais vota em um só candidato. Durante a apuração um candidato soube que já havia atingido 27 votos. A melhor colocação já assegurada a este candidato é o

(A) 2º lugar.

(B) 3º lugar.

(C) 4º lugar.

(D) 5º lugar.

(E) 6º lugar.

10. (ENADE – 2001)

Se A = {1, 2, 3, 4, 5, 6, 7, 8}, quantos são os subconjuntos de A que contêm {1, 2}?

(A) 30

(B) 48

(C) 64

(D) 128

(E) 252

11. (ENADE – 2001)

Pedro e José jogam um dado não tendencioso. Se o resultado for 6, Pedro vence; se for 1 ou 2, José vence; em qualquer outro caso, jogam novamente até que haja um vencedor. A probabilidade de que esse vencedor seja Pedro é

(A) $\dfrac{1}{6}$

(B) $\dfrac{1}{5}$

(C) $\dfrac{1}{4}$

(D) $\dfrac{1}{3}$

(E) $\dfrac{1}{2}$

12. (ENADE – 2000)

Um pai tem dois filhos, de 2 e 4 anos. Ele prometeu dividir sua fazenda entre os filhos de modo diretamente proporcional às suas idades assim que se case o mais velho dos filhos. Quanto mais tarde este filho se casar, a fração da fazenda que lhe caberá será

(A) maior e nunca será menor do que $\dfrac{2}{3}$ da fazenda.

(B) maior, mas nunca será maior do que $\dfrac{2}{3}$ da fazenda.

(C) menor, mas sempre será maior do que a metade da fazenda.

(D) menor, podendo ser menor do que a metade da fazenda.

(E) igual a $\dfrac{2}{3}$ da fazenda, independente da data do seu casamento.

13. (ENADE – 2000)

Em certa cidade o tempo, bom ou chuvoso, é igual ao do dia anterior com probabilidade $\dfrac{2}{3}$.

Se hoje faz bom tempo, a probabilidade de que chova depois de amanhã vale:

(A) $\dfrac{2}{9}$

(B) $\dfrac{1}{3}$

(C) $\dfrac{4}{9}$

(D) $\dfrac{5}{9}$

(E) $\dfrac{2}{3}$

14. (ENADE – 2000)

Uma urna contém N bolas, numeradas de 1 a N, sem repetições. Para estimar o valor desconhecido de N, um estatístico retira, ao acaso, três bolas dessa urna. As bolas retiradas foram as de números 15, 43 e 17. Ele toma para estimativa de N o valor para o qual a média dos números das bolas retiradas é igual à média dos números de todas as bolas da urna. A estimativa que ele obtém para N é:

(A) 43
(B) 49
(C) 51
(D) 53
(E) 55

15. (ENADE – 1999)

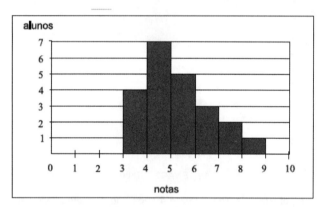

Para analisar o desempenho de seus alunos em uma prova, um professor dividiu as notas obtidas em classes de 3 (inclusive) a 4 (exclusive), de 4 (inclusive) a 5 (exclusive), e assim por diante.

Com os resultados, ele produziu o histograma da figura acima.

Analisando esse histograma, pode-se afirmar que:

(A) a maior nota na prova foi 7.
(B) a nota média foi 6.
(C) 50% dos alunos obtiveram nota menor que 5.
(D) um dos alunos obteve nota maior que 9.
(E) exatamente 5 alunos obtiveram nota menor que 6.

16. (ENADE – 1999)

A unidade de informação nos computadores digitais é o bit (abreviatura de *binary digit*, ou seja, dígito binário), que pode estar em dois estados, identificados com os dígitos 0 e 1. Usando uma sequência de bits, podem ser criados códigos capazes de representar números, caracteres, figuras etc. O chamado código ASCII, por exemplo, utiliza uma sequência de 7 bits para armazenar símbolos usados na escrita (letras, sinais de pontuação, algarismos etc.). Com estes 7 bits, quantos símbolos diferentes o código ASCII pode representar?

(A) 7!
(B) 7
(C) 14
(D) 49
(E) 128

17. (ENADE – 1999)

Ao entrar em casa de amigos, cinco pessoas deixam seus guarda-chuvas com a dona da casa. Quando as pessoas resolvem pedi-los de volta para sair, a dona da casa constata que todos eles são aparentemente iguais, e resolve distribuí-los ao acaso. Qual a probabilidade de que exatamente três pessoas recebam cada uma o seu próprio guarda-chuva?

(A) $\dfrac{1}{12}$
(B) $\dfrac{1}{6}$
(C) $\dfrac{1}{4}$
(D) $\dfrac{1}{3}$
(E) $\dfrac{5}{12}$

18. (ENADE – 1998)

A soma de todos os múltiplos de 6 que se escrevem (no sistema decimal) com dois algarismos é:

(A) 612
(B) 648
(C) 756
(D) 810
(E) 864

19. (ENADE – 1998)

Os clientes de um banco devem escolher uma senha, formada por 4 algarismos de 0 a 9, de tal forma que não haja algarismos repetidos em posições consecutivas (assim, a senha "0120" é válida, mas "2114" não é). O número de senhas válidas é:

(A) 10.000
(B) 9.000
(C) 7.361
(D) 7.290
(E) 8.100

20. (ENADE – 1998)

Quatro atiradores atiram simultaneamente em um alvo.

Qual a probabilidade aproximada de o alvo ser atingido, sabendo-se que cada atirador acerta, em média, 25% de seus tiros?

(A) 100%
(B) 75%
(C) 68%
(D) 32%
(E) 25%

21. (ENADE – 2011) DISCURSIVA

Em um prédio de 8 andares, 5 pessoas aguardam o elevador no andar térreo. Considere que elas entrarão no elevador e sairão, de maneira aleatória, nos andares de 1 a 8.

Com base nessa situação, faça o que se pede nos itens a seguir, apresentando o procedimento de cálculo utilizado na sua resolução.

a) Calcule a probabilidade de essas pessoas descerem em andares diferentes. **(valor: 6,0 pontos)**.

b) Calcule a probabilidade de duas ou mais pessoas descerem em um mesmo andar. **(valor: 4,0 pontos)**.

C) Funções: formas de representação (gráficos, tabelas, representações analíticas etc.), reconhecimento, construção e interpretação de gráficos cartesianos de funções, funções inversas e funções compostas, funções afins, quadráticas, exponenciais, logarítmicas e trigonométricas;

1. (ENADE – 2011)

Considere a função $f: \mathbb{R} \to \mathbb{R}$ definida por $y = f(x) = x^4 - 5x^2 + 4$, para cada $x \in \mathbb{R}$. A área da região limitada pelo gráfico da função $y = f(x)$, o eixo Ox e as retas $x = 0$ e $x = 2$ é igual a

(A) $\frac{16}{15}$ unidades de área.

(B) $\frac{38}{15}$ unidades de área.

(C) $\frac{44}{15}$ unidades de área.

(D) $\frac{60}{15}$ unidades de área.

(E) $\frac{76}{15}$ unidades de área.

2. (ENADE – 2011)

Sob certas condições, o número de colônias de bactérias, t horas após ser preparada a cultura, é dada pela função

$$B(t) = 9^t - 2 \times 3^t + 3, \quad t \geq 0.$$

O tempo mínimo necessário para esse número ultrapassar 6 colônias é de

(A) 1 hora.
(B) 2 horas.
(C) 3 horas.
(D) 4 horas.
(E) 6 horas.

3. (ENADE – 2011)

Os analistas financeiros de uma empresa chegaram a um modelo matemático que permite calcular a arrecadação mensal da empresa ao longo de 24 meses, por meio da função

$$A(x) = \frac{x^3}{3} - 11x^2 + 117x + 124,$$

em que $0 \leq x \leq 24$ é o tempo, em meses, e a arrecadação $A(x)$ é dada em milhões de reais.

A arrecadação da empresa começou a decrescer e, depois, retomou o crescimento, respectivamente, a partir dos meses

(A) $x = 0$ e $x = 11$.
(B) $x = 4$ e $x = 7$.
(C) $x = 8$ e $x = 16$.
(D) $x = 9$ e $x = 13$.
(E) $x = 11$ e $x = 22$.

4. (ENADE – 2008)

A concentração de certo fármaco no sangue, t horas após sua administração, é dada pela fórmula:

$$y(t) = \frac{10t}{(t+1)^2}, \quad t \geq 0.$$

Em qual intervalo essa função é crescente?

(A) $t \geq 0$
(B) $t > 10$
(C) $t > 1$
(D) $0 \leq t < 1$
(E) $\frac{1}{2} < t < 10$

5. (ENADE – 2005)

A respeito da função $f(x) = x^3 - 2x^2 + 5x + 16$, é correto afirmar que

(A) existe um número real M tal que $f(x) ³ M$ para todo número real x.
(B) existe um número real N tal que $f(x) £ N$ para todo número real x.
(C) existe um número real $x_0 < 0$ tal que $f(x_0) = 0$.
(D) existe um número real y tal que $f(x) . y$ para todo número real x.
(E) existem 3 números reais x para os quais $f(-x) = f(x)$.

6. (ENADE – 2003)

O gráfico da função real $f(x) = \sqrt[3]{x}$ pode ser obtido do gráfico da função real $g(x) = x^3$ por meio de uma

(A) reflexão no eixo dos x.
(B) reflexão no eixo dos y.
(C) reflexão na bissetriz dos quadrantes ímpares.
(D) reflexão na bissetriz dos quadrantes pares.
(E) simetria em relação à origem.

7. (ENADE – 2003)

Qual dos gráficos a seguir melhor representa a função que a cada número real x associa a distância de x ao número 1?

(A)
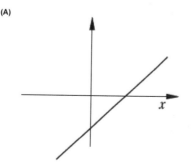

(B)

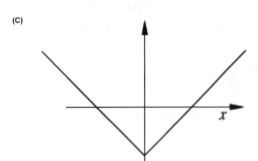

(C)

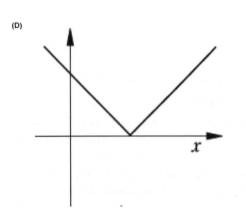

(D)

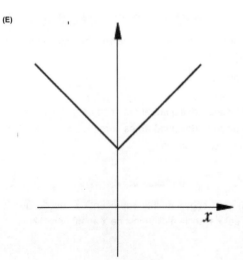

(E)

8. (ENADE – 2001)

Se g(x) = f(x) +1 para todo x real, o gráfico de y = g(x) pode ser obtido a partir do gráfico de y = f(x) por meio da

(A) translação de uma unidade para a esquerda.
(B) translação de uma unidade para a direita.
(C) translação de uma unidade para cima.
(D) translação de uma unidade para baixo.
(E) simetria em relação à reta x = 1.

9. (ENADE – 2001)

O gráfico de y = f (x + 1) pode ser obtido a partir do gráfico de y = f (x) por meio de uma translação de uma unidade

(A) para a esquerda.
(B) para a direita.
(C) para cima.
(D) para baixo.
(E) na direção da reta y = x + 1.

10. (ENADE – 2001)

O gráfico que melhor representa a função real $f(x) = 2^x + 2^{-x}$ é

(A)
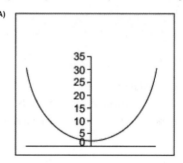

(B)
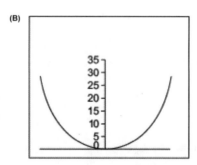

(C)
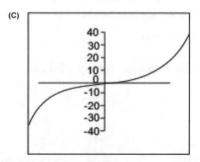

(D)
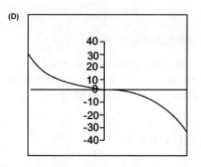

(E)

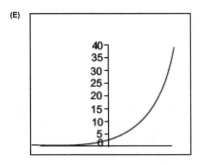

11. (ENADE – 2000)

Sendo este o gráfico de f(x),

o gráfico de f(– x) será:

(A)

(B)

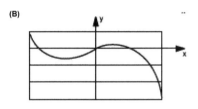

(C)

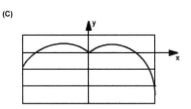

(D)

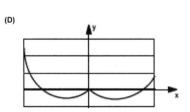

(E)

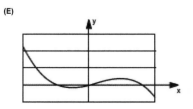

12. (ENADE – 2000)

Dois pontos se movimentam em uma linha reta com equações horárias, $s_1(t) = $ sen $(3t)$ e $s_2(t) = $ sen (t), com $t \geq 0$. Quando o primeiro retornar pela primeira vez à sua posição inicial, onde estará o segundo?

(A) $\pi/3$

(B) π

(C) 3π

(D) sen $(\pi/3)$

(E) sen (3π)

13. (ENADE – 2000)

Em certa região, a área ocupada por plantações de soja tem aumentado de 10% ao ano, e a ocupada por milharais tem crescido 1km² por ano. Considere os gráficos a seguir.

Os gráficos que melhor representam as áreas ocupadas pelas plantações de soja e de milho em função do tempo são, respectivamente:

I

II

III

(A) I e II.
(B) I e III.
(C) II e I.
(D) II e III.
(E) III e I.

14. (ENADE – 2000)

Um programa de computador desenhou o gráfico das retas $y = 2x + 15$ e $y = 45 - x/2$. O ângulo α formado por elas no desenho é aparentemente diferente de 90°, como mostra a figura abaixo.

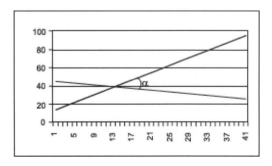

Observa-se que:

(A) houve algum erro porque o ângulo a deveria ter 90°.
(B) o ângulo a formado pelos gráficos não depende das escalas dos eixos.
(C) o programa usou escalas diferentes para cada um dos gráficos.
(D) os gráficos estão certos, mas a ¹ 90° porque as escalas nos eixos são diferentes.

(E) as coordenadas do ponto de encontro das retas é que dependem das escalas dos eixos.

15. (ENADE – 2000)

Se um corpo cai de grande altura, partindo do repouso e submetido apenas à ação da gravidade e a uma força de atrito (resistência do ar) diretamente proporcional à sua velocidade, o gráfico que melhor representa esta velocidade em função do tempo é:

(A)
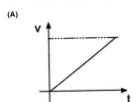

(B)
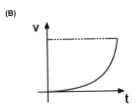

(C)
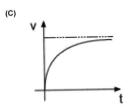

(D)
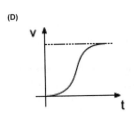

(E)
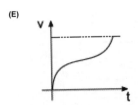

16. (ENADE – 2000)

A Lei de Boyle diz que, mantida constante a temperatura, o produto da pressão pelo volume de um gás perfeito é constante. Um gás perfeito, inicialmente à pressão de 16.10^5 Pa, ocupa um cilindro de volume 100L. Um êmbolo é deslocado no cilindro de modo a reduzir o volume do gás. Se a temperatura é mantida constante e o volume diminui à razão de 1L/s, com que velocidade, em Pa/s, está aumentando a pressão no instante em que o volume for igual a 80L?

(A) 25.10^3
(B) 25.10^4
(C) 25.10^5
(D) 16.10^6
(E) 16.10^7

17. (ENADE – 1999)

O dono de um restaurante resolveu modificar o tipo de cobrança, misturando o sistema a quilo com o de preço fixo. Ele instituiu o seguinte sistema de preços para as refeições:

Até 300 g — R$ 3,00 por refeição

Entre 300 g e 1 kg — R$ 10,00 por quilo

Acima de 1 kg — R$ 10,00 por refeição

O gráfico que melhor representa o preço das refeições nesse restaurante é:

(A)
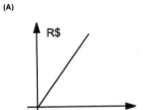

(B)
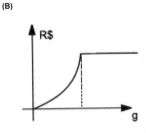

(C)
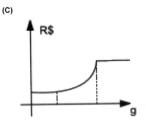

(D)
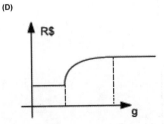

(E)
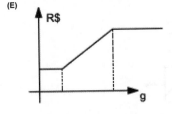

18. (ENADE – 1999)

O gráfico da função $f(x) = \ln(x + 1)$ é:

(A)
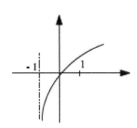

(B)
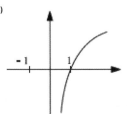

(C)
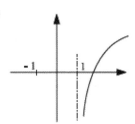

(D)
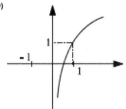

(E)
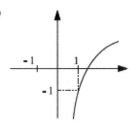

19. (ENADE – 1999)

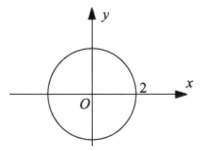

O círculo da figura acima tem centro $O = (0,0)$ e passa pelo ponto $(2,0)$. Então:

(A) a circunferência do círculo é representada pela equação $x^2 + y^2 = 2$
(B) o interior do círculo é representado pela inequação $x^2 + y^2 < 2$.
(C) o interior do círculo é representado pela inequação $x^2 + y^2 < 4$.
(D) o exterior do círculo é representado pela inequação $x^2 + y^2 > 2$.
(E) o ponto $(1,1)$ pertence à circunferência.

20. (ENADE – 1998)

O período da função $f(x) = 2\cos(3x+\pi/5) - 1$ é:

(A) $\pi/5$
(B) $\pi/3$
(C) $2\pi/3$
(D) 3
(E) π

21. (ENADE – 1998)

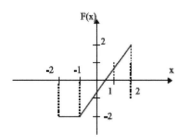

Sendo a função F, definida em [–2,2], representada no gráfico acima, pode-se afirmar que a função:

(A) $G(x) = F(x) + 1$ é positiva em todo o domínio.
(B) $H(x) = F(x) - 1$ é negativa em todo o domínio.
(C) $S(x) = -F(x)$ é positiva entre –1 e 0.
(D) $S(x) = -F(x)$ é negativa entre 0 e 1.
(E) $M(x) = |F(x)|$ é negativa quando $F(x)$ é negativa.

22. (ENADE – 2000) DISCURSIVA

Um modo de cifrar uma mensagem é associar um inteiro positivo a cada letra do alfabeto (A = 1, B = 2, ..., W = 23, X = 24, Y = 25, Z = 26) e usar uma chave **f**, de conhecimento apenas do emissor e do receptor. Assim, em vez de transmitir a letra associada ao número **p**, transmite-se aquela associada a **f(p)**. O receptor, recebendo **q = f(p)**, decifra a letra determinando **p = f⁻¹(q)**.

O imperador romano Júlio César, por exemplo, usava como chave **f(p) = p + 3** (na aritmética dos inteiros módulo 26). Assim, a mensagem ZERO seria transmitida CHUR e a mensagem recebida PAZ seria decifrada como MXW.

a) Mostre que a chave **f(p) = 2p + 1** (na aritmética dos inteiros módulo 26) não é invertível. **(valor: 10,0 pontos)**

b) Determine **f⁻¹(q)** para a chave **f(p) = 3p + 1** (na aritmética dos inteiros módulo 26). **(valor: 10,0 pontos)**

23. (ENADE – 1999) DISCURSIVA

Uma loja adota a seguinte promoção:

"Nas compras acima de R$ 100,00, ganhe um desconto de 20% sobre o valor que exceder R$ 100,00".

a) Duas amigas fazem compras no valor de R$ 70,00 e R$ 50,00, respectivamente. Que economia elas fariam se reunissem suas compras em uma única conta? **(valor: 5,0 pontos)**

b) Esboce o gráfico da função *f* que associa a cada valor de compras $x \geq 0$ o valor *f (x)* efetivamente pago pelo cliente.

(valor: 5,0 pontos)

c) Para $x > 100$, *f (x)* é da forma $f(x) = ax + b$. Calcule os valores de *a* e *b*. **(valor: 10,0 pontos)**

---

24. (ENADE – 1999) DISCURSIVA

O valor médio de uma função contínua e positiva *f* em um intervalo $[a,b]$ pode ser definido geometricamente como a altura de um retângulo com base $[a,b]$ e com área equivalente à área sob a curva $y = f(x)$ nesse intervalo.

a) Esboce o gráfico de $f(x) = sen\ x$, para $x \in [0,\pi]$, indicando seus valores máximo e mínimo. **(valor: 10,0 pontos)**

b) Calcule o valor médio de $f(x) = sen\ x$ no intervalo $[0,\pi]$. **(valor: 10,0 pontos)**

---

25. (ENADE – 1998) DISCURSIVA

Em uma certa cidade, o preço de uma corrida de táxi é calculado do seguinte modo: (i) a "bandeirada" é R$2,50; (ii) durante os primeiros 10km, o preço da corrida é de R$0,80 por km; (iii) daí por diante, o preço da corrida passa a ser de R$1,20 por km. Para uma corrida de até 30km, f(x) designa o preço total da corrida que começou no km 0 e acabou no km x. Suponha que x varie continuamente no conjunto dos números reais.

a) Expresse f(x) algebricamente.

b) Calcule o preço de uma corrida de 30km.

c) Faça um esboço do gráfico de y=f(x). **(valor: 20,0 pontos)**

D) Progressões Aritmética e Geométrica;

---

1. (ENADE – 2003)

Se *p* é inteiro e positivo, a soma da série

$$1 + \frac{px}{1!} + \frac{p(p-1)}{2!}x^2 + \frac{p(p-1)(p-2)}{2!}x^3 + . \text{ vale}$$

(A) $\dfrac{1}{1-px}$

(B) e^{px}

(C) pe^{px}

(D) $(1+x)^p$

(E) $(1+p)^x$

---

2. (ENADE – 2001)

Em um programa de televisão, um candidato deve responder a 10 perguntas. A primeira pergunta vale 1 ponto, a segunda vale 2 pontos, e, assim, sucessivamente, dobrando sempre. O candidato responde a todas as perguntas e ganha os pontos correspondentes às respostas que acertou, mesmo que erre algumas. Se o candidato obteve 610 pontos, quantas perguntas acertou?

(A) 3
(B) 4
(C) 5
(D) 6
(E) 7

---

3. (ENADE – 2000)

Se a população de certa cidade cresce 2% ao ano, os valores da população a cada ano formam uma progressão:

(A) geométrica de razão 1,2.
(B) geométrica de razão 1,02.
(C) geométrica de razão 0,02.
(D) aritmética de razão 1,02.
(E) aritmética de razão 0,02.

E) Equações e Inequações;

---

1. (ENADE – 2011)

Para tentar liquidar o estoque de televisores cujo valor oferecido no crédito, após acréscimo de 20% sobre o valor da tabela, era de R$ 1 320,00, uma loja lançou uma nova campanha de vendas que ofereceu as seguintes condições promocionais, com base no valor da tabela:

I. uma entrada de 25%, e o restante em cinco parcelas iguais mensais; ou

II. uma entrada de 60%, e o restante em oito parcelas iguais mensais.

O cliente que comprar o televisor nessa promoção pagará em cada parcela

(A) R$ 55,00, se escolher a opção II.
(B) R$ 66,00, se escolher a opção I.
(C) R$ 192,50, se escolher a opção II.
(D) R$ 198,00, se escolher a opção II.
(E) R$ 275,00, se escolher a opção I.

---

2. (ENADE – 2003)

O conjunto das soluções reais da equação $2x + 3 - (x + 1) = x + 4$ é

(A) $\varnothing$
(B) $\{0\}$
(C) $\{2\}$
(D) $\{4\}$
(E) $\{2, 4\}$

---

3. (ENADE – 2002)

O menor natural n > 1 para o qual $sen\ \dfrac{n\pi}{7} = sen\ \dfrac{\pi}{7}$ é

(A) 15
(B) 14
(C) 8
(D) 7
(E) 6

4. (ENADE – 2002)

O conjunto das soluções reais da inequação $2x + 3 - (x + 1) \leq x + 4$ é

(A) $\varnothing$

(B) $(-\infty, 2)$

(C) $(-\infty, 2]$

(D) $(-\infty, 4]$

(E) $\mathbb{R}$

5. (ENADE – 2001)

O número de soluções inteiras da equação $15x + 20y = 12$ é

(A) 0

(B) 5

(C) 12

(D) 60

(E) infinito.

6. (ENADE – 2001)

O conjunto das soluções da inequação $\dfrac{1+x}{1-x} \geq 1$ é

(A) $[0, \infty)$

(B) $[0, 1)$

(C) $(1, \infty)$

(D) $(-\infty, 0]$

(E) $(-\infty, 0] \cup (1, \infty)$

7. (ENADE – 1999)

Considere as afirmativas a respeito da equação

$2x^3 - 3x^2 + x - 1 = 0$:

I. tem $-\sqrt{2}$ como raiz;

II. tem pelo menos uma raiz racional;

III. tem pelo menos uma raiz real entre 1 e 2.

Está(ão) correta(s) a(s) afirmativa(s):

(A) I, apenas.

(B) II, apenas.

(C) III, apenas.

(D) I e II, apenas.

(E) II e III, apenas.

8. (ENADE – 1999)

O conjunto das soluções da inequação $(1/2)^x < 5$ é:

(A) $\mathbb{R}$

(B) $\left\{ x \in \mathbb{R} \,\middle|\, x < -\dfrac{\ln 5}{\ln 2} \right\}$

(C) $\left\{ x \in \mathbb{R} \,\middle|\, x > \dfrac{\ln 5}{\ln 2} \right\}$

(D) $\left\{ x \in \mathbb{R} \,\middle|\, x > -\dfrac{\ln 5}{\ln 2} \right\}$

(E) $\left\{ x \in \mathbb{R} \,\middle|\, x > -\ln 3 \right\}$

9. (ENADE – 1999)

O número de soluções da equação $4x + 7y = 83$, onde x e y são inteiros positivos, é:

(A) 0

(B) 1

(C) 2

(D) 3

(E) infinito

10. (ENADE – 1998)

A pressão da água do mar varia com a profundidade. Sabe-se que a pressão da água ao nível do mar é de 1 atm (atmosfera), e que a cada 5m de profundidade a pressão sofre um acréscimo de 0,5 atm.

A expressão que dá a pressão p, em atmosferas, em função da profundidade h, em metros, é:

(A) $p = 1 + 0,5 h$

(B) $p = 1 + 0,1 h$

(C) $p = 1 - 0,5 h$

(D) $p = 0,5 h$

(E) $p = 0,1 h$

11. (ENADE – 1998)

Se $x^2 \geq 1$, então:

(A) $x \geq \pm 1$

(B) $x = \pm 1$

(C) $x \geq 1$

(D) $x \geq 1$ ou $x \leq -1$

(E) $x \leq 1$ e $x \geq -1$

12. (ENADE – 1998)

Um aluno deu a solução seguinte para a inequação abaixo:

$\dfrac{(x+3)(x-2)}{x-1} > x$ (1)

$(x+3)(x-2) > x^2 - x$ (2)

$x^2 + x - 6 > x^2 - x$ (3)

$x - 6 > -x$ (4)

$2x > 6$ (5)

$x > 3$ (6)

Mas 0, por exemplo, satisfaz a inequação (1) e não é maior do que 3. Assim, houve um erro na passagem de:

(A) (1) para (2)

(B) (2) para (3)

(C) (3) para (4)

(D) (4) para (5)

(E) (5) para (6)

13. (ENADE – 1998)

O número de raízes reais da equação $3x^7 + 2 = 0$ é:

(A) 0

(B) 1

(C) 2
(D) 7
(E) uma infinidade

F) Polinômios: Operações, Divisibilidade, Raízes;

1. (ENADE – 2011)

Suponha que um instituto de pesquisa de opinião pública realizou um trabalho de modelagem matemática para mostrar a evolução das intenções de voto nas campanhas dos candidatos Paulo e Márcia a governador de um Estado, durante 36 quinzenas.

Os polinômios que representam, em porcentagem, a intenção dos votos dos eleitores de Paulo e Márcia na quinzena x são, respectivamente,

$$P(x) = -0,006x^2 + 0,8x + 14$$

e

$$M(x) = 0,004x^2 + 0,9x + 8,$$

em que $0 \le x \le 36$ representa a quinzena, $P(x)$ e $M(x)$ são dados em porcentagens.

De acordo com as pesquisas realizadas, a ordem de preferência nas intenções de voto em Paulo e Márcia sofreram alterações na quinzena

(A) 6.
(B) 12.
(C) 20.
(D) 22.
(E) 30.

2. (ENADE – 2008)

Para que valores de k e m o polinômio $P(x) = x^3 - 3x^2 + kx + m$ é múltiplo de $Q(x) = x^2 - 4$?

(A) $k = -4$ e $m = 12$
(B) $k = -3$ e $m = -4$
(C) $k = -3$ e $m = -12$
(D) $k = -4$ e $m = -3$
(E) $k = -2$ e $m = 2$

3. (ENADE – 2005)

Considere a progressão geométrica $1, \frac{1}{2}, \frac{1}{2^2}, ..., \frac{1}{2^k}, ...,$ e denote por S_n a soma de seus n primeiros termos. Ao se levar em conta que, para $x \ne 1$, $\sum_{k=0}^{n-1} x^k = \frac{x^n - 1}{x - 1}$, conclui-se que o maior número inteiro positivo n para o qual $|S_n - 2| > \frac{1}{3^4}$ é igual a

(A) 3.
(B) 4.
(C) 5.
(D) 6.
(E) 7.

4. (ENADE – 2005)

Considere $P(x) = (m - 4)(m^2 + 4)x^5 + x^2 + kx + 1$ um polinômio na variável x, em que m e k são constantes reais. Assinale a opção que apresenta condições a serem satisfeitas pelas constantes m e k para que $P(x)$ não admita raiz real.

(A) $m = 4$ e $-2 < k < 2$
(B) $m = -4$ e $k > 2$
(C) $m = -2$ e $-2 < k < 2$
(D) $m = 4$ e $k < 2$
(E) $m = -2$ e $k > -2$

5. (ENADE – 2003)

Se $P(x)$ é um polinômio do segundo grau cujas raízes são 2 e 3, o polinômio $[P(x)]^2$ admite

(A) 2 e 3 como raízes simples.
(B) 2 e 3 como raízes duplas.
(C) 4 e 9 como raízes simples.
(D) 4 e 9 como raízes duplas.
(E) duas raízes reais e duas não reais.

6. (ENADE – 2002)

Abaixo encontra-se o gráfico de um polinômio do 3° grau com coeficientes reais, feito por meio de um programa de computador.

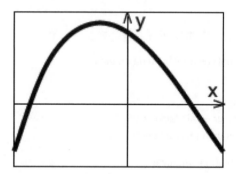

A partir desse gráfico, pode-se concluir que

(A) a derivada do polinômio tem 2 raízes reais distintas.
(B) o coeficiente de x^3 é negativo.
(C) o polinômio tem uma raiz real dupla.
(D) o limite do polinômio para x tendendo a ∞ é $-\infty$.
(E) o limite da derivada do polinômio para x tendendo a ∞ é $-\infty$.

7. (ENADE – 2002)

$P(x)$ é um polinômio do 4° grau, de coeficientes reais, e r é um número real tal que $P(r) = 0$ e $P(x) > 0$ para todo x real diferente de r. Pode-se concluir que r é raiz

(A) simples de P(x).
(B) dupla de P(x).
(C) dupla ou tripla de P(x).
(D) dupla ou quádrupla de P(x).
(E) quádrupla de P(x).

8. (ENADE – 2001)

Se um polinômio de coeficientes reais admite os complexos $1 + i$ e $-1 + 2i$ como raízes, então ele

(A) é de grau 2.
(B) é de grau 3.
(C) admite no máximo mais uma raiz complexa.
(D) admite $i - 1$ e $2i + 1$ como raízes.
(E) admite $1 - i$ e $-1 - 2i$ como raízes.

9. (ENADE – 2001)

Se a e $(1 + ai).(2 - i)$ são reais, a vale

(A) -2
(B) $-\dfrac{1}{2}$
(C) $\dfrac{1}{2}$
(D) 1
(E) 2

10. (ENADE – 2001)

O resto da divisão do polinômio $P(x) = x^{100}$ pelo polinômio $D(x) = x^2 - x$ é igual a

(A) 0
(B) 1
(C) $-x$
(D) x
(E) $2x$

11. (ENADE – 2000)

Um programa de computador apresentou para um polinômio do 4º grau com coeficientes reais o seguinte gráfico, em que x varia entre $-5,7$ e $7,1$:

Pode-se, então, concluir que esse polinômio tem:

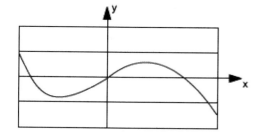

(A) duas raízes reais simples e uma raiz real dupla.
(B) duas raízes reais e duas raízes complexas conjugadas.
(C) três raízes reais e uma raiz complexa não real.
(D) somente três raízes, todas reais.
(E) alguma raiz real com módulo maior que 5.

12. (ENADE – 2000)

O Método de Newton, aplicado ao cálculo de $\sqrt{2}$, consiste em tomar uma aproximação inicial $x_0 > 0$ e obter aproximações sucessivas $\{x_n\}$ de modo que x_{n+1} seja igual a:

(A) $\dfrac{x_n}{2} + \dfrac{1}{x_n}$

(B) $\dfrac{x_n}{2} - \dfrac{1}{x_n}$

(C) $\dfrac{x_n}{2} + \dfrac{2}{x_n}$

(D) $\dfrac{x_n}{2} - \dfrac{2}{x_n}$

(E) $x_n - \dfrac{2}{x_n}$

13. (ENADE – 1999)

Uma função polinomial do segundo grau, $f(x)$, se anula nos pontos $x = 1$ e $x = 5$.

Então, pode-se afirmar que:

(A) $f(x) = x^2 - 5x + 6$.
(B) $f(x) = x^2 + 6x + 5$.
(C) $f(x) = ax^2 - 6ax + 5a$, para algum $a \in \mathbb{R}$
(D) f tem um máximo no ponto $x = 3$.
(E) f tem um mínimo no ponto $x = 3$.

14. (ENADE – 1999)

Um polinômio $p(x)$, quando dividido por $d(x) = x^2 - 1$, deixa resto $r(x) = 2x + 3$. Então, $p(1)$ é igual a:

(A) 1
(B) 2
(C) 3
(D) 4
(E) 5

15. (ENADE – 1998)

O resto da divisão do polinômio $9x^9 + 6x^6 + 3x^3 + 1$ por $x + 1$ é:

(A) -19
(B) -5
(C) 0
(D) 5
(E) 19

16. (ENADE – 1998)

O número complexo $2 + i$ é raiz do polinômio $P(x)$, de coeficientes reais. Pode-se garantir que $P(x)$ é divisível por:

(A) $2x + 1$
(B) $x^2 + 1$
(C) $x^2 + x - 1$
(D) $x^2 - 2x - 1$
(E) $x^2 - 4x + 5$

G) Matrizes, Determinantes e Sistemas Lineares;

1. (ENADE – 2011)

Considere o sistema de equações lineares $Ax = b$, com m equações e n incógnitas. Supondo que a solução do sistema homogêneo correspondente seja, única, avalie as afirmações a seguir.

I. As colunas da matriz A são linearmente dependentes.
II. O sistema de equações lineares $Ax = b$ tem infinitas soluções.
III. Se $m > n$, então a matriz A tem $m - n$ linhas que são combinações lineares de n linhas.
IV. A quantidade de equações do sistema $Ax = b$ é maior ou igual à quantidade de incógnitas.

São corretas apenas as afirmações

(A) I e II.
(B) II e III.
(C) III e IV.
(D) I, II e IV.
(E) I, III e IV.

2. (ENADE – 2008)

Assinale a opção que contém o sistema de inequações que determina a região triangular PQR desenhada abaixo.

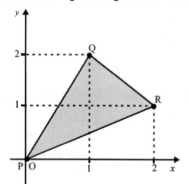

(A) $\begin{cases} y - 2x < 0 \\ 2y - x < 0 \\ y + x > 3 \end{cases}$

(B) $\begin{cases} y - 2x > 0 \\ 2y - x > 0 \\ y + x > 3 \end{cases}$

(C) $\begin{cases} y - 2x < 0 \\ 2y - x < 0 \\ y + x < 3 \end{cases}$

(D) $\begin{cases} y - 2x > 0 \\ 2y - x < 0 \\ y + x > 3 \end{cases}$

(E) $\begin{cases} y - 2x < 0 \\ 2y - x > 0 \\ y + x < 3 \end{cases}$

3. (ENADE – 2008)

Considere o sistema de equações a seguir.

$$\begin{cases} x+y+z = 1 \\ 2x+2y+2z = 4 \\ 3x+3y+4z = 5 \end{cases}$$

Analise as asserções seguintes relativas à resolução desse sistema de equações lineares.

O sistema não tem solução porque o determinante da matriz dos coeficientes é igual a zero.

A respeito dessa afirmação, assinale a opção correta.

(A) As duas asserções são proposições verdadeiras e a segunda é uma justificativa correta da primeira.
(B) As duas asserções são proposições verdadeiras, mas a segunda não é uma justificativa correta da primeira.
(C) A primeira asserção é uma proposição verdadeira, e a segunda é falsa.
(D) A primeira asserção é uma proposição falsa, e a segunda é verdadeira.
(E) Ambas as asserções são proposições falsas.

4. (ENADE – 2002)

A e B são matrizes reais n x n, sendo n $\geq$ 2, e a, um número real. A respeito dos determinantes dessas matrizes, é correto afirmar que

(A) det (AB) = det A . det B
(B) det (A+B) = det A + det B
(C) det (áA) = a . det A
(D) det (A) $\geq$ 0, se todos os elementos de A forem positivos.
(E) se det A = 0 então A possui duas linhas ou colunas iguais.

5. (ENADE – 2001)

A escala termométrica Celsius adota os valores 0 e 100 para os pontos de fusão do gelo e de ebulição da água, à pressão normal, respectivamente. A escala Fahrenheit adota os valores 32 e 212 para esses mesmos pontos. Então, numa dada temperatura, o número lido na escala Fahrenheit é maior que o lido na escala Celsius somente nas temperaturas

(A) acima de -20^oC.
(B) acima de -32^oC.
(C) acima de -40^oC.
(D) abaixo de 180^oC.
(E) abaixo de 212^oC.

6. (ENADE – 2001)

O número de soluções do sistema de equações

$$\begin{cases} x + y - z = 1 \\ 2x + 2y - 2z = 2 \\ 5x + 5y - 5z = 7 \end{cases}$$ é

(A) 0
(B) 1

(C) 2
(D) 3
(E) infinito

7. (ENADE – 2001)

Uma fita de vídeo pode ser usada para gravação durante 2 horas em velocidade padrão, ou durante 6 horas em velocidade reduzida. Se uma fita esgotou sua capacidade de gravação em 3 horas, podemos concluir que ela foi usada em velocidade reduzida durante

(A) 1 h
(B) 1h30min
(C) 2h
(D) 2h15min
(E) 2h30min

8. (ENADE – 2001)

Se a matriz A satisfaz $A^2 - 2A + I = 0$, então A^{-1}

(A) não existe.
(B) é igual a I.
(C) é igual a A.
(D) é igual a A – 2 I.
(E) é igual a 2 I – A.

9. (ENADE – 2000)

No sistema de três equações lineares com três incógnitas,

$$\begin{cases} a_1x + b_1y + c_1z = d_1 \\ a_2x + b_2y + c_2z = d_2 \\ a_3x + b_3y + c_3z = d_3 \end{cases}$$

são nulos os determinantes

$$\begin{vmatrix} a_1 & b_1 & c_1 \\ a_2 & b_2 & c_2 \\ a_3 & b_3 & c_3 \end{vmatrix}, \begin{vmatrix} a_1 & b_1 & d_1 \\ a_2 & b_2 & d_2 \\ a_3 & b_3 & d_3 \end{vmatrix}, \begin{vmatrix} a_1 & d_1 & c_1 \\ a_2 & d_2 & c_2 \\ a_3 & d_3 & c_3 \end{vmatrix}$$

e $\begin{vmatrix} d_1 & b_1 & c_1 \\ d_2 & b_2 & c_2 \\ d_3 & b_3 & c_3 \end{vmatrix}$.

Tal sistema é:

(A) possível e indeterminado.
(B) possível e determinado.
(C) possível.
(D) impossível.
(E) impossível ou indeterminado.

10. (ENADE – 1999)

O sistema $\begin{cases} x + y + 2z = 0 \\ x - py + z = 0 \\ px - y - z = 0 \end{cases}$ admite solução diferente de

(0,0,0) se e somente se:

(A) $p = 1$
(B) $p \neq 0$
(C) $p = 0$
(D) $p = 0$ ou $p = -1$
(E) $p^2 - p \neq 0$

11. (ENADE – 1998)

Considerando o sistema

$$\begin{cases} x + y = 3 \\ x - y + z = 2 \\ x + y + z = 2 \end{cases}$$

é correto afirmar que em R^3:

(A) a solução do sistema representa uma reta.
(B) a solução do sistema representa um ponto.
(C) a solução do sistema representa um plano.
(D) a primeira equação representa uma reta.
(E) as duas últimas equações representam planos paralelos.

12. (ENADE – 1998)

O sistema não tem solução se e só se:

(A) $a \neq -3$
(B) $a \neq 3$
(C) $a = 0$
(D) $a = -3$
(E) $a = 3$

H) Geometria Plana: Paralelismo, Perpendicularidade, Congruência, Semelhança, Trigonometria, Isometrias, Homotetias e Áreas;

1. (ENADE – 2008)

Uma professora do ensino fundamental resolveu utilizar, em suas aulas, a construção de um avião de papel para explorar alguns conceitos e propriedades da geometria plana. Utilizando uma folha de papel retangular, os estudantes deveriam começar fazendo as dobras na folha ao longo dos segmentos de reta indicados na figura abaixo.

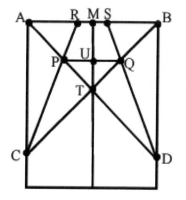

As seguintes condições, segundo instruções da professora, devem ser satisfeitas:

- a reta determinada por M e U é a mediatriz do segmento AB;
- AC, BD e AB são segmentos congruentes;
- PT e TQ são segmentos congruentes;
- PD e BD são segmentos congruentes.

A partir da análise da figura, um estudante afirmou o seguinte: O triângulo PQD é obtusângulo porque o triângulo PQT é equilátero.

Com relação ao que foi afirmado pelo estudante, assinale a opção correta.

(A) As duas asserções são proposições verdadeiras, e a segunda é uma justificativa correta da primeira.
(B) As duas asserções são proposições verdadeiras, e a segunda não é uma justificativa correta da primeira.
(C) A primeira asserção é uma proposição verdadeira, e a segunda é falsa.
(D) A primeira asserção é uma proposição falsa, e a segunda é verdadeira.
(E) Ambas as asserções são proposições falsas.

2. (ENADE – 2005)

Considere o retângulo Q_0, ilustrado acima e a partir dele, construa a sequência de quadriláteros $Q_1, Q_2, Q_3, ...$, de tal modo que, para $i \geq 1$, os vértices de Q_i são os pontos médios dos lados de Q_{i-1}. Representando por $a(Q_i)$ a área do quadrilátero Q_i, julgue os itens que se seguem.

I. A subsequência de quadriláteros Q1, Q3, Q5, ..., correspondente aos índices ímpares, é formada somente por paralelogramos.
II. O quadrilátero Q_6 é um retângulo.
III. Para $i \geq 1$, $\dfrac{a(Q_i)}{a(Q_{i-1})} = \dfrac{1}{2}$.

Assinale a opção correta.

(A) Apenas um item está certo.
(B) Apenas os itens I e II estão certos.
(C) Apenas os itens I e III estão certos.
(D) Apenas os itens II e III estão certos.
(E) Todos os itens estão certos.

3. (ENADE – 2003)

Um triângulo de lados a, b e c cujas alturas são h_a, h_b e h_c é tal que $a > b > c$. Então, necessariamente,

(A) a maior altura é h_a
(B) a maior altura é h_b
(C) a maior altura é h_c
(D) a menor altura é h_b
(E) a menor altura é h_c

4. (ENADE – 2003)

O centro do círculo circunscrito a um triângulo é o ponto de encontro das

(A) mediatrizes de seus lados.
(B) suas medianas.
(C) suas alturas.
(D) suas bissetrizes internas.
(E) suas bissetrizes externas.

5. (ENADE – 2003)

Se $\cos a = 0,6$, então $\operatorname{sen}\left(\dfrac{3\pi}{2} - a\right)$

(A) vale –0,8.
(B) vale –0,6.
(C) vale 0,6.
(D) vale 0,8.
(E) só pode ser determinado com o conhecimento do quadrante de a.

6. (ENADE – 2001)

Se ABC é um triângulo equilátero e M é o ponto médio do lado BC, então

(A) $\overrightarrow{AB} = \overrightarrow{AC}$
(B) $\overrightarrow{AB} + \overrightarrow{AC} = \overrightarrow{AM}$
(C) $\overrightarrow{AB} + \overrightarrow{AC} = 2\overrightarrow{AM}$
(D) $\overrightarrow{AB} + \overrightarrow{BC} = \overrightarrow{CA}$
(E) $\overrightarrow{BM} = \overrightarrow{CM}$

7. (ENADE – 2001)

Existem dois triângulos não congruentes ABC, com $\hat{A} = 30°$, AB = 4 cm e BC = x cm, quando

(A) $0 < x \leq 2$
(B) $2 < x < 4$
(C) $2 < x \leq 4$
(D) $x > 4$
(E) $x \geq 4$

8. (ENADE – 2000)

Considere o problema a seguir: "Em um triângulo ABC, temos AC = 3m, BC = 4m e B = 60°. Calcule sen A." Esse problema:

(A) não faz sentido, porque tal triângulo não existe.
(B) admite mais de uma solução.
(C) admite uma única solução, $\dfrac{\sqrt{3}}{2}$
(D) admite uma única solução, $\dfrac{\sqrt{3}}{3}$
(E) admite uma única solução, $\dfrac{2\sqrt{3}}{3}$

9. (ENADE – 1999)

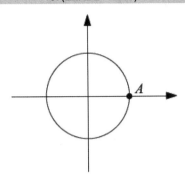

Na circunferência acima, de raio r, considera-se o arco AP, no sentido anti-horário, que mede 2 radianos.

Sobre a posição de P, pode-se afirmar que:

(A) está no 1º quadrante.
(B) está no 2º quadrante.
(C) está no 3º quadrante.
(D) coincide com A.
(E) depende do raio r.

10. (ENADE – 1999)

Sendo A = (1, 11); B = (-2, -7) e C = (12, 1), o comprimento da mediana relativa ao lado BC do triângulo ABC é:

(A) 14
(B) $4\sqrt{5}$
(C) $6\sqrt{5}$
(D) $2\sqrt{53}$
(E) $\sqrt{210}$

11. (ENADE – 1999)

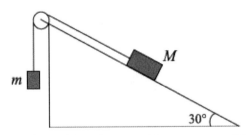

Na figura acima, o bloco de massa M repousa, sem atrito, sobre o plano inclinado e está ligado, por um fio inextensível, ao corpo de massa m.

Se o sistema está em equilíbrio, então a razão m/M é igual a:

(A) $\dfrac{1}{2}$
(B) $\dfrac{\sqrt{3}}{3}$
(C) $\dfrac{\sqrt{3}}{2}$
(D) $\sqrt{3}$
(E) 1

12. (ENADE – 1999)

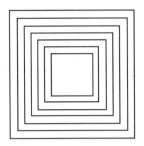

Um enfeite, feito de arame, tem a forma da figura acima.

São 7 quadrados igualmente espaçados, o interno com lado igual a 1 cm, e o externo, com lado igual a 3 cm.

O comprimento total de arame usado nesse enfeite é de:

(A) 42 cm
(B) 56 cm
(C) 77 cm
(D) 84 cm
(E) 90 cm

13. (ENADE – 1998) DISCURSIVA

O losango é um quadrilátero que tem os quatro lados iguais. A partir desta definição, pode-se demonstrar a seguinte afirmação: "ter diagonais perpendiculares é uma condição **necessária** para que um quadrilátero seja um losango."

a) Enuncie esta afirmação sob a forma de um teorema do tipo "Se... então...".
b) Demonstre o teorema enunciado no item a).
c) Enuncie a recíproca do teorema enunciado no item a) e decida se ela é ou não verdadeira, justificando a sua resposta.

Dados/Informações adicionais:

O teorema sobre os ângulos formados por duas paralelas cortadas por uma transversal pode ser considerado conhecido, bem como os casos de congruência de triângulos. (valor: 20,0 pontos)

I) Geometria Espacial: Sólidos Geométricos, Áreas e Volumes;

1. (ENADE – 2008)

O projeto de construção de uma peça de artesanato foi realizado utilizando-se um *software* geométrico que permite interceptar um tetraedro regular com planos. A figura a seguir mostra o tetraedro RSTU e três pontos M, N e P do plano α de interseção.

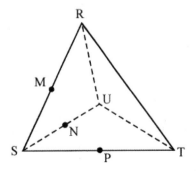

Sabendo que M, N e P são pontos médios de SR, SU e ST, respectivamente, e que o tetraedro RSTU tem volume igual a 1, avalie as seguintes afirmações.

I. O volume da pirâmide SMNP é igual $\frac{1}{2}$.
II. A interseção do plano a com o tetraedro é um paralelogramo.
III. As retas que contêm as arestas MP e RU são reversas.

É correto o que se afirma em

(A) I, apenas.
(B) III, apenas.
(C) I e II, apenas.
(D) II e III, apenas.
(E) I, II e III.

2. (ENADE – 2005)

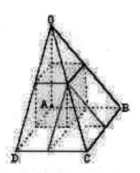

Considere a pirâmide OABCD de altura OA e cuja base é o paralelogramo ABCD. Considere também o prisma apoiado sobre a base da pirâmide e cujos vértices superiores são os pontos médios das arestas concorrentes no vértice O.

Represente por V_1 o volume da pirâmide OABCD e por V_2 o volume do prisma. A respeito dessa situação, um estudante do ensino médio escreveu o seguinte:

A razão $\frac{V_2}{V_1}$ independe de a base da pirâmide OABCD ser um retângulo ou um paralelogramo qualquer porque OAB é um triângulo retângulo.

Com relação ao que foi escrito pelo estudante, é correto afirmar que

(A) as duas asserções são proposições verdadeiras, e a segunda é uma justificativa correta da primeira.
(B) as duas asserções são proposições verdadeiras, mas a segunda não é uma justificativa da primeira.
(C) a primeira asserção é uma proposição verdadeira, e a segunda é falsa.
(D) a primeira asserção é uma proposição falsa, e a segunda é verdadeira.
(E) ambas as asserções são proposições falsas.

3. (ENADE – 2005)

Desenha-se no plano complexo o triângulo T com vértices nos pontos correspondentes aos números complexos z_1, z_2 e z_3, que são raízes cúbicas da unidade. Desenha-se também o triângulo S, com vértices nos pontos correspondentes aos números complexos, w_1 w_2 e w_3, que são raízes cúbicas complexas de 8.

Na situação descrita no texto, se a é a área de T e se a' é a área de S, então

(A) $a' = 8a$.
(B) $a' = 6a$.
(C) $a' = 4a$.
(D) $a' = 2\sqrt{2}\,a$
(E) $a' = 2a$.

4. (ENADE – 2003)

Um quadrado de lado 2 gira em torno de um de seus lados, gerando um sólido de revolução. O volume desse sólido é igual a

(A) $\frac{4\pi}{3}$
(B) 2π
(C) $\frac{8\pi}{3}$
(D) 4π
(E) 8π

5. (ENADE – 2000)

Em um cubo, CC' é uma aresta e ABCD e A'B'C'D' são faces opostas. O plano que contém o vértice C' e os pontos médios das arestas AB e AD determina no cubo uma seção que é um

(A) triângulo isósceles.
(B) triângulo retângulo.
(C) quadrilátero.
(D) pentágono.
(E) hexágono.

6. (ENADE – 1999)

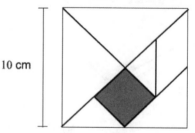

Um "tangram" é um quebra-cabeça geométrico de 7 peças, construído a partir de um quadrado, como mostra a figura acima.

Se um "tangram" é construído a partir de um quadrado de 10 cm de lado, a área do quadrado sombreado mede:

(A) $\frac{5}{2}\sqrt{2}\,cm^2$
(B) $5\sqrt{2}\,cm^2$
(C) $\frac{25}{4}\sqrt{2}\,cm^2$
(D) $12{,}5\,cm^2$
(E) $25\,cm^2$

7. (ENADE – 1999)

Num cubo de aresta a, inscreve-se uma pirâmide regular de base quadrada, de modo que a sua base coincida com uma das faces do cubo, e o vértice da pirâmide, com o centro da face oposta. Então, a aresta lateral da pirâmide mede:

(A) a

(B) $a\dfrac{\sqrt{2}}{3}$

(C) $a\sqrt{\dfrac{3}{2}}$

(D) $a\sqrt{2}$

(E) $a\sqrt{3}$

8. (ENADE – 1998)

A figura abaixo mostra uma sequência de triângulos de Sierpinski.

Nível 0   Nível 1   Nível 2

   ...

O processo começa no nível zero, com um triângulo equilátero de área 1. Em cada passo a seguir, cada triângulo equilátero é dividido através dos segmentos que ligam os pontos médios dos seus lados e é eliminado o triângulo central assim formado.

A área que resta no nível n (indicada nas figuras pelo sombreado) é dada por:

(A) $1 - \left(\dfrac{1}{4}\right)^n$

(B) $\left(\dfrac{3}{4}\right)^n$

(C) $\left(\dfrac{1}{4}\right)^n$

(D) $1 - \left(\dfrac{3}{4}\right)^n$

(E) $\left(\dfrac{1}{2}\right)^n$

9. (ENADE – 1998)

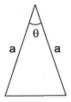

A área do triângulo isósceles da figura acima é:

(A) $\dfrac{a^2}{2}$

(B) $\dfrac{a^2}{2}\,\text{sen}\,\dfrac{\theta}{2}$

(C) $\dfrac{a^2\sqrt{3}}{4}$

(D) $\dfrac{2a^2}{\text{sen}\,\theta}$

(E) $2a^2\,\text{sen}\,\dfrac{\theta}{2}$

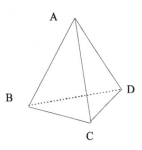

10. (ENADE – 1998)

Na figura acima, ABCD é um tetraedro regular. Considere R o ponto médio de BC e S o ponto médio de AD e assinale a afirmativa **FALSA**, a respeito dessa figura.

(A) AR é altura do triângulo ABC.

(B) RS é altura do triângulo ARD.

(C) RS é mediana do triângulo BSC.

(D) O triângulo BSC é isósceles.

(E) O triângulo ARD é equilátero.

11. (ENADE – 1998)

Sobre polígonos semelhantes, assinale a única afirmativa verdadeira.

(A) Todos os quadriláteros que possuem os 4 lados iguais entre si são semelhantes.

(B) Dois quadriláteros que possuem os lados respectivamente proporcionais são semelhantes.

(C) Dois retângulos são sempre semelhantes.

(D) Se os lados de dois pentágonos são respectivamente paralelos, então eles são semelhantes.

(E) Se os lados de dois triângulos são respectivamente paralelos, então eles são semelhantes.

12. (ENADE – 2005) DISCURSIVA

Em um paralelogramo ABCD, considere M o ponto da base AB tal que $\overline{MB} = \dfrac{1}{4}\overline{AB}$ e E o ponto de interseção do segmento CM com a diagonal BD, conforme figura a seguir.

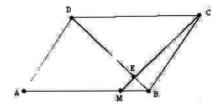

Prove, detalhadamente e de forma organizada, que a área do triângulo BME é igual a $\dfrac{1}{40}$ da área do paralelogramo ABCD.

No desenvolvimento de sua demonstração, utilize os seguintes fatos, justificando-os:

- os triângulos BME e DCE são semelhantes;
- a altura do triângulo BME, relativa à base BM, é igual a $\dfrac{1}{4}$ da altura do triângulo DCE relativa à base DC.

(**valor: 10,0 pontos**)

J) Geometria Analítica Plana: Plano Cartesiano, Equações da Reta e da Circunferência, Distâncias;

1. (ENADE – 2011)

Em um plano de coordenadas cartesianas xOy, representa-se uma praça de área P, que possui em seu interior um lago de área L, limitado por uma curva C fechada, suave, orientada no sentido contrário ao dos ponteiros de um relógio. Considere que, sobre o lago, atua um campo de forças $F(x,y) = -y\vec{i} + x\vec{j}$.

Supondo que T representa o trabalho realizado por $F(x,y)$ para mover uma partícula uma vez ao longo da curva C e que, comparando-se apenas os valores numéricos das grandezas, a área não ocupada pelo lago é igual a $\dfrac{T}{2}$, conclui-se que

(A) $P = T$.
(B) $T = L$.
(C) $P = 2T$.
(D) $T = 4L$.
(E) $P = 4L$.

2. (ENADE – 2011)

Um instrumento de desenho é constituído de três hastes rígidas AB, AC e BD, articuladas no ponto A, mas fixas em B. A figura a seguir é um esquema desse instrumento, em que as hastes foram substituídas por segmentos de reta.

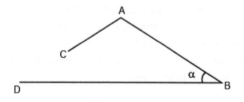

Na extremidade C, foi colocado um grafite que permite desenhar, sobre uma folha de papel, uma curva γ ao se girar AC em torno de A, mantendo-se fixos AB e BD, que são lados do ângulo α.

Nessa situação, qualquer que seja o ângulo agudo α, a curva γ interceptará a semirreta de origem B e que passa por D em

(A) dois pontos E e F distintos, e os triângulos BAE e BAF são congruentes.
(B) dois pontos E e F distintos, e os triângulos BAE e BAF são semelhantes, mas não congruentes.
(C) um único ponto se, e somente se, $\dfrac{AC}{AB} = sen\alpha$.
(D) um único ponto se, e somente se, $\dfrac{AC}{AB} > sen\alpha$.
(E) nenhum ponto se, e somente se, $\dfrac{AC}{AB} < sen\alpha$.

3. (ENADE – 2008)

Em um jogo de futebol, um jogador irá bater uma falta diretamente para o gol. A falta é batida do ponto P, localizado a 12 metros da barreira. Suponha que a trajetória da bola seja uma parábola, com ponto de máximo em Q, exatamente acima da barreira, a 3 metros do chão, como ilustra a figura abaixo.

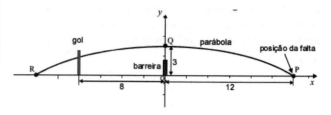

Sabendo-se que o gol está a 8 metros da barreira, a que altura está a bola ao atingir o gol?

(A) $\dfrac{3}{2}$ m
(B) $\dfrac{4}{3}$ m
(C) 1 m
(D) 2 m
(E) $\dfrac{5}{3}$ m

4. (ENADE – 2008)

No plano cartesiano xOy, as equações $x^2 + y^2 + y = 0$ e $x^2 - y - 1 = 0$ representam uma circunferência Γ e uma parábola P, respectivamente. Nesse caso,

(A) a reta de equação $y = -1$ é tangente às curvas Γ e P.
(B) as curvas Γ e P têm mais de um ponto em comum.
(C) existe uma reta que passa pelo centro de Γ e que não intercepta a parábola P.
(D) o raio da circunferência Γ é igual a 1.
(E) a parábola P tem concavidade voltada para baixo.

5. (ENADE – 2005)

As equações $x^2 + y^2 + 4x - 4y + 4 = 0$ e $x^2 + y^2 - 2x + 2y + 1 = 0$ representam, no plano cartesiano xOy, as circunferências C_1 e C_2, respectivamente. Nesse caso,

(A) as duas circunferências têm exatamente 2 pontos em comum.
(B) a equação da reta que passa pelos centros de C_1 e C_2 é expressa por $y = -x + 1$.
(C) os eixos coordenados são tangentes comuns às duas circunferências.
(D) o raio da circunferência C_1 é o triplo do raio da circunferência C_2.
(E) as duas circunferências estão contidas no primeiro quadrante do plano cartesiano xOy.

6. (ENADE – 2003)

Num plano, o lugar geométrico dos pontos que equidistam de uma reta fixa e de um ponto fixo que não pertence à reta é uma

(A) reta.
(B) parábola.
(C) elipse.
(D) hipérbole.
(E) circunferência.

7. (ENADE – 2002)

Um quadrado Q está contido no plano P. Quantas retas de P são eixos de simetria de Q?

(A) 1
(B) 2
(C) 3
(D) 4
(E) 6

8. (ENADE – 2002)

As circunferências C_1 e C_2 estão contidas no plano P. Seus raios são 3 e 4, respectivamente, e a distância entre seus centros é 7. Quantas são as retas de P que tangenciam C_1 e C_2?

(A) 0
(B) 1
(C) 2
(D) 3
(E) 4

9. (ENADE – 2002)

Considere o plano de equação $2x + y + z = 7$ e a reta de equações paramétricas $x = 1 + 2t$, $y = 2 - t$, $z = 3 - 3t$. Essa reta

(A) está contida no plano.
(B) não tem ponto comum com o plano.
(C) é perpendicular ao plano.
(D) forma com o plano um ângulo de 30^0.
(E) forma com o plano um ângulo de 45^0.

10. (ENADE – 2002)

Os planos $x = y$, $y = z$ e $x = z$

(A) não têm ponto comum.
(B) têm apenas um ponto comum.
(C) têm uma reta comum.
(D) são coincidentes.
(E) são perpendiculares dois a dois.

11. (ENADE – 2002)

Quantos pontos de coordenadas inteiras há no segmento de reta

$$y = \frac{7}{6}x \ , \ 0 \le x \le 100?$$

(A) 13
(B) 14
(C) 15
(D) 16
(E) 17

12. (ENADE – 2001)

Em uma pirâmide quadrangular regular de vértice V e base ABCD, a interseção do plano que contém a face VAB com o plano que contém a face VCD é

(A) o conjunto formado pelo ponto V.
(B) uma reta paralela à reta AB.
(C) uma reta paralela à reta BC.
(D) uma reta paralela à reta AC.
(E) uma reta paralela à reta BD.

13. (ENADE – 2001)

Em um plano são dados uma reta fixa e um ponto a ela não pertencente. O lugar geométrico dos centros das circunferências desse plano que são tangentes à reta e passam pelo ponto é:

(A) um par de retas.
(B) uma reta.
(C) uma circunferência.
(D) uma parábola.
(E) uma hipérbole.

14. (ENADE – 2001)

Uma régua de cálculo é formada por duas réguas graduadas igualmente, uma fixa e outra que pode deslizar apoiada na primeira.

A graduação é logarítmica, isto é, nas duas réguas a abscissa do ponto marcado x é proporcional ao logaritmo de x.

Fazendo coincidir o ponto marcado com y na escala móvel com o marcado com y na escala fixa, o ponto marcado com 1 na escala móvel coincidirá com o ponto que, na escala fixa, está marcado com:

(A) $x + y$
(B) $y - x$
(C) xy
(D) $\dfrac{x}{y}$
(E) $\dfrac{y}{x}$

15. (ENADE – 2000)

As retas reversas **r** e **t** são paralelas aos vetores **u** e **v**, respectivamente. A perpendicular comum a essas retas é paralela

(A) à soma **u** + **v**.
(B) à diferença **u** – **v**.
(C) ao produto vetorial **u** Ù **v**.
(D) ao produto escalar <**u**,**v**>.
(E) ao espaço gerado por **u** e **v**.

16. (ENADE – 2000)

Os pontos (x,y,z) pertencentes às retas que contêm o ponto $(0,0,1)$ e que se apoiam na curva $y = x^2$ do plano $z = 0$ formam um conjunto dado pela equação:

(A) $x^2 + yz - y = 0$
(B) $x^2 + xz - y = 0$
(C) $x^2 + 2xz - y = 0$
(D) $x^2 + z - y = 0$
(E) $x^2 - z - y = 0$

17. (ENADE – 2000)

Considere o retângulo no plano (x,y) cujo vértice inferior esquerdo tem coordenadas cartesianas (0,0) e o vértice superior direito é (x_0, y_0). Deseja-se representar esse retângulo numa tela de computador de resolução 640 por 200.

Considere na tela as coordenadas (ℓ, c) como na figura:

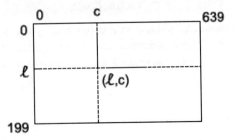

Uma possível correspondência entre os pontos (x,y) do plano e os pontos (ℓ, c) da tela, tal que a imagem do retângulo seja a tela inteira e a orientação seja preservada, é dada por:

(A) $\begin{cases} \ell = 199 \dfrac{y}{y_0} \\ c = 639 \dfrac{x}{x_0} \end{cases}$

(B) $\begin{cases} \ell = 639 \dfrac{y}{y_0} \\ c = 199 \dfrac{x}{x_0} \end{cases}$

(C) $\begin{cases} \ell = 199 - 199 \dfrac{y}{y_0} \\ c = 639 \dfrac{x}{x_0} \end{cases}$

(D) $\begin{cases} \ell = 639 \dfrac{y}{y_0} \\ c = 199 - 199 \dfrac{x}{x_0} \end{cases}$

(E) $\begin{cases} \ell = \dfrac{y}{y_0} \\ c = \dfrac{x}{x_0} \end{cases}$

18. (ENADE – 1999)

Considere a área limitada pelo eixo dos x, pela parábola $y = x^2$ e pela reta $x = b$, $b > 0$. O valor de b para que essa área seja igual a 72 é:

(A) 7
(B) 6
(C) 5
(D) 4
(E) 3

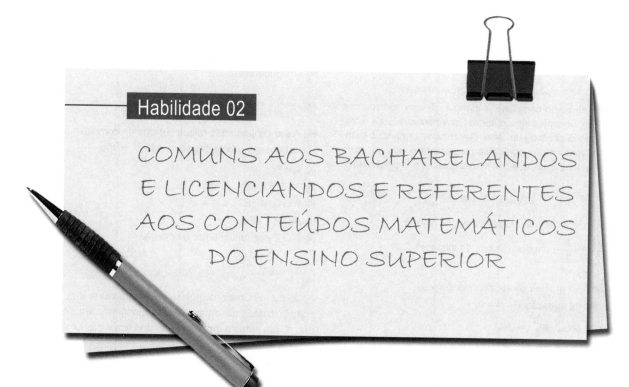

Habilidade 02

COMUNS AOS BACHARELANDOS E LICENCIANDOS E REFERENTES AOS CONTEÚDOS MATEMÁTICOS DO ENSINO SUPERIOR

A) Números Complexos: Interpretações Geométrica e Algébrica, Operações, Fórmula de De Moivre.

1. (ENADE – 2011)

Considere os elementos $\alpha = \begin{pmatrix} 1 & 2 & 3 \\ 1 & 3 & 2 \end{pmatrix}$ e $\beta = \begin{pmatrix} 1 & 2 & 3 \\ 3 & 2 & 1 \end{pmatrix}$ pertencentes ao grupo das permutações S_3.

Assinale a opção que representa ab.

(A) $\begin{pmatrix} 1 & 2 & 3 \\ 2 & 1 & 3 \end{pmatrix}$

(B) $\begin{pmatrix} 1 & 2 & 3 \\ 2 & 3 & 1 \end{pmatrix}$

(C) $\begin{pmatrix} 1 & 2 & 3 \\ 1 & 2 & 3 \end{pmatrix}$

(D) $\begin{pmatrix} 1 & 2 & 3 \\ 1 & 3 & 2 \end{pmatrix}$

(E) $\begin{pmatrix} 1 & 2 & 3 \\ 3 & 2 & 1 \end{pmatrix}$

2. (ENADE – 2011)

O conjunto dos números complexos pode ser representado geometricamente no plano cartesiano de coordenadas xOy por meio da seguinte identificação:

$z = x + iy \leftrightarrow P = (x, y)$.

Nesse contexto, analise as afirmações a seguir.

I. As soluções da equação $z^4 = 1$ são vértices de um quadrado de lado 1.

II. A representação geométrica dos números complexos z tais que $|z| = 1$ é uma circunferência com centro na origem e raio 1

III. A representação geométrica dos números complexos z tais que $Re(z) + Im(z) = 1$ é uma reta que tem coeficiente angular igual a $\dfrac{3\pi}{4}$ radianos.

É correto o que se afirma em

(A) I, apenas.

(B) II, apenas.

(C) I e III, apenas.

(D) II e III, apenas.

(E) I, II e III.

3. (ENADE – 2008)

No plano complexo, a área do triângulo de vértices $2i$, $e^{i\frac{\pi}{4}}$ e $e^{i\frac{3\pi}{4}}$ é

(A) $\dfrac{1}{2}$

(B) $\sqrt{2}$

(C) $\sqrt{2} - \dfrac{1}{2}$

(D) $2\sqrt{2} - 2$

(E) $\frac{1}{2}(\sqrt{2} - \frac{1}{2})$

Leia o texto a seguir para responder à próxima questão.

Desenha-se no plano complexo o triângulo T com vértices nos pontos correspondentes aos números complexos z1, z2 e z3, que são raízes cúbicas da unidade. Desenha-se também o triângulo S, com vértices nos pontos correspondentes aos números complexos, w1 w2 e w3, que são raízes cúbicas complexas de 8.

4. (ENADE – 2005)

Com base no texto acima, assinale a opção correta.

(A) $z = -\frac{\sqrt{3}}{2} + i\frac{1}{2}$ é um dos vértices do triângulo T.

(B) $w = 2e^{\frac{\pi}{3}i}$ é um dos vértices do triângulo S.

(C) $w_1 z_1$ é raiz da equação $x^6 - 1 = 0$.

(D) Se $w_1 = 2$, então $w_2^2 = w_3$.

(E) $z_1 = 1$, então z_2 é o conjugado complexo de z_3.

5. (ENADE – 2003)

Quantos são os números complexos cujo cubo vale i?

(A) 0
(B) 1
(C) 2
(D) 3
(E) infinitos

6. (ENADE – 2003)

Na figura, z e w são números complexos.
Então, w é igual a

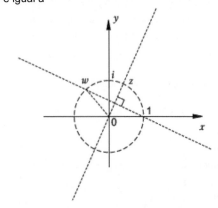

(A) 1/z
(B) 2/z
(C) z^2
(D) 2z – 1
(E) 2z

7. (ENADE – 2002)

O lugar geométrico dos pontos z do plano complexo tais que a parte real de z^2 é igual a 1 é:

(A) um ponto.
(B) um semiplano.
(C) uma reta.
(D) uma circunferência.
(E) uma hipérbole.

8. (ENADE – 2001)

Se A é o conjunto das raízes cúbicas do complexo não nulo z, e B é o conjunto das raízes sextas de z^2, então

(A) A = B
(B) A Ì B e A ¹ B
(C) B Ì A e A ¹ B
(D) A Ç B = Æ
(E) A Ç B possui um único elemento.

9. (ENADE – 2000)

Se z_1 é um número complexo do 1º quadrante e z_2, um número complexo do 2º quadrante, ambos com partes reais e imaginárias não nulas, então o quadrante em que fica o produto $z_1 z_2$ é o:

(A) 1º ou 2º
(B) 1º ou 3º
(C) 1º ou 4º
(D) 2º ou 3º
(E) 3º ou 4º

10. (ENADE – 2000)

Se $x^2 \circ 1 \pmod 5$ então:

(A) x º 1 (mod 5)
(B) x º 2 (mod 5)
(C) x º 4 (mod 5)
(D) x º 1 (mod 5) ou x ≡ 4 (mod 5)
(E) x º 2 (mod 5) ou x ≡ 4 (mod 5)

11. (ENADE – 1999)

Dado o número complexo $z = 1 - i$, o complexo z^{13} é igual a:

(A) $2^{13}(1 - i)$
(B) $32\sqrt{2}(-1 - i)$
(C) $13\sqrt{2}(1 - i)$
(D) 32 (1 + i)
(E) 64 (-1 + i)

12. (ENADE – 1998)

Assinale a opção que melhor representa um número complexo z e seu inverso 1/z.

(A)

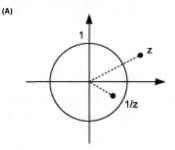

(B)
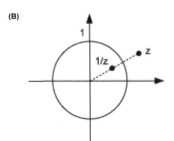

(C)
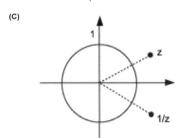

(D)
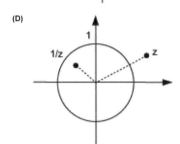

(E)
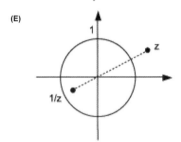

13. (ENADE – 1998)

O lugar geométrico dos pontos z do plano complexo tais que a parte imaginária de z^2 é igual a 1 é um(a):

(A) ponto.
(B) reta.
(C) circunferência.
(D) parábola.
(E) hipérbole.

B) Geometria Analítica: Cetores, Produtos Interno e Vetorial, Determinantes, Retas e Planos, Cônicas e Quádricas;

1. (ENADE – 2011)

Catedral Metropolitana de Brasília

A construção da Catedral, projeto do arquiteto Oscar Niemeyer, teve início em 12 de agosto de 1958, em plena construção da nova capital. Em 1959, mesmo antes da inauguração de Brasília (1960), a sua forma estrutural (pilares de concreto armado, na forma de um hiperboloide de revolução) já estava pronta. O fechamento lateral entre os pilares só ocorreu em 1967, pouco antes de sua consagração, em 12 de outubro do mesmo ano, ocasião em que recebeu a imagem de Nossa Senhora Aparecida.

De 1969 a 1970, o complexo foi concluído com o espelho d'água ao redor da Catedral, o batistério e o campanário.

PORTO, C. E. **Um estudo comparativo da forma estrutural de dois monumentos religiosos em Brasília:** A Catedral e o Estupa Tibetano. Disponível em:<www.skyscraperlife.com/arquitetura-e-discussoes-urbanas/22122-obrasde-oscar-niemeyer.html>. Acesso em 30 ago. 2011.

Figura I - Catedral Metropolitana de Brasília.

Nesse contexto, considere na figura abaixo os elementos principais da hipérbole associada aos arcos hiperbólicos da Catedral Metropolitana de Brasília.

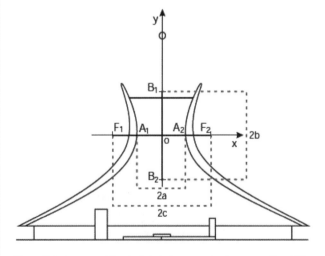

Figura II Corte esquemático da Catedral, representando os arcos hiperbólicos
(Niemeyer, 1958, p. 14)

Supondo que o eixo real (ou eixo transverso) da hipérbole na figura II mede 30 m e que a distância focal mede 50 m, analise as seguintes asserções.

Se $F_1 = (-c, 0)$ é o foco da hipérbole, então a diretriz associada a ela é a reta $d_1 : x + 9 = 0$.

PORQUE

A equação reduzida dessa hipérbole é $\dfrac{x^2}{225} - \dfrac{y^2}{400} = 1$

(A) As duas asserções são proposições verdadeiras, e a segunda é uma justificativa correta da primeira.
(B) As duas asserções são proposições verdadeiras, mas a segunda não é uma justificativa da primeira.
(C) A primeira asserção é uma proposição verdadeira, e a segunda, uma proposição falsa.
(D) A primeira asserção é uma proposição falsa, e a segunda, uma proposição verdadeira.
(E) Tanto a primeira quanto a segunda asserções são proposições falsas.

2. (ENADE – 2005)

No espaço R^3, considere os planos Π_1 e Π_2 de equações Π_1: $5x + y + 4z = 2$ e Π_2: $15x + 3y + 12z = 7$.

Um estudante de cálculo, ao deparar-se com essa situação, escreveu o seguinte:

Os planos A_1 e A_2 são paralelos

PORQUE

o vetor de coordenadas (10, 2, 8) é um vetor não nulo e normal a ambos os planos.

Com relação ao que foi escrito pelo estudante, é correto afirmar que

(A) as duas asserções são proposições verdadeiras, e a segunda é uma justificativa da primeira.
(B) as duas asserções são proposições verdadeiras, mas a segunda não é uma justificativa da primeira.
(C) a primeira asserção é uma proposição verdadeira, e a segunda é falsa.
(D) a primeira asserção é uma proposição falsa, e a segunda é verdadeira.
(E) ambas as asserções são proposições falsas.

3. (ENADE – 2005)

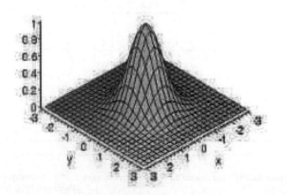

A figura acima ilustra parte do gráfico da função, $f(x, y) = e^{-x^2-y^2}$, definida para $(x, y) \in R^2$. Sabendo que se $a > 0$, então

$$\iint\limits_{x^2+y^2 \leq a^2} e^{-x^2-y^2} dxdy = \pi(1-e^{-a^2})$$ julgue os itens a seguir.

I. Os conjuntos $C_k = \{(x, y) \in R^2: f(x, y) = k, 0 < k < 1\}$, que representam curvas de nível da função f, são circunferências de centro na origem.

II. $\lim\limits_{x^2+y^2 \to \infty} f(x, y) = 0$.

III. A função f é limitada superiormente, mas não é limitada inferiormente.

IV. $\iint\limits_{R^2} e^{-x^2-y^2} dxdy = \pi$.

Estão certos apenas os itens

(A) I e III.
(B) II e IV.
(C) III e IV.
(D) I, II e III.
(E) I, II e IV.

4. (ENADE – 2003)

A força gravitacional com que o Sol atrai a Terra

(A) é menor que a força com que a Terra atrai o Sol.
(B) é maior que a força com que a Terra atrai o Sol.
(C) é igual à força com que a Terra atrai o Sol.
(D) dobraria, se a distância entre a Terra e o Sol se reduzisse à metade.
(E) dobraria, se as massas da Terra e do Sol dobrassem.

5. (ENADE – 2003)

O lugar geométrico dos pontos do espaço que equidistam dos três planos coordenados é

(A) uma reta.
(B) a união de 2 retas.
(C) a união de 3 retas.
(D) a união de 4 retas.
(E) a união de 8 retas.

6. (ENADE – 2003)

Considere uma caixa d'água, inicialmente vazia, em forma de tronco de cone reto, cuja maior base é a superior, e que está sendo enchida por uma torneira de vazão constante. Em cada instante t, entre o momento em que a torneira foi aberta e aquele em que a caixa ficou cheia, seja $h(t)$ a altura da água na caixa. A respeito dos sinais de $h'(t)$ e $h''(t)$, pode-se afirmar que

(A) $h'(t) > 0$ e $h''(t) > 0$
(B) $h'(t) > 0$ e $h''(t) < 0$
(C) $h'(t) > 0$, mas o sinal de $h''(t)$ varia.
(D) $h'(t) < 0$ e $h''(t) > 0$
(E) $h'(t) < 0$ e $h''(t) < 0$

7. (ENADE – 2003)

Considere uma piscina e, em cada ponto da água, a pressão hidrostática no ponto. Em cada ponto, o gradiente de pressão

(A) é horizontal.
(B) é vertical e aponta para cima.
(C) é vertical e aponta para baixo.
(D) é inclinado e aponta para cima.
(E) é inclinado e aponta para baixo.

8. (ENADE – 2003)

Um vetor de **R**² que constitui com (1, 0) um par de vetores linearmente dependentes é

(A) (−1, −1)
(B) (−1, 0)
(C) (0, 1)
(D) (1, 1)
(E) (2, 3)

9. (ENADE – 2003)

Em R^3, a equação $x^2 - y^2 - z^2 = 0$ representa

(A) um elipsoide.
(B) um paraboloide.
(C) um hiperboloide de uma folha.
(D) um hiperboloide de duas folhas.
(E) uma superfície cônica.

10. (ENADE – 2002)

Uma partícula se movimenta sobre um plano de modo que sua posição no instante t é $x = t + t^2$, $y = t - t^2$. O módulo de seu vetor velocidade no instante t =1 é igual a

(A) 4
(B) $\sqrt{10}$
(C) 3
(D) 2
(E) $\sqrt{2}$

11. (ENADE – 2002)

A área da região $\{(x, y) \in \mathbf{R}^2 \mid 0 \leq y \leq e^{-2x}, x \geq 0\}$ vale

(A) 2e
(B) e
(C) 2
(D) 1
(E) 1/2

12. (ENADE – 2002)

A equação do plano tangente ao cone $x^2 + y^2 = z^2$ no ponto (3, 4, -5) é

(A) $3x + 4y + 5z = 0$
(B) $3x + 4y - 5z = 50$
(C) $x + y + z = 2$
(D) $x + y - z = 12$
(E) $x + y - z = 0$

13. (ENADE – 2002)

Quantos planos de simetria há em um cubo?

(A) 3
(B) 4
(C) 5
(D) 6
(E) 9

14. (ENADE – 2001)

Os valores de m para os quais a reta $y = mx$ é tangente à parábola $y = x^2 + 1$ são

(A) $-\frac{1}{4}$
(B) $-\frac{1}{2}$
(C) ± 1
(D) ± 2
(E) ± 4

15. (ENADE – 2001)

A equação $r \cos\left(\theta - \frac{\pi}{7}\right) = 1$, em coordenadas polares (r, q) num plano, representa

(A) a senoide $y = \text{sen}\left(X + \frac{\pi}{7}\right)$
(B) a senoide $y = \cos\left(X - \frac{\pi}{7}\right)$
(C) uma reta que faz com o eixo x um ângulo igual a $\frac{\pi}{7}$
(D) uma reta tangente à circunferência r = 1
(E) uma reta paralela ao eixo x

16. (ENADE – 2001)

As trajetórias ortogonais da família de parábolas $y = Cx^2$ são uma família de:

(A) retas.
(B) circunferências.
(C) parábolas.
(D) hipérboles.
(E) elipses.

17. (ENADE – 1998)

A região do plano definida por: $y < 2x + 1$ e $3y < 3 - x$ é:

(A)

(B)

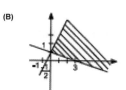

(C)

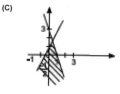

(D)
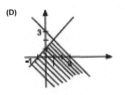

(E)
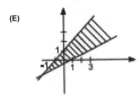

18. (ENADE – 1998)

O valor de k ∈ **R** para o qual a reta y=kx+1 é perpendicular à reta de equações $\begin{cases} x = 2t + 1 \\ y = -t - 3 \end{cases}$ é:

(A) –2
(B) –1
(C) 1
(D) 2
(E) 3

19. (ENADE – 1998)

Uma curva é tal que a tangente em cada um de seus pontos é perpendicular à reta que liga o ponto à origem. A curva satisfaz, então, a equação diferencial:

(A) y' = –x/y
(B) y' = x/y
(C) y' = y/x
(D) y' = –y/x
(E) y' = 1/y

20. (ENADE – 1999) DISCURSIVA

Existe uma única reflexão (ou simetria ortogonal) S do plano que transforma o ponto (5, 0) no ponto (3, 4).

a) Estabeleça uma equação para o eixo da reflexão S. **(valor: 5,0 pontos)**

b) Verifique que o eixo de S passa pela origem (portanto, S é uma transformação linear). **(valor: 5,0 pontos)**

c) Calcule a matriz (em relação à base canônica de $\mathbb{R}^2$) da reflexão S. **(valor: 10,0 pontos)**

C) Funções de uma Variável: Limites, Continuidade, Teorema do Valor Intermediário, Derivada, Interpretações da Derivada, Teorema do Valor Médio, Aplicações;

1. (ENADE – 2008)

Considere $g : \mathbb{R} \to \mathbb{R}$ uma função com derivada $\dfrac{dg}{dt}$ contínua e f a função definida por $f(x) = \int_0^x \dfrac{dg}{dt}(t)\,dt$ para todo $x \in \mathbb{R}$.

Nessas condições, avalie as afirmações que se seguem.

I. A função f é integrável em todo intervalo [a, b], a, b ∈ $\mathbb{R}$, a < b.
II. A função f é derivável e sua derivada é a função g.
III. A função diferença f – g é uma função constante.

É correto o que se afirma em

(A) I, apenas.
(B) II, apenas.
(C) I e III, apenas.
(D) II e III, apenas.
(E) I, II e III.

2. (ENADE – 2002)

g é uma função real derivável em todos os pontos de **R**. O valor de

$$\lim_{h \to 0} \dfrac{g(x + h) - g(x)}{h}$$ é:

(A) 0
(B) 1
(C) g'(x)
(D) –g'(x)
(E) ∞

3. (ENADE – 2002)

F é uma função real derivável em todos os pontos de **R** e G é a função definida por G(x) = F(1-2x). A derivada G'(1) é igual a

(A) –2 F'(–1)
(B) –F'(–1)
(C) F'(–1)
(D) –2F'(1)
(E) –F'(1)

4. (ENADE – 2001)

Segundo o Teorema do Valor Médio, se uma dada função f é contínua no intervalo fechado [a, b] e derivável no intervalo aberto (a, b), existe um ponto c ∈ (a, b) tal que:

(A) f (b) – f (a) = f'(c) . (b – a)
(B) f'(c) está entre f (a) e f (b)
(C) f'(c) = 0
(D) f (b) – f (a) = f'(c)
(E) $f'(c) = \dfrac{f(a) + f(b)}{2}$

5. (ENADE – 2000)

Solta-se uma pedra em queda livre na boca de um poço e ouve-se seu impacto na água 2 segundos depois. Usando a lei que rege a queda dos corpos, desprezando-se a resistência do ar, s = (1/2)gt², com g = 10 m/s² e considerando a velocidade de propagação do som no ar igual a 340 m/s, conclui-se que a distância, em metros, entre o ponto de onde a pedra foi solta e a superfície da água está compreendida entre:

(A) 17 e 18.
(B) 18 e 20.
(C) 20 e 21.
(D) 21 e 23.
(E) 23 e 24.

6. (ENADE – 1999)

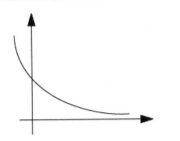

A figura acima mostra o gráfico de uma função f: → .

Sobre os sinais de sua derivada f' e de sua derivada segunda f'' pode-se afirmar que:

(A) $f' < 0$ e $f'' < 0$
(B) $f' < 0$ e $f'' > 0$
(C) $f' = 0$ e $f'' > 0$
(D) $f' > 0$ e $f'' < 0$
(E) $f' > 0$ e $f'' > 0$

7. (ENADE – 1998)

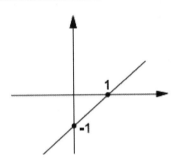

O gráfico anterior é o da derivada f' de uma função f. Um gráfico possível para f é:

(A)
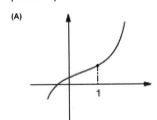

(B)
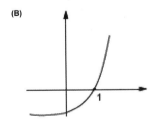

(C)
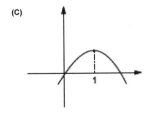

(D)
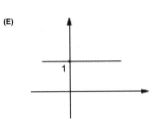

(E)

8. (ENADE – 1998)

Dada a função $F(x) = \int_0^x e^{-t} dt$, a sua derivada $F'(x)$ é:

(A) $1 - e^x$
(B) $1 - e^{-x}$
(C) $-e^{-x}$
(D) e^{-x}
(E) $e^x - 1$

9. (ENADE – 2011) DISCURSIVA

O Teorema do Valor Intermediário é uma proposição muito importante da análise matemática, com inúmeras aplicações teóricas e práticas. Uma demonstração analítica desse teorema foi feita pelo matemático Bernard Bolzano [1781 – 1848].

Nesse contexto, faça o que se pede nos itens a seguir:

a) Enuncie o Teorema do Valor Intermediário para funções reais de uma variável real; (valor: 2,0 pontos)

b) Resolva a seguinte situação-problema.

O vencedor da corrida de São Silvestre-2010 foi o brasileiro Mailson Gomes dos Santos, que fez o percurso de 15 km em 44 min e 7 seg. Prove que, em pelo menos dois momentos distintos da corrida, a velocidade instantânea de Mailson era de 5 metros por segundo. (valor: 4,0 pontos)

c) Descreva uma situação real que pode ser modelada por meio de uma função contínua f, definida em um intervalo [a , b], relacionando duas grandezas x e y, tal que existe $k \in (a , b)$ com $f(x) \neq f(k)$, para todo $x \in (a , b)$, $x \neq k$. Justifique sua resposta. (valor: 4,0 pontos)

10. (ENADE – 2000) DISCURSIVA

Em visita ao Museu da Academia, em Florença, Maria observa maravilhada a estátua de David feita por Michelângelo. A sala está lotada de turistas e, por isto, Maria foi empurrada para muito perto da estátua, cujo pedestal está acima do nível dos seus olhos. Como resultado, ela não pode ver quase nada!

a) Faça um esquema geométrico e identifique as variáveis relevantes para o estudo da situação. **(valor: 10,0 pontos)**

b) Calcule a distância ideal de onde Maria veja a estátua sob o maior ângulo de visão possível (supondo, é claro, que a multidão a deixe movimentar-se à vontade pela sala!). **(valor: 10,0 pontos)**

11. (ENADE – 1998) DISCURSIVA

Seja f: **R** → **R** a função dada por $f(x) = \sqrt[5]{x}$.

a) Calcule a equação da reta tangente ao gráfico de f no ponto de abscissa x = 1.
b) Calcule um valor aproximado de $\sqrt[5]{1,09}$, utilizando o item **a)**. **(valor: 20,0 pontos)**

D) Integrais: Primitivas, Integral Definida, Teorema Fundamental do Cálculo, Aplicações;

1. (ENADE – 2005)

Considere $f : [0, \infty) \to R$ uma função cujo gráfico está representado na figura a seguir.

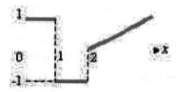

Assinale a opção que melhor representa o gráfico da função

$$F(x) = \int_0^x f(t)\,dt.$$

(A)
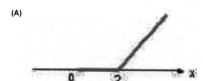

(B)
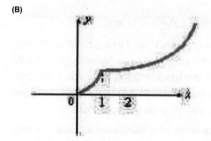

(C)
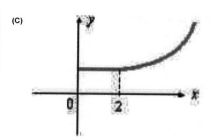

(D)
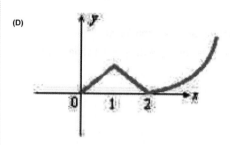

(E)
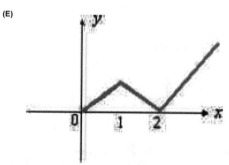

2. (ENADE – 2003)

A integral imprópria $\int_1^\infty \dfrac{dx}{x^p}$ é convergente se e somente se

(A) p > 1
(B) p = 1
(C) p ³ 1
(D) p < 1
(E) p > 0

3. (ENADE – 2001)

$\int_0^\infty \dfrac{1}{1 + x^2}\,dx$ vale

(A) 1
(B) 4
(C) e
(D) $\dfrac{\pi}{2}$
(E) ∞

4. (ENADE – 2001)

Sejam p um inteiro maior que 2, $A = 1 + \dfrac{1}{2} + \dfrac{1}{3} + \cdots + \dfrac{1}{p}$, e B, a aproximação de $\int_1^p \dfrac{dx}{x}$ pela regra dos trapézios com passo igual a 1.

Então A – B é igual a

(A) $\dfrac{1}{2} + \dfrac{1}{2p}$

(B) $\dfrac{1}{2} + \dfrac{1}{p}$

(C) $\dfrac{1}{2p}$

(D) $\dfrac{1}{2}$

(E) 0

E) Funções de Várias Variáveis: Derivadas Parciais, Derivadas Direcionais; Diferenciabilidade, Regra da Cadeia, Aplicações;

1. (ENADE – 2011)

Considere $u(x, y) = f(x - 4y) + g(x + 4y)$, em que f e g são funções reais quaisquer, deriváveis até a segunda ordem, com $u_{xx} \neq 0$ para todo x e y. Nesse caso, $\dfrac{u_{yy}}{u_{xx}}$ é igual a

(A) – 16.
(B) – 8.
(C) 0.
(D) 8.
(E) 16.

2. (ENADE – 2011)

Considere $F : R^3 \to R$ uma função diferenciável e suponha que $F(x, y, z) = 0$ define implicitamente funções não nulas e diferenciáveis $z = f(x, y)$, $y = g(x, z)$ e $x = h(y, z)$.

Nessa situação, analise as afirmações abaixo.

I. $\dfrac{\partial z}{\partial x} = \lim_{\Delta x \to 0} \dfrac{f(x + \Delta x, y) - f(x, y)}{\Delta x}$.

II. Se $F_z(x, y, z) \neq 0$, então $\dfrac{\partial z}{\partial x} = -\dfrac{F_x(x, y, z)}{F_z(x, y, z)}$.

III. $\dfrac{\partial z}{\partial x} \dfrac{\partial x}{\partial y} \dfrac{\partial y}{\partial z} = 1$.

É correto o que se afirma em

(A) II, apenas.
(B) III, apenas.
(C) I e II, apenas.
(D) I e III, apenas.
(E) I, II e III.

3. (ENADE – 2008)

Analisando a função $f(x, y) = x^2(x - 1) + y(2x - y)$, definida no domínio $D = \{(x, y) \in \mathbb{R}^2; -1 \leq x \leq 1, -1 \leq y \leq 1\}$, um estudante de cálculo diferencial escreveu o seguinte:

A função f tem um ponto de mínimo global em D

PORQUE

o ponto $(0, 0)$ é um ponto crítico de f.

A respeito da afirmação feita pelo estudante, assinale a opção correta.

(A) As duas asserções são proposições verdadeiras, e a segunda é uma justificativa correta da primeira.
(B) As duas asserções são proposições verdadeiras, mas a segunda não é uma justificativa correta da primeira.
(C) A primeira asserção é uma proposição verdadeira, e a segunda é falsa.
(D) A primeira asserção é uma proposição falsa, e a segunda é verdadeira.
(E) Ambas as asserções são proposições falsas.

4. (ENADE – 2005)

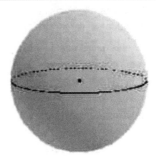

Considere em R^3 uma bola de centro na origem e raio 4. Em cada ponto (x, y, z) dessa bola, a temperatura T é uma função do ponto, expressa por

$$T(x, y, z) = \dfrac{50}{x^2 + y^2 + z^2 + 1}.$$

Nessa situação, partindo-se de um ponto (x_0, y_0, z_0) da fronteira da bola e caminhando-se em linha reta na direção do ponto $(-x_0, -y_0, -z_0)$, observa-se que a temperatura

(A) será máxima nos pontos da fronteira da bola.
(B) estará sempre aumentando durante todo o percurso.
(C) estará sempre diminuindo durante todo o percurso.
(D) atingirá o seu maior valor no centro da bola.
(E) assumirá o seu maior valor em 4 pontos distintos.

5. (ENADE – 2003)

Uma base do espaço vetorial das soluções da equação diferencial $y'' + y = 0$ é formada pelas funções

(A) $f_1(x) = \text{sen}\,x$ e $f_2(x) = \cos x$
(B) $f_1(x) = \text{sen}\,x$ e $f_2(x) = 2\,\text{sen}\,x$
(C) $f_1(x) = \cos x$ e $f_2(x) = 2\cos x$
(D) $f_1(x) = x$ e $f_2(x) = x - 1$
(E) $f_1(x) = e x$ e $f_2(x) = e - x$

6. (ENADE – 2003)

Se $g : \mathbb{R} \to \mathbb{R}$ tem todas as derivadas contínuas, $g'(a) = g''(a) = 0$ e $g'''(a) = 2$, então a função g possui, em $x = a$, um

(A) máximo relativo.

(B) máximo absoluto.

(C) mínimo relativo.

(D) mínimo absoluto.

(E) ponto de inflexão.

7. (ENADE – 2001)

Se $f(x) = x^3$, então $\lim\limits_{h \to 0} \dfrac{f(x+h) - f(x)}{h}$ é igual a

(A) 0

(B) 1

(C) x^3

(D) $3x^2$

(E) ∞

8. (ENADE – 1999)

Considerando duas funções não nulas tais que cada uma delas é igual à sua derivada, pode-se afirmar que:

(A) o quociente entre elas é uma constante.

(B) a soma delas é uma constante.

(C) ambas assumem o valor 1 no ponto 0.

(D) elas diferem por uma constante.

(E) em funções não nulas tal não ocorre.

9. (ENADE – 1999) DISCURSIVA

Considere o subconjunto Γ do $\mathbb{R}^2$ dado pela equação $2(x^2 + y^2)^2 = 25(x^2 - y^2)$.

a) Para que valores de x existem v_x, vizinhança de x, e função diferenciável $y = y(x)$ definida em v_x, satisfazendo $2(x^2 + y(x)^2)^2 = 25(x^2 - y(x)^2)$? Justifique. **(valor: 10,0 pontos)**

b) Obtenha a reta tangente a G no ponto $(3, 1)$.
(valor: 10,0 pontos)

G) Teoria Elementar dos Números: Princípio da Indução Finita, Divisibilidade, Números Primos, Teorema Fundamental da Aritmética, Equações Diofantinas Lineares, Congruências Módulo m, Pequeno Teorema de Fermat;

1. (ENADE – 2008)

Qual é o resto da divisão de 2^{334} por 23?

(A) 2

(B) 4

(C) 8

(D) 16

(E) 20

2. (ENADE – 2005)

O mandato do reitor de uma universidade começará no dia 15 de novembro de 2005 e terá duração de exatamente quatro anos, sendo um deles bissexto. Nessa situação, conclui-se que o último dia do mandato desse reitor será no(a)

(A) sexta-feira.

(B) sábado.

(C) domingo.

(D) segunda-feira.

(E) terça-feira.

Leia o texto a seguir para responder às questões.

Desenha-se no plano complexo o triângulo T com vértices nos pontos correspondentes aos números complexos z_1, z_2 e z_3, que são raízes cúbicas da unidade. Desenha-se também o triângulo S, com vértices nos pontos correspondentes aos números complexos, w_1 w_2 e w_3, que são raízes cúbicas complexas de 8.

3. (ENADE – 2003)

Sejam p e q inteiros positivos, relativamente primos (primos entre si), $q \geq 2$, e seja D o conjunto dos fatores primos de q.

O racional $\dfrac{p}{q}$ admitirá uma representação decimal finita se e somente se

(A) $D \text{ É } \{2, 5\}$

(B) $D = \{2, 5\}$

(C) $D \text{ Ì } \{2, 5\}$

(D) $D \text{ Ç } \{2, 5\} = \varnothing$

(E) $D \text{ Ç } \{2, 5\} \neq \varnothing$

4. (ENADE – 2002)

Qual é o menor valor do natural n que torna n! divisível por 1 000?

(A) 10

(B) 15

(C) 20

(D) 30

(E) 100

5. (ENADE – 2002)

Em certo país, as cédulas são de \$4 e \$7. Com elas, é possível pagar, sem troco, qualquer quantia inteira

(A) a partir de \$11, inclusive.

(B) a partir de \$18, inclusive.

(C) ímpar, a partir de \$7, inclusive.

(D) que seja \$1 maior que um múltiplo de \$3.

(E) que seja \$1 menor que um múltiplo de \$5.

6. (ENADE – 2002)

Os egípcios usavam apenas frações de numerador igual a 1, e também a fração $\dfrac{2}{3}$. Assim, por exemplo, a fração $\dfrac{7}{12}$ era por eles representada $\dfrac{1}{3} + \dfrac{1}{4}$.

Para representar $\frac{5}{6}$ como uma soma de frações distintas com numeradores iguais a 1, necessita-se de, no mínimo, quantas frações?

(A) 2
(B) 3
(C) 4
(D) 5
(E) 6

7. (ENADE – 1998)

Uma das afirmativas abaixo sobre números naturais é **FALSA**. Qual é ela?

(A) Dado um número primo, existe sempre um número primo maior do que ele.
(B) Se dois números não primos são primos entre si, um deles é ímpar.
(C) Um número primo é sempre ímpar.
(D) O produto de três números naturais consecutivos é múltiplo de seis.
(E) A soma de três números naturais consecutivos é múltiplo de três.

8. (ENADE – 2000) DISCURSIVA

a) Mostre que, se um número inteiro **a** não é divisível por 3, então a^2 deixa resto 1 na divisão por 3. **(valor: 10,0 pontos)**

b) A partir desse fato, prove que, se **a** e **b** são inteiros tais que 3 divide **a2 + b2**, então **a** e **b** são divisíveis por 3. **(valor: 10,0 pontos)**

9. (ENADE – 1999) DISCURSIVA

Sejam $p_1=2$, $p_2=3$, $p_3=5$,..., p_n os n primeiros primos naturais.

a) Deduza que $p1\ p2\ p3.....pn+1$ é divisível por um primo diferente de p_1, p_2, p_3,..., p_n, mencionando os resultados necessários na sua dedução. **(valor: 10,0 pontos)**

b) Conclua, a partir de *(a)*, que existem infinitos primos. **(valor: 10,0 pontos)**

10. (ENADE – 1998) DISCURSIVA

Considere a sequência $\sqrt{2}, \sqrt{2+\sqrt{2}}, \sqrt{2+\sqrt{2+\sqrt{2}}}$, ... definida por $a_1 = \sqrt{2}$ e $a_{n+1} = \sqrt{2+a_n}$, para $n \geq 1$. Mostre que $a_n < 2$ para todo $n \geq 1$.
Sugestão: Utilize o Princípio da Indução Finita. **(valor: 20,0 pontos)**

H) Algebra Linear: Soluções de Sistemas Lineares, Espaços Vetoriais, Subespaços, Bases e Dimensão, Transformações Lineares e Matrizes, Autovalores e Autovetores, Produto Interno, Mudança de Coordenadas, Aplicações;

1. (ENADE – 2008)

Uma transformação linear $T: \mathbb{R}^2 \to \mathbb{R}^2$ faz uma reflexão em relação ao eixo horizontal, conforme mostrado na figura a seguir.

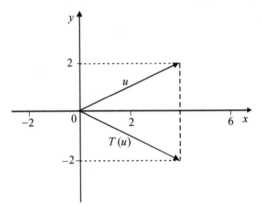

Essa transformação T

(A) é dada por $T(x, y) = (-x, y)$.
(B) tem autovetor $(0, -1)$ com autovalor associado igual a 2.
(C) tem autovetor $(2, 0)$ com autovalor associado igual a 1.
(D) tem autovalor de multiplicidade 2.
(E) não é inversível.

2. (ENADE – 2005)

A transposição do rio São Francisco é um assunto que desperta grande interesse. Questionam-se, entre outros aspectos, os efeitos no meio ambiente, o elevado custo do empreendimento relativamente à população beneficiada e à quantidade de água a ser retirada — o que poderia prejudicar a vazão do rio, que hoje é de 1.850 m³/s.

Visando promover em sala de aula um debate acerca desse assunto, um professor de matemática propôs a seus alunos o problema seguinte, baseando-se em dados obtidos do Ministério da Integração Nacional.

Considere que o projeto prevê a retirada de x m³/s de água. Denote por y o custo total estimado da obra, em bilhões de reais, e por z o número, em milhões, de habitantes que serão beneficiados pelo projeto. Relacionando-se essas quantidades, obtém-se o sistema de equações lineares $AX = B$, em que

$$A = \begin{bmatrix} 1 & 2 & -2 \\ 0 & 4 & -1 \\ 1 & 0 & -2 \end{bmatrix}, B = \begin{bmatrix} 11 \\ 4 \\ 2 \end{bmatrix} \text{ e } X = \begin{bmatrix} x \\ y \\ z \end{bmatrix}.$$

Com base nessas informações, assinale a opção correta.

(A) O sistema linear proposto pelo professor é indeterminado, uma vez que det(A) = 0.
(B) A transposição proposta vai beneficiar menos de 11 milhões de habitantes.
(C) Mais de 2% da vazão do rio São Francisco serão retirados com a transposição, o que pode provocar sérios danos ambientais.
(D) O custo total estimado da obra é superior a 4 bilhões de reais.
(E) A matriz linha reduzida à forma escalonada, que é linha equivalente à matriz A, possui uma coluna nula.

3. (ENADE – 2005)

Observe as figuras abaixo.

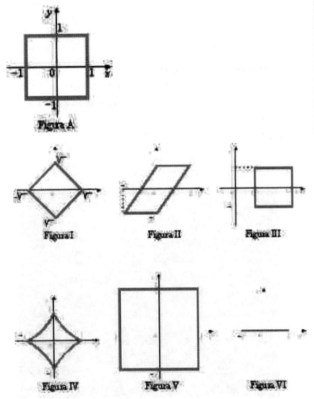

Podem ser imagem da figura A por alguma transformação linear $T: R^2 \to R^2$ apenas as figuras

(A) I, III e IV.
(B) III, IV e VI.
(C) I, II, IV e V.
(D) I, II, V e VI.
(E) II, III, V e VI.

4. (ENADE – 2003)

Escalonando o sistema
$$\begin{cases} x - 2y + 4z = -1 \\ 2x + y - 7z = 3 \\ x - 4y + 10z = -3 \end{cases}$$

chegou-se a $\begin{cases} x - 2z = 1 \\ y - 3z = 1 \\ 0 = 0 \end{cases}$

Então, os três planos dados pelas equações do sistema inicial

(A) são paralelos.
(B) têm apenas um ponto comum.
(C) têm uma reta comum.
(D) têm interseção vazia, porque dois deles são paralelos.
(E) têm interseção vazia, embora não haja entre eles dois que sejam paralelos.

5. (ENADE – 2003)

Em R^2, a equação $xy = 1$ representa uma

(A) reta.
(B) circunferência.
(C) elipse.
(D) parábola.
(E) hipérbole.

6. (ENADE – 2003)

A matriz $A = \begin{pmatrix} 1 & 0 \\ 0 & 0 \end{pmatrix}$, considerada como transformação do plano, representa uma

(A) projeção.
(B) simetria central.
(C) simetria axial.
(D) homotetia.
(E) rotação.

7. (ENADE – 2003)

Em $\mathbf{R}^3$, os vetores (x, y, z) tais que $x + y = 0$

(A) formam um subespaço vetorial de dimensão 0.
(B) formam um subespaço vetorial isomorfo a R.
(C) formam um subespaço vetorial isomorfo a R^2.
(D) formam um subespaço vetorial isomorfo a R^3.
(E) não formam um subespaço vetorial.

8. (ENADE – 2002)

O valor de k para o qual o vetor $(2x + xy, kx^2 + y)$ é o gradiente de alguma função V: $\mathbf{R}^2 \to \mathbf{R}$ é

(A) 0
(B) 1/2
(C) 1
(D) 2
(E) 4

9. (ENADE – 2001)

Um exemplo de base ortonormal para o R2 é a constituída pelos vetores $\left(\dfrac{3}{5}, \dfrac{4}{5}\right)$

(A) $\left(\dfrac{3}{5}, \dfrac{4}{5}\right)$

(B) $\left(\dfrac{4}{5}, \dfrac{3}{5}\right)$

(C) $\left(\dfrac{4}{5}, -\dfrac{3}{5}\right)$

(D) (0, 1)

(E) (1, 0)

10. (ENADE – 1999)

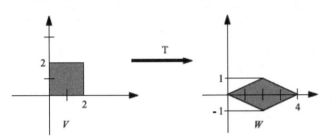

Qual das matrizes abaixo pode representar, em relação à base canônica do $\mathbb{R}^2$ uma transformação linear que leva a figura V na figura W?

(A) $\begin{bmatrix} 1/2 & 0 \\ 0 & 1/2 \end{bmatrix}$

(B) $\begin{bmatrix} 1 & 1 \\ -1/2 & 1/2 \end{bmatrix}$

(C) $\begin{bmatrix} 2 & 2 \\ -1 & 1 \end{bmatrix}$

(D) $\begin{bmatrix} 2 & 2 \\ 0 & 2 \end{bmatrix}$

(E) $\begin{bmatrix} 2 & 4 \\ 1 & 0 \end{bmatrix}$

11. (ENADE – 1999)

Seja $T: \mathbb{R}^3 \to \mathbb{R}^3$ uma transformação linear cujo núcleo tem dimensão 1. Então, pode-se afirmar que:

(A) T é injetora.
(B) T é sobrejetora.
(C) a imagem de T tem dimensão 1.
(D) a imagem de T tem dimensão 2.
(E) o vetor nulo é o único vetor cuja imagem por T é nula.

12. (ENADE – 1998)

A altura aproximada de um prédio de 13 andares, em metros, é:

(A) 20
(B) 40
(C) 60
(D) 80
(E) 100

13. (ENADE – 1998)

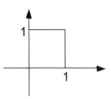

A transformação T: $\mathbb{R}^2 \to \mathbb{R}^2$ é definida por T (x,y) = (x + 2y, y).
A imagem, por T, do quadrado representado na figura acima é:

(A)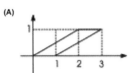

(B)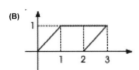

(C)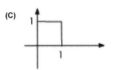

(D)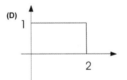

(E)

14. (ENADE – 1998)

Seja P a transformação de $\mathbb{R}^3$ em $\mathbb{R}^3$, definida por P(x,y,z) = (x,y,0). Se a imagem de uma reta r, por P, é um ponto, então:

(A) esta reta r é paralela a OX.
(B) esta reta r é paralela a OY.
(C) esta reta r é paralela a OZ.
(D) esta reta r necessariamente contém a origem.
(E) não existe tal reta r.

15. (ENADE – 1998)

Chama-se **núcleo** de uma transformação linear T o conjunto dos pontos cuja imagem por T é nula. O núcleo da transformação linear T: $\mathbb{R}^3 \to \mathbb{R}^3$, definida por T (x, y, z) = (z, x – y , –z), é o subespaço do $\mathbb{R}^3$ gerado por:

(A) {(0,0,0)}
(B) {(0,1,0)}
(C) {(1,0,–1)}
(D) {(1,1,0)}
(E) {(1,0,1),(0,1,0)}

16. (ENADE – 1998)

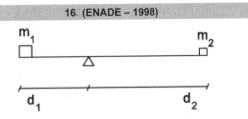

O sistema da figura acima está em equilíbrio. Entre as massas m_1 e m_2 dos blocos e suas distâncias d_1 e d_2 ao ponto de apoio existe a relação:

(A) $\dfrac{m_1}{d_1} = \dfrac{m_2}{d_2}$

(B) $\dfrac{m_1}{d_1^2} = \dfrac{m_2}{d_2^2}$

(C) $\dfrac{m_1}{\sqrt{d_1}} = \dfrac{m_2}{\sqrt{d_2}}$

(D) $m_1 d_1 = m_2 d_2$

(E) $m_1 d_1^2 = m_2 d_2^2$

17. (ENADE – 1998)

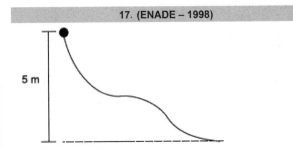

Uma partícula é colocada, sem velocidade inicial, no topo da rampa indicada na figura acima. Após deslizar, sem atrito, ela chega ao final da rampa com velocidade de módulo v. A respeito desta situação, assinale a opção correta (use $g = 10$ m/s^2).

(A) v não pode ser determinada, pois depende da massa da partícula.
(B) v não pode ser determinada, pois depende da forma da trajetória.
(C) v é igual a 2,5 m/s.
(D) v é igual a 5 m/s.
(E) v é igual a 10 m/s.

18. (ENADE – 2008) DISCURSIVA

Os gráficos abaixo mostram informações a respeito da área plantada e da produtividade das lavouras brasileiras de soja com relação às safras de 2000 a 2007.

A proteína do campo. *In*: Veja, 23/7/2008, p. 79 e Ministério da Agricultura, Pecuária e Abastecimento (com adaptações).

Com base nessas informações, resolva o que se pede nos itens a seguir.

a) Considerando I = área plantada (em milhões de ha), II = produtividade (em kg/ha) e III = produção total de soja (em milhões de toneladas), preencha a tabela abaixo.

(valor: 5,0 pontos)

ano	I	II	III
2000			
2001			
2002			
2003			
2004			
2005			
2006			
2007			

b) Faça o esboço do "gráfico de linhas" que representa a quantidade de quilogramas de soja produzidos no Brasil, em milhões de toneladas, no período de 2000 a 2007. Nomeie as variáveis nos eixos de coordenadas e dê um título adequado para seu gráfico.
(valor: 5,0 pontos)

19. (ENADE – 2002) DISCURSIVA

Seja A uma matriz quadrada de ordem n.
a) Defina autovalor de A. **(valor: 5,0 pontos)**
b) Se l é um autovalor de A, mostre que 2l é um autovalor de 2A. **(valor: 5,0 pontos)**
c) Se l é um autovalor de A, mostre que l^2 é um autovalor de A^2. **(valor: 10,0 pontos)**

20. (ENADE – 1999) DISCURSIVA

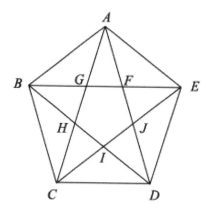

Sendo o pentágono ABCDE regular, resolva os itens abaixo.
a) Determine os ângulos $A\hat{B}G$ e $G\hat{B}H$. **(valor: 5,0 pontos)**
b) Mostre que o triângulo ABH é isósceles, e que os triângulos ABC e BHC são semelhantes. **(valor: 5,0 pontos)**
c) Mostre que a razão entre os comprimentos de uma diagonal e de um lado do pentágono é o número áureo $\dfrac{1+\sqrt{5}}{2}$. **(valor: 10,0 pontos)**

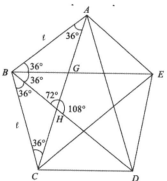

21. (ENADE – 1998) DISCURSIVA

A matriz $M = \begin{bmatrix} -\dfrac{1}{3} & \dfrac{2}{3} & \dfrac{2}{3} \\ -\dfrac{2}{3} & \dfrac{1}{3} & -\dfrac{2}{3} \\ -\dfrac{2}{3} & -\dfrac{2}{3} & \dfrac{1}{3} \end{bmatrix}$

é ortogonal e possui determinante igual a 1.

Por esta razão, ela representa, na base canônica do $\mathbf{R}^3$, uma rotação S em torno de um eixo, contendo a origem, cuja direção é dada por um autovetor **v** com autovalor 1. Determine um vetor não nulo $\mathbf{v} \in \mathbf{R}^3$ na direção do eixo de rotação de S.
(valor: 20,0 pontos)

I) Fundamentos de Análise: Números Reais, Convergência de Sequências e Séries, Funções Reais de uma Variável, Limites e Continuidade, Extremos de Funções Contínuas;

1. (ENADE – 2011)

Sabe-se que, para todo número inteiro $n > 1$, tem-se

$$\dfrac{n\sqrt[n]{e}}{e} < \sqrt[n]{n!} < \dfrac{n\sqrt[n]{ne}}{e}$$

Nesse caso, se $\lim\limits_{n \to +\infty} \dfrac{\sqrt[n]{n!}}{n} = a$, então

(A) $a = 0$
(B) $a = \dfrac{1}{e}$
(C) $a = 1$
(D) $a = e$
(E) $a = +\infty$

2. (ENADE – 2011)

Considerando E um espaço métrico, $A \subset E$ um conjunto aberto e $(x_n) \subset E$ uma sequência convergente para $p \in A$, analise as afirmações abaixo.

I. O complementar de A é fechado em E.
II. Toda vizinhança aberta de p está contida em A.
III. $x_n \in A$, para todo n suficientemente grande.
É correto apenas o que se afirma em

(A) I.
(B) II.
(C) III.
(D) I e II.
(E) I e III.

3. (ENADE – 2008)

Para cada número real x, considere o conjunto C_x formado por todos os números obtidos somando-se a x um número racional, isto é, $C_x = \{x + r : r \in \mathbb{Q}\}$.

Sob essas condições, conclui-se que

(A) o número B pertence ao conjunto C_1.

(B) o conjunto $C_4 \cap C_5$ possui um único elemento.

(C) o número $\sqrt{2}$ pertence ao conjunto .

(D) os conjuntos C_3 e $C_{1/3}$ são iguais.

(E) o número zero pertence ao conjunto $C_\pi \cup C_{-\pi}$.

4. (ENADE – 2008)

Considere que $Q_1 = \{r_1, r_2, r_3, ...\}$ seja uma enumeração de todos os números racionais pertencentes ao intervalo $[0, 1]$ e que, para cada número inteiro $i \geq 1$, I_i denote o intervalo aberto $\left(r_i - \dfrac{1}{2^{i+2}}, r_i + \dfrac{1}{2^{i+2}}\right)$, cujo comprimento é I_i. Qual é a soma da série ?

(A) $\dfrac{1}{3}$

(B) $\dfrac{1}{2}$

(C) $\dfrac{2}{3}$

(D) $\dfrac{3}{4}$

(E) $\dfrac{5}{4}$

5. (ENADE – 2005)

A respeito da solução de equações em estruturas algébricas, assinale a opção **incorreta**.

(A) Em um grupo $(G, \cdot)$, a equação $a \cdot X = b$ tem solução para quaisquer a e b pertencentes a G.

(B) Em um anel $(A, +, \cdot)$, a equação $a + X = b$ tem solução para quaisquer a e b pertencentes a A.

(C) Em um anel $(A, +, \cdot)$, a equação $a \cdot X = b$ tem solução para quaisquer a e b pertencentes a A.

(D) Em um corpo $(K, +, \cdot)$, a equação $a \cdot X = b$ tem solução para quaisquer a e b pertencentes a K, $a \neq 0$.

(E) Em um corpo $(K, +, \cdot)$, a equação $a \cdot X + b = c$ tem solução para quaisquer a, b e c pertencentes a K, $a \neq 0$.

6. (ENADE – 2003)

Toda sequência limitada de números reais

(A) é convergente.

(B) é divergente.

(C) é monótona.

(D) admite subsequência convergente.

(E) tem apenas um número finito de termos distintos.

7. (ENADE – 2003)

A função $F : R^2 \to R$ definida por $F(x, y) = (x – 3)^2 + (4y + 1)^2 – 4$

(A) não tem máximo nem mínimo.

(B) tem máximo e mínimo.

(C) tem máximo, mas não tem mínimo.

(D) tem mínimo, mas não tem máximo.

(E) é limitada.

8. (ENADE – 2003)

Os inteiros, com a adição e a multiplicação usuais, constituem um exemplo de

(A) corpo.

(B) anel com unidade.

(C) anel com divisores de zero.

(D) grupo multiplicativo abeliano.

(E) grupo multiplicativo não abeliano.

9. (ENADE – 2003)

Quanto vale $\displaystyle\lim_{x \to \infty} [ln 2x – ln x]$?

(A) 0

(B) $ln\ 2$

(C) 1

(D) e

(E) ∞

10. (ENADE – 2003)

Se q é um número real, a série $1 + q + q^2 + ... + q^n + ...$ é convergente se e somente se

(A) $q \leq -1$

(B) $q \leq 1$

(C) $|q| \leq 1$

(D) $|q| < 1$

(E) $|q| > 1$

11. (ENADE – 2003)

Defina, no conjunto dos inteiros positivos, a operação $*$ por $a * b$ =máximo divisor comum de a e b. Assinale, a respeito de $*$, a afirmativa **FALSA**.

(A) $*$ é comutativa.

(B) $*$ é associativa.

(C) 1 é elemento neutro.

(D) $a * a = a$, para todo a.

(E) Para cada a, existe b tal que $a * b = 1$.

12. (ENADE – 2003)

$$\lim_{x \to 0}\left[x . sen\frac{1}{x}\right]$$

(A) vale 0.

(B) vale 1.

(C) vale e.

(D) é infinito.

(E) não existe.

13. (ENADE – 2003)

A função real definida por $f(x) = 4x^2$, se $x > 1$, e $f(x) = k + x$, se $x \leq 1$, será contínua, se a constante k valer

(A) 0

(B) 1

(C) 2

(D) 3

(E) 4

14. (ENADE – 2003)

Sejam $M = \left\{1, \frac{1}{2}, \frac{1}{3}, \dots, \frac{1}{n}, \dots\right\}$ e $N = [1, 2[$. O conjunto dos pontos de acumulação de $M \cup N$ é

(A) $M \cup N$

(B) $[1, 2]$

(C) N

(D) $\{0\} \cup [1, 2[$

(E) $\{0\} \cup [1, 2]$

15. (ENADE – 2001)

$$\lim_{n \to \infty} \left(1 + \frac{1}{n}\right)^n \text{ vale}$$

(A) 0

(B) 1

(C) e

(D) p

(E) ∞

16. (ENADE – 2001)

A soma da série $\displaystyle\sum_{n=1}^{\infty} n\, x^{n-1} = 1 + 2x + 3x^2 + 4x^3 + \dots$ é, para $-1 < x < 1$, igual a

(A) $\dfrac{1}{1 - x}$

(B) $\dfrac{1}{1 + x}$

(C) $\dfrac{1}{(1 - x)^2}$

(D) $\dfrac{1}{(1 + x)^2}$

(E) $\dfrac{1}{1 - x^2}$

17. (ENADE – 2001)

Observe as seguintes séries de termos reais:

(1) $\displaystyle\sum_{k=1}^{\infty} a_k$ \qquad e \qquad (2) $\displaystyle\sum_{k=1}^{\infty} (a_{2k-1} + a_{2k})$

A respeito dessas séries, é correto afirmar que:

(A) não podem ser ambas convergentes.

(B) se (1) converge, então (2) converge.

(C) se (2) converge, então (1) converge.

(D) se $\lim a_k = 0$, então (1) e (2) convergem.

(E) se $\lim a_k = 0$, então (1) converge, mas (2) pode não convergir.

18. (ENADE – 2001)

O vigésimo termo da sequência, na qual para todo n inteiro positivo a soma dos n primeiros termos vale

(A) $\dfrac{1}{20}$

(B) $\dfrac{1}{342}$

(C) $\dfrac{1}{380}$

(D) $-\dfrac{1}{342}$

(E) $-\dfrac{1}{380}$

19. (ENADE – 2001)

Uma partícula se move sobre o eixo dos x, partindo da origem.

No primeiro minuto, ela avança 1 unidade para a direita; no segundo minuto, retrocede 0,5 unidade; no terceiro minuto, avança 0,25 unidade; e, assim, sucessivamente, alternando avanços com retrocessos, as distâncias percorridas formando uma progressão geométrica.

O limite da abscissa da partícula, quando o tempo tender para infinito, é

(A) $\dfrac{1}{2}$

(B) $\dfrac{2}{3}$

(C) $\dfrac{3}{4}$

(D) $\dfrac{3}{5}$

(E) $\dfrac{7}{10}$

20. (ENADE – 2000)

Em um grupo multiplicativo, o elemento x satisfaz $x^4 = x$. O número de elementos do conjunto $\{x, x^2, x^3, x^4, \dots\}$

(A) é igual a 1.

(B) é igual a 3.

(C) é igual a 4.

(D) só pode ser 1 ou 3.

(E) só pode ser 2 ou 4.

21. (ENADE – 1999)

Considere a afirmação:

"Dados quaisquer k números inteiros pares consecutivos, um deles é múltiplo de 3".

Sobre os valores de k, pode-se afirmar que:

(A) o menor valor positivo de k que torna a afirmação verdadeira é 2.

(B) o menor valor positivo de k que torna a afirmação verdadeira é 3.

(C) o menor valor positivo de k que torna a afirmação verdadeira é 4.

(D) a afirmação é verdadeira para qualquer valor positivo de k.

(E) não existe k positivo que torne a afirmação verdadeira.

22. (ENADE – 1999)

Considere as seguintes afirmativas sobre sequências de números reais:

I. uma sequência de irracionais pode convergir a um racional;

II. uma sequência de números positivos pode convergir a um número negativo;

III. se todos os termos de uma sequência convergente são menores que 1, então seu limite também é menor que 1.

Está(ão) correta(s) a(s) afirmativa(s):

(A) I, apenas.

(B) II, apenas.

(C) III, apenas.

(D) I e II, apenas.

(E) I, II e III.

23. (ENADE – 1999)

O algoritmo abaixo calcula $\sum_{n=0}^{10} \dfrac{1}{1+2^n}$. A variável p representa o valor de 2^n a cada iteração, enquanto s representa a soma das parcelas já consideradas.

$$p \leftarrow 1$$
$$s \leftarrow 0$$
Execute 11 vezes as instruções abaixo.
$$s \leftarrow s + \frac{1}{1+p}$$
$$p \leftarrow \boxed{}$$
Escreva s

Para que o algoritmo funcione corretamente, o espaço assinalado deve ser preenchido com:

(A) $1/p$

(B) $p+1$

(C) p^2

(D) 2^p

(E) $2p$

24. (ENADE – 1999)

Considere as condições abaixo relativas a uma função

$$f : \mathbb{R} \to \mathbb{R}$$

I. Existe um e > 0 tal que $f(x) < e$ para todo x ;

II. $f(x) £ 1/x$ para todo $x > 0$;

III. f é positiva e estritamente decrescente para todo $x > 0$.

Destas condições, é(são) **suficiente(s)** para garantir que

$$\lim_{x \to \infty} f(x) = 0.$$

(A) I, somente.

(B) II, somente.

(C) I e II, somente.

(D) II e III, somente.

(E) I, II e III.

25. (ENADE – 1998)

Quando $n \to \infty$, a sequência de termo geral

$$a_n = \frac{n^5 + 2^n}{n^4 + 3^n}$$ tem limite:

(A) 0

(B) 2/3

(C) 1

(D) 5/4

(E) ∞

26. (ENADE – 1998)

Seja (a_n) uma sequência de números reais e seja (s_n) a sequência definida por $s_n = a_1 + a_2 + \ldots + a_n$. Considere as afirmativas abaixo:

I. se (s_n) é convergente, então $\lim a_n = 0$;

II. se $\lim a_n = 0$, então (s_n) é convergente;

III. se (a_n) é limitada, então (s_n) é limitada.

A(s) afirmativa(s) verdadeira(s) é(são):

(A) apenas I.

(B) apenas III.

(C) apenas I e II.

(D) apenas II e III.

(E) I, II e III.

27. (ENADE – 1998)

Seja f: **R® R** uma função contínua. Dado um subconjunto S de **R**, seja f(S) = {f(x) | xÎ S}.

Considere as afirmativas:

I. se J é um intervalo, então f(J) é um intervalo;

II. se J é um intervalo aberto, então f(J) é um intervalo aberto;

III. se J é um intervalo fechado e limitado, então f(J) é um intervalo fechado e limitado.

Está(ão) correta(s) a(s) afirmativa(s):

(A) I apenas.

(B) III apenas.

(C) I e II apenas.

(D) I e III apenas.

(E) I, II e III.

28. (ENADE – 1998)

Considere o trecho de programa abaixo.

$$n \leftarrow 1$$
$$s \leftarrow 0$$
repita as duas instruções a seguir
$$s \leftarrow s + 1/n$$
$$n \leftarrow n + 1$$
até que n > 10
escreva s

(Observação: a notação s ← expressão significa que o valor da variável s é substituído pelo resultado da expressão).

O valor escrito no final do programa é:

(A) $\dfrac{1}{10!}$

(B) $\dfrac{1}{\sum_{n=1}^{10} \dfrac{1}{n}}$

(C) $\sum_{n=1}^{10} \dfrac{1}{n!}$

(D) $\sum_{n=1}^{10} \dfrac{1}{n}$

(E) $\sum_{n=1}^{10} \dfrac{1}{n^{10}}$

29. (ENADE – 2008) DISCURSIVA

Considere a sequência numérica definida por

$$a_1 = \sqrt{a}$$

$$a_{n+1} = \sqrt{a + \sqrt{a_n}}, \text{ para } n = 1, 2, 3, \ldots$$

Usando o princípio de indução finita, mostre que $a_n < a$ para todo $n \geq 1$ e $a \geq 2$. Para isso, resolva o que se pede nos itens a seguir **(valor: 1,0 ponto)**

a) Escreva a hipótese e a tese da propriedade a ser demonstrada.

Hipótese:	Tese:

(valor: 2,0 pontos)

b) Prove que $a(a-1) > 0$ para $a \geq 2$.

(valor: 2,0 pontos)

c) Mostre que $\sqrt{a} < a$ para todo $a \geq 2$.

(valor: 2,0 pontos)

d) Supondo que $a_n < a$, prove que $a_{n+1} < \sqrt{2a}$.

(valor: 2,0 pontos)

e) Mostre que $a_{n+1} < a$.

(valor: 1,0 ponto)

f) A partir dos passos anteriores, conclua a prova por indução.

30. (ENADE – 2005) DISCURSIVA

Considere $f: \mathbb{R} \to \mathbb{R}$ uma função derivável até a ordem 2, pelo menos, tal que $f(-2) = 0$, $f(-1) = -1$, $f(0) = -2$, $f(1) = 1$ e $f(2) = 2$. O gráfico da derivada de primeira ordem, f', tem o aspecto apresentado abaixo.

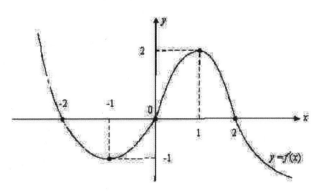

Com base nos valores dados para a função f e no gráfico de sua derivada fN, faça o que se pede nos itens a seguir.

a) Na reta abaixo, represente com setas ↗ ou ↘ os intervalos em que a função f é crescente ou descrescente, respectivamente. (**valor: 2,0 pontos**)

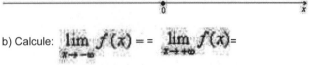

b) Calcule: $\lim_{x \to -\infty} f(x) = = \lim_{x \to +\infty} f(x) =$

(**valor: 1,0 ponto**)

c) Quais são os pontos de máximo e de mínimo relativos (locais) de f? (**valor: 2,0 pontos**)

d) Quais são os pontos de inflexão de f? (**valor: 1,0 ponto**)

e) No sistema de eixos coordenados abaixo, faça um esboço do gráfico da função f. (**valor: 4,0 pontos**)

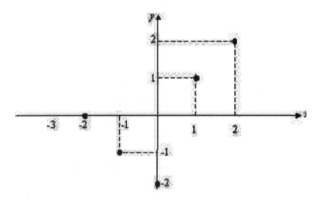

31. (ENADE – 2000) DISCURSIVA

Seja $\sum_{n=1}^{\infty} A_n$ uma série convergente de números reais.

a) É sempre verdade que $\sum_{n=1}^{\infty} A_{2n}$ também converge? (**valor: 5,0 pontos**)

b) Forneça uma demonstração se a sua resposta a **a)** for afirmativa ou um contraexemplo, se negativa. (**valor: 15,0 pontos**)

J) Estruturas Algébricas: Grupos, Anéis e Corpos, Anéis de Polinômios.

1. (ENADE – 2008)

No anel dos inteiros módulo 12, $R = \mathbb{Z}/12\mathbb{Z}$,

(A) não há divisores de zero.
(B) todo elemento não nulo é inversível.
(C) o subconjunto dos elementos inversíveis forma um subanel de R.
(D) a multiplicação não é comutativa.
(E) há exatamente 4 elementos inversíveis.

2. (ENADE – 2005)

A respeito da solução de equações em estruturas algébricas, assinale a opção **incorreta**.

(A) Em um grupo $(G, \cdot)$, a equação $a \cdot X = b$ tem solução para quaisquer a e b pertencentes a G.
(B) Em um anel $(A, +, \cdot)$, a equação $a + X = b$ tem solução para quaisquer a e b pertencentes a A.
(C) Em um anel $(A, +, \cdot)$, a equação $a \cdot X = b$ tem solução para quaisquer a e b pertencentes a A.
(D) Em um corpo $(K, +, \cdot)$, a equação $a \cdot X = b$ tem solução para quaisquer a e b pertencentes a K, $a \neq 0$.
(E) Em um corpo $(K, +, \cdot)$, a equação $a \cdot X + b = c$ tem solução para quaisquer a, b e c pertencentes a K, $a \neq 0$.

3. (ENADE – 2003)

Se a sequência $\{a_n\}$ é convergente, então $\lim_{n \to \infty} (a_{n+1} - a_n)$

(A) vale 0.
(B) vale 1.
(C) é positivo e diferente de 1.
(D) é infinito.
(E) pode não existir.

4. (ENADE – 2002)

O anel dos inteiros módulo p, Z_p, é um corpo se e somente se

(A) p é ímpar.
(B) p é par.
(C) p é primo.
(D) p é primo e ímpar.
(E) p é quadrado perfeito.

5. (ENADE – 2002)

A é um subconjunto de **R** e s é um número real. Por definição, "s é o supremo de A" significa que

(A) s é o maior dos elementos de A.
(B) s pertence a A e todos os elementos de A são menores que ou iguais a s.
(C) todos os elementos de A são menores que ou iguais a s.
(D) todos os elementos de A são menores que ou iguais a s e não existe número real menor que s com essa propriedade.
(E) todos os elementos de A são menores que s e não existe número real menor que s com essa propriedade.

6. (ENADE – 2000)

A sequência $\{a_n\}$ definida por $a_n = (-1)^n + \dfrac{1}{3}$ sen n :

(A) é monótona.
(B) é divergente para ∞.
(C) é convergente para um número racional.
(D) é convergente para um número irracional.
(E) não é convergente, mas admite subsequência convergente.

7. (ENADE – 1999)

Em um grupo G com operação * e elemento neutro (ou identidade) e, o símbolo x^n representa $x * x * ... * x$ (n fatores). A ordem de um elemento é o menor natural k (se existir), tal que $x^k = e$. A esse respeito, considere as afirmativas abaixo.

I. Em qualquer grupo, só existe um elemento com ordem 1.

II. Existe um grupo com n elementos, onde nenhum elemento tem ordem n.

III. Em qualquer grupo com n elementos, no máximo um elemento tem ordem n.

Está(ão) correta(s) a(s) afirmativa(s):

(A) I, apenas.

(B) II, apenas.

(C) III, apenas.

(D) I e II apenas.

(E) I, II e III.

8. (ENADE – 1998)

Considere as afirmativas abaixo.

I. Todo corpo é um domínio de integridade.

II. Todo domínio de integridade é um corpo.

III. Todo subanel de um anel é um ideal deste mesmo anel.

IV. Todo ideal de um anel é um subanel deste mesmo anel.

As afirmativas verdadeiras são:

(A) apenas I e III.

(B) apenas I e IV.

(C) apenas II e III.

(D) apenas II e IV.

(E) apenas III e IV.

9. (ENADE – 2000) DISCURSIVA

Identifique e corrija o(s) erro(s) da argumentação a seguir.

(i) "A função f(x) = tg x tem derivada positiva em todo seu domínio, pois f'(x) = sec²x.

(ii) Uma função cuja derivada é positiva no seu domínio é crescente nesse domínio.

(iii) Logo, a função tangente é crescente em todo o seu domínio.

(iv) Então, como $\dfrac{3\pi}{4} > \dfrac{\pi}{4}$, temos tg $\dfrac{3\pi}{4}$ > tg $\dfrac{\pi}{4}$. Ou seja,

– 1 > 1." **(valor: 20,0 pontos)**

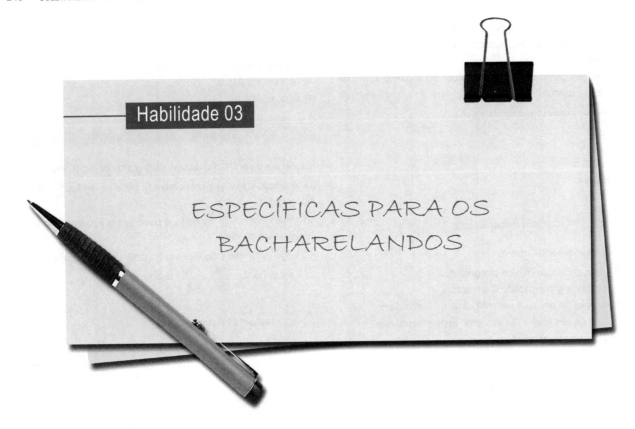

Habilidade 03
ESPECÍFICAS PARA OS BACHARELANDOS

A) Álgebra: Anéis e Corpos, Ideais, Homomorfismos e Anéis Quociente, Fatoração Única em Anéis de Polinômios, Extensões de Corpos, Grupos, Subgrupos, Homomorfismos e Quocientes, Grupos de Permutações, Cíclicos, Abelianos e Solúveis;

1. (ENADE – 2011)

Seja A um conjunto e seja $\sim$ uma relação entre pares de elementos de A. Diz-se que $\sim$ é uma relação de equivalência entre pares de elementos de A, se as seguintes propriedades são verificadas, para quaisquer elementos a, a' e a'' de A:

(i) $a \sim a$;

(ii) se $a \sim a'$, então $a' \sim a$;

(iii) se $a \sim a'$ e $a' \sim a''$, então $a \sim a''$.

Uma **classe de equivalência** do elemento a de A com respeito à relação $\sim$ é o conjunto

$$\bar{a} = \{x \in A : x \sim a\}.$$

O conjunto quociente de A pela relação de equivalência $\sim$ é o conjunto de todas as classes de equivalência relativamente à relação $\sim$, definido e denotado como a seguir:

$$A/\sim = \{\bar{a} : a \in A\}.$$

A função $\pi : A \to A/\sim$ é chamada projeção canônica e é definida como $\pi(a) = \bar{a}, \forall a \in A$.

Considerando as definições acima, analise as afirmações a seguir.

I. A relação de equivalência $\sim$ no conjunto A particiona o conjunto A em subconjuntos disjuntos, as classes de equivalência.

II. A união das classes de equivalência da relação de equivalência $\sim$ no conjunto A resulta no conjunto das partes de A.

III. Qualquer relação de equivalência no conjunto A é proveniente de sua projeção canônica.

IV. As três relações seguintes

$=$

$\equiv \pmod{n}$

$\geq$

são relações de equivalência no conjunto dos números inteiros $\mathbb{Z}$.

É correto apenas o que se afirma em

(A) I.

(B) II.

(C) I e III.

(D) II e IV.

(E) III e IV.

2. (ENADE – 2011)

O conjunto $G = \left\{ \begin{bmatrix} a & b \\ c & d \end{bmatrix} : a,b,c,d \in \mathbb{Z}, |ad-bc| = 1 \right\}$, com a operação usual de produto de matrizes, forma um grupo, em que o elemento neutro é a matriz identidade $I = \begin{bmatrix} 1 & 0 \\ 0 & 1 \end{bmatrix}$

Dado um elemento $A \in G$, define-se a *ordem* de A como sendo o menor inteiro positivo m tal que $A^m = I$, caso m exista. Se não existir, diz-se que tem ordem infinita.

Considerando $A = \begin{bmatrix} -1 & -1 \\ 1 & 0 \end{bmatrix}$ e $B = \begin{bmatrix} -1 & 0 \\ 0 & 1 \end{bmatrix}$, avalie as asserções a seguir.

O elemento AB tem ordem seis.

PORQUE

A tem ordem três e B tem ordem dois.

A respeito dessas asserções, assinale a opção correta.

(A) As duas asserções são proposições verdadeiras, e a segunda é uma justificativa correta da primeira.

(B) As duas asserções são proposições verdadeiras, mas a segunda não é uma justificativa correta da primeira.

(C) A primeira asserção é uma proposição verdadeira, e a segunda, uma proposição falsa.

(D) A primeira asserção é uma proposição falsa, e a segunda, uma proposição verdadeira.

(E) Tanto a primeira quanto a segunda asserções são proposições falsas.

3. (ENADE – 2011)

Um dos problemas mais antigos da Matemática é encontrar raízes de equações polinomiais. Quando se fala de variáveis complexas, sabe-se que toda equação polinomial de grau n possui exatamente n zeros. No entanto, um problema que surge nesse ponto é que nem sempre conseguimos dizer quem são essas n raízes. Como corolário do Princípio do Argumento, um dos principais resultados da Análise

Complexa e particularmente da Teoria dos Resíduos, tem-se o Teorema de Rouché, que possibilita, em algumas situações, localizar os zeros de equações polinomiais.

Segue abaixo o enunciado desse teorema.

Considere f e g funções que são meromorfas (holomorfas a menos de um conjunto discreto de polos) em um subconjunto não vazio, aberto e conexo $U \subset \mathbb{C}$ do conjunto dos números complexos e $\gamma : I \to \mathbb{C}$ uma curva fechada simples (sem autointerseções), cujo interior R esteja contido em U. Se $\gamma(I)$ não contém polos de f e nem zeros de g e $|f(z)| > |g(z)|$ para todo $z \in \gamma(I)$, então $Z(f+g,R) - P(f+g,R) = Z(f,R) - P(f,R)$ em que $Z(h, A)$ e $P(h, A)$ denotam, respectivamente, o número de zeros e o número de polos de uma função h em A.

Considerando o teorema acima e a equação $z^5 - 2z^3 + 5 = 0$ conclui-se que existem raízes dessa equação que satisfazem à condição

(A) $0 \leq |z| < 1$.

(B) $1 \leq |z| < 2$.

(C) $2 \leq |z| < 3$.

(D) $3 \leq |z| < 4$.

(E) $|z| \geq 4$.

4. (ENADE – 2008)

Um domínio de integridade é um domínio principal quando todo ideal é principal, isto é, pode ser gerado por um único elemento. Com base nesse conceito, avalie as seguintes afirmações.

I. O anel $\mathbb{Z}[x]$ — de polinômios sobre $\mathbb{Z}$ na variável x — é um domínio principal, em que $\mathbb{Z}$ é o anel dos inteiros.

II. Se K é um corpo, K[x] — o anel de polinômios sobre K na variável x — é um domínio principal.

III. O anel dos inteiros gaussianos $\mathbb{Z}[i]$ é um domínio principal.

É correto o que se afirma em

(A) I, apenas.

(B) II, apenas.

(C) I e III, apenas.

(D) II e III, apenas.

(E) I, II e III.

5. (ENADE – 2008)

Considere o grupo G das raízes 6-ésimas da unidade, isto é, o grupo formado pelos números complexos z, tais que $z^6 = 1$. Com relação ao grupo G, assinale a opção correta.

(A) O grupo G é cíclico.

(B) G é um grupo de ordem 3.

(C) O número complexo $e^{\frac{2\pi i}{5}}$ é um elemento primitivo de G.

(D) Existe um subgrupo de G que não é cíclico.

(E) Se z é um elemento primitivo de G, então z^2 também é um elemento primitivo de G.

Para resolver as duas questões a seguir considere o enunciado abaixo.

Em um laboratório foram feitas três medições de uma mesma grandeza X e os valores encontrados foram x1 = 5,2 , x2 = 5,7, x3 = 5,3.

6. (ENADE – 2001)

Resolveu-se adotar para X o valor que minimizasse a soma dos quadrados dos erros, isto é, o valor x tal que $(x1 - x)^2 + (x_2 - x)^2 + (x_3 - x)^2$ fosse mínimo.

Tal valor é:

(A) 5,3

(B) 5,4

(C) 5,5

(D) 5,6

(E) 5,7

7. (ENADE – 2001)

Adotando-se para X o valor que minimize a soma dos módulos dos erros, isto é, o valor x tal que $|x - x_1| + |x - x_2| + |x - x_3|$ seja mínimo, tal valor será:

(A) 5,3

(B) 5,4

(C) 5,5

(D) 5,6

(E) 5,7

8. (ENADE – 2001)

No anel Z_{77}, o número de elementos invertíveis, em relação à multiplicação, é igual a

(A) 60

(B) 66

(C) 70

(D) 72

(E) 76

9. (ENADE – 2003) DISCURSIVA

Seja Z_{18} o anel dos inteiros módulo 18 e seja G o grupo multiplicativo dos elementos invertíveis de Z_{18}.

a) Escreva todos os elementos do grupo G. **(valor: 10,0 pontos)**

b) Mostre que G é cíclico, calculando explicitamente um gerador, ou seja, mostre que existe g Î G tal que todos os elementos de G são potências de g. **(valor: 10,0 pontos)**

10. (ENADE – 2003) DISCURSIVA

a) Dada a matriz simétrica $A = \begin{bmatrix} 1 & 6 \\ 6 & -4 \end{bmatrix}$, escreva, em forma de polinômio $f(x,y)$, a forma quadrática definida por A, isto é, calcule os coeficientes numéricos de $f(x,y) = v^t A\ v =$, onde $v = \begin{bmatrix} x \\ y \end{bmatrix}$ e v^t significa "v transposto". **(valor: 5,0 pontos)**

b) Encontre uma matriz invertível P tal que $P^t A P = D$, onde D é uma matriz diagonal. Para isto, basta tomar como P uma matriz que tenha por colunas um par de autovetores ortonormais de A. **(valor: 10,0 pontos)**

c) Na forma quadrática $f(x,y) = v^t A\ v$, faça uma transformação de coordenadas $v = P\ \tilde{v}$, sendo $\tilde{v} = \begin{bmatrix} \tilde{x} \\ \tilde{y} \end{bmatrix}$, obtendo a forma quadrática diagonalizada, isto é, sem o termo em $\tilde{x}\tilde{y}$. **(valor: 5,0 pontos)**

11. (ENADE – 2003) DISCURSIVA

Seja $p(x) = x^n + a_{n-1} x^{n-1} + \dots + a_1 x + a_0$, com $n \geq 1$, um polinômio de coeficientes reais. Suponha que $p'(x)$ divide $p(x)$.

a) Prove que o quociente $q(x)\ \dfrac{p(x)}{p'(x)}$ é da forma

$$q(x) = \frac{1}{n}(x - x_0),\ x_0 \in \mathbf{R}.$$ **(valor: 5,0 pontos)**

b) Encontre todos os polinômios $p(x)$ que satisfazem essa condição, resolvendo a equação diferencial $q(x)\,p'(x) - p(x) = 0$. **(valor: 15,0 pontos)**

12. (ENADE – 2001) DISCURSIVA

O corpo Z_2 dos inteiros módulo 2 é formado por dois elementos, 0 e 1, com as operações usuais de adição e multiplicação definidas pelas tábuas abaixo.

+	0	1
0	0	1
1	1	0

x	0	1
0	0	0
1	0	1

Considere em $Z_2[x]$ – isto é, no anel dos polinômios na indeterminada x cujos coeficientes pertencem a Z_2 –, o polinômio de grau 2, $q(x) = x^2 + x + 1$.

a) Mostre que $q(x)$ não tem raízes em Z_2. (valor: 5,0 pontos)

b) $q(x)$ sendo irredutível, sabe-se, pelo Teorema de Kronecker, que existem um corpo E, que é uma extensão de Z_2 (ou seja, tal que Z_2 é um subcorpo de E) e um elemento a Î E tal que a Ï Z_2 e q (a) = 0. Determine o número mínimo de elementos que E pode ter e construa as tábuas de adição e de multiplicação em E.

13. (ENADE – 1999) DISCURSIVA

Seja $\mathbb{Z}_3 = \{\bar{0},\ \bar{1},\ -\bar{1}\}$ o corpo de inteiros módulo 3 e $\mathbb{Z}_3[x]$ o anel de polinômios em x com coeficientes em $\mathbb{Z}_3$.

a) Mostre que $x^2 + x - \bar{1}$ é irredutível em $\mathbb{Z}_3[x]$. **(valor: 10,0 pontos)**

b) Mostre que o anel quociente

$\mathbb{Z}_3[x] \Big/ \left(x^2 + x - \bar{1}\right)$ é um corpo e que tem 9 elementos. **(valor: 10,0 pontos)**

14. (ENADE – 1998) DISCURSIVA

Sejam a um número algébrico de grau n e $b = b_0 + b_1 a + \dots + b_{n-1} a^{n-1}$ um elemento não nulo no corpo Q(a), i.e., os coeficientes b_i são racionais, $0 \pounds i \pounds n - 1$, e, pelo menos, um deles é diferente de zero.

a) Prove que

$\dfrac{1}{\beta}$ é um polinômio em a.

b) Racionalize a fração $\dfrac{1}{2 + \sqrt[3]{2}}$

B) Espaços Vetoriais com Produto Interno: Operadores Autoadjuntos, Operadores Normais, Teorema Espectral, Formas Canônicas, Aplicações;

1. (ENADE – 2011)

Considere a transformação linear $T : I\!R^2 \to I\!R^2$ definida por $T(x, y) = (2x + 6y, 6x + 2y)$

Com relação a esse operador, analise as asserções a seguir.

O núcleo de T é um subespaço vetorial de IR^2 de dimensão 1.

PORQUE

T é um operador normal.

A respeito dessas asserções, assinale a opção correta.

(A) As duas asserções são proposições verdadeiras, e a segunda é uma justificativa correta da primeira.

(B) As duas asserções são proposições verdadeiras, mas a segunda não é uma justificativa correta da primeira.

(C) A primeira asserção é uma proposição verdadeira, e a segunda, uma proposição falsa.

(D) A primeira asserção é uma proposição falsa, e a segunda, uma proposição verdadeira.

(E) Tanto a primeira quanto a segunda asserções são proposições falsas.

2. (ENADE – 2011)

Considerando $\vec{E}(x,y,z) = q\dfrac{(x,y,z)}{\sqrt{(x^2+y^2+z^2)^3}}$ o campo elétrico criado por uma carga q localizada na origem, analise as afirmações abaixo.

I. O campo elétrico $\vec{E}$ criado pela carga q é de classe C^1 em $\mathbb{R}^3$.

II. Independe do raio da superfície esférica o fluxo do campo $\vec{E}$ através de uma superfície esférica de raio r, centrada na origem, cuja normal $\vec{n}$ aponta para fora da esfera.

III. É sempre um número maior que 4 o fluxo do campo $\vec{E}$ através de uma superfície esférica de raio r, centrada na origem, cuja normal $\vec{n}$ aponta para fora da esfera.

É correto o que se afirma em

(A) II, apenas.

(B) III, apenas.

(C) I e II, apenas.

(D) I e III, apenas.

(E) I, II e III.

3. (ENADE – 2008)

Considere o espaço vetorial $V = (\mathbb{R}^2, < , >^1)$ munido do seguinte produto interno: $<u, v>_1 = x_1x_2 - y_1x_2 - x_1y_2 + 4y_1y_2$, em que $v = (x_1, y_1)$ e $u = (x_2, y_2)$ são vetores de $\mathbb{R}^2$. Considere $T: V \to V$ o operador linear dado por $T(x,y) = (2y, \dfrac{x}{2})$. Com relação ao produto interno $< , >_1$ e ao operador T, assinale a opção correta.

(A) Os vetores $e_1 = (1, 0)$ e $e_2 = (0, 1)$ são ortogonais em relação ao produto interno $< , >_1$.

(B) O operador T preserva o produto interno, isto é, $<T(u), T(v) >_1 = < u, v >_1$.

(C) $T(x, y) = T(y, x)$, para todo (x, y) de $\mathbb{R}^2$.

(D) O vetor $u = (2, 0)$ pertence ao núcleo de T.

(E) Existe um vetor $v = (x, y) \in \mathbb{R}^2$ tal que $x^2 + y^2 = 1$ e $<v, v>_1 = 0$.

4. (ENADE – 2003) DISCURSIVA

Dado um conjunto aberto $U \subset R^3$ e um campo de vetores $X = (X_1, X_2, X_3) : U \otimes R^3$ diferenciável, o divergente de **X** é definido por

$$div\, X = \frac{\partial X_1}{\partial x} + \frac{\partial X_2}{\partial y} + \frac{\partial X_3}{\partial z}.$$

Para uma função de classe C^2, $f : U \otimes R$ o laplaciano de f é definido por

$$\Delta f = \frac{\partial^2 f}{\partial x^2} + \frac{\partial^2 f}{\partial y^2} + \frac{\partial^2 f}{\partial z^2}.$$

a) Se $f : U \to R$ é diferenciável e $X : U \to R^3$ é um campo de vetores diferenciável, mostre que $div\,(f\,X) = f\,div\,X + \tilde{N} f \cdot X$, sendo $\tilde{N} f$ o gradiente de f e $\tilde{N} f \cdot X$ o produto interno entre $\tilde{N} f$ e X. **(valor: 5,0 pontos)**

b) Se $f : U \to R$ é de classe C^2, mostre que $div\,(f\tilde{N} f) = f\tilde{N} f + \|\tilde{N} f\|^2$, sendo $\| \, \|$ a norma euclidiana. **(valor: 5,0 pontos)**

c) Se $U = B = \{x \in R^3 : \|x\| < 1\}$ e $f : \overline{B} > R$ é de classe C^3 tal que $f(x) > 0$ para qualquer $x^1 0$, $div\,(f\tilde{N} f) = 5f$ e $\|\tilde{N}f\|^2 = 2f$, calcule $\int_s \frac{\partial f}{\partial N}\, dS$,

onde $\overline{B}$ é o fecho de B, S é a fronteira de B, N é a norma unitária exterior a S, $\dfrac{\partial f}{\partial N}$ é a derivada direcional de f na direção de N e dS é o elemento de área de S. **(valor: 10,0 pontos)**

5. (ENADE – 2000) DISCURSIVA

Sejam A = $\begin{pmatrix} 0 & -1 & 3 \\ 0 & 2 & 0 \\ 0 & -1 & 3 \end{pmatrix}$ e **n** um inteiro positivo. Calcule A^n.

Sugestão: Use a Forma Canônica de Jordan ou o Teorema de Cayley-Hamilton. **(valor: 20,0 pontos)**

C) Análise: Derivada, Fórmula de Taylor, Integral, Sequências e Séries de Funções;

1. (ENADE – 2011)

Para resolver a equação $x^2 = \cos x$, utiliza-se a fórmula de Taylor da função cos x.

Considerando essa observação, analise as afirmações a seguir.

I. As raízes dessa equação, obtidas com uma aproximação de segunda ordem na fórmula de Taylor, são $\pm\dfrac{\sqrt{6}}{3}$.

II. O erro de truncamento de uma aproximação de segunda ordem para cos x é limitado por $\dfrac{|x^3|}{6}$.

III. Ao usar aproximações de quarta ordem em vez de aproximações de segunda ordem para cos x, os erros de truncamento são reduzidos em 25%.

É correto apenas o que se afirma em

(A) I.

(B) II.

(C) III.

(D) I e II.

(E) II e III.

2. (ENADE – 2008)

Considere uma função $f : \mathbb{R} \otimes \mathbb{R}$ que possui segunda derivada em todo ponto e que satisfaz à seguinte propriedade:

$$\lim_{h \to 0} \frac{f(2+h) + f(2-h) - 2f(2)}{h^2} = 1.$$

Um estudante de cálculo diferencial, ao deparar-se com essa situação, escreveu a afirmação seguinte.

A segunda derivada $f''(2) = 1$

PORQUE

$$\lim_{h \to 0} \frac{g(x+h) + g(x-h) - 2g(x)}{h^2} = g''(x),$$ qualquer que seja a função g.

Com relação ao afirmado pelo estudante, assinale a opção correta.

(A) As duas asserções são proposições verdadeiras, e a segunda é uma justificativa correta da primeira.
(B) As duas asserções são proposições verdadeiras, mas a segunda não é uma justificativa correta da primeira.
(C) A primeira asserção é uma proposição verdadeira, e a segunda é falsa.
(D) A primeira asserção é uma proposição falsa, e a segunda é verdadeira.
(E) Ambas as asserções são proposições falsas.

3. (ENADE – 2008)

Considere as integrais complexas

$$I_1 = \int_{|z|=\frac{1}{2}} \frac{\cos \pi z}{z(z-1)^2} dz \text{ e } I_2 = \int_{|z+1|=\frac{1}{2}} \frac{\cos \pi z}{z(z-1)^2} dz.$$

A soma $I_1 + I_2$ é igual a

(A) $4p i$.
(B) $2p i$.
(C) 0.
(D) $-2p i$.
(E) $-4p i$.

4. (ENADE – 2008)

Efetuando-se o produto das séries de Taylor, em torno da origem, das funções reais $f(x) = \dfrac{1}{1+x}$ e $g(x) = \ln(1+x)$, obtém-se, para $|x| < 1$, o desenvolvimento em série de potências da seguinte função:

$$\varphi(x) = \frac{\ln(1+x)}{1+x} = x - \left(1+\frac{1}{2}\right)x^2 + \left(1+\frac{1}{2}+\frac{1}{3}\right)x^3 - \left(1+\frac{1}{2}+\frac{1}{3}+\frac{1}{4}\right)x^4 + \ldots$$

O coeficiente de x^n na série de potências de j, a derivada de primeira ordem da função n, é igual a

(A) $1 + \dfrac{1}{2} + \ldots + \dfrac{1}{n}$.

(B) $(-1)^n \, n\left(1 + \dfrac{1}{2} + \ldots + \dfrac{1}{n}\right)$.

(C) $(-1)^n \, (n+1)\left(1 + \dfrac{1}{2} + \ldots + \dfrac{1}{n+1}\right)$.

(D) $(n+1)\left(1 + \dfrac{1}{2} + \ldots + \dfrac{1}{n+1} + \dfrac{1}{n+2}\right)$.

(E) $(-1)^n \, n\left(1 + \dfrac{1}{2} + \ldots + \dfrac{1}{n}\right)\left(1 + \dfrac{1}{2} + \ldots + \dfrac{1}{n+1}\right)$.

5. (ENADE – 2001)

Uma pessoa procurava um hotel numa determinada rua. Sabia que ele se situava nessa rua, mas não sabia se à direita ou à esquerda do ponto P em que se encontrava. Usou então o seguinte processo:

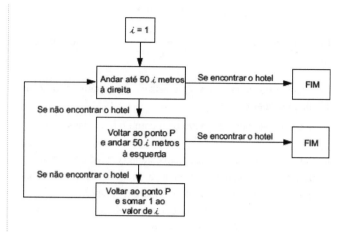

Se o hotel estava a 700 metros à esquerda do ponto P, para encontrá-lo a pessoa andou

(A) 14km
(B) 15km
(C) 18,9km
(D) 20,3km
(E) 21km

6. (ENADE – 2008) DISCURSIVA

Considere uma função derivável $f : \mathbb{R} \to \mathbb{R}$ que satisfaz à seguinte condição:

Para qualquer número real $k \neq 0$, a função $g_k(x)$ definida por $g_k(x) = x - k f(x)$ não é injetora.

Com base nessa propriedade, faça o que se pede nos itens a seguir.

a) Mostre que, se $g_k'(x_0) = 0$ para algum $k \neq 0$, então $f'(x_0) = \dfrac{1}{k}$.
(valor: 3,0 pontos)

b) Mostre que, para cada $k \in \mathbb{R}$ não nulo, existem números a_k e b_k tais que $g_k(a_k) = g_k(b_k)$. Além disso, justifique que, para todo $k \in \mathbb{R}$ não nulo, existe um número q_k tal que $g_k'(q_k) = 0$.
(valor: 3,0 pontos)

c) Mostre que a função derivada de primeira ordem f' não é limitada.
(valor: 4,0 pontos)

7. (ENADE – 2003) DISCURSIVA

Seja $I = \displaystyle\int_0^3 \int_{\sqrt{\frac{x}{3}}}^1 e^{y^3} \, dy\, dx.$

a) Esboce graficamente a região de integração.
(valor: 5,0 pontos)

b) Inverta a ordem de integração.
(valor: 10,0 pontos)

c) Calcule o valor de I.
(valor: 5,0 pontos)

8. (ENADE – 2003) DISCURSIVA

Considere a função real *f* definida, para $x \geq 0$, por $f(x) = \sqrt{2x}$.

a) Prove que se $0 < x < 2$, então $x < f(x) < 2$. **(valor: 5,0 pontos)**

b) Prove que é convergente a sequência definida recursivamente por

i) $a_1 = \sqrt{2}$

ii) $a_{n+1} = f(a_n)$, para todo $n \geq 1$ **(valor: 5,0 pontos)**

c) Calcule $\lim_{n \to \infty} a_n$ **(valor: 10,0 pontos)**

9. (ENADE – 2002) DISCURSIVA

Sejam g e h funções deriváveis de **R** em **R** tais que $g'(x) = h(x)$, $h'(x) = g(x)$, $g(0) = 0$ e $h(0) = 1$.

a) Calcule a derivada de $h^2(x) - g^2(x)$. **(valor: 10,0 pontos)**

b) Mostre que $h^2(x) - g^2(x) = 1$, para todo x em **R**. **(valor: 10,0 pontos)**

10. (ENADE – 2002) DISCURSIVA

O complexo w é tal que a equação $z^2 - wz + (1 - i) = 0$ admite $1 + i$ como raiz.

a) Determine w. **(valor: 5,0 pontos)**

b) Determine a outra raiz da equação. **(valor: 5,0 pontos)**

c) Calcule a integral $\int_\gamma \dfrac{dz}{z^2 - wz + (1-i)}$, sendo g a circunferência descrita parametricamente por $g(t) = \dfrac{1}{2} \cos t + i(\dfrac{1}{2} \sin t - 1)$, $0 \leq t \leq 2\pi$. **(valor: 10,0 pontos)**

11. (ENADE – 2002) DISCURSIVA

A série de potências a seguir define, no seu intervalo de convergência, uma função g, $g(x) = 1 - \dfrac{x^2}{2} + \dfrac{x^4}{4} - \ldots + (-1)^n \dfrac{x^{2n}}{2n} + \ldots$

a) Determine o raio de convergência r da série. Justifique. **(valor: 5,0 pontos)**

b) Expresse $g'(x)$ como soma de uma série de potências, para $|x| < r$. **(valor: 5,0 pontos)**

c) Expresse $g'(x)$, para $|x| < r$, em termos de funções elementares (polinomiais, trigonométricas, logarítmicas, exponenciais). **(valor: 5,0 pontos)**

d) Expresse $g(x)$, para $|x| < r$, em termos de funções elementares. **(valor: 5,0 pontos)**

12. (ENADE – 2001) DISCURSIVA

Sejam A uma matriz real 2 × 2 com autovalores $\dfrac{1}{2}$ e $\dfrac{1}{3}$ e v um vetor de R^2.

a) A é diagonalizável? Justifique sua resposta. **(valor: 5,0 pontos)**

b) Considere a sequência $v, Av, A^2v, A^3v, \ldots, A^nv, \ldots$. Prove que essa sequência é convergente. **(valor: 15,0 pontos)**

13. (ENADE – 2000) DISCURSIVA

Seja $\{A_n\}$, $n \in \mathbf{N}$, uma sequência de números reais positivos e considere a série de funções de uma variável real **t** dada por

$$\sum_{n=0}^{\infty} (A_n)^t$$

Suponha que tal série converge se $t = t_0 \in \mathbf{R}$. Prove que ela converge uniformemente no intervalo $[t_0, \infty[$. **(valor: 20,0 pontos)**

14. (ENADE – 1998) DISCURSIVA

Prove que se uma sequência de funções $f_n : D \to \mathbf{R}$, $D \subset \mathbf{R}$ converge uniformemente para $f : D \to \mathbf{R}$ e cada f_n é contínua no ponto $a \in D$, então f é contínua no ponto a.

Dados/Informações adicionais:

Uma sequência de funções $f_n: D \to \mathbf{R}$, $D \subset \mathbf{R}$ converge uniformemente para $f: D \to \mathbf{R}$ se para todo $\in > 0$ dado existe $n_0 \in \mathbf{N}$ tal que $n > n_0 \Rightarrow |f_n(x) - f(x)| < \in$ para todo $x \in D$. (valor: 20,0 pontos)

D) Integrais de Linha e Superfície, Teoremas de Green, Gauss e Stokes;

1. (ENADE – 2002) DISCURSIVA

Uma fonte de luz localizada no ponto $L = (0, -1, 0)$ ilumina a superfície dada, parametricamente, por $P(u,v) = (u + v, u^2, v)$.

a) Calcule o vetor normal à superfície, $\vec{N}(u,v)$, de forma que para $u = v = 0$ esse vetor seja $(0, -1, 0)$. **(valor: 5,0 pontos)**

b) Trabalhando com os vetores $\vec{N}$ e $L - P$, dê uma condição sobre u e v a fim de que o ponto $P(u,v)$ seja iluminado pela luz em L.

(valor: 15,0 pontos)

2. (ENADE – 1999) DISCURSIVA

Sejam $\vec{F}: D \subset \mathbb{R}^2 \to \mathbb{R}^2$ um campo conservativo, $\varphi: D \subset \mathbb{R}^2 \to \mathbb{R}$ uma função potencial de $\vec{F}$ e $\gamma:[a, b] \to D$ uma curva regular de classe C^1.

a) Mostre que o trabalho realizado por $\vec{F}$ sobre g é dado por $j(g(b)) - j(g(a))$. **(valor: 10,0 pontos)**

b) Calcule o trabalho realizado pelo campo

$$\vec{F}(x, y) = \left(\dfrac{x}{x^2 + y^2}, \dfrac{y}{x^2 + y^2} \right)$$

sobre a curva esboçada abaixo. **(valor: 10,0 pontos)**

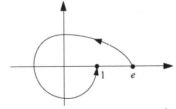

Definições: Um campo vetorial $\vec{F}: D \subset \mathbb{R}^2 \to \mathbb{R}^2$ diz-se conservativo (ou gradiente) se existe $\varphi : D \to \mathbb{R}$, de classe C^1, tal que $\vec{\nabla} \varphi = \vec{F}$ em todo ponto de D. Uma tal φ chama-se função potencial. O trabalho realizado por um campo de vetores sobre uma curva $\gamma : [a, b] \to D$ é dado por

$$\int_a^b \vec{F} \ (\gamma(t)) . \ \vec{\gamma}'(t)dt .$$

3. (ENADE – 1998) DISCURSIVA

Seja R uma região do plano que satisfaz as condições do Teorema de Green.

a) Mostre que a área de R é dada por $\dfrac{1}{2} \displaystyle\int_{\partial R} xdy - ydx$

b) Use o item **a)** para calcular a área da elipse de equações
$\begin{cases} x = a\cos\theta \\ y = b\,\text{sen}\,\theta \end{cases}$ **(valor: 20,0 pontos)**

onde a > 0 e b > 0 são fixos, e 0 £ q £ 2 p

Dados/Informações adicionais:

Teorema de Green: Seja R uma região do plano com interior não vazio e cuja fronteira ∂ R é formada por um número finito de curvas fechadas, simples, disjuntas e de classe C^1 por partes. Sejam L (x, y) e M (x, y) funções de classe C^1 em R.

Então $\displaystyle\iint_R \left(\dfrac{\partial M}{\partial x} - \dfrac{\partial L}{\partial y}\right) dx\,dy = \int_{\partial R} Ldx + Mdy$

E) Funções de Variável Complexa: Equações de Cauchy-Riemann, Fórmula Integral de Cauchy, Resíduos, Aplicações;

QUESTÕES ABERTAS ESPECÍFICAS PARA OS FORMANDOS DE BACHARELADO

1. (ENADE – 2001) DISCURSIVA

Sabendo-se que para todo número real q tem-se que e^{iq} = cos (q) + i sen (q), deduza as fórmulas

a) sen (a + b) = sen (a) cos (b) + cos (a) sen (b) (valor: 10,0 pontos)
b) cos (a +b) = cos (a) cos (b) – sen (a) sen (b) (valor: 10,0 pontos)

2. (ENADE – 2000) DISCURSIVA

Seja y um caminho no plano complexo, fechado, simples, suave (isto é, continuamente derivável) e que não passa por **i** nem por **– i**. Quais são os possíveis valores da integral $\displaystyle\int_\gamma \dfrac{dz}{1 + z^2}$?

3. (ENADE – 1998) DISCURSIVA

Seja y : [0,2π] → C a curva y (q) = $e^{i\theta}$

Calcule $\displaystyle\int_\gamma \dfrac{1}{z - z_0}$ dz nos seguintes casos:

a) $z_0 = \dfrac{1}{2}(1 + i)$

b) $z_0 = 2 \ (1 + i)$

F) Equações Diferenciais Ordinárias, Sistemas de Equações Diferenciais Lineares;

1. (ENADE – 2008)

Para cada número real k, a equação diferencial $y''(x) + 2yN(x) + ky(x) = 0$ possui uma única solução $y_k(x)$ que satisfaz às condições iniciais $y_k(0) = 0$ e $y_k'(0) = 1$.

Considere o limite $L_k = \lim_{x \to +\infty} y_k(x)$ e analise as seguintes asserções a respeito desse limite.

Para qualquer k Î (0, 1), o valor de L_k é zero

PORQUE

a equação diferencial dada é não linear.

A respeito dessa afirmação, assinale a opção correta.

(A) As duas asserções são proposições verdadeiras, e a segunda é uma justificativa correta da primeira.
(B) As duas asserções são proposições verdadeiras, e a segunda não é uma justificativa correta da primeira.
(C) A primeira asserção é uma proposição verdadeira, e a segunda é falsa.
(D) A primeira asserção é uma proposição falsa, e a segunda é verdadeira.
(E) Ambas as asserções são proposições falsas.

2. (ENADE – 2001)

Certo dia, em alto-mar, a visibilidade era de 5 milhas. Os navios A e B navegavam em trajetórias retilíneas paralelas e de mesmo sentido, distantes uma da outra 3 milhas. A velocidade do navio A era de 5 milhas por hora e a de B era de 7 milhas por hora. Às 9h, o navio A tornou-se visível para tripulantes do navio B. Até que horas ele permaneceu visível?

(A) 10h
(B) 10h 30min
(C) 11h
(D) 12h 30min
(E) 13h

3. (ENADE – 2001) DISCURSIVA

Uma piscina, vazia no instante t = 0, é abastecida por uma bomba d'água cuja vazão no instante t (horas) é V(t) (metros cúbicos por hora).

a) Determine o volume da piscina sabendo que, se V(t) = 500, a piscina fica cheia em 5 horas. (valor: 5,0 pontos)

b) Determine em quanto tempo a piscina ficaria cheia se V(t) = 50 t. (valor: 15,0 pontos)

4. (ENADE – 2000) DISCURSIVA

Uma função u : R^2 → **R**, com derivadas contínuas até a 2ª ordem, é dita harmônica em R^2 se satisfaz a Equação de Laplace:

$$\Delta u = \dfrac{\partial^2 u}{\partial x^2} + \dfrac{\partial^2 u}{\partial y^2} = 0 \quad \text{em } \mathbf{R}^2.$$

Mostre que se u e u² são harmônicas em **R**², então u é uma função constante. **(valor: 20,0 pontos)**

5. (ENADE – 1999) DISCURSIVA

Um modelo clássico para o crescimento de uma população de determinada espécie está descrito a seguir. Indicando por $y = y(t)$ o número de indivíduos desta espécie, o modelo admite que a taxa de crescimento relativo da população seja proporcional à diferença $M - y(t)$, onde $M > 0$ é uma constante. Isto conduz à equação diferencial $\dfrac{y'}{y} = k(M - y) = k(M - y)$, onde $k > 0$ é uma constante que depende da espécie.

Com base no exposto:

a) resolva a equação diferencial acima; **(valor: 10,0 pontos)**

b) considere o modelo apresentado para o caso particular em que $M = 1000$, $k = 1$ e $y(0) = 250$ e explique qualitativamente como se dá o crescimento da população correspondente, indicando os valores de t para os quais $y(t)$ é crescente, e o valor limite de $y(t)$ quando $t \to \infty$. **(valor: 10,0 pontos)**

6. (ENADE – 1998) DISCURSIVA

Resolva a equação diferencial

$$y''' - 4y'' + 4y' = e^x$$

$$y' = \frac{dy}{dx};\quad y'' = \frac{d^2y}{dx^2};\quad y''' = \frac{d^3y}{dx^3}$$

G) Geometria Diferencial: Estudo Local de Curvas e Superfícies, Primeira e Segunda Forma Fundamental, Curvatura Gaussiana, Geodésicas, Teoremas Egregium e de Gauss-Bonet;

1. (ENADE – 2011)

O gráfico abaixo representa o traço da curva parametrizada diferenciável plana
$\alpha(t) = \left(e^{sen(t)} - 2\cos(4t)\right)(cost,\ sent)$, para $t \in R$.

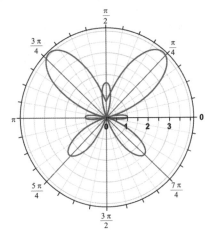

A respeito dessa curva, avalie as afirmações a seguir.

I. a é injetiva no intervalo (0, 2p).
II. a tem curvatura constante.
III. $a(t + 2p) = a(t)$ para todo $t \in R$.
IV. a tem vetor tangente unitário em $t = 0$, com a´(0) = (-1, 0).
V. O traço de a está contido em um círculo de raio r < (e + 2).

É correto apenas o que se afirma em

(A) II.
(B) I e II.
(C) I e IV.
(D) III e V.
(E) III, IV e V.

2. (ENADE – 2011)

Um peso atado a uma mola move-se verticalmente para cima e para baixo de tal modo que a equação do movimento é dada por $s''(t) + 16s(t) = 0$, em que $s(t)$ é a deformação da mola no tempo t.

Sabe-se que e $s(t) = 2$ e $s'(t) = 1$, para $t = 0$.

Para a função deformação tem-se que quando t é igual a

(A) $\dfrac{1}{4}\arctan(8).$

(B) $\dfrac{1}{4}\arctan\left(\dfrac{1}{8}\right).$

(C) $\arctan(\dfrac{1}{32}).$

(D) $\dfrac{1}{4}\arctan(-\dfrac{1}{8}).$

(E) $\dfrac{1}{4}\arctan(-8).$

3. (ENADE – 2011)

A aplicação $\varphi: S_1 \to S_2$ ilustrada na figura abaixo é uma isometria entre a faixa plana S_1 e o cilindro circular reto S_2. A isometria leva o segmento de reta r_1 em um arco de circunferência em S_2 e o segmento de reta r_2 em um segmento de reta de S_2.

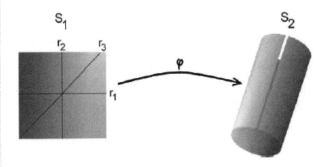

Nessa situação, a imagem do segmento de reta r_3 pela isometria φ é uma

(A) espiral da superfície S_2.
(B) curva plana contida em S_2.
(C) geodésica da superfície S_2.
(D) linha assintótica da superfície S_2.
(E) linha de curvatura da superfície S_2.

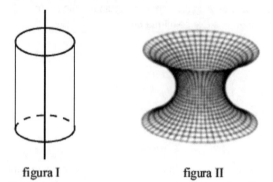

figura I   figura II

4. (ENADE – 2008)

O cilindro e o catenoide, representados nas figuras I e II, são superfícies regulares de rotação geradas, respectivamente, pelas curvas $a_1(t) = (1, 0, t)$ e $a_2(t) = (\cosh t, 0, t)$, com $t \in \mathbb{R}$.
Considerando essas informações, conclui-se que

(A) a curvatura gaussiana do catenoide é negativa.
(B) as duas superfícies são localmente isométricas.
(C) as únicas geodésicas do cilindro são as retas.
(D) a curvatura gaussiana do cilindro é constante e positiva.
(E) as curvas $a_1(t)$ e $a_2(t)$ são os paralelos das respectivas superfícies de rotação.

5. (ENADE – 2008)

Quando uma partícula desloca-se ao longo de uma curva C parametrizada por $r(t) = (x(t), y(t), z(t))$, $t \in [a, b]$, sob a ação de um campo de força $\vec{F}$ em $\mathbb{R}^3$, o trabalho realizado pelo campo ao longo de C é dado por

$$\int_C \vec{F}.dr = \int_a^b \vec{F}(r(t)).\frac{dr}{dt}(t)dt.$$

Se $\vec{F}(r) = f(|r|)\frac{r}{|r|}$, em que $f : \mathbb{R} \to \mathbb{R}$ é uma função contínua e $|r| = \sqrt{x^2+y^2+z^2}$, então $\vec{F} = grad(g(|r|))$, em que g é uma primitiva de f. Considerando essas informações, conclui-se que o trabalho realizado pelo campo $\vec{F}(r) = \frac{2\pi}{|r|^2} r$ ao longo da hélice C dada por $r(t) = (\cos t, \sen t, t)$, $t \in [0, 2p]$, é

(A) $-2\pi \ln(1 + 4\pi^2)$.

(B) $-6\pi \left(\frac{1}{\sqrt{[1+4\pi^2]^3}} - 1 \right)$.

(C) $2\pi \left(1 - \frac{1}{\sqrt{1+4\pi^2}} \right)$.

(D) $4\pi \ln\sqrt{1 + 4\pi^2}$.

(E) $2\pi \ln\sqrt{1 + 4\pi^2}$.

6. (ENADE – 2001)

Uma pessoa procurava um hotel numa determinada rua. Sabia que ele se situava nessa rua, mas não sabia se à direita ou à esquerda do ponto P em que se encontrava. Usou então o seguinte processo:

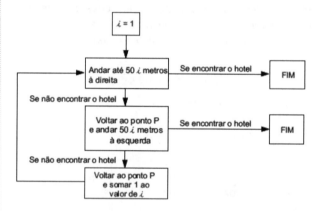

Se o hotel estava a 700 metros à esquerda do ponto P, para encontrá-lo a pessoa andou

(A) 14km
(B) 15km
(C) 18,9km
(D) 20,3km
(E) 21km

7. (ENADE – 2000) DISCURSIVA

Como bem se sabe, a América do Sul (17,9 milhões de km²) é muito maior que a Europa (9,8 milhões de km²), embora ambas pareçam aproximadamente do mesmo tamanho nos mapas comuns. Tais mapas utilizam a projeção criada na Alemanha em 1569 pelo geógrafo e matemático Gerhard Kremer Mercator (1512 – 1594). Uma alternativa à projeção de Mercator é a projeção criada pelo historiador alemão Arno Peters, que preserva a razão entre as áreas dos diversos países. Esta projeção é feita da seguinte maneira: considere um cilindro de altura **2R** circunscrito a uma esfera de raio **R**, ambos com o mesmo baricentro.

Dado um ponto **P** no cilindro, considere o segmento de reta que liga **P** ao eixo do cilindro e que é perpendicular a esse eixo. Defina **f(P)** como sendo a intersecção desse segmento com a esfera.

Mostre que **f** preserva a razão de áreas entre regiões no cilindro e as correspondentes imagens na esfera. **(valor: 20,0 pontos)**

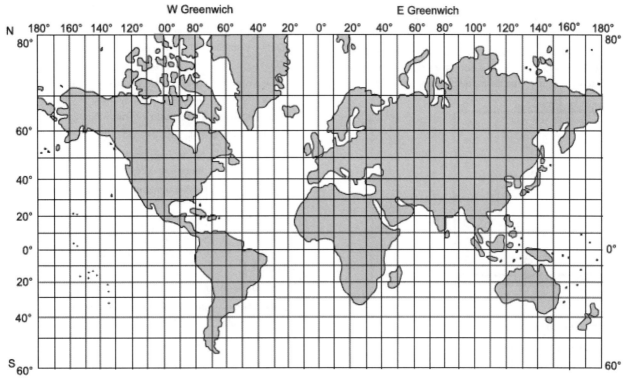

Projeção cilíndrica equatorial ou de Mercator.

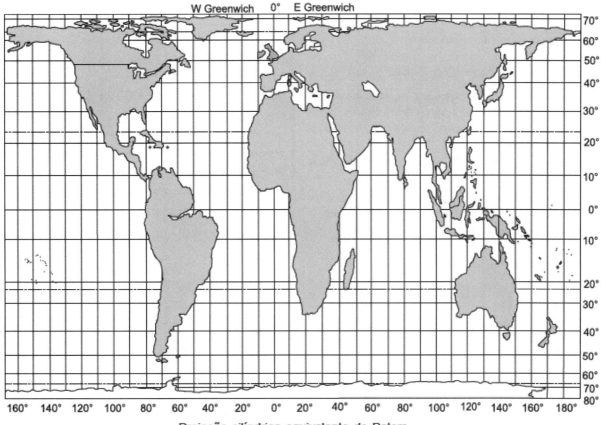

Projeção cilíndrica equivalente de Peters.

H) Topologia dos Espaços Métricos.

1. (ENADE – 2008)

No plano $\mathbb{R}^2$, considere que o conjunto Q consiste dos lados de um quadrado de lado unitário. Nesse conjunto, pode-se definir uma métrica d da seguinte maneira: dados dois pontos distintos, A, B Î Q, d(A, B) é definida como o comprimento euclidiano da menor poligonal contida em Q e com extremidades A e B, e d(A, B) = 0, se A = B, conforme ilustra a figura abaixo.

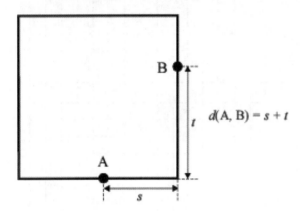

O espaço métrico Q, munido da métrica d,

(A) tem diâmetro igual a $\sqrt{2}$.
(B) possui um par de pontos tais que $d(x, y) \neq d(y, x)$.
(C) é um subespaço métrico do plano $\mathbb{R}^2$ munido da métrica euclidiana.
(D) coincide com uma bola aberta de centro em um dos vértices de Q e de raio 3 na métrica d.
(E) é igual à união de duas bolas abertas de centros em vértices distintos de Q e de raio 1 na métrica d.

2. (ENADE – 2002) DISCURSIVA

Em um espaço métrico M, com distância d, a bola aberta de raio r > 0 e centro peM é o conjunto $B_r(p) = \{x \in M \mid d(x,p) < r\}$. Por definição, um conjunto A ∈ M é aberto se para qualquer ponto p ∈ A existir e > 0 tal que $B_e(p) \in A$.

a) Mostre que a união de uma família qualquer de conjuntos abertos é um conjunto aberto. **(valor: 5,0 pontos)**
b) Mostre que a interseção de uma família finita não vazia de conjuntos abertos é um conjunto aberto. **(valor: 10,0 pontos)**
c) Em **R**, com a métrica usual, o conjunto {0} não é aberto. Dê exemplo de uma família infinita de conjuntos abertos de **R** cuja interseção seja {0}. **(valor: 5,0 pontos)**

3. (ENADE – 2001) DISCURSIVA

Sejam X e Y espaços métricos, A ⊂ X e f : X → Y uma função.
a) Qual é o significado de "A é aberto"? (valor: 5,0 pontos)
b) Qual é o significado de "A é fechado"? (valor: 5,0 pontos)
c) Qual é o significado de "f é contínua em X"? (valor: 5,0 pontos)
d) Se a ∈ Y e f é contínua em X, mostre que o conjunto solução da equação f (x) = a é fechado. (valor: 5,0 pontos)

a) 1ª Alternativa de solução

A é aberto em X significa que, para todo x Î A, existe e > 0 tal que a bola aberta (vizinhança) de centro x e raio å , ou seja,

$\{y \in X \mid d(y;x) < \varepsilon\}$ está contida em A. (valor: 5,0 pontos)

2ª Alternativa de solução

A é aberto em X significa que, para todo ponto a Î A, existe um d > 0, tal que se x Î X e d (x , a) < d , então também x Î A. (valor: 5,0 pontos)

3ª Alternativa de solução

A é aberto em X significa que o complemento de A (isto é, X - A) é fechado. (valor: 5,0 pontos)

b) 1ª Alternativa de solução

A é fechado em X significa que o complemento de A (isto é, X - A) é aberto. (valor: 5,0 pontos)

2ª Alternativa de solução

A é fechado em X significa que, para todo ponto r Î X - A, existe um d > 0 tal que se s Î X e d (r , s) < d então também s Ï A. (valor: 5,0 pontos)

3ª Alternativa de solução

4. (ENADE – 1999) DISCURSIVA

Prove que se uma função $f: \mathbb{R}^n \to \mathbb{R}^n$ é contínua, então a imagem inversa f^{-1} (V) de todo subconjunto aberto V∈ $\mathbb{R}^n$ é um subconjunto aberto de $\mathbb{R}^n$. **(valor: 20,0 pontos)**

Definição: Uma função $f: \mathbb{R}^n \to \mathbb{R}^n$ é contínua num ponto $a \in \mathbb{R}^n$ quando, para todo ∈ > 0 existe d > 0 tal que $|x - a| < \delta \Rightarrow |f(x) - f(a)| < \epsilon$.

A) Matemática, História e Cultura: Conteúdos, Métodos e Significados na Produção e Organização do Conhecimento Matemático para a Educação Básica;

1. (ENADE – 2011)

Na Sociologia da Educação, o currículo é considerado um mecanismo por meio do qual a escola define o plano educativo para a consecução do projeto global de educação de uma sociedade, realizando, assim, sua função social. Considerando o currículo na perspectiva crítica da Educação, avalie as afirmações a seguir.

I. O currículo é um fenômeno escolar que se desdobra em uma prática pedagógica expressa por determinações do contexto da escola.
II. O currículo reflete uma proposta educacional que inclui o estabelecimento da relação entre o ensino e a pesquisa, na perspectiva do desenvolvimento profissional docente.
III. O currículo é uma realidade objetiva que inviabiliza intervenções, uma vez que o conteúdo é condição lógica do ensino.
IV. O currículo é a expressão da harmonia de valores dominantes inerentes ao processo educativo.

É correto apenas o que se afirma em

(A) I.
(B) II.
(C) I e III.
(D) II e IV.
(E) III e IV.

2. (ENADE – 2011)

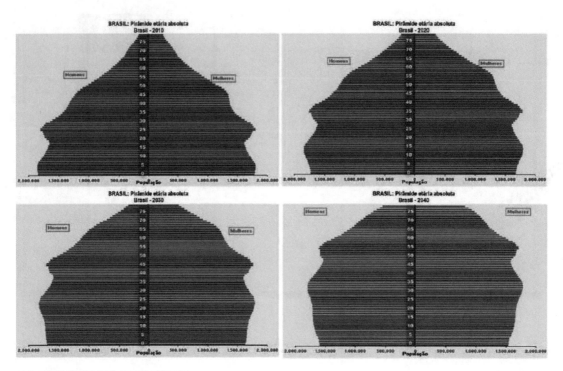

Figura. Brasil: Pirâmide Etária Absoluta (2010-2040)

Disponível em: <www.ibge.gov.br/home/estatistica/populacao/projecao_da_populacao/piramide/piramide.shtm>. Acesso em: 23 ago. 2011.

Com base na projeção da população brasileira para o período 2010-2040 apresentada nos gráficos, avalie as seguintes asserções.

Constata-se a necessidade de construção, em larga escala, em nível nacional, de escolas especializadas na Educação de Jovens e Adultos, ao longo dos próximos 30 anos.

PORQUE

Haverá, nos próximos 30 anos, aumento populacional na faixa etária de 20 a 60 anos e decréscimo da população com idade entre 0 e 20 anos.

A respeito dessas asserções, assinale a opção correta.

(A) As duas asserções são proposições verdadeiras, e a segunda é uma justificativa correta da primeira.
(B) As duas asserções são proposições verdadeiras, mas a segunda não é uma justificativa da primeira.
(C) A primeira asserção é uma proposição verdadeira, e a segunda, uma proposição falsa.
(D) A primeira asserção é uma proposição falsa, e a segunda, uma proposição verdadeira.
(E) Tanto a primeira quanto a segunda asserções são proposições falsas.

3. (ENADE – 2011)

No intuito de proporcionar uma reestruturação dos princípios norteadores da educação nacional, a Lei de Diretrizes e Bases da Educação Nacional (Lei nº 9.394/1996) transformou em direito do cidadão e dever do Estado antigos anseios de diversos movimentos populares, entre eles, a oferta de educação escolar regular para jovens e adultos, como se vê no trecho destacado a seguir:

Art. 4º O dever do Estado com educação escolar pública será efetivado mediante a garantia de:

(...)

VII - oferta de educação escolar regular para jovens e adultos, com características e modalidades adequadas às suas necessidades e disponibilidades, garantindo-se aos que forem trabalhadores as condições de acesso e permanência na escola.

Considerando a modalidade de ensino de que trata esse fragmento da Lei nº 9.394/1996, e para tornar o ensino de matemática mais significativo para quem aprende, o professor deve priorizar

I. atividades que promovam um processo de negociação de significados constituídos com o conteúdo destacado e o sujeito social.
II. atividades que padronizem os procedimentos matemáticos realizados pelos alunos, pois, dessa forma, promoverá o domínio da notação matemática.
III. atividades que, a partir de situações cotidianas, promovam a percepção da relevância do conhecimento matemático.
IV. a linguagem simbólica, pois, dessa forma, poderá promover a percepção das especificidades dessa área de conhecimento.

É correto apenas o que se afirma em

(A) I.

(B) II.

(C) I e III.

(D) II e IV.

(E) III e IV.

4. (ENADE – 2011)

No que se refere à organização curricular, avalie as asserções a seguir.

Com relação à organização curricular na área de matemática, as ideias de linearidade e acumulação têm presenças marcantes em diversas produções didáticas da área, pois esse processo linear de trabalho pedagógico é fundamental para a apresentação da conexão e hierarquia das estruturas matemáticas.

PORQUE

Por meio da linearidade, os conteúdos matemáticos são dispostos dos mais simples para os mais complexos, obedecendo a uma estrutura lógica em que cada novo assunto pode ser assimilado pelo aluno, o que propicia o desenvolvimento pleno de sua autonomia acadêmica.

A respeito dessas asserções, assinale a resposta correta.

(A) As duas asserções são proposições verdadeiras, e a segunda é uma justificativa correta da primeira.

(B) As duas asserções são proposições verdadeiras, mas a segunda não é uma justificativa correta da primeira.

(C) A primeira asserção é uma proposição verdadeira, e a segunda, uma proposição falsa.

(D) A primeira asserção é uma proposição falsa, e a segunda, uma proposição verdadeira.

(E) Tanto a primeira quanto a segunda asserções são proposições falsas.

5. (ENADE – 2008)

A Matemática no ensino médio tem papel formativo — contribui para o desenvolvimento de processos de pensamento e para a aquisição de atitudes — e caráter instrumental — pode ser aplicada às diversas áreas do conhecimento —, mas deve ser vista também como ciência, com suas características estruturais específicas.

OCNEM (com adaptações).

Ao planejar o estudo de funções no ensino médio, o(a) professor(a) deve observar que

(A) o objetivo do estudo de exponenciais é encontrar os zeros dessas funções.

(B) as funções logarítmicas podem ser usadas para transformar soma em produto.

(C) as funções trigonométricas devem ser apresentadas após o estudo das funções exponenciais.

(D) a função quadrática é exemplo típico de comportamento de fenômenos de crescimento populacional.

(E) o estudo de funções polinomiais deve contemplar propriedades de polinômios e de equações algébricas.

6. (ENADE – 2008)

Segundo os parâmetros curriculares nacionais, todas as disciplinas escolares devem contribuir com a construção da cidadania. Refletindo sobre esse tema, avalie as asserções a seguir.

Uma forma de o ensino da Matemática contribuir com a formação do cidadão é o professor propor situações-problema aos alunos, pedir que eles exponham suas soluções aos colegas e expliquem a estratégia de resolução utilizada, estimulando o debate entre eles,

porque

os alunos, ao expor seu trabalho para os colegas, ouvir e debater com eles as diferentes estratégias utilizadas, são estimulados a justificar suas próprias estratégias, o que contribui com o desenvolvimento da autonomia, estimula a habilidade de trabalhar em coletividade e a respeitar a opinião do outro, características fundamentais de um cidadão crítico e consciente.

A respeito dessa afirmação, assinale a opção correta.

(A) As duas asserções são proposições verdadeiras, e a segunda é uma justificativa correta da primeira.

(B) As duas asserções são proposições verdadeiras, mas a segunda não é uma justificativa correta da primeira.

(C) A primeira asserção é uma proposição verdadeira, e a segunda é falsa.

(D) A primeira asserção é uma proposição falsa, e a segunda é verdadeira.

(E) Ambas as asserções são proposições falsas.

7. (ENADE – 2005)

Não se pode negar que, embora bastante presentes em problemas envolvendo valores monetários e medidas, os números decimais constituem uma dificuldade no processo da aprendizagem matemática nas escolas. Uma das causas desse problema está na estrutura do currículo da matemática na escola básica.

Julgue os itens a seguir, acerca do ensino dos números decimais no currículo da educação básica.

I. Os números decimais representam uma expansão do sistema de numeração decimal enquanto base decimal e, por isso, seu conceito e representação no currículo precisam vir articulados à expansão da estrutura do sistema decimal.

II. O ensino dos números decimais deve preceder o ensino do sistema monetário, uma vez que o conhecimento dos decimais no currículo da educação básica é um pré-requisito para a aprendizagem desse conteúdo.

III. O currículo de matemática da escola básica deve propor, inicialmente, o ensino das frações com qualquer denominador, para então tratar das frações decimais como um caso específico, introduzindo, então, os números decimais.

IV. A ação do aluno em contextos de significado envolvendo valores monetários e medidas é fonte geradora de aprendizagem dos números decimais e, portanto, de ensino na escola, em um processo de resgate dos conhecimentos prévios dos alunos. São reflexões apropriadas para a superação da problemática da baixa aprendizagem dos números decimais na escola apenas as contidas nos itens

(A) I e II.
(B) I e III.
(C) I e IV.
(D) II e III.
(E) II, III e IV.

B) Matemática, Escola e Ensino: Seleção, Organização e Tratamento do Conhecimento Matemático a ser Ensinado;

1. (ENADE – 2011)

O fazer docente pressupõe a realização de um conjunto de operações didáticas coordenadas entre si. São o planejamento, a direção do ensino e da aprendizagem e a avaliação, cada uma delas desdobradas em tarefas ou funções didáticas, mas que convergem para a realização do ensino propriamente dito.

LIBÂNEO, J. C. **Didática**. São Paulo: Cortez, 2004, p. 72.

Considerando que, para desenvolver cada operação didática inerente ao ato de planejar, executar e avaliar, o professor precisa dominar certos conhecimentos didáticos, avalie quais afirmações abaixo se referem a conhecimentos e domínios esperados do professor.

I. Conhecimento dos conteúdos da disciplina que leciona, bem como capacidade de abordá-los de modo contextualizado.
II. Domínio das técnicas de elaboração de provas objetivas, por se configurarem instrumentos quantitativos precisos e fidedignos.
III. Domínio de diferentes métodos e procedimentos de ensino e capacidade de escolhê-los conforme a natureza dos temas a serem tratados e as características dos estudantes.
IV. Domínio do conteúdo do livro didático adotado, que deve conter todos os conteúdos a serem trabalhados durante o ano letivo.

É correto apenas o que se afirma em

(A) I e II.
(B) I e III.
(C) II e III.
(D) II e IV.
(E) III e IV.

2. (ENADE – 2003) DISCURSIVA

Uma nova linha no ensino de Geometria vem recebendo o nome de Geometria Dinâmica. Trata-se da utilização de *softwares* de construções geométricas que permitem a transformação de figuras mantendo um certo número de suas propriedades.

a) Indique o nome de um desses *softwares*, descrevendo duas de suas potencialidades. **(valor: 10,0 pontos)**

b) Cite duas vantagens do uso de um desses *softwares* sobre a construção com régua e compasso em papel. **(valor: 5,0 pontos)**

c) Apresente um exemplo de propriedade geométrica que possa ser mais bem estudada na "Geometria Dinâmica" do que no ensino sem o computador. **(valor: 5,0 pontos)**

3. (ENADE – 2001) DISCURSIVA

Em alguns livros didáticos de Matemática são apresentados resultados práticos (objetivos, segundo os autores), que colocam o aluno como um aplicador de fórmulas surgidas não se sabe de onde, e sem explicitar para o estudante a estrutura lógico-dedutiva da Matemática. Muitos desses livros apresentam, como uma receita mágica, a fórmula que resolve as equações quadráticas.

Sendo a, b e c números reais tais que $a \neq 0$ e $b^2 - 4ac > 0$, demonstre que, se x é um real tal que

$ax^2 + bx + c = 0$, então $x =$

$$x = \frac{-b + \sqrt{b^2 - 4ac}}{2a} \text{ ou } x = \frac{-b - \sqrt{b^2 - 4ac}}{2a}$$

(valor: 2,0 pontos)

4. (ENADE – 2000) DISCURSIVA

O aluno de Licenciatura nem sempre se dá conta da relação entre o curso da Universidade e os temas que vai lecionar. A Integral de Riemann, por exemplo, esclarece a definição de área. Tanto o cálculo da integral pode servir para o cálculo de áreas quanto vice-versa.

a) Esboce o gráfico de $y = \sqrt{1 - x^2}$ para $0 \leq x \geq 1$. **(valor: 10,0 pontos)**

b) Calcule o valor da integral $\int_0^{1/2} \sqrt{1 - x^2}\, dx$ por meio de sua interpretação como área no plano, recorrendo apenas à Geometria e à Trigonometria estudadas usualmente nos cursos Fundamental e Médio. **(valor: 10,0 pontos)**

5. (ENADE – 1999)

Teorema de Tales

"Se três retas paralelas *r*, *s* e *t* cortam duas transversais *m* e *n* nos pontos A, B, C e D, E, F, respectivamente, então as razões $\frac{AB}{BC}$ e $\frac{DE}{EF}$ são iguais."

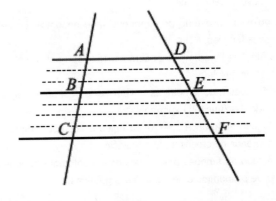

A demonstração do Teorema de Tales usualmente encontrada nos textos para o ensino fundamental segue duas etapas.

I - Prova-se que, se $AB = BC$, então $DE = EF$.

II - Supondo que $AB \neq BC$, considera-se um segmento de comprimento u tal que:

$$AB = p.u \quad e \quad BC = q.u, \text{ sendo } p,q \in \mathbb{N}, p \neq q.$$

Utiliza-se, então, o resultado da etapa I para concluir que as paralelas pelos pontos de subdivisão de AB e BC dividirão também DE e EF em partes iguais (de comprimento u'). Daí, conclui-se que: $\frac{AB}{BC} = \frac{p}{q} = \frac{DE}{EF}$

a) Este tipo de demonstração abrange os casos nos quais $\frac{AB}{BC}$ é natural? racional? real qualquer? Justifique. **(valor: 10,0 pontos)**

b) Cite dois exemplos de conteúdos da geometria elementar cujo ensino utilize o Teorema de Tales. **(valor: 10,0 pontos)**

6. (ENADE – 1998)

Você está conduzindo um curso para uma das últimas séries do Ensino Fundamental, e vai começar o assunto "Áreas das figuras planas". Para iniciar com um exemplo sugestivo, você fez com que seus alunos desenhassem um retângulo com dimensões de 7cm e 5cm e pesquisassem o número de quadrados unitários (de 1cm²) em que se pode decompor o retângulo dado. Todos perceberam que, dividindo o lado maior em 7 segmentos e o lado menor em 5 segmentos de 1cm, e traçando paralelas aos lados, o retângulo ficava decomposto em 7 x 5 = 35 quadrados unitários e, portanto, sua área era de 35cm². Algumas experiências mais com outros números inteiros positivos e, finalmente, com inteiros positivos genéricos a e b, convenceram a todos de que a área de um retângulo é dada (em cm²) pela fórmula $a \times b$, quando os lados não paralelos têm medidas a e b (em cm).

Na aula seguinte, um aluno pergunta: "E o que acontecerá se os lados do retângulo medirem 3,6cm e 6,2cm?".

Como você lidaria com esta pergunta? **(valor: 20,0 pontos)**

C) Matemática, Linguagem e Comunicação na Sala de Aula: Intenções e Atitudes na Escolha de Procedimentos Didáticos; História da Matemática, Modelagem e Resolução de Problemas; Uso de Tecnologias e de Jogos;

1. (ENADE – 2011)

Na escola em que João é professor, existe um laboratório de informática, que é utilizado para os estudantes trabalharem conteúdos em diferentes disciplinas. Considere que João quer utilizar o laboratório para favorecer o processo ensino-aprendizagem, fazendo uso da abordagem da Pedagogia de Projetos. Nesse caso, seu planejamento deve

(A) ter como eixo temático uma problemática significativa para os estudantes, considerando as possibilidades tecnológicas existentes no laboratório.

(B) relacionar os conteúdos previamente instituídos no início do período letivo e os que estão no banco de dados disponível nos computadores do laboratório de informática.

(C) definir os conteúdos a serem trabalhados, utilizando a relação dos temas instituídos no Projeto Pedagógico da escola e o banco de dados disponível nos computadores do laboratório.

(D) listar os conteúdos que deverão ser ministrados durante o semestre, considerando a sequência apresentada no livro didático e os programas disponíveis nos computadores do laboratório.

(E) propor o estudo dos projetos que foram desenvolvidos pelo governo quanto ao uso de laboratórios de informática, relacionando o que consta no livro didático com as tecnologias existentes no laboratório.

2. (ENADE – 2011)

QUINO. **Toda a Mafalda**. Trad. Andréa Stahel M. da Silva et al. São Paulo: Martins Fontes, 1993, p. 71.

Muitas vezes, os próprios educadores, por incrível que pareça, também vítimas de uma formação alienante, não sabem o porquê daquilo que dão, não sabem o significado daquilo que ensinam e quando interrogados dão respostas evasivas: "é pré-requisito para as séries seguintes", "cai no vestibular", "hoje você não entende, mas daqui a dez anos vai entender". Muitos alunos acabam acreditando que aquilo que se aprende na escola não é para entender mesmo, que só entenderão quando forem adultos, ou seja, acabam se conformando com o ensino desprovido de sentido.

VASCONCELLOS, C. S. **Construção do conhecimento em sala de aula**. 13ª ed. São Paulo: Libertad, 2002, p. 27-8.

Correlacionando a tirinha de Mafalda e o texto de Vasconcellos, avalie as afirmações a seguir.

I. O processo de conhecimento deve ser refletido e encaminhado a partir da perspectiva de uma prática social.

II. Saber qual conhecimento deve ser ensinado nas escolas continua sendo uma questão nuclear para o processo pedagógico.

III. O processo de conhecimento deve possibilitar compreender, usufruir e transformar a realidade.

IV. A escola deve ensinar os conteúdos previstos na matriz curricular, mesmo que sejam desprovidos de significado e sentido para professores e alunos.

É correto apenas o que se afirma em

(A) I e III.

(B) I e IV.

(C) II e IV.

(D) I, II e III.

(E) II, III e IV.

3. (ENADE – 2011)

Na perspectiva da matemática, de uma forma geral, o jogo é objeto de estudo no campo das probabilidades, enquanto, na perspectiva da pedagogia, é analisado como possibilidade de produção de aprendizagens. A Educação Matemática propõe análises que permeiam essas duas situações em conjunto, buscando uma interface voltada para a exploração de conceitos e procedimentos matemáticos, análise de dados e interpretação de soluções, por meio de atividades lúdicas em que o desenvolvimento da autonomia do aluno pode ser estimulado. A partir dessas observações, analise as asserções a seguir.

A interface mencionada no texto é possível pois tanto a matemática quanto o jogo se realizam no campo da materialidade.

PORQUE

Sob a perspectiva de atividade matemática, o jogo se encontra no plano epistemológico da matemática que visa abstrair o real, proporcionando um espaço em que o aluno pode, de forma criativa, testar, validar e socializar seus esquemas de ação.

Acerca dessas asserções, assinale a resposta correta.

(A) As duas asserções são proposições verdadeiras, e a segunda é uma justificativa correta da primeira.

(B) As duas asserções são proposições verdadeiras, mas a segunda não é uma justificativa correta da primeira.

(C) A primeira asserção é uma proposição verdadeira, e a segunda, uma proposição falsa.

(D) A primeira asserção é uma proposição falsa, e a segunda, uma proposição verdadeira.

(E) Tanto a primeira quanto a segunda asserções são proposições falsas.

4. (ENADE – 2008)

As potencialidades pedagógicas da história no ensino de matemática têm sido bastante discutidas. Entre as justificativas para o uso da história no ensino de matemática, inclui-se o fato de ela suscitar oportunidades para a investigação. Considerando essa justificativa, um professor propôs uma atividade a partir da informação histórica de que o famoso matemático Pierre Fermat [1601-1665], que se interessava por números primos, percebeu algumas relações entre números primos ímpares e quadrados perfeitos.

Para que os alunos também descobrissem essa relação, pediu que eles completassem a tabela a seguir, verificando quais números primos ímpares podem ser escritos como soma de dois quadrados perfeitos. Além disso, solicitou que observassem alguma propriedade comum a esses números.

3	5	7	11	13	17	19	23	29
	1+4			4+9	1+16			
não	sim	não	não	sim	sim			

A partir da atividade de investigação proposta pelo professor, analise as afirmações seguintes.

I. Todo número primo da forma $4n + 1$ pode ser escrito como a soma de dois quadrados perfeitos.

II. Todo número primo da forma $4n + 3$ pode ser escrito como a soma de dois quadrados perfeitos.

III. Todo número primo da forma $2n + 1$ pode ser escrito como a soma de dois quadrados perfeitos.

Está correto o que se afirma em

(A) I, apenas.

(B) II, apenas.

(C) I e III, apenas.

(D) II e III, apenas.

(E) I, II e III.

5. (ENADE – 2008)

Na discussão relativa a funções exponenciais, um professor propôs a seguinte questão:

Para que valores não nulos de k e m a função $f(x) = me^{kx}$ é uma função crescente?

Como estratégia de trabalho para que os alunos respondam à questão proposta, é adequado e suficiente o professor sugerir que os alunos

(A) considerem $m = 1$ e $k = 1$, utilizem uma planilha eletrônica para calcular valores da função f em muitos pontos e comparem os valores obtidos.

(B) considerem $m = 1$ e $k = 1$, $m = -1$ e $k = 1$, esbocem os gráficos da função f e, em seguida, comparem esses dois gráficos.

(C) formem pequenos grupos, sendo que cada grupo deve esboçar o gráfico de uma das funções $y = me^x$, para $m = 1, 2, 3, 4$ ou 5, e comparem, em seguida, os gráficos encontrados.

(D) esbocem os gráficos das funções $y = e^x$ e $y = e^{-x}$ e analisem o que acontece com esses gráficos quando a variável e a função forem multiplicadas por constantes positivas ou negativas.

(E) construam uma tabela com os valores de f para x número inteiro variando de -5 a 5, fixando $m = 1$ e $k = 1$ e, em seguida, comparem os valores encontrados.

6. (ENADE – 2008)

Observe a seguinte atividade de construções geométricas.

- Construir um triângulo ABC qualquer.
- Traçar a bissetriz do ângulo $\widehat{BAC}$ e, em seguida, a bissetriz do ângulo $\widehat{ABC}$.
- Marcar o ponto de encontro dessas duas bissetrizes.
- Traçar a bissetriz do ângulo $\widehat{ACB}$.

O que você observa?

Será que, se você recomeçar a construção a partir de outro triângulo, chegará à mesma observação?

O uso de um *software* de geometria dinâmica na execução dessa atividade e de outras similares

(A) pode mostrar que o estudo das construções com régua e compasso é desnecessário.

(B) dispensa a demonstração dos resultados encontrados pelos alunos.

(C) prejudica o desenvolvimento do raciocínio lógico-dedutivo.

(D) dificulta o desenvolvimento do pensamento geométrico.

(E) pode contribuir para a elaboração de conjecturas pelos alunos.

7. (ENADE – 2008)

A figura abaixo mostra alguns segmentos construídos em um geoplano por um estudante, de acordo com a orientação dada pela professora.

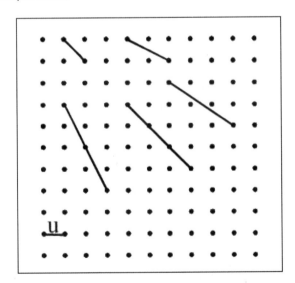

Acerca do uso do geoplano retangular nessa atividade, assinale a opção **incorreta**.

(A) O geoplano auxilia na compreensão de que $\sqrt{a} + \sqrt{b} \neq \sqrt{a+b}$.

(B) O geoplano auxilia na compreensão de que $\sqrt{ab} = \sqrt{a}\sqrt{b}$.

(C) O geoplano auxilia na representação geométrica de números irracionais da forma $\sqrt{a}$.

(D) O geoplano auxilia na obtenção da relação entre o comprimento de uma circunferência e seu diâmetro.

(E) O geoplano auxilia na simplificação de expressões com irracionais algébricos, como, por exemplo, $\sqrt{20} + \sqrt{5} = 3\sqrt{5}$.

8. (ENADE – 2008)

Entre os procedimentos envolvidos na modelagem de uma situação-problema, estão sua tradução para a linguagem matemática e a resolução do problema, utilizando-se conhecimentos matemáticos. Nessa perspectiva, um professor propôs a seguinte situação-problema para seus alunos:

Escolha o nome para uma empresa que possa ser lido da mesma forma de qualquer um dos lados de uma porta de vidro transparente.

A solução desse problema pressupõe encontrar

(A) letras do alfabeto que sejam simétricas em relação a um ponto.

(B) letras do alfabeto que tenham simetria em relação a um eixo horizontal.

(C) letras do alfabeto que tenham simetria em relação a um eixo vertical.

(D) palavras que sejam simétricas em relação a um ponto.

(E) palavras que sejam simétricas em relação a um eixo horizontal.

9. (ENADE – 2005)

Uma das fontes da história da matemática egípcia é o papiro Rhind, ou papiro Ahmes (1650 a.C.). Constam desse documento os problemas a seguir.

Problema 1: Comparar a área de um círculo com a área de um quadrado a ele circunscrito. A seguinte figura faz parte da resolução desse problema.

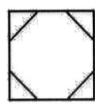

Problema 2: "Exemplo de um corpo redondo de diâmetro 9. Qual é a área?"

A solução apresentada pelo escriba pode ser descrita como:

- remover $\dfrac{1}{9}$ do diâmetro; o restante é 8;

- multiplicar 8 por 8; perfaz 64. Portanto, a área é 64;

O procedimento do escriba permite calcular a área A de um círculo de diâmetro d aplicando a fórmula $A = \left(\dfrac{8}{9}d\right)^2$.

Com base nessas informações, julgue os itens a seguir.

I. A figura do problema 1 sugere aproximar a área de um círculo à área de um octógono.

II. O procedimento, no problema 2, fornece uma aproximação para B, por excesso, correta até a 2ª casa decimal.

III. De acordo com o procedimento, no problema 2, a área do círculo de diâmetro d é igual à de um quadrado de lado $\dfrac{8}{9}d$.

Assinale a opção correta.

(A) Apenas um item está certo.
(B) Apenas os itens I e II estão certos.
(C) Apenas os itens I e III estão certos.
(D) Apenas os itens II e III estão certos.
(E) Todos os itens estão certos.

10. (ENADE – 2005)

É comum alunos do ensino médio conhecerem a demonstração do teorema de Pitágoras feita no livro I de **Os Elementos** de Euclides.

Nela, usa-se o fato de que todo triângulo retângulo ABC, de catetos a e b e hipotenusa c, está inscrito em um semicírculo. Demonstra-se que as projeções m e n de AB e AC sobre a hipotenusa satisfazem à relação $mn = h^2$, em que h é a altura do triângulo. Por meio das relações de proporcionalidade entre os lados dos triângulos ABD, CAD e CBA, prova-se que $a^2 + b^2 = c^2$.

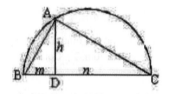

Além de demonstrar o teorema de Pitágoras, o professor pode, ainda, com essa estratégia, demonstrar que

I. é possível construir, com régua e compasso, a média geométrica entre dois números reais m e n.
II. é possível construir, com régua e compasso, um quadrado de mesma área que a de um retângulo de lados m e n.
III. todos os triângulos retângulos que aparecem na figura são semelhantes.

Assinale a opção correta.

(A) Apenas um item está certo.
(B) Apenas os itens I e II estão certos.
(C) Apenas os itens I e III estão certos.
(D) Apenas os itens II e III estão certos.
(E) Todos os itens estão certos.

11. (ENADE – 2008) DISCURSIVA

No retângulo ABCD abaixo, o lado AB mede 7 cm e o lado AD mede 9 cm. Os pontos I, J, K e L foram marcados sobre os lados AB, BC, CD e DA, respectivamente, de modo que os segmentos AI, BJ, CK e DL são congruentes.

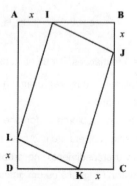

Com base nessa situação, faça o que se pede nos itens a seguir.

a) Demonstre que o quadrilátero IJKL é um paralelogramo.
(valor: 3,0 pontos)

b) Escreva a função que fornece a área do paralelogramo IJKL em função de x e determine, caso existam, seus pontos de máximo e de mínimo
(valor: 4,0 pontos)

c) Na resolução desse problema, que conceitos matemáticos podem ser explorados com alunos do ensino fundamental e do ensino médio?
(valor: 3,0 pontos)

12. (ENADE – 2003) DISCURSIVA

Uma roda-gigante tem 30 metros de diâmetro, completa uma volta em 120 segundos e o embarque dos passageiros se dá no carro situado no ponto mais baixo da roda-gigante, a 2 metros de altura a partir do solo. Considere, ainda, a roda como uma circunferência num plano perpendicular ao plano do solo, o passageiro como um ponto dessa circunferência, o movimento uniforme e o instante do início do movimento como $t = 0$.

a) Encontre a altura máxima, em relação ao solo, alcançada pelo passageiro durante uma volta completa e a velocidade angular da roda, em radianos por segundo. **(valor: 5,0 pontos)**

b) É verdadeira a afirmação: "*Em quinze segundos, a altura alcançada pelo passageiro é um quarto da altura máxima que ele pode alcançar*"? Justifique sua resposta. **(valor: 5,0 pontos)**

c) Encontre a altura em que o passageiro estará no instante $t = 75s$. **(valor: 5,0 pontos)**

d) Determine $h(t)$, altura (em relação ao solo) em que se encontra o passageiro no instante t, e esboce o seu gráfico. **(valor: 5,0 pontos)**

13. (ENADE – 2003) DISCURSIVA

O ensino de logaritmos apresenta algumas dificuldades metodológicas. Uns preferem construir primeiramente a função exponencial e definir a função logaritmo como inversa da função exponencial, transferindo as dificuldades para a construção da função exponencial.

Outros preferem definir logaritmos como áreas, ou seja, como integrais.

Adotaremos, nesta questão, a definição de logaritmo neperiano (natural) pela fórmula

$$\ln x = \int_1^x \frac{dt}{t}, \text{ para } x > 0.$$

Dados a e b positivos, prove que:

a) $\int_1^a \frac{dt}{t} = \int_b^{ab} \frac{dt}{t}$

Sugestão: mudança de variáveis

b) $\ln(ab) = \ln(a) + \ln(b)$, usando a definição acima. **(valor: 10,0 pontos)**

14. (ENADE – 2003) DISCURSIVA

Em um livro texto para a segunda série do ensino médio encontra-se, sem qualquer justificativa, a afirmação abaixo.

"PROPRIEDADES DOS POLIEDROS CONVEXOS

Num poliedro convexo, a soma dos ângulos de todas as faces é dada por

S = $(V-2).360°$, onde **V** é o número de vértices."

Em seguida, há um exemplo de aplicação dessa fórmula e são propostos exercícios. Entre estes, há um, classificado como de fixação, que tem o seguinte enunciado: *"Qual é a soma dos ângulos das faces de um poliedro convexo que tem 12 faces e 15 arestas?"* A resposta, dada no final do livro, é: 1080°.

a) Demonstre que, em um poliedro convexo com V vértices, a soma dos ângulos internos de todas as faces é, de fato, dada por **S** = $(V-2).360°$. **(valor: 10,0 pontos)**

b) De acordo com o Teorema de Euler, se existisse um poliedro convexo com 12 faces e 15 arestas, quantos vértices teria? **(valor: 5,0 pontos)**

c) Prove que o poliedro descrito no item anterior não pode existir. **(valor: 5,0 pontos)**

15. (ENADE – 2003) DISCURSIVA

Uma tendência que se nota em alguns livros didáticos recentemente publicados é a apresentação da Geometria (na 5ª série) com o estudo (descritivo) de sólidos e a exploração de conceitos como sólidos redondos (podem rolar, se empurrados) e não redondos. As noções pelas quais se iniciavam Os Elementos (ponto, reta, plano) são apresentadas posteriormente, por exemplo: o plano é apresentado como um conceito abstrato, idealizado a partir de objetos concretos tais como o tampo de uma mesa na qual se apoiam os poliedros, ou as faces de um sólido não redondo.

Informe que sequência você utilizaria para a apresentação desse conteúdo e justifique sua escolha.

16. (ENADE – 2002) DISCURSIVA

Utilizamos com frequência no ensino de Geometria recortes ou dobraduras para ilustrar ou explorar as propriedades geométricas das figuras planas. Por exemplo, dado um triângulo isósceles, se o dobrarmos ao meio ao longo do segmento com extremos no ponto médio de sua base e no vértice oposto a ela, dividi-lo-emos em dois triângulos congruentes.

a) Qual é o teorema de congruência que justifica esse fato? **(valor: 5,0 pontos)**

b) Use esse teorema para provar que os dois triângulos obtidos são congruentes. **(valor: 5,0 pontos)**

c) Uma dobradura bem conhecida é utilizada para verificar que a soma das medidas dos ângulos de um triângulo qualquer é 180°: dobramos inicialmente o triângulo pelos pontos médios de seus dois menores lados e, em seguida, juntamos os dois vértices restantes, conforme a figura.

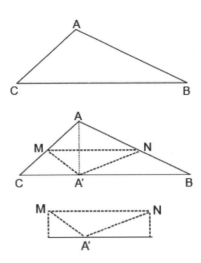

Supondo que você já demonstrou para seus alunos que a dobra por MN leva o ponto A no ponto A' em BC e que os triângulos AMN e A'MN são congruentes, conclua a prova de que a soma das medidas dos ângulos de um triângulo é 180°. **(valor: 5,0 pontos)**

d) Compare o papel da demonstração apresentada no item **c** com o do uso de material concreto no ensino da Geometria. **(valor: 5,0 pontos)**

17. (ENADE – 2002) DISCURSIVA

Um problema aparentemente simples é o da apuração de uma eleição de governantes em democracias. Entretanto, uma análise mais detalhada mostra o quão complicado é o problema, que mereceu a atenção de ilustres cientistas, como Arrow (que ganhou um Prêmio Nobel de Economia), Condorcet e Borda. Entre outros, destacamos os seguintes princípios:

Princípio da Maioria: *Em uma eleição, se houver um candidato que mereça a preferência de mais da metade dos eleitores, tal candidato deve ser o ganhador da eleição.*

Princípio de Condorcet: *Se, em um processo eleitoral, os eleitores comparam os candidatos dois a dois, um candidato que vença todas as comparações dois a dois com os outros candidatos deve ser eleito.*

As eleições são feitas geralmente pelo chamado **método plural**: *o candidato preferido pelo maior número de eleitores vence.*

No Brasil, usamos o **método do segundo turno**: *se nenhum candidato obtiver mais da metade das preferências, faz-se nova eleição à qual concorrem apenas os dois candidatos mais votados.*

a) Um candidato que satisfaça o **Princípio da Maioria** vencerá necessariamente a eleição pelo **método plural**? **(valor: 4,0 pontos)**

b) Um candidato que vence uma eleição pelo **método plural** satisfaz necessariamente o **Princípio da Maioria**? **(valor: 4,0 pontos)**

Em uma pesquisa, com 100 eleitores e 5 candidatos, **A, B, C, D** e **E**, pediu-se aos eleitores que colocassem os candidatos em ordem de preferência. Apurados os votos, apenas três ordens foram encontradas. Essas ordens, bem como a quantidade de votos de cada uma, encontram-se descritas a seguir.

- 49 eleitores colocaram os candidatos na ordem **ABCDE** (**A**, o preferido);
- 48 eleitores colocaram os candidatos na ordem **BEDCA** (**B**, o preferido);
- 3 eleitores colocaram os candidatos na ordem **CBDEA** (**C**, o preferido).

De acordo com os dados acima, responda, justificando suas respostas, às perguntas a seguir.

c) Quem venceria a eleição pelo **método plural**? **(valor: 4,0 pontos)**
d) Quem venceria a eleição pelo **método do segundo turno**? **(valor: 4,0 pontos)**
e) Que candidato satisfaz o **Princípio de Condorcet**?

18. (ENADE – 2002) DISCURSIVA

A figura a seguir representa o gráfico da taxa de variação F'(t) da quantidade de água F(t) estocada nos reservatórios de certa região durante um período de 4 anos.

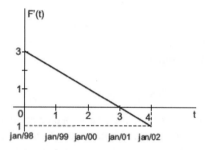

De acordo com esse gráfico, responda às questões abaixo, justificando suas respostas.

a) Em que período a quantidade foi crescente? **(valor: 10,0 pontos)**
b) Ao final do período de 4 anos, a quantidade estocada era maior ou menor que a quantidade inicial? **(valor: 10,0 pontos)**

19. (ENADE – 2002) DISCURSIVA

Sejam A e B conjuntos não vazios e f: A → B uma função.

a) O que significa dizer que "f é injetiva"? **(valor: 5,0 pontos)**
b) Seja f: {1, 2} → {3, 4, 5} definida por f (1) = 3 e f (2) = 4. Determine uma função g: {3, 4, 5} → {1, 2} tal que a composta g o f: {1, 2} → {1, 2} seja a função identidade do conjunto {1, 2}, isto é, a função I: {1, 2} → {1, 2} tal que I(x) = x para todo x ∈ {1, 2}. **(valor: 5,0 pontos)**
c) No caso geral de conjuntos A e B não vazios, prove que, se existem f: A → B e g: B → A tais que g o f é a função identidade do conjunto A, então f é injetiva. **(valor: 5,0 pontos)**
d) Reciprocamente, prove que, se f: A → B é injetiva, então existe g: B → A tal que g o f é a função identidade do conjunto A. **(valor: 5,0 pontos)**

20. (ENADE – 2001) DISCURSIVA

Em alguns cursos os professores são aconselhados a utilizar em suas aulas um tipo de material concreto denominado "Blocos Lógicos" ou "Blocos de Atributos".

Esse material é composto por 48 peças, geralmente confeccionadas em madeira, borracha ou plástico rígido, apresentadas em três cores, em dois tamanhos, em duas espessuras (uma considerada como "grossa", e outra como "fina") e em quatro formas diferentes (geralmente denominadas "quadrado", "retângulo", "triângulo" e "disco") .

Este material foi apresentado aos participantes de um curso de treinamento de professores, como um exemplo de material didático para ser utilizado na introdução ao ensino do conceito de número, de noções de sistema de numeração e de números naturais.

Um dos professores participantes do curso fez a seguinte observação: Professor X: "Apesar de estes blocos serem geralmente utilizados no ensino de noções da aritmética dos naturais, eles não são adequados do ponto de vista da sua correção geométrica, se considerarmos os nomes das formas envolvidas e a espessura como uma das características enfatizadas pelo próprio material com que as peças são confeccionadas, pois isto poderá levar o aluno a confundir figuras planas com espaciais".

Um outro professor, no entanto, contra-argumentou, dizendo:

Professor Y: "Como estamos utilizando estes blocos para trabalhar conceitos aritméticos e não estamos tratando de conceitos geométricos, não precisamos preocupar-nos com esses argumentos que o Professor X está considerando."

a) Qual desses dois professores apresentou opinião mais coerente com os objetivos do ensino da Matemática propostos pelos Parâmetros Curriculares Nacionais, no que diz respeito ao estabelecimento de conexões entre temas matemáticos de diferentes campos? **(valor: 10,0 pontos)**
b) Do ponto de vista da Geometria, como se justifica a argumentação do Professor X, levando-se em conta que todos os materiais concretos manipuláveis possuem uma espessura, ainda que mínima? **(valor: 10,0 pontos)**

21. (ENADE – 2001) DISCURSIVA

Sejam P o plano euclidiano e f uma função de P em P. São dadas as seguintes definições:

- um ponto Q de P é um ponto fixo por f se f (Q) = Q;
- uma reta r de P é uma reta fixa por f se a imagem de r por f coincide com r;
- uma reta r de P é uma reta de pontos fixos por f se, para todo A de r, A é ponto fixo por f.

a) Indique se é verdadeira ou falsa a seguinte afirmação, justificando: "Se uma reta r é uma reta de pontos fixos por f, então r é uma reta fixa por f." **(valor: 5,0 pontos)**
b) Enuncie a recíproca da afirmação enunciada em a). **(valor: 5,0 pontos)**
c) Se a recíproca enunciada em b) for verdadeira, dê uma prova; se for falsa, dê um contraexemplo. **(valor: 10,0 pontos)**

22. (ENADE – 2001) DISCURSIVA

Duas cidades, X e Y, estão situadas em lados opostos de um rio, que tem um curso retilíneo nesse trecho, conforme a figura. As duas cidades vão ser ligadas por uma ponte AB, perpendicular ao rio, de modo que a soma das distâncias XA + AB + BY seja a menor possível. Onde deverá ser localizada essa ponte?

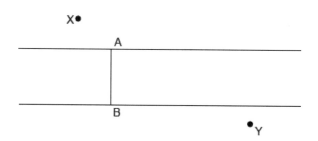

Apresente, justificando, a resposta a esse problema. **(valor: 20,0 pontos)**

23. (ENADE – 2000) DISCURSIVA

O conceito de logaritmo, introduzido na Matemática no século XVII, teve grande importância por facilitar cálculos numéricos. Atualmente, com o aperfeiçoamento dos computadores e a popularização das calculadoras, esse emprego dos logaritmos perdeu o interesse.

Apesar disso, o estudo dos logaritmos e de suas inversas, as exponenciais, permanece nos cursos médio e superior.

a) De acordo com os princípios orientadores dos PCN (Parâmetros Curriculares Nacionais), de contextualizar os assuntos tratados, justifique essa permanência citando alguma aplicação da Matemática a outra Ciência (Física, Química, Economia, Estatística, ...) em que seja empregada a função logaritmo ou sua inversa. **(valor: 10,0 pontos)**

b) Desenvolva os cálculos que levam à utilização da função logaritmo ou de sua inversa na aplicação citada em a).

24. (ENADE – 2000) DISCURSIVA

Ensinando Trigonometria, um professor construiu, para motivar seus alunos, um aparelho rudimentar, usado por alguns engenheiros e guardas-florestais para medir, à distância, a altura de árvores. Este aparelho é formado por uma placa retangular de madeira, que tem um canudo colado ao longo de um dos seus lados, e tem um fio de prumo preso a um dos vértices, próximo a uma das extremidades do canudo (Figura A).

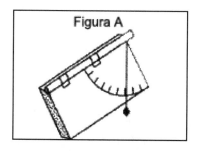

Observando o topo de uma árvore através do canudo, os profissionais verificam o ângulo indicado no transferidor pelo fio de prumo.

Segundo esses profissionais, a medida do ângulo de "visada", isto é, do ângulo formado com o plano horizontal pelo canudo, quando por ele se observa o topo da árvore, é a mesma determinada pelo fio de prumo sobre o transferidor.

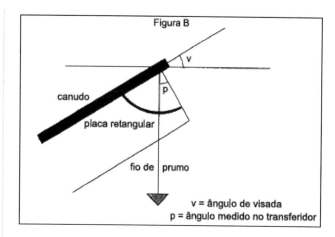

a) Com o auxílio do esquema da Figura B, verifique, justificando, se de fato o ângulo de "visada" tem a mesma medida do ângulo indicado pelo fio de prumo sobre o transferidor. **(valor: 10,0 pontos)**

b) Suponha que você deseja medir a altura, em relação ao plano horizontal dos seus olhos, do topo de uma árvore da qual você não consegue se aproximar por haver um rio entre ela e você. Utilizando esse aparelho, mostre como fazê-lo, indicando os cálculos necessários para chegar ao resultado. **(valor: 10,0 pontos)**

25. (ENADE – 2000) DISCURSIVA

Seja **T** um tetraedro regular e considere um plano que passa pelos pontos médios das três arestas que formam um dos vértices de **T**. Este plano divide **T** em dois poliedros, sendo um deles um tetraedro regular que chamaremos de **t**. Analogamente, considerando outros três planos relativamente a cada um dos outros vértices do tetraedro, é possível decompor **T** em quatro tetraedros regulares iguais a **t** e mais um poliedro, que chamaremos de **P**.

Responda justificando:

a) Qual é a forma do poliedro **P**? **(valor: 5,0 pontos)**

b) Qual é a razão entre o volume de **T** e o volume de **t**? **(valor: 5,0 pontos)**

c) Qual é a razão entre o volume de **P** e o volume de **t**? **(valor: 5,0 pontos)**

d) Descreva um material didático na forma de um "quebra-cabeças" para montar, constituído por 8 (oito) peças com formas de poliedros, o qual possa ser utilizado para auxiliar o aluno a perceber os fatos geométricos envolvidos na situação descrita anteriormente. **(valor: 5,0 pontos)**

26. (ENADE – 1999) DISCURSIVA

"Estudos e experiências evidenciam que a calculadora é um instrumento que pode contribuir para a melhoria do ensino da Matemática.

A justificativa para essa visão é o fato de que ela pode ser usada como um instrumento motivador na realização de tarefas exploratórias e de investigação."

In. Parâmetros Curriculares Nacionais: Matemática

Dê dois exemplos concretos de situações em que, de acordo com o trecho acima, a calculadora pode ser usada como recurso didático no Ensino Fundamental ou Médio da Matemática. **(valor: 20,0 pontos)**

27. (ENADE – 1998)

Ao perceber que um aluno efetuou uma adição de frações adicionando numeradores e denominadores, dois professores agiram da seguinte forma:

- o professor A corrigiu a tarefa cuidadosamente no quadro, usando a redução ao mesmo denominador;

- o professor B, inicialmente, propôs a esse aluno que efetuasse: ½ + ½ e comparasse o resultado obtido com cada uma das parcelas.

Analise os procedimentos dos professores A e B frente ao erro cometido pelo aluno. **(valor: 20,0 pontos)**

28. (ENADE – 1998) DISCURSIVA

A discussão sobre o número de raízes reais distintas de uma equação do 2º grau é comumente feita por meio do discriminante da equação. Para o caso da equação $x^2 - px + q^2 = 0$, ($p > 0$, $q > 0$), isso pode ser feito geometricamente, como mostra a figura.

Nela, o arco é uma semicircunferência de diâmetro AB, com $\overline{AB} = p$ e $\overline{CD} = \overline{EF} = q$.

As raízes **r** e **s** da equação são representadas pelos segmentos AF e BF, respectivamente.

De fato, $r + s = p$ e $rs = q^2$, uma vez que o triângulo AEB é retângulo e EF é a altura relativa à hipotenusa.

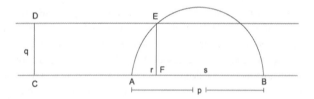

a) A partir da construção acima, conclua qual é a relação entre **r** e **s**, no caso em que $q = p/2$.

b) Calcule o valor do discriminante da equação para $q = p/2$ e compare o que você concluiu com o observado em **a**).

c) Um mesmo resultado foi analisado sob os pontos de vista geométrico e algébrico. Para um professor, quais as vantagens de adotar esse procedimento em sala de aula? **(valor: 20,0 pontos)**

D) Matemática e Avaliação: Análise de Situações de Ensino e Aprendizagem em Aulas da Escola Básica; Análise de Concepções, Hipóteses e Erros dos Alunos; Análise de Recursos Didáticos.

1. (ENADE – 2011)

Ao trabalhar o conteúdo análise combinatória, o professor propôs que os alunos calculassem quantos números distintos de três algarismos podem ser formados a partir de quatro algarismos escolhidos por eles.

A seguir, são destacadas as escolhas dos algarismos e as respostas dadas por quatro alunos dessa turma: Ana, Luis, Paulo e Roni.

I. Ana escolheu os algarismos 0, 3, 5 e 7. Sua resposta foi 24, por levar em consideração apenas números com algarismos diferentes entre si.

II. Luis escolheu os algarismos 2, 4, 7 e 8. Sua resposta foi 24, por levar em consideração apenas números com algarismos diferentes entre si.

III. Paulo escolheu os algarismos 3, 4, 5 e 6. Sua resposta foi 16, por levar em consideração a possibilidade de haver algarismos repetidos nos números formados.

IV. Roni escolheu os algarismos 1, 2, 3 e 4. Sua resposta foi 64, por levar em consideração a possibilidade de haver algarismos repetidos nos números formados.

O professor verificou que é coerente com as escolhas e a resposta somente o que se justifica em

(A) I.
(B) II.
(C) I e III.
(D) II e IV.
(E) III e IV.

2. (ENADE – 2011)

Para introduzir conceitos relativos a cilindros, um professor de matemática do ensino médio pediu a seus alunos que fizessem uma pesquisa sobre situações práticas que envolvessem essas figuras geométricas. Dois estudantes trouxeram para a sala de aula as seguintes aplicações:

Situação I

O raio hidráulico é um parâmetro importante no dimensionamento de canais, tubos, dutos e outros componentes das obras hidráulicas. Ele é definido como a razão entre a área da seção transversal molhada e o perímetro molhado. Para a seção semicircular de raio *r* ilustrada abaixo, qual é o valor do raio hidráulico?

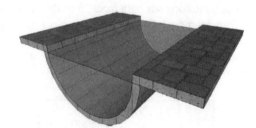

CHOW, V.T. **Hidráulica dos Canais Abertos**, 1982.

Situação II

Ao analisar as duas situações como possibilidades de recursos didáticos, seria correto o professor concluir que

(A) a situação I é inadequada porque induz os estudantes à apreensão equivocada do conceito de cilindro.

(B) a situação I é adequada porque permite a discussão de que todas as interseções do cilindro com planos são semicircunferências.

(C) a situação II é inadequada porque induz os estudantes à apreensão equivocada do conceito de volume do cilindro.

(D) a situação II é adequada porque permite mostrar que o volume do cilindro é igual à quantidade de jabuticabas multiplicada pela média dos volumes das jabuticabas.

(E) as situações I e II são adequadas e permitem que sejam explorados os conceitos de seção transversal, área da superfície cilíndrica e volume do cilindro.

3. (ENADE – 2008)

A professora Clara propôs a seus alunos que encontrassem a solução da seguinte equação do segundo grau:

$x^2 - 1 = (2x + 3)(x - 1)$

Pedro e João resolveram o exercício da seguinte maneira.

Resolução de Pedro:

$x^2 - 1 = (2x + 3)(x - 1)$
$x^2 - 1 = 2x^2 + x - 3$
$2 - x = x^2$
Como 1 é solução dessa equação, então S = {1}

Resolução de João:
$x^2 - 1 = (2x + 3)(x - 1)$
$(x - 1)(x + 1) = (2x + 3)(x - 1)$
$x + 1 = 2x + 3$
$x = -2$
Portanto, S = {–2}

Pedro e João perguntaram à professora por que encontraram soluções diferentes. A professora observou que outros alunos haviam apresentado soluções parecidas com as deles.

Entre as estratégias apresentadas nas opções a seguir, escolha a mais adequada a ser adotada por Clara visando à aprendizagem significativa por parte dos alunos.

(A) Indicar individualmente, para cada aluno que apresentou uma resolução incorreta, onde está o erro e como corrigi-lo, a partir da estratégia inicial escolhida pelo aluno.

(B) Resolver individualmente o exercício para cada aluno, usando a fórmula da resolução da equação do 2° grau, mostrando que esse é o método que fornece a resposta correta.

(C) Pedir a Pedro e João que apresentem à classe suas soluções para discussão e estimular os alunos a tentarem compreender onde está a falha nas soluções apresentadas e como devem fazer para corrigi-las.

(D) Escrever a solução do exercício no quadro, usando a fórmula da resolução da equação do 2° grau, para que os alunos percebam que esse é o método que fornece a resposta correta.

(E) Pedir que cada um deles comunique à classe como resolveu o exercício e, em seguida, explicar no quadro para a turma onde está a falha na resolução de cada um e como eles devem fazer para corrigi-la.

4. (ENADE – 2008)

Algumas civilizações utilizavam diferentes métodos para multiplicar dois números inteiros positivos. Por volta de 1400 a.C., os egípcios utilizavam uma estratégia para multiplicar dois números que consistia em dobrar e somar. Por exemplo, para calcular 47 × 33, o método pode ser descrito do seguinte modo:

- escolha um dos fatores; por exemplo, 47;
- na 1ª linha de uma tabela, escreva o número 1 na 1ª coluna e o fator escolhido, na 2ª coluna;
- em cada linha seguinte da tabela, escreva o dobro dos números da linha anterior, até encontrar, na 1ª coluna, o menor número cujo dobro seja maior ou igual ao outro fator, no caso, 33;
- selecione os números da 1ª coluna cuja soma seja igual a 33, conforme indicado na tabela, ou seja, 1 + 32 = 33;

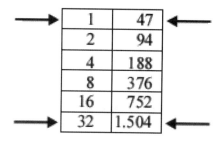

- adicione os números correspondentes da 2ª coluna, ou seja, 47 + 1.504 = 1.551;
- tome como resultado da multiplicação o valor 1.551.

Com base nessas informações, analise as asserções a seguir.

Utilizando o método egípcio, é possível multiplicar quaisquer dois números inteiros positivos,

porque

todo número inteiro positivo pode ser escrito como uma soma de potências de 2.

A respeito dessa afirmação, assinale a opção correta.

(A) As duas asserções são proposições verdadeiras, e a segunda é uma justificativa correta da primeira.

(B) As duas asserções são proposições verdadeiras, mas a segunda não é uma justificativa correta da primeira.

(C) A primeira asserção é uma proposição verdadeira, e a segunda é falsa.

(D) A primeira asserção é uma proposição falsa, e a segunda é verdadeira.

(E) Ambas as asserções são proposições falsas.

5. (ENADE – 2008)

As questões I e II abaixo fizeram parte das provas de Matemática do Sistema de Avaliação da Educação Básica (SAEB), em 2003, para participantes que terminaram, respectivamente, a 8ª série do ensino fundamental e o 3º ano do ensino médio. Na questão I, 56% dos participantes escolheram como correta a opção C, enquanto, na questão II, 61% dos participantes escolheram como correta a opção A.

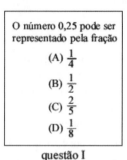

questão I

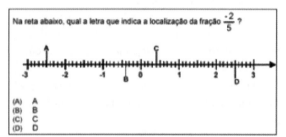

questão II

Analisando os dados apresentados, assinale a opção que **não** justifica o erro que os estudantes cometeram ao escolher as suas respostas.

(A) Na questão I, a maioria dos respondentes considera que a representação do número decimal 0,ab na forma de fração é $\frac{a}{b}$.

(B) Nas questões I e II, a maioria dos respondentes considera que as frações $\frac{a}{b}$ e $\frac{b}{a}$ são equivalentes.

(C) Na questão I, a maioria dos respondentes considera que 0,25 e $\frac{1}{4}$ são representações de números diferentes.

(D) Na questão II, a maioria dos respondentes considera que $-\frac{2}{5}$ e –0,4 são representações de números diferentes.

(E) Na questão II, a maioria dos respondentes considera que a representação decimal da fração $\frac{a}{b}$ é a,b.

6. (ENADE – 2005)

Na aprendizagem da equação quadrática, a escola básica tende a trabalhar exclusivamente com a fórmula conhecida no Brasil como fórmula de Bhaskara. Entretanto, existem outras formulações desde a antiguidade, quando já se podiam identificar problemas e propostas de soluções para tais tipos de equação. Há mais de 4.000 anos, na Babilônia, adotavam-se procedimentos que hoje equivalem a expressar uma solução de $x^2 - bx = c$ como $x = \frac{b}{2} + \sqrt{\left(\frac{b}{2}\right)^2 + c}$. Euclides (séc. I a.C.), no livro X de sua obra **Os Elementos**, já propunha uma resolução geométrica que permite resolver uma equação quadrática do tipo $ax - x^2 = b$, utilizando exclusivamente compasso e régua não graduada.

A respeito de uma proposta de ensino de resolução de equação quadrática com o enfoque em procedimentos historicamente construídos, assinale a opção correta.

(A) Tal proposta desvia a atenção da aprendizagem do foco central do conteúdo, fazendo que o aluno confunda as formulações, e, por consequência, não desenvolva competências na resolução de equações quadráticas.

(B) É adequada a inserção dessa perspectiva, associada à manipulação de recorte e colagem pela complementação de quadrados, buscando sempre alternativas para as situações que esse procedimento não consegue resolver.

(C) É mais adequado trabalhar o desenvolvimento da resolução de equações incompletas e, posteriormente, por meio da formulação de Bhaskara, manipular as equações completas, para somente no ensino médio ampliar tal conhecimento com o enfoque histórico.

(D) É adequado utilizar tal proposta no ensino, uma vez que ela permite explicar a resolução de qualquer tipo de equação quadrática.

(E) Tal proposta é inexequível pelo tempo excessivo que exige do professor e por retardar a aprendizagem de alunos com dificuldades tanto em álgebra quanto em geometria.

7. (ENADE – 2005)

Com o objetivo de chamar a atenção para o desperdício de água, um professor propôs a seguinte tarefa para seus alunos da 6ª série do ensino fundamental:

> Sabe-se que, em média, um banho de 15 minutos consome 136 L de água, o consumo de água de uma máquina de lavar roupas é de 75 L em uma lavagem completa e uma torneira pingando consome 46 L de água por dia. Considerando o número de banhos e o uso da máquina de lavar, compare a quantidade de água consumida por sua família durante uma semana com a quantidade de água que é desperdiçada por 2 torneiras pingando nesse período. Analise e comente os resultados.

No que se refere ao trabalho do aluno na resolução do problema proposto, assinale a opção **incorreta**.

(A) Elabora modelos matemáticos para resolver problemas.
(B) Analisa criticamente a situação-problema levando em conta questões sociais.
(C) Pode representar os resultados graficamente.
(D) Aciona estratégias de resolução de problemas.
(E) Examina consequências do uso de diferentes definições.

8. (ENADE – 2005)

Em uma classe da 6ª série do ensino fundamental, o professor de matemática propôs aos alunos a descoberta de planificações para o cubo, que fossem diferentes daquelas trazidas tradicionalmente nos livros didáticos. Um grupo de alunos produziu a seguinte proposta de planificação.

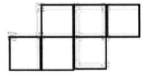

Ao tentar montar o cubo, o grupo descobriu que isso não era possível. Muitas justificativas foram dadas pelos participantes e estão listadas nas opções abaixo. Assinale aquela que tem fundamento matemático.

(A) Não se podem alinhar três quadrados.
(B) Tem de haver quatro quadrados alinhados, devendo estar os dois quadrados restantes um de cada lado oposto dos quadrados alinhados.
(C) Quando três quadrados estão alinhados, não se pode mais ter os outros três também alinhados.
(D) Cada ponto que corresponderá a um vértice deverá ser o encontro de, no máximo, três segmentos, que serão as arestas do cubo.
(E) Tem de haver quatro quadrados alinhados, e não importa a posição de justaposição dos outros dois quadrados.

9. (ENADE – 2005)

Julgue os itens a seguir, relativos ao ensino e à aprendizagem de porcentagens.

I. O ensino de porcentagem deve ter o contexto sociocultural como motivação de aprendizagem.
II. O primeiro contato dos estudantes com o cálculo percentual deve ocorrer quando se estudam juros compostos.
III. O ensino de frações centesimais e o de frações de quantidade devem ser articulados com o ensino de porcentagens.
IV. O conteúdo de porcentagens favorece um trabalho integrado entre diferentes blocos de conteúdos, tais como números, medidas, geometria e tratamento da informação.

Estão certos apenas os itens

(A) I e II.
(B) II e III.
(C) III e IV.
(D) I, II e III.
(E) I, III e IV.

10. (ENADE – 2005)

Um grupo de alunos de 7ª série resolveu "brincar" de fazer cálculos utilizando uma calculadora não científica. Em determinado momento, eles realizaram a seguinte sequência de procedimentos:

1º tecla "3"
2º tecla "Ö"
3º tecla "×"
4º tecla "="

Os alunos ficaram surpresos com o número que apareceu no visor: "2.9999999996" e resolveram questionar o professor sobre o acontecido. Afinal, a resposta não deveria ser 3?

Assinale a opção que mais adequadamente descreve um procedimento a ser adotado pelo professor.

(A) Confrontar a resposta obtida com a de uma calculadora científica, discutindo a diferença entre os conceitos de números racionais, aproximações e números irracionais.
(B) Dizer que a calculadora não científica comete erros, por isso, não deve ser utilizada na escola, mas apenas no comércio, para se fazer conta simples, que não envolva cálculos aproximados.
(C) Montar a expressão numérica que representa a situação, mostrando que, na verdade, há erros procedimentais por parte dos alunos ao operarem com a calculadora.
(D) Provar que, se a calculadora não científica tivesse o dobro de casas decimais, ao final, ela arredondaria para 3, dando a resposta esperada.
(E) Dizer que a calculadora científica faz os devidos arredondamentos para que a resposta seja algebricamente correta; por isso, é considerada "científica".

11. (ENADE – 2005)

Um aluno de 5ª série, ao fazer a operação 63787 ÷ 3 na resolução de um problema, foi considerado em "situação de dificuldade", ao apresentar o seguinte registro:

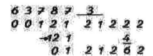

A análise do procedimento desse aluno revela que

(A) ele não sabe o algoritmo da divisão, o que indica problemas de aprendizagem oriundos das séries iniciais.
(B) o procedimento aplicado não traz contribuições para o desenvolvimento matemático do aluno, uma vez que ele não poderá realizá-lo em outras situações matemáticas.
(C) o aluno terá dificuldade de compreender os processos operatórios dos colegas e os feitos pelo professor ou apresentados no livro didático.
(D) o aluno compreendeu tanto a estrutura do número quanto o conceito da operação de divisão.
(E) deverá ser incentivada a utilização de tal procedimento somente em produções individualizadas, como em atividades para casa.

12. (ENADE – 2005) DISCURSIVA

Em uma avaliação de matemática de 5ª série, a situação proposta exigia que fosse calculado o quociente entre 8 e 7.

O professor observou que uma aluna registrou o seguinte.

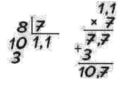

A partir da análise dessa situação, responda às seguintes questões.

a) Qual o erro da aluna na sua produção matemática? (**valor: 2,0 pontos**)

b) Que fatores pedagógicos fazem com que tal erro seja gerado? (**valor: 4,0 pontos**)

c) Que tipo de intervenção pode realizar o professor para que essa aluna reflita sobre o erro cometido e supere tal dificuldade? (**valor: 4,0 pontos**)

13. (ENADE – 2003) DISCURSIVA

Os Parâmetros Curriculares Nacionais (PCN) sugerem os jogos como uma atraente possibilidade para o ensino da Matemática. Um professor dividiu seus alunos em duplas e propôs a cada dupla o jogo descrito a seguir. O primeiro jogador escolhe um número no conjunto {1, 2, 3, 4, 5, 6, 7} e o anuncia. O segundo jogador escolhe um número no mesmo conjunto (pode escolher o mesmo número escolhido pelo primeiro jogador), soma-o ao anunciado pelo primeiro jogador e anuncia a soma. O primeiro jogador escolhe um número no mesmo conjunto, soma-o à soma anunciada por seu adversário e anuncia essa nova soma, e assim por diante. Ganha quem conseguir anunciar a soma 40.

Uma das partidas desenvolveu-se do modo seguinte (P =primeiro jogador, S =segundo jogador):

P: 3

S: 3 + 6 =9

P: 9 + 7 =16

S: 16 + 4 =20

P: 20 + 5 =25

S: 25 + 7 =32

P: perdi!

a) Indique três funções do uso dos jogos no ensino da Matemática, de acordo com os PCN. (**valor: 5,0 pontos**)

b) Mostre que realmente o primeiro jogador perdeu essa partida. (**valor: 5,0 pontos**)

c) Que estratégia deve ser usada por um dos jogadores para ganhar sempre? (**valor: 5,0 pontos**)

d) Que conceito matemático pode ser trabalhado a partir desse jogo? (**valor: 5,0 pontos**)

14. (ENADE – 2002) DISCURSIVA

Os PCN (Parâmetros Curriculares Nacionais) recomendam a utilização de modelos matemáticos para a representação de situações reais da vida cotidiana, permitindo ao aluno desenvolver uma atitude de investigação durante o processo de aprendizagem. Para introduzir o conceito de função afim, a partir de um contexto real, foi proposta a seguinte questão:

Um estacionamento cobra R$ 2,40 na entrada e mais R$ 0,60 a cada meia hora.

Que estratégias poderíamos desenvolver para prever quanto pagaríamos ao final de um período de t minutos de estacionamento?

Organizada a tabela a seguir, sugeriu-se o uso de um sistema de coordenadas para representar graficamente esses dados em papel quadriculado.

Tempo t (minutos)	30	60	90	120
Preço cobrado (R$)	3,00	3,60	4,20	4,80

Marcados os pontos, pediu-se aos alunos que os ligassem para obter uma reta.

a) Mostre que esses pontos são, efetivamente, colineares, determinando a equação da reta que os contém. (**valor: 5,0 pontos**)

b) Utilizando o gráfico obtido, determine quanto seria pago por 40 minutos de estacionamento. (**valor: 5,0 pontos**)

c) Na vida real, a cobrança é feita apenas por períodos de meia hora, cobrando-se como período inteiro a fração inferior a um período. Assim, por 40 minutos de estacionamento cobrar-se-ia o mesmo que por 60 minutos, R$ 3,60. Faça um gráfico mostrando o valor cobrado, em situações reais, em função do tempo. (**valor: 5,0 pontos**)

d) Discuta o pedido de "ligar" os pontos correspondentes aos dados tabelados. (**valor: 5,0 pontos**)

15. (ENADE – 2002) DISCURSIVA

Um número racional é um número real que pode ser representado como o quociente de dois inteiros a $\frac{a}{b}$ sendo b≠0. Esse assunto, em geral, é transmitido aos alunos sem qualquer justificativa. A fim de desenvolver espírito crítico, você pretende mostrar aos seus alunos que qualquer número racional tem uma representação decimal que é finita ou é uma dízima periódica, como por exemplo: $\frac{124}{11} = 11,272727 \ldots$ porque

$$
\begin{array}{r|l}
1\ 2\ 4 & 11 \\
\hline
1\ 4 & 11{,}27 \\
3\ 0 & \\
8\ 0 & \\
3 & \\
\end{array}
$$

Além disso, você quer mostrar também que um número com uma dessas representações decimais é racional. Com esse objetivo,

a) demonstre que a representação decimal de um número racional ou é finita ou é uma dízima periódica; (**valor: 10,0 pontos**)

b) descreva um processo que possa ser apresentado a um aluno da 7ª série, que não seja a aplicação imediata de uma fórmula, que permita obter números inteiros a e b, b≠0, tais que a $\frac{a}{b}$ =17,6424242 ... ; (**valor: 5,0 pontos**)

c) indique uma alternativa ao processo anterior que utilize tópico de programa do ensino médio.

PARTE C
QUESTÕES ABERTAS ESPECÍFICAS PARA OS FORMANDOS DE LICENCIATURA

16. (ENADE – 2001) DISCURSIVA

Em um livro didático para a terceira série do ensino médio encontra-se:

(1) "*Quando todos os coeficientes de um polinômio são iguais a zero, ele é chamado de **polinômio nulo** ou **identicamente nulo** e, nesse caso, não se define seu grau.*"

Algumas páginas adiante, encontra-se:

(2) "*Divisão*

*Efetuar a divisão de um polinômio **A(x)** pelo polinômio **B(x)** é determinar um polinômio **Q(x)** e um polinômio **R(x)** tais que:*

A(x) = B(x). Q(x) + R(x) *com grau R(x) < grau B(x).*

Denotamos:

A(x): dividendo; B(x): divisor; Q(x): quociente; R(x): resto.

Quando R(x) = 0, dizemos que a divisão é exata."

a) Aponte uma incoerência entre o texto (1) e o texto (2). (valor: 10,0 pontos)

b) Proponha uma correção que elimine a contradição entre eles. (valor: 10,0 pontos)

17. (ENADE – 2000) DISCURSIVA

Numa prova, o professor apresenta a seguinte questão: "Dois estados do país, num certo ano, apresentam o modo como dividiram os impostos arrecadados. Os gráficos de setores a seguir ilustram a relação entre a quantia gasta em cada área e a arrecadação total daquele estado naquele ano.

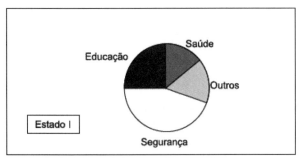

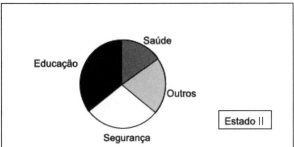

i) Determine que percentual da arrecadação do estado II, daquele ano, foi gasto com Saúde e Educação, juntas. Justifique.

ii) Pode-se dizer que naquele ano o estado I gastou mais com Segurança do que o estado II? Por quê?"

Um aluno apresentou as seguintes respostas a estas questões:

"i) 50%. Os gastos com Saúde e Educação correspondem à metade da circunferência.

ii) Sim. Setor circular de área maior."

a) Analise a resposta desse aluno à questão i).
(valor: 10,0 pontos)

b) Faça o mesmo, em relação à questão ii).
(valor: 10,0 pontos)

18. (ENADE – 1999) DISCURSIVA

Temos abaixo uma sequência de triângulos construídos com palitos.

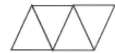

Foi proposto a uma turma o desafio de escrever uma expressão algébrica que representasse o número P de palitos necessários para formar um número n de triângulos.

Os alunos usaram palitos para construir alguns triângulos e registraram os seguintes valores na tabela.

Nº Triângulos (n)	1	2	3	4
Nº Palitos (P)	3	5	7	9

Depois disso,

- o aluno A disse:

"*Observei a tabela e concluí que o número de palitos é o dobro do número de triângulos mais 1*, e escreveu: $P = 2n + 1$;

- o aluno B disse:

"*Ao formar os triângulos, percebi que para o primeiro foram usados 3 palitos; a partir do segundo triângulo, foram sempre usados 2 palitos para cada um*",

e escreveu: $P = 3 + 2 \times (n - 1)$.

Analisando as conclusões dos dois alunos, responda às perguntas abaixo.

a) Quem observou padrões de regularidade na situação: A, B ou ambos? Justifique. **(valor: 10,0 pontos)**

b) Quem justificou satisfatoriamente as suas conclusões: A, B ou ambos? Justifique. **(valor: 10,0 pontos)**

19. (ENADE – 1999) DISCURSIVA

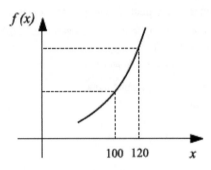

O gráfico da função f(x) é dado acima. Sabe-se que f é contínua, mas só se conhecem, exatamente, os seus valores nos pontos indicados.

Assim sendo, perguntou-se a dois alunos o valor de f (110)

A respondeu: 100 — $f(100)$ → $y = \dfrac{110 \times f(100)}{100}$
              110 — y

B respondeu: 120 — $f(120)$ → $y = \dfrac{110 \times f(120)}{120}$
              110 — y

Os alunos se surpreenderam ao encontrar resultados diferentes.

Com base em todo o exposto, atenda às solicitações abaixo.

a) Algum dos dois alunos determinou o valor correto de f (110)? Por quê? **(valor: 10,0 pontos)**

b) Dê o gráfico de uma função f para a qual o método usado pelo aluno A estaria correto. **(valor: 10,0 pontos)**

20. (ENADE – 1999) DISCURSIVA

A um aluno foi pedido um esboço da demonstração do seguinte teorema:

"Se uma reta r contém a interseção das diagonais de um paralelogramo, então r divide esse paralelogramo em duas regiões de mesma área".

Observe a sua resposta.

"Considera-se o paralelogramo ABCD de diagonais AC e BD, cuja interseção é o ponto P, e uma reta r, paralela a AB, contendo P, que corta os lados AD e BC do paralelogramo nos pontos M e N, respectivamente.

Prova-se que cada um dos três triângulos que compõem o quadrilátero ABNM é congruente a um dos três triângulos que compõem o quadrilátero DMNC.

Como figuras congruentes têm áreas iguais, segue-se que a área de ABNM é igual à de DMNC."

Se tivesse de corrigir esta tarefa, você a consideraria correta (sem levar em conta o seu nível de detalhamento)? Justifique.

(valor: 20,0 pontos)

21. (ENADE – 1998) DISCURSIVA

Um professor, ao preparar uma prova para duas turmas de 6ª série, resolveu dar o mesmo problema, mudando apenas os dados numéricos.

Assim, apresentou as formulações abaixo.

Turma A: Com 4 litros de leite, uma babá de uma creche faz 18 mamadeiras iguais. Quantas mamadeiras iguais a essas ela faria com 8 litros de leite?

Turma B: Com 4 litros de leite, uma babá de uma creche faz 18 mamadeiras iguais. Quantas mamadeiras iguais a essas ela faria com 10 litros de leite?

Em termos de nível de dificuldade, as duas formulações são equivalentes? Justifique sua resposta.

(valor: 20,0 pontos)

22. (ENADE – 1998)

Observe as duas soluções apresentadas para a questão:

"Determine **p** para que 2 seja raiz da equação $x^2 - 4x + p = 0$".

Solução A: Substituindo x = 2 na equação, tem-se 4 - 8 + **p** = 0, logo p = 4.

Solução B: Resolvendo a equação:
$$x = \frac{4 \pm \sqrt{16 - 4p}}{2}$$
$$x = 2 \pm \sqrt{4 - p}$$

Igualando x a 2, tem-se:

4 − p = 0, logo **p** = 4.

Analise estas soluções sob o ponto de vista de um professor que quer avaliar o nível de compreensão da noção de raiz de uma equação. **(valor: 20,0 pontos)**

Capítulo VI

Questões de Componente Específico de Química

1) Conteúdos e Habilidades objetos de perguntas nas questões de Componente Específico.

As questões de Componente Específico são criadas de acordo com o curso de graduação do estudante.

Essas questões, que representam ¾ (três quartos) da prova e são em número de 30, podem trazer, em Química, dentre outros, os seguintes **Conteúdos**:

I. Gerais:

a) elementos químicos, estrutura atômica e molecular;

b) estudo de substâncias e transformações químicas;

c) métodos de análise em química: caracterização e quantificação;

d) estados dispersos: soluções e sistemas coloidais;

e) termodinâmica, equilíbrio químico, cinética química e gases;

f) eletroquímica;

g) compostos de coordenação;

h) compostos orgânicos: reações e mecanismos; macromoléculas naturais e sintéticas;

i) bioquímica: estrutura de biomoléculas, biossíntese e metabolismo;

j) química ambiental;

k) normas de segurança e operações de laboratório utilizadas em síntese, purificação, caracterização e quantificação de substâncias e em determinações físico-químicas.

II. Específicos - Químico bacharel:

a) métodos analíticos: análise térmica, cromatografia (CLAE e CG), RMN de C-13 e H-1, UV-Vis, infravermelho, espectrometria de massas e absorção atômica;

b) purificação e caracterização de biomoléculas;

c) teoria dos orbitais moleculares em moléculas poliatômicas;

d) compostos organometálicos: estrutura e ligações químicas;

e) físico-química de coloides e superfícies;

f) materiais cerâmicos, metálicos e poliméricos: obtenção, propriedades e aplicações.

III. Específicos - Químico licenciado:

a) a história da Química no contexto do desenvolvimento científico e tecnológico e a sua relação com o ensino de Química;

b) projetos e propostas curriculares no ensino de Química;

c) estratégias de ensino e de avaliação em Química e suas relações com as diferentes concepções de ensino e aprendizagem;

d) recursos didáticos para o ensino de Química;

e) relações entre ciência, tecnologia, sociedade e ambiente no ensino de Química;

f) a experimentação no ensino de Química;

g) as políticas públicas e suas implicações para o ensino de Química.

O objetivo aqui é avaliar junto ao estudante a compreensão dos conteúdos programáticos mínimos a serem vistos no curso de graduação, de forma avançada. Também é avaliado o nível de atualização com relação à realidade brasileira e mundial e às questões jurídicas de maior relevância.

Avalia-se aqui, também, *competências* e *habilidades*. A ideia é verificar se o estudante desenvolveu as principais **Habilidades** para o profissional de Química, que são as seguintes:

I. Gerais:

a) compreender as leis, princípios e modelos da Química e saber utilizá-los para a explicação e previsão de fenômenos químicos;

b) dominar os procedimentos relativos às atividades da Química, utilizando técnicas do domínio dessa ciência, levando em consideração os aspectos de segurança e ambientais;

c) identificar as diferentes fontes de informações relevantes para a Química, sabendo fazer buscas que possibilitem a constante atualização e a elaboração de novos conhecimentos, equacionando problemas e propondo soluções;

d) ler, compreender e interpretar textos científico-tecnológicos em idioma pátrio e estrangeiro (especialmente inglês e espanhol);

e) interpretar, analisar dados e informações e representá-los, utilizando diferentes linguagens próprias da comunicação científica e da Química em particular;

f) tomar decisões e agir em relação aos espaços próprios de atuação profissional, no que se refere a questões como: instalação de laboratórios; seleção, compra e manuseio de materiais, equipamentos, produtos químicos e outros recursos; e descarte de rejeitos;

g) saber adotar procedimentos em caso de eventuais acidentes;

h) assessorar o desenvolvimento de políticas ambientais e promover a educação ambiental.

II. Específicas

a) Químico bacharel:

1. compreender modelos quantitativos e probabilísticos teóricos relacionados à Química;

2. conduzir análises que permitam o controle de processos químicos e a caracterização de compostos por métodos clássicos e instrumentais, bem como conhecer os princípios de funcionamento dos equipamentos utilizados e as potencialidades, limitações e correlações entre as diferentes técnicas de análise;

3. elaborar projetos de pesquisa e desenvolvimento de métodos, processos, produtos e aplicações em sua área de atuação.

b) Químico licenciado:

1. compreender as teorias pedagógicas que subsidiam a tomada de decisões na prática docente;

2. analisar, avaliar e elaborar recursos didáticos para o ensino de química na educação básica;

3. desenvolver ações docentes que contribuam para despertar o interesse científico, promover o desenvolvimento intelectual dos estudantes e prepará-los para o exercício consciente da cidadania;

4. identificar e analisar os fatores determinantes do processo educativo, tais como as políticas educacionais vigentes, o contexto socioeconômico, as propostas curriculares, a gestão escolar, posicionando-se diante de questões educacionais que interfiram na prática pedagógica e em outros aspectos da vida escolar;

5. conhecer os fundamentos e a natureza das pesquisas no ensino de Química, analisando e incorporando seus resultados na prática pedagógica e identificando problemas que possam vir a se configurar como temas de pesquisa do próprio professor e dos seus alunos;

6. refletir de forma crítica sobre o papel da avaliação da aprendizagem e sobre a sua prática docente.

Com relação às questões de Componente Específico optamos por classificá-las pelos Conteúdos enunciados no início deste item.

2) Questões de Componente Específico Classificadas por Conteúdos.

Habilidade 01

GERAIS

1) Transformações Químicas

1. (ENADE – 2011)

Os calcários são rochas sedimentares que, na maioria das vezes, resultam da precipitação de carbonato de cálcio na forma de bicarbonatos. Podem ser encontrados no mar, em rios, lagos ou no subsolo (cavernas). Eles contêm minerais com quantidades acima de 30% de carbonato de cálcio (aragonita ou calcita). Quando o mineral predominante a dolomita (CaMg{CO_3}$_2$ ou $CaCO_3$. $MgCO_3$), a rocha calcária é denominada calcário dolomítico.

A calcite ($CaCO_3$) é um mineral que se pode formar a partir de sedimentos químicos, nomeadamente íons de cálcio e bicarbonato, como segue:

cálcio + bicarbonato → $CaCO_3$ (calcite) + H_2O (água) + CO_2 .

O giz, que é calcário poroso de coloração branca formado pela precipitação de carbonato de cálcio com microrganismos e a dolomita, que é um mineral de carbonato de cálcio e magnésio.

Os principais usos do calcário são: produção de cimento Portland, produção de cal (CaO), correção do pH do solo na agricultura, fundente em metalurgia, como pedra ornamental.

O óxido de cálcio, cal virgem, é obtido por meio do aquecimento do carbonato de cálcio (calcário), conforme reação a seguir.

$$CaCO_3 \xrightarrow{\Delta} CaO + CO_2 \uparrow$$

Em contato com a água, o óxido de cálcio forma hidróxido de cálcio, de acordo com a reação

$$CaO + H_2O \longrightarrow Ca(OH)_2$$

Considere que uma amostra de 50 g de calcário contenha 10 g de carbonato de cálcio, que a obtenção do óxido de cálcio é de 50% do carbonato de cálcio e que todo óxido de cálcio se transforma em hidróxido de cálcio. Considere, ainda, os dados:

O (A = 16), Ca (A = 40), H (A = 1) e C (A = 12)

Com base nessas informações, caso uma indústria de transformação necessite da fabricação de 740 toneladas de hidróxido de cálcio, quantas toneladas do calcário serão necessárias para essa produção?

(A) 100
(B) 560
(C) 1 000
(D) 2 000
(E) 10 000

2. (ENADE – 2011)

Um estudante de química inorgânica conseguiu sintetizar quatro complexos de paládio, mostrados a seguir.

cis
1a

trans
1b

cis
2a

trans
2b

Os maiores rendimentos foram obtidos na formação do isômero *cis* (1a) e *trans* (2b). O estudante justificou, assim, os diferentes rendimentos:

A maior formação do isômero 1a *cis* se deve ao fato de que a retrodoação do grupo carbonil é favorecida pela presença do ligante Cl– doador de elétrons em posição *trans*; esses efeitos eletrônicos de doação e retrodoação não foram determinantes na formação dos isômeros do composto 2.

PORQUE

A repulsão estereoquímica entre os ligantes trifenilfosfina no isômero *cis* 2a é muito menor que a repulsão entre os ligantes carbonil no isômero 1a *cis*.

(A) As duas asserções são proposições verdadeiras, e a segunda é uma justificativa correta da primeira.

(B) As duas asserções são proposições verdadeiras, mas a segunda não é uma justificativa correta da primeira.

(C) A primeira asserção é uma proposição verdadeira, e a segunda, uma proposição falsa.

(D) A primeira asserção é uma proposição falsa, e a segunda, uma proposição verdadeira.

(E) Tanto a primeira quanto a segunda asserções são proposições falsas.

3. (ENADE – 2008)

O íon complexo $[Co(en)_2Cl_2]^+$, no qual *en* representa o ligante etilenodiamino, possui dois isômeros geométricos (*cis/trans*) e um par de enantiômeros (d, ℓ). Quando tratado com solução diluída de NaOH, o diclorocomplexo sofre hidrólise alcalina, convertendo-se no hidroxocomplexo $[Co(en)_2Cl(OH)]^+$.

Quantos isômeros geométricos (*cis/trans*) e quantos pares de enantiômeros (d, ℓ) podem existir para o hidroxocomplexo?

	Nº de isômeros geométricos (*cis/trans*)	Nº de pares de enantiômeros (d, ℓ)
(A)	2	1
(B)	3	1
(C)	3	2
(D)	4	1
(E)	4	2

4. (ENADE – 2005)

O alumínio é o terceiro elemento mais abundante na crosta terrestre depois do oxigênio e do silício. Tem grande aplicação industrial, sendo utilizado na fabricação de recipientes, embalagens, na construção civil e na indústria aeroespacial, entre outros usos. Com relação às propriedades do alumínio, pode-se afirmar que:

I. forma o íon Al^{3+} que é paramagnético;

II. seu íon Al^{3+} tem forte efeito polarizante;

III. pode ser obtido pela eletrólise ígnea da bauxita;

IV. seus haletos agem como Ácidos de Lewis.

São corretas apenas as afirmações:

(A) II e IV.

(B) III e IV.

(C) I, II e III.

(D) I, II e IV.

(E) II, III e IV.

5. (ENADE – 2002)

Considere os valores de $\Delta G°_{298}$ de algumas reações em fase gasosa, que ocorrem em importantes processos industriais:

	Reação	$\Delta G°_{298}$ (kJ mol^{-1})
I	$N_2(g) + 3H_2(g) \rightleftharpoons 2NH_3(g)$	−16,5
II	$CO(g) + 2H_2(g) \rightleftharpoons CH_3OH(g)$	−29,1
III	$C_2H_4(g) + H_2O(g) \rightleftharpoons C_2H_5OH(g)$	−8,07
IV	$CH_2O(g) \rightleftharpoons H_2(g) + CO(g)$	−34,6
V	$CO(g) + H_2O(g) \rightleftharpoons H_2(g) + CO_2(g)$	−28,6

Admitindo-se que os produtos não estão presentes na mistura reacional de partida, a reação que, no equilíbrio, fornecerá a maior conversão em produtos a 298 K e 1 bar é

(A) I

(B) II

(C) III

(D) IV

(E) V

6. (ENADE – 2002)

A redução do óxido de chumbo pelo carvão ocorre segundo a reação:

$$PbO(s) + C(s) \rightarrow Pb(s) + CO(g), \quad \Delta H°_{298} = + 106,79 \text{ kJ mol}^{-1}$$

O efeito do aumento da temperatura e da pressão sobre o rendimento da reação apresenta-se em

	Efeito do aumento da temperatura sobre o rendimento	Efeito do aumento da pressão sobre o rendimento
(A)	aumenta	aumenta
(B)	aumenta	diminui
(C)	aumenta	não se altera
(D)	diminui	diminui
(E)	diminui	não se altera

7. (ENADE – 2001)

Considere os seguintes Ácidos de Brönsted-Lowry: NH_3, HSO_4^- e $[Fe(H_2O)_6]^{3+}$. Suas bases conjugadas são, respectivamente,

(A) NH_2^- , H_2SO_4 e $[Fe(H_2O)_5OH]^{2+}$

(B) NH_2^- , SO_4^{2-} e $[Fe(H_2O)_5OH]^{2+}$

(C) NH_4^+ , SO_4^{2-} e $[Fe(H_2O)_6H]^{2+}$

(D) NH_4^+ , H_2SO_4 e $[Fe(H_2O)_6H]^{2+}$

(E) NH_4^+ , H_2SO_4 e $[Fe(H_2O)_6OH]^{2+}$

8. (ENADE – 2001)

Qual dos procedimentos experimentais abaixo resulta na formação de um gás fortemente oxidante e de odor irritante?

(A) Adição de água oxigenada 20 volumes a dióxido de manganês.
(B) Adição de hidróxido de sódio 6 mol/L a raspas de alumínio metálico.
(C) Adição de ácido sulfúrico 6 mol/L a raspas de cobre metálico.
(D) Adição de ácido clorídrico 6 mol/L a raspas de zinco metálico.
(E) Adição de ácido clorídrico 6 mol/L a dióxido de manganês.

9. (ENADE – 2000)

Considere a transformação representada pelo esquema abaixo.

O tipo de reação e a expressão da lei de velocidade são:

	Tipo de Reação	Expressão da lei de velocidade
(A)	Substituição nucleofílica de primeira ordem	$v = k\,[CH_3Cl]$
(B)	Substituição nucleofílica de segunda ordem	$v = k\,[CH_3Cl]\,[OH^-]$
(C)	Adição eletrofílica de primeira ordem	$v = k\,[OH^-]$
(D)	Adição eletrofílica de segunda ordem	$v = k\,[CH_3Cl]^2$
(E)	Adição eletrofílica seguida de eliminação	$v = k\,[CH_3Cl]\,[OH^-]^2$

10. (ENADE – 2011) DISCURSIVA

A predominância da concepção empirista-indutivista entre professores de Química pode levar a práticas docentes inadequadas, tais como: utilização de aulas de laboratório para desenvolver apenas habilidades de observar, medir, comparar, anotar e fazer cálculos, além de enfatizar exclusivamente o produto do conhecimento científico.

LÔBO, S. F. MORADILLO, E. F. Epistemologia e a formação docente em química. In: **Química Nova na Escola**, nº 17, p. 39-41, 2003 (com adaptações).

Visando evitar as inadequações mencionadas no texto, um professor propôs uma aula prática cujo tema era estequiometria, explorando também as propriedades e os aspectos estruturais das substâncias. Para isso, orientou quatro grupos de estudantes a realizarem reações em que amônia e cloreto de cobalto (III) hidratado eram misturados em diferentes proporções estequiométricas ($CoCl_3:NH_3$ = 1:6; 1:5 e 1:4). No produto obtido com a razão 1:6, os três cloros são tituláveis com AgCl. No produto obtido na proporção 1:5, dois cloros são tituláveis e, obtido com a proporção 1:4, somente um é titulável. Diferentes cristais, com diferentes cores, foram obtidos após a evaporação do solvente. Após separação, quatro complexos foram isolados, mas verificou-se que dois deles tinham a mesma composição química.

Com base nessa situação, faça o que se pede nos itens a seguir.

a) Qual das proporções estequiométricas utilizadas gerou dois complexos? Justifique sua resposta. (valor: 6,0 pontos)
b) Represente as estruturas desses dois complexos e dê suas respectivas nomenclaturas. (valor: 4,0 pontos)

b)

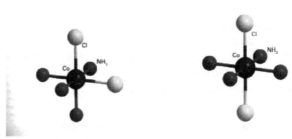

cloreto de cis-diclorotetraaminocobalto(III)   cloreto de trans-diclorotetraamincobalto(III)

2) Estudo de Substâncias

1. (ENADE – 2011)

Dispõe-se de uma grande quantidade de hidrogênio e água, ambos no estado líquido, e a partir dessas substâncias deseja-se obter deutério (D_2). Isso pode ser feito por meio da

I. destilação do hidrogênio.
II. eletrólise do hidrogênio.
III. destilação da água.
IV. eletrólise da água.

É correto apenas o que se afirma em

(A) I.
(B) II.
(C) I e III.
(D) II e IV.
(E) III e IV.

2. (ENADE – 2011)

A análise da água a ser usada em uma caldeira de uma indústria mostrou elevado teor de hidrogenocarbonato de cálcio. O químico responsável pelo tratamento da água nessa indústria recomendou tratá-la com hidróxido de cálcio, usando cal extinta. Seu supervisor questionou a proposta, alegando que esse tratamento aumentaria a concentração de cálcio.

Nessa situação, avalie a seguinte explicação dada pelo químico.

Este processo permite a remoção do cálcio inicialmente presente e também do cálcio adicionado

PORQUE

Os íons hidróxido reagem com os íons hidogenocarbonato, convertendo-os em carbonato, que, por sua vez, reagem com o cálcio, produzindo carbonato de cálcio, que é pouco solúvel em água.

A respeito dessas asserções, assinale a opção correta.

(A) As duas asserções são proposições verdadeiras, e a segunda é uma justificativa correta da primeira.

(B) As duas asserções são proposições verdadeiras, mas a segunda não é uma justificativa correta da primeira.

(C) A primeira asserção é uma proposição verdadeira, e a segunda, uma proposição falsa.

(D) A primeira asserção é uma proposição falsa, e a segunda, uma proposição verdadeira.

(E) Tanto a primeira quanto a segunda asserções são proposições falsas.

3. (ENADE – 2011)

Na produção de biodiesel, obtém-se, ao final do processo, uma mistura de etanol que não reagiu, de ésteres de cadeia carbônica longa, do catalisador e do subproduto glicerol, geralmente na forma de uma emulsão coloidal.

Nesse caso, um dos componentes da fase apolar e um processo de separação das fases polar e apolar são, respectivamente,

(A) o glicerol e a adição de floculante.

(B) o glicerol e a adição de surfactante.

(C) os ésteres de cadeia longa e a adição de surfactante.

(D) os ésteres de cadeia longa e a alcalinização do meio.

(E) os ácidos graxos e a alcalinização do meio.

4. (ENADE – 2008)

To prepare the Cr (VI) oxoanion, chromite ore, $FeCr_2O_4$, which contains Fe (II) and Cr (III), is dissolved in molten potassium hydroxide and oxidized with atmospheric oxygen. In this process, the iron and chromium, respectively, are converted to FeO_4^{2-} and CrO_4^{2-}, so chromium reaches its maximum oxidation state (equal to the group number) but iron does not.

Dissolution in water followed by filtration leads to a solution of the two oxoanions. The ions can be separated by taking advantage of the greater oxidizing power of Fe (VI) relative to that of Cr (VI) in acidic solution. Acidification leads to the reduction of FeO_4^{2-} and the conversion of CrO_4^{2-} to dichromate $Cr_2O_7^{2-}$; the latter conversion is a simple acid-base reaction, and not redox reaction.

SHRIVER, D.F.; ATKINS, P. Inorganic Chemistry.
Oxford: Oxford University Press, 1996.

A partir da interpretação do texto, conclui-se que

(A) os oxoânions FeO_4^{2-} e CrO_4^{2-} podem ser separados por filtração.

(B) o ferro se reduz, quando o cromo atinge seu número de oxidação máximo.

(C) o maior poder oxidante do FeO_4^{2-} leva à oxidação do cromo, em solução ácida.

(D) uma solução contendo o oxoânion FeO_4^{2-} não é estável em meio ácido.

(E) um oxoânion de Cr (VI) é utilizado para preparar a cromita por dissolução em KOH e oxidação com ar atmosférico.

5. (ENADE – 2008)

Antibióticos antifúngicos foram produzidos a partir de quatro cepas distintas de microrganismos da microbiota brasileira, tendo sido isolados derivados que apresentam estruturas contendo desde macrociclos tetraênicos (ciclos com quatro duplas conjugadas) até macrociclos heptaênicos. Após cultivo dos micro-organismos em meios de cultura apropriados, procedeu-se à extração com metanol, e os filtrados (FI a FIV) foram analisados por espectrometria na região do ultravioleta visível, fornecendo os seguintes máximos de absorção:

F I: 291, 304 e 308 nm

F II: 340, 358 e 380 nm

F III: 317, 331 e 350 nm

F IV: 363, 382 e 405 nm

Sabendo-se que cada cepa produz um único tipo de macrociclo, a associação entre o filtrado e o tipo de macrociclo ocorre na relação:

(A) FI – tetraênico; FIII – pentaênico.

(B) FI – heptaênico; FIII – hexaênico.

(C) FI – hexaênico; FIV – heptaênico.

(D) FII – pentaênico; FIII – hexaênico.

(E) FII – tetraênico; FIV – pentaênico.

6. (ENADE – 2008)

Cada vez mais busca-se desenvolver novos processos para obtenção de metais de modo a minimizar o consumo de energia, viabilizar a exploração econômica de minérios com baixos teores de metal e evitar maiores problemas ambientais decorrentes da produção de SO_2. Atualmente, minérios de cobre - calcopirita ($CuFeS_2$), calcocita (Cu_2S) - com baixos teores desse metal não são extraídos pela técnica convencional de calcinação seguida de redução com carvão (pirometalurgia). Emprega-se o processo hidrometalúrgico de lixiviação, que consiste no uso de uma solução aquosa capaz de dissolver o composto que contém o metal a ser extraído. Após a lixiviação do minério com solução diluída de ácido sulfúrico, cobre metálico é precipitado pela redução dos íons Cu^{2+} com raspas de ferro.

Considere os seguintes minérios e seus principais constituintes (escritos entre parênteses):

galena (PbS)

wurtizita (ZnS)

pirita (FeS_2)

pirolusita (MnO_2)

bauxita ($Al_2O_3 \cdot xH_2O$)

Desconsiderando as impurezas que possam estar presentes, qual dos metais citados pode ser obtido pelo processo de lixiviação ácida seguida de redução com raspas de ferro?

Dados:

Eletrodo	E^0 (V)
$Cu^{2+}/Cu\ (aq)$	+ 0,34
$Pb^{2+}/Pb\ (aq)$	– 0,13
$Fe^{2+}/Fe\ (aq)$	– 0,44
$Zn^{2+}/Zn\ (aq)$	– 0,76
$Al^{3+}/Al\ (aq)$	– 1,16
$Mn^{2+}/Mn\ (aq)$	– 1,18

(A) Fe
(B) Zn
(C) Pb
(D) Mn
(E) Al

7. (ENADE – 2008)

A estévia é um adoçante obtido da planta *Stevia rebaudiana*, que cresce naturalmente no Brasil. A partir da estévia pode-se obter o esteviol, segundo a reação abaixo, na qual G representa uma unidade de glicose.

Preparação do esteviol

Após a reação, a mistura reacional foi neutralizada. Qual dos métodos abaixo é indicado para recuperar o esteviol do meio reacional?

(A) Destilação fracionada
(B) Extração com acetato de etila
(C) Precipitação com carbonato de sódio
(D) Cromatografia gasosa de alta resolução
(E) Cromatografia em camada delgada utilizando sílica como adsorvente

8. (ENADE – 2008)

Derivados halogenados são bons substratos para a preparação de éteres, em laboratório, através de reação com reagentes nucleofílicos fortes como o metóxido de sódio. A velocidade dessas reações pode ser drasticamente aumentada pela escolha apropriada do solvente.

Considere os substratos 3-bromo-3-metil-hexano e brometo de metila. Qual o tipo de mecanismo e o solvente adequado para a reação desses substratos halogenados com o metóxido de sódio?

(Dado: DMSO corresponde a $(CH_3)_2S = O$)

	3-bromo-3-metil-hexano		brometo de metila	
	Mecanismo	Solvente	Mecanismo	Solvente
(A)	S_N1	DMSO	S_N2	DMSO
(B)	S_N1	hexano	S_N2	hexano
(C)	S_N1	hexano	S_N1	metanol
(D)	S_N2	DMSO	S_N1	metanol
(E)	S_N2	metanol	S_N2	hexano

9. (ENADE – 2008)

A bioquímica experimentou um grande avanço no século XX, graças ao desenvolvimento de métodos de análise como a eletroforese, a ultracentrifugação e a espectrometria de massas, que permitiram separar, purificar e caracterizar biomoléculas. A respeito desses métodos, são feitas as seguintes afirmações:

I. a desvantagem da eletroforese em gel, em relação à ultracentrifugação, consiste na necessidade de inativar as biomoléculas;

II. na análise de espectrometria de massas por *eletrospray*, é necessário que as biomoléculas sejam dissolvidas em solventes de baixa volatilidade;

III. a técnica de ultracentrifugação permite separar uma mistura de biomoléculas a partir das suas diferenças de massas;

IV. a eletroforese em gel permite separar biomoléculas neutras em função da habilidade diferenciada das mesmas em se difundirem através do gel sob a ação de um campo elétrico.

Está(ão) correta(s) **APENAS** a(s) afirmativa(s)

(A) I
(B) II
(C) I e III
(D) I e IV
(E) II e IV

10. (ENADE – 2005)

Dispõe-se de cada um dos líquidos listados a seguir:

I. Água
II. Ácido sulfúrico concentrado
III. Benzeno
IV. Etanol
V. Tolueno

Ao misturar volumes iguais de dois desses líquidos, qual é o par que forma uma solução cujo volume final mais se aproxima da soma dos volumes individuais dos líquidos misturados?

(A) I e II.
(B) I e III.
(C) II e IV.
(D) III e IV.
(E) III e V.

11. (ENADE – 2005)

Na figura abaixo, está representada a célula unitária do rutilo (TiO_2).

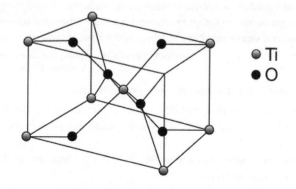

Quais são os números de coordenação (N.C.) dos íons Ti^{4+} e O^{2-} na célula unitária apresentada?

	N.C do Ti^{4+}	N.C do O^{2-}
(A)	6	3
(B)	3	6
(C)	2	2
(D)	2	1
(E)	1	2

12. (ENADE – 2005)

A qualidade da água bruta, extraída de águas superficiais ou subterrâneas, varia amplamente, assim como também variam os tipos e as quantidades de poluentes nela contidos.

Um dos processos de tratamento para obtenção de água potável está esquematizado na figura abaixo.

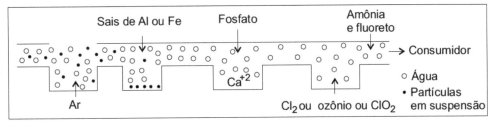

(Adaptado de BAIRD, C. Environmental Chemistry. Nova York: W. H. Freeman and Company, 1999, p. 466)

Analisando a figura, pode-se concluir que a função do íon fosfato no processo consiste em

(A) remover a dureza da água.
(B) promover a biorremediação da água.
(C) precipitar coloides presentes na água.
(D) eliminar micro-organismos patogênicos.
(E) remover gases dissolvidos responsáveis pelo odor da água.

13. (ENADE – 2005)

Researchers in Minnesota have shown that olefins can be produced from vegetable-oil-derived biodiesel using methods that are more environmentally friendly than conventional methods.

The researchers have shown that soy-based biodiesel can be oxidized to valuable olefins efficiently and fairly selectively. The reaction is conducted in an autothermal catalytic reactor, in which heat is supplied by oxidation reactions, not by external heaters.

To carry out the oxidation process, the Minnesota group uses an automotive fuel injector to spray droplets of biodiesel, which consists of methyl oleate, methyl linoleate, and related compounds, onto the walls of the reactor where the droplets vaporize.

A mixture of the organic material and air is then passed over a catalyst that contains a few percent of rhodium and cerium supported on alumina.

By adjusting the ratio of biodiesel to oxygen (C/O) in the feed stream, the team is able to control the oxidation process and reactor conditions, such as catalyst temperature, and thereby tune the product distribution. For example, at a C/O ratio of roughly 1.3, the reaction yields about 25% ethylene and smaller concentrations of propylene, 1-butene, and 1-pentene. In contrast, at a C/O ratio of 0.9, the product stream consists mainly of hydrogen and CO.

The researchers report that at all C/O ratios, the process yields less than 13% CO_2 (an unwanted product). They add that the catalyst remains stable and resists deactivation by carbon buildup even under extreme conditions.

(Adapted from Chemical and Engeneering News, **83**(1),10, 2005)

De acordo com o texto anterior, é possível concluir:

(A) A transformação do biodiesel em olefinas se passa na ausência de calor.
(B) Combustíveis automotivos foram utilizados na produção de biodiesel.
(C) A umidade do ar desativa o catalisador de ródio e cério suportado em alumínio.
(D) A composição final da mistura de olefinas é dependente da proporção biodiesel/oxigênio usada como material de partida.
(E) Ao aumentar a proporção de biodiesel em relação ao oxigênio, o produto da reação consiste basicamente de hidrogênio e CO.

14. (ENADE – 2005)

Nas tabelas abaixo são mostrados os pontos de ebulição de algumas substâncias puras e a composição de seus azeótropos.

Substância pura	Ponto de ebulição normal (°C)
acetona	56
clorofórmio	61
metanol	65
tolueno	111

Azeótropos (sistema binário X – Y)	Composição (% em massa)	Ponto de ebulição (°C)
acetona-clorofórmio	20,0% acetona, 80,0% clorofórmio	64,7
tolueno-metanol	27,6% tolueno, 72,4% metanol	63,7

Analise os diagramas de fase I a IV indicados a seguir.

I

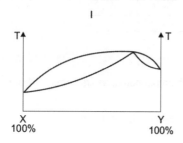

II

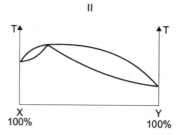

III

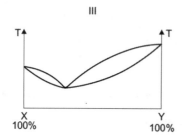

IV

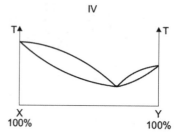

As destilações azeotrópicas dos sistemas binários acetona-clorofórmio e tolueno-metanol estão representadas, respectivamente, pelos diagramas:

(A) I e II.
(B) I e III.
(C) I e IV.
(D) II e III.
(E) III e IV.

15. (ENADE – 2005)

O poli(álcool vinílico) utilizado como espessante em loções e xampus é preparado através da polimerização do acetaldeído.

PORQUE

O álcool vinílico ocorre em equilíbrio tautomérico com o acetaldeído, sendo que este último é a espécie encontrada em maior proporção.

Em relação às afirmações acima, conclui-se que

(A) as duas afirmações são verdadeiras e a segunda justifica a primeira.
(B) as duas afirmações são verdadeiras e a segunda não justifica a primeira.
(C) a primeira afirmação é verdadeira e a segunda é falsa.
(D) a primeira afirmação é falsa e a segunda é verdadeira.
(E) as duas afirmações são falsas.

16. (ENADE – 2005)

O gráfico a seguir representa modelos de comportamento da tensão superficial γ de soluções aquosas em função da concentração.

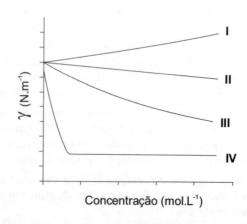

Que curvas representam a variação de γ com o aumento da concentração de soluções de cloreto de sódio e dodecilsulfato de sódio, respectivamente?

(A) I e II
(B) I e III
(C) I e IV
(D) II e III
(E) II e IV

17. (ENADE – 2005)

Grande parte dos processos químicos industriais envolve operações nas quais o material é transferido de uma fase (gasosa, líquida ou sólida) para outra. Estas operações em múltiplas fases incluem processos de separação e purificação de misturas.

Considere as seguintes separações:

- remoção de dióxido de enxofre a partir de uma corrente de gases de combustão;
- recuperação de metanol a partir de uma solução aquosa.

A respeito destes processos foram feitas as afirmações abaixo.

I. Os gases da combustão podem passar por uma coluna de absorção ou lavador de gases, onde o SO_2 é capturado ou dissolvido pelo líquido.

II. O principal fenômeno envolvido no processo de absorção do SO_2 é a transferência de quantidade de movimento.

III. O metanol pode ser separado por destilação, por apresentar uma pressão de vapor menor que a da água.

IV. Os fenômenos envolvidos em um processo de destilação são a transferência de calor e a transferência de massa.

São corretas apenas as afirmações:

(A) I e II.

(B) I e IV.

(C) II e IV.

(D) III e IV.

(E) I, II e III.

18. (ENADE – 2005)

Em uma avaliação ao final de uma aula sobre gases ideais, um professor propôs diferentes questões:

1ª) Dados os valores de pressão (P), volume (V), e temperatura (T), os alunos deveriam calcular a massa do gás X, cuja massa molar é M.

2ª) Os alunos deveriam explicar por que, para uma massa fixa de um gás, $\frac{P_1.V_1}{T_1} = \frac{P_2.V_2}{T_2}$.

3ª) Os alunos deveriam propor um experimento para determinar as densidades relativas de dois gases.

Considerando as habilidades cognitivas envolvidas nessa avaliação, foram feitas as seguintes afirmações:

I. as três questões avaliam apenas a habilidade de memorização do conteúdo (P.V = n.R.T) por parte do aluno;

II. das três questões, a 3ª é a que avalia as habilidades cognitivas no nível mais simples, pois envolve um referencial concreto (um experimento);

III. os alunos podem acertar o cálculo da 1ª questão sem compreender, de fato, as relações entre P, V e T no gás ideal: basta que substituam os valores corretamente na fórmula e façam as contas.

É (São) correta(s) apenas a(s) afirmação(ões):

(A) I.

(B) II.

(C) III.

(D) I e II.

(E) II e III.

19. (ENADE – 2008) DISCURSIVA

A questão do lixo urbano é um problema inerente à sociedade atual. Numa cidade onde é realizada a coleta seletiva, o chamado "lixo seco" é constituído por 45% de papel e papelão, 15% de tecidos e refugos de jardim, 6% de latas e metais ferrosos leves, 4% de peças grandes de ferro e aço, 7% de vidros, 5% de alumínio e metais não ferrosos, 10% de material não adubável como borracha e cimento e 8% de plásticos. Em vista dessa composição, considera-se que: (1) o vidro, as peças grandes de ferro e aço, o alumínio e os metais não ferrosos, os plásticos e o papel/papelão sejam passíveis de reaproveitamento;

(2) o material remanescente seja moído e reduzido a partículas menores que 1 polegada de diâmetro e misturado com lama do tratamento de esgoto doméstico. A lama fornece bactérias e nitrogênio, que ajudarão na formação de um composto vegetal.

Após seis dias de repouso, a mistura é pulverizada e seca. O produto obtido tem textura e valor comparáveis à turfa vegetal.

a) Apresente duas vantagens, sob o ponto de vista do impacto social, decorrentes da implantação de uma Usina de Reciclagem de Lixo que recebe 200 t/dia de resíduos e cria cerca de 60 postos de trabalho direto na etapa de triagem. Justifique. **(valor: 3,0 pontos)**

b) Cite três orientações relativas à higiene e segurança do trabalho que devem ser fornecidas aos trabalhadores que fazem a triagem do lixo. **(valor: 3,0 pontos)**

c) Com base nas informações fornecidas, construa um fluxograma para a implantação de uma Usina de Reciclagem de Lixo.

Considere que a lama do tratamento de esgotos, constituída por 5% de sólidos, é enriquecida até 30% de sólidos, antes de ser misturada ao material remanescente. **(valor: 4,0 pontos)**

20. (ENADE – 2008) DISCURSIVA

Considere as duas rotas a seguir para a produção de ácido acético.

Rota I - Produção aeróbia de ácido acético a partir de etanol por bactérias acéticas.

Rota II - Ácido acético obtido pela carbonilação do metanol (catálise homogênea).

a) Escreva as reações químicas envolvidas em cada uma das rotas de produção de ácido acético apresentadas. **(valor: 3,0 pontos)**

b) Considere a produção aeróbia de ácido acético em um reator que contém 30 L de solução de etanol com concentração 9,2 $g.L^{-1}$. Uma linhagem de *Acetobacter aceti* foi adicionada ao meio e este foi vigorosamente agitado. Após algum tempo, restavam 2 $g.L^{-1}$ de etanol e haviam sido produzidos 6 $g.L^{-1}$ de ácido acético. Qual a conversão de etanol a ácido acético nessa condição de cultivo? **(valor: 4,0 pontos)**

c) Compare o processo da Rota I com os processos X e Y da Rota II, apresentados abaixo, abordando uma vantagem e uma desvantagem de cada um deles. **(valor: 3,0 pontos)**

Conversão e condições de operação para dois processos comerciais de produção de ácido acético por carbonilação

Processo	Conversão (mol%)	T (K)	P (bar)
X	90 (CH_3OH) e 90 (CO)	455 – 515	500
Y	99 (CH_3OH) e 90 (CO)	425 – 475	30 – 60

Rota I: $C_2H_5OH + O_2 \xrightarrow{\text{Bactéria}} CH_3COOH + H_2O$
(etanol)   (ácido acético)

Rota II: $CH_3OH + CO \xrightarrow{\text{Catalisador}} CH_3COOH$
(metanol)   (ácido acético)

21. (ENADE – 2005) DISCURSIVA

É importante relacionar a estrutura molecular com propriedades observáveis de um sistema. Há dois modelos principais para descrever a estrutura eletrônica em sistemas moleculares: a teoria da ligação de valência (LV) e a teoria dos orbitais moleculares (OM). A primeira é uma extensão da teoria de Lewis, levando-se em conta os seguintes princípios da mecânica quântica: os orbitais atômicos contendo elétrons desemparelhados se superpõem e os elétrons emparelham-se, formando as ligações. A segunda é uma extensão do princípio da estruturação: os elétrons ocupam os orbitais moleculares em ordem crescente de energia, obedecendo ao princípio da exclusão de Pauli e à regra de Hund da máxima multiplicidade.

a) Descreva a formação da molécula de O_2 pela teoria LV, indicando que multiplicidade (singleto ou tripleto) este modelo prevê para esta molécula. **(valor: 3,0 pontos)**

b) Como a teoria OM descreve a molécula de O_2? Que multiplicidade esse modelo prevê? **(valor: 3,0 pontos)**

c) Sabe-se que a molécula de O_2 é paramagnética e que não absorve na região do infravermelho. Explique estas duas propriedades. **(valor: 4,0 pontos)**

Dados:

- Considere o eixo **z** como o eixo da ligação.
- Ordenamento dos OM por ordem crescente de energia

$\sigma_g 1s < \sigma_u {}^* 1s < \sigma_g 2s < \sigma_u {}^* 2s < \sigma_g 2p_z < \pi_u 2p_x = \pi_u 2p_y < \pi_g {}^* 2p_x = \pi_g {}^* 2p_y < \sigma_u {}^* 2p_z < ...$

3) Elementos Químicos

1. (ENADE – 2011)

O sulfato de bário é utilizado como contraste para radiografias, principalmente no aparelho digestório.

Entretanto, o íon bário é extremamente tóxico. Um produto é administrado em conjunto com o sulfato de bário e faz com que o íon bário seja eliminado sem ser absorvido.

Esse produto pode ser o(a)

(A) sílica.

(B) nitrato de bário.

(C) hidróxido de bário.

(D) nitrato de potássio.

(E) sulfato de potássio.

2. (ENADE – 2005)

O texto a seguir trata da classificação periódica dos elementos, proposta por D. I. Mendeleiev (1869).

Embora a Tabela de Mendeleiev tivesse algumas imperfeições óbvias, a periodicidade das propriedades e a tendência de agrupar elementos semelhantes são evidentes. Ela também incorporava diversos princípios que contribuíram para a aceitação da lei periódica: a listagem seguindo massas atômicas crescentes, a separação entre o hidrogênio e os elementos imediatamente seguintes, os espaços vazios para elementos desconhecidos, e a incerteza em relação à localização dos elementos mais pesados. Alguns elementos pareciam estar fora do lugar quando colocados estritamente em ordem crescente de massas atômicas. Isto pareceu a Mendeleiev ser decorrente de erros na determinação das massas atômicas: por isso, ele deixou de aderir estritamente ao aumento das massas atômicas. Assim, ele colocou o ouro depois do ósmio, do índio e da platina – e determinações posteriores das massas atômicas demonstraram que isso estava correto. Outras inversões, porém, não foram corrigidas por meio de melhorias nos métodos de determinação de massas atômicas, e somente foram explicadas pelo trabalho de Moseley a respeito dos números atômicos em 1913. Entretanto, o maior "insight" de Mendeleiev está em seu artigo de 1871 a respeito dos espaços vazios na tabela periódica. A partir de suas posições na tabela, ele deduziu as propriedades desses elementos e de seus compostos. Essas previsões foram verificadas de maneira espetacular durante as duas décadas seguintes, com a descoberta de três elementos: gálio, escândio e germânio.

(Traduzido e adaptado de: IHDE, A. J. The Development of Modern Chemistry. Nova York: Dover, 1984, p. 245, 247 – 248.)

Considerando o que é abordado nesse texto e que o trabalho de Mendeleiev pode ser usado didaticamente para discutir alguns aspectos da química e da atividade científica, pode-se concluir que

(A) a proposição da lei periódica por Mendeleiev é um exemplo de descoberta acidental.

(B) Mendeleiev não poderia ter descoberto a lei periódica sem um conhecimento prévio da distribuição eletrônica em níveis e subníveis de energia.

(C) a imprecisão das previsões de Mendeleiev acerca das propriedades do gálio e do escândio gerou descrédito em relação à lei periódica, somente superado após o trabalho de Moseley.

(D) a lei periódica foi deduzida por Mendeleiev a partir de suas especulações teóricas a respeito do núcleo atômico; as propriedades observáveis dos elementos serviram para comprová-la.

(E) os cientistas às vezes atribuem ao erro experimental as evidências que contrariam suas hipóteses, assim como fez Mendeleiev, ao justificar a mudança de posição de alguns elementos em sua tabela.

4) Estrutura Atômica e Molecular

1. (ENADE – 2011)

Na história das lâmpadas, avanços na compreensão da estrutura atômica dos elementos químicos e de suas ligações permitiram identificar novas tecnologias que fazem uso de fontes modernas de luz, incluindo os **diodos emissores de luz (LED)**. Os LED são exemplo dos chamados "dispositivos no estado sólido", em que as propriedades funcionais importantes são determinadas pela composição química desse material. Em um LED, geralmente a luz emitida é monocromática. A figura a seguir representa um projeto padrão de um LED.

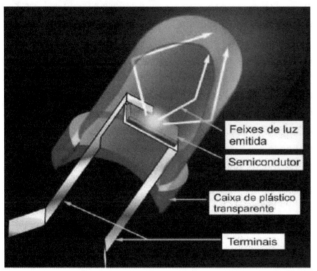

Disponível em: <http://static.hsw.com.br/gif/nasdaq-1.jpg>.

Considerando essas informações, analise as afirmações que se seguem.

I. A cor da luz emitida independe da composição química do semicondutor, e um ajuste na composição do sólido pode alterar a cor da luz emitida.
II. Cada LED emite luz de uma cor específica e, consequentemente, os LED fornecem um meio fácil de produção de luz colorida.
III. Os terminais metálicos permitem a passagem de corrente elétrica através de um semicondutor para a emissão de luz.
IV. No LED, a luz é composta de cores variadas, o que significa que ela possui vários comprimentos de onda.

É correto apenas o que se afirma em

(A) I.
(B) II.
(C) I e IV.
(D) II e III.
(E) III e IV.

2. (ENADE – 2011)

As diferentes teorias de ligações químicas (Teoria dos Orbitais Híbridos, Teoria dos Orbitais Moleculares (TOM), Teoria de Lewis) são especialmente úteis na explicação das propriedades dos compostos químicos tais como geometria molecular e caráter magnético, podendo, às vezes, serem empregadas simultaneamente. Um exemplo pode ser aplicado ao hidreto de berílio (BeH_2), um composto molecular com geometria linear (hibridação sp) e diamagnético.

Preencha o diagrama da TOM para o (BeH_2) abaixo, que foi construído com os orbitais de valência de cada átomo considerando que o composto foi formado pela ligação entre os dois orbitais híbridos vazios (sp) do $_4Be^{2+}$ (orbitais sp), que atuam como receptores de elétrons (ácido de Lewis), e os orbitais 1s totalmente preenchidos de cada hidreto ($_1H^-$), que atuam como uma base de Lewis, doando um par de elétrons.

```
            ___   ___
            s*    s*

___   ___              ___   ___
1s    1s               2sp   2sp
H     H                   Be

            ___   ___
             s     s
```

Qual a configuração eletrônica obtida após o preenchimento correto do diagrama TOM?

(A) BeH_2 = (s2) (s2) (s*2) (s*2)
(B) BeH_2 = (s2) (s2) (s*1) (s*1)
(C) BeH_2 = (s2) (s2) (s*2) (s*0)
(D) BeH_2 = (s2) (s2) (s*0) (s*0)
(E) BeH_2 = (s2) (s0) (s*2) (s*0)

3. (ENADE – 2008)

Para átomos hidrogenoides, a quantização dos níveis de energia é dada por: $E = -\dfrac{Z^2}{n^2}\left(\dfrac{e^2}{2a_0}\right)$, onde **Z** é o número atômico, **e** é a carga do elétron, **n** é o número quântico principal e **a_0** é o Raio de Bohr. Sabendo-se que, na presença de um campo magnético externo, o diagrama de energia de átomos hidrogenoides sofre alteração, qual é a degenerescência máxima observada no nível n=3, nessa condição?

(A) 0
(B) 1
(C) 3
(D) 9
(E) 12

4. (ENADE – 2008)

Recentemente, a imprensa internacional divulgou informação relacionada à contaminação de leite em pó com melamina, cuja estrutura está representada abaixo.

Melamina

A adulteração do leite tinha como objetivo simular níveis de proteínas mais altos do que os que realmente existiam no leite. As proteínas mais abundantes do leite são as caseínas (fosfoproteínas de massa molecular da ordem de 18 a 25 kDa).

Comparando a estrutura da melamina com a da caseína, conclui-se que ambas

(A) possuem ligações peptídicas.
(B) geram aminoácidos por hidrólise.
(C) formam polímeros de condensação com o formaldeído.
(D) apresentam o mesmo teor de nitrogênio.
(E) podem ser analisadas por cromatografia gasosa.

5. (ENADE – 2008)

O arsenieto de gálio é um material semicondutor usado na fabricação de diodos emissores de luz, dispositivos que transformam energia elétrica em radiação eletromagnética. O arsenieto de gálio pode ser dopado com outros elementos, gerando semicondutividade do tipo *n* (formação de nível doador de elétrons) e/ou semicondutividade do tipo *p* (formação de nível receptor de elétrons). O semicondutor tem uma célula unitária do tipo apresentado na figura abaixo.

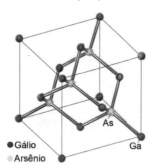

Analisando a estrutura cristalina do arsenieto de gálio e sabendo-se que o sítio de As foi dopado por Se, a fórmula do arsenieto de gálio e o tipo de semicondutor formado após a dopagem são, respectivamente,

	Fórmula do arsenieto de gálio	Tipo de semicondutor
(A)	GaAs	n
(B)	GaAs	p
(C)	GaAs$_3$	n
(D)	GaAs$_3$	p
(E)	GaAs$_5$	p

6. (ENADE – 2005)

O dióxido de enxofre, SO_2, e o diclorodifluorometano, CF_2Cl_2, são poluentes da atmosfera. Sobre a estrutura e as propriedades destes compostos, afirma-se:

I. O SO_2 pode ser descrito por um híbrido de ressonância de duas estruturas de Lewis.

II. A geometria do SO_2 é linear e a do CF_2Cl_2 é tetraédrica.

III. Em fase condensada, as forças responsáveis pelas ligações entre as moléculas, em ambas as espécies, são forças de London.

IV. Os modos normais de vibração no SO_2 são: o estiramento simétrico, o estiramento assimétrico e a deformação angular no plano.

São corretas apenas as afirmações:

(A) I e II.
(B) I e IV.
(C) II e III.
(D) II e IV.
(E) III e IV.

7. (ENADE – 2005)

A cafeína, que é um alcaloide presente nas folhas de chá preto, pode ser isolada através de um processo que envolve duas extrações. Na primeira etapa, as folhas de chá preto são extraídas com solução aquosa de Na_2CO_3, com o objetivo de hidrolisar o conjugado cafeína-tanino presente no substrato. Nesta reação, o tanino passível de hidrólise gera glicose e sal de ácido gálico.

Na segunda etapa, é feita uma extração líquido-líquido do meio reacional com diclorometano. Abaixo estão apresentadas as espécies de interesse.

cafeína   glicose   sal do ácido gálico

Dados: $K = \dfrac{C_2}{C_1}$, onde K = coeficiente de partição

C_1 = concentração do soluto em água
C_2 = concentração do soluto em CH_2Cl_2

A respeito dos processos de extração descritos acima, tem-se que

(A) a extração sólido-líquido deve ser efetuada a frio, de modo a evitar a decomposição da cafeína.
(B) a extração com diclorometano remove a cafeína e o sal de ácido gálico.

(C) o Na_2CO_3 favorece a transferência da glicose para a fase orgânica, através de um processo de *salting out*.

(D) a cafeína é extraída para a fase orgânica sob a forma protonada.

(E) o coeficiente de distribuição da cafeína no sistema água-diclorometano é maior que 1.

8. (ENADE – 2005)

Muitas cores que se observam na vegetação são devidas a transições eletrônicas em sistemas de elétrons π conjugados. O protótipo destes sistemas é a molécula de butadieno. Os quatro orbitais moleculares π desta molécula (em ordem crescente de energia) podem ser descritos qualitativamente por

$$\Psi_1 = \phi_1 + \phi_2 + \phi_3 + \phi_4$$
$$\Psi_2 = \phi_1 + \phi_2 - \phi_3 - \phi_4$$
$$\Psi_3 = \phi_1 - \phi_2 - \phi_3 + \phi_4$$
$$\Psi_4 = \phi_1 - \phi_2 + \phi_3 - \phi_4$$

onde cada ϕ_i é um orbital atômico $2p_\pi$ centrado em cada átomo de carbono **i**. Considere as afirmações abaixo, a respeito da estrutura eletrônica π do butadieno.

I. O orbital Ψ_1 é o de maior superposição entre os orbitais atômicos.

II. O orbital Ψ_4 é o de menor superposição entre os orbitais atômicos.

III. Há dois elétrons no orbital Ψ_1 e dois elétrons no orbital Ψ_2.

IV. O orbital Ψ_2 é o orbital molecular ocupado de mais alta energia (HOMO).

V. O orbital Ψ_3 é o orbital molecular desocupado de mais baixa energia (LUMO).

São corretas as afirmações

(A) I e II, apenas.

(B) I, II e III, apenas.

(C) III, IV e V, apenas.

(D) I, II, IV e V, apenas.

(E) I, II, III, IV e V.

9. (ENADE – 2002)

Considere os seguintes compostos inter-halogenados: CIF_3, BrF_5 e IF_7. A associação correta entre o composto, a hibridação do átomo de halogênio central e o arranjo espacial dos pares de elétrons em torno desse átomo apresenta-se em

	Composto	Hibridação	Arranjo espacial dos pares de elétrons
(A)	CIF_3	sp^3d^2	bipirâmide trigonal
(B)	IF_7	sp^3d^3	bipirâmide pentagonal
(C)	BrF_5	sp^3d^2	bipirâmide pentagonal
(D)	CIF_3	sp^3d	octaédrico
(E)	IF_7	sp^3d^3	octaédrico

10. (ENADE – 2002)

Considere a configuração eletrônica da molécula de óxido nítrico: $[(\sigma 1s)^2 (\sigma^* 1s)^2 (\sigma 2s)^2 (\sigma^* 2s)^2 (\sigma 2p)^2 (\pi 2p)^4 (\pi^* 2p)^1]$ e o processo de ionização abaixo.

$$NO \longrightarrow NO^+ + 1 \text{ elétron}$$

De acordo com o modelo da Teoria dos Orbitais Moleculares, as consequências dessa ionização na ordem e no comprimento da ligação, respectivamente, são:

	Ordem da ligação	Comprimento de ligação
(A)	aumenta	aumenta
(B)	aumenta	diminui
(C)	aumenta	não se altera
(D)	não se altera	diminui
(E)	diminui	aumenta

11. (ENADE – 2002)

Em fins do século XIX e começo do século XX, foram realizados inúmeros estudos e experiências que possibilitaram a Niels Bohr propor um novo modelo atômico.

A seguir são listadas algumas conclusões às quais chegaram os cientistas sobre os estudos desenvolvidos a essa época.

I. No átomo há uma região central, núcleo, de carga elétrica positiva. *(Rutherford)*

II. Existe uma relação matemática simples entre o comprimento de onda das raias do espectro do hidrogênio e um n° inteiro n associado a cada raia. *(Balmer e Rydberg)*

III. As radiações eletromagnéticas comportam-se como se fossem constituídas por pequenos pacotes de energia (fótons). *(Planck e Einstein)*

IV. É impossível determinar simultaneamente posição e velocidade de um elétron. *(Heisenberg)*

Na elaboração de seu modelo atômico, Bohr se baseou somente nas conclusões

(A) I e III.

(B) I e IV.

(C) II e IV.

(D) I, II e III.

(E) I, III e IV.

12. (ENADE – 2002)

As estruturas de Lewis abaixo correspondem a três formas ressonantes do íon CNO^-

Estrutura I   Estrutura II   Estrutura III

Após se calcularem as cargas formais dos átomos, é possível concluir que, na(s) estrutura(s)

(A) I, o átomo de carbono apresenta carga formal igual a -1 e essa estrutura é a de menor energia.

(B) II, o átomo de carbono apresenta carga formal igual a -2 e essa estrutura é a de menor energia.

(C) III, o átomo de carbono apresenta carga formal menor que a do átomo de oxigênio e essa estrutura é a mais estável.
(D) I, II e III, a carga formal do átomo de oxigênio é igual a zero.
(E) I, II e III, a carga formal do átomo de carbono é igual a –1.

13. (ENADE – 2002)

A caulinita, cuja estrutura está esquematizada no diagrama abaixo, é o mais comum dos argilo-minerais. Ela é um aluminossilicato hidratado formado pela combinação 1:1 de uma camada de silicato e uma camada de alumina hidratada, que, combinadas, dão a composição $Al_2(Si_2O_5)(OH)_4$.

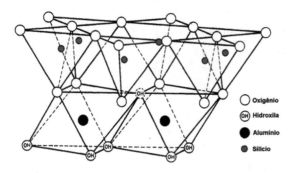

Analisando essa estrutura, conclui-se que a caulinita apresenta arranjos

(A) hexagonais.
(B) cúbicos e tetraédricos.
(C) cúbicos de face centrada.
(D) cúbicos de corpo centrado.
(E) tetraédricos e octaédricos.

14. (ENADE – 2001)

Considere as espécies químicas

$[AlF_4]^-$ $[SiF_4]^{2-}$ $[PCl_4]^+$ SF_4
(I)   (II)   (III)   (IV)

As espécies cujos átomos em **negrito** utilizam um conjunto de orbitais híbridos sp³ ao estabelecerem ligações químicas são:

(A) I e II, apenas.
(B) I e III, apenas.
(C) I e IV, apenas.
(D) II e III, apenas.
(E) II e IV, apenas.

15. (ENADE – 2001)

Considere as seguintes substâncias: HF ; HCl ; CCl_4 ; CH_3CH_2OH e CS_2. Estão presentes forças intermoleculares do mesmo tipo nos líquidos

(A) CCl_4 e CH_3CH_2OH.
(B) HCl e CCl_4.
(C) HCl e CS_2.
(D) HF e HCl.
(E) HF e CH_3CH_2OH.

16. (ENADE – 2001)

A configuração eletrônica do íon superóxido (O_2^-), no estado fundamental, é: $(\sigma 1s)^2 (\sigma^* 1s)^2 (\sigma 2s)^2 (\sigma^* 2s)^2 (\sigma 2p_z)^2 (\pi 2p_x)^2 (\pi 2p_y)^2 (\pi^* 2p_x)^2 (\pi^* 2p_y)^1$. O modelo da Teoria dos Orbitais Moleculares permite fazer, respectivamente, as seguintes previsões em relação à ordem de ligação oxigênio-oxigênio e ao comportamento magnético do íon:

(A) 1; paramagnético.
(B) 1; diamagnético.
(C) 1,5; paramagnético.
(D) 2; paramagnético.
(E) 2; diamagnético.

17. (ENADE – 2001)

Considere os íons Mg^{2+}; Al^{3+}; Br^- e O^{2-} e os compostos binários por eles formados. Analisando o poder polarizante e a polarizabilidade dos íons, é certo afirmar que

(A) a polarizabilidade do íon Br^- é menor que a do íon O^{2-}.
(B) o poder polarizante do íon Mg^{2+} é menor que o do íon Al^{3+}.
(C) o $MgBr_2$ tem a ligação com o maior caráter iônico.
(D) o Al_2O_3 tem a ligação com o maior caráter covalente.
(E) os cátions são as espécies químicas mais polarizáveis.

18. (ENADE – 2001)

Numa solução resultante da dissolução de KCl e KBr em solução de NaOH, o íon de maior mobilidade iônica é o

(A) K^+
(B) Na^+
(C) Cl^-
(D) Br^-
(E) OH^-

19. (ENADE – 2001)

O sólido iônico BaO tem estrutura cristalina tipo cloreto de sódio. Analisando a coordenação e a posição ocupada pelos íons na célula unitária da rede cristalina do BaO, é certo afirmar que

(A) os cátions e os ânions têm coordenação tetraédrica.
(B) os cátions têm número de coordenação igual a oito.
(C) os ânions têm número de coordenação igual a quatro.
(D) os ânions óxido ocupam os vértices e as faces de um cubo.
(E) os ânions óxido ocupam os vértices, e o cátion ocupa o centro de um cubo.

20. (ENADE – 2000)

Considere o seguinte conjunto de números quânticos n = 3, ℓ = 2, m = +1. Sobre ele, é correto afirmar que:

(A) o orbital em que se encontra o elétron apresenta um plano nodal.
(B) o orbital em que se encontra o elétron apresenta dois planos nodais.
(C) existem no máximo dois orbitais associados a esse conjunto de números quânticos.

(D) existem no máximo dez elétrons associados a esse conjunto de números quânticos.

(E) de acordo com a teoria quântica, esse conjunto é inválido.

21. (ENADE – 2000)

O modelo da repulsão dos pares de elétrons na camada de valência (RPECV) permite prever o arranjo espacial dos pares de elétrons, ligantes e isolados, ao redor do átomo central em uma molécula ou íon. Entre as espécies químicas BF_3 - PCl_3 - SO_3 - ClF_3, quais devem apresentar um mesmo arranjo espacial dos pares de elétrons ao redor do átomo central?

(A) PCl_3 - ClF_3
(B) PCl_3 - SO_3
(C) SO_3 - ClF_3
(D) BF_3 - SO_3
(E) BF_3 - PCl_3

22. (ENADE – 2000)

Niels Bohr mostrou que a energia do elétron na **n**-ésima órbita do átomo de hidrogênio é dada pela equação: $E_n = -Rhc/n^2$, onde **R** é a Constante de Rydberg, **h** é a Constante de Planck e **c** é a velocidade da luz. Considere que o espectro de emissão de átomos de hidrogênio excitados seja formado, apenas, por transições entre os níveis: n_1, n_2, n_3 e n_4.

Qual das transições emite fótons de menor energia?

(A) n = 2 → n = 1
(B) n = 3 → n = 1
(C) n = 3 → n = 2
(D) n = 4 → n = 2
(E) n = 4 → n = 3

23. (ENADE – 2000)

Considere o diagrama de níveis de energia dos orbitais moleculares apresentado abaixo.

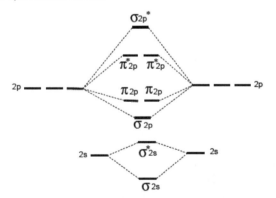

Com base na configuração eletrônica dos orbitais moleculares das espécies gás oxigênio, íon peróxido (O_2^{2-}) e íon dioxigenilo (O_2^+), é correto afirmar que:

(A) a molécula de oxigênio é diamagnética.
(B) a ligação química no íon peróxido é mais fraca que no íon dioxigenilo.
(C) as três espécies químicas do oxigênio são paramagnéticas.
(D) o íon peróxido tem dois elétrons desemparelhados.
(E) no íon dioxigenilo a ordem de ligação é igual a um.

24. (ENADE – 2000)

O gráfico abaixo representa os valores das afinidades eletrônicas dos primeiros vinte elementos da Classificação Periódica em função do número atômico.

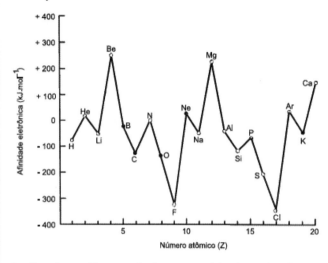

Analisando o gráfico em relação a esses vinte elementos, é certo afirmar que:

(A) a formação do ânion monovalente do oxigênio é um processo favorável.
(B) a formação de ânions monovalentes, a partir de átomos de gás nobre, é um processo espontâneo.
(C) a formação de ânions monovalentes, a partir de átomos de halogênios, é um processo endotérmico.
(D) as afinidades eletrônicas dos metais são positivas e as dos não metais são negativas.
(E) os metais alcalinos terrosos têm grande tendência para capturar elétrons.

25. (ENADE – 2000)

As figuras abaixo apresentam três tipos de células unitárias cúbicas.

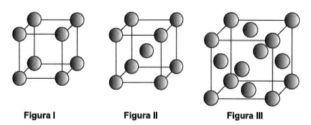

Figura I   Figura II   Figura III

Admitindo-se que as esferas têm o mesmo tamanho e que representam átomos ou íons, é correto afirmar que:

(A) o número de coordenação de cada esfera na rede cúbica da figura I é quatro.
(B) o número de coordenação de cada esfera nas redes cúbicas das figuras II e III é oito.
(C) para a célula unitária representada na figura I há apenas um átomo ou íon "inteiro" por célula.
(D) para a célula unitária representada na figura II há apenas um átomo ou íon "inteiro" por célula.
(E) para a célula unitária representada na figura III há dois átomos ou íons "inteiros" por célula.

26. (ENADE – 2008) DISCURSIVA

Para minimizar a ação de enzimas proteolíticas na quebra de ligações peptídicas, como no caso do tripeptídeo imunorregulador Imreg (tirosil-glicil-glicina), presente no plasma sanguíneo, foram sintetizados compostos tio-análogos do Imreg.

Tio-Imreg

a) Explique por que o comprimento da ligação tio-carbonílica é maior que o da ligação carbonílica. **(valor: 3,0 pontos)**
b) Por que a substituição do átomo de oxigênio por enxofre na ligação CZ (Z = O ou S) favorece o caráter de dupla na ligação peptídica? **(valor: 4,0 pontos)**
c) Com base nas formas dos diagramas de contorno dos orbitais moleculares do Tio-Imreg de (I) menor energia e (II) maior energia, compare a contribuição relativa dos orbitais atômicos para esses níveis de energia apresentados.

$E_{n=1} = -2483$ eV

(I)

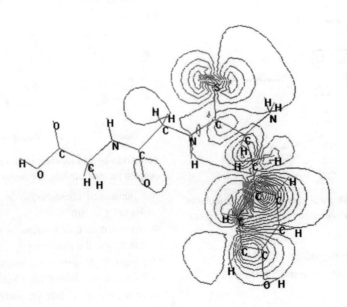

$E_{n=82} = -8,35$ eV

(II)

COLETÂNEA DE QUESTÕES – QUÍMICA 295

27. (ENADE – 2000) DISCURSIVA

Encontram-se abaixo os diagramas de contorno de densidade eletrônica dos orbitais moleculares da ligação carbono-carbono do etileno (CH$_2$=CH$_2$), formados a partir da combinação dos orbitais atômicos dos carbonos hibridizados sp^2.

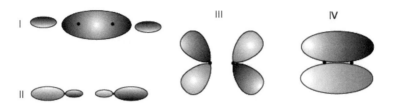

Com base nessas informações e utilizando os números relacionados com cada diagrama:

a) indique quais são orbitais **sigma (σ)** e quais são **pi (π)**, justificando sua resposta; **(valor: 2,0 pontos)**
b) indique quais são os orbitais **ligantes** e quais são os **antiligantes**, justificando sua resposta; **(valor: 2,0 pontos)**
c) coloque os orbitais moleculares em ordem **crescente** de energia relativa. **(valor: 1,0 ponto)**

28. (ENADE – 2001) DISCURSIVA

Abaixo são dados os diagramas, em ordem crescente de energia, dos orbitais moleculares da carbonila e do 1,3-butadieno.
Com base nisto,

a) indique o **HOMO** e o **LUMO** do 1,3-butadieno e o número de nodos, além do plano nodal da molécula, presentes em cada um deles; **(valor: 8,0 pontos)**
b) indique os orbitais ligantes, antiligantes e não ligantes da carbonila; **(valor: 9,0 pontos)**
c) correlacione as absorções características da carbonila, que ocorrem nos comprimentos de onda aproximados de 280nm e 190nm, com as transições $\pi \to \pi*$ e $n \to \pi*$.

Avalie a influência da polaridade do solvente no comprimento de onda da absorção correspondente à transição $n \to \pi*$, quando espécies carboniladas em solução são analisadas por espectrometria no ultravioleta.
Justifique suas respostas. **(valor: 8,0 pontos)**

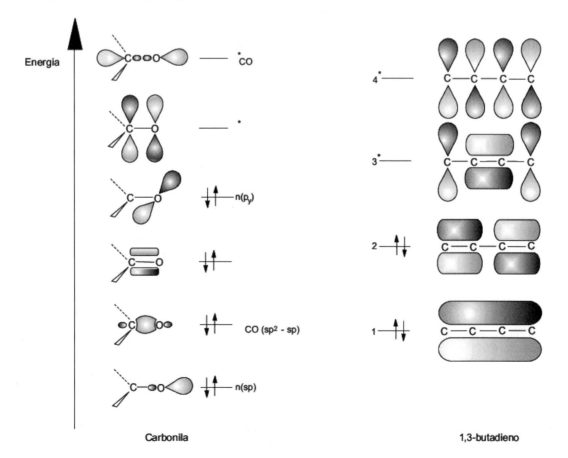

5) Análise Química

1. (ENADE – 2011)

A cânfora tem conhecidas aplicações antisséptica e anestésica local, sendo identificada facilmente por seu odor característico. Por se tratar de uma cetona, geralmente é sintetizada a partir do norboneol usando-se reagentes oxidantes à base de cromo. Com o objetivo de estimular a preocupação com o meio ambiente e a busca por uma opção de reagente economicamente mais viável e associado ao cotidiano, um professor propôs que seus alunos do curso de graduação em Química testassem o uso de água sanitária (um produto comercial obtido pela diluição de hipoclorito de sódio em água, estabilizado pela adição de cloreto de sódio) na oxidação do borneol a cânfora, como mostra o esquema a seguir.

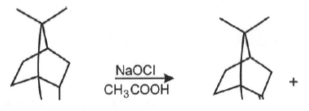

Uma das técnicas utilizadas para caracterizar o produto foi a espectroscopia de infravermelho (IV), usando pastilha de KBr. Os espectros realizados para o borneol e a cânfora deram os resultados mostrados a seguir.

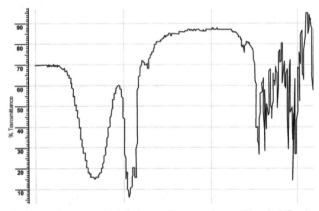

Figura 1- Espectro de infravermelho usando pastilha de KBr do borneol.

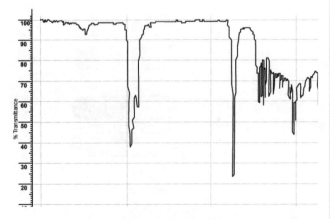

Figura 2- Espectro de infravermelho usando pastilha de KBr da cânfora.

Com base nessas informações, avalie as asserções a seguir.

Os espectros de infravermelho demonstram que o uso de água sanitária para oxidação do borneol a cânfora foi bem-sucedido.

PORQUE

O espectro do borneol mostra a presença de uma frequência de deformação axial típica do grupo hidroxila, sendo que esse mesmo estiramento está ausente no espectro da cânfora, em que se percebe um estiramento típico da presença do grupo carbonila, que, por sua vez, é ausente no borneol.

A respeito dessas asserções, assinale a opção correta.

(A) As duas asserções são proposições verdadeiras, e a segunda é uma justificativa correta daprimeira.
(B) As duas asserções são proposições verdadeiras, mas a segunda não é uma justificativa correta da primeira.
(C) A primeira asserção é uma proposição verdadeira, e a segunda, uma proposição falsa.
(D) A primeira asserção é uma proposição falsa, e a segunda, uma proposição verdadeira.
(E) Tanto a primeira quanto a segunda asserções são proposições falsas.

2. (ENADE – 2011)

A cromatografia gasosa é uma das técnicas analíticas mais utilizadas para a separação e identificação de substâncias orgânicas. Além de possuir alto poder de resolução, é muito atrativa devido à possibilidade de detecção em escala, de nano a picogramas (10^{-9} g a 10^{-12} g). Considerando essa técnica, avalie as asserções a seguir.

A grande limitação da cromatografia gasosa é a necessidade de que a amostra seja volátil ou estável termicamente.

PORQUE

Na cromatografia gasosa, amostras não voláteis ou termicamente instáveis devem ser derivadas quimicamente.

A respeito dessas asserções, assinale a opção correta.

(A) As duas asserções são proposições verdadeiras, e a segunda é uma justificativa correta da primeira.
(B) As duas asserções são proposições verdadeiras, mas a segunda não é uma justificativa correta da primeira.
(C) A primeira asserção é uma proposição verdadeira, e a segunda, uma proposição falsa.
(D) A primeira asserção é uma proposição falsa, e a segunda, uma proposição verdadeira.
(E) Tanto a primeira quanto a segunda asserções são proposições falsas.

3. (ENADE – 2011)

Um estudo feito nos Estados Unidos da América aborda as histórias ocupacionais de 185 pessoas com a doença de Alzheimer, comparadas com 303 pessoas sem a doença. Os resultados mostraram que era 3,4 vezes mais provável de desenvolverem Alzheimer indivíduos que tinham trabalhado em posições que os expunham a altos níveis de chumbo – respirando pó de chumbo ou a partir de contacto direto com a pele. Para o tratamento de contaminação por esse metal, pode-se utilizar medicamentos a base do ligante etilenodiaminotetracético (EDTA), que tem a característica de complexar com íons metálicos divalentes presentes no plasma ou no líquido intersticial, como chumbo, zinco, manganês e ferro.

KOSS, E. Disponível em: <www.fi.edu/brain/metals.htm>.
Acesso em: 7 set. 2011.

Considerando a teoria da volumetria de complexação e a utilização do EDTA como componente de medicamentos para o tratamento de contaminação por chumbo, analise as afirmações a seguir.

I. Na titulação de chumbo com EDTA, a representação da constante de formação condicional é $K_f' = \frac{[Pb^{2+}][EDTA]}{[Pb\text{-}EDTA]}$.

II. Os valores de alfa 4 influenciam o equilíbrio da complexação do ligante EDTA com o chumbo, em meio aquoso, a 20 °C.

III. Na titulação de uma solução de chumbo com solução de EDTA, após o ponto de equivalência, a concentração de chumbo na solução será igual a zero.

IV. O indicador utilizado em uma titulação de complexação primeiro complexa com os íons chumbo, antes do ponto de equivalência, dando uma cor característica à solução.

É correto apenas o que se afirma em

(A) I e II.
(B) I e III.
(C) I e IV.
(D) II e III.
(E) II e IV.

4. (ENADE – 2011)

Considerada uma técnica analítica bem-sucedida, a espectrometria de absorção atômica (AAS - *Atomic Absorption Spectrometry*) é uma das técnicas mais utilizadas na determinação de elementos em baixas concentrações, que estão presentes em uma variedade de amostras, sejam líquidas, sólidas, em suspensão, e até mesmo gasosas, podendo estar associada a sistemas de análise em fluxo e permitir estudos de especiação.

AMORIM, F. A. C. *et al*. Espectrometria de absorção atômica: o caminho para determinações multielementares. *In:* **Química Nova**, São Paulo, v. 31, n. 7, 2008.

A figura a seguir mostra um esquema dos caminhos ópticos em um espectrofotômetro de absorção atômica de duplo feixe.

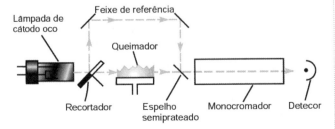

SKOOG, D. WEST, D. M. HOLLER, F. J. CROUCH, S. R. **Fundamentos de Química Analítica**. 8 ed. São Paulo: Cengage Learning. 2010.

Considerando os componentes básicos de um equipamento de espectrometria de absorção atômica, analise as afirmações a seguir.

I. A fonte de radiação mais útil para a espectrometria de absorção atômica é a lâmpada de cátodo oco. Esta consiste de um ânodo de tungstênio e de um cátodo cilíndrico selado em um tubo de vidro, contendo um gás inerte, como o gás acetileno, a pressões de 1 a 5 torr.

II. Em uma medida de absorção atômica, é necessário discriminar entre a radiação das lâmpadas de cátodo oco ou de descarga sem eletrodos e a radiação proveniente do atomizador, pois a maior parte dessa última é eliminada pelo monocromador.

III. A temperatura da chama determina a eficiência da atomização, isto é, a fração do solvente que é dessolvatada, vaporizada e convertida em átomos livres ou íons, ou ambos. A temperatura da chama também determina o número relativo de átomos excitados e não excitados na chama.

IV. Para a detecção, a radiação isolada pelo monocromador é convertida em sinais elétricos por um único transdutor, por múltiplos transdutores ou por um arranjo de detectores. Esses sinais elétricos são, então, processados e supridos como entrada para o sistema computacional.

É correto apenas o que se afirma em

(A) I.
(B) III.
(C) I e IV.
(D) II e III.
(E) II e IV.

5. (ENADE – 2011)

O Brasil é um grande consumidor de gás natural. A Agência Nacional do Petróleo e Biocombustíveis (ANP) regulamenta a qualidade do gás por intermédio da portaria ANP n° 104, de 8/7/2002, que especifica a faixa de concentração aceitável para seus componentes.

Os principais componentes analisados são: metano, etano, propano, isobutano, n-butano, isopentano, n-pentano, nitrogênio e gás carbônico. A técnica empregada para essa análise é a cromatografia gasosa. Com base nessas informações, avalie as afirmações a seguir.

I. Para a análise desses compostos, pode ser empregado um cromatógrafo a gás equipado com detector de ionização por chama, uma vez que este é um detector universal.

II. Uma opção de configuração de equipamento para essa análise seria o emprego de um cromatógrafo a gás equipado com detector de ionização por chama e com detector de condutividade térmica.

III. Para a validação de metodologias, o estudo interlaboratorial é uma das principais exigências de órgãos certificadores. Nesse estudo, uma mesma amostra é analisada por vários laboratórios, utilizando a mesma metodologia e os mesmos equipamentos.

IV. As amostras gasosas devem estar em cilindros de aço inox e, para a injeção no cromatógrafo, devem ser utilizadas seringas apropriadas para esse tipo de amostra.

COLETÂNEA DE QUESTÕES – QUÍMICA

É correto apenas o que se afirma em

(A) I.

(B) II.

(C) I e III.

(D) II e IV.

(E) III e IV.

6. (ENADE – 2008)

A determinação do teor de ClO^{1-} em amostras comerciais de alvejantes à base de hipoclorito de sódio pode ser feita por titulometria de oxidação-redução, utilizando um método indireto, conduzido em meio ácido e baseado na seguinte reação:

$$2\, S_2O_3^{2-} \rightleftharpoons S_4O_6^{2-} + 2e^-$$

Para proceder a essa análise, é necessária a utilização dos reagentes abaixo, **EXCETO**

(A) Solução padrão de tiossulfato de sódio.

(B) Solução padrão de iodo.

(C) Solução de ácido acético glacial.

(D) Iodeto de potássio.

(E) Suspensão de amido recém-preparada.

7. (ENADE – 2008)

Um movimento ecológico preocupado com as condições da água de um rio situado em uma área de grande aglomeração urbana resolve fazer uma campanha para conscientizar a população a utilizar detergentes em pó com parcimônia. Para tal, encomenda a uma empresa que analise o teor de fósforo em amostras de detergentes em pó de três fabricantes da região, os quais contêm tripolifosfato de sódio, $Na_5P_3O_{10}$, utilizado para promover o abrandamento da dureza das águas.

O teor de fósforo no detergente em pó foi determinado por gravimetria. O método consiste em tratar a amostra com excesso de molibdato de amônio, precipitando o fósforo na forma de $(NH_4)_3PMo_{12}O_{40}$. O precipitado lavado e livre de interferentes é dissolvido em solução de $NH_3(aq)$ e reprecipitado como $MgNH_4PO_4 \cdot 6\,H_2O$, que, sob calcinação, se converte em pirofosfato de magnésio, $Mg_2P_2O_7(s)$.

A análise em triplicata forneceu os seguintes resultados:

Fabricante	Massa de amostra (em gramas)	Massa de $Mg_2P_2O_7$ (em gramas)	Teor médio de P (%)
I	6,200	1,100	
	6,200	1,110	X
	6,200	1,120	
II	6,200	0,989	
	6,200	0,999	Y
	6,200	1,009	
III	6,200	0,878	
	6,200	0,888	Z
	6,200	0,898	

Sabendo que a Resolução do CONAMA estabelece o valor de 4,80% como limite máximo de fósforo no produto, o(s) fabricante(s) que forneceu(ram) amostra(s) em conformidade com esta Resolução é(são) **APENAS**

Dados:

Substância	Massa molar (em g/mol)
$(NH_4)_3PMo_{12}O_{40}$	1.877
$MgNH_4PO_4 \cdot 6H_2O$	245
$Mg_2P_2O_7$	222
$Na_5P_3O_{10}$	368

(A) I

(B) II

(C) III

(D) I e II

(E) II e III

8. (ENADE – 2008)

Uma fonte de radiação estelar na faixa de comprimento de onda do visível emite radiação como um corpo negro perfeito.

A sua radiação é avaliada por três observadores distintos:

(X) observa diretamente a radiação emitida e (Y) observa a radiação transmitida através de uma massa de gás interestelar fria. O terceiro observador, (Z), analisa a radiação emitida pela mesma massa de gás. Com base nos relatos dos observadores, foram feitas as seguintes afirmações:

I. o espectro da radiação observada por (X) possui linhas e bandas características da fonte;

II. o espectro observado por (Y) apresenta linhas escuras sobre um contínuo multicolorido;

III. os espectros observados por (Y) e (Z) dependem da natureza do gás;

IV. transições eletrônicas são responsáveis pelas linhas brilhantes no espectro observado por (Z).

São corretas **APENAS** as afirmações

(A) I e II

(B) I e IV

(C) III e IV

(D) I, II e III

(E) II, III e IV

9. (ENADE – 2008)

A produção de madeira plástica ou compósito de plástico-madeira pode ser feita a partir de resíduos plásticos reciclados.

Já pode ser encontrado no mercado nacional um produto resultante da mistura de polietileno de alta densidade (PEAD) com serragem de madeira, pigmentos e plastificante.

A respeito da análise espectroscópica da madeira plástica e de suas matérias-primas, foram feitas as seguintes afirmativas:

I. o espectro de infravermelho do PEAD apresenta bandas de estiramento na região de $1.700\ cm^{-1}$;

II. o espectro de RMN de ^{13}C em solução do PEAD apresenta sinais na região de 120-145 ppm;

III. o espectro de infravermelho da madeira plástica pode ser obtido sob a forma de filme, solubilizando a amostra em um solvente apolar;

IV. o espectro de infravermelho da madeira plástica apresenta bandas na região de 3.400 cm^{-1}, provenientes da celulose, e banda na região de 1.450 cm^{-1}, proveniente do polietileno.

Está(ão) correta(s) **APENAS** a(s) afirmativa(s)

(A) I
(B) IV
(C) I e III
(D) II e III
(E) II e IV

10. (ENADE – 2008)

Considere as curvas da análise termogravimétrica (TGA) obtidas para quatro polímeros: polietileno (PE), polipropileno (PP), politetrafluoretileno (PTFE) e policloreto de vinila (PVC), apresentadas na figura abaixo.

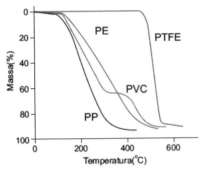

STUART, B. **Polymer Analysis**. Chichester: John Wiley & Sons, 2002. p. 203. (adaptado)

Com base na análise do gráfico, foram feitas as seguintes afirmativas:

I. o PTFE é termorrígido, pois apresenta a maior temperatura de decomposição;
II. o PTFE se decompõe em temperatura maior que o PE, pois a energia da ligação C-F é maior que a energia da ligação C-H;
III. a cadeia ramificada do PP contribui para maior temperatura de decomposição em relação à temperatura de decomposição do PE;
IV. o patamar observado na curva do PVC deve-se à liberação de HCl, sendo este fato uma preocupação no seu processo de reciclagem.

Estão corretas **APENAS** as afirmativas

(A) I e II
(B) I e IV
(C) II e III
(D) II e IV
(E) III e IV

11. (ENADE – 2005)

Uma mistura dos compostos X e Y, mostrados abaixo, foi analisada por cromatografia gasosa de alta resolução com detecção por ionização em chama, utilizando uma coluna de fase estacionária polar.

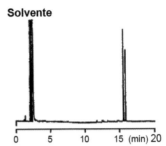

O cromatograma mostrado a seguir foi obtido nas seguintes condições experimentais:

- temperatura do injetor: 250 °C
- temperatura do detetor: 280 °C
- temperatura inicial do forno: 50 °C
- temperatura final do forno: 250 °C
- taxa de aquecimento do forno: 5 °C/min

Considerando os resultados do experimento descrito, pode-se afirmar que:

I. Y corresponde ao composto que apresenta maior tempo de retenção;
II. para melhorar a resolução da separação, devem ser aumentadas as temperaturas do injetor e detetor;
III. o aumento da taxa de aquecimento do forno deve aumentar a resolução;
IV. a diminuição do tamanho da coluna deverá piorar a resolução.

São corretas apenas as afirmações:

(A) I e II.
(B) I e IV.
(C) II e III.
(D) II e IV.
(E) III e IV.

12. (ENADE – 2005)

Reações de formação de hidrazonas são usualmente empregadas na caracterização de aldeídos e cetonas. A acetona e a acetofenona, cujas carbonilas absorvem no infravermelho em 1 715 cm^{-1} e 1 685 cm^{-1}, respectivamente, reagem com 2,4-dinitrofenil-hidrazina, conforme o esquema abaixo.

Com relação às reações de formação das hidrazonas, pode-se afirmar que

I. as reações se processam segundo um mecanismo de substituição nucleofílica;
II. a acetofenona reage mais rapidamente do que a acetona;
III. a conjugação do anel aromático com a carbonila na acetofenona acarreta a diminuição da densidade eletrônica da ligação C=O.

É(São) correta(s) apenas a(s) afirmação(ões):

(A) I.
(B) II.
(C) III.
(D) I e II.
(E) I e III.

13. (ENADE – 2005)

Considere a redução apresentada no esquema abaixo.

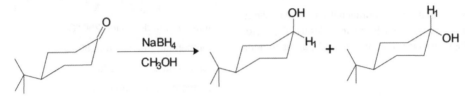

A distinção entre os álcoois isoméricos *cis* e *trans* pode ser feita através da ressonância magnética nuclear de hidrogênio (RMN de ^1H). O espectro da mistura mostrou, além de outros assinalamentos, os sinais apresentados no espectro abaixo.

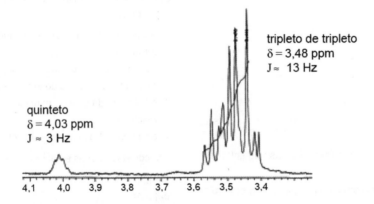

Considere as estruturas dos isômeros e a Correlação de Karplus, que determina que os valores de (J) estão relacionados ao ângulo de diedro dos átomos de hidrogênio presentes em carbonos vizinhos em sistemas com restrição conformacional.

Sabendo que ângulos de diedro de aproximadamente 60° correspondem a constantes de acoplamento pequenas (1-7 Hz) e que os de aproximadamente 180° estão relacionados a constantes de acoplamento elevadas (8-14 Hz), avalie as afirmações a seguir.

I. O sinal a 3,48 ppm corresponde ao isômero *trans*, porque neste caso H_1 acopla com 2 átomos de hidrogênio a 180° e com 2 átomos de hidrogênio a 60°, gerando um tripleto de tripleto.
II. O sinal a 4,03 ppm corresponde ao isômero *cis*, porque neste caso H_1 acopla com 4 átomos de hidrogênio a 60°, gerando um quinteto.
III. A proporção dos isômeros *cis/trans* não pode ser obtida pela análise de RMN de ^1H.

É(São) correta(s) apenas a(s) afirmação(ões):

(A) I.
(B) II.
(C) I e II.
(D) I e III.
(E) II e III.

14. (ENADE – 2005)

Considere as afirmações abaixo, a respeito dos métodos analíticos.

I. Os picos associados às transições eletrônicas na espectroscopia de absorção atômica são, em geral, mais largos que os picos na espectroscopia molecular devido à ausência de ligação química e, portanto, de movimentos de rotação e vibração molecular.

II. A separação de duas amostras distintas de hidrocarbonetos aromáticos por cromatografia líquida de alta eficiência (HPLC) ser realizada em uma coluna de fase normal.

III. O tempo de aquisição do espectro de Carbono-13 (RMN-^{13}C) é maior que o tempo de aquisição do espectro de Hidrogênio-1 (RMN-^{1}H), pois além do ^{13}C ocorrer na natureza em menor abundância, sua sensibilidade relativa também é menor que a do ^{1}H.

É(São) correta(s) apenas a(s) afirmação(ões):

(A) I.
(B) II.
(C) III.
(D) I e III.
(E) II e III.

15. (ENADE – 2002)

Um químico recebeu uma amostra para ser analisada e verificou que se tratava de um composto orgânico que apresentava uma forte absorção no infravermelho a 3300-3400 cm^{-1}. Seu espectro de RMN-^{1}H mostrou três singletes a 0,9 ppm, 3,5 ppm e 3,1 ppm, sendo este último pico sensível à variação do solvente.

O espectro de RMN–^{13}C apresentou três sinais cujos deslocamentos químicos foram todos inferiores a 100 ppm.

Dados:

Faixas características de absorção no infravermelho	
VIBRAÇÃO	FREQUÊNCIA (cm^{-1})
Axial O–H	3645-3200
Axial N–H	3550-3050
Axial C$_{sp}$–H	3350-3250

Faixas características de deslocamento químico de ^{1}H			
GRUPO	δ (ppm)	GRUPO	δ (ppm)
CH$_3$	1,0–0,8	CH$_3$–O	4,0–3,3
CH$_2$	1,4–1,1	O–H	5,4–1,0
CH$_2$–O	4,5–3,0	(C=O)–CH$_3$	2,7–1,9

Faixas características de deslocamento químico de ^{13}C			
GRUPO	δ (ppm)	GRUPO	δ (ppm)
CH$_3$	30–10	C$_{QUATERNÁRIO}$	40–30
CH$_2$	55–15	C$_{TERCIÁRIO}$–H	60–25
CH$_2$–O	85–45	C=O	220–195

O composto cuja estrutura é compatível com os resultados obtidos nas análises efetuadas é

(A) HO⟨⟩OH

(B) [estrutura com N]

(C) [estrutura com O e OH]

(D) H$_2$N⟨⟩O⟨⟩

(E) [estrutura cetona com OH]

16. (ENADE – 2002)

Para determinar a concentração de íons Fe^{2+} em uma solução aquosa, um analista efetuou uma titulação potenciométrica segundo a reação:

$$Ce^{4+} + Fe^{2+} \longrightarrow Ce^{3+} + Fe^{3+}$$

Utilizando eletrodos de platina e calomelano, o analista obteve a seguinte curva de titulação redox:

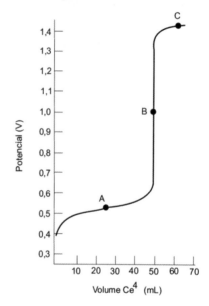

Com relação à curva obtida, é correto afirmar que, no ponto

(A) **A**, as concentrações de Ce^{4+} e Ce^{3+} são idênticas.
(B) **A**, a concentração de Ce^{3+} é maior do que a de Fe^{3+}.
(C) **B**, as concentrações de Fe^{2+} e Fe^{3+} são idênticas.
(D) **B**, as concentrações de Fe^{3+} e Ce^{3+} são idênticas.
(E) **C**, a concentração de Fe^{3+} é menor do que a de Ce^{3+}.

17. (ENADE – 2002)

Um químico necessita determinar o teor de ouro contido em uma amostra de minério proveniente de uma jazida. O primeiro passo do procedimento analítico consiste na dissolução da amostra.

Para isso, ele deverá tratá-la com

(A) ácido nítrico concentrado.
(B) ácido sulfúrico concentrado.
(C) ácido clorídrico concentrado.
(D) água-régia (HCl:HNO$_3$ concentrados, 75:25 v/v).
(E) mistura sulfonítrica (HNO$_3$: H$_2$SO$_4$ concentrados, 30:70 v/v).

18. (ENADE – 2001)

A anemia falciforme é a mais comum das alterações hematológicas hereditárias conhecidas no homem. Essa anormalidade química da hemoglobina se deve à substituição do ácido glutâmico pela valina, na posição 6 da cadeia beta desta proteína. A dosagem das diversas hemoglobinas tem sido feita por eletroforese, em suporte de acetato de celulose, em pH 8,4-8,6, seguida de quantificação por densitometria ótica a 415nm.

Dentre os fatores abaixo, que estão relacionados com essa análise, aquele que **NÃO** interfere na migração eletroforética das hemoglobinas é

(A) a natureza da hemoglobina.
(B) a natureza do suporte utilizado.
(C) a força iônica da solução-tampão.
(D) a intensidade da voltagem aplicada.
(E) o comprimento de onda utilizado.

19. (ENADE – 2001)

Um estudante, ao analisar o teor de sulfato em uma amostra através de análise gravimétrica por precipitação com cloreto de bário, realizou as pesagens em uma balança descalibrada.

O teor médio de sulfato encontrado foi de 51,4%±6,7%, enquanto que o valor correto seria de 65,8%±1,3%.

O resultado obtido pelo estudante foi

(A) inexato, devido a um erro aleatório.
(B) impreciso, devido a um erro aleatório.
(C) impreciso e inexato, devido a um erro sistemático.
(D) preciso e inexato, devido a um erro aleatório.
(E) preciso e inexato, devido a um erro sistemático.

20. (ENADE – 2001)

Um químico deseja separar os compostos abaixo por cromatografia em coluna, utilizando sílica como adsorvente.

Para tal, percolou a coluna sequencialmente com os solventes I, II e III, que formam uma série eluotrópica. A primeira fração continha o composto X, a segunda fração, o composto Y, e a última fração, o composto Z.

Qual dos sistemas de solventes abaixo serve como fase líquida para justificar a ordem de eluição encontrada?

	Solvente I	Solvente II	Solvente III
(A)	hexano	acetonitrila	tolueno
(B)	hexano	tolueno	CH_2Cl_2
(C)	tolueno	hexano	acetonitrila
(D)	acetonitrila	CH_2Cl_2	hexano
(E)	CH_2Cl_2	tolueno	hexano

21. (ENADE – 2000)

Durante o processo de certificação da qualidade de um laboratório de análise de água, o órgão certificador solicitou a dosagem de chumbo em várias alíquotas de uma amostra padrão de água.

Os resultados das análises realizadas em triplicata por cinco analistas estão listados na tabela abaixo.

Analista	Concentração de Pb^{+2} (ppm)			Média	Desvio-padrão
A	4,85	5,02	5,15	5,01	0,15
B	4,94	5,02	5,09	5,02	0,08
C	4,85	5,20	5,08	5,04	0,18
D	5,07	4,95	5,20	5,07	0,13
E	5,21	5,13	5,35	5,23	0,11

Sabendo-se que o teor real de Pb^{+2} na amostra em questão é de 5,00 ppm, qual analista apresentou resultado mais preciso?

(A) A
(B) B
(C) C
(D) D
(E) E

22. (ENADE – 2000)

O principal alcaloide presente nas folhas de tabaco é a nicotina. Ela pode ser extraída por solvente orgânico em meio fortemente alcalino. A identificação da nicotina é feita através da formação do derivado dipicrato, conforme reação abaixo, seguida de purificação por recristalização e posterior determinação do ponto de fusão.

O solvente adequado para a recristalização é:

(A) hexano.
(B) benzeno.
(C) acetona.
(D) etanol/água (1:1).
(E) tetracloreto de carbono.

23. (ENADE – 2000)

Um composto **X** de fórmula molecular $C_5H_{10}O$ apresentou os seguintes espectros, quando analisado por espectrometria na região do infravermelho e ressonância magnética nuclear do hidrogênio:

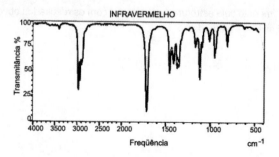

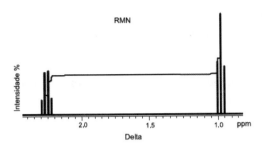

Baseando-se na interpretação dos espectros, o composto **X** é:

(A) 2-pentanona.
(B) 3-pentanona.
(C) 3-metilbutanal.
(D) ciclopentanol.
(E) pentanal.

24. (ENADE – 2000)

Uma mistura de dois isômeros foi analisada por cromatografia gasosa de alta resolução, utilizando-se as seguintes condições:

- coluna capilar de fase estacionária apolar;
- temperatura do injetor: 280 °C;
- temperatura do detetor: 290 °C;
- programação de temperatura: 60 °C $\xrightarrow{8\ °C/min}$ 240 °C.

O cromatograma obtido apresentou dois picos com tempos de retenção muito próximos. Para aumentar a resolução desta separação cromatográfica deve-se

(A) diminuir o tamanho da coluna.
(B) diminuir a temperatura do detetor.
(C) diminuir a taxa de aquecimento do forno.
(D) aumentar a vazão do gás de arraste.
(E) aumentar o volume de amostra injetada.

25. (ENADE – 2000)

Uma mistura contendo os compostos I, II e III, representados abaixo, foi analisada pela técnica de cromatografia em camada fina.

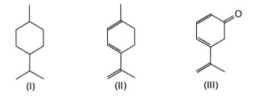

A mistura foi aplicada em uma cromatoplaca de sílica sem indicador de fluorescência. Após eluição com hexano:éter etílico (4:1) e revelação sob luz ultravioleta (254nm), a cromatoplaca apresentou o seguinte aspecto:

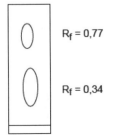

Quando a cromatoplaca foi revelada com iodo, foram observadas três manchas. Pode-se afirmar que as manchas obtidas nos R_f 0,34 e 0,77 correspondem, respectivamente, às estruturas:

(A) I e II.
(B) I e III.
(C) II e III.
(D) III e I.
(E) III e II.

26. (ENADE – 2011) DISCURSIVA

A constante de força e o comprimento de uma ligação química são características que podem ser investigadas por diferentes técnicas espectroscópicas como difração de raios-X e a espectroscopia de absorção molecular na região do infravermelho. Essa última técnica, em conjunto com outras espectroscopias, é intensamente aplicada na elucidação da estrutura de compostos orgânicos

PAVIA. **Introdução à espectroscopia**, 4 ed., p. 21.

Considerando a utilização da espectroscopia no infravermelho, faça o que se pede nos itens a seguir.

a) Que tipo de transições a radiação na região do infravermelho promove nas moléculas? Justifique sua resposta. (valor: 4,0 pontos)
b) Como a espectroscopia do infravermelho permite distinguir as ligações simples, duplas e tríplices carbono-carbono? (valor: 6,0 pontos)

27. (ENADE – 2008) DISCURSIVA

Lewis Carroll, em sua segunda obra-prima Alice no País dos Espelhos (1872), narra, no primeiro capítulo, o diálogo da personagem Alice com a sua gatinha Mimi: " – E, se não se corrigir já e já, eu a atiro para dentro da Casa do Espelho. [...] é uma sala igual à nossa, só que as coisas estão todas invertidas [...] . E lá lhe dariam seu leite? Quem sabe se o leite do Espelho não é bom para beber ..."

CARROLL, L. **Alice no País dos Espelhos**.
São Paulo: Martin Claret, 2007. p. 19.

a) As proteínas do leite da Casa do Espelho poderiam servir de alimento para Mimi? Justifique a sua resposta. **(valor: 3,0 pontos)**
b) Sabendo que a lactose [4-O-(β-D-galactopiranosil)-β-D-glicopiranose] é um dissacarídeo, estabeleça uma metodologia para a separação da lactose do mundo real e da Casa do Espelho por HPLC, incluindo a escolha da coluna, da fase móvel e do detector. **(valor: 4,0 pontos)**
c) Sabendo-se que para o ácido lático (CH$_3$-CHOH-COOH), presente no leite, os espectros de RMN apresentam deslocamentos químicos em, aproximadamente, 1,3 ppm e 4,1 ppm (para ^{1}H) e 22 ppm, 72 ppm e 185 ppm (para ^{13}C), esboce o espectro bidimensional ^{1}H x ^{13}C do ácido lático. **(valor: 3,0 pontos)**

28. (ENADE – 2008) DISCURSIVA

O tolueno é um composto orgânico volátil (VOC) normalmente encontrado em águas residuais provenientes de plantas industriais ou da limpeza de tanques de armazenamento de gasolina.

Na planta de aromáticos de uma indústria petroquímica é gerado um efluente aquoso que contém tolueno em baixa concentração.

Para recuperar o tolueno desse efluente, foi utilizado o processo de adsorção em fase líquida, em leito fixo, com carvão ativado granular.

a) Qual o fenômeno de transporte mais importante no processo de adsorção? **(valor: 2,0 pontos)**
b) Cite três características importantes do carvão ativado e descreva um procedimento de laboratório para escolher o melhor carvão entre três fornecedores, considerando a utilização de um espectrofotômetro de UV-visível. **(valor: 4,0 pontos)**
c) A adsorção em leito fixo é um processo em estado não estacionário. A figura abaixo representa esse modo de operação de forma esquemática e gráfica, na qual se indica a concentração de adsorvato no efluente da coluna em função do tempo de processo.

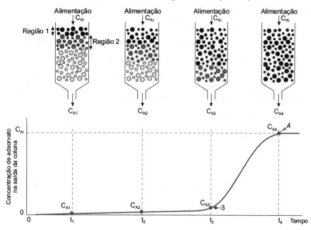

Analisando a figura e o gráfico acima, explique o que significa:

1) a região 1
2) a região 2
3) o ponto 3
4) o ponto 4 **(valor: 4,0 pontos)**

29. (ENADE – 2005) DISCURSIVA

O método de análise térmica diferencial (ATD) foi aplicado para a análise do oxalato de cálcio mono-hidratado, $CaC_2O_4 \cdot H_2O$, na presença de oxigênio, numa taxa de aquecimento de 8°C/minuto. O termograma diferencial é apresentado na figura a seguir:

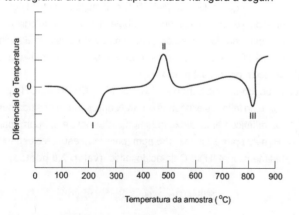

a) Identifique as transformações exotérmicas e endotérmicas neste gráfico. **(valor: 2,0 pontos)**
b) A que transformação está associado o pico I apresentado no gráfico? **(valor: 2,0 pontos)**
c) Que grandeza termodinâmica pode ser calculada a partir da integração da área de cada um desses picos? **(valor: 2,0 pontos)**
d) Considerando que um dos produtos formados na transformação associada ao pico II é o $CaCO_3$, escreva as equações químicas correspondentes às reações associadas aos picos II e III. **(valor: 4,0 pontos)**

30. (ENADE – 2002) DISCURSIVA

A Cromatografia Líquida de Alta Eficiência (CLAE) é uma técnica que pode ser utilizada na separação de misturas de isômeros óticos.

A fase estacionária representada abaixo permite resolver enantiômeros de aminas, álcoois e tióis.

Uma mistura dos enantiômeros da α-alanina foi derivatizada conforme a equação abaixo. Os derivados obtidos foram separados por

CLAE semipreparativa, utilizando essa fase estacionária e uma fase móvel isocrática a 20%, em volume, de 2-propanol em hexano.

Os derivados eluíram em 2,5 minutos e 5,3 minutos, tendo sido usado um detector de ultravioleta/visível.

a) Que características dessa fase estacionária foi determinante na separação do par de enantiômeros? **(valor: 2,0 pontos)**
b) Qual a influência da variação da vazão da fase móvel no tempo de retenção dos derivados? **(valor: 2,0 pontos)**
c) Como se pode regenerar os enantiômeros da α-alanina e que técnica deve ser utilizada para comprovar suas estereoquímicas? **(valor: 4,0 pontos)**
d) Justifique a necessidade de derivatização dos isômeros da α-alanina. **(valor: 2,0 pontos)**

31. (ENADE – 2002) DISCURSIVA

Para estudar a otimização de um método de análise de íons Ca^{2+} por espectrofotometria de absorção atômica com atomização eletrotérmica, foi utilizada a técnica quimiométrica conhecida como planejamento fatorial. Para isso, foram selecionados três fatores e seus níveis, que são apresentados na tabela abaixo.

Fatores	Níveis	
	(–)*	(+)*
A: Temperatura de pirólise (°C)	1100	1400
B: Temperatura de atomização (°C)	2200	2500
C: Modificador químico	ausência	presença

* (-) e (+) representam os níveis mais baixo e mais alto, respectivamente.

a) Quantas experiências deverão ser feitas para montar a matriz do planejamento fatorial completo a dois níveis? Justifique sua resposta. **(valor: 3,0 pontos)**

b) O gráfico normal dos efeitos calculados para esse conjunto de experiências é apresentado abaixo. Analisando o gráfico, aponte o(s) fator(es) que não é(são) relevante(s) na otimização do sistema. Justifique sua resposta. **(valor: 4,0 pontos)**

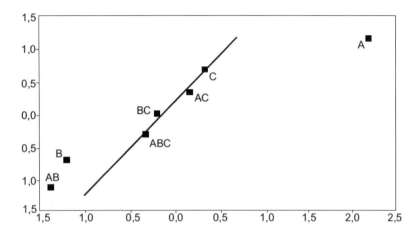

c) Na determinação do íon Ca^{2+} por espectrofotometria de absorção atômica em chama de ar/acetileno podem ocorrer interferências devido à formação de fosfatos de cálcio que não são voláteis na temperatura da chama. Aponte um método adequado para eliminar essas interferências, explicando o seu modo de atuação. **(valor: 3,0 pontos)**

32. (ENADE – 2001) DISCURSIVA

O gráfico abaixo representa a análise do oxalato de cálcio (II) monoidratado, aquecido a 3°C/min, na presença de ar, em cadinho de platina, utilizando termogravimetria (ATG).

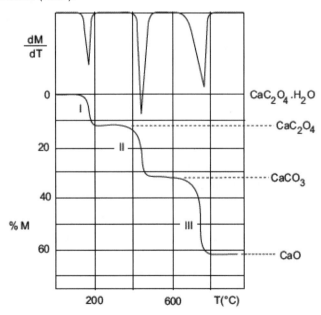

Com base na análise do gráfico,

a) indique a temperatura aproximada em que ocorre a perda de monóxido de carbono e o limite de temperatura em que o carbonato de cálcio permanece estável, explicando como isso ocorre; **(valor: 10,0 pontos)**

b) indique o percentual aproximado de massa perdida, a 800°C; **(valor: 6,0 pontos)**

306 COLETÂNEA DE QUESTÕES – QUÍMICA

c) considerando que a espectrometria de massas pode ser utilizada como uma técnica auxiliar acoplada à termogravimetria, indique a finalidade deste acoplamento, e o que deveria ser observado no caso deste experimento. Calcule, também, a razão m/z dos íons moleculares produzidos em cada etapa (I, II e III) do processo. **(valor: 9,0 pontos)**

Dados/Informações adicionais

Massas atômicas: Ca = 40u, O = 16u; C = 12u, H = 1u

---

33. (ENADE – 2001) DISCURSIVA

A cromatografia líquida de alta eficiência (CLAE) é um dos métodos cromatográficos mais modernos utilizados em análise

(CLAE analítica) e separação/purificação de misturas (CLAE preparativa). Abaixo são dados os cromatogramas **X**, **Y** e **Z** de uma mistura de compostos presentes em analgésicos: aspirina (**A**), cafeína (**B**), fenacetina (**C**) e paracetamol (**D**), utilizando três fases móveis diferentes, no modo isocrático, em uma mesma coluna.

(A)   (B)   (C)   (D)

(X)

Fase móvel: 70% MeOH/
30% HOAc(1%v/v)

(Y)

Fase móvel: 60% MeOH/
40% HOAc(1%v/v)

(Z)

Fase móvel: 40% MeOH/
60% HOAc(1%v/v)

MeOH = metanol e HOAc = ácido acético

Avaliando esses cromatogramas, responda às perguntas abaixo.

a) Qual a fase móvel mais apropriada para ser utilizada em escala preparativa, e a fase móvel mais adequada para utilização em escala analítica, considerando um grande número de amostras a serem analisadas? Justifique sua resposta. **(valor: 10,0 pontos)**

b) Qual o tipo de coluna (fase reversa ou fase normal) utilizada nestes três experimentos? Justifique sua resposta. **(valor: 5,0 pontos)**

c) Sabendo-se que o composto mais polar elui primeiro, qual o composto de maior tempo de retenção? Justifique sua resposta. **(valor: 10,0 pontos)**

---

34. (ENADE – 2001) DISCURSIVA

Considere os métodos de separação e os métodos físicos de caracterização listados abaixo.

Método de separação	Método físico de caracterização
Filtração em gel	Ultravioleta
Eletroforese	RMN ^{13}C

Dentre eles, selecione um método de separação e um método de caracterização que poderiam ser utilizados para analisar:

a) uma mistura de glicose e sacarose; **(valor: 10,0 pontos)**

glicose sacarose

glicose

sacarose

b) uma mistura de dois dipeptídeos: leucina/tirosina**(I)** e lisina/fenilalanina**(II)**, justificando sua escolha para cada caso. **(valor: 10,0 pontos)**

(I)

(II)

c) Sabendo que o 2,4-dinitro-fluorbenzeno (DNFB) é um reagente específico para a determinação de aminoácidos terminais em peptídeos, através da reação com os grupos amino livres, escreva o produto principal da reação do dipeptídeo **(I)** com este reagente.

A seguir são apresentadas cinco questões específicas para os formandos da Área Tecnológica. Dessas cinco, você deverá responder a apenas **quatro**, à sua escolha. Se responder às cinco questões, a última não será corrigida.

35. (ENADE – 2000) DISCURSIVA

Você precisa isolar os compostos da mistura **1** e identificar os compostos da mistura **2**, discriminadas abaixo.

MISTURA 1: Amida + Álcool + Ácido carboxílico (20 mg de cada componente).

MISTURA 2: Alcano + olefina + éter (3 mg de cada componente).

Dispondo de um cromatógrafo a líquido de alta eficiência (HPLC) e solventes como água, acetonitrila, benzeno e metanol, indique, **sempre justificando a escolha feita**:

a) o tipo de coluna (analítica ou semipreparativa) e o tipo de enchimento da coluna (fase reversa ou fase normal) que você deveria empregar em cada caso; **(valor: 2,0 pontos)**

b) uma mistura binária de solventes que pudesse ser empregada para cada caso; **(valor: 2,0 pontos)**

c) a sequência de eluição dos compostos esperada para cada caso. **(valor: 2,0 pontos)**

Dados/Informações adicionais: considere que os compostos, em cada mistura, possuem o mesmo número de átomos de carbono.

36. (ENADE – 2000) DISCURSIVA

Em um laboratório, necessita-se verificar o conteúdo dos frascos **A**, **B** e **C** que contêm as seguintes amostras:

A: um sólido contaminado com traços de chumbo;

B: oxalato de cálcio pentaidratado;

C: ácido benzoico.

Há disponibilidade de uso das seguintes técnicas:

1: Análise Térmica;

2: Ressonância Magnética Nuclear de Carbono-13;

3: Absorção Atômica.

Indique a técnica mais adequada para a caracterização de cada amostra, justificando sua escolha para cada caso.

(valor: 5,0 pontos)

37. (ENADE – 2000) DISCURSIVA

Uma parte considerável da teoria sobre compostos de coordenação/organometálicos foi desenvolvida com base nos aspectos estereoquímicos dos mesmos. Considere o espectro no infravermelho abaixo (faixa de absorção do estiramento da ligação carbono-oxigênio), e as estruturas em perspectivas de hexacarbonilocrômio (**I**), pentacarboniloferro (**II**) e tetracarboniloníquel (**III**).

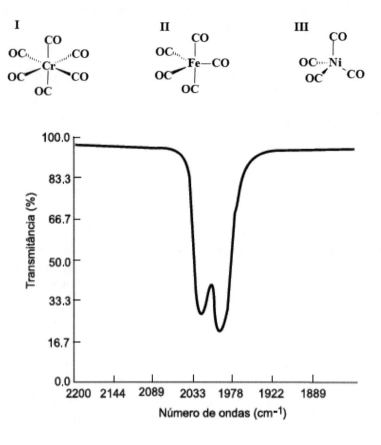

Indique:

a) a geometria de cada molécula; **(valor: 2,0 pontos)**

b) a estrutura do único composto ao qual o espectro fornecido poderia estar associado, justificando sua resposta. **(valor: 3,0 pontos)**

38. (ENADE – 2000) DISCURSIVA

Abaixo são dados o espectro de massa (impacto de elétrons, 70 eV) e o espectro de ressonância magnética nuclear de carbono-13 (20 MHz, $CDCl_3$ + TMS), parcialmente acoplado e totalmente desacoplado, de uma substância orgânica relacionada com uma das seguintes estruturas:

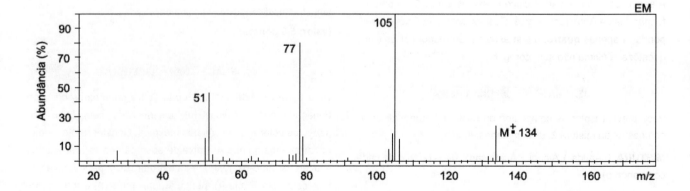

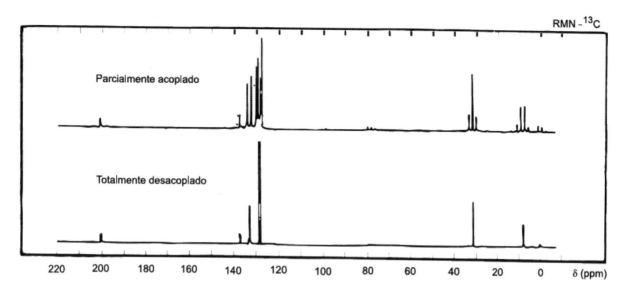

a) Escolha, entre as três estruturas fornecidas, aquela mais adequada para a substância. Justifique sua escolha com base nos dados de **ambos** os espectros. **(valor: 4,0 pontos)**
b) Indique a razão massa/carga do íon molecular e do pico base. **(valor: 1,0 ponto)**
c) Escreva as fórmulas estruturais correspondentes aos fragmentos iônicos com m/z=77 e m/z=105. **(valor: 2,0 pontos)**

6) Estados Dispersos

1. (ENADE – 2011)

Segundo um estudo norte-americano publicado na revista *Proceedings of the National Academy of Sciences*, as temperaturas na superfície da Terra não subiram tanto entre 1998 e 2009, graças ao efeito resfriador dos gases contendo enxofre, emitidos pelas termelétricas a carvão (as partículas de enxofre refletem a luz e o calor do Sol).

O enxofre é um dos componentes do ácido sulfúrico (H_2SO_4), cujo uso é comum em indústrias na fabricação de fertilizantes, tintas e detergentes.

Sabendo-se que o ácido sulfúrico concentrado é 98,0% em massa de H_2SO_4 e densidade 1,84 g/mL, conclui-se que a sua concentração, em mol/L, é igual a

(A) 18,0.
(B) 18,2.
(C) 18,4.
(D) 18,6.
(E) 18,8.

2. (ENADE – 2011)

Uma indústria química de ácidos utiliza ácido sulfúrico, H_2SO_4, comprado na forma de solução concentrada 96 cg/g e densidade 1,84 g/mL, a 20 °C. Considerando a utilização dessa solução por essa indústria para o preparo de soluções diluídas de H_2SO_4, analise as afirmações abaixo.

I. No rótulo dos frascos comprados pela indústria, seria correto estar escrito 96%.

II. A 20 °C, na preparação de 250 L de solução de H_2SO_4, de concentração 150 g/L, seriam necessários, aproximadamente, 21 L da solução comprada pela indústria.

III. As concentrações em quantidade de matéria das soluções diluídas preparadas pela indústria devem ser registradas, nos respectivos rótulos, com a unidade g/L.

É correto o que se afirma em

(A) I, apenas.
(B) III, apenas.
(C) I e II, apenas.
(D) II e III, apenas.
(E) I, II e III.

3. (ENADE – 2008)

A reabsorção é uma característica desejada para uma biocerâmica em alguns tipos de implantes ósseos, em que o processo de dissolução é concomitante com o de precipitação.

Quando a biocerâmica é a hidroxiapatita – $Ca_{10}(PO_4)_6(OH)_2$ – a velocidade de reabsorção aumenta com o aumento da área superficial, com o decréscimo da cristalinidade e com a substituição parcial de íons fosfato por íons carbonato e de íons Ca^{2+} por íons Sr^{2+}.

Existe uma estreita relação entre as propriedades do biomaterial e seu método de preparação. Considere as afirmações a seguir, feitas a respeito da dependência da capacidade de reabsorção de uma hidroxiapatita com variáveis experimentais de sua preparação por precipitação em meio aquoso.

I. Depende do tamanho das partículas e, portanto, depende da temperatura em que é conduzida a reação.

II. Depende da porosidade do material e, portanto, depende da temperatura de sinterização.

III. Independe da composição química do material e, portanto, íons cálcio e fosfato podem ser substituídos.

Está(ão) correta(s) a(s) afirmação(ões)

(A) I, apenas.
(B) I e II, apenas.
(C) I e III, apenas.
(D) II e III, apenas.
(E) I, II e III.

4. (ENADE – 2008)

A figura abaixo representa o diagrama de fases do sistema água, nitrato de chumbo e nitrato de sódio, a 25 °C e 1 atm.

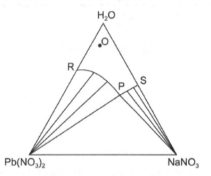

Analisando o diagrama, conclui-se que

(A) o sistema representado pelo ponto O é uma solução saturada em $Pb(NO_3)_2$.
(B) o ponto P representa uma solução duplamente saturada em $Pb(NO_3)_2$ e $NaNO_3$.
(C) o ponto S representa o hidrato formado entre o $NaNO_3$ e a água.
(D) o $Pb(NO_3)_2$ é mais solúvel em água do que o $NaNO_3$.
(E) a adição de $Pb(NO_3)_2$ a soluções aquosas de $NaNO_3$ aumenta a solubilidade do $NaNO_3$ em água.

5. (ENADE – 2008)

Os tensoativos possuem uma porção hidrofílica e outra lipofílica e, quando dissolvidos em concentrações superiores à concentração micelar crítica, formam micelas, que podem ser normais ou reversas, conforme a representação abaixo.

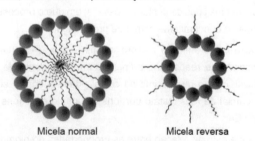

Micela normal   Micela reversa

Quanto às propriedades das micelas formadas pelo hexadecanoato de sódio em água, é correto afirmar que sua

(A) estrutura, com uma cabeça polar e uma cauda apolar, é característica da micela reversa.
(B) formação leva ao aumento da tensão superficial na interface ar-água.
(C) formação é termodinamicamente desfavorável por serem as micelas agregados de moléculas com contribuição entrópica positiva.
(D) superfície encontra-se carregada positivamente e, por isso, as micelas permanecem dispersas na fase aquosa.
(E) estabilidade é governada por Forças de Van der Waals e pelas forças entre as duplas camadas elétricas das partículas, segundo a teoria DLVO.

6. (ENADE – 2005)

A utilização da fórmula para a concentração molar, C = n/V (onde C = concentração molar; n = quantidade de matéria e V = volume da solução), não implica a aprendizagem do conceito de concentração molar.

PORQUE

A aprendizagem do conceito de concentração molar envolve sua aplicação a diferentes fenômenos, a compreensão de sua relação com objetos do mundo físico e de sua relação com outros conceitos químicos.

Analisando essas afirmações, conclui-se que

(A) as duas afirmações são verdadeiras e a segunda justifica a primeira.
(B) as duas afirmações são verdadeiras e a segunda não justifica a primeira.
(C) a primeira afirmação é verdadeira e a segunda é falsa.
(D) a primeira afirmação é falsa e a segunda é verdadeira.
(E) as duas afirmações são falsas.

7. (ENADE – 2002)

A montagem esquematizada abaixo será utilizada na determinação da massa molar do magnésio, a partir de sua reação completa com solução aquosa de ácido sulfúrico. A solução de H_2SO_4 é introduzida no sistema, mantendo-se o balão em posição vertical através de um funil de cano longo. A seguir, as raspas de magnésio são colocadas com o auxílio de uma espátula no colo do balão, mantendo-o na posição horizontal.

O balão é então tampado e reconduzido à posição vertical.

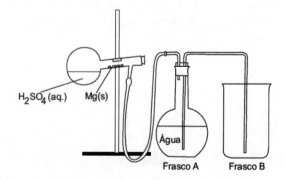

A seguir são listadas algumas variáveis experimentais:

I. massa utilizada de Mg (s);
II. concentração de H_2SO_4 (aquoso);
III. tempo decorrido desde que se inicia a produção de gás até o seu término;
IV. volume de água contido no frasco B no final da experiência.

Para se determinar a massa molar do magnésio com este procedimento experimental deve(m) ser medida(s) com acurácia apenas a(s) variável(is)

(A) I
(B) I e II
(C) I e IV
(D) II e III
(E) III e IV

8. (ENADE – 2002)

A primeira etapa de uma operação de recristalização consiste na escolha de um solvente apropriado. O gráfico abaixo mostra o comportamento da solubilidade de um sólido nos solventes I a V, em função da temperatura.

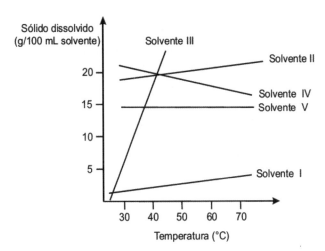

A partir da análise desse gráfico, o solvente adequado à recristalização é o

(A) I
(B) II
(C) III
(D) IV
(E) V

9. (ENADE – 2002)

Na realização de um experimento é requerido o uso de um solvente de alta viscosidade. Sabe-se que essa propriedade está intimamente relacionada com a intensidade das forças intermoleculares em um líquido e dispõe-se dos cinco solventes abaixo, à mesma temperatura.

Nessas condições, qual dos solventes deve ser utilizado?

(A) I
(B) II
(C) III
(D) IV
(E) V

10. (ENADE – 2002)

Uma das orientações fornecidas pelas Secretarias de Saúde no combate à dengue consiste em regar as plantas que acumulam água com uma solução aquosa de água sanitária, na proporção de uma colher de sopa de água sanitária para um litro de água.

Para determinar o teor de cloro nesta solução acrescentou-se excesso de solução aquosa de KI e dosou-se o iodo formado com $Na_2S_2O_3$, conforme as reações abaixo.

$$ClO^- + 2I^- + H_2O \rightarrow I_2 + Cl^- + 2OH^-$$
$$I_2 + 2S_2O_3^{2-} \rightarrow 2I^- + S_4O_6^{2-}$$

Sabendo-se que foram gastos 24,00mL de solução 0,1mol/L de $Na_2S_2O_3$ para titular uma alíquota de 20mL da solução de água sanitária, o teor de cloro ativo, em % em massa, nesta solução, será igual a (Dados: densidade da solução: 1,0g/L; massa molar, em g/mol: Cl = 35,5)

(A) 0,012
(B) 0,107
(C) 0,155
(D) 0,213
(E) 0,309

11. (ENADE – 2002)

Determinación de níquel en acero

Se pesa, al mg, aproximadamente 1g de la muestra de acero, se pasa a un frasco cónico de 350mL, se agrega 15 mL de ácido nítrico aproximadamente 8N y se coloca un embudo en la boca del frasco, para evitar pérdidas. Cuando ha cesado la reacción violenta, se hierve suavemente hasta que todo el acero quede disuelto, agregando una pequeña cantidad de ácido clorhídrico concentrado, si fuere necesario. Se continúa la ebullición durante 5 minutos para eliminar los óxidos de nitrógeno.

Se diluye a 200mL, se agrega 8g de ácido tartárico puro. Cuando todo el ácido tartárico se haya disuelto, se neutraliza con solución concentrada de hidróxido de amonio y se agrega 1mL más.

Si hubiere un residuo insoluble, se filtra, empleando papel de filtro cuantitativo y se lava con solución diluída de ácido nítrico, caliente. Se acidifica la solución con ácido clorhídrico, se calienta a 80 °C y se agrega 20-25mL de una solución alcohólica de dimetilglioxima al 1 por ciento. Se agrega solución de hidróxido de amonio hasta que la solución sea débilmente alcalina y se deja estar durante 30-60 minutos a baño-maría. Se filtra el precipitado por un crisol filtrante, y se lava a fondo el precipitado con agua caliente. Se disuelve el precipitado en 25mL de ácido nítrico aproximadamente 6N, se agrega 20mL de ácido sulfúrico aproximadamente 9N y se hierve durante 20 minutos.

Se agrega 6g de ácido cítrico, y luego amoníaco hasta que la solución sea ligeramente amoniacal y, cuando está fría, se titula el níquel.

De acordo com o texto acima, pode-se concluir que

(A) o precipitado de níquel-dimetilglioxima é pesado para determinação gravimétrica do teor de níquel no aço.

(B) o precipitado de níquel-dimetilglioxima é transferido para um cadinho filtrante e lavado exaustivamente com água quente.

(C) para eliminar os óxidos de nitrogênio deve-se adicionar ácido tartárico à amostra dissolvida.

(D) para dissolver qualquer resíduo, por ventura formado, alcaliniza-se a solução com hidróxido de amônio.

(E) para evitar perdas do material durante a reação violenta com HNO_3 deve-se vedar a boca do frasco.

---

12. (ENADE – 2001)

Um analista necessita padronizar uma solução de NaOH para ser utilizada em uma análise titrimétrica ácido-base.

O laboratório dispõe dos seguintes padrões primários:

(massa molar = 204,2g/mol) (massa molar = 106,0g/mol)

$$Na_2CO_3$$

$$(HOCH_2)_3CNH_2$$

(massa molar = 121,1g/mol)

A neutralização de 0,6126g do padrão apropriado consumiu 30,0mL da solução de NaOH. A concentração molar da solução de NaOH, em mol/L, é de:

(A) 0,10

(B) 0,17

(C) 0,38

(D) 0,45

(E) 0,76

---

13. (ENADE – 2001)

Os esquemas abaixo representam um reator com dois compartimentos distintos separados por uma membrana. Uma mistura racêmica de ésteres é colocada em um dos compartimentos do reator onde ocorrerá a hidrólise seletiva dos ésteres, catalisada por uma enzima.

ANTES DA REAÇÃO

H_2O esterase (S) - RCOOR' (R) - RCOOR'	M E M B R A N A	H_2O

DEPOIS DA REAÇÃO

H_2O esterase (R) - RCOOR'	M E M B R A N A	H_2O (S) - RCOOH R'OH

Analisando-se a energia de ativação da hidrólise do éster de configuração R ($E_{a(R)}$) e a energia de ativação da hidrólise do éster de configuração S ($E_{a(S)}$), bem como a seletividade da membrana, conclui-se que:

	Energia de ativação	A membrana permite apenas a passagem das substâncias ...
(A)	$E_{a(R)} > E_{a(S)}$	menos polares.
(B)	$E_{a(R)} > E_{a(S)}$	mais polares.
(C)	$E_{a(R)} = E_{a(S)}$	mais polares.
(D)	$E_{a(R)} < E_{a(S)}$	menos polares.
(E)	$E_{a(R)} < E_{a(S)}$	mais polares.

---

14. (ENADE – 2000)

Entre as soluções aquosas de sais e ácidos apresentadas abaixo, a que tem capacidade tamponante é:

(A) nitrato de sódio e ácido acético.

(B) nitrato de sódio e ácido nítrico.

(C) nitrato de sódio e acetato de sódio.

(D) acetato de sódio e ácido acético.

(E) acetato de sódio e ácido nítrico.

---

15. (ENADE – 2000)

"La práctica del deporte se acompaña del deseo de aumentar y mejorar el rendimiento deportivo. Los estimulantes están incluídos en el grupo de sustancias prohibidas en el deporte por tener en común la capacidad de aumentar la estimulación motora y/o mental, reducir la capacidad de sentir fatiga y la competitividad y agresividad.

Uno de los métodos utilizados para la extracción de los estimulantes presentes en orina consiste en unaextracción con solvente orgánico en pH fuertemente alcalino, conforme el procedimiento que se describe a continuación:

Añadir a un tubo

5mL de orina;

0,5mL de KOH, 5 mol/L;

2mL de éter etílico;

3g de Na_2SO_4.

Agitar durante 20 minutos y centrifugar 5 minutos.

Transferir la fase etérea a otro tubo y analizar el extracto por cromatografia de gases utilizando un detector selectivo de nitrógeno y fósforo."

De acordo com o texto acima, o uso de sulfato de sódio tem como :

(A) tamponar o meio.

(B) atuar como padrão interno na análise por cromatografia gasosa.

(C) atuar como agente dessecante.

(D) diminuir o pH do meio.

(E) diminuir a solubilidade dos compostos de interesse na fase aquosa.

16. (ENADE – 2000)

200 mg de uma amostra pura de um cloreto de metal alcalino foram dissolvidos em 150 mL de água, e a solução foi acidificada com HNO_3 concentrado. Adicionou-se então uma solução 0,1 mol/L de $AgNO_3$ até completa precipitação.

O precipitado foi filtrado, lavado e seco. O sal foi pesado, e a secagem foi repetida até a obtenção de peso constante.

O valor médio encontrado para três determinações foi de 490 mg. Assim, o sal em questão é o

(A) KCl
(B) LiCl
(C) NaCl
(D) RbCl
(E) CsCl

17. (ENADE – 2000)

Prepara-se uma solução saturada de AgBr em água e, a seguir, dissolve-se NaCl nesta solução. Qual o efeito da adição do sal solúvel na força iônica (I) da solução saturada original, na concentração molar (C_s) dos íons Ag^+ e Br^- em equilíbrio com o AgBr e no produto de solubilidade (K_s) do AgBr?

	Força iônica	Concentração	Produto de solubilidade
(A)	altera	altera	altera
(B)	altera	altera	não altera
(C)	altera	não altera	altera
(D)	não altera	não altera	não altera
(E)	não altera	altera	altera

18. (ENADE – 2000)

Os compostos **(a)**, **(b)**, **(c)** e **(d)**, representados abaixo, estão presentes na mistura 1.

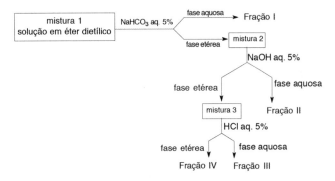

Visando à separação desta mistura, foi executado o seguinte procedimento:

```
mistura 1                              fase aquosa
solução em éter dietílico   NaHCO₃ aq. 5%  ──► Fração I
                                       fase etérea ──► mistura 2
                                                        NaOH aq. 5%
                                       fase etérea       fase aquosa
                                       mistura 3         Fração II
                                       HCl aq. 5%
                                       fase etérea   fase aquosa
                                       Fração IV    Fração III
```

Os compostos **(a)**, **(b)**, **(c)** e **(d)** podem ser recuperados, respectivamente, das frações:

(A) I, III, II e IV.
(B) II, IV, III e I.
(C) III, I, IV e II.
(D) IV, II, I e III.
(E) IV, II, III e I.

19. (ENADE – 2005) DISCURSIVA

Leia o texto a seguir, que trata do ensino de Química nas escolas.

A repetição acrítica de fórmulas didáticas, que dão resultado, acaba por criar uma química escolar que se distancia cada vez mais da ciência química e de suas aplicações na sociedade. Essa química escolar se alimenta principalmente da tradição, o que explica, por exemplo, que se encontrem conceitos e sistemas de classificação semelhantes em livros de 1830 e nos atuais. Um exemplo é a classificação das reações (ou equações?) químicas em dupla troca, simples troca ou deslocamento, etc. Esse sistema se baseia no dualismo eletroquímico de Berzelius (1812), que propunha que as substâncias resultavam da combinação entre pares de espécies em que uma é eletricamente positiva e a outra, negativa. As reações de dupla troca (AB + CD = AD + CB) e de deslocamento (AB + C = CB + A) ocorreriam porque um radical mais eletropositivo deslocaria o radical menos eletropositivo. Já a partir da teoria de dissociação eletroquímica de Arrhenius (1883), as reações em meio aquoso não poderiam mais ser pensadas como dupla troca ou deslocamento, já que todas as espécies em solução estariam dissociadas...

MACHADO, A. H. et al., **Pressupostos Gerais e Objetivos da Proposta Curricular de Química.** Belo Horizonte: Secretaria da Educação do Estado de Minas Gerais, p. 10 – 11.

Considerando a concepção de ensino subjacente neste texto, apresente:

a) uma justificativa de natureza pedagógica para não introduzir a classificação de reações em simples troca / dupla troca no ensino de química. **(valor: 3,0 pontos)**

b) uma justificativa de natureza científica, com base na teoria de Arrhenius, para não introduzir a classificação de reações em simples troca / dupla troca no ensino de química. **(valor: 3,0 pontos)**

c) uma atividade prática, fundamentada no conceito de condutividade elétrica de soluções, que permita a um aluno do ensino médio justificar, sem recorrer a "trocas" ou "deslocamentos", a transformação que ocorre quando se misturam soluções aquosas de $Pb(NO_3)_2$ e KI. **(valor: 4,0 pontos)**

20. (ENADE – 2002) DISCURSIVA

O 2-clorobutano e a butanona podem ser facilmente identificados através da análise dos dados obtidos dos espectros de Ressonância Magnética Nuclear (RMN) e de Espectrometria de Massas (EM). Abaixo encontram-se representados o espectro de RMN de ^{13}C, o espectro bidimensional HETCOR ^{13}C-^{1}H (J=140 Hz) e o espectro de massas por impacto de elétrons a 70 eV do 2-clorobutano.

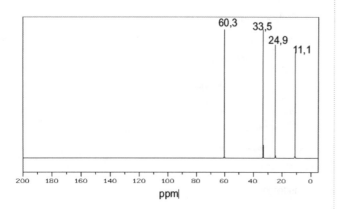

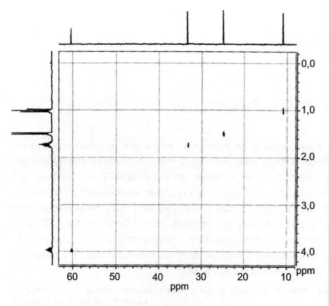

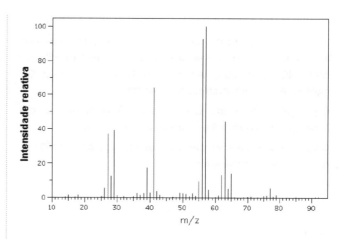

a) Quantas correlações aparecem no espectro bidimensional e como esse espectro pode ser utilizado para atribuir os valores de deslocamento químico dos átomos de carbono das metilas do 2-clorobutano (C-1 e C-4)? **(valor: 4,0 pontos)**

b) Identifique o pico-base, represente a estrutura do fragmento m/z=63 e explique a existência do fragmento m/z=65 no espectro de massas do 2-clorobutano. **(valor: 3,0 pontos)**

c) Considere a estrutura da butanona. Preveja quais as correlações que poderiam ser observadas em seu espectro bidimensional HETCOR ^{13}C-^{1}H. **(valor: 3,0 pontos)**

Dados / Informações adicionais

Deslocamentos químicos para ^{1}H e ^{13}C na butanona

posição	δ (ppm) ^{1}H	δ (ppm) ^{13}C
1	2,14	29,43
2	–	209,28
3	2,45	36,87
4	1,06	7,87

Abundância relativa de alguns isótopos

^{12}C	100
^{13}C	1,08
^{1}H	100
^{2}H	0,016
^{35}Cl	100
^{37}Cl	32,5

7) Equilíbrio Químico

1. (ENADE – 2011)

A Resolução nº 150, de 28 de maio de 1999, da Agência Nacional de Vigilância Sanitária (ANVISA), autoriza a utilização do ácido dicloroisocianúrico e seus sais de sódio e potássio como princípio para desinfecção de água para consumo humano.

A equação a seguir representa a dissociação em água do dicloroisocianurato de sódio.

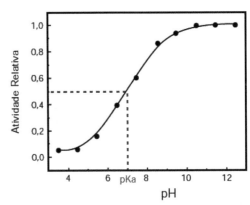

Disponível em: <www2.bioqmed.ufrj.br/enzimas/pH.htm>.
Acesso em: 7 set. 2011.

Considerando as estruturas propostas na equação acima, analise as afirmações seguintes.

I. Os derivados clorados de origem orgânica, por sua estrutura química, são vinculados à presença de ácido cianúrico, ressaltando-se a formação desse ácido no processo de dissociação do dicloroisocianurato de sódio em água.

II. O aumento do uso de derivados clorados orgânicos é devido à sua capacidade de reduzir a formação de THMs (trialometanos, subprodutos do processo de desinfecção), quando comparados com a adição de Cl_2 ou de derivados clorados inorgânicos.

III. As estruturas (1) e (2) são possíveis porque o ácido de origem apresenta duas formas tautoméricas. A estrutura (1) representa a forma ceto, enquanto a estrutura (2) representa a forma enólica.

IV. Compostos clorados de origem orgânica, tais como as cloraminas orgânicas, são produtos de reações do ácido hipocloroso com aminas, iminas, amidas e imidas.

É correto apenas o que se afirma em

(A) I.
(B) II.
(C) I e III.
(D) II e IV.
(E) III e IV.

2. (ENADE – 2011)

A variação de pH e de temperatura fazem com que as enzimas sofram os mesmos efeitos estruturais observados em proteínas globulares. Mudanças extremas de pH podem alterar a estrutura da enzima devido à repulsão de cargas ou podem interferir quando existirem grupos ionizáveis no sítio ativo afetando a ligação de substratos e a catálise.

É possível determinar o *pK* desses grupos ionizáveis que afetam a catálise, analisando-se o gráfico da velocidade inicial de reação (V_0) em função do pH. A seguir, é mostrado um gráfico de uma enzima cujo valor de pK_a do resíduo é 7,1, tendo o resíduo apenas um grupo ionizável na sua forma ativa desprotonada.

Com relação à influencia das alterações dos valores de pH na atividade dessa enzima, analise as seguintes asserções.

O gráfico mostra que a enzima tem sua atividade dependente dos valores de pH.

PORQUE

Quando os valores de pH são menores que o pKa do resíduo, o grupo ionizável que afeta a catálise está em sua forma desprotonada.

(A) As duas asserções são proposições verdadeiras, e a segunda é uma justificativa correta da primeira.
(B) As duas asserções são proposições verdadeiras, mas a segunda não é uma justificativa correta da primeira.
(C) A primeira asserção é uma proposição verdadeira, e a segunda, uma proposição falsa.
(D) A primeira asserção é uma proposição falsa, e a segunda, uma proposição verdadeira.
(E) Tanto a primeira quanto a segunda asserções são proposições falsas.

3. (ENADE – 2008)

A determinação de cloretos solúveis pode ser feita por gravimetria, precipitando-se AgCl (s) pela adição de excesso de solução de $AgNO_3$. Para quantificar a massa de AgCl, torna-se necessário promover a coagulação do sistema coloidal formado. Qual das ações listadas abaixo contribui para desestabilizar o AgCl coloidal, permitindo realizar a análise gravimétrica?

(A) Adicionar um eletrólito ao sistema.
(B) Adicionar um agente nucleador ao meio.
(C) Adicionar a solução de $AgNO_3$ rapidamente ao meio.
(D) Resfriar o sistema após a adição da solução de $AgNO_3$.
(E) Manter o sistema em repouso durante a adição da solução de $AgNO_3$.

4. (ENADE – 2008)

A 700 °C e 1 atm, a constante de equilíbrio para a reação C(s,graf) + H_2O (g) → CO (g) + H_2 (g) é igual a 1,6.

Nessas condições, ao atingir o equilíbrio, qual a fração molar aproximada de hidrogênio na fase gasosa?

(A) 0,12
(B) 0,26

(C) 0,33
(D) 0,44
(E) 0,55

5. (ENADE – 2005)

Os carbonatos de metais alcalinos e alcalino-terrosos podem ser obtidos a partir de seus óxidos, conforme a equação abaixo:

$$M_xO(s) + CO_2(g) \rightleftharpoons M_xCO_3(s), \text{ para } M = Na, K, Ca \text{ e } Mg$$

O diagrama a seguir apresenta os valores da energia de Gibbs padrão, Δ_rG^θ, para a formação de alguns destes carbonatos, em função da temperatura.

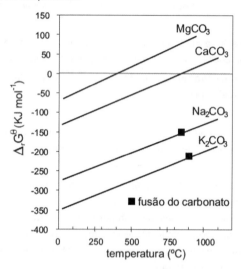

(MAIA & OSÓRIO. Quím. Nova, 26(4), 2003)

Com base neste diagrama, é correto afirmar que

(A) a entropia de formação dos carbonatos é constante.
(B) a entropia de formação dos carbonatos é positiva.
(C) a formação dos carbonatos é favorecida pelo aumento de temperatura.
(D) o carbonato de cálcio se decompõe espontaneamente acima de 400°C.
(E) os carbonatos de metais alcalinos são mais instáveis que os de metais alcalino-terrosos.

6. (ENADE – 2005)

Qual a solubilidade do carbonato de cálcio, em mol.L^{-1}, presente em uma solução aquosa de $CaCl_2$ cuja concentração é de 0,2 mol.L^{-1}?

Dados: K_{ps} do $CaCO_3 = 8,7 \times 10^{-9}$

(A) $8,7 \times 10^{-9}$
(B) $8,7 \times 10^{-8}$
(C) $4,4 \times 10^{-8}$
(D) $1,8 \times 10^{-9}$
(E) $1,8 \times 10^{-8}$

7. (ENADE – 2002)

Dispõe-se de soluções aquosas de CH_3COONa, HClO, NaClO, HCN e NaCN, todas na concentração de 0,10 mol/L e a 25° C, e da seguinte tabela de constantes de ionização dos ácidos.

Ácido	K_a
CH_3COOH	$1,8 \times 10^{-5}$
HClO	$3,2 \times 10^{-8}$
HCN	$5,0 \times 10^{-10}$

Assim, pode-se concluir que a solução de maior caráter básico é a de

(A) CH_3COONa
(B) HClO
(C) NaClO
(D) HCN
(E) NaCN

8. (ENADE – 2002)

Considere o equilíbrio estabelecido na reação de um ácido mineral HX com a base conjugada de um ácido carboxílico.

$$HX(aq) + RCOO^-(aq) \rightleftharpoons RCOOH(aq) + X^-(aq)$$

Os valores relativos de $\Delta H°_{rel}$ e $T\Delta S°_{rel}$ a 298 K, presentes na tabela abaixo, foram obtidos tomando-se o ácido acético como referência, de modo que

$$\Delta H°_{rel} = \Delta H°_{ácido} - \Delta H°_{ácido\ acético}$$

$$T\Delta S°_{rel} = T\Delta S°_{ácido} - T\Delta S°_{ácido\ acético}$$

	Ácido	$\Delta H°_{rel}$/(kcal mol^{-1})	$T\Delta S°_{rel}$/(kcal mol^{-1})
I	acético	0	0
II	fórmico	+0,1	+1,5
III	cloroacético	–1,0	+1,6
IV	benzóico	+0,5	+1,3
V	p-nitrobenzóico	+0,1	+1,9

A análise dos valores presentes na tabela permite afirmar que a ordem crescente de acidez dos ácidos listados é

(Dados: $\Delta G° = \Delta H° - T\Delta S°$; $\Delta G° = -RT\ln K_a$)

(A) I < IV < II < V < III
(B) II < III < IV < V < I
(C) III < V < II < IV < I
(D) IV < II < III < I < V
(E) V < IV < III < II < I

9. (ENADE – 2002)

O ácido sulfúrico, em um sistema reacional, pode atuar como ácido forte, agente desidratante e oxidante. Observe a reação de nitração do benzeno, representada pela equação abaixo.

$$C_6H_6 + HNO_3 \xrightarrow{H_2SO_4} C_6H_5NO_2 + H_2O$$

Nessa reação, o ácido sulfúrico atua como

(A) desidratante, somente.
(B) oxidante, somente.
(C) oxidante e ácido forte.
(D) oxidante e desidratante.
(E) ácido forte e desidratante.

10. (ENADE – 2002)

Considere o esquema abaixo que apresenta duas propostas de rotas para a reação de aldeídos com a semicarbazida.

A partir da análise da reatividade dos sítios I e II da semicarbazida é correto afirmar que o produto obtido corresponde à estrutura

(A) X, pois o sítio I é menos básico e mais nucleofílico.
(B) X, pois o sítio I é mais básico e mais nucleofílico.
(C) X, pois o sítio I é mais básico e menos nucleofílico.
(D) Y, pois o sítio II é mais básico e mais nucleofílico.
(E) Y, pois o sítio II é menos básico e menos nucleofílico.

11. (ENADE – 2001)

São listados a seguir valores de pKa de algumas espécies químicas em solução aquosa a 25° C. A espécie de maior acidez é o Espécie pKa

(A) cianeto de hidrogênio 9,31
(B) sulfeto de hidrogênio 7,04
(C) ácido hipobromoso 8,69
(D) ácido lático 3,86
(E) íon trietilamônio 10,76

12. (ENADE – 2001)

Preparam-se soluções dos eletrólitos abaixo em água. A solução que, por hidrólise, terá pH alcalino é a de

(A) ácido oxálico.
(B) ácido nítrico.
(C) oxalato de sódio.
(D) nitrato de sódio.
(E) hidróxido de sódio.

13. (ENADE – 2001)

O leite de vaca é constituído basicamente por água (87%), proteínas (3,4%), gorduras (3,9%), carboidratos (4,9%) e minerais (0,7%). A caseína é uma fosfoproteína presente no leite cujo ponto isoelétrico é 4,6. Sabendo-se que o pH do leite se situa próximo a 6,6, a caseína se apresenta, no leite, com carga

(A) positiva, pois o leite é ácido.
(B) positiva, pois o ponto isoelétrico da caseína é menor que 7,0.
(C) positiva, pois seu ponto isoelétrico é menor do que o pH do leite.
(D) negativa, pois seu ponto isoelétrico é menor do que o pH do leite.
(E) negativa, pois o pH do leite é muito próximo ao pH da água.

14. (ENADE – 2001)

O equilíbrio de uma reação de esterificação pode ser deslocado no sentido da formação do éster através da remoção da água formada durante a reação sob a forma de uma mistura azeotrópica.

$$R_1COOH + R_2OH \rightleftharpoons R_1COOR_2 + H_2O$$

O benzeno pode ser utilizado na remoção da água formada na preparação de ésteres metílicos?

(A) Não, porque o azeótropo benzeno-metanol tem ponto de ebulição inferior ao do azeótropo benzeno-água.
(B) Não, porque o azeótropo benzeno-metanol é de mínima pressão de vapor.
(C) Sim, porque o azeótropo benzeno-metanol tem ponto de ebulição menor que o do metanol.
(D) Sim, porque o azeótropo benzeno-metanol é de máxima pressão de vapor.
(E) Sim, porque o azeótropo benzeno-água tem ponto de ebulição inferior ao da água.

15. (ENADE – 2000)

Considere os fenóis representados abaixo.

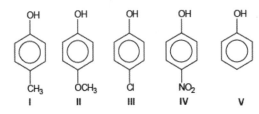

Sabe-se que a acidez desses fenóis é alterada em função da presença de grupos substituintes no anel aromático.

A respeito da acidez desses compostos, é correto afirmar que:

(A) I é o menos ácido, pois o grupo metila é um fraco aceptor de elétrons.
(B) I é mais ácido que V, pois o grupo metila é doador de elétrons.
(C) II é mais ácido que V, pois o grupo metoxila é aceptor de elétrons.
(D) III é mais ácido que IV, pois o cloro é mais eletronegativo do que o nitrogênio.
(E) IV é o mais ácido, pois o grupo nitro é um forte aceptor de elétrons.

16. (ENADE – 2000)

A tabela abaixo apresenta os valores de pKa de hidretos de elementos do bloco p.

GRUPO 14	GRUPO 15	GRUPO 16	GRUPO 17
CH_4 46	NH_3 35	H_2O 16	HF 3
SiH_4 35	PH_3 27	H_2S 7	HCl -7
GeH_4 25	AsH_3 23	H_2Se 4	HBr -9
		H_2Te 3	HI -10

Considerando a tendência observada na tabela, a acidez dos hidretos aumenta nos:

(A) períodos, à medida que diminui a força da ligação química elemento-hidrogênio.
(B) períodos, à medida que diminui a diferença de eletronegatividade elemento-hidrogênio.
(C) grupos, à medida que diminui a polarizabilidade da molécula.
(D) grupos, à medida que diminui a força da ligação química elemento-hidrogênio.
(E) grupos, à medida que aumenta a diferença de eletronegatividade elemento-hidrogênio.

17. (ENADE – 2000)

O gráfico abaixo representa uma curva de titulação potenciométrica de pH versus volume de solução aquosa 0,1 mol/L de titulante, para 25 mL de solução aquosa 0,1 mol/L de titulado.

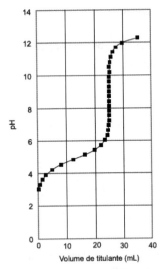

Qual dos seguintes sistemas apresentaria uma curva compatível com o gráfico traçado?

	Titulado	Titulante
(A)	CH_3COOH	NaOH
(B)	HCl	NaOH
(C)	H_3PO_4	KOH
(D)	NH_4OH	HCl
(E)	Fenol	$NaHCO_3$

18. (ENADE – 2005) DISCURSIVA

Em livros-texto para o ensino médio, observa-se que o conceito de pH pode ser interpretado e representado em diferentes níveis.

– Em nível simbólico-matemático, pode-se representá-lo pela equação: $pH = -\log[H^+]$.

– Em nível microscópico, de acordo com um modelo de partículas, pode-se representá-lo em termos dos íons H^+ e OH^-.

– Em nível macroscópico, pode-se fazer uma demonstração utilizando indicadores ácido-base.

a) Ao classificar esses três níveis do conceito de pH, seguindo do nível mais concreto para o mais abstrato, em qual sequência eles apareceriam? **(valor: 2,0 pontos)**

b) Elabore uma explicação, acessível a um estudante do ensino médio, que mostre como os três níveis do conceito de pH estão articulados entre si. **(valor: 4,0 pontos)**

c) Considere a seguinte questão: "Qual o pH da solução resultante da mistura entre 20,0 mL de solução de HCl 0,5 mol.L^{-1} e 10,0 mL de solução de NaOH 0,8 mol.L^{-1}?" A qual ou quais dos três níveis do conceito de pH o aluno precisará recorrer para resolver essa questão? Justifique sua resposta. **(valor: 4,0 pontos)**

8) Cinética Química

1. (ENADE – 2008)

O Processo Haber-Bosch para produção de amônia se baseia na redução catalítica do N_2 pelo H_2 sob altas pressões. Uma das alterações introduzidas no Processo Haber-Bosch foi a utilização do CH_4 como fonte de H_2.

A reação catalisada entre CH_4 e vapor d'água gera H_2, CO e CO_2. Depois das etapas de purificação, traços de CO, que poderiam envenenar o catalisador à base de ferro, são retirados sobre um catalisador de Ni, que leva o CO a CH_4 em presença de H_2. A lei de velocidade dessa reação é: $v = kP_{CO}\sqrt{P_{H_2}}/(1+bP_{H_2})$, onde P_i é pressão parcial, **k** é a velocidade específica e **b** é uma constante positiva.

A respeito desse sistema, foram feitas as seguintes afirmações:

I. a formação da amônia a partir dos reagentes em seus estados padrões é um processo espontâneo;
II. na formação da amônia, o aumento da temperatura desloca o equilíbrio na direção dos produtos;
III. a reação de conversão de CO em metano é de primeira ordem com relação ao CO;
IV. na conversão de CO em metano, o aumento da concentração de H_2 acelera a reação.

Dados:

Substância	$NH_3(g)$	$N_2(g)$	$H_2(g)$
$\bar{S}^o_{298}$ (cal.K^{-1}.mol^{-1})	46,0	45,8	31,2

$\Delta_f H^o_{298}(NH_3) = -11040$ cal·mol^{-1}

São corretas **APENAS** as afirmações

(A) I e II
(B) I e III
(C) II e III
(D) II e IV
(E) III e IV

2. (ENADE – 2008)

As lipases são enzimas capazes de catalisar a reação de biotransformação dos triésteres de glicerol presentes nos óleos vegetais com álcool etílico, produzindo monoésteres de etanol, o "biodiesel brasileiro".

Abaixo é apresentado um gráfico qualitativo da variação da concentração com o tempo de reação, obtido na biotransesterificação do triexadecanoato de glicerila com etanol, catalisada por lipase.

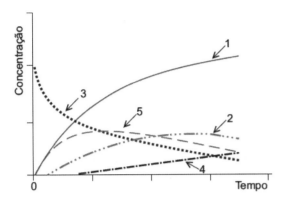

Sobre o comportamento dessa reação e sua curva cinética, foram feitas as seguintes afirmativas:

I. as curvas **1**, **2**, **3** e **4** representam as variações das concentrações dos produtos formados ao longo da reação;

II. a curva **5** representa a variação da concentração do triéster de glicerol com o tempo de reação;

III. a curva **4** representa a variação da concentração do glicerol formado na reação;

IV. a curva **1** representa a variação da concentração de hexadecanoato de etila com o tempo de reação.

Estão corretas **APENAS** as afirmativas

(A) I e II
(B) I e III
(C) II e III
(D) II e IV
(E) III e IV

3. (ENADE – 2005)

O ozônio tem grande importância nos processos que ocorrem na troposfera. Um mecanismo proposto para a sua decomposição na atmosfera, na ausência de poluentes, é apresentado a seguir.

$$O_3 \underset{k'_1}{\overset{k_1}{\rightleftharpoons}} O_2 + O \text{ (etapa 1)}$$

$$O + O_3 \xrightarrow{k_2} O_2 + O_2 \text{ (etapa 2)}$$

Considerando que a etapa lenta do processo é a 2, qual é a relação de dependência existente entre a velocidade de decomposição do ozônio e as concentrações das espécies envolvidas?

(A) A velocidade não depende da concentração de O_2.
(B) A velocidade é diretamente proporcional à concentração de O_2.
(C) A velocidade é diretamente proporcional à concentração de O_3.
(D) A velocidade é inversamente proporcional à concentração de O_2.
(E) A velocidade é inversamente proporcional à concentração de O_3.

4. (ENADE – 2002)

A decomposição do N_2O_5, segundo a reação a seguir, foi estudada em laboratório a 67 °C.

$$2N_2O_5(g) \rightarrow 4NO_2(g) + O_2(g)$$

Os seguintes dados foram obtidos para a variação da concentração do N_2O_5 com o tempo:

Tempo/(minutos)	Concentração/(mol L^{-1})
0	1,000
2	0,500
4	0,250
6	0,125
8	0,063

Dados: $v = k [N_2O_5]^\alpha$

Com os dados disponíveis, conclui-se que a ordem da reação é

(A) 0
(B) 1/2
(C) 1
(D) 3/2
(E) 2

5. (ENADE – 2002)

Considere as rotas I e II indicadas a seguir.

Em relação à reação de cloração do tolueno, as rotas I e II se processam, respectivamente em:

(A) presença de $FeCl_3$ e em presença de luz e aquecimento.
(B) presença de NaOH e em presença de $FeCl_3$.
(C) presença de luz e aquecimento e em presença de NaOH.
(D) ausência de catalisador e em presença de $FeCl_3$.
(E) ausência de catalisador e em presença de luz e aquecimento.

6. (ENADE – 2002)

A formação do HBr a partir do H_2 e do Br_2 ocorre por uma reação em cadeia. A seguinte sequência de reações elementares foi proposta para descrever essa reação:

I - $Br_2 + M \rightarrow Br\cdot + Br\cdot + M$ (M = H_2 ou Br_2)
II - $Br\cdot + H_2 \rightarrow HBr + H\cdot$
III - $H\cdot + Br_2 \rightarrow HBr + Br\cdot$
IV - $H\cdot + HBr \rightarrow H_2 + Br\cdot$
V - $Br\cdot + Br\cdot + M \rightarrow Br_2 + M$

Nessa sequência, as etapas de propagação da cadeia são

(A) I e II.
(B) I e III.
(C) II e III.
(D) II e IV.
(E) II, III e IV.

7. (ENADE – 2001)

Determination of iron in an ore

Iron ores often decompose completely in hot concentrated hydrochloric acid. The rate of attack by this reagent is increased by the presence of a small amount of tin (II) chloride. The tendency of iron (II) and iron (III) to form chloro complexes accounts for the effectiveness of hydrochloric acid over nitric or sulfuricacid as a solvent for iron ores.

Many iron ores contain silicates that may not be entirely decomposed by treatment with hydrochloric acid. Incomplete decomposition is indicated by a dark residue that remains after prolonged treatment with the acid. A white residue of hydrated silica, which does not interfere in any way, is indicative of complete decomposition.

After decomposition of the sample, prereduction to iron (II) with tin (II) chloride must be done. The excess reducing agent is eliminated by the addition of mercury (II) chloride. The removal of the hydrochloric acid by introduction of Zimmermann-Reinhardt reagent, which contains manganese (II) in a fairly concentrated mixture of sulfuric and phosphoric acids, must precede titration with the oxidant.

So, the titration of iron (II) with standard permanganate is smooth and rapid.

De acordo com o texto acima, pode-se concluir que

(A) a velocidade de ataque do ácido clorídrico sobre a amostra de minério de ferro é influenciada pela presença de traços de zinco.
(B) a formação de complexos de ferro prejudica a dissolução da amostra em ácido nítrico e sulfúrico.
(C) a dissolução parcial da amostra, observada pela formação de um precipitado branco, não interfere na análise.
(D) a determinação quantitativa de ferro através de titulação por oxirredução deve ser precedida por etapas de eliminação de interferentes.
(E) o Reagente de Zimmermann-Reinhardt é utilizado na remoção de cloreto de estanho.

8. (ENADE – 2001)

A reação $2NO(g) + Cl_2(g) \rightarrow 2NOCl(g)$ ocorre na atmosfera em presença de ozônio. O método da velocidade inicial foi utilizado para se determinar a lei de velocidade da reação, a 25° C. A tabela a seguir fornece os dados de velocidades iniciais v_0 medidas para concentrações iniciais de NO e de O_3.

$[NO]$/mol L^{-1}	$[O_3]$/mol L^{-1}	v_0/mol L^{-1} s^{-1}
0,02	0,02	$2,1 \times 10^{-5}$
0,04	0,02	$8,4 \times 10^{-5}$
0,02	0,04	$4,2 \times 10^{-5}$

Admitindo-se que a lei cinética é do tipo $v = k[NO]^\alpha [O_3]^\beta$, os dados acima mostram que os valores de α e β são, respectivamente,

(A) 1, 0
(B) 1, 1
(C) 1, 2
(D) 2, -1
(E) 2, 1

9. (ENADE – 2001)

O mecanismo de inibição competitiva na catálise enzimática é caracterizado pela

(A) ocupação reversível do sítio ativo da enzima por um inibidor menos reativo que o substrato.
(B) modificação permanente do sítio ativo da enzima por uma reação irreversível com o inibidor.
(C) ligação reversível do inibidor à enzima, mas não ao seu sítio ativo.
(D) ligação reversível do inibidor ao complexo enzima-substrato.
(E) ligação do substrato a um segundo sítio na enzima, tornando o sítio catalítico principal menos eficiente.

10. (ENADE – 2000)

No modelo utilizado na teoria cinética dos gases, as moléculas são consideradas esferas rígidas que sofrem colisões totalmente elásticas e movem-se independentes umas das outras.

Assim, as forças intermoleculares são:

(A) atrativas à longa distância e repulsivas à curta distância.
(B) repulsivas à longa distância e atrativas à curta distância.
(C) repulsivas à longa distância e nulas à curta distância.
(D) nulas à longa distância e atrativas à curta distância.
(E) nulas em qualquer distância, exceto durante as colisões.

11. (ENADE – 2000)

As reações de hidrogenação de olefinas ocorrem muito mais rapidamente quando se emprega um catalisador metálico, por exemplo, o Níquel de Raney. O gráfico abaixo apresenta as curvas de energia potencial em função do progresso da reação para hidrogenação de uma olefina com e sem catalisador.

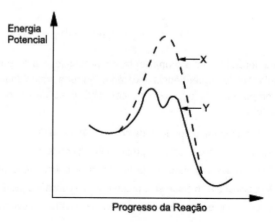

Baseado na energia de ativação (E_a) dos processos, a curva correspondente à reação catalisada e a justificativa respectiva são:

	Curva	Justificativa: É uma reação ...
(A)	X	de etapa única com maior E_a.
(B)	X	cujo estado de transição requer uma menor E_a.
(C)	X	cuja E_a é maior do que a E_a da reação da curva Y.
(D)	Y	cuja E_a da etapa lenta é menor do que a E_a da reação da curva X.
(E)	Y	que apresenta dois intermediários de baixa E_a.

12. (ENADE – 2000)

Considere a reação de adição de HCl ao trans-2-buteno esquematizada abaixo.

O diagrama de energia correspondente ao mecanismo desta reação é:

(A)
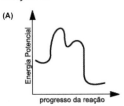

(B)
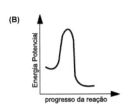

(C)
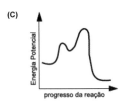

(D)
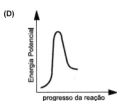

(E)
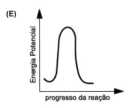

13. (ENADE – 2000)

A diferença de velocidade observada numa reação química, em virtude da substituição de um átomo do substrato por um isótopo desse átomo, é conhecida como efeito isotópico cinético e tem sido utilizada para elucidar mecanismos de reações.

Considere as reações abaixo para as quais foi determinada a razão entre as constantes de velocidade $k_H / k_D = 7$ (sendo D = deutério).

O valor determinado para esta razão permite concluir que:

(A) se trata de uma reação de eliminação de primeira ordem.
(B) se trata de uma reação de eliminação de segunda ordem.
(C) a reação passa por um intermediário do tipo carbocátion.
(D) a reação será de primeira ordem, independente do substrato usado.
(E) a reação será de segunda ordem, independente do nucleófilo usado.

9) Eletroquímica

1. (ENADE – 2011)

As reações químicas podem ser evidenciadas por aspectos visuais tais como a produção de gases, mudanças de cor e a formação de sólidos. Processos eletroquímicos podem ser caracterizados por essas evidências, como mostram as equações (i) e (ii).

(i) $Fe(III)_{(aq)} + e^- \rightleftharpoons Fe(II)_{(aq)}$

amarelo   verde claro

(ii) $Cu(II)_{(aq)} + 2 e^- \rightleftharpoons Cu_{(s)}$

azul

Ao se construir a seguinte célula galvânica

$Pt_{(s)} | Fe^{3+}{}_{(aq)}, Fe^{2+}{}_{(aq)} || Cu^{2+}{}_{(aq)} | Cu_{(s)}$

será observado que a solução de íons ferro se tornará mais esverdeada e a solução de íons cobre se tornará mais azulada.

Nessa situação,

(A) o fluxo de elétrons ocorrerá no sentido do eletrodo de ferro para o eletrodo de cobre.
(B) o potencial de redução do Fe(III) é maior que o potencial de redução do Cu(II).
(C) o cátodo corresponde ao eletrodo de cobre.
(D) ocorrerá a redução dos íons Cu(II).
(E) ocorrerá a redução dos íons Fe(II).

2. (ENADE – 2008)

A cloração de tolueno pode gerar produtos distintos em função das condições reacionais. Abaixo são apresentados dois espectros de RMN de hidrogênio correspondentes aos produtos isolados de duas reações de cloração de tolueno.

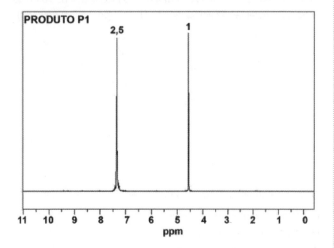

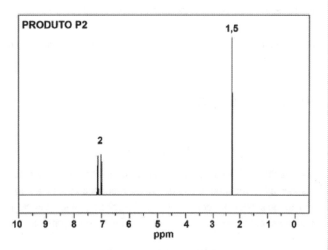

Analisando os espectros de RMN dos produtos obtidos, conclui-se que o

Segue abaixo a tabela com as faixas características de deslocamento químico.

Faixas características de deslocamento químico de ^{13}C	
GRUPO	δ (ppm)
CH_3	30-10
CH_2	55-15
C=C	145-100
C≡C	155-60
$C_{AROMÁTICO}$	150-110
C=O (ácido; éster, amida, anidrido)	185-155
C=O (aldeído, cetona)	220-185
Csp^3 - O	70-50
Csp^3 - Cl	65-40

Faixas características de deslocamento químico de ^1H			
GRUPO	δ (ppm)	GRUPO	δ (ppm)
CH_3-alifático	1,0-0,8	H-$C_{aromático}$	7,5-6,0
CH_3-C-halogênio	2,0-1,5	H-C=O	10,0-9,5
CH_3-C-aromático	2,5-2,1	H-C≡C	3-2,4
CH_3-C=C	2,0-1,6	$C_{alifático}$-NH_2	1,8-1,1
CH_2-alifático	1,4-1,1	$C_{aromático}$-NH_2	4,7-3,5
CH_2-halogênio	4,5-3,4	$C_{alifático}$-OH	5,4-1,0
CH=C	8,0-4,5	$C_{aromático}$-OH	10,0-4,0

(A) simpleto na região de 7,4 ppm no espectro de RMN de ^1H do produto P1 corresponde aos hidrogênios do anel aromático monossubstituído.

(B) simpleto na região de 4,5 ppm indica que o produto P1 foi obtido via mecanismo de substituição eletrofílica.

(C) espectro de RMN de ^1H do produto P2 indica que ele foi obtido por cloração em presença de luz ultravioleta.

(D) produto P1 pode ser isolado do meio reacional por extração com solução aquosa de NaOH.

(E) produto P2 foi obtido via mecanismo de substituição nucleofílica aromática.

3. (ENADE – 2008)

A Célula de Weston, representada abaixo, foi usada durante muitos anos como padrão de potencial devido à reprodutibilidade do valor de seu potencial (1,0180 V a 25 °C).

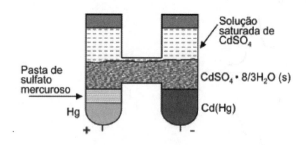

A notação dessa pilha é dada por:

$$Cd(Hg)|CdSO_4 \cdot \frac{8}{3}H_2O(s)|Cd^{2+}(aq,sat), SO_4^{2-}(aq,sat)|Hg_2SO_4(s)|Hg$$

Analisando as informações a respeito da Célula de Weston, conclui-se que

(A) a reação anódica é: $Cd(Hg) + SO_4^{2-}(aq) + \frac{8}{3}H_2O(\ell) \rightarrow CdSO_4 \cdot \frac{8}{3}H_2O(s) + 2e^-$

(B) a reação catódica é: $Cd^{2+}(aq) + 2e^- \rightarrow Cd(Hg)$

(C) o potencial da pilha não é afetado pela retirada de qualquer quantidade de carga da célula.

(D) o fluxo de elétrons parte do eletrodo de Hg para o eletrodo de Cd(Hg) pelo circuito externo.

(E) o catodo é formado pelo amálgama de cádmio.

4. (ENADE – 2005)

A pilha formada pelos eletrodos que compõem a bateria de chumbo utilizada em automóveis é representada por:

$$Pb(s)| \ PbSO_4(s) \ | \ H^+(aq), HSO_4 - (aq) \ | \ PbO_2(s) \ | \ PbSO_4(s) \ |$$
$$Pb(s) \ (E^\circ = 2 \ V)$$

Em relação a esta pilha, considere as afirmações a seguir.

I. Os eletrodos são de metal/metal insolúvel em contato com solução de íons do metal.

II. A reação anódica é $Pb(s) + HSO_4{}^-(aq) \longrightarrow PbSO_4(s) + H^+(aq) + 2e^-$.

III. Trata-se de uma pilha primária, pois pode ser recarregada.

IV. O Pb contido em baterias gastas não pode ser reciclado devido à presença de H_2SO_4.

São corretas apenas as afirmações:

(A) I e II.

(B) I e III.

(C) II e III.

(D) III e IV.

(E) I, II e IV.

5. (ENADE – 2005)

Uma indústria necessita estocar solução de cloreto de níquel 1mol/L, a 25 ºC, e dispõe dos tanques X, Y, Z e W, relacionados a seguir.

Tanque X: construído em ferro e revestido internamente com borracha a base de ebonite.

Tanque Y: construído em aço inoxidável tipo 304 (liga: ferro 74%, cromo 18%, níquel 8%).

Tanque Z: construído em ferro galvanizado.

Tanque W: construído em ferro revestido com estanho eletrodepositado.

Dados:

$Ni^{+2} / Ni^0 \ E^0 = - 0,25 \ V$

$Zn^{+2} / Zn^0 \ E^0 = - 0,76 \ V$

$Fe^{+2} / Fe^0 \ E^0 = - 0,44 \ V$

$Sn^{+2} / Sn^0 \ E^0 = - 0,14 \ V$

$Cr^{+3} / Cr^0 \ E^0 = - 0,74 \ V$

Dentre esses tanques, quais são adequados para estocar a solução em questão?

(A) X e Z

(B) X e W

(C) Y e Z

(D) Y e W

(E) Z e W

6. (ENADE – 2002)

O cobre obtido industrialmente vem, em geral, contaminado com zinco, prata, ouro, ferro e platina. No processo de purificação, a peça impura funciona como anodo e, com voltagem ajustada, o cobre e os metais mais facilmente oxidáveis que ele são dissolvidos.

Considere a tabela de potenciais-padrão de redução, a 25 ºC, dos eletrodos listados a seguir.

Eletrodo	E°/(Volts)
$Au/Au^{3+}(aq)$	1,42
$Pt/Pt^{2+}(aq)$	1,20
$Ag/Ag^+(aq)$	0,80
$Cu/Cu^{2+}(aq)$	0,34
$Fe/Fe^{2+}(aq)$	−0,44
$Zn/Zn^{2+}(aq)$	−0,76

Além do Cu, os metais que se dissolvem nesse processo são

(A) Fe e Zn

(B) Au e Pt

(C) Ag e Fe

(D) Ag, Fe e Zn

(E) Ag, Au e Pt

7. (ENADE – 2002)

O produto de solubilidade do AgI pode ser determinado pela medição da força eletromotriz (f.e.m.) de uma pilha cuja reação global é

$$AgI(s) \rightarrow Ag^+(aq) + I^-(aq)$$

As meias-reações de redução e os potenciais-padrão a 25 ºC são:

Meia-reação	E°/(Volt)
$Ag^+ + e^- \rightarrow Ag$	+0,80
$AgI + e^- \rightarrow Ag + I^-$	−0,15
$I_2 + 2e^- \rightarrow 2I^-$	+0,54

Assim, nessa pilha, os eletrodos que estão no anodo e no catodo são, respectivamente,

	Anodo	Catodo
(A)	Ag / Ag^+	$Ag , I2 / I^-$
(B)	Ag / Ag^+	$Ag , AgI / I^-$
(C)	$Ag , AgI / Ag^+$	$Ag , I2 / I^-$
(D)	$Ag , AgI / Ag^+$	$Ag , AgI / I^-$
(E)	$Ag , I_2 / Ag^+$	$Ag , I2 / I^-$

8. (ENADE – 2002)

Liquid-crystal nanomachinery

Mechanisms for converting electrical energy into mechanical energy are essential for the design of nanoscale transducers, sensors, actuators, motors, pumps, artificial muscles, and medical microrobots. A ferroelectric liquidcrystal elastomeric film that shrinks 4% in an electric field of 1.5 MV per meter has been fashioned by researchers in Germany [*Nature*, **410**, 447 (2001)]. This magnitude of electrically induced strain had been achieved previously with a copolymer, but it requires an electric field two orders of magnitude greater. The liquid-crystal film is suitable for use in nanomachines, the researchers suggest. Using alkyl spacers, Friedrich Kremer and colleagues hooked chiral liquidcrystal molecules (left) and molecules derivatized with cross-linkable tails (right) in a 9:1 ratio on a polysiloxane backbone. Thecomblike assembly stacks head-to-tail in a self-organized layered structure. Crosslinking confers elasticity and preserves the layered liquid-crystalline organization throughout the film. Application of an electric field causes the liquid-crystal molecules to tilt sideways, shrinking the film".

(*Adapted from Chemical & Engineering News*, **March 2001.**)

De acordo com o texto acima, pode-se concluir que

(A) uma das vantagens apontadas para os filmes de cristal-líquido ferroelétrico é a possibilidade de operá-los com apenas metade da voltagem usualmente empregada.

(B) filmes elastoméricos de cristal-líquido ferroelétrico são indicados para atuar como nanomáquinas, pois, sob a ação de um campo elétrico, são capazes de produzir movimento.

(C) os espaçadores foram atrelados à matriz de polissiloxana através de ligações cruzadas, formando uma teia de alta elasticidade.

(D) as ligações cruzadas preservam a integridade do filme polimérico, aumentando sua elasticidade, e só são rompidas pela passagem de corrente elétrica.

(E) as camadas estruturais do polímero são organizadas mantendo uma proporção de 9:1 entre a matriz de polissiloxana e a cauda de cristal líquido.

9. (ENADE – 2001)

A eletrólise é um excelente método para a obtenção de substâncias simples com alto grau de pureza. Quando conduzida em solução aquosa, é um processo relativamente barato, entretanto, várias substâncias são necessariamente obtidas por eletrólise ígnea. Dentre as substâncias abaixo, qual é obtida industrialmente em meio aquoso?

(A) Na

(B) Ca

(C) Al

(D) Cu

(E) F_2

10. (ENADE – 2001)

A energia necessária para remover um elétron de um átomo ou íon, no estado gasoso, depende da carga nuclear efetiva a que está submetido o dado elétron. Em relação à energia de ionização (E.I.) dos átomos de Cl e Mg e de seus respectivos íons, é certo afirmar que

(A) E.I. Cl < E.I. Cl^+

(B) E.I. Cl < E.I. Cl^-

(C) E.I. Cl < E.I. Mg

(D) E.I. Mg^+ < E.I. Mg

(E) E.I. Mg^{2+} < E.I. Mg^+

11. (ENADE – 2001)

A célula eletroquímica a seguir é de fundamental importância na medição do pH de soluções aquosas

$$Pt \mid Ag \mid AgCl \mid HCl(aq.) \mid vidro \mid solu \ ^a o \ problema \mid KCl(sat.) \mid Hg_2Cl_2 \mid Hg \mid Pt'$$

Os eletrodos que formam esta célula são do tipo:

	Eletrodo da esquerda	Eletrodo da direita
(A)	metal/íon do metal	amálgama
(B)	metal/íon do metal	metal/sal insolúvel do metal
(C)	metal/íon do metal	membrana íon-seletiva
(D)	membrana íon-seletiva	amálgama
(E)	membrana íon-seletiva	metal/sal insolúvel do metal

12. (ENADE – 2000)

Deseja-se analisar se ocorre ou não corrosão do ferro em meio ácido e determinar a força eletromotriz (f.e.m.) padrão de uma pilha formada por eletrodos que envolvem o ferro nesse meio. São dados os seguintes potenciais-padrão de eletrodos, a 298,15K:

$Fe^{+2} + 2e^- \rightarrow Fe$ $\qquad E° = -0,440V$

$2H^+ + 1/2 \ O_2(g) + 2e^- \rightarrow H_2O(l)$ $\qquad E° = 1,229V$

Com base nos dados apresentados, conclui-se que o ferro

(A) sofre corrosão em meio ácido, e a f.e.m. padrão da pilha é de -0,789 V.

(B) sofre corrosão em meio ácido, e a f.e.m. padrão da pilha é de 0,789 V.

(C) sofre corrosão em meio ácido, e a f.e.m. padrão da pilha é de 1,669 V.

(D) é depositado em meio ácido, e a f.e.m. padrão da pilha é de 0,789 V.

(E) é depositado em meio ácido, e a f.e.m. padrão da pilha é de 1,669 V.

13. (ENADE – 2000)

Na titulação condutimétrica, acompanha-se a mudança da condutividade de uma solução pela adição de um titulante adequado. Esta adição é feita até que haja excesso do titulante no meio reacional. Se o titulado for uma solução de KOH, a condutividade do meio logo após o ponto de equivalência

(A) decresce caso o HCl seja o titulante.
(B) decresce caso o ácido acético seja o titulante.
(C) cresce caso o ácido acético seja o titulante.
(D) não se altera caso o HCl seja o titulante.
(E) não se altera caso o ácido acético seja o titulante.

10) Termodinâmica

1. (ENADE – 2011)

O etanol é um combustível produzido a partir de fontes renováveis e, ao ser utilizado como aditivo da gasolina, reduz as emissões de gases de efeito estufa. Essas duas características lhe dão importância estratégica no combate à intensificação do efeito estufa e seus efeitos nas mudanças climáticas globais e colocam o produto em linha com os princípios do desenvolvimento sustentável. Para ser usado como tal, o processo de combustão do etanol deve ser exotérmico e pouco poluente. A reação da combustão desse combustível é dada pela reação não balanceada a seguir:

$$C_2H_6O + O_2 \rightarrow CO_2 + H_2O$$

ÚNICA. Produção e uso do etanol no Brasil. Disponível em: <www.ambiente.sp.gov.br/etanolverde/artigos/Producao/producao_etanol_unica.pdf.>. Acesso em: 7 set. 2011.

A tabela a seguir traz informações sobre as energias, em termos de entalpia, das ligações envolvidas na reação química de combustão do etanol.

Ligações quebradas	Energia gasta (kJ/mol)	Ligações formadas	Energia liberada (kJ/mol)
C–C	+346	C=O	–799
C–H	+411	O–H	–459
O–H	+459		
O=O	+494		
C–O	+359		

Com base nessas informações, analise as afirmações que se seguem.

I. A energia envolvida na quebra das ligações C–H é +2 055 kJ.
II. A energia envolvida na quebra das ligações O=O é -1 482 kJ.
III. A energia envolvida na formação das ligações C=O é +3 196 kJ.
IV. A energia envolvida na formação das ligações O–H é -2 754 kJ.

É correto apenas o que se afirma em

(A) I.
(B) III.
(C) I e IV.
(D) II e III.
(E) II e IV.

2. (ENADE – 2011)

A figura a seguir é uma representação do diagrama de Ellingham, no qual são apresentadas as variações de energia livre associadas à formação de óxidos, normalizadas para o consumo de 1 mol de oxigênio.

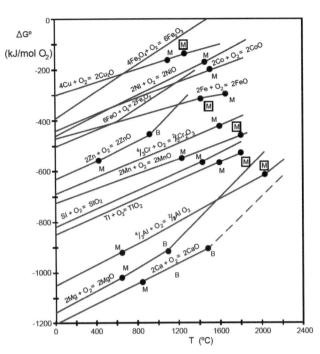

Disponível em: <http://upload.wikimedia.org/wikipedia/commons/c/cf/Ellingham-diagram-greek.svg>. Acesso em: 31 ago. 2011.

Com base no diagrama, é termodinamicamente possível obter-se manganês na temperatura de 800 °C a partir da reação de MnO com

I. Al e Cu.
II. Ca e Mg.
III. Co e Ni.
IV. Si e Ti.

É correto apenas o que se apresenta em

(A) I.
(B) III.
(C) I e III.
(D) II e IV.
(E) III e IV.

3. (ENADE – 2008)

Certa máquina térmica, que opera segundo o Ciclo de Carnot, recebe 40 kJ de calor da fonte quente. As etapas do ciclo, todas elas reversíveis, estão representadas no gráfico abaixo.

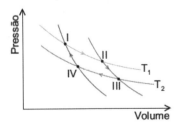

Etapa I → II isotérmica a temperatura T_1 = 1.000 K

Etapa II → III adiabática desde 1.000 K até 200 K

Etapa III → IV isotérmica a temperatura T_2 = 200 K

Etapa IV → I adiabática desde 200 K até 1.000 K

Qual a variação de entropia, em J/K, na etapa III → IV?

(Dado: $\eta = 1 - (T_2/T_1)$, onde é o rendimento do ciclo, T_2 é a temperatura da fonte fria e T_1 é a temperatura da fonte quente.)

(A) 40
(B) 20
(C) 0
(D) – 20
(E) – 40

4. (ENADE – 2008)

Transferência de calor é um fenômeno importante em diversos processos industriais. Considere as seguintes afirmações relativas a um processo em que uma mistura de ar e vapor de água é aquecida, passando através de um trocador de calor duplo tubular que opera na configuração em contracorrente.

I. A umidade absoluta permanece constante, enquanto a umidade relativa e a temperatura de bulbo úmido diminuem durante o processo.
II. O valor do coeficiente global de troca térmica associado a este processo cresce com o aumento da velocidade do fluido.
III. A taxa de calor trocado depende da viscosidade e da massa específica dos fluidos envolvidos no processo.
IV. As trocas térmicas serão intensificadas pela introdução de irregularidades na superfície do sólido, pois estas intensificam a turbulência do escoamento.
V. Nesse processo existe apenas transferência de calor por condução.

Para o processo apresentado estão corretas **APENAS** as afirmativas

(A) I, II e III
(B) I, II e IV
(C) I, IV e V
(D) II, III e IV
(E) III, IV e V

5. (ENADE – 2005)

A densidade dos fluidos supercríticos é da mesma ordem de grandeza da densidade dos líquidos, enquanto que sua viscosidade e difusibilidade são maiores que a dos gases, porém menores que a dos líquidos. É bastante promissora a substituição de solventes orgânicos por CO_2 supercrítico em extrações. O ponto triplo no diagrama de fases do CO_2, bem como sua região supercrítica, são apresentados no diagrama mostrado a seguir.

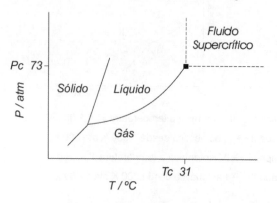

Considerando as informações contidas no diagrama de fases do CO_2, analise as afirmações abaixo.

I. As fases sólida, líquida e gasosa encontram-se em equilíbrio no ponto triplo.
II. As fases líquida e gasosa encontram-se em equilíbrio na região supercrítica.
III. Em temperaturas acima de 31 ºC, não será possível liquefazer o CO_2 supercrítico por compressão.
IV. Em pressões acima de 73 atm, o CO_2 só será encontrado no estado sólido.

São corretas apenas as afirmações:

(A) I e II.
(B) I e III.
(C) I e IV.
(D) II e III.
(E) II e IV.

6. (ENADE – 2005)

Uma mistura binária contendo 50% molar de A e 50% molar de B é separada por destilação em *flash* a 300 K e 1 atm.

Considere o diagrama de equilíbrio de fases desta mistura a 1 atm, mostrado abaixo.

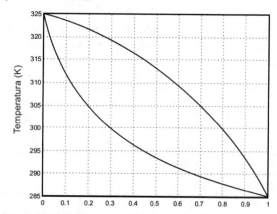

Fração molar de A na fase líquida e na fase vapor

Quais são as frações molares de A na corrente líquida e na corrente vapor (x_A e y_A, respectivamente) e qual a razão entre a taxa da corrente de vapor e a taxa da corrente de alimentação (V/F)?

	X_A	y_A	V/F
(A)	0,8	0,3	2,5
(B)	0,8	0,2	0,2
(C)	0,5	0,5	2,5
(D)	0,3	0,8	0,4
(E)	0,2	0,8	0,4

7. (ENADE – 2002)

Considere os dados de entalpia padrão de formação, a 298 K, dos hidretos de silício abaixo, obtidos em fase gasosa.

Hidreto	$\Delta_f H°/(kJ\,mol^{-1})$
SiH_2	+274,0
SiH_4	+34,0
Si_2H_6	+80,0

O Si_2H_6 se decompõe segundo a reação:

$$Si_2H_6(g) \rightarrow SiH_2(g) + SiH_4(g)$$

A entalpia padrão dessa reação, em kJ mol⁻¹, e a 298 K , é

(A) 383,0

(B) 228,0

(C) 159,4

(D) –228,0

(E) –383,0

8. (ENADE – 2002)

Na planta piloto de um processo industrial, projeta-se uma tubulação por onde irá circular um gás não inflamável e que se resfria ao passar, através de uma válvula, de uma câmara a alta pressão para outra a pressão atmosférica. Considere o valor do coeficiente Joule-Thomson $\mu_{JT} = (\partial T/\partial p)_H$ de alguns gases de uso industrial, a 298 K e 1 atm:

Gás	$\mu_{JT}/(K\ atm^{-1})$
He	–0,062
H_2	–0,030
N_2	+0,270
CH_4	+0,310
CO_2	+1,110

Pode(m) ser utilizado(s) nessa tubulação

(A) He, apenas.

(B) H_2, apenas.

(C) He e H_2.

(D) N_2 e CH_4.

(E) N_2 e CO_2.

9. (ENADE – 2002)

A solda usada pelos eletricistas é uma mistura eutética de estanho e chumbo. A fusão desta solda ocorre numa

(A) única temperatura, abaixo das temperaturas de fusão do Sn e do Pb puros.

(B) única temperatura, acima das temperaturas de fusão do Sn e do Pb puros.

(C) faixa de temperatura entre as temperaturas de fusão do Sn e do Pb puros.

(D) faixa de temperatura abaixo das temperaturas de fusão do Sn e do Pb puros.

(E) faixa de temperatura acima das temperaturas de fusão do Sn e do Pb puros.

10. (ENADE – 2002)

Dos gases listados abaixo, o mais próximo do comportamento previsto pelo modelo de um gás ideal na pressão atmosférica e temperatura ambiente é o

(A) He

(B) Ar

(C) N_2

(D) CO_2

(E) XeF_4

11. (ENADE – 2002)

A reação de formação do LiF(s) e a variação da entalpia padrão a ela associada estão representadas abaixo.

$$Li\,(s)\ +\ \tfrac{1}{2}\,F_2\,(g) \longrightarrow LiF\,(s) \qquad \Delta H^\circ = -594,1\ kJ$$

O ciclo de Born-Haber para essa reação é constituído por cinco etapas:

Etapa I: conversão de Li (s) em Li (g);

Etapa II: dissociação de ½ mol de F_2 (g) em átomos isolados de F(g);

Etapa III: ionização de um mol de átomos de Li (g);

Etapa IV: adição de um mol de elétrons a um mol de átomos isolados de F(g);

Etapa V: combinação de um mol de íons Li⁺(g) e um mol de íons F⁻(g) dando origem à formação de um mol de LiF(s).

Das etapas acima, são exotérmicas apenas

(A) I e II.

(B) I e III.

(C) II e IV.

(D) III e V.

(E) IV e V.

12. (ENADE – 2001)

A dissolução do ácido sulfúrico em água deve ser feita cuidadosamente, pois é um processo altamente exotérmico.

São desprendidos 62,4 kJ de calor ao se dissolver isobaricamente um mol do ácido em nove mols de água. Se ambos, ácido e água, estiverem inicialmente a 25° C e forem misturados tão rapidamente que o calor liberado na dissolução não possa ser dissipado para as vizinhanças, a solução final atingirá a temperatura, em graus Celsius, de

(A) 65

(B) 75

(C) 85

(D) 95

(E) 105

13. (ENADE – 2001)

Dois blocos de metal, inicialmente a temperaturas diferentes, trocam calor isobárica e adiabaticamente, até que o equilíbrio térmico seja atingido. A função termodinâmica que mede diretamente o calor trocado entre os blocos é

(A) a entalpia.

(B) a entropia.

(C) a Função de Helmholtz.

(D) a Função de Gibbs.

(E) o potencial químico.

14. (ENADE – 2001)

Faz-se a leitura da pressão atmosférica num barômetro ao nível do mar e a 100 metros de altitude, à temperatura constante de 25° C. Comparando-se os valores obtidos, constata-se que são

(A) absolutamente iguais, pois a temperatura é constante.
(B) absolutamente iguais, pois a densidade do ar é constante.
(C) diferentes, devido à dilatação do mercúrio contido no barômetro.
(D) diferentes, pois a pressão diminui com a altitude.
(E) diferentes, sendo a pressão no topo maior que ao nível do mar.

15. (ENADE – 2001)

A energia de atomização da molécula tetraédrica P_4 é 1.254 kJ.mol^{-1}. O valor estimado para a energia de ligação P – P, em kJ.mol^{-1}, corresponde a

(A) 209,0
(B) 250,8
(C) 313,5
(D) 418,0
(E) 627,0

16. (ENADE – 2001)

O diagrama de equilíbrio das fases sólida, líquida e vapor da água é ilustrado esquematicamente a seguir.

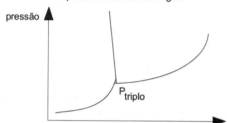

O gelo, a água e o seu vapor coexistem em equilíbrio a 0,01° C e 4,58 mmHg (6,1x10^{-3} bar), sendo este ponto representado por P_{triplo} no diagrama. Abaixo desta pressão pode(m) existir em equilíbrio na água

(A) apenas a fase sólida.
(B) apenas a fase vapor.
(C) as fases sólida e líquida.
(D) as fases sólida e vapor.
(E) as fases líquida e vapor.

17. (ENADE – 2000)

São dados, na tabela abaixo, os valores das entalpias molares padrão e das energias livres de Gibbs molares padrão de formação do NO_2 e do N_2O_4, a 298,15K e 1 bar.

	$\Delta H^o_{f,298,15}$ (kJ.mol^{-1})	$\Delta G^o_{f,298,15}$ (kJ.mol^{-1})
NO_2(g)	+33,85	+51,26
N_2O_4(l)	+9,66	+97,78
N_2O_4(g)	-19,50	+97,52

Com estes dados, pode-se concluir que a

(A) formação do NO_2(g) é um processo exotérmico.
(B) formação do N_2O_4(g) é um processo endotérmico.
(C) formação do N_2O_4(l) é um processo exotérmico.
(D) forma estável do N_2O_4 a 298,15K e 1 bar é a líquida.
(E) forma estável do N_2O_4 a 298,15K e 1 bar é a gasosa.

18. (ENADE – 2000)

O diagrama abaixo representa o equilíbrio líquido-vapor de dois líquidos X e Y completamente miscíveis e que formam azeótropo, tudo à pressão constante de 1,0 bar.

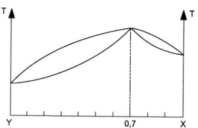

A destilação de um sistema equimolar de X e Y produz:

(A) componente X puro seguido de Y puro.
(B) componente X puro seguido de azeótropo.
(C) componente Y puro seguido de X puro.
(D) componente Y puro seguido de azeótropo.
(E) somente o azeótropo.

19. (ENADE – 2000)

Analise, na tabela apresentada a seguir, os valores de pressão de vapor de algumas substâncias nas suas temperaturas de fusão.

Substâncias	Pressão de vapor (mm de Hg)	Ponto de fusão (°C)
cânfora	370	179
iodo	90	114
naftaleno	7	80
ácido benzoico	6	122
p-nitrobenzaldeído	0,009	106

Em relação à capacidade de sublimação das substâncias listadas, conclui-se que:

(A) o naftaleno é a substância mais facilmente purificada por sublimação porque apresenta o menor ponto de fusão.
(B) o ácido benzoico não pode ser purificado por sublimação, pois sua pressão de vapor é menor do que a pressão atmosférica.
(C) o p-nitrobenzaldeído só pode ser purificado por sublimação se forem utilizadas altas pressões.
(D) para determinar o ponto de fusão da cânfora a amostra deve estar contida num tubo selado para evitar perdas por sublimação.
(E) para determinar o ponto de fusão do iodo deve-se utilizar vácuo para compensar as perdas por sublimação.

20. (ENADE – 2000)

Uma certa massa de CO_2, num estado caracterizado pela temperatura T_1, pressão P_1 e volume V_1, sofre um processo I que leva o gás ao estado T_2, P_2, V_2. A seguir, o gás sofre um processo II, que o traz de volta ao seu estado inicial. A respeito dos processos I e II, pode-se afirmar que:

(A) o calor trocado no processo I é necessariamente igual ao trocado no processo II.
(B) o calor trocado no processo global (I + II) é nulo.

(C) o trabalho trocado no processo I é necessariamente igual ao trocado no processo II.
(D) o trabalho trocado no processo global (I + II) é nulo.
(E) a energia interna do gás no processo global (I + II) não sofre variação.

21. (ENADE – 2000)

As entalpias de adsorção do oxigênio em molibdênio e em ródio são de –720 kJ.mol^{-1} e –494 kJ.mol^{-1}, respectivamente. Sobre a espontaneidade do processo, tipo de adsorção e seletividade em relação aos substratos envolvidos, pode-se afirmar que:

(Dados adicionais: Energia da ligação O = O → 497 kJ.mol^{-1}.)

(A) ocorre adsorção química do oxigênio em ambos os sólidos.
(B) ocorre adsorção física do oxigênio em ambos os sólidos.
(C) ocorre adsorção física do oxigênio no molibdênio e química no ródio.
(D) a adsorção do oxigênio se dá preferencialmente sobre o ródio.
(E) a adsorção do oxigênio em ambos os sólidos não é um processo espontâneo.

22. (ENADE – 2000)

Considere os dados termodinâmicos abaixo.

$\Delta H°$ atomização $Na_{(s)}$ = + 107 kJ.mol^{-1}

1ª Energia de ionização $Na_{(g)}$ = + 496 kJ.mol^{-1}

$\Delta H°$ atomização $Cl_{2(g)}$ = + 244 kJ.mol^{-1}

$\Delta H°$ eletroafinidade $Cl_{(g)}$ = -349 kJ.mol^{-1}

Energia de rede $NaCl_{(s)}$ = -786 kJ.mol^{-1}

A entalpia molar de formação do $NaCl_{(s)}$, a partir das substâncias elementares em seus estados-padrão, em kJ.mol^{-1}, é:

(A) –410
(B) –185
(C) –78
(D) +78
(E) +410

23. (ENADE – 2000)

Uma câmara contém uma mistura equimolar de hidrogênio e oxigênio a 300K e 1 bar de pressão. Produz-se um pequeno orifício e a mistura gasosa começa a escapar para o vácuo.

Acompanhando-se a pressão e a temperatura na câmara e a composição da mistura gasosa que efunde para o vácuo pouco após o início da efusão, verifica-se que a

(A) pressão da câmara se altera significativamente.
(B) temperatura da câmara se altera significativamente.
(C) mistura gasosa que efunde é mais rica em hidrogênio.
(D) mistura gasosa que efunde é mais rica em oxigênio.
(E) mistura gasosa que efunde tem a mesma composição que a da câmara.

24. (ENADE – 2005) DISCURSIVA

A proteção contra incêndios começa nas medidas que a empresa e todos que nela trabalham tomam para evitar o aparecimento do fogo. Existem também outras importantes medidas que têm a finalidade de combatê-lo logo no início, evitando que se alastre.

a) Sabendo que a inflamabilidade de uma substância pode ser avaliada pelo seu ponto de fulgor, ponto de combustão e ponto de ignição, defina cada uma dessas propriedades. **(valor: 2,5 pontos)**

b) Com o intuito de impedir a propagação do calor, um anteparo corta-fogo, de vidro duplo, está colocado entre uma fornalha e o interior de um pavilhão industrial. O anteparo é constituído por duas placas de vidro verticais separadas por um espaço através do qual pode circular ar ambiente. A figura apresenta todos os processos de transferência de calor associados ao anteparo corta-fogo (q_1, q_2, q_3, q_4, q_5, q_6, q_7, q_8 e q_9). Considerando que q_1, q_3 e q_9 representam formas distintas de transferência de calor, identifique-as. **(valor: 2,5 pontos)**

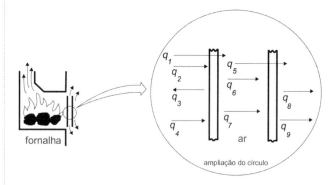

c) Considere um processo exotérmico. Cite dois parâmetros a serem determinados para se efetuar o aumento da escala de produção (*scale up* de processo) da fase de bancada para a escala piloto, de modo a evitar riscos de acidentes decorrentes do descontrole de temperatura. **(valor: 2,0 pontos)**

d) O quadro apresenta a classificação dos incêndios e uma lista de substâncias utilizadas em extintores portáteis. Usando as qualificações: Excelente ou Bom ou Não serve, preencha o quadro abaixo. **(valor: 3,0 pontos)**

	Classes de Incêndios			
Extintores	Tipo A	Tipo B	Tipo C	Tipo D
	Madeira, papel e tecido em geral	Líquidos e gases inflamáveis	Equipamentos elétricos com carga	Metais inflamáveis
CO2				
Pó Químico				
Espuma				
Água				

11) Compostos Orgânicos

1. (ENADE – 2002)

Em um laboratório de química orgânica experimental, dois alunos receberam uma amostra de naftaleno contaminada por ácido benzoico. Um dissolveu a amostra em éter dietílico (SISTEMA I) e o outro, em diclorometano (SISTEMA II). A seguir, as soluções foram transferidas para funis de decantação que continham solução aquosa de NaOH a 5%. Após agitação das misturas, foram obtidas as fases mostradas na figura abaixo.

Dados:

Substância	Densidade a 25° C (g/cm³)
éter dietílico	0,7
diclorometano	1,3

O naftaleno deve ser recuperado da(s) fase(s)

(A) I A apenas.
(B) II B apenas.
(C) I A e II A.
(D) I A e II B.
(E) I B e II B.

2. (ENADE – 2001)

Observe as seguintes aminas:

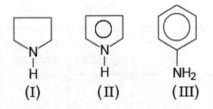

Sobre a basicidade dessas aminas, é correto afirmar que

(A) I é a mais básica por ser a única amina secundária.
(B) I é a mais básica pelo fato de o par de elétrons não ligantes do nitrogênio não estar deslocalizado.
(C) II é a mais básica, pois o par de elétrons não ligantes do nitrogênio faz parte do sistema aromático.
(D) III é a mais básica em virtude de o nitrogênio estar ligado a um anel de seis membros.
(E) II e III são mais básicas que I por serem aminas aromáticas.

3. (ENADE – 2001)

O depósito de sólidos em caldeiras industriais, além de diminuir a eficiência das trocas de calor, pode levar a acidentes. Para minimizar o depósito de minerais nestes equipamentos é de fundamental importância que a "dureza da água" devido à presença dos íons Ca^{+2} e Mg^{+2} seja removida. O uso de resinas trocadoras vem ganhando um amplo espaço na remoção desses íons da água.

Considere as estruturas das resinas mostradas a seguir.

Das resinas apresentadas é(são) indicada(s) para a remoção da "dureza da água" apenas:

(A) I.
(B) II.
(C) III.
(D) I e II.
(E) I e III.

4. (ENADE – 2001)

Considere a produção da benzalacetona representada pelo esquema abaixo.

Nesta reação, o hidróxido de sódio tem a função de

(A) fazer uma reação ácido-base com o benzaldeído para que este se torne mais eletrofílico e possa ser atacado pela carbonila da acetona.

(B) desidratar a acetona para gerar um carbocátion capaz de reagir com o benzaldeído.

(C) desidratar o benzaldeído para gerar um carbânion capaz de reagir com a acetona.

(D) remover o hidrogênio ligado à carbonila do benzaldeído para que seja formado um carbânion estabilizado por ressonância.

(E) remover um hidrogênio vizinho à carbonila da acetona para que o carbânion formado possa atacar a carbonila do benzaldeído.

5. (ENADE – 2001)

O grupo aldeído da glicose forma um hemiacetal através da reação intramolecular entre a hidroxila ligada ao quinto carbono da cadeia linear e a carbonila. Desta forma, este carbono se torna um novo centro de assimetria (carbono anomérico). Açúcares com átomos de carbono anomérico livre são conhecidos como açúcares redutores, pois são capazes de reduzir alguns íons metálicos tais como Ag^+ e Cu^{+2}.

Considere as representações estruturais da sacarose, da maltose e da celobiose.

(+)-sacarose

(+)-maltose

Sobre o caráter redutor desses dissacarídeos, é correto afirmar que

(A) apenas a sacarose é redutora.

(B) apenas a maltose é redutora.

(C) apenas a celobiose é redutora.

(D) a maltose e a celobiose são redutoras.

(E) a sacarose e a celobiose são redutoras.

6. (ENADE – 2000)

O adoçante artificial "aspartame" pode ser preparado a partir do éster metílico da L-fenilalanina (L-2-amino-3-fenil-propanoato de metila). Qual das substâncias abaixo, ao reagir com o éster citado, pode fornecer o "aspartame" ?

ASPARTAME

(A)

(B)

(C)

(D)

(E)

7. (ENADE – 2000)

Sobre qual dos seguintes compostos devem atuar, exclusivamente, Forças de London (também chamadas forças de dispersão)?

(A) Dióxido de enxofre.

(B) Monóxido de carbono.

(C) Pentacloreto de fósforo.

(D) Sulfeto de hidrogênio.

(E) Fluoreto de hidrogênio.

332 COLETÂNEA DE QUESTÕES – QUÍMICA

8. (ENADE – 2000)

Considere os compostos oxigenados representados abaixo.

A respeito da volatilidade dessas substâncias, é correto afirmar que:

(A) o éter apresenta a menor volatilidade por possuir o maior momento dipolar.

(B) o álcool primário é menos volátil do que o secundário por apresentar maior interação entre as cadeias hidrocarbônicas.

(C) os álcoois apresentam maior volatilidade devido à formação de ligações hidrogênio.

(D) a cetona é mais volátil do que o éter por apresentar um carbono com hibridização sp^2.

(E) as volatilidades da cetona e do álcool secundário são semelhantes por apresentarem o mesmo arranjo geométrico.

9. (ENADE – 2001) DISCURSIVA

São dadas as estruturas de (I) a (VII) de algumas espécies químicas.

(I)

(II)

(III)

(IV)

(V)

(VI)

(VII)

Com relação às estruturas apresentadas,

a) indique o número de coordenação e a geometria das espécies de (I) a (V); (valor: 10,0 pontos)

b) selecione, entre as espécies de (I) a (V), um composto que apresente isomeria geométrica (cis/trans) e um que apresente isomeria óptica, justificando suas respostas; (valor: 8,0 pontos)

c) sabendo que o (meso-estilbenodiamino) (iso-butilenodiamino) paládio (II) poderia, em virtude do número de coordenação 4, polarimetria (atividade óptica) para comprovar a geometria do composto? Justifique. (valor: 7,0 pontos)

12) Bioquímica

1. (ENADE – 2011)

O uso de produtos naturais na síntese de substâncias bioativas é uma estratégia amplamente empregada para a síntese de fármacos, desde que o planejamento molecular seja adequadamente realizado. O safrol (1), principal componente químico obtido do óleo de sassafrás, tem sido empregado como matéria-prima para a síntese de compostos farmacologicamente úteis como prostaglandinas, tromboxanas, agentes anti-inflamatórios clássicos, entre outros.

COLETÂNEA DE QUESTÕES – QUÍMICA 333

Considere que a síntese das amidas (<u>7</u>, <u>8</u> e <u>9</u>) foi realizada a partir do safrol (<u>1</u>), conforme a estratégia mostrada no esquema abaixo.

Nessa situação, analise as afirmações referentes às condições de reações empregadas.

I. (a) $NaBH_4$; BF_3Et_2O, THF, t.a.; H_2O_2 30%, NaOH, refluxo, 10 h; (b) PCC, CH_2Cl_2, t.a., 1 h; (c) $SOCl_2$, refluxo, 1 h; amina respectiva, CH_2Cl_2, t.a., 30 min., obtenção de <u>7</u>, <u>8</u> e <u>9</u>.

II. (a) $NaBH_4$; BF_3Et_2O, THF, t.a.; H_2O_2 30%, NaOH, refluxo, 10 h; (b) PCC, CH_2Cl_2, t.a., 1 h; (c) $(C_2H_5O)_2P(O)CH_2CO_2C_2H_5$, KH, DME, -78 ºC, 1 h;

III. (d) LiOH 1N, THF, t.a., 4 h; (e) $SOCl_2$, refluxo, 1 h; amina respectiva, CH_2Cl_2, t.a., 30 min., obtenção de <u>7</u>, <u>8</u> e <u>9</u>.

IV. (d) $(C_2H_5O)_2P(O)CH_2CO_2C_2H_5$, KH, DME, -78 ºC, 1 h; (e) LiOH 1N, THF, t.a., 4 h;

É correto apenas o que se afirma em

(A) I.

(B) II.

(C) I e IV.

(D) II e III.

(E) III e IV.

2. (ENADE – 2011)

A sequência de aminoácidos exerce papel fundamental na determinação da estrutura tridimensional de uma proteína e, consequentemente, na sua função.

Com relação à separação e quantificação dos aminoácidos presentes em uma mistura, analise as seguintes proposições.

I. A cromatografia de troca iônica separa os aminoácidos com base em sua carga líquida, utilizando como fase móvel uma solução tampão.

II. Na eletroforese, o aminoácido com ponto isoelétrico maior do que o pH da solução terá uma carga global positiva e migrará na direção do ânodo.

III. A eletroforese é uma técnica que separa aminoácidos com base em seus valores de ponto isoelétrico.

IV. A cromatografia líquido-líquido em papel separa os aminoácidos com base no seu tamanho.

É correto apenas o que se afirma em

(A) I.

(B) II.

(C) I e III.

(D) II e IV.

(E) III e IV.

3. (ENADE – 2005)

Toda a energia consumida pelos sistemas biológicos vem da energia solar, através do processo da fotossíntese. Nas plantas, a primeira etapa da fotossíntese é a absorção de luz pelas chamadas clorofila-a (C-a) e clorofila-b (C-b), que são derivados com anel porfirínico coordenado ao íon Mg^{2+} (Fig. 1). Os espectros de absorção de (C-a) e de (C-b) são apresentados na Fig. 2. As moléculas de clorofila podem ser excitadas, absorvendo fótons na região do visível, providenciando, assim, a energia necessária para iniciar uma cadeia de reações químicas que levará à produção de açúcares a partir de dióxido de carbono e água.

Figura 1

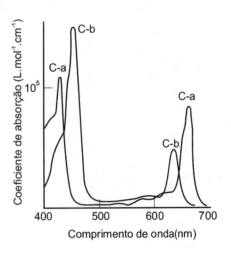

Figura 2

Analisando a estrutura da clorofila e o processo da fotossíntese, conclui-se que

(A) as clorofilas são fotorreceptores pouco eficientes devido à sequência de ligações simples e duplas alternadas.

(B) a cor verde das plantas deve-se à fraca absorção de fótons na região entre 500 nm e 600 nm.

(C) a parte central da clorofila, onde se encontra o íon Mg^{+2}, exibe geometria tetraédrica.

(D) o oxigênio molecular produzido na fotossíntese provém da reação entre as moléculas de carboidratos.

(E) o derivado porfirínico é um ligante monodentado, pois se complexa com um único íon Mg^{2+}.

4. (ENADE – 2002)

Os radicais livres são formados em organismos aeróbios através de processos fisiológicos ou patológicos. Essas espécies são, em geral, extremamente reativas e instáveis, o que faz com que possam ser lesivas para várias estruturas celulares.

A vitamina E (tocoferol) é uma biomolécula capaz de reagir com radicais livres inativando-os.

A partir da análise da estrutura molecular do a-tocoferol, é correto afirmar que os radicais livres são capazes de

(A) oxidar o tocoferol através da remoção de sua cadeia hidrocarbônica.

(B) oxidar o tocoferol através da remoção do hidrogênio do grupo hidroxila.

(C) reduzir o tocoferol através da remoção de sua cadeia hidrocarbônica.

(D) reduzir o tocoferol através da remoção do hidrogênio do grupo hidroxila.

(E) reduzir o tocoferol através da abertura do anel heterocíclico.

5. (ENADE – 2002)

O DNA apresenta duas cadeias de polinucleotídeos que se encontram arranjadas sob a forma de dupla hélice. Em sua composição há duas bases purínicas, guanina (G) e adenina (A), além de duas bases pirimidínicas, citosina (C) e timina (T), que se apresentam pareadas através da formação de ligações hidrogênio, de acordo com a seguinte regra: (G) pareia com (C) e (A) pareia com (T).

A tabela a seguir mostra os resultados obtidos em experimentos onde foram determinadas as percentagens molares das bases isoladas do DNA proveniente de fontes distintas.

Organismo ou tecido	A %	T %	G %	C %	(A+T)/(C+G)
I Escherichia coli	26,0	23,9	24,9	25,2	1,00
II Diplococcus pneumoniae	29,8	31,6	20,5	18,0	1,59
III Mycobacterium tuberculosis	15,1	14,6	34,9	35,4	0,42
IV Medula óssea de rato	28,6	28,4	21,4	21,5	1,33
V Fígado humano	30,3	30,3	19,5	19,9	1,53

A partir da análise desses resultados e das estruturas das bases, conclui-se que a maior temperatura de desnaturação é a do DNA correspondente ao organismo ou tecido

(A) I
(B) II
(C) III
(D) IV
(E) V

6. (ENADE – 2001)

ELIMINANDO EL ACEITE

Contener vertidos de aceite en el mar es virtualmente imposible, tal y como se ha visto evidenciado por la crisis medioambiental causada por el petrolero ecuatoriano Jessica. El barco varó, vertiendo más de 200.000 galones de aceite diesel en el archipiélago de las Islas Galápagos.

Químicos orgánicos del Instituto Indiano de Ciencias en Bangalore han dado una posible solución al problema. Han descubierto que un derivado de un aminoácido, la N-lauroil-Lalanina, es un sistema simple, biocompatible y efectivo de aglutinación selectiva de disolventes orgánicos no polares como por ejemplo los hidrocarburos aromáticos y alifáticos.

Los químicos analizaron el compuesto en una serie de carburantes comerciales y disolventes orgánicos, incluyendo benceno, gasolina y keroseno. Solubilizaron el aglutinador en mezclas de dos fases, siendo una de las fases agua y la otra fase uno de los líquidos orgánicos, bien calentando, o bien inyectando una solución etanólica y esperando a que la mezcla alcanzara un equilibrio.

De manera extraordinaria, tan pronto como se alcanzaba la temperatura ambiente, la capa de aceite estaba totalmente aglutinada, manteniendo la capa acuosa inalterada. Ambas fases se mantuvieron intactas en sus respectivos estados de aglutinación y no aglutinación incluso después de haber transcurrido una semana.

Aunque la utilidad de eliminar la contaminación con aceite debe ser establecida, se pueden prever las aplicaciones de la tecnología de la reacción y separación utilizando sistemas bifásicos.

(Tradução adaptada de Chemical & Engineering News, Enero 2001.)

Interpretando o texto acima, conclui-se que

(A) a separação efetiva das camadas aquosa e orgânica somente foi obtida após uma semana.
(B) o benzeno, a gasolina e o querosene foram testados quanto à sua ação aglutinante.
(C) o derivado N-lauroil-L-alanina promove a formação de um sistema simples unifásico de óleo e água.
(D) o composto N-lauroil-L-alanina promove a aglutinação seletiva de óleos, em mistura de óleo e água.
(E) os combustíveis foram solubilizados por aquecimento na fase aquosa, após o equilíbrio ter sido atingido.

7. (ENADE – 2001)

Lipídios podem ser recuperados de diversos materiais biológicos através da extração por solventes. Os tipos mais comuns de lipídios são gorduras e óleos derivados de ácidos carboxílicos de cadeias longas e do glicerol.

A figura abaixo mostra um extrator do tipo Soxhlet onde pode ser efetuada a extração de lipídios.

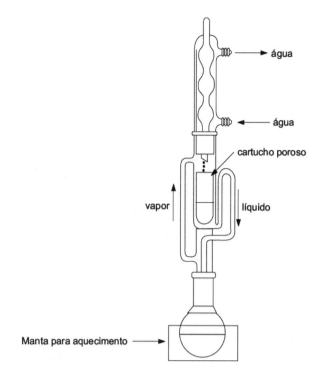

O solvente a ser usado na extração, a região onde deve ser colocado o material biológico a ser extraído, e o local de onde será recuperado o extrato de lipídios são, respectivamente,

	Solvente	Local onde deve ser colocado o material biológico	Local onde será recuperado o extrato de lipídios
(A)	água	cartucho poroso	balão
(B)	água	balão	cartucho poroso
(C)	clorofórmio	cartucho poroso	balão
(D)	clorofórmio	balão	cartucho poroso
(E)	glicerol	balão	cartucho poroso

8. (ENADE – 2005) DISCURSIVA

Os parâmetros físico-químicos massa molar (M), coeficiente de partição n-butanol-água (LogP), variação de entalpia de combustão ($\Delta_{comb}H$), calor de formação ($\Delta_f H$), momento de dipolo elétrico (Dip), número de níveis eletrônicos preenchidos (NNEP), energia de ionização (EI), volume de van der Waals (vdW), superfície acessível ao solvente total (Stot), superfície acessível a solventes hidrofóbicos (Sphob), superfície acessível a solventes hidrofílicos (Sphil), foram avaliados para as bases purínicas Guanina (G) e Adenina (A) e para as bases pirimidínicas Citosina (C), Timina (T) e Uracila (U), e encontram-se listados abaixo.

Base	M (g.mol^{-1})	LogP	$\Delta_{comb}H$ (kcal.mol^{-1})	$\Delta_f H$ (kcal.mol^{-1})	Dip (Debye)	NNEP	EI (eV)	vdW (cm^3.mol^{-1})	Stot (Å^2)	Sphob (Å^2)	Sphil (Å^2)
A	113,13	0,44	-4,9	257,88	5,125	25	9,500	104,25	271	163	108
C	111,10	-0,68	-5,1	-50,50	5,565	21	9,528	87,50	250	141	108
G	151,13	-0,35	-1,0	38,70	5,236	28	8,845	110,25	288	147	142
T	126,11	0,05	-8,2	-301,30	4,080	24	9,782	101,25	272	163	109
U	112,09	-0,40	-7,8	-268,60	4,129	21	9,939	87,38	250	137	113

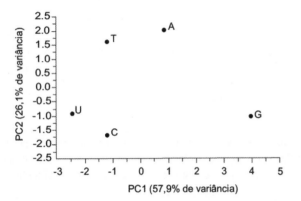

Em função do grande número de dados, foi realizada uma Análise de Componentes Principais (ACP) utilizando dados autoescalonados. A figura abaixo apresenta o gráfico dos escores da primeira e da segunda componentes principais, PC1 e PC2, com suas correspondentes variâncias.

A partir do gráfico dos escores de PC1 versus PC2 e das estruturas das bases nitrogenadas, responda às perguntas abaixo.

a) Que informação PC1 traz? **(valor: 3,0 pontos)**
b) Sabendo que no DNA ocorrem as bases A, C, G e T, como é possível identificar os pares de bases complementares no gráfico apresentado? **(valor: 3,0 pontos)**
c) Por que, nesta análise, os dados devem ser autoescalonados? **(valor: 4,0 pontos)**

9. (ENADE – 2005) DISCURSIVA

A astaxantina é um composto carotenoide responsável pela cor do salmão. Em alguns crustáceos, como a lagosta e os camarões, ela encontra-se envolta em uma proteína presente em suas carapaças. Quando esses crustáceos são fervidos, a cadeia proteica se desnatura, liberando a astaxantina e conferindo uma cor rosa aos mesmos. A molécula do caroteno possui uma estrutura similar à da astaxantina, sendo o caroteno o responsável pela cor laranja de cenouras, mangas e caquis.

Astaxantina

Caroteno

a) Dentre os compostos, qual apresentará uma transição eletrônica n → π*? Justifique a sua resposta. **(valor: 3,0 pontos)**
b) Que tipo de transição eletrônica é responsável pelas cores observadas nesses compostos? **(valor: 3,0 pontos)**
c) Qual é a relação entre as estruturas e as cores apresentadas por estes compostos? Justifique a sua resposta com base na teoria dos orbitais moleculares. **(valor: 4,0 pontos)**

Dados complementares

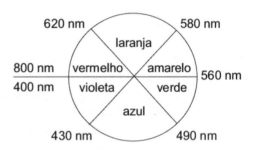

13) Macromoléculas Naturais e Sintéticas

1. (ENADE – 2011)

Polímeros sintéticos são macromoléculas que podem apresentar diferentes tipos de organização, apresentando propriedades que permitem seu uso em vários objetos do cotidiano. As embalagens utilizadas no processo de armazenamento e transporte de produtos é um exemplo.

As garrafas do tipo PET são feitas de polímeros sintéticos e possuem inúmeras vantagens, como leveza e resistência, o que permite a produção de embalagens com alta capacidade volumétrica, fáceis de transportar e empilhar, além de baixo custo, caracterizando essa embalagem como uma das mais práticas que existe.

Em relação ao Poli(tereftalato de etileno) – PET, analise as afirmações a seguir.

I. Similarmente aos vidros, o PET é um material cristalino, caracterizado por arranjos moleculares ordenados, formando uma estrutura tridimensional denominada rede cristalina.

II. Macromoléculas são sempre flexíveis a baixas temperaturas, porque a energia cinética dos átomos é menor; no entanto, são rígidas a altas temperaturas, porque se dilatam, permitindo movimentos além das vibrações.

III. O polímero PET é obtido pela reação entre unidades condensadas de dois monômeros: **A** (ácido tereftálico – diácido orgânico) e **B** (etilenoglicol - diálcool), formando uma macromolécula **C**, um poliéster.

IV. O PET é classificado como um termoplástico, ou seja, não sofre alteração em sua estrutura química durante o aquecimento até a sua fusão.

Após resfriamento, pode novamente ser fundido e, portanto, ser remoldado.

É correto apenas o que se afirma em

(A) I.

(B) II.

(C) I e III.

(D) II e IV.

(E) III e IV.

2. (ENADE – 2005)

Resíduos sólidos resultam de atividades de origem industrial ou doméstica, podendo incluir lodos provenientes de sistemas de tratamento de água e outros, gerados em equipamentos e instalações de controle de poluição.

Eles podem ser classificados em:

Classe I: Resíduos perigosos - aqueles que, em função das suas características (inflamabilidade, patogenicidade, reatividade, toxicidade, corrosividade), podem apresentar risco à saúde pública ou ao meio ambiente, quando manuseados, ou dispostos, de maneira inadequada.

Classe II: Resíduos não inertes - aqueles que não se enquadram nas classificações de resíduos classe I ou classe III, mas podem ter características tais como: combustibilidade e biodegradabilidade.

Classe III: Resíduos inertes - aqueles que, quando submetidos a teste de solubilidade, não têm nenhum de seus constituintes solubilizados em concentrações superiores aos padrões de potabilidade da água, exceto quanto à cor, à turbidez e ao sabor.

Um químico foi convidado para realizar uma palestra a respeito de descarte de resíduos sólidos, tendo sido indagado sobre a classificação dos seguintes rejeitos:

– fragmentos de tubulação de PVC;

– bagaço de cana-de-açúcar;

– lama de tanque de galvanoplastia.

Qual deveria ter sido a resposta?

(A) Resíduo inerte (Classe III), resíduo não inerte (Classe II) e resíduo perigoso (Classe I), respectivamente.

(B) Resíduo inerte (Classe III), resíduo inerte (Classe III) e resíduo não inerte (Classe II), respectivamente.

(C) Resíduo perigoso (Classe I), resíduo não inerte (Classe II) e resíduo não inerte (Classe II), respectivamente.

(D) Resíduo não inerte (Classe II), resíduo perigoso (Classe I) e resíduo inerte (Classe III), respectivamente.

(E) Resíduo não inerte (Classe II), resíduo inerte (Classe III) e resíduo perigoso (Classe I), respectivamente.

3. (ENADE – 2008) DISCURSIVA

O craqueamento do petróleo é uma das principais aplicações das zeólitas, que são sólidos macromoleculares cujas estruturas são baseadas em unidades tetraédricas do tipo TO_4, onde T = Si ou Al ou P, e cátions intersticiais como metais alcalinos e alcalinos terrosos. A micropolaridade da cavidade numa zeólita é associada ao campo elétrico fornecido pelos cátions.

a) Sabendo que a quebra do octano em compostos de cadeias menores é favorecida pelo aumento do gradiente do campo elétrico na cavidade da zeólita, identifique qual dos seguintes cátions K^+, Na^+ e Mg^{2+} é mais efetivo para esse processo. Justifique. **(valor: 3,0 pontos)**

b) Explique por que a molécula de N_2 torna-se ativa no infravermelho ao ser adsorvida numa zeólita. **(valor: 4,0 pontos)**

c) Em algumas zeólitas, a adsorção do eteno leva a um deslocamento para o vermelho na transição $\pi \rightarrow \pi^*$. Utilize o modelo mecânico-quântico da partícula na caixa para prever o que ocorre com o comprimento da ligação C=C do eteno quando adsorvido na zeólita. **(valor: 3,0 pontos)**

(Dado: $\Delta E = \dfrac{(2n+1)h^2}{8mL^2}$, onde ΔE é a diferença de energia entre o estado n e n+1, h é a Constante de Planck, m é a massa do elétron e L é a largura da caixa.)

4. (ENADE – 2005) DISCURSIVA

Uma mistura de proteínas pode ser separada em função de suas massas através da técnica de eletroforese em gel (em geral, gel de poliacrilamida), em condições de desnaturação, utilizando-se uma solução de dodecilsulfato de sódio ($H_3C–(CH_2)_{10}–CH_2OSO_3^{-}Na^+$, SDS – *sodium dodecyl sulfate*) e 2-mercaptoetanol (ou 2-tioetanol, $HOCH_2-CH_2SH$). Este último agente visa à redução das ligações dissulfetos entre cadeias de polipeptídeos da mesma proteína e/ou de proteínas diferentes da mistura. Por outro lado, os ânions dodecilsulfato se ligam na proporção de um ânion para cada dois resíduos de aminoácido, conferindo um caráter negativo às proteínas desnaturadas.

a) Qual é o grupo funcional gerado pela redução das ligações dissulfetos? **(valor: 2,0 pontos)**

b) Explique o princípio da separação de proteínas por eletroforese. **(valor: 4,0 pontos)**

c) Qual a importância da formação do complexo proteína-ânion dodecilsulfato para esta separação? **(valor: 4,0 pontos)**

14) Materiais Cerâmicos, Metálicos e Poliméricos

1. (ENADE – 2011)

Materiais metálicos, cerâmicos e poliméricos são amplamente utilizados nos dias de hoje. Suas aplicações estão diretamente relacionadas às suas propriedades químicas e físicas.

Com relação à estrutura e às propriedades desses materiais, analise as afirmações a seguir.

I. As propriedades dos materiais sólidos cristalinos dependem da sua estrutura cristalina, ou seja, da maneira pela qual os átomos, moléculas ou íons encontram-se espacialmente dispostos.

II. Todos os materiais metálicos, cerâmicos e polímeros cristalizam-se quando solidificam. Seus átomos se arranjam em um modelo ordenado e repetido, chamado estrutura cristalina.

III. Os polímeros comuns de plásticos e borrachas possuem elevada massa molecular, flexibilidade e alta densidade, comparável a outros materiais como o chumbo (11,3 g/cm3).

IV. Os materiais metálicos (Fe, Al, aço, latão) são bons condutores de eletricidade e de calor, resistentes e, em determinadas condições, deformáveis, enquanto os materiais cerâmicos (porcelana, cimento) são duros e quebradiços.

É correto apenas o que se afirma em

(A) I e II.

(B) I e IV.

(C) II e III.

(D) I, III e IV.

(E) II, III e IV.

2. (ENADE – 2002)

A temperatura de fusão cristalina (T_m) é a temperatura acima da qual um polímero estará com viscosidade adequada para a moldagem de artefatos. Considere a estrutura molecular do polipropileno nas configurações isotática (I), sindiotática (II) e atática (III).

A ordem crescente da T_m do polipropileno nas diferentes configurações deve ser

(A) I < II < III

(B) I < III < II

(C) II < III < I

(D) III < I < II

(E) III < II < I

3. (ENADE – 2001)

Os vidros são substâncias inorgânicas consideradas como líquidos super-resfriados que não cristalizam. Sobre a composição química e a resistência ao ataque por ácidos e bases, pode-se afirmar que o vidro *pyrex* é composto majoritariamente por

(A) alumina, e não resiste ao ataque por HF.

(B) alumina, e não resiste ao ataque por NaOH.

(C) sílica, e não resiste ao ataque por HF.

(D) sílica, e não resiste ao ataque por HCl.

(E) sílica e alumina, e não resiste ao ataque por HCl e NaOH.

4. (ENADE – 2001)

A resistência à água em polímeros pode ser avaliada pela absorção de umidade.

Dos polímeros abaixo, o que mais absorve umidade é:

5. (ENADE – 2001)

A polimerização do 1,3-butadieno, iniciada por radicais livres, pode gerar proporções diferentes dos produtos I e II representados abaixo, dependendo das condições empregadas na reação.

Os mecanismos de polimerização para a obtenção desses produtos são:

	I	II
(A)	policondensação	policondensação
(B)	policondensação	poliadição do tipo 1-4
(C)	poliadição do tipo 1-2	poliadição do tipo 1-2
(D)	poliadição do tipo 1-2	poliadição do tipo 1-4
(E)	poliadição do tipo 1-4	poliadição do tipo 1-2

6. (ENADE – 2000)

A vulcanização da borracha natural permite a transformação de um material termoplástico, sem propriedades mecânicas úteis, em uma borracha elástica, forte e resistente. Um dos processos de vulcanização consiste no aquecimento do cis-poliisopreno (cis-poli-2-metil-1,3-butadieno) com enxofre e envolve a alta reatividade das posições alílicas das unidades de isopreno.

Assim, o aumento da resistência mecânica da borracha vulcanizada deve-se à:

(A) diminuição da viscosidade do polímero.
(B) formação de copolímeros de alto peso molecular.
(C) formação de ligações cruzadas entre as cadeias poliméricas.
(D) formação de ligações hidrogênio entre as cadeias poliméricas.
(E) inversão de configuração das cadeias poliméricas para forma trans.

15) Química Ambiental

1. (ENADE – 2011)

A geração de resíduos químicos em instituições de ensino e pesquisa no Brasil sempre foi um assunto muito pouco discutido. Na grande maioria das universidades, a gestão dos resíduos gerados nas suas atividades rotineiras é inexistente e, devido à falta de um órgão fiscalizador, o descarte inadequado continua a ser praticado.

JARDIM, W. F. **Química Nova**, 21 (5), 1998, p. 671. (com adaptações)

Há resíduos que, devido à sua natureza química, não devem ser misturados, uma vez que podem trazer situações adversas ao meio ambiente. Assim, para fins de descarte, cobre, peróxidos e ácido sulfúrico **não** podem, respectivamente, ser armazenados juntos com

(A) ácido clorídrico, metais pesados e sulfato de cobre.
(B) metais pesados, ácido clorídrico e sulfato de cobre.
(C) sulfato de cobre, metais pesados e permanganato de potássio.
(D) metais pesados, sulfato de cobre e ácido nítrico.
(E) ácido nítrico, metais pesados e permanganato de potássio.

2. (ENADE – 2011)

A produção de etanol nas indústrias sucroalcooleiras está seguindo nova rota de obtenção, partindo-se de resíduos agroindustriais, o que dá origem ao etanol de segunda geração. Exemplos desses resíduos são: o bagaço da cana-de-açúcar, a palha do milho e o bagaço da mandioca.

Para viabilizar o aproveitamento desses materiais na produção de etanol pela rota da fermentação alcoólica,

(A) os resíduos amiláceos podem ser utilizados sem pré-tratamento, pois há conversão direta do amido em etanol.
(B) os resíduos agroindustriais que contêm, simultaneamente, celulose, hemicelulose e amido em sua composição devem ser utilizados.
(C) a deslignificação será a etapa preliminar da rota bioquímica, de fácil condução, que libera a glicose diretamente para conversão em etanol.
(D) a conversão de celulose ou hemicelulose deve seguir a mesma rota bioquímica, porém o rendimento em etanol será menor para hemicelulose.
(E) os resíduos de origem celulósica, apesar de abundantes, precisam ser desconstruídos de forma mais agressiva em razão, principalmente, da presença da lignina na sua estrutura.

3. (ENADE – 2008)

Várias espécies atômicas ou moleculares podem ser responsáveis pela redução da camada de ozônio na estratosfera. A figura abaixo representa a evolução de algumas espécies encontradas na estratosfera, acima do Ártico, durante o inverno e a primavera, bem como algumas das reações que ocorrem nesse sistema.

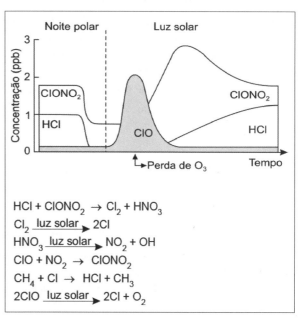

BAIRD, C.; CANN, M. **Environmental Chemistry**. New York: W. H. Freeman and Company, 2005. p.44. (com adaptação)

Qual das espécies abaixo é responsável pela etapa de destruição do O_3, segundo o mecanismo apresentado na figura?

(A) NO
(B) Cl
(C) O
(D) ClO
(E) Cl_2O_2

4. (ENADE – 2008)

Os resultados de análises de amostras de 100 mL de água, recolhidas, ao longo de três meses, de um córrego urbano, evidenciaram a presença de, em média, 3,2 mg de matéria orgânica (na forma de glicose – $C_6H_{12}O_6$ – cuja massa molar é 180 g/mol).

Autoridades e membros da comunidade local se reuniram para discutir a respeito da qualidade da água do rio. Cinco participantes da reunião emitiram os seguintes pareceres:

P1: A qualidade da água do rio é boa. Há oxigênio na água suficiente para degradar toda a matéria orgânica e manter a vida aquática.

P2: A qualidade da água do rio ainda é boa, uma vez que cerca de três quartos da matéria orgânica podem ser decompostos.

P3: Nas condições atuais, no máximo, 50% da matéria orgânica podem ser decompostos, e a manutenção da vida aquática fica comprometida.

P4: A qualidade da água tornou-se inadequada para sustentar a vida aquática e, nas atuais condições, apenas cerca de 25% da matéria orgânica podem ser decompostos.

P5: A quantidade de matéria orgânica precisa ser reduzida a, aproximadamente, 2% dos níveis atuais para poder sustentar a vida aquática.

Um Químico foi chamado a opinar sobre a veracidade dos pareceres. Para tal, levou em consideração que:

• a concentração mínima de O_2 na água para sustentar a vida aquática é de 5 ppm, à temperatura média de 20 ºC;

• a solubilidade do oxigênio em rios depende de vários fatores, mas para cálculos mais simples pode ser considerada igual à solubilidade do O_2 em água, que é de 9 ppm, a 20 ºC e 1atm.

Analisando os dados, o Químico recomendou o Parecer

(A) P1

(B) P2

(C) P3

(D) P4

(E) P5

5. (ENADE – 2005)

A globalização dos negócios, a internacionalização dos padrões de qualidade ambiental, a conscientização crescente dos atuais consumidores e a disseminação da educação ambiental nas escolas permitem antever que a exigência futura em relação à preservação do meio ambiente deverá intensificar-se. A evolução do processo de conscientização acerca do problema ambiental seguiu o percurso apresentado no quadro abaixo.

Evolução do processo de conscientização ambiental
I – Políticas *end-of-pipe*
II – O tema das tecnologias limpas
III – O tema dos produtos limpos
IV – O tema do consumo limpo

Considere as seguintes ações relacionadas à preservação do meio ambiente:

1 – interferência nos processos produtivos que geram poluição;

2 – tratamento da poluição;

3 – redesenho dos produtos;

4 – reorientação para novos comportamentos sociais;

5 – neutralização dos efeitos ambientais negativos gerados pelas atividades produtivas;

6 – tratamento e/ou reutilização de correntes de processo geradas nas atividades produtivas;

7 – procura consciente por produtos e serviços que motivem a existência de processos discutidos pela ótica da conscientização ambiental;

8 – desenvolvimento de produtos sustentáveis.

Correlacionando as fases da evolução do processo de conscientização ambiental I, II, III e IV com as ações listadas, tem-se:

(A) I-1-6; II-4-5; III-3-7; IV-2-8.

(B) I-2-5; II-1-6; III-3-8; IV-4-7.

(C) I-2-7; II-3-5; III-1-6; IV-4-8.

(D) I-3-7; II-2-8; III-4-5; IV-1-6.

(E) I-4-8; II-2-6; III-1-7; IV-3-5.

6. (ENADE – 2002)

Um derivado de petróleo que estava contido em um tanque industrial começou a vazar após um acidente. A temperatura ambiente no momento do vazamento era de 38 °C. Algumas informações que constam da ficha de segurança do produto são apresentadas na tabela abaixo.

Faixa de Ebulição (°C)	Ponto de Fulgor (°C)	Ponto de Autoignição (°C)
150-300	40	238

Considere as ações listadas a seguir.

I. Isolar o vazamento de todas as fontes de ignição.

II. Absorver com areia o material derramado e transferi-lo para tambores.

III. Direcionar com jatos d'água o material derramado para o sistema de drenagem pública.

IV. Convocar imediatamente a brigada de incêndio.

Quais das ações citadas devem ser executadas para minimizar o risco de incêndio e o impacto ambiental?

(A) I e IV apenas.

(B) II e III apenas.

(C) I, II e III apenas.

(D) I, II e IV apenas.

(E) I, II, III e IV.

7. (ENADE – 2002)

...É no estágio de branqueamento que se encontra um dos principais problemas ambientais causados pelas indústrias de celulose. Reagentes como cloro e hipoclorito de sódio reagem com a lignina, levando à formação de compostos organoclorados. Esses compostos não são biodegradáveis e acumulam-se nos tecidos vegetais e animais, podendo levar a alterações genéticas...

Santos, **C.P.** *et alli*. **Química Nova na Escola,** 14, 2001.

A seguir são listadas quatro iniciativas para a solução do problema.

I. Substituir os reagentes clorados por outros agentes de branqueamento como ozônio ou peróxido de hidrogênio.

II. Utilizar os compostos organoclorados como adubo.

III. Extrair os compostos organoclorados e incinerá-los.

IV. Incentivar a reciclagem de papel branco.

Como alternativas para reduzir o impacto ambiental do branqueamento da celulose, são ADEQUADAS somente as iniciativas

(A) I e III.

(B) I e IV.

(C) II e III.

(D) II e IV.

(E) III e IV.

8. (ENADE – 2002)

Um laboratório de análises químicas foi contratado por um órgão ambiental para monitorar o teor de clorofenóis nas águas de um rio suspeito de contaminação por herbicidas clorados.

As amostras de água coletadas foram submetidas a um processo de extração com resina apropriada. Os compostos de interesse foram recuperados por extração com diclorometano e, em seguida, derivatizados com brometo de pentafluorobenzila.

A quantificação foi feita por cromatografia e apontou, para o composto mais abundante, um teor de 1,2mg/L. O método cromatográfico mais adequado para essa quantificação é a cromatografia

(A) em coluna com detecção por ultravioleta.
(B) em coluna com detecção por condutividade térmica.
(C) em camada fina com revelação por nitrato de prata.
(D) gasosa com detecção seletiva por captura de elétrons.
(E) gasosa com detecção por ionização em chama.

9. (ENADE – 2011) DISCURSIVA

Sabemos que, no Brasil, são geradas milhares de toneladas de resíduos diariamente, porém, esses mesmos resíduos não são percebidos como uma significativa preocupação ambiental pela nossa sociedade. Essa problemática quase sempre é evitada até o momento em que se acarretam ameaças, iniquidades e problemas ambientais mais graves às pessoas que estão diretamente ligadas a esse contexto, tais como as populações que habitam o entorno de áreas degradadas, a exemplo daquelas onde a deposição de resíduos se apresenta potencial e efetivamente com altos níveis de poluição e contaminação. Para retratarmos diretamente o problema dos resíduos químicos especificamente, devemos considerar que a Química é uma das ciências que mais trouxe benefícios para a sociedade nos últimos tempos. Entretanto, um dos questionamentos mais graves relacionados ao uso inadequado da química refere-se aos danos e riscos ambientais causados pela geração de resíduos.

PENATTI, E. F. GUIMARÃES, S. T. L. SILVA, P. M. **II Workshop Internacional de Pesquisa em Indicadores de Sustentabilidade,** USP, São Carlos, 2008. p. 107.

Considerando a necessidade urgente de Instituições de Ensino Superior que sediam aulas práticas de Química possuírem um programa de gerenciamento de resíduos, elabore um texto dissertativo contemplando atitudes efetivas para a solução do problema em questão, tendo como embasamento os três questionamentos abaixo.

a) O que você entende por resíduos químicos? (valor: 3,0 pontos)
b) Qual o grau de importância do gerenciamento de resíduo para o meio ambiente? (valor: 4,0 pontos)
c) Quais os tipos de resíduos que o gerenciamento deve contemplar? (valor: 3,0 pontos)

10. (ENADE – 2005) DISCURSIVA

O ácido sulfúrico é um líquido denso e incolor de grande importância na indústria e no laboratório. É um dos produtos químicos fabricados e consumidos no mundo e a sua produção tem sido utilizada para avaliar a força da atividade industrial de um país. Cerca de dois terços de sua produção são usados na indústria de fertilizantes para a preparação de superfosfatos.

a) Cite outras três aplicações do ácido sulfúrico na indústria. (valor: 3,0 pontos)
b) Para orientar os funcionários de uma indústria sobre os cuidados com o manuseio do ácido sulfúrico concentrado, foram feitas as recomendações a seguir.

   • Ao diluir o ácido, deve-se verter a água lentamente sobre o ácido.
   • Ao eliminar efluentes residuais, o ácido deve ser previamente neutralizado.
   • Armazenar o ácido longe de cloratos e cromatos.
   • Evitar o contato com metais.

   Indique se essas recomendações estão corretas, justificando cada uma delas. (valor: 4,0 pontos)

c) O tratamento de uma rocha fosfática com ácido sulfúrico produz uma mistura de sulfato e fosfatos denominada superfosfato.

Escreva uma equação química balanceada para este processo. (valor: 3,0 pontos)

11. (ENADE – 2005) DISCURSIVA

A tendência atual de mercado exige que as empresas estabeleçam e mantenham um sistema de gestão ambiental. Para isto, deve-se estar ciente das características relacionadas à unidade produtiva, levando-se em conta aspectos de risco ambiental e a capacidade de gerenciamento global da unidade (recursos financeiros, de pessoal e tecnologias disponíveis). A figura abaixo apresenta o fluxograma de um processo ou de uma atividade para identificação dos aspectos ambientais.

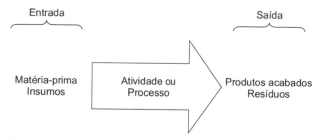

Considere que as atividades desenvolvidas em um posto de gasolina são:

1) lavagem de veículos;
2) recebimento, estocagem e fornecimento de inflamáveis.

Com base nestas informações, resolva os itens a seguir.

a) Identifique dois componentes de entrada e dois de saída para cada atividade desenvolvida. (valor: 2 pontos)
b) Identifique dois impactos ambientais que podem surgir de cada uma das atividades desenvolvidas. (valor: 2 pontos)
c) Na etapa do projeto de um sistema de gestão ambiental, um plano de ação começa a ser delineado e os riscos ambientais podem ser reduzidos. Suponha que a atividade lavagem de veículos foi considerada crítica do ponto de vista ambiental.

Cite dois processos que poderiam ser adotados para minimizar o risco ambiental desta atividade. (valor: 3 pontos)

d) Construa um diagrama de blocos simplificado para um dos processos citados no item (c). (valor: 3 pontos)

16) Operações Básicas de Laboratório

1. (ENADE – 2002)

Em um laboratório efetuou-se a nitração do fenol, obtendo-se os isômeros orto-nitrofenol (A) e para-nitrofenol (B). Os dois isômeros obtidos foram separados utilizando-se a seguinte aparelhagem de destilação:

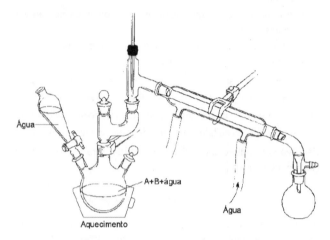

O mecanismo escolhido para efetuar a separação baseia-se na destilação

(A) por arraste a vapor do componente A, pois A é mais volátil que B, por apresentar ligação hidrogênio intramolecular.
(B) por arraste a vapor do componente B, pois B é menos solúvel que A, por apresentar menor momento de dipolo.
(C) fracionada, onde o componente A é recolhido puro, pois apresenta menor ponto de ebulição que B.
(D) fracionada, onde o componente B é recolhido puro, pois apresenta menor solubilidade em água.
(E) simples do componente A, pois este apresenta ponto de ebulição inferior ao da água.

2. (ENADE – 2002)

Um laboratório de ensaios químicos está em processo de credenciamento segundo a norma ISO/IEC 17025. Para tal, necessita validar todos os procedimentos analíticos qualitativos que realiza, de modo a demonstrar que os procedimentos são cientificamente corretos nas condições em que serão aplicados. Dentre os parâmetros a serem avaliados, aquele que é imprescindível à validação qualitativa é

(A) a exatidão.
(B) a linearidade.
(C) o limite de detecção.
(D) o limite de quantificação.
(E) a constante de equilíbrio.

3. (ENADE – 2001)

A aparelhagem esquematizada a seguir foi utilizada na produção de um gás em uma aula prática.

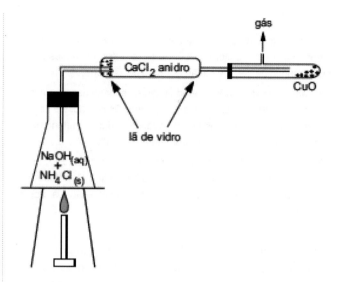

Várias propriedades físicas e químicas do gás produzido foram testadas. Um estudante fez as anotações apresentadas abaixo.
Em qual delas o estudante cometeu um ERRO?

(A) Formou-se um gás incolor de odor característico.
(B) Apresentou grande solubilidade em água.
(C) Mudou a cor do papel tornassol de vermelho para azul.
(D) Reagiu com o $CaCl_2$ anidro.
(E) Reduziu o óxido de cobre.

4. (ENADE – 2000)

O 2-propanol é preparado comercialmente pela reação do propeno com ácido sulfúrico, seguida da hidrólise do sulfato formado. As principais impurezas são água, álcoois de cadeias menores e produtos de oxidação, tais como aldeídos e cetonas.
Uma das etapas de purificação deste álcool inclui adição de benzeno seguida de destilação. O objetivo deste procedimento é:

(A) dissolver os produtos de oxidação.
(B) reduzir a polaridade do meio reacional, para facilitar a remoção do sulfato.
(C) remover o excesso de ácido por formação de ácido benzenossulfônico.
(D) remover a água por destilação azeotrópica através de um sistema ternário.
(E) remover os álcoois de cadeias menores por destilação com arraste a vapor.

17) Segurança em Laboratório

1. (ENADE – 2011)

Para se evitar a indução ao erro, o transporte, o armazenamento, o manuseio e o descarte de produtos químicos devem ser executados sob regras rigorosas de segurança. Com relação ao soro fisiológico e à vaselina líquida, substâncias visualmente semelhantes, analise as afirmações abaixo.

I. A vaselina líquida e o soro fisiológico glicosado devem ficar em áreas separadas, pois são produtos químicos incompatíveis, que podem reagir violentamente entre si, resultando em uma explosão ou na produção de gases altamente tóxicos ou inflamáveis.

II. A vaselina líquida e o soro fisiológico glicosado podem ser guardados no mesmo armário, desde que fiquem em compartimentos separados de acordo com suas funções químicas e estejam, cada um, em frascos e etiquetas bem diferenciados.

III. Tanto a vaselina líquida quanto o soro fisiológico não podem ser descartados em esgotos, bueiros ou qualquer outro corpo d'água, a fim de se prevenir a contaminação dos cursos pluviais.

IV. A leitura atenta de rótulos de reagentes antes de usá-los é um princípio de segurança fundamental que deve ser adotado pelos profissionais que manipulam esses produtos.

É correto apenas o que se afirma em

(A) I.

(B) II.

(C) I e III.

(D) II e IV.

(E) III e IV.

2. (ENADE – 2001)

Uma comissão interna de prevenção de acidentes (CIPA), ao vistoriar os laboratórios de sua empresa, apontou as seguintes irregularidades no manuseio de reagentes:

I. descarte de solventes clorados diretamente na rede de esgoto;

II. adição de água sobre H_2SO_4 concentrado para promover a diluição do ácido;

III. aquecimento de $HClO_4$ em capela, onde etanol estava sendo destilado.

Apresenta(m) risco iminente de explosão apenas a(s) operação(ões):

(A) I.

(B) II.

(C) III.

(D) I e II.

(E) I e III.

3. (ENADE – 2000)

Um químico recorreu ao livro **Dangerous Properties of Industrial Materials** (SAX, 1979) para se informar sobre os riscos da manipulação de fosgênio, de onde selecionou o seguinte texto:

"**PHOSGENE** - Colorless gas or volatile liquid, odor of new mown hay or green corn. $COCl_2$, mw:98.92, mp: –118°, bp:8.3 °. Summary toxicity statement = HIGH via inhalation route. HIGH irritant to eyes and mucous membranes. In the presence of moisture, phosgene decomposes to form hydrochloric acid and carbon dioxide. This action takes place within the body, when the gas reaches the bronchioles and the alveoli of the lungs.

Degenerative changes in the nerves have been reported as later sequelae. Concentrations of 3-5 ppm of phosgene in air cause irritation of eyes and throat, with coughing; 25 ppm is dangerous for exposure lasting 30-60 min, and 50 ppm is rapidly fatal after even short exposure."

De acordo com o texto acima, ele concluiu que:

(A) a reação do fosgênio com água produz ácido hipocloroso.

(B) a manipulação de fosgênio requer ambiente isento de umidade.

(C) o fosgênio é um gás amarelo de ponto de ebulição –118° C.

(D) o fosgênio não apresenta toxidez em concentrações inferiores a 25 ppm.

(E) o fosgênio é letal somente após contínua exposição a concentrações superiores a 50 ppm.

Habilidade 02

QUÍMICO BACHAREL

1) Compostos Organometálicos: Estrutura e Ligações Químicas

1. (ENADE – 2002) DISCURSIVA

Considere os seguintes compostos de coordenação:

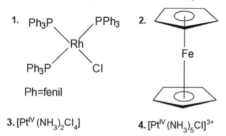

3. [Pt^{IV}(NH$_3$)$_2$Cl$_4$]

4. [Pt^{IV}(NH$_3$)$_5$Cl]$^{3+}$

a) Qual deles é um composto organometálico? Esse composto obedece à regra dos 18 elétrons? Justifique suas respostas com base na estrutura desse composto. **(valor: 3,0 pontos)**

b) A substância **1** é conhecida como catalisador de Wilkinson e pode ser empregada em reações de hidrogenação de alcenos.
Essa catálise é classificada como homogênea, enquanto aquela que utiliza paládio/carbono é classificada como heterogênea. Diferencie esses dois tipos de catálise. **(valor: 2,0 pontos)**

c) Represente as estruturas espaciais dos complexos **3** e **4** e preveja o número de isômeros de cada uma delas. **(valor: 5,0 pontos)**

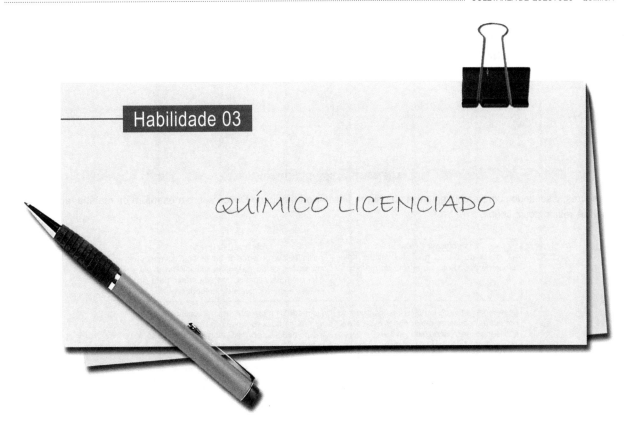

Habilidade 03 — QUÍMICO LICENCIADO

1) A História da Química no Contexto do Desenvolvimento Científico e a sua Relação com o Ensino de Química

1. (ENADE – 2011)

Pesquisas têm evidenciado a relevância da História da Ciência na aprendizagem de conteúdos científicos. Entre as possíveis contribuições, incluem-se: evidenciar o caráter provisório dos conhecimentos científicos; apresentar os processos básicos por meio dos quais os conhecimentos são produzidos e reproduzidos; caracterizar a Ciência como parte integrante da herança cultural das sociedades contemporâneas.

BASTOS, F. Tese de doutoramento, Faculdade de Educação, USP, 1998 (com adaptações).

Nesse contexto, avalie as seguintes proposições relativas ao ensino de Química.

I. A classificação das reações químicas em dupla troca só se justifica se for dado um enfoque histórico considerando a ideia do dualismo eletroquímico de Berzelius.

II. A história do desenvolvimento do processo de produção industrial da amônia, no início do século XX, é um bom exemplo das influências mútuas entre Ciência e Sociedade.

III. A abordagem em sala de aula dos conflitos entre as diferentes ideias sobre a natureza da matéria, que ocorreram no século XIX, prejudica a compreensão histórica do modelo atômico atual.

Tendo em vista o papel da História da Ciência no ensino, é correto o que se afirma em

(A) I, apenas.
(B) III, apenas.
(C) I e II, apenas.
(D) II e III, apenas.
(E) I, II e III.

2. (ENADE – 2008)

O documento "Orientações Curriculares Nacionais" (BRASIL, MEC, 2006) foi construído a partir de avanços oriundos dos Parâmetros Curriculares Nacionais para o Ensino Médio (PCNEM) e das Orientações Educacionais Complementares aos Parâmetros Curriculares Nacionais (PCN+). A esse respeito, considere as afirmações a seguir.

I. O documento deixa claro que é necessário treinar o estudante em relação ao conteúdo, possibilitando que o mesmo se prepare para diversos exames de seleção, que incluem concursos e vestibulares, como meio de inclusão social do estudante.

II. O documento propõe conhecimentos químicos de base comum, mas permite a inclusão de outros conhecimentos de acordo com a realidade e o projeto pedagógico de cada escola, levando em consideração particularidades culturais, sociais e econômicas de cada região.

III. O documento ressalta que a ciência deve ser apresentada ao aluno como uma construção humana, histórica, com implicações e limitações, e enfatiza a importância da experimentação como promotora de aprendizado capaz de articular os saberes teóricos e práticos.

COLETÂNEA DE QUESTÕES – QUÍMICA

Em relação ao que se propõe nas Orientações Curriculares Nacionais, estão corretas **APENAS** as afirmativas

(A) I

(B) II

(C) III

(D) I e II

(E) II e III

3. (ENADE – 2001) DISCURSIVA

Dois professores, discutindo sobre a conveniência ou não de ensinar o Modelo de Dalton sobre a estrutura da matéria, apresentaram os argumentos resumidos a seguir.

Professor 1 (contra)	Professor 2 (a favor)
As ideias de Dalton não são válidas hoje, sendo de pouco uso no ensino da química.	As limitações ou erros de um modelo devem ser encarados como passos essenciais na evolução de novas idéias, matéria-prima para se chegar a outros níveis de entendimento.
Esse modelo foi, de certa forma, incorporado por outras teorias de maior poder explicativo, não sendo necessário seu ensino.	Os modelos representam uma reconstrução do mundo como o conhecemos. Assim, os modelos posteriores ao de Dalton não são versões melhoradas das idéias sobre estrutura.
O Modelo de Dalton, hoje, é parte da história da Ciência, não é necessário para ensinar estrutura atômica; seria perda de tempo, que já é pouco para abordar todos os conteúdos do ensino médio.	Trabalhar com a história da Ciência dá uma visão dinâmica do conhecimento, pois trabalha-se com erros e acertos, aceitação ou não de idéias, o que mostra a importância do debate e confronto de idéias.

a) As duas opiniões refletem diferentes tendências, em relação ao uso da história no ensino da Química. Identifique essas tendências a partir dos argumentos fornecidos pelos dois professores. **(valor: 12,0 pontos)**

b) Os argumentos apresentados pelos professores podem, de maneira geral, ser utilizados em outras situações. De acordo com as ideias relatadas, apresente dois argumentos contra ou a favor de se introduzir, no ensino de tabela periódica, as ideias de Mendeleev sobre o sistema periódico. **(valor: 13,0 pontos)**

Dados/Informações adicionais

Considere que, à época de Mendeleev, prótons, elétrons e nêutrons não eram conhecidos, e que a classificação periódica foi organizada com base nas massas atômicas e nas propriedades físicas e químicas dos elementos.

A seguir são apresentadas cinco questões específicas para os formandos de Bacharelado. Dessas cinco, você deverá responder a apenas **quatro**, à sua escolha. Se responder às cinco questões, a última não será corrigida.

2) Conteúdos Curriculares de Química: Critérios para a Seleção e Organização

1. (ENADE – 2008) DISCURSIVA

Os estudos na área de ensino de Química mostram que o professor, em sua práxis, enfatiza mais alguns tópicos ou conceitos em detrimento de outros, seja pela falta de experiência, seja pela sua maior familiaridade com aquele tópico. Os critérios de seleção e organização de conteúdos de Química do professor tendem a seguir a estrutura do livro didático convencional, não existindo uma única forma de organização e seleção.

As Diretrizes Curriculares Nacionais para o Ensino Médio e as Orientações Curriculares Nacionais enfatizam a utilização da contextualização e da possibilidade da interdisciplinaridade, sem que haja uma linearidade, tão comum nos currículos escolares.

Apresentam, também, uma forte recomendação para que se forme não só um estudante, mas um cidadão ciente e consciente de seus deveres e direitos, que possa agir de forma crítica frente aos vários problemas da sociedade.

a) O que diferencia uma abordagem conceitual contextualizada de uma abordagem conceitual interdisciplinar? **(valor: 3,0 pontos)**

b) Apresente dois exemplos de abordagem do conceito de equilíbrio químico: um, de forma contextualizada e outro, de forma interdisciplinar. **(valor: 4,0 pontos)**

c) Na perspectiva do ensino de Química voltado para a formação do cidadão e das relações ciência-tecnologia-sociedade-ambiente, descreva uma forma de introdução do conceito de ácido, em uma aula. **(valor: 3,0 pontos)**

3) Estratégias de Ensino e de Avaliação em Química e suas Relações com as Diferentes Concepções de Ensino e Aprendizagem

1. (ENADE – 2008)

Leia as propostas de experimento em laboratório descritas a seguir.

Experimento 1 – Colocam-se em uma bancada de laboratório diversos materiais, tais como pedaços de madeira, pregos, bolas de isopor, papéis, rolhas. A seguir, solicita-se aos alunos que determinem a densidade desses materiais a partir da seguinte informação fornecida pelo professor: d = m/v.

O professor acompanha o desenvolvimento do trabalho, dirimindo dúvidas, e, ao término da atividade, discute com os alunos os resultados obtidos para cada um dos materiais.

Experimento 2 – O professor explicita aos seus alunos alguns conceitos relativos à solubilidade de sais, explicando quais são solúveis e quais são insolúveis. A seguir, leva-os para o laboratório e solicita aos alunos que façam o experimento, seguindo o roteiro que lhes foi dado, no qual estão relacionadas as várias soluções que devem ser misturadas.

Ao final da aula, os alunos devem indicar quais misturas levam à precipitação de um sal e qual o tipo de sal formado, de acordo com o que foi visto em sala de aula.

Experimento 3 – O professor vê na revista Química Nova na

Escola dois experimentos muito interessantes: um que apresenta cromatografia de papel, utilizando tinta de caneta, e outro, por meio de oxidação dos metais, possibilita a gravação de várias figuras sobre telas de pintura permeáveis.

Monta os dois experimentos em sala de aula, executa-os para que os alunos possam ver, e pede para que eles anotem, discutam os resultados e respondam ao questionário após a explicação do funcionamento dos experimentos.

De que forma foram explorados os experimentos descritos acima?

	Investigativa	Demonstrativo-ilustrativa
(A)	Experimento 1	Experimentos 2 e 3
(B)	Experimento 2	Experimentos 1 e 3
(C)	Experimento 3	Experimentos 1 e 2
(D)	Experimentos 1 e 2	Experimento 3
(E)	Experimentos 1 e 3	Experimento 2

2. (ENADE – 2005) DISCURSIVA

Considere três livros paradidáticos que abordam tópicos da história da Química sob diferentes pontos de vista.

Livro 1: abordagem biográfica (foco na vida e no trabalho de químicos célebres).

Livro 2: abordagem temática (foco em um determinado assunto ou conceito e seu desenvolvimento ao longo da história).

Livro 3: abordagem cronológica (reunião de grande número de fatos sobre químicos, suas descobertas e suas teorias, apresentados em ordem cronológica).

Explique como cada um desses livros pode ser utilizado em um curso de Química para o Ensino Médio, destacando um aspecto importante que o aluno deve aprender a partir da abordagem:

a) biográfica **(valor: 3,0 pontos)**
b) temática **(valor: 3,0 pontos)**
c) cronológica **(valor: 4,0 pontos)**

3. (ENADE – 2002) DISCURSIVA

Numa reunião pedagógica, foram discutidas duas abordagens para o processo de ensino-aprendizagem.

Abordagem 1- está baseada na transmissão do conhecimento e na experiência do professor. A aprendizagem consiste na aquisição e acumulação de informações transmitidas. De maneira geral, é conferida mais importância à quantidade de informações a serem apresentadas aos aprendizes do que à formação do pensamento reflexivo. Dispondo de grande número de informações, o aluno poderá, em um dado momento, presente ou futuro, desenvolver habilidades de pensamento mais complexas. O professor deve fornecer o máximo possível de informações.

Abordagem 2 - parte do princípio de que, para conhecer, é necessário transformar o objeto do conhecimento. Nesse sentido, o conhecimento não é transmitido, mas sim construído pelo aprendiz. A aprendizagem consiste na modificação, ampliação, substituição de ideias já existentes na mente do aluno, através de processos ativos de construção de significados. O professor deve oferecer situações, propor problemas que ajudem o aprendiz a estabelecer relações, a atribuir significados, de maneira a poder desenvolver o pensamento reflexivo.

Considere as seguintes estratégias que podem ser utilizadas em sala de aula:

(I) - realização de uma experiência de laboratório pelo aluno, com o objetivo de comprovar princípios ou teorias já apresentadas em aula;

(II) - aula expositiva, seguida de resolução de exercícios propostos no livro didático.

a) Explique com que função a estratégia (I) poderia ser usada quando o processo de ensino-aprendizagem é pautado pela abordagem 1. **(valor: 2,5 pontos)**
b) Explique com que função a estratégia (II) poderia ser usada quando o processo de ensino-aprendizagem é pautado pela abordagem 2. **(valor: 2,5 pontos)**
c) Considerando as características dessas abordagens, aponte os objetivos da avaliação da aprendizagem em cada uma delas. **(valor: 5,0 pontos)**

4. (ENADE – 2002) DISCURSIVA

Dois professores, discutindo como ensinar ligação química, apresentavam diferentes pontos de vista a respeito do emprego da "Teoria do Octeto". Os argumentos dos dois professores estão resumidos a seguir.

Professor A (contra)	Professor B (a favor)
A "Teoria do Octeto" é restrita, pois pode ser aplicada apenas para explicar as ligações entre alguns elementos químicos. Muitos dos alunos entendem as representações dos pares eletrônicos nas ligações não como um modelo, mas sim como cópia da realidade. O emprego de expressões do tipo "os átomos doam elétrons" pode dar uma visão animista da matéria. A ligação química é muito mais complexa do que sugere essa regra. Ela não dá conta de explicar o envolvimento de energia na formação de uma substância.	A "Teoria do Octeto" tem uma justificativa histórica, e, de certa forma, continua válida até hoje. A regra é simples, fácil de ser entendida e utilizada pelos alunos, mesmo que não compreendam muito bem o significado de um modelo explicativo. As exceções existem, mas não invalidam o modelo; elas podem ser apresentadas em alguns exemplos, sem lhes dar muita ênfase.

a) Apresente uma justificativa de natureza pedagógica e uma justificativa de natureza científica, para os argumentos apresentados pelo professor A para não ensinar ligações químicas através desse modelo. **(valor: 5,0 pontos)**

b) Apresente uma justificativa de natureza pedagógica e uma justificativa de natureza científica, para os argumentos apresentados pelo professor B para ensinar ligações químicas através desse modelo. **(valor: 5,0 pontos)**

5. (ENADE – 2001) DISCURSIVA

O assunto "substâncias simples e compostas" pode ser introduzido de várias maneiras, como exemplificado pelas abordagens dadas em dois livros didáticos para o ensino médio de Química.

Abordagem I – apresenta definições de substância simples e composta.

Substâncias simples são formadas por átomos de um mesmo elemento químico. Assim, o oxigênio (O_2), o hidrogênio (H_2) e o cloro (Cl_2) são substâncias simples.

As substâncias compostas são formadas por átomos de elementos químicos diferentes. Assim, a água é uma substância composta formada pelos elementos químicos hidrogênio e oxigênio.

Abordagem II - descreve alguns fenômenos, apresenta uma conclusão e definições.

Analise a seguinte tabela e responda às questões

Transformação	Observações
Aquecimento do óxido de mercúrio	Sólido vermelho que, com aquecimento, forma um líquido prateado e um gás incolor. Quando se aproxima desse gás um palito em brasa, esta se reaviva. A análise das propriedades específicas dos produtos resultantes permite concluir que se formaram mercúrio, metal líquido nas condições ambientes, e oxigênio.
"Envelhecimento" da água oxigenada	Após estar guardada por um certo tempo, nota-se que a água oxigenada não mais produz efervescência quando colocada sobre um ferimento. Essa efervescência nada mais é que a liberação de um gás. Esse gás reaviva uma brasa. É o oxigênio.

Nessas transformações, houve formação de novas substâncias?

Quais dessas transformações você classificaria como decomposição? Explique.

Você poderia chamar as substâncias que sofreram transformação de substâncias compostas?

Concluindo: Recorrendo apenas a agentes físicos (calor, luz) pode-se provocar reações químicas de decomposição. Pode-se classificar uma substância como composta quando sofre decomposição, originando duas ou mais substâncias.

Entretanto, há substâncias que não se decompõem quando submetidas a qualquer agente físico, como, por exemplo, o mercúrio, o oxigênio, o hidrogênio. Essas substâncias são chamadas de substâncias simples. Defina substância simples.

a) Classifique essas duas abordagens quanto ao tratamento do conceito em nível macroscópico ou microscópico. **(valor: 5,0 pontos)**
b) Aponte uma vantagem ou restrição de cada abordagem, considerando a aprendizagem do aluno que está iniciando o estudo da química. **(valor: 10,0 pontos)**
c) Compare as abordagens quanto à participação do aluno na aquisição do conhecimento. Justifique sua resposta. **(valor: 10,0 pontos)**

6. (ENADE – 2001) DISCURSIVA

Um experimento pode ser apresentado como um problema a ser resolvido, no qual professor e alunos podem realizar atividades relativas a diferentes etapas. No quadro a seguir são apresentadas algumas dessas etapas que, dependendo de quem realize as atividades a elas pertinentes, professor ou alunos, representam diferentes abordagens do ensino experimental.

Etapa	Abordagem I	Abordagem II	Abordagem III
Colocação do problema	P	P	P
Planejamento do experimento	P	P	A
Execução do experimento/coleta dos dados	A	A	A
Análise dos dados e conclusão	P	A	A

P: Professor
A: alunos

a) Compare, nas três abordagens, a aprendizagem dos alunos com relação a **conceitos** (fenômenos, leis, princípios, etc.), a **procedimentos** (habilidades, roteiro experimental, método de pesquisa, etc.) e a **atitudes** (interesse, postura, normas, etc.). **(valor: 15,0 pontos)**
b) Sugira possíveis ações do professor que possam contribuir (dar pistas, direcionar) para que o aluno possa:
- na abordagem II - analisar dados e tirar conclusões;
- na abordagem III - elaborar um roteiro experimental que seja adequado à resolução do problema. **(valor: 10,0 pontos)**

7. (ENADE – 2000) DISCURSIVA

São apresentados, a seguir, dois esquemas de abordagem de conteúdos para o ensino de metais.

Esquema A
I. definição e classificação dos metais, reconhecimento na tabela periódica;
II. propriedades dos metais;
III. estrutura atômica e ligação metálica;
IV. métodos de obtenção de alguns metais (ferro, cobre, alumínio);
V. propriedades e usos de alguns metais.

Esquema B
I. materiais metálicos conhecidos pelos alunos - usos, semelhanças e diferenças;
II. propriedades dos metais;
III. produção do ferro - matérias-primas, processo industrial, quantidade produzida e seu comércio, problemas ambientais decorrentes da produção;
IV. utilização de metais e ligas pela sociedade;
V. pesquisa sobre outros metais - produção, uso, problemas ambientais, novos materiais.

Esses esquemas de abordagem de conteúdos revelam tendências diferentes no ensino da Química.

Identifique essas tendências e destaque dois itens de cada esquema que revelem essas diferenças. **(valor: 5,0 pontos)**

8. (ENADE – 2000) DISCURSIVA

No ensino de cinética química, é comum a utilização da teoria das colisões para explicar como certas condições alteram a velocidade de uma reação (por exemplo, temperatura, concentração, estado de agregação).

Estão descritas a seguir duas estratégias de ensino relativas à introdução desse modelo.

Estratégia I
1ª fase – apresentação da teoria das colisões;
2ª fase – apresentação do efeito da concentração, temperatura e estado de agregação na velocidade das reações;
3ª fase – explicação pelo modelo da teoria das colisões.

Estratégia II
1ª fase – apresentação do efeito da concentração, temperatura e estado de agregação na velocidade das reações;
2ª fase – criação, pelos alunos, de modelos explicativos para os fatos estudados, usando conhecimentos que já têm sobre átomos e moléculas;
3ª fase – apresentação do modelo da teoria das colisões, comparação com os modelos dos alunos.

Apresente uma vantagem e uma limitação de cada uma dessas estratégias para a aprendizagem, pelo aluno, do significado de um modelo, e para que ele compreenda os fatos químicos dentro de uma visão microscópica. **(valor: 6,0 pontos)**

9. (ENADE – 2000) DISCURSIVA

Para avaliação da aprendizagem de seus alunos, um professor propôs as três situações-problema apresentadas a seguir, envolvendo transformação química e solubilidade.

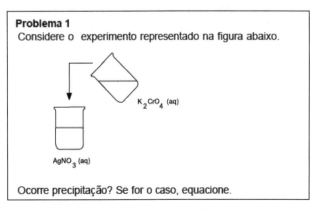

Problema 1
Considere o experimento representado na figura abaixo.

Ocorre precipitação? Se for o caso, equacione.

(**obs**: não são fornecidos dados de solubilidade aos alunos)

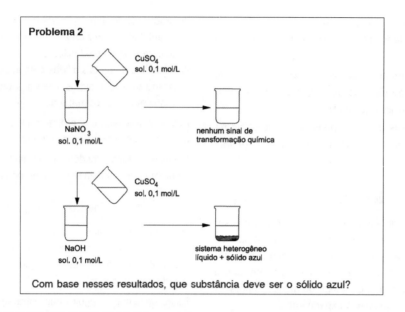

Problema 3

Você recebeu de seu professor uma solução aquosa que contém um, dois ou três dos seguintes sais: Ba(NO₃)₂, Mg(NO₃)₂ e Pb(NO₃)₂. Com a ajuda da tabela a seguir, que apresenta dados de reação desses cátions, proponha um procedimento que permita identificar quais daqueles sais estão presentes na solução que você recebeu.

Resultados obtidos ao se misturar solução de Ba^{2+}, Mg^{2+}, ou Pb^{2+} a outras soluções:

Cátion	NH₄OH (aq)	NaCl (aq)	Na₂SO₄ (aq)
Ba^{2+}	Solúvel	Solúvel	Precipita
Mg^{2+}	Precipita	Solúvel	Solúvel
Pb^{2+}	Precipita	Precipita	Precipita

Com relação a essas situações-problema, indique o que cada uma delas pode avaliar em termos de conteúdos químicos, e habilidades. (valor: 6,0 pontos)

4) Análise Crítica de Materiais Didáticos para o Ensino de Química

1. (ENADE – 2011)

Avalie as duas asserções a seguir e a relação causal proposta entre elas.

Em uma abordagem CTS, que pressupõe que os conhecimentos científicos e tecnológicos sejam estudados, discutindo-se seus aspectos históricos, éticos, políticos e socioeconômicos, o livro didático utilizado como suporte teria de incluir a valorização das experiências extraescolares e a vinculação da educação escolar com o mundo do trabalho e com as práticas sociais.

PORQUE

O livro didático adequado para dar suporte a abordagens CTS deve favorecer o diálogo, o respeito e a convivência, bem como fornecer meios de acesso a informações corretas e necessárias ao crescimento pessoal, intelectual e social dos estudantes e do professor.

A respeito dessas asserções, assinale a opção correta.

(A) As duas asserções são proposições verdadeiras, e a segunda é uma justificativa correta da primeira.
(B) As duas asserções são proposições verdadeiras, mas a segunda não é uma justificativa correta da primeira.
(C) A primeira asserção é uma proposição verdadeira, e a segunda, uma proposição falsa.
(D) A primeira asserção é uma proposição falsa, e a segunda, uma proposição verdadeira.
(E) Tanto a primeira quanto a segunda asserções são proposições falsas.

2. (ENADE – 2008) DISCURSIVA

Segundo Gaston Bachelard, epistemólogo francês, um dos aspectos que dificultam o ensino e a aprendizagem está relacionado com a presença do que ele chama de obstáculos epistemológicos. Pesquisadores em ensino de Química têm identificado tais obstáculos nas relações dialógicas entre o professor e o aluno e também nos livros didáticos. Com base nisso, considere que os trechos a seguir foram hipoteticamente retirados de livros didáticos de nível médio de ensino.

Trecho 1

O flúor é o elemento químico mais eletronegativo do grupo 17. Por ser o mais eletronegativo, sente mais necessidade de atrair a nuvem eletrônica para si.

Trecho 2

Para facilitar o conceito de orbital, imagine a hélice de um avião rodando em alta velocidade. O espaço delimitado pela hélice é chamado de orbital e o elétron se localiza no espaço delimitado pelo giro da hélice.

Trecho 3

O ácido carbônico ioniza-se, liberando um H^+ para o meio, podendo reagir com íons Na+, formando o sal ácido bicarbonato de sódio.

Considerando cada um dos trechos e as ideias de Bachelard,

a) identifique o obstáculo (animista, realista ou substancialista) contido em cada trecho; **(valor: 3,0 pontos)**

b) explique cada um dos obstáculos identificados relativos aos respectivos trechos; **(valor: 3,0 pontos)**

c) reescreva cada trecho de modo que tais obstáculos não estejam mais presentes. **(valor: 4,0 pontos)**

3. (ENADE – 2002) DISCURSIVA

Para desenvolver o tema "Carvão como fonte de energia" com alunos do ensino médio, foram propostos os seguintes assuntos:

1- O carvão no Brasil - áreas produtoras, reservas, mineração e condições de trabalho, produção, qualidade do carvão e usos.

2- Tipos de carvão - mineral, vegetal, processo de formação do carvão mineral, processo de obtenção do carvão vegetal.

3- Carvão e desenvolvimento industrial - papel na revolução industrial e no desenvolvimento industrial brasileiro, uso na siderurgia, relação entre produção e consumo, indústria carboquímica.

4- Carvão e Energia - processo de transformação para obtenção de energia, poder calorífico, combustão completa e incompleta, comparação com outras fontes de energia, problemas ambientais.

Considerando os assuntos propostos, esse tema foi abordado num projeto da disciplina de Química, desenvolvido nas aulas pelo professor e seus alunos, buscando estabelecer relações entre várias áreas do conhecimento.

a) Em projetos com foco nesse tema podem ser indicados, como fontes de informaçao, livros didáticos de Química e a Internet. Compare essas duas fontes quanto à sua adequação, considerando aspectos como:

• abrangência das informações que podem ser obtidas (químicas, sociais, históricas etc.);

• qualidade e quantidade das informações;

• linguagem utilizada;

• tempo necessário para processar as informações. **(valor: 6,0 pontos)**

b) Dentro desse projeto, o professor de Química propôs uma atividade para discutir vantagens e desvantagens do uso do carvão vegetal como fonte de energia. A classe foi dividida em vários grupos, cada um assumindo um determinado papel social (os trabalhadores da carvoaria, os donos de carvoaria, os "ambientalistas", as empresas consumidoras, os moradores da região da carvoaria), e, ainda, um grupo mediador, encarregado de apresentar conclusões e possíveis sugestões para os problemas apontados.

Indique quatro competências que tal atividade pode promover. **(valor: 4,0 pontos)**

4. (ENADE – 2001) DISCURSIVA

Considere os seguintes aspectos que podem estar presentes em livros paradidáticos utilizados em aulas de química:

• conteúdo químico;

• conteúdos de outras disciplinas científicas (física, biologia, geologia etc.);

• conteúdos relacionados a aspectos sociais;

• conteúdos relacionados a aspectos políticos.

a) Além dos citados acima, aponte dois outros aspectos importantes que poderiam estar presentes nos livros paradidáticos no ensino de química e explique com que objetivo seriam incluídos. **(valor: 8,0 pontos)**

b) Dentre os quatro aspectos relacionados no enunciado e os dois apontados por você no item **a)**, selecione três que seriam relevantes numa abordagem de ensino centrada na interação ciência, tecnologia e sociedade. Explique. **(valor: 9,0 pontos)**

c) Alguns livros didáticos de química também tratam, em nível mais restrito (como leituras complementares, "caixas de textos" dentro de um capítulo, exemplos de aplicação etc.), de aspectos relacionados às aplicações da química e algumas de suas implicações sociais. Apresente uma vantagem e uma desvantagem da utilização, em sala de aula, tanto de um livro paradidático quanto desses textos que os livros didáticos trazem. **(valor: 8,0 pontos)**

5. (ENADE – 2000) DISCURSIVA

No ensino da Química identificam-se pelo menos três diferentes maneiras de abordar o cotidiano:

– na motivação para o ensino dos conteúdos;

– na exemplificação ou aplicação dos conteúdos ensinados;

– na seleção e organização do conteúdo a ser ensinado.

Explique cada uma dessas abordagens, e analise o papel que os livros paradidáticos podem ter em cada uma delas.

(valor: 6,0 pontos)

6. (ENADE – 2000) DISCURSIVA

A introdução da História da Ciência e, particularmente, da História da Química no Ensino Médio vem sendo sugerida com certas características explicitadas nos textos a seguir.

"... a Química não é um conjunto de conhecimentos isolados, prontos e acabados, como geralmente é entendida, mas sim uma construção humana, em contínua mudança. A história da Química deve permear todo o ensino de química, possibilitando a compreensão do processo de elaboração desse conhecimento com seus avanços, erros e conflitos".

(Proposta Curricular de Santa Catarina. Secretaria de Educação do Estado de Santa Catarina, 1998, p. 153)

"...a introdução da História da Ciência no ensino de Química permite a abordagem de aspectos importantes para a compreensão do processo de elaboração do conhecimento. Isso, quando consideramos a história não como uma coleção de erros a serem evitados, o que levaria à afirmação de que a ciência é quase que perfeita,(...), mas, considerando-a como um referencial onde erros e acertos convivem, permutando seus *status*, num processo de idas e vindas constantes, ora a caminho do que entende por progresso, ora da dúvida".

(Proposta Curricular para o Ensino de Química. Secretaria de Educação do Estado de São Paulo, 1988, p.15)

Tendo como referencial as abordagens apontadas nesses dois textos, proponha dois critérios a serem considerados ao se analisar como a História da Ciência é tratada em livros de Química para o ensino médio. **(valor: 5,0 pontos)**

5) Relações entre Ciência, Tecnologia, Sociedade e Ambiente no Ensino de Química

1. (ENADE – 2011)

A seguir estão reproduzidos alguns trechos de uma matéria veiculada na mídia, em uma revista semanal.

Produtos comuns na limpeza da casa no passado, vinagre, bicarbonato de sódio, óleo e limão, tiveram seu uso com essa finalidade esquecido. Este é o momento ideal para recuperá-los. Além de baratos, eles livram os ambientes da química.

Para tirar a ferrugem de objetos como talheres e grelhas, esfregue suco de limão com uma palha de aço.

Produtos de limpeza que substitui: água sanitária e removedores de manchas e ferrugem.

Químicas eliminadas na substituição: cloro e solvente.

Na casa da apresentadora [...], não entram produtos químicos: cuidados com a saúde e preocupação com o ambiente.

Limpeza de volta ao básico. *In*: **Veja**, edição no 2018, 15 /04/2009.

Analisando os fragmentos do texto da matéria publicada, foram feitas as afirmações a seguir.

I. O texto evidencia que o ensino de Química na educação básica tem habilitado os indivíduos a usarem o conhecimento químico para o exercício consciente da cidadania.

II. O texto reforça o senso comum de que a Química está associada a produtos industrializados prejudiciais à saúde e ao meio ambiente.

III. O texto tem como público-alvo o cidadão comum, mais preocupado em resolver questões econômicas do que sociais, o que justifica a desvinculação do conhecimento da Química com relação a esses aspectos.

IV. O texto reforça a premissa de que há necessidade de considerar, no programa curricular de Química na educação básica, a inclusão de conhecimentos químicos relacionados ao cotidiano dos estudantes.

É correto apenas o que se afirma em

(A) I.

(B) III.

(C) I e II.

(D) II e IV.

(E) III e IV.

2. (ENADE – 2002) DISCURSIVA

Uma alternativa para o ensino de Química consiste em organizá-lo de acordo com uma estrutura curricular que privilegia as experiências educativo-culturais da comunidade da qual a escola faz parte, no sentido de promover um resgate da identidade cultural dessa comunidade, valorizando seus saberes e as práticas que utilizam em seus fazeres. Assim, em lugar de conteúdos estabelecidos *a priori*, o ensino de Química procuraria enfocar os "conhecimentos populares" relevantes daquela comunidade.

a) Considere os seguintes aspectos:

- entendimento de conhecimentos empíricos a partir de conhecimentos químicos;
- ensino do conhecimento verdadeiro à comunidade;
- reconhecimento de limites do conhecimento científico;
- reconhecimento da superioridade do conhecimento científico em relação ao popular.

Desses quatro aspectos, aponte um que deveria ser valorizado e outro que deveria ser evitado, de acordo com a alternativa de ensino acima descrita. Justifique. **(valor: 5,0 pontos)**

b) Em uma pesquisa de campo, os alunos verificaram que a produção doméstica de sabão era uma prática usual entre moradores da redondeza. Estabeleça as possíveis contribuições dos seguintes experimentos para a aprendizagem dos alunos:

I - obtenção de sabão a partir de um procedimento descrito em um livro de química;

II - reprodução e comparação dos processos de obtenção de sabão utilizados na comunidade. **(valor: 5,0 pontos)**

3. (ENADE – 2001) DISCURSIVA

A leitura de um artigo de jornal sobre possíveis problemas de saúde causados pela presença de cloro em águas tratadas suscitou, nas aulas de química de uma segunda série do ensino médio, o desenvolvimento do projeto "É possível e conveniente substituir o cloro no tratamento da água?".

Considere os seguintes assuntos:

– reações do cloro em água;

– unidades de concentração;

– restrições ao uso de cloro no tratamento de água;

– métodos de determinação de cloro em água;

– propriedades atômicas do elemento cloro;

– ação do cloro no tratamento de água;

– conhecimento das pessoas sobre o uso do cloro na água;

– alternativas possíveis à cloração;

– legislação sobre emprego do cloro no tratamento de água;

– o processo de cloração e seu custo no tratamento de água.

a) Dentre os assuntos apresentados, selecione dois que você considere adequados para que o aluno busque e organize informações na tentativa de solucionar o problema proposto no projeto. Justifique suas escolhas. **(valor: 10,0 pontos)**

b) Nessa atividade, qual o papel do cotidiano no processo de ensino-aprendizagem? **(valor: 5,0 pontos)**

c) No desenvolvimento desse projeto foram realizadas várias atividades, entre as quais:

* relatório de visita à estação de tratamento de água da cidade;

* apresentação de um seminário pelos alunos participantes do projeto para outras classes.

6) A Experimentação no Ensino de Química

1. (ENADE – 2011)

Os professores reconhecem que a experimentação desperta o interesse do estudante. Muitas críticas, entretanto, têm sido feitas às atividades experimentais voltadas a apenas exemplificar e ratificar o que foi trabalhado pelo professor. Nesse modelo de experimentação, predomina uma ação passiva do aprendiz, que, frequentemente, é ouvinte das informações expostas pelos professores.

Nesse contexto, analise as seguintes afirmações, relativas à aprendizagem significativa, na ótica ausubeliana.

I. Ao ensinar, deve-se levar em consideração que a nova informação relativa ao experimento é incorporada à estrutura cognitiva do sujeito de forma literal e arbitrária.

II. Aulas experimentais podem ser indutoras de aprendizagem significativa desde que propiciem espaço para interpretação, questionamentos e discussão acerca dos processos envolvidos nos experimentos.

III. Uma experiência planejada para que o estudante verifique a veracidade de uma teoria promove uma relação mecânica entre o que se supõe, a causa explicativa e o fenômeno, em lugar de promover uma reflexão racionalizada.

IV. A aprendizagem significativa ocorre quando a nova informação relativa ao experimento ancora-se a conceitos relevantes preexistentes na estrutura cognitiva do estudante, modificando conceitos subsunçores e, desse modo, transformando aquilo que o estudante já sabia.

É correto apenas o que se afirma em

(A) I e II.

(B) I e III.

(C) III e IV.

(D) I, II e IV.

(E) II, III e IV.

2. (ENADE – 2005) DISCURSIVA

Esta questão se refere a dois trechos extraídos de: PITOMBO, L. R. M. e MARCONDES, M. E. R. , **Química – Programa para o Aperfeiçoamento de Professores da Rede Estadual de Ensino**. São Paulo: FDE, 1992.

Trecho 1

Pesquisadores e professores há tempos detectaram pontos de estrangulamento que ou diminuem a rapidez ou estacionam o processo da real assimilação do conhecimento químico. Um desses pontos é o alto grau de abstração de que se necessita quando se tenta explicar, no nível microscópico, os eventos observados em escala macroscópica. Há, ainda, os seguintes pontos: exigência da memorização indiscriminada, falta de experimentos que auxiliem na construção dos conceitos, dissociação absoluta da "química real" e, finalmente, omissão quase que completa em relação à evolução das ideias através dos tempos. É interessante notar que muitos desses "gargalos" aparecem nos livros-texto, sendo raros aqueles que nos últimos anos tentam eliminar esses estrangulamentos.

Trecho 2

Em um currículo com ênfase construtivista, o trabalho de laboratório pode servir de ponte entre o que o aluno já sabe e o novo conhecimento a ser construído. As atividades experimentais devem ser desenvolvidas de forma a possibilitar ao aluno o teste de suas próprias ideias, provendo dados que possam desafiar e contradizer essas ideias. Dessa forma, pode-se estar causando um desequilíbrio cognitivo, o qual poderá levar às mudanças conceituais desejadas.

Considerando os aspectos apontados pelos autores no trecho 2, a respeito das atividades experimentais em laboratório, explique como seria possível lidar com os seguintes problemas apontados no trecho 1:

a) alto grau de abstração dos modelos microscópicos **(valor: 3,0 pontos)**

b) exigência da memorização indiscriminada **(valor: 3,0 pontos)**

c) dissociação absoluta da "química real" **(valor: 4,0 pontos)**

7) As Políticas Públicas e suas Implicações para o Ensino de Química

1. (ENADE – 2011)

Suponha que o Projeto Político Pedagógico de uma escola de ensino médio tenha sido elaborado com base, entre outros documentos, nas Orientações Curriculares Nacionais para o Ensino Médio (OCNEM). Os professores de Química dessa escola utilizaram esse documento para elaborarem seus planejamentos.

Nesse sentido, para serem coerentes com as OCNEM, esses professores deveriam ressaltar, em seus planejamentos,

(A) a utilização de experimentos investigativos e uma abordagem empírico-teórica dos conceitos.

(B) além da abordagem histórica cronológica dos conceitos fundamentais, uma abordagem empírica desses conceitos.

(C) habilidades e competências relativas à memorização de conceitos fundamentais, prevendo-se a utilização de experimentos ilustrativos.

(D) a abordagem teórica dos conceitos, em detrimento da utilização de experimentos, haja vista o pequeno número de aulas previstos na grade curricular e o extenso conteúdo a ser cumprido.

(E) a abordagem microscópica dos conceitos estruturantes da Química, ratificando o papel da modelagem no processo ensino-aprendizagem, haja vista o fracasso histórico das abordagens descritivas.

2. (ENADE – 2005)

O texto a seguir apresenta a abordagem do ensino de Química nos Parâmetros Curriculares Nacionais para o Ensino Médio (PCNEM).

De acordo com os Parâmetros Curriculares Nacionais para o Ensino Médio (PCNEM), entre os objetivos do ensino de Ciências da Natureza está o de permitir ao aluno "compreender as ciências como construções humanas, entendendo como elas se desenvolvem por acumulação, continuidade ou ruptura de paradigmas, e relacionando o desenvolvimento científico com a transformação na sociedade." No caso específico da química: "O aprendizado de Química pelos alunos de Ensino Médio implica que eles compreendam as transformações químicas que ocorrem no mundo físico de forma abrangente e integrada e assim possam julgar com fundamentos as informações advindas da tradição cultural, da mídia e da própria escola e tomar decisões autonomamente, enquanto indivíduos e cidadãos. Esse aprendizado deve possibilitar ao aluno a compreensão tanto dos processos químicos em si quanto da construção de um conhecimento científico em estreita relação com as aplicações tecnológicas e suas implicações ambientais, sociais, políticas e econômicas."

(Adaptado de: MEC, **Parâmetros Curriculares Nacionais para o Ensino Médio**. Brasília, 1999, p. 30-31 e 96.)

Pode-se concluir que, de acordo com os PCNEM, o ensino da química no nível médio deve priorizar

(A) o formalismo matemático indispensável à compreensão das teorias químicas mais modernas.

(B) a reprodução do modo de trabalhar dos cientistas em geral e dos químicos em particular.

(C) a memorização de nomes e fórmulas químicas que o aluno poderá encontrar em sua vida profissional.

(D) a capacitação do aluno para o exercício de uma atividade profissional em laboratório.

(E) a capacitação do aluno para dar significação aos fatos do cotidiano e do sistema produtivo, sob o ponto de vista químico.

3. (ENADE – 2008) DISCURSIVA

Segundo Mortimer *et al.*, as formas de abordagem do conhecimento químico e o modo como elas se relacionam podem ser representados pela figura abaixo.

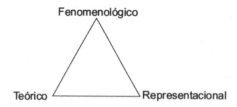

MORTIMER, E. F.; MACHADO, A. H.; ROMANELLI, L. I. **A proposta curricular de Química** [...]. Química Nova online, v. 23, n. 2, 2000. Disponível em: http://quimicanova.sbq.org.br/qn/qnd/2000/vol23n2/V23_n2_(21).pdf

As Orientações Curriculares Nacionais apresentam sugestões de temas e conceitos a serem trabalhados no ensino médio, como os que são apresentados no Quadro a seguir.

Conhecimentos Químicos, Habilidades, Valores de Base Comum

Transformações	Substância
- Compreensão da relação entre energia elétrica produzida e consumida na transformação química e os processos de oxidação e redução; - Compreensão dos processos de oxidação e redução a partir das idéias de estrutura da matéria;	- Compreensão da maior estabilidade de átomos de certos elementos químicos e da maior interatividade de outros, em função da configuração eletrônica; - Compreensão das ligações químicas como resultantes das interações eletrostáticas que associam átomos e moléculas para dar às moléculas resultantes maior estabilidade; - Compreensão da energia envolvida na formação e na "quebra" de ligações químicas; - Aplicação de ideias sobre arranjos atômicos e moleculares para compreender a formação de cadeias, ligações, funções orgânicas e isomeria; - Identificação das estruturas químicas dos hidrocarbonetos, alcoóis, aldeídos, cetonas, ácidos carboxílicos, ésteres, carboidratos, lipídeos e proteínas; - Reconhecimento da associação entre nomenclatura de substâncias com a organização de seus constituintes; - Identificação da natureza das radiações alfa, beta e gama; - Relacionamento do número de nêutrons e prótons com massa isotópica e com sua eventual instabilidade; - Tradução da linguagem simbólica da Química, compreendendo seu significado em termos microscópicos.

BRASIL, Ministério da Educação. **Orientações Curriculares Nacionais**, 2006.

a) Dê um exemplo para cada um dos aspectos (teórico, fenomenológico e representacional) relacionados na figura, utilizando conceitos químicos apresentados no Quadro. **(valor: 3,0 pontos)**

b) Das três formas de abordagens apresentadas, qual delas, geralmente, é encontrada em menor número na maioria dos livros didáticos e nos currículos tradicionais? Justifique sua resposta. **(valor: 3,0 pontos)**

c) Descreva uma atividade experimental que contemple as formas de abordagem do conhecimento químico, inter-relacionadas, utilizando um dos conceitos presentes no Quadro. **(valor: 4,0 pontos)**

1) Princípios de Transferência de Momento, Massa e Calor

1. (ENADE – 2002) DISCURSIVA

Os fenômenos de transferência de calor representam papel importante em muitos processos industriais. Considere o caso de um reator operando a 100 °C em uma sala onde a temperatura é constante. Na figura abaixo, o círculo desenhado no reator mostra a região ampliada ao lado.

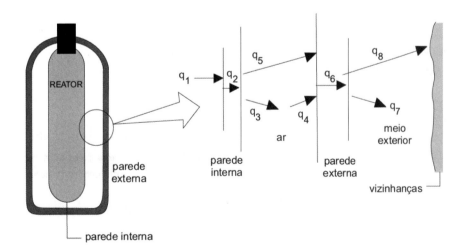

a) Explique os três modos de transferência de calor que podem ocorrer toda vez que houver uma diferença de temperatura num meio ou entre vários meios. **(valor: 3,0 pontos)**

b) Identifique todos os modos de transferência de calor que contribuem para que o conteúdo do reator esfrie: q_1, q_2, q_3, q_4, q_5, q_6, q_7 e q_8. **(valor: 4,0 pontos)**

c) Cite duas providências que podem contribuir para diminuir a taxa de resfriamento. **(valor: 3,0 pontos)**

2) Operações Unitárias da Indústria Química

1. (ENADE – 2011)

Na indústria, muitas vezes, torna-se necessária a redução do tamanho de um sólido, utilizando-se meios mecânicos, com o intuito de torná-los manejáveis e/ou competitivos no mercado. A maioria dos produtos comerciais obedece a especificações de tamanho e forma, como no caso da produção de alimentos, em que a redução no tamanho é, muitas vezes, necessária para a sua efetiva comercialização e utilização, a exemplo da farinha de trigo e de milho.

Com respeito às operações unitárias de redução de tamanho, analise as seguintes afirmações.

I. A moagem é uma operação unitária de redução de tamanho na qual o tamanho médio dos sólidos é reduzido pela aplicação de forças de impacto, compressão e abrasão.

II. Uma das vantagens da redução de tamanho das partículas durante o processamento é a diminuição da relação superfície/volume, aumentando, dessa forma, a eficiência de operações posteriores, como extração, aquecimento, resfriamento e desidratação.

III. A uniformidade do tamanho das partículas do produto auxilia na homogeneização de produtos em pó ou na sua solubilidade, como no caso de achocolatados e sopas desidratadas.

IV. A trituração ou moagem pode ser considerada muito eficaz sob o ponto de vista energético, pois a energia é empregada para a ruptura ou fragmentação do sólido, não havendo dissipação sob a forma de calor.

É correto apenas o que se afirma em

(A) I.
(B) II.
(C) I e III.
(D) II e IV.
(E) III e IV.

3) Princípios de Gestão da Produção e da Qualidade e Administração Industrial

1. (ENADE – 2008)

A instalação de uma planta química requer uma análise de riscos cuidadosa. As instalações são classificadas de acordo com o índice de risco. O conhecimento de conceitos relacionados à análise de riscos é importante para que a avaliação seja realizada adequadamente. Dentro deste contexto, como se define risco social?

(A) Probabilidade de que um equipamento ou sistema opere com sucesso por um período de tempo especificado e sob condições de operação definidas.

(B) Número de mortes esperadas por ano em decorrência de acidentes com origem na instalação/atividade, usualmente expresso em mortes/ano.

(C) Todo acontecimento não desejado que pode vir a resultar em danos físicos, lesões, doença, morte, agressões ao meio ambiente, prejuízos na produção etc.

(D) Medida dos prejuízos econômicos e/ou danos ao meio ambiente ou mortes/danos de pessoas, tanto em termos de probabilidade como de magnitude.

(E) Frequência anual esperada de morte devido a acidentes com origem em uma instalação para uma pessoa situada em um determinado ponto nas proximidades da mesma.

2. (ENADE – 2005) DISCURSIVA

O objetivo principal da biotecnologia é a obtenção de produtos metabólicos úteis por meio do processamento biológico.

Denominam-se processos fermentativos os processos biológicos que têm aplicação industrial. Em geral, um processo fermentativo envolve várias etapas até a obtenção do produto final. Estas etapas compreendem: desenvolvimento do inóculo, esterilização do meio de cultura, formulação do meio de cultura, tratamento de efluentes, extração e purificação dos produtos e promoção do crescimento da população de células no biorreator.

a) Ordene as etapas apresentadas acima de modo que a sequência represente corretamente um processo fermentativo. **(valor: 3,0 pontos)**

b) Cite duas medidas que poderiam ser adotadas para aumentar a eficiência de um processo fermentativo. **(valor: 3,0 pontos)**

O estudo cinético de um processo fermentativo consiste, inicialmente, na análise da evolução dos valores de concentração de um ou mais componentes do sistema. Em um cultivo descontínuo são observadas diferentes fases na curva de crescimento celular. Estas fases são bem visíveis quando se desenha o gráfico semilogarítmico da concentração de células viáveis versus tempo, conforme mostrado na figura abaixo.

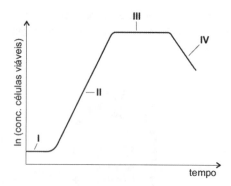

Curva de crescimento em reator batelada

c) Identifique e descreva cada uma das fases assinaladas na curva de crescimento celular. **(valor: 4,0 pontos)**

3. (ENADE – 2005) DISCURSIVA

Em sistemas de refrigeração ou de geração de vapor, devem ser consideradas as possibilidades de corrosão dos equipamentos.

As perdas econômicas decorrentes da corrosão podem representar milhões de reais. Um químico industrial foi solicitado

a identificar possíveis causas de corrosão e propor soluções para os problemas identificados no sistema de refrigeração da indústria.

a) Cite duas consequências da corrosão que caracterizam perdas econômicas. **(valor: 3,0 pontos)**

b) Cite duas ações que servem para identificar se está ou não ocorrendo corrosão no sistema de refrigeração da indústria. **(valor: 3,0 pontos)**

c) Uma tubulação de ferro galvanizado, com diâmetro interno de 10 cm e comprimento de 1 m, apresenta sérios problemas de corrosão. A água está escoando com velocidade de 10 m/s e o fator de atrito foi estimado em 0,22. Considerando que o fator de atrito do tubo novo, com as mesmas especificações que o tubo corroído, é igual a 0,08, determine a razão entre a perda de carga do tubo corroído e a perda de carga do tubo novo. **(valor: 4,0 pontos)**

Dados:

$$h_\ell = f \frac{L}{D} \frac{V^2}{2}$$

onde: h_ℓ = perda de carga

V = velocidade de escoamento

f = fator de atrito

L = comprimento do tubo

D = diâmetro do tubo

4. (ENADE – 2002) DISCURSIVA

O químico responsável pelo setor de pesquisa e desenvolvimento de uma indústria desenvolveu um produto de elevado valor agregado, a partir de subprodutos gerados pela própria indústria. O diretor da empresa, entusiasmado com tal descoberta, solicitou ao químico que elaborasse e gerenciasse o projeto de implantação do processo de fabricação desse produto em escala industrial. O químico, em uma etapa inicial, considerou os seguintes itens como importantes partes para a redação do projeto: objetivos, justificativas, metodologia, equipe, cronograma de execução e orçamento detalhado.

a) Qual é a informação imprescindível para o dimensionamento da unidade produtiva, na passagem do processo em escala de laboratório para a escala industrial? **(valor: 2,0 pontos)**

b) Cite quatro tópicos que deverão ser abordados na metodologia e explique em que consiste cada um deles. **(valor: 4,0 pontos)**

c) No processo de seleção da equipe técnica, cite duas categorias profissionais que devem ser escolhidas, bem como as áreas de atuação e relevância no projeto. **(valor: 2,0 pontos)**

d) Cite dois critérios que deverão nortear o processo de seleção dessa equipe. Justifique sua resposta. **(valor: 2,0 pontos)**

5. (ENADE – 2001) DISCURSIVA

O desenvolvimento de um produto químico novo que resulta em um produto comercial envolve os estágios de pesquisa e desenvolvimento, avaliação econômica, implantação do processo produtivo e estudo do impacto ambiental. Atenda aos itens abaixo, justificando suas respostas.

a) Aponte três etapas fundamentais dentro do estágio de pesquisa e desenvolvimento. **(valor: 9,0 pontos)**

b) Qual a importância de realizar uma pesquisa de mercado no estágio de avaliação econômica? **(valor: 6,0 pontos)**

c) Cite duas medidas que visem à minimização do impacto ambiental e simultânea redução dos custos do processo. **(valor: 10,0 pontos)**

6. (ENADE – 2000) DISCURSIVA

A estrutura da indústria química no Brasil é fortemente oligopolizada. Esta realidade exige dos administradores de empresas estratégias específicas de sobrevivência e crescimento.

Neste contexto:

a) aponte duas razões que explicam o fato de as empresas da indústria química serem predominantemente de grande porte; **(valor: 2,0 pontos)**

b) destaque três estratégias competitivas entre as empresas líderes do mercado. **(valor: 3,0 pontos)**

4) Processos Orgânicos e Inorgânicos na Indústria Química

1. (ENADE – 2011)

O sistema formado por benzeno e etanol apresenta um azeótropo com 55 mol% de benzeno, na temperatura de 68 ºC, sob pressão de 1 atm. A temperatura normal de ebulição do etanol puro é 78 ºC e a do benzeno puro é 80 ºC. Uma indústria pretende recuperar o benzeno de seu efluente, que consiste em uma mistura líquida de etanol e benzeno, com 40 mol% de benzeno. Para isso, será utilizada uma coluna de destilação fracionada, de grande eficiência, que opera na pressão atmosférica.

Com base nessa situação, avalie as asserções a seguir.

O processo utilizado permitirá a obtenção de benzeno puro no resíduo líquido da coluna.

PORQUE

A mistura azeotrópica é mais volátil que o benzeno puro.

A respeito dessas asserções, assinale a opção correta.

(A) As duas asserções são proposições verdadeiras, e a segunda é uma justificativa correta da primeira.

(B) As duas asserções são proposições verdadeiras, mas a segunda não é uma justificativa correta da primeira.

(C) A primeira asserção é uma proposição verdadeira, e a segunda, uma proposição falsa.

(D) A primeira asserção é uma proposição falsa, e a segunda, uma proposição verdadeira.

(E) Tanto a primeira quanto a segunda asserções são proposições falsas.

2. (ENADE – 2002) DISCURSIVA

Em sua primeira tarefa como químico de processos de uma indústria, você deverá implementar um sistema de recuperação de acetona, a partir de uma mistura gasosa de acetona e ar. Esse efluente gasoso era anteriormente purgado e, a partir de agora, devido a restrições ambientais, deverá ser tratado. Seu chefe forneceu o diagrama de blocos do sistema de recuperação proposto, conforme ilustrado na figura abaixo.

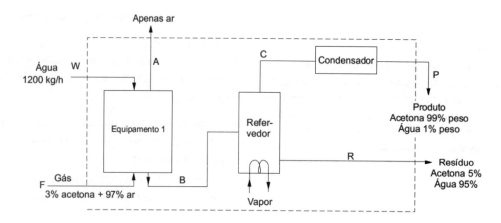

a) Qual a operação correspondente ao **equipamento 1**? **(valor: 1,0 ponto)**
b) Qual o princípio de funcionamento dessa operação e qual o principal fenômeno de transferência envolvido? **(valor: 2,0 pontos)**
c) Cite duas consequências de purgar gás contendo acetona para a atmosfera, uma sob o ponto de vista ambiental e outra sob o ponto de vista econômico. **(valor: 2,0 pontos)**
d) Escreva a equação do balanço de massa global do sistema e as equações de balanço de massa global por componente. É possível determinar todas as vazões do sistema a partir dos balanços globais? Justifique sua resposta. **(valor: 5,0 pontos)**

3. (ENADE – 2002) DISCURSIVA

A obtenção de ácidos graxos a partir da hidrólise de óleos e gorduras corresponde a uma importante parcela dos processos industriais de modificação de lipídeos. Nesses processos, a utilização de enzimas como catalisadores vem aumentando nos últimos anos.

Considere o processo de hidrólise enzimática do óleo de dendê e do óleo de babaçu, utilizando lipase imobilizada em reatores com membranas.

A tabela abaixo apresenta os resultados de produtividade dos ácidos graxos obtidos pela hidrólise em diferentes condições.

Substrato	Afinidade da membrana pela água	Quantidade de lipase imobilizada na membrana/ $(g\ m^{-2})$	Produtividade do ácido graxo/ $(\mu molH^+\ m^{-2}\ s^{-1})$
óleo de dendê	hidrofóbica	0,14	20
óleo de dendê	hidrofílica	3,40	70
óleo de babaçu	hidrofóbica	0,80	40
óleo de babaçu	hidrofóbica	1,20	56

a) Cite duas vantagens e uma limitação relacionadas com o uso de catalisadores enzimáticos. **(valor: 3,0 pontos)**
b) Descreva a técnica que pode ser utilizada para determinar a quantidade de enzima imobilizada na membrana. **(valor: 3,0 pontos)**
c) Qual a influência da afinidade da membrana pela água e da quantidade de enzima imobilizada na membrana sobre a produtividade do ácido graxo correspondente a cada substrato? Justifique sua resposta. **(valor: 4,0 pontos)**

4. (ENADE – 2001) DISCURSIVA

Gás hidrogênio é um produto muito importante, utilizado em diversos processos químicos. Um modo de produzir gás hidrogênio é pela reação do gás propano e vapor d'água, de acordo com as seguintes etapas:

1) o gás propano contendo impurezas é inicialmente enviado para um dessulfurizador com carvão ativo;
2) vapor é adicionado ao gás dessulfurizado e esta mistura é enviada para uma fornalha (reator de reforma), onde ocorre a reação de reforma catalítica;
3) mais vapor é adicionado à mistura gasosa que deixa a fornalha, e o gás resultante vai para um conversor de CO;
4) a mistura de gases que sai do conversor de CO entra numa coluna de absorção de CO_2;
5) a mistura que deixa a coluna de absorção contém H_2 com traços de CO e CO_2. Os últimos traços de CO e CO_2 são convertidos em metano em uma coluna de metanização;
6) a remoção do metano é efetuada através de um processo de permeação de gases.

a) Construa um diagrama de blocos simplificado do processo descrito acima. **(valor: 10,0 pontos)**
b) Explique por que é necessário remover o enxofre do gás de alimentação. **(valor: 5,0 pontos)**
c) Escreva as reações que ocorrem nas etapas 2 e 3 do processo. **(valor: 10,0 pontos)**

5. (ENADE – 2000) DISCURSIVA

O fluxograma abaixo representa a obtenção do tripolifosfato de sódio ($Na_5P_3O_{10}$) a partir de barrilha e ácido fosfórico.

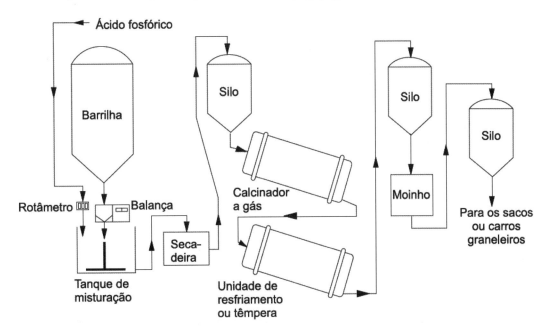

Para se obter o tripolifosfato de sódio, é indispensável um controle estrito da temperatura. Quando se aquecem entre 300° e 500 °C, nas proporções corretas, o fosfato monossódico e o fosfato dissódico, e depois se resfria lentamente, o produto final está praticamente todo na forma do tripolifosfato.

a) Selecione no fluxograma acima e indique os seguintes tipos de operações unitárias:

a1) operações de transferência de massa;

a2) operações de transferência de calor;

a3) operações baseadas em princípios mecânicos;

a4) operações baseadas em mecânica dos fluidos. **(valor: 3,0 pontos)**

b) Represente a equação química do processo unitário correspondente à formação do tripolifosfato. **(valor: 2,0 pontos)**

6. (ENADE – 2000) DISCURSIVA

O benzeno é uma importante matéria-prima da indústria química. Ele pode ser isolado a partir da destilação extrativa de gasolinas aromáticas. Este método de separação é geralmente utilizado para separar espécies de volatilidades semelhantes, através da interação preferencial de um ou mais componentes com um solvente apropriado.

O esquema simplificado abaixo representa um sistema de destilação extrativa, empregado no processo "Distapex", para separação de benzeno dos demais hidrocarbonetos não aromáticos presentes numa fração de gasolina de pirólise, utilizando N-metil-pirrolidona como solvente.

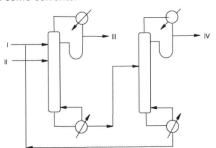

a) Indique em qual dos seguintes pontos (I, II, III e IV) é feita a:
- alimentação da mistura;
- alimentação do solvente;
- remoção do benzeno;
- remoção dos compostos não aromáticos. **(valor: 2,0 pontos)**

b) Enumere três características que o solvente deve apresentar para ser utilizado no processo de destilação extrativa e justifique sua resposta. **(valor: 2,0 pontos)**

c) Cite três intermediários produzidos industrialmente a partir do benzeno. **(valor: 2,0 pontos)**

7. (ENADE – 2000) DISCURSIVA

O diagrama de fluxo abaixo ilustra o processo (A + B → Produtos) composto por um reator químico e uma unidade de separação, onde uma corrente da substância B pura é separada dos produtos e reciclada.

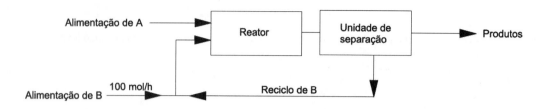

Sabe-se que:

- o reagente A está em excesso;
- a conversão de B por passe no reator é de 60%;
- a conversão global de B aos produtos, no processo total, é de 90%.

Pergunta-se:

a) qual a utilidade da corrente de reciclo no processo? **(valor: 2,0 pontos)**
b) qual a razão adequada de reciclo (mol de B no reciclo por mol de B na alimentação nova de B)? **(valor: 4,0 pontos)**

5) Processos Bioquímicos na Indústria Química

1. (ENADE – 2008)

O oxigênio é o receptor final de elétrons na respiração celular. Muitos sistemas enzimáticos de células requerem, para funcionar, um meio extremamente redutor, isto é, um baixo potencial de redução. Outros requerem condições oxidantes, isto é, um potencial de redução elevado. Na figura estão representados, de modo esquemático, os micro-organismos quanto à sua demanda de oxigênio.

Todos os tubos de ensaio estão abertos para a atmosfera e os micro-organismos estão representados pelos pontos pretos.

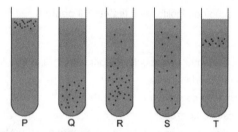

Considere os processos biotecnológicos a seguir.

Processo X – produção de acetona a partir do *Clostridium acetobutylicum* (anaeróbio).

Processo Y – produção de tetraciclina a partir de *Streptomyces aureofaciens* (aeróbio).

Processo Z – produção de dextrana a partir de *Leuconostoc mesenteroides* (anaeróbio facultativo).

A partir da análise da figura, os tubos de ensaio que representam o comportamento dos micro-organismos adequados para os processos X, Y e Z são, respectivamente,

(A) P, R e S
(B) P, R e T
(C) Q, P e R
(D) Q, R e T
(E) T, P e R

2. (ENADE – 2005)

Em muitos bioprocessos, a presença de microorganismos estranhos, genericamente chamados de contaminantes, pode levar a prejuízos consideráveis. O grau de eliminação de contaminantes varia de acordo com o objetivo a ser alcançado em cada caso. As seguintes definições são utilizadas para identificar os mais variados níveis de eliminação de contaminantes:

I. processo que destrói ou inativa todas as formas de vida presentes em um determinado material, através de agentes físicos;

II. processo que objetiva a eliminação dos micro-organismos patogênicos presentes, envolvendo normalmente o uso de um agente químico, à temperatura ambiente ou moderada;

III. conjunto de medidas adotadas para evitar a entrada de micro-organismos em local que não os contenha.

Como são denominados, respectivamente, os níveis I, II e III?

(A) Desinfeção, esterilização e assepsia.
(B) Desinfeção, assepsia e esterilização.
(C) Esterilização, assepsia e desinfeção.
(D) Esterilização, desinfeção e assepsia.
(E) Assepsia, desinfeção e esterilização.

3. (ENADE – 2001) DISCURSIVA

A fabricação de gelatina para alimentos, medicamentos, filmes fotográficos e várias outras aplicações técnicas é um processo comum e importante. A reação química consiste na hidratação do colágeno proveniente de ossos ou de peles de animais:

$$\underset{\text{colágeno}}{C_{102}H_{149}N_{31}O_{38}} + \underset{\text{água}}{H_2O} \rightarrow \underset{\text{gelatina}}{C_{102}H_{151}N_{31}O_{39}}$$

Os ossos são preaquecidos com vapor para remoção da gordura, sendo, posteriormente, triturados. Os ossos passam, então, por uma série de lavagens com ácido. O colágeno resultante fica armazenado em tanques contendo cal para remover as proteínas solúveis, durante um longo período (um mês ou mais). Finalmente, o colágeno vai para o reator, onde ocorre a reação de hidrólise e, em seguida, passa pelas etapas de purificação.

Um diagrama simplificado desse processo é mostrado abaixo.

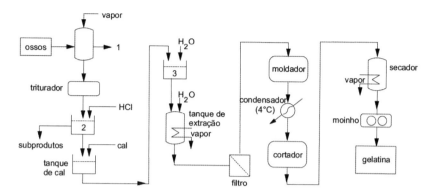

a) Qual o subproduto correspondente ao ponto 1, a operação correspondente ao ponto 2 e o equipamento correspondente ao ponto 3 no diagrama de processo apresentado? **(valor: 9,0 pontos)**

b) Qual a ação do HCl sobre os ossos triturados? **(valor: 6,0 pontos)**

c) Quais os fenômenos de transporte nos quais estão baseadas cada uma das seguintes operações: extração, filtração e secagem? **(valor: 10,0 pontos)**

4. (ENADE – 2001) DISCURSIVA

A produção de antibióticos é realizada em dois estágios principais: a fermentação e a purificação. A fermentação consiste em fornecer as condições adequadas para que o micro-organismo libere o produto desejado; as etapas de purificação consistem na separação do produto até o seu isolamento final. Considere que a fabricação de penicilina, a partir do *Penicillium chrysogenum*, produz um mosto que contém 1,0 g/L de antibiótico dissolvido.

a) Cite um fator relacionado ao substrato e outro relacionado às condições de operação que podem interferir na produtividade de penicilina na etapa de fermentação. **(valor: 6,0 pontos)**

b) Uma das etapas da purificação é a clarificação. Em que consiste esta etapa? Cite dois processos que poderiam ser utilizados para clarificar o mosto de fermentação e aponte uma vantagem e uma desvantagem de cada um deles. **(valor: 10,0 pontos)**

c) Se a recuperação do antibiótico é de 95%, o volume total do mosto de fermentação é de 30.000 L, e o total de sólidos não dissolvidos é de 5% sobre o volume total (líquido + sólidos), calcule:
- a massa total de antibiótico no mosto de fermentação;
- a massa de antibiótico recuperada. **(valor: 9,0 pontos)**

6) Higiene, Normas e Segurança do Trabalho

1. (ENADE – 2011)

O ar de ambientes de processamento na indústria de alimentos pode apresentar problemas de contaminação com fungos e leveduras, esporos bacterianos e bactérias. Para promover a desinfecção química desses ambientes, deve-se

(A) pulverizar o ambiente com uma solução de cloro ativo no mínimo uma vez por semana.

(B) pulverizar o ambiente com uma solução de ácido acético no mínimo uma vez por semana.

(C) lavar diariamente pisos, paredes, superfícies de preparo e equipamentos com água e sabão.

(D) lavar diariamente pisos, paredes superfícies de preparo e equipamentos com uma solução de cloro ativo.

(E) lavar diariamente pisos, paredes, superfícies de preparo e equipamentos com uma solução de ácido acético.

Capítulo VII

Questões de Componente Específico de Ciências Biológicas

1) Conteúdos e Habilidades objetos de perguntas nas questões de Componente Específico.

As questões de Componente Específico são criadas de acordo com o curso de graduação do estudante.

Essas questões, que representam ¾ (três quartos) da prova e são em número de 30, podem trazer, em Ciências Biológicas, dentre outros, os seguintes **Conteúdos**:

I. Morfofisiologia;

II. Bioquímica;

III. Biofísica;

IV. Microbiologia, Imunologia e Parasitologia;

V. Biologia celular e molecular;

VI. Genética e Evolução;

VII. Zoologia;

VIII. Botânica;

IX. Ecologia e Educação Ambiental;

X. Micologia;

XI. Biogeografia;

XII. Bioestatística;

XIII. Geologia e paleontologia;

XIV. Biossegurança;

XV. Ética e Bioética;

XVI. Ensino de Ciências e de Biologia na Educação Básica:

    a) Fundamentação pedagógica e instrumentação para o ensino de Ciências e Biologia;

    b) Fundamentação teórica sobre as relações entre sustentabilidade, biodiversidade e educação ambiental;

    c) Fundamentação teórica sobre o uso da pesquisa participativa para a solução de problemas como alternativa filosófica e metodológica para a educação em Ciências e Biologia.

O objetivo aqui é avaliar junto ao estudante a compreensão dos conteúdos programáticos mínimos a serem vistos no curso de graduação, de forma avançada. Também é avaliado o nível de atualização com relação à realidade brasileira e mundial e às questões jurídicas de maior relevância.

Avalia-se aqui, também, *competências* e *habilidades*. A ideia é verificar se o estudante desenvolveu as principais **Habilidades** para o profissional de Ciências Biológicas, que são as seguintes:

I. analisar e interpretar o desenvolvimento do pensamento biológico, incluindo seus aspectos científicos, históricos e filosóficos;

II. compreender a abordagem evolutiva como eixo integrador do conhecimento biológico;

III. inter-relacionar causa e efeito nos processos naturais, incluindo os aspectos éticos, sociais, ambientais e étnico-culturais;

IV. compreender e interpretar o desenvolvimento científico e tecnológico e seus impactos na sociedade, na conservação e na preservação dos ecossistemas;

V. diagnosticar e problematizar questões inerentes às Ciências Biológicas de forma interdisciplinar e segundo o método científico;

VI. planejar, gerenciar e executar projetos, perícias, emissão de laudos, pesquisas, consultorias e outras atividades profissionais definidas na legislação e em políticas públicas;

VII. utilizar a linguagem científica e técnica com clareza, precisão, propriedade na comunicação e riqueza de vocabulário;

VIII. executar técnicas básicas e aplicadas, em laboratório e em campo;

IX. aplicar os fundamentos e as técnicas de ensino de Ciências e de Biologia para a Educação Básica;

X. compreender os processos de aprendizagem relacionados à diversidade e às necessidades educacionais especiais.

Com relação às questões de Componente Específico optamos por classificá-las pelos Conteúdos enunciados no início deste item.

2) Questões de Componente Específico classificadas por Conteúdos.

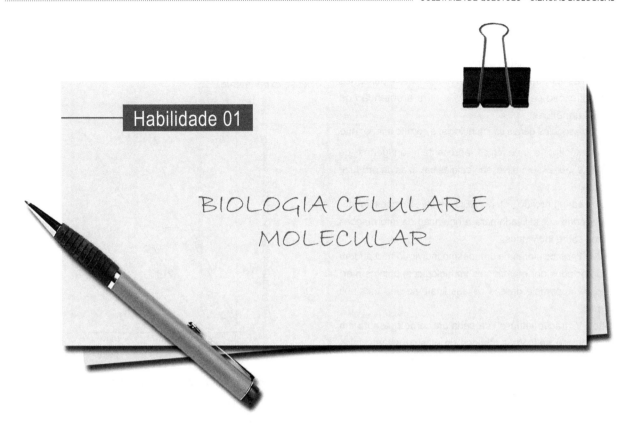

Habilidade 01
BIOLOGIA CELULAR E MOLECULAR

A) Microbiologia, Imunologia e Parasitologia;

1. (ENADE – 2011)

A hepatite C é causada por um retrovírus denominado HCV, que leva à inflamação, cirrose e câncer do fígado na sua forma crônica. A hepatite C representa hoje significativo problema de saúde pública em razão do grande número de pessoas que têm a doença evoluída para a forma crônica. Por ser uma doença transmissível, é importante que epidemiologistas entendam as características relacionadas a sua transmissão nas comunidades em geral.

Considerando as formas de transmissão da hepatite C em humanos, analise as afirmações abaixo.

I. A esterilização de materiais perfurocortantes representa importante ação no processo de controle da contaminação.
II. A transmissão vertical do vírus representa a forma mais frequente de infecção.
III. O controle de sangue, hemoderivados e órgãos para transplante tem efeito positivo no controle da transmissão do vírus.
IV. A vacina contra o HCV promove imunização e evita a transmissão.

É correto apenas o que se afirma em

(A) I.
(B) II.
(C) I e III.
(D) II e IV.
(E) III e IV.

2. (ENADE – 2011)

A poliomielite ou paralisia infantil é uma doença infectocontagiosa viral aguda, caracterizada por quadro de paralisia flácida, de início súbito. É causada por poliovírus que pertencem ao gênero enterovírus, da família *Picornaviridae*. Até a primeira metade da década de 1980, a poliomielite foi de alta incidência no Brasil, contribuindo de forma significativa para a elevada prevalência anual de sequelas físicas observada naquele período. No Brasil, o último caso de infecção pelo poliovírus selvagem ocorreu em 1989, na cidade de Souza/PB.

Ministério da Saúde. Secretaria de Vigilância em Saúde. **Guia de vigilância epidemiológica**. 6. ed. Brasília, 2005 (com adaptações).

O Brasil controlou a poliomielite porque

(A) conseguiu elevar a cobertura vacinal de tal modo a cobrir todas as crianças, atingindo também os grupos que apresentam algum tipo de imunodeficiência.
(B) funcionou muito bem a estratégia do governo em vacinar toda a população com vacinas contendo vírus mortos, para proteção individual do cidadão.
(C) houve diminuição do vírus selvagem que circulava na natureza devido às melhorias em relação ao atendimento à população com rede de esgotos e água tratada.
(D) o vírus selvagem causador da poliomielite sofreu mutação espontânea na natureza e passou a ser menos virulento até se tornar incapaz de causar a doença.
(E) a vacina oral utilizada nas campanhas, além de propiciar imunidade individual, aumentou a imunidade de grupo na população em geral com a disseminação do poliovírus vacinal no meio ambiente.

3. (ENADE – 2008)

Os componentes do sistema imune envolvem, além de células, proteínas circulantes, sendo diversos deles utilizados para a identificação de tipos celulares e para a obtenção de informações genéticas.

Considerando aspectos gerais da imunologia, é correto afirmar que

(A) apenas linfócitos e neutrófilos apresentam antígenos de superfície e, por esse motivo, são células capazes de produzir anticorpos.

(B) a tipagem sanguínea do sistema ABO envolve reações imunológicas e pode ser utilizada para a obtenção de informações genéticas sobre indivíduos.

(C) diferentes tipos celulares de um mesmo indivíduo não podem ser diferenciados por marcadores imunológicos, pois os marcadores de superfície dessas células ligam-se aos mesmos anticorpos.

(D) a região FV (fração variável) de cada anticorpo presente em um conjunto de anticorpos, obtidos do plasma de um único indivíduo, apresenta a mesma sequência de aminoácidos.

(E) a reação de fixação do complemento permite a análise de ligação das fitas complementares de DNA dos anticorpos.

4. (ENADE – 2005)

O vírus da gripe espanhola, causador da pandemia de 1918 que matou milhões de pessoas, foi recentemente recriado em laboratório. O vírus foi isolado dos tecidos de uma vítima enterrada em solo gelado e seu genoma foi completamente sequenciado. A partir da sequência obtida, genomas virais foram sintetizados *in vitro* e vírus ativos foram obtidos por multiplicação em células de rim humano mantidas em cultura.

Uma série de desdobramentos pode ser consequência desse conjunto de procedimentos, **EXCETO** que esses vírus

(A) representem perigo para a humanidade, pois há risco de que as informações agora disponíveis possibilitem o seu uso como arma biológica.

(B) tragam um grande benefício para a humanidade uma vez que podem ser usados para o planejamento de novas drogas e construção de vacinas preventivas.

(C) permitam que os diferentes genes neles presentes sejam estudados no futuro para se entender o grau de virulência de seu ataque.

(D) permitam realizar experimentos com o objetivo de identificar exatamente as posições no genoma humano em que se incorporam.

(E) permitam a identificação de proteínas codificadas pela linhagem de 1918 que estão presentes em linhagens atuais.

5. (ENADE – 2001)

Para avaliar o crescimento de bactérias em diferentes condições, utilizou-se uma cultura de microrganismos que vinham sendo mantidos em meio mínimo com glicose, por muitas gerações. Amostras iguais dessa cultura foram inoculadas em três meios diferentes: meio mínimo com glicose, meio mínimo com lactose e meio mínimo com glicose e lactose. O gráfico abaixo representa o número estimado de células ao longo do tempo, nesse experimento.

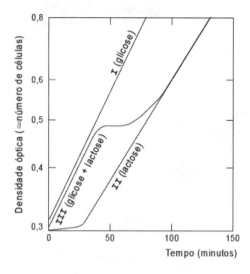

Esses dados levam a concluir que o metabolismo da

(A) lactose requer enzimas que são formadas na fase latente (*lag*) das curvas II e III.

(B) lactose requer uma grande diminuição do pH do meio, que ocorre nas curvas I e II.

(C) glicose requer enzimas que são formadas durante o início da curva II.

(D) lactose requer água, que é retida durante a fase latente (*lag*) das curvas II e III.

(E) glicose é inibido pela presença de lactose.

O ser humano é peculiar pela extensão de modificações qualitativas e quantitativas que vem causando sobre o próprio ambiente que ocupa, inclusive sobre outros seres vivos. Essas interferências humanas são abordadas nas duas seguintes questões.

6. (ENADE – 2001)

Recentemente conseguiu-se produzir batatas transgênicas que contêm uma sub-unidade da toxina A do cólera. Para que possam ser utilizadas como vacina por pessoas que delas se alimentam, as batatas transgênicas devem

(A) induzir a fixação de complementos nutricionais.
(B) transmitir a moléstia em sua forma atenuada.
(C) aumentar a suscetibilidade ao vibrião do cólera.
(D) induzir a produção de antígenos contra o cólera.
(E) induzir a produção de anticorpos contra o cólera.

7. (ENADE – 2001)

Uma das cidades que está vivendo uma epidemia de dengue solicitou a contratação de agentes da Saúde e a colaboração voluntária de estudantes universitários para atuarem na prevenção dessa moléstia. O grupo deveria esclarecer as pessoas sobre as características e os hábitos do vetor da doença e solicitar que evitem o acúmulo de água em vasilhames destampados.

Essas medidas são necessárias porque, na espécie *Aedes aegypti*, as fêmeas

(A) têm hábitos diurnos, alimentando-se de líquidos de vegetais, enquanto os machos sugam sangue humano; a desova ocorre em águas paradas e limpas.

(B) têm hábitos diurnos, desovando em águas paradas e poluídas onde se desenvolvem as larvas.

(C) têm hábitos diurnos, necessitam de sangue humano para o desenvolvimento dos seus gametas e desovam em águas paradas e limpas.

(D) e machos têm hábitos noturnos, e os ovos são postos em águas paradas e limpas onde se desenvolvem as larvas.

(E) e machos têm hábitos noturnos, picam as pessoas enquanto estas estiverem dormindo e desovam em água corrente, poluída ou não.

8. (ENADE – 2011) DISCURSIVA

O gráfico abaixo mostra a realidade sobre a doença Hepatite B no Brasil, de 1996 a 2006.

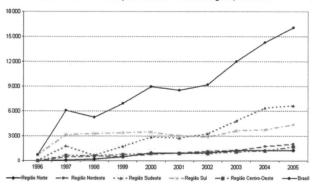

Casos confirmados de hepatite B. Brasil e Grandes Regiões, 1996-2006

Disponível em: <http://portal.saude.gov.br/portal/saude/visualizar_texto.cfm?idtxt=27677>

A respeito da Hepatite B, responda às seguintes questões.

a) Qual o agente etiológico? (valor: 3,0 pontos)
b) Quais os aspectos clínicos? (valor: 4,0 pontos)
c) Qual o modo de transmissão? (valor: 3,0 pontos)

9. (ENADE – 2002) DISCURSIVA

Uma empresa de biotecnologia anunciou o desenvolvimento de uma planta transgênica contendo um gene que confere resistência a um herbicida, e de uma cabra transgênica que secreta, através das glândulas mamárias, um fator de coagulação do sangue humano. O anúncio da comercialização das sementes da planta provocou reações desfavoráveis por parte dos biólogos que, no entanto, aceitaram bem a criação das cabras cujo leite viria a ser utilizado na produção de um medicamento para tratar hemofílicos.

a) Explique a diferença de reação dos biólogos em relação à planta e à cabra. (10 pontos)
b) Proponha e justifique um teste a que a planta deva ser submetida, antes de ser cultivada em larga escala. (10 pontos)

B) Bioquímica;

1. (ENADE – 2008)

O processo de fotossíntese, tal como era compreendido no início dos anos 30, pode ser resumido pela seguinte expressão.

$CO_2 + 2H_2O \rightarrow (CH_2O)_n + H_2O + O_2$

Nessa época, o microbiologista holandês C. Van Niel estudava a fotossíntese de sulfobactérias. Assim como as células de plantas verdes, essas bactérias utilizam a luz nesse processo, mas, em lugar de água, utilizam o sulfeto de hidrogênio (H_2S). Os estudos de Van Niel contribuíram para que fosse respondida uma das mais intrigantes perguntas a respeito desse processo: o oxigênio liberado pelas plantas vem do gás carbônico ou da água?

Depois de formular hipóteses e de fazer observações, Van Niel constatou que a expressão equivalente da fotossíntese das sulfobactérias que estudava era a seguinte.

$CO_2 + 2H_2S \rightarrow (CH_2O)_n + H_2O + 2S$.

Admitindo-se que o processo fotossintético nas sulfobactérias seja similar ao das plantas verdes, que hipótese poderia ter Van Niel formulado acerca dos produtos liberados na fotossíntese pelas plantas verdes?

(A) O carboidrato provém da molécula de água, e não da molécula de dióxido de carbono.
(B) O oxigênio provém da molécula de carboidrato, e não da molécula de água.
(C) O oxigênio provém da molécula de água, e não da molécula de dióxido de carbono.
(D) A água provém da própria molécula de água, e não da molécula de dióxido de carbono.
(E) A água provém tanto da própria molécula de água quanto da molécula do dióxido de carbono, mas não da molécula de carboidrato.

2. (ENADE – 2005)

Uma cultura de células de levedura foi tratada durante 14 horas com brometo de etídio. Essa substância inativou o DNA mitocondrial das células e, consequentemente, suas mitocôndrias tornaram-se não funcionais. Espera-se que as leveduras assim tratadas

(A) adaptem-se passando a realizar fosforilação oxidativa.
(B) morram porque são incapazes de produzir ATP.
(C) sobrevivam porque podem realizar quimiossíntese.
(D) morram porque são incapazes de fazer fermentação.
(E) sobrevivam porque são capazes de realizar glicólise.

Atenção: Para responder as três seguintes questões, utilize as informações abaixo.

Pesquisas recentes revelaram que bactérias da espécie *Burkholderia sacchari* acumulam poliidroxialcanoato, um polímero de reserva que tem propriedades semelhantes às de alguns plásticos. A cultura de bactérias desenvolve-se em meio contendo bagaço de cana como fonte de sacarose e $(NH_4)_2SO_4$ como única fonte de nitrogênio. O gráfico abaixo mostra o número de bactérias e as concentrações de componentes do meio de cultura e do polímero.

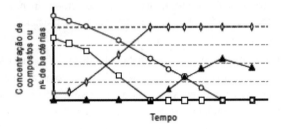

◊ Número de bactérias na cultura
○ Concentração de sacarose do meio de cultura
□ Concentração de $(NH_4)_2SO_4$
▲ Concentração de poliidroxialcanoato

3. (ENADE – 2003)

Do gráfico é possível deduzir que

(A) o bagaço de cana não contém os nutrientes essenciais para a reprodução bacteriana.
(B) o poliidroxialcanoato inibe a reprodução bacteriana.
(C) o polímero de reserva não é constituído por proteínas.
(D) a multiplicação das bactérias é inibida por altas concentrações de nitrogênio.
(E) o polímero sintetizado deve ser composto por unidades de glicose, à semelhança do amido e da celulose.

4. (ENADE – 2003)

A síntese do polímero de reserva por *Burkholderia sacchari* pode ser comparada à

(A) síntese de DNA que precede a divisão celular.
(B) oxidação completa de glicose pelos organismos aeróbios.
(C) fermentação do açúcar presente no leite por fungos e bactérias.
(D) conversão de glicose em celulose, que depende de uma fonte de nitrogênio.
(E) síntese de lipídeos pelo homem, quando ingere uma dieta rica em carboidratos.

5. (ENADE – 2003)

As pesquisas relatadas são promissoras porque

(A) indicam que o petróleo foi produzido por micro-organismos.
(B) procuram produzir um substituto biodegradável para o plástico, a partir de fontes renováveis.
(C) buscam uma alternativa para a utilização do excedente da produção de cana-de-açúcar no Brasil.
(D) demonstram que poliidroxialcanoato tem composição semelhante ao petróleo.
(E) possibilitam utilizar um meio simples e barato para o cultivo de bactérias.

6. (ENADE – 2003)

Algumas plantas clorofiladas, encontradas em solos arenosos e pobres, além de realizarem fotossíntese, têm folhas modificadas que aprisionam e digerem insetos. Essa adaptação permite que as plantas obtenham

(A) CO_2, derivado do metabolismo dos insetos.
(B) energia, proveniente do ATP dos insetos.
(C) nitrogênio, a partir das proteínas dos insetos.
(D) moléculas de quitina, precursoras da celulose.
(E) maior defesa contra os insetos.

Atenção: Para responder à seguinte questão, considere as informações que seguem.

Certa espécie de hidrozoário colonial marinho não apresenta a fase de medusa. É bentônica e mantém uma associação simbiótica com organismos fotossintetizantes que podem lhe fornecer glicerol. É uma espécie dioica, com fecundação externa e as larvas ciliadas não se alimentam.

7. (ENADE – 2003)

O fornecimento de glicerol pelos simbiontes possibilita que esses hidrozoários

(A) sintetizem compostos que auxiliem na captura dos alimentos.
(B) sintetizem compostos de defesa.
(C) obtenham ATP a partir de sua oxidação.
(D) regulem sua pressão osmótica.
(E) sobrevivam em ambientes congelados.

Atenção: O esquema seguinte indica algumas transformações fundamentais do ciclo do nitrogênio na natureza e deve ser usado para responder às cinco seguintes questões.

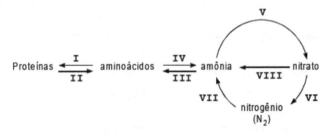

8. (ENADE – 2002)

Todas as etapas incluídas no esquema podem ser cumpridas por representantes de

(A) fungos e animais.
(B) vegetais e animais.
(C) animais, somente.
(D) vegetais, somente.
(E) bactérias, somente.

9. (ENADE – 2002)

Considerando a utilização dos átomos de nitrogênio dos aminoácidos, a etapa I poderia originar, além de proteínas,

(A) DNA e glicogênio.
(B) pirimidinas e amido.

(C) DNA e RNA.
(D) purinas e amido.
(E) DNA e celulose.

10. (ENADE – 2002)

O surgimento e a manutenção da vida animal teve como um dos pré-requisitos a

(A) capacidade dos autótrofos clorofilados realizarem as etapas I e III.
(B) existência de bactérias capazes de realizar a etapa V.
(C) aquisição de vias metabólicas que lhes conferiu a capacidade de utilizar nitrato.
(D) autonomia completa na realização da etapa III.
(E) associação simbiótica com microrganismos responsáveis pelas etapas I e III.

11. (ENADE – 2002)

Nos vertebrados atuais, quando o predomínio da etapa II sobre a etapa I resulta em excreção de nitrogênio, esta é feita predominantemente como amônia, ureia ou urato (ácido úrico). A hipótese mais aceita para explicar as diferenças no tipo de composto nitrogenado excretado considera

(A) a posição ocupada pelo animal na cadeia trófica e a temperatura ambiental.
(B) o tipo de composto nitrogenado dominante na dieta e a disponibilidade de água.
(C) o custo energético para a produção do composto excretado e a presença de vias metabólicas capazes de sintetizá-lo.
(D) a disponibilidade de água e o gasto energético para a produção do composto excretado.
(E) a gradativa mudança da fração de nitrogênio na atmosfera e a aquisição da capacidade de síntese de alguns aminoácidos.

12. (ENADE – 2002)

Em algumas espécies de vertebrados, quando há predomínio da etapa II sobre a etapa I, parte do nitrogênio presente nos aminoácidos é encontrado na ureia. Uma fração deste composto acumula-se no plasma, constituindo uma característica fisiológica permanente ou transitória. Esta característica é considerada adaptativa e está relacionada com

(A) osmorregulação em água doce e resistência ao congelamento.
(B) osmorregulação em ambientes marinhos e resistência ao congelamento.
(C) conservação de água em vertebrados endotérmicos e estabelecimento de uma reserva de nitrogênio.
(D) diminuição da carga excretória renal e barreira de proteção contra parasitas.
(E) favorecimento da estabilidade de proteínas plasmáticas e osmorregulação das células sanguíneas.

13. (ENADE – 2001)

A reabsorção de íons Na^+ no tubo proximal dos néfrons do rim humano e a absorção de íons NO_3 pelas raízes vegetais dão-se de modo semelhante, ou seja, de um local de menor concentração (meio extracelular) para um de maior concentração (meio intracelular). A absorção desses íons é mediada por

(A) proteínas de membrana, sem gasto de ATP, promovendo a saída de água da célula.
(B) proteínas de membrana, com gasto de ATP, promovendo a absorção de água pela célula.
(C) fosfolipídeos de membrana, sem gasto de ATP, promovendo a saída de água da célula.
(D) fosfolipídeos de membrana, com gasto de ATP, promovendo a absorção de água pela célula.
(E) proteínas e fosfolipídeos de membrana, sem gasto de ATP, promovendo a saída de água da célula.

14. (ENADE – 2001)

As hemácias humanas não possuem organelas, mas obtêm ATP através

(A) do ciclo de Krebs.
(B) da via das pentoses-fosfato.
(C) da E-oxidação de ácidos graxos.
(D) da oxidação anaeróbica da glicose.
(E) do ciclo da ureia.

Nas últimas décadas os métodos que utilizam o DNA recombinante passaram a ser amplamente utilizados. A questão a seguir aborda esse tema.

15. (ENADE – 2001)

O esquema abaixo indica uma mistura de compostos presentes em tubo de ensaio e o produto obtido na reação.

U - U - A - A - C - G - U - A - A (fita de mRNA) + "*Primer*" + Nucleotídeos + ENZIMA

↓

U - U - A - A - C - G - U - A - A
A - A - T - T - G - C - [Primer]

Obs.: * *Primer* = oligonucleotídeo iniciador

A enzima que catalisa essa reação é a

(A) RNase.
(B) DNA ligase.
(C) DNA polimerase I.
(D) transcriptase reversa.
(E) enzima de restrição.

16. (ENADE – 2000)

O esquema abaixo resume reações químicas que podem ocorrer no metabolismo celular.

Tais reações passam a ocorrer nas fibras musculares humanas quando a atividade física

(A) cessa e há grande quantidade de moléculas de ATP armazenadas.
(B) é moderada e há oxigênio suficiente para a respiração aeróbica.
(C) é moderada e o oxigênio passa a ser liberado durante a glicólise.
(D) é muito intensa e o oxigênio torna-se insuficiente para a respiração aeróbica.
(E) é muito intensa e cessa a produção de moléculas de NAD.

17. (ENADE – 2000)

O gráfico abaixo mostra as curvas de saturação de duas proteínas que se ligam ao oxigênio (O_2).

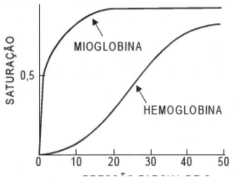

(Stryer, L. **Biochemistry**. 2.ed. New York: W. H. Freeman and Company, 1981)

Esses dados permitem concluir que a

(A) hemoglobina possui maior afinidade pelo O_2 do que a mioglobina.
(B) hemoglobina atinge o ponto de saturação nas menores pressões parciais de O_2.
(C) mioglobina somente se liga ao O_2 nas maiores pressões parciais deste gás.
(D) mioglobina possui maior afinidade pelo O_2 do que a hemoglobina.
(E) mioglobina impede a absorção de O_2 pela hemoglobina.

18. (ENADE – 2000)

O esquema abaixo representa um processo de transformação de energia.

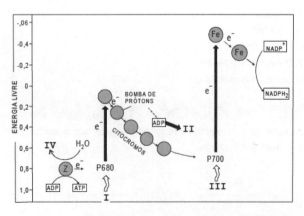

(Raven, J.. **Biology**. 2.ed. St. Louis: Times Mirror/ Mosby College Publishing, 1989. p.187)

Na tabela a seguir o processo representado e os números indicados no esquema estão identificados corretamente em

	Processo	I	II	III	IV
(A)	transporte ativo	íons	AMP	ATP	O_2
(B)	fotossíntese	fóton	ATP	fóton	O_2
(C)	respiração	O_2	NADPH	ATP	CO_2
(D)	transporte ativo	fóton	AMP	elétrons	CO_2
(E)	fotossíntese	CO_2	ATP	fóton	glicose

19. (ENADE – 2003) DISCURSIVA

A Figura **A** ilustra a influência da concentração intracelular de CO_2 (que é função da concentração atmosférica desse gás) sobre a atividade fotossintética de duas plantas diferentes, P1 e P2, mantidas em temperatura e luminosidade fixas.

Figura **A**

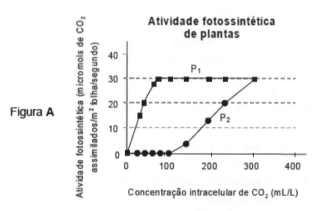

a) Entre as causas do efeito estufa está o aumento da concentração atmosférica de CO_2. Pelos dados apresentados na Figura A, as consequências indesejáveis do efeito estufa podem ser atribuídas à alteração da atividade fotossintética? Justifique sua resposta. (5 pontos)

b) Complete a Figura B relacionando a quantidade de O_2 liberado com a concentração intracelular de CO_2 para as plantas P1 e P2. Não é necessário usar valores numéricos no eixo das ordenadas. (10 pontos)

Figura **B**

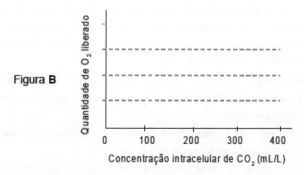

c) O composto 2-carboxiarabinitol 1,5-bisfosfato é um inibidor da rubisco (ribulose 1,5 bisfosfato carboxilase/oxigenase).

Acrescente à Figura C as curvas aproximadas que seriam obtidas para as plantas P1 e P2, se elas estivessem em presença de quantidades não saturantes daquele composto. **(5 pontos)**

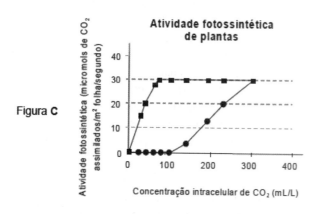

Figura C

20. (ENADE – 2001) DISCURSIVA

a) Antes de uma disputa, atletas ingerem alimentos ricos em carboidratos, o que estimula a secreção de certo hormônio (H1). Qual é esse hormônio, qual o destino do carboidrato ingerido em termos de armazenagem de energia e qual órgão acumula essa nova substância? **(Valor: 5,0 pontos)**

b) Após um certo tempo de exercício, o composto de armazenagem é consumido para que haja liberação de energia. Um outro hormônio (H2) é então liberado, estimulando a utilização de outras substâncias de reserva. Qual é esse hormônio, quais os dois substratos que passam a ser oxidados e em que tecidos estão armazenados? **(Valor: 5,0 pontos)**

c) Quando em jejum, o ser humano também libera o hormônio (H2). Nesse caso qual a finalidade da liberação desse hormônio e que órgão é o mais dependente desta liberação? **(Valor: 5,0 pontos)**

C) Biofísica;

1. (ENADE – 2005)

Ao se encostar a base de um diapasão vibrando no processo mastoide (osso atrás da orelha) escuta-se o som por condução óssea. A intensidade do som diminui lentamente até que se deixe de ouvi-lo. Neste momento, ao se aproximar o diapasão da orelha externa, volta-se a ouvir o som, agora por condução aérea, isto é, a vibração das moléculas de ar faz vibrar a membrana timpânica (área aproximada: 64 mm²), levando à movimentação dos ossículos da orelha média que, por sua vez, fazem vibrar a janela oval (área aproximada: 3,2 mm²), chegando à cóclea. Esse fenômeno é explicado pelo fato de

(A) as áreas da membrana timpânica e da janela oval serem diferentes, acarretando aumento da força na cóclea.

(B) o som ser amplificado devido ao aumento de pressão associado à diferença de áreas entre a membrana timpânica e a janela oval.

(C) os ossículos da orelha média serem muito menores do que o processo mastoide e mais sensíveis à vibração do diapasão.

(D) a velocidade do som no ar ser cerca de 4 vezes menor do que na água, resultando em maior quantidade de energia.

(E) a transmissão do som pelo osso ser menos eficaz por tratar-se de um meio mais denso do que o ar.

2. (ENADE – 2002)

Os gráficos abaixo apresentam as variações das temperaturas do ambiente e de uma flor de lótus (*Nelumbo nucifera* Gaertn) e o consumo de oxigênio da flor ao longo de dois dias.

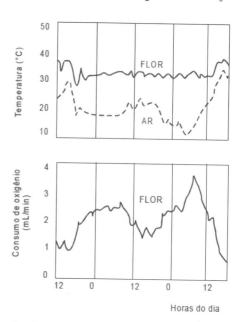

(Adaptado de Seymour, R.S. **Scientific American**, março/97, p. 90-5)

Os dados apresentados permitem deduzir que

(A) a flor se assemelha a um organismo ectotérmico, com relação à manutenção da temperatura.

(B) o consumo noturno de oxigênio é menor do que o diurno, porque durante a noite a planta não faz fotossíntese.

(C) o consumo de oxigênio independe da temperatura do ar.

(D) a flor se assemelha a um organismo endotérmico, com relação à manutenção da temperatura.

(E) quanto menor a temperatura ambiente, menor é o metabolismo da flor e, portanto, menor o consumo de oxigênio.

A irradiação dos seres vivos nos mais diversos ambientes e suas intrincadas interações resultaram na grande diversidade de padrões morfológicos e funcionais em vários níveis de organização. Essa diversificação é abordada na seguinte questão.

3. (ENADE – 2001)

O metabolismo relacionado à absorção e excreção de água e de íons minerais difere nos Teleostei marinhos e de água doce.

Em relação ao meio, os marinhos mantêm-se

(A) hiperosmóticos, absorvendo íons minerais pelo sistema digestório e pelas brânquias por simples difusão.

(B) hiperosmóticos, absorvendo íons minerais exclusivamente pelas brânquias através de transporte ativo.

(C) isosmóticos, absorvendo íons minerais pelas brânquias e excretando-os através da urina.

(D) hiposmóticos, eliminando íons minerais pela urina e pelas brânquias, nas quais ocorre transporte ativo.

(E) hiposmóticos, eliminando íons minerais pela urina e pelas brânquias, por simples difusão.

4. (ENADE – 2002) DISCURSIVA

Amostras de quatro tipos de células vivas – hemácia, paramécio, bactéria e célula vegetal – foram imersas em grande volume de água destilada.

Explique o que se espera que aconteça com cada um dos tipos de células e justifique.

(5 pontos para cada uma das quatro descrições com justificativas)

D) Biologia Molecular;

1. (ENADE – 2011)

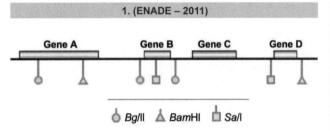

BROWN, T.A. **Gene cloning and DNA Analysis**: an introduction. Wiley-Blackwell, 6 ed. esp. 2010 (com adaptações).

As endonucleases de restrição são utilizadas para a obtenção de fragmentos de DNA que contêm os genes. A obtenção do gene D, tendo como base o mapa acima, seria possível por digestão com

(A) *Bgl*II.
(B) *Sal*I.
(C) *Bam*HI.
(D) *Bam*HI + *Sal*I.
(E) *Bgl*II + *Sal*I.

2. (ENADE – 2011)

A figura a seguir representa variações na quantidade de DNA ao longo do ciclo de vida de uma célula. (X = unidade arbitrária de DNA por célula).

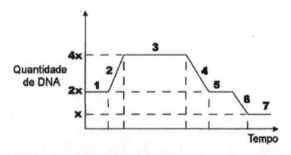

A análise do gráfico revela que

(A) as fases 1, 2 e 3 representam os períodos G1, S e G2, que resumem todo o ciclo vital de uma célula.
(B) as fases 1, 2 e 3 representam o período em que a célula se encontra em interfase, e as fases 4, 5, 6 e 7, subsequentes, são características da célula em divisão mitótica, quando, ao final, ocorre redução à metade da quantidade de DNA na célula.
(C) as fases de 1 a 5 representam a meiose I, enquanto a meiose II está representada pelas fases 6 e 7.
(D) a célula representada no gráfico é uma célula diploide que teve a quantidade de seu DNA duplicada no período S da interfase (fase 2) e, posteriormente, passou pelas fases da meiose, originando células filhas com metade da quantidade de DNA (fase 7, células haploides).
(E) a fase 3 é caracterizada por um período em que não há variação na quantidade de DNA na célula, portanto, essa fase representa uma célula durante os períodos da mitose: prófase, metáfase e anáfase.

3. (ENADE – 2011)

Em um ambiente universitário, as refeições não são feitas adequadamente, muitas vezes por falta de tempo. A fome acaba sendo suprida com alimentos do tipo *fast food*.

Suponha que um estudante universitário tenha ingerido, como sua refeição principal do dia, um sanduíche de pão francês, manteiga, carne, queijo, acompanhado de um copo de suco de laranja sem açúcar.

Para os constituintes dessa refeição, as enzimas que atuarão na digestão dos alimentos, na ordem em que foram apresentados, são

(A) sacarase, amilase, lipase, pepsina, amilase.
(B) pepsina, sacarase, amilase, lipase, lipase.
(C) pepsina, amilase, lipase, sacarase, sacarase.
(D) amilase, lipase, pepsina, pepsina, sacarase.
(E) lipase, pepsina, sacarase, amilase, amilase.

4. (ENADE – 2008)

Analise as seguintes asserções.

É mais fácil separar nucleotídios que unem as duas fitas complementares da molécula de DNA que separar nucleotídios que pertençam à mesma fita

porque

as ligações entre nucleotídios que unem as duas fitas são ligações de hidrogênio (também chamadas de pontes de hidrogênio), enquanto as ligações que unem nucleotídios da mesma fita são do tipo fosfodiéster.

Acerca das asserções apresentadas, assinale a opção correta.

(A) As duas asserções são proposições verdadeiras, e a segunda é uma justificativa correta da primeira.
(B) As duas asserções são proposições verdadeiras, mas a segunda não é uma justificativa correta da primeira.
(C) A primeira asserção é uma proposição verdadeira, e a segunda, uma proposição falsa.
(D) A primeira asserção é uma proposição falsa, e a segunda, uma proposição verdadeira.
(E) Tanto a primeira asserção quanto a segunda são proposições falsas.

5. (ENADE – 2008)

A observação das formas atuais de vida demonstra que até mesmo o mais simples dos seres vivos com organização celular é um sistema complexo, no qual se destacam duas classes de moléculas: as proteínas e os ácidos nucleicos. É possível imaginar que, nos oceanos primitivos, existiam sistemas organizados de reações enzimáticas, do tipo coacervados. Mas como esses sistemas se perpetuariam e evoluiriam sem um código genético? Os ácidos nucleicos também poderiam ter surgido nas condições da Terra primitiva. Mas como formariam um sistema complexo e organizado sem interagir com o aparato proteico/enzimático? A total interdependência entre essas moléculas essenciais remete a uma das principais questões ligadas à origem da vida, que poderia ser comparada ao dilema do ovo e da galinha.

ANDRADE, L. A. e SILVA, E. P. **O que é vida?** *In:* Ciência Hoje, v. 32, n.º 191, 2003, p. 16-23 (com adaptações).

Considerando que as hipóteses acerca da origem da vida na Terra mencionadas no texto acima não são as únicas, responda: o que surgiu primeiro, os ácidos nucleicos ou as proteínas?

(A) O DNA pode ter sido o precursor dos demais compostos, pois estoca e replica informação genética, é dotado de atividade catalítica e é facilmente degradado por hidrólise, o que facilita a reutilização de seus monômeros e, portanto, a colonização da Terra com polímeros primordiais de DNA.

(B) Existe a possibilidade de o RNA ter sido o precursor das demais moléculas, visto que certas sequências de RNA, chamadas íntrons, são capazes de acelerar reações químicas e, além disso, mostraram capacidade de fazer cópias de si mesmas.

(C) A favor da hipótese de que as proteínas desempenharam papel central na origem da vida, incluem-se estudos como o que mostrou a possibilidade de que aminoácidos tivessem se originado, sem a intervenção de seres vivos, a partir de uma atmosfera constituída de gases como metano, nitrogênio e oxigênio e de vapor d'água.

(D) Admitindo-se a possibilidade de a Terra primitiva conter nucleotídios livres, o calor poderia ter sido a fonte de energia disponível para a formação de ligações covalentes entre eles, com a consequente formação de proteinoides, que, por sua vez, deram origem a microsferas, estruturas que poderiam ser precursoras das células primitivas.

(E) O estudo de aminoácidos que contêm grupos tiol (tioésteres) fornece argumentos a favor da precedência de proteínas na origem da vida, entre os quais se incluem a abundância de sulfeto de hidrogênio (H_2S) no ambiente primitivo e a alta concentração de oxigênio na atmosfera primitiva, que favoreceria a respiração aeróbica.

6. (ENADE – 2008)

Testes bioquímicos realizados durante um experimento revelaram a presença, em uma solução, de dois tipos de biopolímeros, um composto por nucleotídios unidos por ligações fosfodiéster e o outro composto por aminoácidos unidos por ligações peptídicas. Além disso, constatou-se que o segundo biopolímero exerce atividade de nuclease.

A propósito da situação acima, é correto afirmar que

(A) as características bioquímicas descritas para os dois biopolímeros permitem concluir que se trata de DNA e RNA.

(B) a atividade de nuclease observada refere-se à capacidade de os fosfolipídios, descritos como biopolímeros, formarem a membrana nuclear de algumas células.

(C) o biopolímero composto por aminoácidos unidos por ligações peptídicas é um hormônio esteroidal.

(D) o material, de acordo com as características bioquímicas descritas, contém ácido nucleico e enzima capaz de degradá-lo.

(E) as biomoléculas encontradas nas análises bioquímicas são carboidratos, que formam polímeros como o glucagon.

7. (ENADE – 2008)

A poluição em ambientes aquáticos pode ser evidenciada com a utilização de uma linhagem transgênica do peixe paulistinha (*Danio rerio*). Essa linhagem apresenta um gene da luciferase, originário de uma água-viva, que é ativado em resposta a determinados poluentes. Em situação experimental, o peixe vivo muda de cor na presença do poluente e depois, ao ser colocado em água limpa, volta à coloração original e pode ser reutilizado inúmeras vezes.

CARVAN, M. J. et al. **Transgenic zebrafish as sentinels for aquatic pollution**. *In*: Annals of the New York Academy of Sciences, 919133-47, 2000 (com adaptações).

Com relação ao fenômeno descrito no texto, é correto afirmar que a mudança na coloração do peixe

(A) decorre de alterações em moléculas de RNA que não chegam a afetar os genes do animal.

(B) é um fenômeno que ocorre com frequência em animais transgênicos, mesmo que estes não tenham o gene da luciferase.

(C) decorre da ação de genes constitutivos que são ativados por fatores ambientais.

(D) é um exemplo de como fatores ambientais podem regular o funcionamento de um gene.

(E) é o resultado de eventos mutacionais, como quebras cromossômicas ou alterações gênicas.

8. (ENADE – 2005)

Em 1953 Watson e Crick propuseram o modelo da dupla hélice para a estrutura do DNA. Resultou do corpo de conhecimentos desenvolvidos a partir dessa proposta

(A) o mapeamento dos genes nos cromossomos.

(B) o estabelecimento das leis da herança genética.

(C) a produção de vacinas contra doenças virais e bacterianas.

(D) o desenvolvimento de quimioterápicos para o tratamento do câncer.

(E) a produção de hormônio recombinante para o tratamento do nanismo.

9. (ENADE – 2005)

Hemácias humanas foram imersas em duas soluções das substâncias I e II, marcadas com um elemento radioativo, para estudar a dinâmica de entrada dessas substâncias na célula. Os resultados estão apresentados no gráfico abaixo.

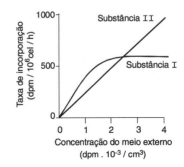

Com base nesses resultados, pode-se concluir que as substâncias I e II foram transportadas para dentro da célula, respectivamente, por

(A) transporte ativo e difusão passiva.
(B) difusão facilitada e transporte ativo.
(C) difusão passiva e transporte ativo.
(D) fagocitose e pinocitose.
(E) osmose e difusão facilitada.

10. (ENADE – 2005)

O gráfico abaixo expressa a relação entre a taxa metabólica por unidade de massa corpórea (TM/MC) e a massa corpórea (MC) de animais endotermos adultos.

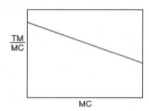

Admitindo-se que um indivíduo de uma espécie hipotética, pesando 1 kg, requer 2 kg de alimento ao longo de 20 dias, fizeram-se as seguintes afirmações:

I. Um exemplar dessa espécie, que pesasse 10 kg, precisaria de menos de 20 kg de alimento para sua manutenção ao longo de 20 dias.
II. Um exemplar dessa espécie, que pesasse 100 g, precisaria de mais do que 200 g de alimento para sua manutenção ao longo de 20 dias.
III. Um camundongo consome mais alimento por unidade de massa do que o indivíduo da espécie hipotética.

É correto o que se afirma em

(A) I, somente.
(B) II, somente.
(C) I e II, somente.
(D) II e III, somente.
(E) I, II, e III.

11. (ENADE – 2003)

Para explicar a estudantes a função de organelas presentes em uma célula animal, a analogia correta entre lisossomos, mitocôndrias e vacúolos com atividades de um grande centro urbano seria, respectivamente,

(A) usina de compostagem de lixo, usina hidrelétrica e sistema de drenagem de águas pluviais.
(B) usina hidrelétrica, usina de compostagem do lixo e centro de triagem dos Correios.
(C) sistema de coleta de esgotos, usina hidrelétrica e setor de distribuição dos Correios.
(D) usina de compostagem de lixo, usina hidrelétrica e sistema de coleta de lixo.
(E) sistema de coleta de lixo, setor de embalagem dos Correios e usina hidrelétrica.

12. (ENADE – 2003)

Em fevereiro de 2003, os jornais relataram a descoberta de restos bem preservados de tecidos de mamute em áreas gélidas da Sibéria. Com a descoberta especulou-se sobre a possibilidade de clonar esse animal. Porém, para que isso ocorra, usando-se as técnicas disponíveis atualmente, é imprescindível

(A) fazer o sequenciamento completo do genoma do mamute.
(B) encontrar núcleos intactos de células do mamute.
(C) encontrar todo o DNA do animal.
(D) decifrar o código genético desse animal.
(E) fazer um *fingerprinting* genético do mamute.

13. (ENADE – 2003)

Em abril deste ano, foi anunciada a finalização do Projeto Genoma Humano. Isso quer dizer que se passou a conhecer

(A) todas as proteínas expressas pelo genoma.
(B) a função de todos os genes humanos.
(C) as sequências de nucleotídeos de todos os cromossomos humanos.
(D) todos os genes responsáveis por doenças na espécie humana.
(E) como erradicar as doenças genéticas humanas.

14. (ENADE – 2003)

Aminoácidos radioativos foram adicionados a meios de cultura de células de bactérias e de mamíferos e sua incorporação foi analisada em diferentes tempos. Espera-se encontrar marcação radioativa mais precoce, respectivamente, junto a

(A) nucleoide e núcleo.
(B) ribossomos e lisossomos.
(C) nucleoide e lisossomos.
(D) retículo endoplasmático liso e retículo endoplasmático rugoso.
(E) ribossomos e retículo endoplasmático rugoso.

15. (ENADE – 2003)

Quatro organismos diferentes apresentam as características incluídas na tabela abaixo.

Organismo	Matéria retirada do meio ambiente	Presença de mitocôndrias	Eliminação de oxigênio molecular
I	CO_2	Sim	Sim
II	Compostos orgânicos oxidáveis	Sim	Não
III	Compostos inorgânicos oxidáveis e CO_2	Não	Não
IV	CO_2	Não	Sim

I, II, III e IV são, respectivamente,

(A) fungos, animais, algas e bactérias.
(B) bactérias, vegetais, animais e fungos.
(C) vegetais, bactérias, animais e fungos.
(D) algas, animais, bactérias e bactérias.
(E) vegetais, animais, fungos e vegetais.

Atenção: Para responder à seguinte questão, considere o texto abaixo.

A anemia falciforme é uma doença hereditária com herança autossômica recessiva, que tem grande incidência nas populações africanas negras. Os indivíduos afetados são homozigóticos (HbS / HbS) em relação a uma alteração na hemoglobina. Os indivíduos heterozigóticos (HbA / HbS) geralmente não manifestam os sintomas da doença e são denominados portadores do traço falcêmico. O pesquisador Vernon Ingram observou, em 1957, que a única diferença entre a hemoglobina mutante dos afetados e a hemoglobina normal é a presença do aminoácido valina em lugar do ácido glutâmico, na posição 6 em uma das cadeias da molécula.

16. (ENADE – 2002)

Do ponto de vista histórico, é correto afirmar que o principal impacto da pesquisa de Ingram foi

(A) decifrar o código genético.
(B) evidenciar a relação direta entre o RNA mensageiro e a cadeia de aminoácidos nas proteínas.
(C) comprovar que era possível sequenciar as bases do DNA por meio dos aminoácidos.
(D) demonstrar que as mutações podem causar alterações nas cadeias polipeptídicas.
(E) verificar que as mutações causam alterações nas moléculas de RNA mensageiro.

Atenção: Para responder às três seguintes questões, considere o texto abaixo.

João trabalha em uma confeitaria cujo proprietário é alemão. Todas as manhãs este deixa, sobre a mesa da cozinha, uma receita em português e os ingredientes de um bolo que João deve preparar. A receita original, escrita em alemão, fica guardada no escritório da confeitaria. Somente o patrão de João pode abrir o escritório e escrever, em português, a receita a ser utilizada naquele dia.

17. (ENADE – 2002)

Para explicar a leigos o funcionamento de uma célula, fazendo uma analogia com o texto, o bolo, seus ingredientes, a receita em português e a receita em alemão corresponderão, respectivamente, a

(A) aminoácido, nucleotídeos, DNA e RNA.
(B) nucleotídeo, aminoácidos, RNA e DNA.
(C) polipeptídeo, aminoácidos, RNA e DNA.
(D) DNA, RNA, polipeptídeo e aminoácido.
(E) DNA, aminoácidos, nucleotídeo e polipeptídeo.

18. (ENADE – 2002)

Continuando a analogia, o escritório, a cozinha e João corresponderão, respectivamente, aos seguintes componentes de uma célula de eucarioto:

(A) citoplasma, núcleo e cromossomo.
(B) núcleo, citoplasma e ribossomo.
(C) citoplasma, núcleo e membrana nuclear.
(D) núcleo, citoplasma e cromossomo.
(E) cromossomo, membrana nuclear e citoplasma.

19. (ENADE – 2002)

Alguns bolos são servidos assim que saem do forno, enquanto outros recebem acabamento especial. Na analogia considerada, o local da confeitaria onde os bolos recebem recheio e cobertura, corresponde

(A) à mitocôndria.
(B) ao retículo endoplasmático rugoso.
(C) ao peroxissomo.
(D) ao lisossomo.
(E) ao complexo de Golgi.

20. (ENADE – 2002)

As mitocôndrias possuem uma única molécula de DNA circular. Isto torna a organização do material genético dessas organelas semelhante à organização do material genético presente em

(A) bactérias e cloroplastos.
(B) plantas e algas verdes.
(C) fungos e vírus.
(D) vírus e bactérias.
(E) protozoários e cloroplastos.

21. (ENADE – 2001)

As figuras abaixo são fotomicrografias eletrônicas de células de eucariotos.

Figura 1

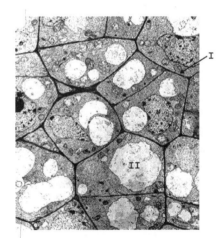

Figura 2

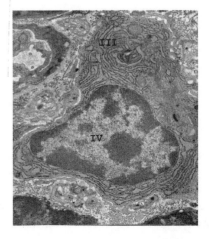

Observando-as conclui-se que a figura

(A) 1 mostra células vegetais, identificadas pela estrutura I que é a parede celular.
(B) 2 mostra células vegetais, identificadas pela estrutura III que é o seu núcleo.
(C) 1 mostra células animais, identificadas pela estrutura II que é o vacúolo.
(D) 2 mostra células vegetais, identificadas pela estrutura IV, que é uma mitocôndria.
(E) 1 mostra células animais, identificadas pela estrutura II que é um lisossomo.

22. (ENADE – 2001)

Certa organela de células vegetais apresenta várias características semelhantes às de determinados procariotos endossimbiontes. Três delas são:

– genes com sequências de bases muito semelhantes
– ribossomos 70S
– mRNA não poliadenilado

O nome dessa organela e a sua provável origem são, respectivamente,

(A) retículo endoplasmático rugoso e bactérias quimiossintetizantes.
(B) retículo endoplasmático rugoso e cianobactérias primitivas.
(C) cloroplasto e cianobactérias primitivas.
(D) cloroplasto e bactérias quimiossintetizantes.
(E) mitocôndria e bactérias anaeróbicas.

Nas últimas décadas os métodos que utilizam o DNA recombinante passaram a ser amplamente utilizados. As três questões a seguir abordam esse tema.

23. (ENADE – 2001)

As células de um organismo com 2n = 8, com todos os cromossomos metacêntricos, foram submetidas a uma hibridação *in situ* com fragmentos de DNA de sequências teloméricas. As células encontravam-se em interfase antes da replicação do material genético (G1). O número máximo de sinais observados por núcleo é

(A) 2
(B) 4
(C) 8
(D) 16
(E) 32

24. (ENADE – 2001)

Atualmente, o teste do DNA ou "DNA *fingerprint*" analisa

(A) transversões entre bases do DNA e é utilizado para detectar o uso de drogas.
(B) translocações cromossômicas ao longo do genoma e é utilizado para determinação de paternidade.
(C) sequências de bases com variações de tamanho e é utilizado para estabelecer relações de parentesco.
(D) regiões que codificam proteínas reguladoras e é utilizado no diagnóstico de más-formações genéticas.
(E) regiões do genoma que apresentam mutações de ponto e é utilizado em testes de gravidez.

25. (ENADE – 2001)

Deseja-se clonar um gene que confere resistência à ampicilina (*amp*^{r}) em um plasmídeo que possui o gene de resistência de canamicina (*canr*) como marca de seleção. Os mapas de restrição são dados abaixo.

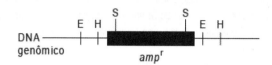

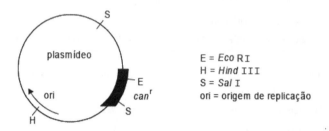

Para obter clones positivos, digere-se o DNA genômico e de plasmídeo com certa enzima e, em seguida, utiliza-se um antibiótico para seleção. A enzima e o antibiótico apropriados são, respectivamente,

(A) *Eco* RI e canamicina.
(B) *Eco* RI e ampicilina.
(C) *Sal* I e ampicilina.
(D) *Sal* I e canamicina.
(E) *Hind* III e ampicilina.

26. (ENADE – 2000)

A especialização de células no desempenho de diversas atividades permite afirmar que as organelas predominantes nas fibras musculares, nas células pancreáticas e nos osteoclastos do tecido ósseo são, respectivamente,

(A) citoesqueleto, retículo endoplasmático e lisossomos.
(B) citoesqueleto, complexo de Golgi e retículo endoplasmático.
(C) vacúolo, complexo de Golgi e lisossomos.
(D) mitocôndrias, retículo endoplasmático e vacúolo.
(E) peroxissomos, vacúolo e mitocôndrias.

27. (ENADE – 2003) DISCURSIVA

Em 1990, um artigo publicado na revista **Nature** elucidou a base molecular da variação fenotípica da textura de sementes secas de ervilha (lisa ou rugosa), característica estudada por Gregor Mendel em seus experimentos clássicos. O alelo que determina a textura lisa corresponde a um segmento de DNA de 3.300 pares de bases que codifica a enzima SBE-I, importante para a síntese de amido. No alelo que determina forma rugosa há uma inserção de 800 pares de bases na região de código do gene, o que produz uma enzima SBE-I não funcional. Em consequência, a via de síntese de amido é interrompida e a semente apresenta elevado conteúdo de sacarose e água.

a) Explique por que a incapacidade de sintetizar amido resulta no caráter rugoso da semente seca. (5 pontos)

b) Com base nas informações acima explique por que o caráter liso é dominante. (10 pontos)

c) Nas populações em geral, como surgem novos alelos e o que os caracteriza do ponto de vista molecular? (5 pontos)

E) Fisiologia

1. (ENADE – 2011)

Uma das funções essenciais da divisão celular em eucariotos complexos é a de repor células que morrem. Nos seres humanos, bilhões de células morrem todos os dias e, basicamente, a morte celular pode ocorrer por dois processos morfologicamente distintos: necrose e apoptose.

Considerando que a distinção entre eles é de especial importância no diagnóstico de doenças, avalie as afirmações abaixo.

I. Na apoptose, os restos celulares são fagocitados pelos macrófagos teciduais.

II. Como processos ativos, tanto a apoptose quanto a necrose requerem reservas de ATP.

III. Na necrose, ocorre extravasamento de substâncias contidas nas células, o que resulta em um processo inflamatório.

IV. Tanto o mecanismo de necrose como o da apoptose envolvem a degradação do DNA e das proteínas celulares.

É correto apenas o que se afirma em

(A) I.

(B) II.

(C) I e III.

(D) II e IV.

(E) III e IV.

2. (ENADE – 2011)

Em condições normais, um homem adulto produz cerca de 200 bilhões de hemácias por dia, para substituir um número semelhante de hemácias destruídas diariamente.

Essa reposição é fundamental para manter estável a massa total dos glóbulos vermelhos do organismo. Embora pareça expressivo, tal valor representa menos de 1% do total de hemácias, que, em condições também normais, são produzidas exclusivamente na medula óssea.

Nesse contexto, assinale a opção que apresenta duas circunstâncias nas quais, após os períodos embrionário e fetal, a eritropoese pode ocorrer fora da medula óssea.

(A) Infecção bacteriana localizada e ocupação de ambiente com baixa pressão de oxigênio devido a altitudes elevadas.

(B) Infecção bacteriana localizada e resposta a estímulo proliferativo intenso, como a anemia hemolítica.

(C) Infecção bacteriana localizada e trauma mecânico, com posterior processo inflamatório.

(D) Resposta a estímulo proliferativo intenso, como na anemia hemolítica, e proliferação neoplásica em tecido mieloide.

(E) Resposta a estímulo proliferativo intenso, como na anemia hemolítica, e resposta a trauma mecânico, com posterior processo inflamatório.

3. (ENADE – 2003)

Considere os seguintes tipos de células humanas: epitelial, nervosa e secretora. As diferenças nas formas que apresentam e nas funções que exercem devem-se

(A) à eliminação de parte do seu material genético no processo de diferenciação celular.

(B) à ativação e inativação de diferentes genes em cada um dos tipos de célula.

(C) ao fato de cada tipo de célula ter um código genético diferente.

(D) a respostas aos ambientes diferentes em que se desenvolvem.

(E) à expulsão seletiva de diferentes organelas que ocorre em cada um dos tipos de célula.

4. (ENADE – 2003)

Entre os fatores que aumentam a mortalidade humana em certas áreas de Caatinga está a ingestão diária de refeições com valores calóricos muito abaixo do recomendado. Os habitantes de tais áreas

(A) precisam apenas ingerir produtos ricos em amido e atingir o valor calórico recomendado.

(B) devem ajustar seu metabolismo a esse tipo de dieta.

(C) apresentam reduzida síntese de lipídeos.

(D) necessitam ingerir mais vitaminas do que pessoas com dieta balanceada.

(E) podem suprir suas necessidades nutricionais com lipídeos.

5. (ENADE – 2001)

Durante uma partida de basquete, o corpo dos jogadores sofre uma série de alterações fisiológicas. Considerando-se a funcionalidade e a distribuição das diferentes fibras musculares estriadas é correto afirmar que, durante o jogo, estão em atividade as

(A) tônicas de contração lenta, dos músculos posturais e as fásicas de contração rápida, dos músculos não posturais.

(B) fásicas de contração rápida, dos músculos não posturais e as tônicas, também de contração rápida, dos músculos posturais.

(C) tônicas de contração rápida, dos músculos não posturais e as fásicas de contração também rápida, dos músculos posturais.

(D) fásicas de contração rápida, dos músculos oculares e as tônicas de contração rápida, dos músculos não posturais.

(E) tônicas de contração lenta, dos músculos oculares e as fásicas de contração rápida, dos músculos posturais.

A irradiação dos seres vivos nos mais diversos ambientes e suas intrincadas interações resultaram na grande diversidade de padrões morfológicos e funcionais em vários níveis de organização. Essa diversificação é abordada na seguinte questão.

6. (ENADE – 2001)

Em termos evolutivos, pode-se afirmar que a reprodução sexuada é mais vantajosa que a assexuada porque

(A) favorece a formação de indivíduos geneticamente idênticos.
(B) permite a replicação exata de indivíduos especialmente bem adaptados a certos ambientes.
(C) elimina a necessidade de um ajuste contínuo frente às condições ambientais.
(D) dá oportunidade à população de adaptar-se às mudanças das condições ambientais.
(E) elimina a capacidade de invasão de novos ambientes por competição.

F) Genética

1. (ENADE – 2008)

O trabalho de Mendel com hibridação de ervilhas, publicado em 1866, forneceu subsídios para a compreensão das observações citológicas sobre o comportamento dos cromossomos na formação dos gametas. Em seu trabalho, Mendel afirmava que os fatores, que hoje chamamos de genes, separavam-se na formação dos gametas e se uniam na formação do zigoto.

Além disso, argumentava que diferentes fatores se separavam nesse processo de maneira independente entre si. Essas duas afirmações correspondem a observações citológicas da meiose, tal como esta ocorre na maioria das espécies, as quais mostram, respectivamente, que

(A) os cromossomos homólogos se separam na fase II e a segregação de um par de cromossomos homólogos é independente da dos demais.
(B) os cromossomos homólogos se separam na fase I e a segregação de um par de cromossomos homólogos é independente da dos demais.
(C) os cromossomos homólogos se separam na fase II e a segregação de um par de cromossomos homólogos é dependente da dos demais.
(D) as cromátides irmãs se separam na fase I e a segregação de um par de cromossomos homólogos é independente da dos demais.
(E) as cromátides irmãs se separam na fase II e a segregação de um par de cromossomos homólogos é dependente da dos demais.

2. (ENADE – 2008)

Estudos realizados com diversos marcadores genéticos têm indicado que espécies arbóreas de florestas tropicais apresentam alta proporção de locos polimórficos e elevados níveis de diversidade genética dentro de espécies. Um estudo específico com aroeira (*Myracrodruon urundeuva*) verificou, em duas populações naturais diferentes, baixa taxa de fecundação cruzada.

A respeito da viabilidade genética de populações, é correto concluir que

(A) uma espécie constituída de populações endogâmicas tem baixa diversidade genética, e não pode ter alta proporção de locos polimórficos devido ao fato de não apresentar panmixia.
(B) mesmo uma espécie com baixa taxa de fecundação cruzada pode ter alta proporção de locos polimórficos em suas populações, pois a endogamia não conduz necessariamente à homozigose.
(C) tanto as populações com fecundação cruzada como as com altas taxas de endogamia podem ter alta proporção de locos polimórficos, se tiverem altas taxas de mutação.
(D) a aroeira é uma espécie que pode ter alta proporção de locos polimórficos, mesmo com grande homozigose em diferentes populações endogâmicas.
(E) as populações naturais de aroeira têm alta proporção de locos polimórficos devido à segregação independente e à recombinação genética.

3. (ENADE – 2008)

A qualidade da água e do solo vem sendo alterada pelo uso intensivo de agrotóxicos e de outros agentes contaminantes. A avaliação da mutagenicidade desses compostos fornece parâmetros para orientar o controle da emissão de poluentes. Entre os diversos organismos utilizados como biomarcadores, o peixe paulistinha (*Danio rerio*) destaca-se na avaliação do potencial mutagênico de agrotóxicos. Nesse caso, uma das metodologias adotadas pelos técnicos consiste em analisar a incidência de quebras cromossômicas em paulistinhas submetidos a amostras de água que contêm doses controladas do agrotóxico questionado.

Tendo o texto acima como referência inicial, analise as asserções a seguir.

As quebras cromossômicas observadas nos peixes e demais eucariotos levam à inativação gênica e à consequente modificação de uma via metabólica

porque

uma das consequências das quebras cromossômicas é a formação de fragmentos cromossomais acêntricos que serão perdidos na próxima divisão celular.

Acerca dessas asserções, assinale a opção correta.

(A) As duas asserções são proposições verdadeiras, e a segunda é uma justificativa correta da primeira.
(B) As duas asserções são proposições verdadeiras, mas a segunda não é uma justificativa correta da primeira.
(C) A primeira asserção é uma proposição verdadeira, e a segunda, uma proposição falsa.
(D) A primeira asserção é uma proposição falsa, e a segunda, uma proposição verdadeira.
(E) Tanto a primeira quanto a segunda asserções são proposições falsas.

4. (ENADE – 2008)

A hemofilia é uma doença hereditária, causada por gene localizado no cromossomo X humano. Considere que um homem hemofílico teve uma filha não hemofílica. Essa mulher irá se casar com um homem não hemofílico e está preocupada com a possibilidade de ter um filho (ou uma filha) afetado pela doença, razão pela qual recorre a um serviço de aconselhamento genético.

Considerando a situação hipotética descrita, avalie as duas asserções a seguir.

No caso descrito, o aconselhamento genético tem como objetivo informar o casal sobre o risco de vir a ter descendentes portadores ou afetados por uma doença,

porque

o aconselhamento genético é um procedimento usado para diagnóstico e cura de doenças hereditárias.

Acerca das asserções apresentadas, assinale a opção correta.

(A) As duas asserções são proposições verdadeiras, e a segunda é uma justificativa correta da primeira.

(B) As duas asserções são proposições verdadeiras, mas a segunda não é uma justificativa correta da primeira.

(C) A primeira asserção é uma proposição verdadeira, e a segunda, uma proposição falsa.

(D) A primeira asserção é uma proposição falsa, e a segunda, uma proposição verdadeira.

(E) Tanto a primeira quanto a segunda asserções são proposições falsas.

---

5. (ENADE – 2008)

É como se tivesse mil roupas e máscaras. A cada dois dias, quando se reproduz no interior das células vermelhas do sangue, o protozoário causador da malária consegue gerar novas combinações de seu material genético e assim produzir proteínas extremamente diversificadas que lhe permitem escapar das defesas do organismo humano. Também faz com que os sintomas possam variar de pessoa para pessoa, dificultando a sua detecção num primeiro momento.

Pesquisa FAPESP, nov./2006, n.o 109, p. 46-9 (com adaptações).

A partir do texto acima, assinale a opção correta.

(A) A produção de proteínas muito diversificadas por parte do protozoário é o resultado do uso de drogas, para o tratamento da doença, que induzem a resistência microbiana.

(B) A diversidade de sintomas exibidos por pessoas infectadas resulta da grande diversidade de tipos de células vermelhas encontradas no sangue humano.

(C) A grande capacidade de recombinação genética demonstrada pelo protozoário dificulta muito o desenvolvimento de vacinas contra a malária.

(D) O fato de se ter o diagnóstico dificultado num primeiro momento não representa maior dificuldade devido à atual disponibilidade de antibióticos.

(E) A possibilidade de desenvolvimento da doença sem os sintomas habituais é um aspecto positivo, pois indica que há uma atenuação do parasita e que as pessoas estão em melhores condições.

---

6. (ENADE – 2005)

Na década de setenta, uma jovem que tinha dois irmãos afetados por hemofilia, doença de herança recessiva ligada ao cromossomo X, procurou um serviço de aconselhamento genético e foi informada sobre o risco teórico de ter uma criança hemofílica. Quinze anos depois, a mesma mulher procurou um laboratório de genética e o estudo do DNA permitiu concluir ser ela heterozigótica em relação ao gene mutado que causa a hemofilia. O risco teórico dessa mulher vir a ter uma criança afetada, apresentado nos anos setenta, e o risco a ela informado após o estudo do DNA foram, respectivamente, de

(A) $\frac{1}{8}$ e $\frac{1}{4}$

(B) $\frac{1}{4}$ e $\frac{1}{8}$

(C) $\frac{1}{4}$ e $\frac{1}{2}$

(D) $\frac{1}{2}$ e $\frac{1}{4}$

(E) $\frac{1}{2}$ e $\frac{3}{4}$

---

7. (ENADE – 2005)

Seis araras azuis (identificadas pelos números de 1 a 6) foram apreendidas pela fiscalização e enviadas para o laboratório de um pesquisador para estudo, com o objetivo de implantar um programa de reprodução em cativeiro. Atualmente essas aves ocorrem em três áreas isoladas (Amazônia, Pantanal e Gerais) e não é possível distinguir o macho da fêmea pela aparência externa. Diferentes marcadores moleculares foram utilizados para caracterizar cada uma das araras apreendidas. Os resultados estão apresentados nos quadros abaixo.

Localidade	Sequência de DNA que identifica a localidade	Indivíduos Apreendidos	
		Identificação	Sequência de DNA encontrada
Amazônia	ATGGGCCTCCAATTTTGGTCCA	1	ATGGGCCCCCAATATTGGTCCA
Pantanal	ATGGGCCCCCAATATTGGTCCA	2	ATGGGCCTCCAATTTTGGTCCA
Gerais	ATTGGCCCCCAATTTTGGTCCA	3	ATGGGCCCCCAATATTGGTCCA
		4	ATGGGCCTCCAATTTTGGTCCA
		5	ATGGGCCTCCAATTTTGGTCCA
		6	ATGGGCCTCCAATTTTGGTCCA

Padrão de fragmentos do DNA hibridado com uma sonda nuclear adequada

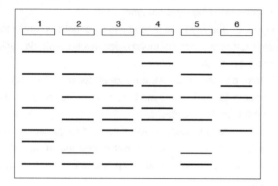

Padrão de fragmentos do DNA nuclear hibridado com uma mistura de sondas (fragmentos de DNA provenientes dos cromossomos Z e W).

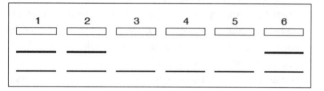

Com base nos resultados obtidos é aconselhável a realização de cruzamentos entre os animais

(A) 1 e 3; 2 e 4; 4 e 6
(B) 1 e 3; 2 e 5; 4 e 6
(C) 1 e 2; 3 e 4; 5 e 6
(D) 2 e 5; 3 e 6; 4 e 5
(E) 3 e 4; 3 e 5; 4 e 6

8. (ENADE – 2003)

Saccharomyces é um grupo composto por seis espécies que intercruzam e produzem híbridos estéreis. Os cromossomos de duas dessas espécies, que diferem pela presença de translocações, foram submetidos a técnicas de DNA recombinante e tornados colineares, ou seja, com os genes na mesma ordem.

(Delneri e colaboradores. **Nature**. n. 422, p. 68, 2003)

Considere as seguintes afirmações referentes ao trabalho de Delneri e colaboradores.

I. Se o cruzamento entre as duas espécies com genomas colineares produzir híbridos férteis, pode-se concluir que as translocações são a causa do isolamento entre elas.
II. A engenharia genética de genomas foi aplicada para tentar reverter eventos de especiação.
III. Os experimentos de Delneri e colaboradores testaram a hipótese: "Translocações são a causa da infertilidade dos híbridos".
IV. Em *Saccharomyces*, o isolamento reprodutivo é pré-zigótico.

É correto o que se afirma SOMENTE em

(A) I
(B) I e II
(C) II e IV
(D) III e IV
(E) I, II e III

9. (ENADE – 2003)

Alelos responsáveis por doenças humanas de herança autossômica recessiva intrigam os cientistas por ocorrerem em frequências elevadas em certas populações.

Considerando-se que frequentemente inviabilizam a reprodução do indivíduo homozigótico, sua elevada frequência nessas populações pode decorrer

(A) do valor adaptativo mais elevado dos heterozigotos.
(B) da taxa de mutação mais elevada.
(C) do excessivo fluxo gênico nessas populações.
(D) da migração e dispersão dos alelos mutados.
(E) do excesso de recombinação genética.

10. (ENADE – 2003)

Os pólipos de uma colônia geralmente são formados por reprodução assexuada. Quando ocorre reprodução sexuada e formam-se zigotos a partir de gametas da mesma colônia, as novas colônias serão geneticamente

(A) idênticas à parental, embora não sejam clones verdadeiros.
(B) diferentes da parental, devido a interações ambientais.
(C) idênticas à parental, por não ter ocorrido permuta.
(D) diferentes da parental, devido à recombinação meiótica.
(E) idênticas à parental, pois os gametas são idênticos.

Atenção: Para responder à seguinte questão, considere o texto abaixo.

A anemia falciforme é uma doença hereditária com herança autossômica recessiva, que tem grande incidência nas populações africanas negras. Os indivíduos afetados são homozigóticos (HbS / HbS) em relação a uma alteração na hemoglobina. Os indivíduos heterozigóticos (HbA / HbS) geralmente não manifestam os sintomas da doença e são denominados portadores do traço falcêmico. O pesquisador Vernon Ingram observou, em 1957, que a única diferença entre a hemoglobina mutante dos afetados e a hemoglobina normal é a presença do aminoácido valina em lugar do ácido glutâmico, na posição 6 em uma das cadeias da molécula.

11. (ENADE – 2002)

Dentre quatro populações pequenas e geograficamente próximas de descendentes de escravos africanos, em apenas uma foram detectados portadores do traço falcêmico. Uma vez que nenhuma das populações está sujeita a fluxo gênico, a observação pode ser explicada por

(A) taxas de recombinação diferentes em cada população.
(B) taxas de mutação constantes em cada população.
(C) deriva genética e migração.
(D) altas taxas de endogamia em cada população.
(E) diferentes genótipos fundadores em cada população e pequeno tamanho populacional.

12. (ENADE – 2002)

Na revista **Science** de 14 de dezembro de 2001, um grupo de pesquisadores relatou a cura da anemia falciforme em camundongos, através de terapia gênica. A partir de um retrovírus modificado, a equipe construiu um vetor para introdução do gene terapêutico. A estratégia do experimento baseou-se no fato de haver integração, ao genoma das células infectadas, de uma cópia do

(A) RNA viral, retrotranscrita em DNA.
(B) DNA viral, transcrita em RNA.
(C) RNA viral, retrotranscrita em RNA.
(D) RNA viral, embora ambos os ácidos nucleicos tenham sido introduzidos nas células.
(E) DNA viral, embora ambos os ácidos nucleicos tenham sido introduzidos nas células.

13. (ENADE – 2002)

A clonagem animal vem sendo realizada desde a década de 50. Entretanto, em 1997, o experimento que levou ao nascimento da ovelha Dolly causou impacto científico e social por ser o primeiro a demonstrar que células

(A) germinativas de mamíferos, quando clonadas, podem originar indivíduos que chegam à fase adulta, porém são estéreis.
(B) germinativas de mamíferos, quando clonadas, podem originar novas células germinativas e novas células somáticas.
(C) somáticas diferenciadas, obtidas de mamíferos adultos, podem originar indivíduos viáveis.
(D) somáticas diferenciadas sofrem modificações do material genético que não podem ser revertidas.
(E) somáticas indiferenciadas, obtidas de fase embrionária são incapazes de gerar indivíduos viáveis.

Atenção: Para responder à seguinte questão, considere as informações que seguem.

Recentemente foram descritos cinco novos gêneros de lagartos microteídeos pertencentes à família Gymnophthalmidae.

Os indivíduos dos novos gêneros habitam campos de dunas às margens do Rio São Francisco, no domínio morfoclimático da caatinga brasileira. Todos apresentam corpo alongado, membros dianteiros reduzidos e não têm pálpebras. A partir das análises morfológicas e de sítios de restrição no DNA mitocondrial dos gêneros indicados, obteve-se a seguinte hipótese filogenética:

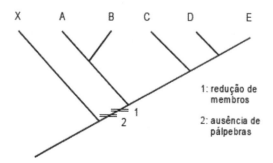

(Adaptado de Benozzati e Rodrigues. **Journal of Herpetology**, 2002)

14. (ENADE – 2002)

No estudo mencionado, os cladogramas gerados por análises morfológica e molecular foram coincidentes.

Essa coincidência

(A) é esperada, se os dois trabalhos foram bem feitos.
(B) é esperada, uma vez que as espécies estudadas são monofiléticas.
(C) é obrigatória, pois a história evolutiva do grupo é a mesma.
(D) é casual, devido a fatores aleatórios.
(E) não é obrigatória, pois as características analisadas são diferentes.

15. (ENADE – 2001)

Sabe-se que:

I. as características adquiridas durante a vida não são herdáveis.
II. algumas formas de variação geográfica são adaptativas.
III. mutação é geradora de variabilidade.
IV. o tamanho da maioria das populações naturais é limitado pela escassez de recursos naturais.

O conjunto completo de contribuições dos geneticistas para a teoria Neo-Darwinista, ou teoria sintética da evolução, reúne os itens

(A) I, II e III
(B) I, III e IV
(C) II, III e IV
(D) I e II
(E) I, II, III e IV

A irradiação dos seres vivos nos mais diversos ambientes e suas intrincadas interações resultaram na grande diversidade de padrões morfológicos e funcionais em vários níveis de organização. Essa diversificação é abordada na seguinte questão.

16. (ENADE – 2001)

Uma espécie de roedor apresenta-se estruturada em pequenas populações dispersas em uma extensa área. Em amostras de cinco populações, coletadas ao longo do eixo norte-sul da distribuição da espécie, foram analisadas as frequências gênicas no locus A e o peso médio dos indivíduos, encontrando-se os seguintes dados:

População	Frequência do alelo A_1	Peso médio (g)
I	0,48	245
II	0,25	275
III	0,18	308
IV	0,52	322
V	0,36	348

Uma interpretação plausível para esses resultados é que

(A) a endogamia é responsável pelo padrão de distribuição das frequências gênicas e do peso.
(B) a variação do peso é consequência das variações nas frequências do alelo A_1.
(C) cada população é, na verdade, uma espécie diferente, como mostram as frequências gênicas e os pesos médios.

(D) a plasticidade fenotípica é responsável pela alteração das frequências gênicas.

(E) as frequências gênicas poderiam ser consequência de deriva e o peso, consequência de plasticidade fenotípica.

17. (ENADE – 2000)

O material genético contido nos núcleos das células eucarióticas está nos cromossomos e, na divisão celular, deve ser distribuído corretamente entre as células filhas.

Para que isso ocorra, cada cromossomo precisa apresentar as seguintes sequências especializadas de DNA:

(A) origens de transcrição, centrômero e telômeros.
(B) origens de replicação, região organizadora do nucléolo e telômeros.
(C) origens de replicação, centrômero e telômeros.
(D) centrômero, telômeros e região organizadora do nucléolo.
(E) DNA satélite, região organizadora do nucléolo e origens de replicação.

18. (ENADE – 2000)

O esquema abaixo representa a sequência de reações que leva à síntese de antocianinas, pigmentos responsáveis pela cor das flores de diversas angiospermas.

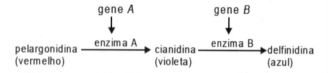

Enquanto os alelos A e B codificam enzimas ativas, os alelos recessivos a e b codificam formas inativas. Com base nessas informações é correto afirmar que os descendentes do cruzamento de plantas de flores de cor violeta (AAbb) com plantas de flores de cor vermelha (aaBB) tenham flores de cor

(A) vermelha (25%); violeta (50%) e azul (25%).
(B) violeta (50%) e vermelha (50%).
(C) vermelha (100%).
(D) violeta (100%).
(E) azul (100%).

19. (ENADE – 2000)

Indivíduos mutantes que não possuem pigmentos na epiderme são denominados albinos. Quando camundongos albinos de duas linhagens diferentes (I e II) foram intercruzados, 100% dos descendentes apresentaram pigmentação normal. Esse resultado indica que

(A) as mutações das linhagens I e II estão localizadas em genes diferentes.
(B) as mutações das linhagens I e II estão localizadas no mesmo gene.
(C) as mutações das linhagens I e II revertem para a característica selvagem.
(D) pelo menos uma das mutações reverte para a característica selvagem.
(E) a eficiência das duas mutações é muito baixa.

20. (ENADE – 2000)

Machos de uma linhagem mutante de mosca, de olhos azuis e corpo preto, cruzados com fêmeas mutantes, de olhos verdes e corpo amarelo, produziram, em F_1, apenas indivíduos com fenótipo selvagem (olhos verdes e corpo preto). O intercruzamento de indivíduos de F_1 resultou, em F_2, nos descendentes apresentados abaixo:

Fenótipos	Machos	Fêmeas
olhos verdes / corpo preto	300	600
olhos azuis / corpo preto	300	–
olhos verdes / corpo amarelo	100	200
olhos azuis / corpo amarelo	100	–

As mutações que resultam em indivíduos, respectivamente, de olhos azuis e corpo amarelo estão identificadas corretamente em

	Mutação para	
	olhos azuis	corpo amarelo
(A)	recessiva e autossômica	dominante, ligada ao cromossomo X
(B)	recessiva, ligada ao cromossomo X	recessiva e autossômica
(C)	recessiva, ligada ao cromossomo Y	recessiva, ligada ao cromossomo X
(D)	dominante, ligada ao cromossomo X	dominante e autossômica
(E)	dominante e autossômica	recessiva, ligada ao cromossomo Y

21. (ENADE – 2000)

Um certo bacteriófago apresenta os genes F, G, H dispostos como mostra o esquema abaixo.

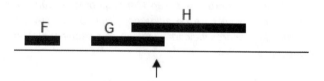

Os genes G e H estão parcialmente sobrepostos, porém os nucleotídeos que constituem o gene H são lidos numa fase de leitura diferente daquela em que são lidos os nucleotídeos do gene G. A perda de um par de nucleotídeos, na região indicada pela seta, terá, como consequência,

(A) códons obrigatoriamente sem sentido no local da deficiência, tanto no gene G como no gene H.
(B) a troca de um aminoácido nas proteínas codificadas pelos genes G e H.
(C) uma alteração no quadro de leitura dos genes G, H e F.
(D) uma alteração no quadro de leitura em um dos genes, G ou H.
(E) uma mudança nos quadros de leitura dos genes G e H.

22. (ENADE – 2000)

Um pesquisador pretende isolar o gene que codifica certa proteína neurotransmissora em cérebro de camundongo.

Sabendo que a sequência de aminoácidos da proteína já é conhecida, o passo inicial para isolar esse gene consistirá em fazer uma

(A) biblioteca de cDNA a partir de mRNA de cérebro de camundongo.
(B) biblioteca de cDNA a partir de rRNA de cérebro de camundongo.
(C) biblioteca genômica a partir do genoma de um organismo aparentado.
(D) preparação de cérebro de camundongo para análise dos genes em microscopia eletrônica.
(E) hibridação *in situ* com um anticorpo contra a proteína desejada.

23. (ENADE – 2005) DISCURSIVA

Um floricultor cultiva uma espécie de planta diploide que produz flores cujas cores variam do branco ao vermelho. O cruzamento de duas linhagens puras, uma com flores brancas e outra com flores vermelhas, originou indivíduos da geração F_1 que, cruzados entre si, geraram, em F_2, o resultado esquematizado no gráfico.

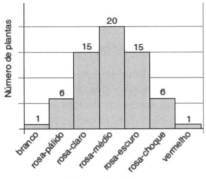

a) A cor da flor nessa espécie de planta segue que tipo de padrão de herança? Justifique. (valor: 5,0 pontos)
b) Qual o número provável de pares de genes envolvidos na cor da flor? (valor: 2,5 pontos)
c) Sabendo-se que as plantas de tonalidade intermediária (rosa-médio) são as de maior valor comercial, que tipo de cruzamento o floricultor deve fazer para obter a maior proporção possível de flores dessa tonalidade? (valor: 2,5 pontos)

ATENÇÃO: Em cada uma das questões, ao uso correto da linguagem técnico-científica, serão atribuídos **5,0 pontos**.

24. (ENADE – 2001) DISCURSIVA

Numa cultura de drosófilas com olhos de fenótipo selvagem (vermelhos), mantida por muitos anos, surgiu um único macho com olhos brancos.

a) Demonstre como detectar, através de cruzamentos, se o fenótipo do macho é resultante de uma nova mutação ou de um efeito ambiental. **(Valor: 5,0 pontos)**

Supondo que é uma mutação, demonstre através de cruzamentos, como se pode descobrir se:

b) o alelo responsável pela cor branca dos olhos é dominante ou recessivo. **(Valor: 5,0 pontos)**
c) a herança da cor dos olhos é autossômica ou ligada ao sexo. **(Valor: 5,0 pontos)**

25. (ENADE – 2000) DISCURSIVA

A figura abaixo ilustra a transmissão dos alelos ao longo das gerações de uma população de uma espécie eucariótica com reprodução sexuada.

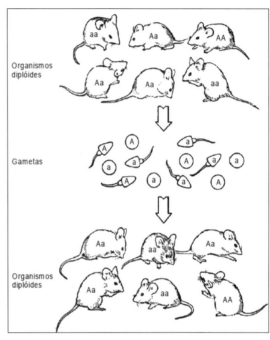

(Wilson, E.O. **The diversity of life**. England: Penguin Books. 1992)

a) Cite três maneiras pelas quais esse tipo de reprodução produz novas combinações genéticas. **(Valor: 10,0 pontos)**
b) Foi montada em laboratório uma população experimental com a seguinte composição de genótipos: 300 *AA* (150 de cada sexo), 600 indivíduos *Aa* (300 de cada sexo) e 100 *aa* (50 de cada sexo). Qual a frequência de cada alelo nesta população? **(Valor: 5,0 pontos)**
c) Supondo-se que os cruzamentos se façam ao acaso e que não haja seleção, qual será a frequência esperada de cada um dos genótipos na geração seguinte, supondo que a população continue do mesmo tamanho (1 000 indivíduos)? **(Valor: 5,0 pontos)**

G) Evolução Biológica

1. (ENADE – 2011)

A evolução adaptativa é descrita em diversas abordagens, como um produto do sucesso reprodutivo diferencial das variantes genéticas, já que alguns organismos contribuem mais do que outros com descendentes para as gerações seguintes. Com relação à evolução adaptativa, avalie as seguintes asserções.

A ocorrência de evolução adaptativa está diretamente relacionada à existência de variação, reprodução e hereditariedade; traços herdáveis correlacionados ao sucesso reprodutivo tendem a se tornar mais comuns na descendência.

PORQUE

Apesar de a seleção natural ser fraca em populações naturais e direcionada pela sobrevivência e não pelo sucesso reprodutivo, ela também causa modificações direcionais sobre variações genéticas neutras.

Acerca dessas asserções, assinale a opção correta.

(A) As duas asserções são proposições verdadeiras, e a segunda é uma justificativa correta da primeira.
(B) As duas asserções são proposições verdadeiras, mas a segunda não é uma justificativa correta da primeira.
(C) A primeira asserção é uma proposição verdadeira, e a segunda, uma proposição falsa.
(D) A primeira asserção é uma proposição falsa, e a segunda, uma proposição verdadeira.
(E) As duas asserções são proposições falsas.

2. (ENADE – 2005)

Um pesquisador observou que os euglenídios apresentam plastídios (cloroplastos) que contêm uma molécula de DNA, clorofilas **a** e **b** e três membranas envolvendo-os.

Com base nesse achado e sabendo que os plastídios das algas verdes possuem clorofilas **a** e **b** e duas membranas, o pesquisador formulou a hipótese de que os plastídios dos euglenídios se originaram por um evento de endossimbiose

(A) primária, devido à presença de três membranas envolvendo-os.
(B) secundária, devido à presença de três membranas envolvendo-os.
(C) primária, pois todos os plastídios clorofilados possuem uma molécula de DNA e clorofilas **a** e **b**.
(D) secundária, pois todos os plastídios clorofilados possuem uma molécula de DNA e clorofilas **a** e **b**.
(E) primária, pois o ancestral dos euglenídios é uma alga verde com plastídios de membrana dupla.

3. (ENADE – 2003)

Recentemente foram descobertas duas proteínas muito semelhantes, NORK e SYMRK, com importante papel na troca de nutrientes entre plantas e micro-organismos, e que também participam da proteção dessas plantas contra micróbios. Surpreendentemente, elas são similares a proteínas que fazem parte do sistema imune de mamíferos.

Sobre estas descobertas é correto afirmar que

(A) são um passo importante para tentar expandir a outras plantas a capacidade de simbiose com fixadores de nitrogênio.
(B) indicam que NORK e SYMRK evoluíram a partir de proteínas pertencentes a vias metabólicas independentes.
(C) permitem afirmar que as plantas produzem anticorpos como os mamíferos.
(D) é possível vacinar as plantas contra micróbios.
(E) NORK e SYMRK não estavam presentes no ancestral comum de plantas e animais.

Atenção: Para responder à seguinte questão, considere as informações que se seguem.

Recentemente foram descritos cinco novos gêneros de lagartos microteídeos pertencentes à família Gymnophthalmidae.

Os indivíduos dos novos gêneros habitam campos de dunas às margens do Rio São Francisco, no domínio morfoclimático da caatinga brasileira. Todos apresentam corpo alongado, membros dianteiros reduzidos e não têm pálpebras. A partir das análises morfológicas e de sítios de restrição no DNA mitocondrial dos gêneros indicados, obteve-se a seguinte hipótese filogenética:

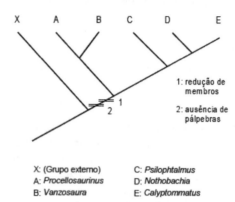

X: (Grupo externo) C: *Psilophtalmus*
A: *Procellosaurinus* D: *Nothobachia*
B: *Vanzosaura* E: *Calyptommatus*

(Adaptado de Benozzati e Rodrigues. **Journal of Herpetology**, 2002)

4. (ENADE – 2002)

Suponha que em continuação a esses estudos moleculares, tenha sido sequenciada uma região do DNA mitocondrial de uma espécie de cada gênero, sendo detectadas, entre a espécie do gênero C e a do gênero E, 12 mutações pontuais (substituições de bases na sequência estudada). De acordo com a teoria neutralista da evolução, espera-se encontrar também 12 mutações entre espécies dos gêneros

(A) D e E.
(B) C e D.
(C) B e C.
(D) A e B.
(E) X e B.

5. (ENADE – 2002)

O alongamento do corpo e a redução do tamanho dos membros evoluíram de maneira independente em diversos táxons de vertebrados, mas não em mamíferos. A ausência de mamíferos serpentiformes pode ser atribuída, entre outros fatores,

(A) à recente história evolutiva do grupo.
(B) à incompatibilidade com a nutrição fetal na placenta.
(C) ao alto custo energético da regulação da temperatura corporal.
(D) ao tipo de desenvolvimento dos mamíferos que só admite um plano de simetria.
(E) ao excesso de nichos ecológicos ocupados pelos mamíferos.

A sistemática é uma área de pesquisa que levanta hipóteses sobre o grau de parentesco entre os organismos na tentativa de reconstruir a sua história evolutiva e auxiliar na interpretação dos mecanismos envolvidos. Este assunto é abordado nas três seguintes questões.

Instruções: Para responder às três seguintes questões, utilize o esquema abaixo que mostra as principais relações evolutivas no filo Annelida. As apomorfias utilizadas estão numeradas e seus significados constam da lista que segue.

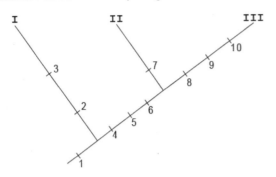

(Adaptado de BRUSCA, R.C., BRUSCA, G.J. **Invertebrates.** Sunderland, USA: Sinauer Associates, 1990. p. 432)

1. cerdas numerosas
2. parapódios
3. região cefálica complexa
4. hermafroditismo simultâneo
5. clitelo
6. perda do estágio larval de vida livre
7. redução do número de cerdas
8. redução de septos e fusão dos compartimentos celômicos
9. ventosas oral e posterior
10. perda das cerdas

6. (ENADE – 2001)

I, II e III representam, respectivamente, as classes

(A) Polychaeta, Hirudinea e Oligochaeta.
(B) Polychaeta, Oligochaeta e Hirudinea.
(C) Oligochaeta, Polychaeta e Hirudinea.
(D) Oligochaeta, Hirudinea e Polychaeta.
(E) Hirudinea, Oligochaeta e Polychaeta.

7. (ENADE – 2001)

Segundo o esquema,

(A) a classe I é ancestral de II e III.
(B) a classe III é ancestral de I e II.
(C) as classes I e II formam um grupo monofilético.
(D) as classes II e III formam um grupo parafilético.
(E) as classes II e III formam um grupo monofilético.

8. (ENADE – 2001)

Uma pessoa interessada nas técnicas utilizadas para a obtenção de esquemas desse tipo pode procurar uma biblioteca. Se nesta, os livros e trabalhos científicos estiverem catalogados por assunto, a pessoa deve consultar obras sobre

(A) classificação e cladística.
(B) classificação e fenética.
(C) cladística e filogenia.
(D) cladística e fenética.
(E) filogenia e fenética.

A irradiação dos seres vivos nos mais diversos ambientes e suas intrincadas interações resultaram na grande diversidade de padrões morfológicos e funcionais em vários níveis de organização. Essa diversificação é abordada nas duas seguintes questões.

9. (ENADE – 2001)

O esquema abaixo representa as irradiações da família dos cavalos.

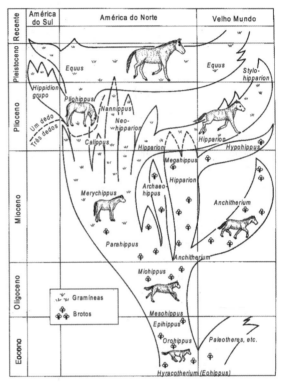

(STAHL, Barbara J. **Vertebrate history problems in evolution.** New York: Dover Publications, 1985. p. 503).

Pode-se afirmar que a irradiação dos gêneros de cavalos relaciona-se com a presença de

(A) um dedo e molares pequenos com coroa baixa, no baixo Plioceno.
(B) um dedo e molares pequenos com coroa baixa, no alto Pleistoceno.
(C) três dedos e molares pequenos com coroa baixa, no médio Mioceno.
(D) três dedos e molares grandes com coroa alta, no baixo Eoceno.
(E) três dedos e molares grandes com coroa alta, no médio Mioceno.

10. (ENADE – 2001)

As figuras abaixo esquematizam um tubarão e uma baleia, animais que apresentam convergências evolutivas relacionadas ao ambiente aquático.

Com base nesses dados é correto afirmar que

(A) as pressões ambientais sobre estes dois táxons de Vertebrata são diferentes, gerando padrões anatômicos diferentes.

(B) os movimentos natatórios são regulados por nadadeiras ímpares e pares e o corpo fusiforme facilita o deslocamento na água.

(C) os movimentos impulsores são realizados pela musculatura da cauda e a ausência de pêlos relaciona-se à endotermia no meio aquático.

(D) os movimentos natatórios dos elasmobrânquios são facilitados por amplos movimentos laterais entre as vértebras, enquanto os dos cetáceos são semelhantes aos dos Mammalia terrestres.

(E) a convergência da forma do corpo e a presença de membros pares com a forma de remos devem-se à necessidade de manter a temperatura interna.

A irradiação dos seres vivos nos mais diversos ambientes e suas intrincadas interações resultaram na grande diversidade de padrões morfológicos e funcionais em vários níveis de organização. Essa diversificação é abordada nas duas seguintes questões.

11. (ENADE – 2001)

Uma das grandes questões da biologia evolutiva é compreender os mecanismos que mantêm a variabilidade genética nas populações naturais. Sabe-se que a

(A) seleção natural pode manter a variabilidade genética de várias maneiras, dentre elas a seleção dependente de frequência.

(B) endogamia pode manter a variabilidade genotípica, contribuindo assim para a manutenção dos heterozigotos.

(C) deriva genética é o único fator importante em populações muito grandes, repondo os alelos perdidos por seleção natural.

(D) seleção natural elimina os alelos que conferem menor valor adaptativo e, assim, sempre diminui a variabilidade genética.

(E) variabilidade é mantida pelas novas mutações que surgem nas populações, alterando drasticamente a frequência dos alelos a cada geração.

Instruções: Para responder à seguinte questão, considere o texto a seguir.

"Toxinas são comuns em insetos e estes podem 'emprestar' compostos tóxicos das plantas das quais se alimentam. Por exemplo, o gafanhoto *Poekilocerus bufonius* alimenta-se de plantas leitosas (asclepiadáceas) que contêm uma série de toxinas complexas capazes de alterar funções cardíacas – os assim chamados cardenolídeos. O gafanhoto os extrai do alimento e os armazena em uma glândula de veneno. Quando atacado por predadores, defende-se ejetando um *spray* rico nessas toxinas. Quando mantido com uma dieta sem asclepiadáceas, o conteúdo de cardenolídeos no *spray* é bastante reduzido."

(BARNES, R.S.K., CALOW, P., OLIVE, P.J. **Os Invertebrados: uma nova síntese**. São Paulo: Atheneu, 1995. p. 347)

12. (ENADE – 2001)

Este exemplo constitui um tipo de

(A) parentesco evolutivo.

(B) seleção disruptiva.

(C) oscilação genética.

(D) coevolução.

(E) homologia.

13. (ENADE – 2001) DISCURSIVA

Uma transição evolutiva importante foi a saída dos animais do meio aquático e a conquista do meio terrestre.

a) Cite duas adaptações morfológicas dos vertebrados para o meio terrestre. **(Valor: 5,0 pontos)**

b) Explique o significado de cada uma dessas adaptações no novo ambiente. **(Valor: 10,0 pontos)**

14. (ENADE – 2000) DISCURSIVA

Procariotos e eucariotos desenvolveram-se com diferentes estratégias evolutivas: enquanto os procariotos exploraram as vantagens da simplicidade e do pequeno tamanho, os eucariotos tornaram-se bastante complexos e especializados.

a) Indique duas diferenças quanto à organização e/ou ao funcionamento do material genético de procariotos e eucariotos. **(Valor: 10,0 pontos)**

b) Qual é a hipótese mais aceita para explicar a origem da carioteca e do retículo endoplasmático de uma célula eucariótica a partir de uma ancestral procariótica? **(Valor: 5,0 pontos)**

c) Qual é a hipótese mais aceita sobre a origem evolutiva das organelas com genoma próprio (mitocôndrias e plastídeos) na célula eucariótica? **(Valor: 5,0 pontos)**

15. (ENADE – 2000) DISCURSIVA

Na evolução das plantas terrestres surgiram adaptações para a vida fora d'água e ocorreu um processo de redução gradativa de uma das fases do ciclo de vida, redução essa que culminou no ciclo das Angiospermas.

a) Indique a fase do ciclo de vida que sofreu o processo de redução e cite uma adaptação reprodutiva para a vida fora d'água que ocorre nas Angiospermas. **(Valor: 10,0 pontos)**

b) Explique de que maneira cada uma das estruturas abaixo contribui para a adaptação dos vegetais ao ambiente terrestre. **(Valor: 10,0 pontos)**

– Cutícula.

– Estômatos.

– Sistema vascular.

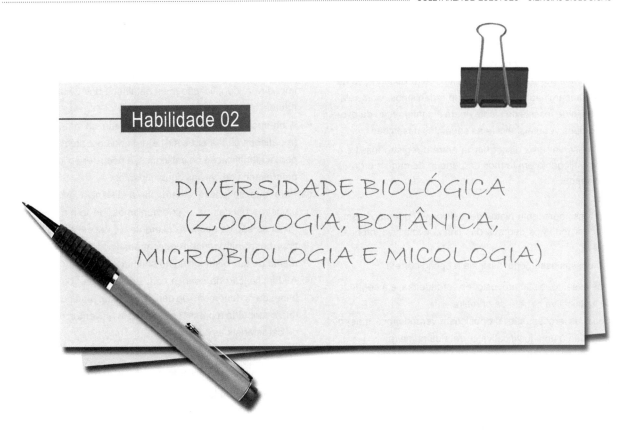

Habilidade 02

DIVERSIDADE BIOLÓGICA (ZOOLOGIA, BOTÂNICA, MICROBIOLOGIA E MICOLOGIA)

A) Taxonomia, Sistemática e Biogeografia

1. (ENADE – 2011)

Entre os padrões biogeográficos mais conhecidos e estudados, destacam-se os gradientes latitudinais de diversidade, que podem ser observados nas figuras a seguir.

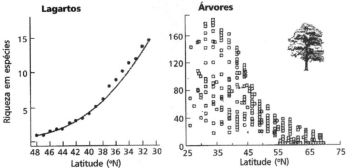

TOWNSEND, C., BEGON, M., HARPER, J. **Fundamentos em Ecologia**. Porto Alegre: ARTMED, 2. ed, 2006 (com adaptações).

Com relação a esses gradientes, avalie as seguintes asserções.

Segundo o padrão de gradientes latitudinais de diversidade, há aumento da riqueza dos polos para o Equador nas espécies continentais de animais e de plantas, o que não ocorre para seres aquáticos (marinhos e dulcícolas).

PORQUE

A maior estabilidade térmica dos ambientes de maior latitude faz com que grupos de seres aquáticos (marinhos e dulcícolas) apresentem um padrão latitudinal invertido, possuindo uma riqueza de espécies decrescente dos polos para a região equatorial.

Acerca dessas asserções, assinale a opção correta.

(A) As duas asserções são proposições verdadeiras, e a segunda é uma justificativa correta da primeira.
(B) As duas asserções são proposições verdadeiras, mas a segunda não é uma justificativa correta da primeira.
(C) A primeira asserção é uma proposição verdadeira, e a segunda, uma proposição falsa.
(D) A primeira asserção é uma proposição falsa, e a segunda, uma proposição verdadeira.
(E) Tanto a primeira quanto a segunda asserções são proposições falsas.

2. (ENADE – 2011)

Os fósseis servem como confirmação de que a evolução é fonte da biodiversidade por permitirem, entre outros, a observação de caracteres compartilhados por grupos de organismos. Com relação à utilização de fósseis de plantas para a confirmação da evolução dos grupos vegetais, avalie as seguintes asserções.

É possível observar uma discordância entre o registro fóssil e o que propõe a filogenia em termos de período de origem e graus de complexidade.

PORQUE

O registro fóssil apresenta hiatos deposicionais, que não permitem preencher todos os degraus das linhas evolutivas inferidas pela filogenia.

A respeito dessas asserções, assinale a opção correta.

(A) As duas asserções são proposições verdadeiras, e a segunda é uma justificativa correta da primeira.
(B) As duas asserções são proposições verdadeiras, mas a segunda não é uma justificativa correta da primeira.
(C) A primeira asserção é uma proposição verdadeira, e a segunda, uma proposição falsa.
(D) A primeira asserção é uma proposição falsa, e a segunda, uma proposição verdadeira.
(E) Tanto a primeira quanto a segunda asserções são proposições falsas.

Texto para as próximas duas questões

Há sete anos, em uma cidade da região rural do sul do país, foi registrado o desaparecimento de uma criança de dois anos de idade que brincava no quintal de sua casa. Durante as investigações, foram encontrados vestígios biológicos no local do desaparecimento, que foram coletados e submetidos a análises de biologia forense, que revelaram a presença de sangue humano contendo vários tipos celulares, como hemácias, neutrófilos e linfócitos, além de contaminação com células animais de outra espécie. Além desses exames, foram realizados estudos de vínculo genético entre as amostras de sangue humano encontradas no local do desaparecimento e as dos pais biológicos da criança desaparecida. Recentemente, foi encontrada uma criança de nove anos de idade que apresenta um sinal na pele muito semelhante ao da criança desaparecida. Foram colhidas amostras de sangue e realizadas análises comparativas com o material obtido sete anos atrás, que confirmaram tratar-se da mesma pessoa.

3. (ENADE – 2008)

Considerando-se o texto acima, qual das opções abaixo traz uma afirmação correta acerca das aplicações do DNA como marcador para estudos taxonômico-sistemáticos?

(A) Para que se possa identificar a espécie à qual pertencem as células contaminantes coletadas no local do desaparecimento, é necessário realizar o sequenciamento completo do genoma de tais células.
(B) Caso as células contaminantes encontradas sejam de uma espécie animal que pertença, como os seres humanos, à família dos hominídeos, a alta similaridade entre os genomas impedirá a identificação mais detalhada das células contaminantes.
(C) A obtenção de perfil genético baseado na análise de STR (repetições curtas em série) é uma das estratégias utilizadas para a identificação de indivíduos, e pode ser aplicada mesmo na presença de células contaminantes.
(D) Para que se possa determinar a distância evolutiva entre amostras obtidas de dois organismos, de forma a se determinar se são de espécies diferentes, é necessário analisar os tipos bases nitrogenadas encontradas no DNA, independentemente de sua distribuição no polímero.
(E) A identificação da criança com base em padrões de DNA é baseada no fenômeno de deriva genética, um tipo de variação que é atribuída a pressões seletivas e a eventos dependentes de características hereditárias.

4. (ENADE – 2008)

Os pandas, incluindo-se os pandas gigantes e os pandas vermelhos, por muito tempo foram tratados como ursos, mas, posteriormente, verificou-se que uma série de características os aproximava dos guaxinins. A figura abaixo apresenta os resultados de estudos com hibridação de DNA à qual foi acrescentada uma escala temporal depois de feita a análise cladística.

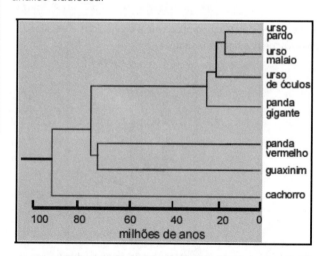

Qual das conclusões abaixo pode ser sustentada pela figura?

(A) O panda vermelho tem menor similaridade com os guaxinins do que com o urso panda gigante.
(B) Pandas gigantes, ursos pardos, ursos malaios e ursos de óculos formam um grupo parafilético.
(C) O cachorro é a única espécie do diagrama que não pode ser chamada de urso.
(D) A divergência entre as formas que originaram os pandas gigantes e pandas vermelhos ocorreu há mais de 80 milhões de anos.
(E) O panda gigante e o panda vermelho estão em clados distintos.

5. (ENADE – 2008)

Uma empresa produtora de cimento vem explorando, de forma regular e de acordo com a legislação ambiental, há mais de dez anos, uma jazida que começa a dar sinais de esgotamento. A empresa tenciona incluir outra área, a alguns quilômetros de distância, em sua licença de lavra e exploração e, por isso, submeteu o projeto ao órgão ambiental local. Os técnicos desse órgão observaram que se trata de uma região cárstica, com um conjunto de espécies endêmicas de distribuição muito restrita, e estabeleceram uma série de condicionantes para o licenciamento da expansão do empreendimento. A direção da empresa, não aceitando a ideia de aumentar seus custos operacionais, contratou um biólogo para realizar estudo detalhado, que inclui observações de campo e, ao final, elaboração de diagnóstico ambiental que permita refutar os argumentos do órgão ambiental. Depois de uma série de visitas ao campo, o biólogo confirmou que se trata de uma região de relevo cárstico e constatou a presença daquelas espécies consideradas endêmicas.

Que elementos o biólogo utilizou para caracterizar o relevo como sendo cárstico e que tipo de endemismos restritos você esperaria encontrar associados a esse tipo de ambiente?

(A) A formação cárstica pode ser reconhecida pelo relevo típico das planícies costeiras do sul-sudeste brasileiro, com solo arenoso sobre o qual cresce uma vegetação rasteira de gramíneas, com arbustos e moitas, à medida que se afasta da praia, e que cedem lugar à vegetação mais densa e de maior porte próximo à encosta que delimita a planície litorânea. Os endemismos correspondem a bromélias e orquídeas.

(B) A formação cárstica pode ser reconhecida pelo relevo aplainado em que predominam extensas chapadas com bordas escarpadas e vegetação típica de campos, em regiões áridas ou semiáridas. As espécies endêmicas típicas são do grupo dos répteis, principalmente serpentes e cágados terrestres e aves predadoras como falcões e gaviões.

(C) A formação cárstica pode ser reconhecida pelo relevo acidentado típico das serras litorâneas, com muitos morros arredondados e predominância de gnaisses e granitos sobre os quais ocorre uma vegetação rasteira com muitas bromélias e cactos. A fauna endêmica inclui principalmente anfíbios e aves passeriformes, que se alimentam do néctar das flores de bromélias e cactos.

(D) A formação cárstica pode ser reconhecida pelo relevo relativamente plano do topo das montanhas mais elevadas da serra do Mar, recobertas por campos de altitude e vegetação florestal nas grotas e linhas de drenagem. Anfíbios, pequenos mamíferos e espécies de melastomatáceas e embaúbas estão entre os principais endemismos.

(E) A formação cárstica pode ser reconhecida pelo relevo acidentado com afloramento de rochas calcárias, solo recoberto por vegetação florestal e ocorrência de cavernas com rios ou lagos subterrâneos, ou cavidades resultantes do desabamento do teto de cavernas (dolinas). A fauna endêmica corresponde a espécies de artrópodes, como opiliões, e pequenos vertebrados cavernícolas, como bagres-cegos e morcegos.

6. (ENADE – 2008)

A Teoria de Biogeografia de Ilhas é uma das mais influentes teorias ecológicas. Uma de suas predições é a de que ilhas maiores apresentam maior número de espécies do que ilhas menores. Desde os anos 70 do século passado, essa teoria tem influenciado o desenho de reservas naturais. Nesses casos, os fragmentos de vegetação remanescente seriam considerados ilhas em uma matriz de *habitats* alterados pela atividade humana.

O proprietário de uma usina sucroalcooleira contratou um biólogo para o estabelecimento de reservas naturais dentro de sua propriedade em área de floresta atlântica. A vegetação nativa encontra-se fortemente fragmentada em pequenas manchas de tamanhos diversos, porém menores que 100 ha. Essas manchas são frequentemente acessadas pela comunidade local, que coleta madeira para usar como lenha e para fazer carvão.

Considerando a aplicação crítica da Teoria de Biogeografia de Ilhas para a criação de reservas naturais na área, que noção deve nortear as ações do referido biólogo?

(A) Segundo essa teoria, ilhas maiores suportam mais espécies. Portanto, fragmentos maiores são melhores que pequenos, independentemente das condições da matriz circundante.
(B) Fragmentos grandes e pequenos são igualmente importantes para conservar qualquer espécie de animal ou planta, e deve-se equilibrar o número desses fragmentos.
(C) Deve-se priorizar a conservação de fragmentos grandes, uma vez que as espécies encontradas em fragmentos maiores já se encontram adaptadas aos efeitos das atividades humanas.
(D) Deve-se conservar o maior número de fragmentos, independentemente de seu tamanho, de modo a incluir em áreas protegidas a maior parcela dos *habitats* e da biodiversidade local.
(E) É melhor investir apenas na conservação de fragmentos grandes, inquestionavelmente importantes, já que o valor de fragmentos pequenos para a conservação da biodiversidade é duvidoso.

7. (ENADE – 2005)

A superfamília *Hominoidea* compreende três famílias: *Hylobatidae*, *Pongidae* e *Hominidae*. Os gibões e siamangues pertencem à família *Hylobatidae*; os chimpanzés, orangotangos e gorilas pertencem à família *Pongidae*, enquanto *Homo sapiens* é a única espécie da família *Hominidae*. Análises morfológicas e moleculares resultaram na filogenia abaixo.

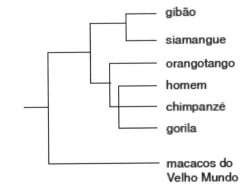

De acordo com essas relações filogenéticas, uma revisão taxonômica em *Hominoidea* deveria agrupar

(A) orangotangos, gibões e siamangues na família Hylobatidae.
(B) orangotangos, gibões e gorilas em um táxon específico.
(C) homens, chimpanzés e gorilas na mesma família.
(D) gibões e siamangues na mesma espécie.
(E) chimpanzés e gorilas apenas, na família *Pongidae*.

8. (ENADE – 2005)

Os registros fósseis mostram que as folhas são uma aquisição antiga no processo de evolução, mas somente depois de um longo período tornaram-se órgãos grandes e muito difundidos entre as plantas. Há 340 milhões de anos as folhas mostraram aumento de 25 vezes em área e, em algumas espécies, o número de estômatos aumentou 8 vezes. O evento que pode ter agido como pressão seletiva neste processo foi

(A) o aparecimento de insetos e pássaros.
(B) o aparecimento evolutivo do fotossistema II.
(C) a redução da concentração de CO_2 atmosférico.
(D) a ocorrência de glaciações periódicas no Pleistoceno.
(E) o aumento da incidência de radiação solar.

9. (ENADE – 2005)

Em relação às comunidades presentes em montanhas da zona equatorial, espera-se encontrar nas montanhas da zona temperada,

(A) cadeias tróficas mais complexas no topo do que na base.
(B) maior fluxo de energia e muitas interações competitivas entre as faces norte e sul.
(C) menor riqueza específica e maior diferenciação entre as comunidades das faces norte e sul.
(D) cadeias tróficas muito complexas nas faces norte e sul e maior produtividade.
(E) comunidades equivalentes, porém mais estáveis ecologicamente.

10. (ENADE – 2005)

Muitos organismos hoje extintos são considerados excelentes marcadores bioestratigráficos, por exemplo, os

(A) estromatólitos, por seu fácil reconhecimento e datação.
(B) amonitas, por sua abundância e grande diversificação.
(C) trilobitas, por sua persistência e presença de exosqueleto.
(D) dinossauros, por sua recalcitrância e conhecimento dos grupos.
(E) celacantos, por seu endemismo e facilidade de identificação.

11. (ENADE – 2005)

A maioria dos peixes teleósteos é ectoterma, porém algumas espécies de *Scombroidei* apresentam endotermia.

Duas estratégias distintas evoluíram nos *Scombroidei*, cuja filogenia é apresentada abaixo: os marlins (espécies 1 a 6) e as cavalas (espécie 14) possuem endotermia cranial (C), aquecendo apenas o cérebro e os olhos; os atuns (espécies 7 a 12) apresentam endotermia sistêmica (S), semelhante às aves e mamíferos com altas taxas metabólicas e redução da condutividade térmica corpórea.

Os peixes das demais espécies são ectotermos (E).

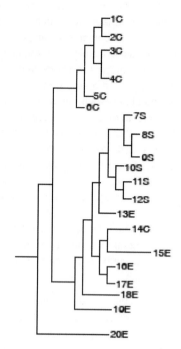

(Adaptado de Barbara A. Block. *et al*. **Science**. v. 260, 1993, p. 210-4)

É correto afirmar que a endotermia

(A) surgiu no ancestral comum e posteriormente diversificou-se em sistêmica e cranial.
(B) caracteriza os clados mais evoluídos e mais bem-sucedidos de *Scombroidei*.
(C) é uma tendência evolutiva de *Scombroidei* e no futuro todos serão endotermos.
(D) evoluiu pelo menos três vezes no grupo, o que sugere seu caráter adaptativo.
(E) é uma autoapomorfia de *Scombroidei*, ainda que tenha traços parafiléticos.

12. (ENADE – 2005)

A colonização dos diversos ambientes terrestres pelos vegetais decorreu de adaptações às características de cada ambiente.

Observa-se frequentemente que

(A) a fotossíntese C_4 predomina na região temperada.
(B) raízes apresentam geotropismo negativo em ambientes alagados.
(C) plantas com ciclo de vida anual são exclusivas da zona equatorial.
(D) o metabolismo CAM decorre da alta pressão de herbivoria e competição interespecífica.
(E) plantas suculentas são mais frequentes nas regiões úmidas e com alta insolação.

Atenção: As duas seguintes questões referem-se a populações que habitam as ilhas de um arquipélago hipotético representado no mapa abaixo. Para respondê-las, utilize as informações nele contidas e também as que se seguem:

I. Todas as ilhas surgiram simultaneamente e são habitadas por comunidades estáveis.
II. Em todas as ilhas pode ser encontrada uma espécie de roedor terrestre, *Hipothetycus imaginarius*.

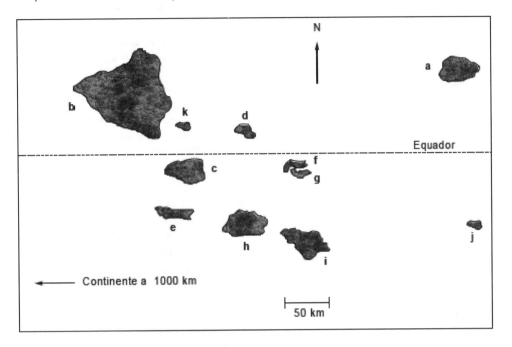

13. (ENADE – 2003)

As populações de *Hipothetycus imaginarius* geneticamente mais similares devem ser as das ilhas

(A) **a** e **c**, porque são do mesmo tamanho.
(B) **k** e **d**, porque estão na mesma latitude.
(C) **c**, **h** e **i**, porque apresentam os mesmos nichos.
(D) **j** e **k**, porque são ilhas pequenas.
(E) **f** e **g**, porque o fluxo gênico é maior.

14. (ENADE – 2003)

Considerando apenas a ação da deriva genética, a variabilidade intrapopulacional e a diferenciação interpopulacional de *Hipothetycus imaginarius* da ilha **j** devem ser

(A) baixa e alta, respectivamente.
(B) alta e ausente, respectivamente.
(C) alta e baixa, respectivamente.
(D) altas.
(E) baixas.

15. (ENADE – 2003)

Identifique, entre os postulados darwinistas abaixo, o único em que se verifica a influência das ideias de Malthus.

(A) Os indivíduos de uma espécie apresentam diferenças.
(B) A cada geração, o número de indivíduos produzidos é maior do que o que pode sobreviver.
(C) Algumas diferenças entre os indivíduos de uma espécie são herdadas.
(D) Os indivíduos com as características mais favoráveis sobrevivem.
(E) Os indivíduos com as características mais favoráveis reproduzem melhor.

Atenção: Para responder à seguinte questão, considere as informações que se seguem.

Certa espécie de hidrozoário colonial marinho não apresenta a fase de medusa. É bentônica e mantém uma associação simbiótica com organismos fotossintetizantes que podem lhe fornecer glicerol. É uma espécie dioica, com fecundação externa e as larvas ciliadas não se alimentam.

16. (ENADE – 2003)

Para obter amostras dessa espécie, seria correto indicar a um aluno que a coleta seja feita em profundidade de

(A) poucos metros, para retirar apenas indivíduos sexualmente maduros.
(B) muitos metros, pois nesses locais são encontrados os indivíduos mais resistentes.
(C) poucos metros, pois estes animais devem ocupar ambientes iluminados.
(D) muitos metros, porque a larva plânula prefere ambientes profundos.
(E) poucos metros, já que apenas as trocóforas vivem na zona pelágica.

17. (ENADE – 2003)

Lobaria pulmonaria é a denominação de um líquen. A atribuição da categoria espécie a esse tipo de organismo é

(A) apropriada, porque existe fluxo gênico entre os dois organismos que se associam formando o líquen.
(B) apropriada, uma vez que os organismos em questão só conseguem sobreviver na natureza em associação.
(C) apropriada, porque espécie é o *status* taxonômico mínimo no qual todos os organismos devem ser incluídos.

(D) controversa, porque não apenas espécies, mas gêneros e mesmo famílias de liquens podem intercruzar, gerando descendentes férteis.

(E) controversa, uma vez que o *status* de espécie deve ser aplicado apenas a organismos e não para uma associação.

Atenção: Para responder às três seguintes questões, considere as informações e o cladograma apresentados abaixo.

A partir do genoma mitocondrial de representantes de colêmbolos, crustáceos, tisanuros e demais insetos, e usando quelicerados e miriápodes como grupo externo, Nardi e colaboradores construíram a hipótese filogenética expressa abaixo.

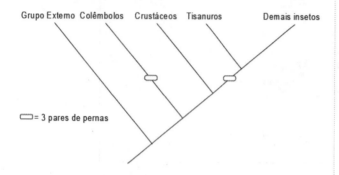

18. (ENADE – 2003)

Segundo a hipótese apresentada,

(A) houve especiação alopátrica entre colêmbolos e demais insetos.
(B) os crustáceos tinham três pares de pernas e depois adquiriram mais.
(C) a presença de três pares de pernas deve-se à convergência evolutiva.
(D) os crustáceos adquiriram mais pares de pernas por convergência evolutiva.
(E) colêmbolos, tisanuros e demais insetos desenvolveram três pares de pernas num processo de evolução de grupo.

19. (ENADE – 2003)

Tradicionalmente, colêmbolos, tisanuros e demais insetos formam a Classe Hexapoda (ou Insecta). Considerando apenas as informações presentes no cladograma, os

(A) tisanuros devem ser excluídos desse grupo.
(B) colêmbolos e crustáceos divergiram simultaneamente.
(C) crustáceos formam um grupo polifilético.
(D) hexápodos são um grupo parafilético.
(E) crustáceos e tisanuros constituem um grupo monofilético.

20. (ENADE – 2003)

Supondo que os resultados de Nardi e colaboradores serão utilizados para se estabelecer uma nova classificação que leve em consideração os grupos monofiléticos, a melhor proposta seria

(A) constituir um novo grupo com crustáceos e tisanuros e outro, com os demais insetos e colêmbolos.
(B) constituir um grupo taxonômico com colêmbolos, tisanuros e demais insetos e os crustáceos seriam um subgrupo desse grupo.
(C) constituir um grupo taxonômico com crustáceos e colêmbolos e um outro, com tisanuros e insetos.
(D) excluir os colêmbolos e incluir os crustáceos em hexápodos, formando um grupo taxonômico com os demais insetos.
(E) excluir os colêmbolos de hexápodos e constituir um novo grupo taxonômico formado por tisanuros e demais insetos.

21. (ENADE – 2003)

O novo proprietário de uma chácara verificou que em seu pomar havia duas árvores de uma espécie frutífera, mas somente uma produzia frutos. Depois que a planta improdutiva foi cortada, verificou que a árvore remanescente deixou de frutificar, apesar de florescer. Isso indica que

(A) as plantas são bissexuadas.
(B) as flores são díclinas.
(C) as plantas são hermafroditas.
(D) a espécie é dioica.
(E) a frutificação é partenogênica.

22. (ENADE – 2003)

Uma espécie vegetal com baixa capacidade de dispersão apresenta a distribuição abaixo, a qual não é decorrente da presença humana. As áreas de ocorrência em SP, MG e RJ encontram-se em altitudes superiores a 1.000 m.

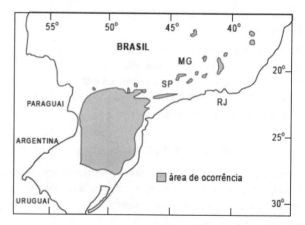

Usando apenas as informações acima, a opção mais plausível para explicar este padrão de distribuição é que

(A) para esta espécie, a altitude compensa a diminuição da latitude.
(B) o microclima não é um fator ecológico importante para essa espécie.
(C) a espécie está restrita a regiões de solo fertilizado e humificado pelos afluentes do rio Paraná.
(D) a espécie sofre exclusão competitiva pelas plantas do Cerrado.
(E) está relacionada com o enfraquecimento das massas de ar frio nas altas latitudes.

23. (ENADE – 2003)

Algumas características das plantas do manguezal são consideradas adaptativas porque ocorrem em

(A) poucas espécies da mesma família.
(B) muitas espécies da mesma família.

(C) poucas espécies do mesmo ambiente.
(D) muitas espécies não aparentadas.
(E) poucas espécies muito aparentadas.

Atenção: Para responder às duas seguintes questões, considere as informações que se seguem.

Recentemente foram descritos cinco novos gêneros de lagartos microteídeos pertencentes à família Gymnophthalmidae.

Os indivíduos dos novos gêneros habitam campos de dunas às margens do Rio São Francisco, no domínio morfoclimático da caatinga brasileira. Todos apresentam corpo alongado, membros dianteiros reduzidos e não têm pálpebras. A partir das análises morfológicas e de sítios de restrição no DNA mitocondrial dos gêneros indicados, obteve-se a seguinte hipótese filogenética:

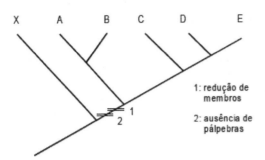

X: (Grupo externo) C: *Psilophtalmus*
A: *Procellosaurinus* D: *Nothobachia*
B: *Vanzosaura* E: *Calyptommatus*

(Adaptado de Benozzati e Rodrigues. **Journal of Herpetology**, 2002)

24. (ENADE – 2002)

A redução dos membros e a ausência de pálpebras ocorrem nos cinco novos gêneros da família *Gymnophthalmidae*. De acordo com o cladograma apresentado, tais características indicam

(A) eventos evolutivos múltiplos.
(B) ausência de seleção.
(C) convergência adaptativa.
(D) eventos aleatórios.
(E) ancestralidade comum.

25. (ENADE – 2002)

Para explicar a redução dos membros dos lagartos em estudo, foi proposta a seguinte hipótese evolutiva:

Os membros, presentes nos lagartos ancestrais, dificultavam a locomoção na areia e, gradualmente, atrofiaram. As alterações somáticas responsáveis pela atrofia dos membros eram incorporadas nas células germinativas e transmitidas à descendência.

Essa hipótese é compatível com a teoria

(A) neodarwinista.
(B) de Wallace.
(C) sintética.
(D) lamarckista.
(E) de Weissman.

26. (ENADE – 2002)

Suponha uma espécie hipotética de lagarto sem olhos, coletada nas dunas. No desenvolvimento embrionário, esta espécie apresenta olhos rudimentares que são posteriormente cobertos por tecido epitelial. Se o olho rudimentar

(A) for um vestígio autêntico, a presença de luz quando o animal nasce deve induzir a formação de olhos normais.
(B) for um vestígio autêntico, os genes que codificam suas proteínas devem apresentar muitas mutações quando comparados aos dos outros lagartos.
(C) desempenhar outra função, os genes que codificam suas proteínas devem apresentar muitas mutações quando comparados aos dos outros lagartos.
(D) desempenhar outra função, esta também deve existir nas fases embrionárias de outros lagartos.
(E) desempenhar outra função, suas proteínas devem ser idênticas às dos demais lagartos.

27. (ENADE – 2002)

Suponha que F, D, S e P sejam táxons de um grupo que está sendo estudado. A partir da análise morfológica, obtiveram-se os estados de caráter apresentados na matriz abaixo.

Táxons	Caracteres							
	1	2	3	4	5	6	7	8
F	0	0	0	1	1	0	0	0
D	1	0	0	1	0	0	1	0
S	1	1	0	1	0	1	0	1
P	1	1	1	1	0	0	0	1

(A)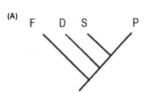

(B)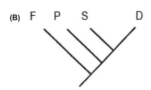

(C)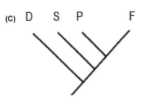

(D)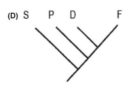

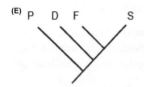

28. (ENADE – 2002)

Dentre as características básicas dos mamíferos pode-se listar:

I. presença de cinco dedos
II. dentes diferenciados ao longo da mandíbula
III. sistema circulatório fechado
IV. coração com dois átrios e dois ventrículos bem definidos

Ao longo da história evolutiva do filo *Chordata*, as características acima apareceram na seguinte ordem cronológica:

(A) I, III, II, IV
(B) III, I, IV, II
(C) III, IV, I, II
(D) IV, II, I, III
(E) IV, III, II, I

Atenção: Para responder à questão a seguir, considere o texto abaixo.

Um dos problemas ambientais na Amazônia é a grande quantidade de mercúrio lançada em cursos de água, como consequência das atividades de garimpo de ouro. Os resultados apresentados no gráfico e na tabela abaixo fazem parte de estudos realizados em localidades em que os peixes são a principal fonte de proteínas dos habitantes.

Concentração de mercúrio em peixes do Reservatório de Tucuruí

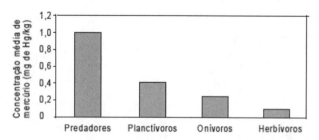

(Adaptado de Porvari, P. **The Science of the Total Environment**, 1995. n. 175, p. 109-17)

Peixes da região e seus alimentos

Peixe	Alimento
tucunaré	peixes, crustáceos
pescada	crustáceos, peixes
piranha	peixes
traíra	peixes
surubim	peixes
piau	sementes, frutas, larvas de insetos
piaba	frutas, insetos
mapará	zooplâncton
pacu	frutas e plantas

29. (ENADE – 2002)

Um pesquisador, interessado no estudo taxonômico de um grupo de peixes amazônicos, pretende utilizar como caráter a concentração de mercúrio nos músculos desses animais. A utilização deste caracter é

(A) imprópria, porque as classificações devem basear-se apenas em morfologia ou em DNA.
(B) apropriada, porque quanto maior o número de caracteres, mais precisa será a classificação.
(C) imprópria, porque não existem técnicas precisas para medir a concentração de mercúrio nos músculos.
(D) apropriada, desde que sirva para diferenciar grupos mais recentes, por exemplo, subespécies.
(E) imprópria, porque a concentração de mercúrio nos músculos é um caráter circunstancial.

A irradiação dos seres vivos nos mais diversos ambientes e suas intrincadas interações resultaram na grande diversidade de padrões morfológicos e funcionais em vários níveis de organização. Essa diversificação é abordada nas sete seguintes questões.

30. (ENADE – 2001)

Uma área de mata foi acidentalmente queimada perdendo toda a sua vegetação. Analisando, após algum tempo, essa área observa-se recolonização na qual a maioria das espécies presentes é de

(A) especialistas, com pequena sobreposição dos nichos.
(B) especialistas, com sobreposição total dos nichos.
(C) generalistas, com sobreposição total dos nichos.
(D) generalistas, com ampla sobreposição dos nichos.
(E) generalistas, com pequena sobreposição dos nichos.

31. (ENADE – 2001)

Uma espessa mancha de petróleo atingiu uma área de costão rochoso durante a maré alta. Na maré baixa esse costão foi totalmente recoberto por petróleo, o que causou a morte, por asfixia, de todos os organismos sésseis do local. Após algum tempo, esta área será repovoada novamente por espécies sésseis que têm distribuição geográfica

(A) ampla e desenvolvimento indireto, com larvas bentônicas.
(B) restrita e desenvolvimento direto, sem larvas.
(C) ampla e desenvolvimento indireto, com larvas planctônicas.
(D) restrita e desenvolvimento indireto, com larvas bentônicas.
(E) ampla e desenvolvimento direto, sem larvas.

Instruções: Para responder à seguinte questão, considere o texto a seguir.

"Toxinas são comuns em insetos e estes podem 'emprestar' compostos tóxicos das plantas das quais se alimentam. Por exemplo, o gafanhoto *Poekilocerus bufonius* alimenta-se de plantas leitosas (asclepiadáceas) que contêm uma série de toxinas complexas capazes de alterar funções cardíacas _ os assim chamados cardenolídeos. O gafanhoto os extrai do alimento e os armazena em uma glândula de veneno. Quando atacado por predadores, defende-se ejetando um *spray* rico nessas toxinas. Quando mantido com uma dieta sem asclepiadáceas, o conteúdo de cardenolídeos no *spray* é bastante reduzido."

(BARNES, R.S.K., CALOW, P., OLIVE, P.J. **Os Invertebrados: uma nova síntese**. São Paulo: Atheneu, 1995. p. 347)

32. (ENADE – 2001)

Para uma comunidade da qual fazem parte asclepiadáceas, *P. bufonius* e outros organismos, pode-se afirmar que

(A) se alimentar de asclepiadáceas é vantajoso para todos os insetos herbívoros, porque conseguem utilizar os cardenolídeos da planta em defesa própria.

(B) se alimentar de asclepiadáceas é vantajoso para *P. bufonius*, porque consegue assim um meio eficaz de escapar de seus predadores.

(C) produzir cardenolídeos é uma desvantagem para as asclepiadáceas porque, por causa dessas substâncias, são avidamente consumidas.

(D) ejetar *spray* com cardenolídeos contra seus predadores só é possível depois de *P. bufonius* ter consumido asclepiadáceas.

(E) consumir cardenolídeos de asclepiadáceas provoca disfunções cardíacas em *P. bufonius*, impedindo que se reproduza.

33. (ENADE – 2001)

Muitas plantas que vivem sobre substrato orgânico pobre em minerais apresentam folhas dispostas em rosetas. O suprimento mineral destas plantas depende da deposição proveniente da atmosfera, sendo a chuva muito importante no processo. As plantas a que o texto se refere são as

(A) aquáticas.
(B) umbrófilas.
(C) xerófitas.
(D) parasitas.
(E) epífitas.

34. (ENADE – 2001)

A tabela abaixo apresenta dados anuais referentes a duas espécies de plantas herbáceas que pertencem a comunidades diferentes.

Comunidade e Espécie	Nº médio de sementes/indivíduo	Peso seco da estrutura reprodutiva (%)
Pasto com um ano de abandono Espécie 1	1 190	30
Floresta Espécie 2	24	1

(ODUM, E.P. **Ecology and our endangered life-support systems**. 2 ed. Sunderland: Sinauer, 1993. p. 301)

Com base nos dados da tabela, pode-se inferir que o crescimento populacional da espécie

(A) 1 é mais lento, pois o investimento em estruturas vegetativas é maior do que na 2.

(B) 2 é mais lento, pois o investimento em estruturas reprodutivas é maior do que na 1.

(C) 1 é mais rápido, pois o investimento em estruturas reprodutivas é maior do que na 2.

(D) 2 é mais rápido, pois o investimento em estruturas vegetativas é maior do que na 1.

(E) 1 é mais lento, pois o investimento em estruturas reprodutivas é maior do que na 2.

35. (ENADE – 2001)

Numa plantação atacada por certa espécie de inseto, introduziu-se um predador e monitorou-se o crescimento das duas populações durante um ano. Nesse período, o controle da praga foi bem-sucedido, pois as flutuações nas duas populações diminuíram progressivamente, embora o predador não tenha sido capaz de exterminar sua presa.

O gráfico que representa essa situação e identifica corretamente praga e predador é

(A)
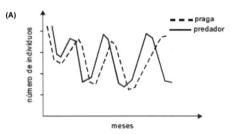

(B)
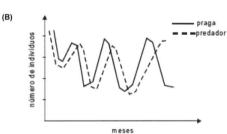

(C)
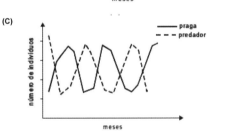

(D)
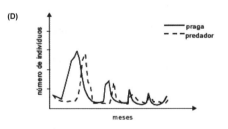

(E)
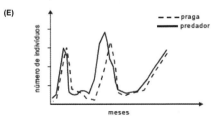

36. (ENADE – 2001)

Os gráficos abaixo mostram os resultados de um experimento realizado com populações de duas espécies de lentilha d'água, mantidas em tanques iguais e submetidas às mesmas condições físicas e químicas: *Lemna polyrhiza* (planta submersa) e *Lemna gibba* (planta flutuante).

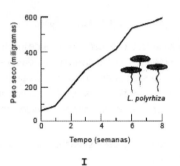

I

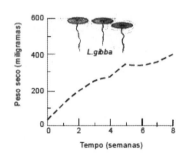

II

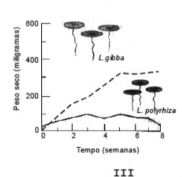

III

(RAVEN, Peter H., EVERT, Ray F. e EICHHORN, Susan E. **Biologia Vegetal**. 6 ed. Rio de Janeiro: Guanabara Koogan, 2001. p. 744)

Para explicar porque *L. gibba* vence a competição, os pesquisadores propuseram-se verificar se essa espécie

I. apresenta aerênquima mais desenvolvido do que o de *L. polyrhiza*
II. mantém a mesma taxa de crescimento em baixa intensidade luminosa
III. produz substâncias inibidoras de crescimento que afetam *L. polyrhiza*
IV. provoca emigração de *L. polyrhiza* para ambiente iluminado

As duas propostas relacionadas com a solução do problema são

(A) I e II
(B) I e III
(C) I e IV
(D) II e III
(E) II e IV

37. (ENADE – 2000)

O esquema abaixo representa três categorias taxonômicas inclusivas.

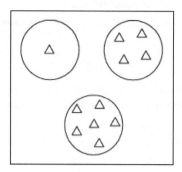

Se os triângulos representarem o táxon espécie, o quadrilátero será

(A) uma família contendo dois gêneros e uma única espécie.
(B) uma família contendo um único gênero, no qual foram classificadas onze espécies.
(C) uma família contendo um gênero monotípico e dois gêneros com várias espécies.
(D) um gênero contendo três espécies diferentes entre si e pertencentes a famílias distintas.
(E) um gênero contendo onze subespécies diferentes entre si, mas pertencentes à mesma família.

38. (ENADE – 2000)

Os esquemas abaixo representam três cladogramas teóricos mostrando a distribuição de três estados de caráter nos táxons I, II e III. Os três estados ancestrais estão representados por letras maiúsculas (A, B e C) e as condições derivadas pelas letras minúsculas correspondentes.

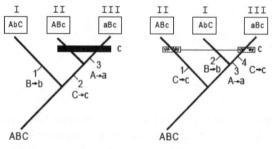

Cladograma 1 Cladograma 2

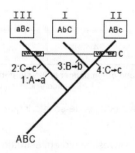

Cladograma 3

(Pough, F.H. *et al*. **A Vida dos Vertebrados**. 2.ed. São Paulo: Atheneu, 1999. p. 31)

A análise dos esquemas leva a concluir que

(A) os cladogramas **2** e **3** são muito mais parcimoniosos do que o cladograma **1**.
(B) as barras pontilhadas indicam os caracteres apomórficos **a** e **c**, compartilhados pelos táxons II e III.
(C) as barras pontilhadas indicam a mesma origem para o estado de caráter apomórfico **c**, compartilhado pelos táxons II e III.
(D) a barra preta conecta um caráter plesiomórfico compartilhado pela linhagem que inclui os táxons II e III.
(E) a barra preta conecta um caráter apomórfico compartilhado pela linhagem que inclui os táxons II e III.

39. (ENADE – 2000)

O esquema abaixo mostra as relações filogenéticas entre vários grupos vegetais contendo clorofilas *a* e *b*.

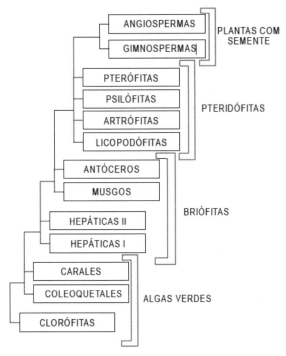

(Modificado de: Qiu *et al*. **Nature**. 1998. 394. p. 671-4)

Com base na filogenia apresentada, é correto afirmar que as

(A) plantas com semente e as pteridófitas formam um grupo monofilético e seus descendentes mais próximos são as algas verdes.
(B) plantas com semente são monofiléticas e seus ancestrais mais próximos são as pteridófitas.
(C) plantas com semente são polifiléticas e seus ancestrais mais próximos são as briófitas.
(D) algas verdes são polifiléticas e seus ancestrais mais próximos são as briófitas.
(E) pteridófitas são monofiléticas e seus descendentes mais próximos são as briófitas.

40. (ENADE – 2008) DISCURSIVA

Duas hipóteses são, em geral, confrontadas, quando se busca explicar a diversificação dos seres vivos, o gradualismo filético e o equilíbrio pontuado. Com base em conhecimentos disponíveis em áreas como a Sistemática, a Paleontologia e a Genética, as duas hipóteses propõem padrões de especiação que diferem quanto à velocidade e frequência dos eventos de formação de novas espécies.

A partir dessas informações, explique as diferenças básicas entre essas duas hipóteses e cite os principais argumentos que dão suporte a cada uma delas.

(valor: 10,0 pontos)

41. (ENADE – 2008) DISCURSIVA

As análises filogenéticas sempre foram importantes para a elaboração de hipóteses sobre relações de parentesco entre grupos, sendo, historicamente, influenciadas por conhecimentos teóricos e tecnológicos. Nos últimos anos, a introdução de análises baseadas em informações do DNA acrescentou informações importantes às hipóteses filogenéticas já existentes, determinadas por meio de métodos clássicos como morfologia, e para grupos ainda não estudados.

A partir das informações acima apresentadas, considere que, nas análises filogenéticas de um grupo monofilético, tenham obtidos os seguintes resultados:

- a análise que utilizou caracteres morfológicos resultou em uma hipótese filogenética que dividiu esse grupo em dois clados distintos;
- a análise que utilizou sequências de DNA originou uma hipótese filogenética segundo a qual esse grupo se encontra dividido em quatro clados distintos.

Com base nos caracteres utilizados em cada uma das análises mencionadas, é possível afirmar que uma dessas hipóteses explica melhor a evolução do grupo do que a outra? Justifique sua resposta. **(valor = 10,0 pontos)**

42. (ENADE – 2005) DISCURSIVA

a) Embora a geração espontânea de organismos complexos tenha sido descartada com os experimentos de Pasteur, as pesquisas mais modernas sobre a origem da vida baseiam-se na teoria da abiogênese. Que tipos de experimentos realizados no século XX foram importantes para a teoria de abiogênese e o que esses experimentos demonstraram? **(valor: 2,5 pontos)**

b) Nos últimos anos, organismos supostamente semelhantes aos primeiros seres vivos foram isolados em fontes sulfurosas quentes no fundo dos oceanos, onde esses organismos formam "ecossistemas procarióticos". Esses ambientes anaeróbios, extremos para a vida, são considerados semelhantes às condições da Terra primitiva. Uma vez que há evidências de que os primeiros organismos vivos eram autótrofos, qual teria sido a sua fonte de energia, supondo que tivessem vivido num ambiente como o citado? **(valor: 2,5 pontos)**

c) O material genético, os aminoácidos e a via glicolítica são evidências de que houve apenas um ancestral comum a todos os seres vivos. Por quê? **(valor: 5,0 pontos)**

43. (ENADE – 2003) DISCURSIVA

Registros fósseis de 565 milhões de anos apresentam vestígios de animais multicelulares que eram capazes de deslocar sedimentos, formando tubos no fundo dos quais foram detectados restos fecais. As marcas nas paredes dos tubos indicam terem sido construídos por pulsos de movimentos semelhantes a movimentos peristálticos.

a) Explique por que os restos fecais indicam que os tubos não poderiam ter sido produzidos por cnidários nem por platelmintes. (10 pontos)

b) Explique por que os tubos só poderiam ter sido feitos por organismos dotados de cavidade corporal como, por exemplo, os nematelmintes. (5 pontos)

c) Entre as características do animal que produziu os tubos descritos, indique três que estão presentes nos vertebrados atuais. (5 pontos)

44. (ENADE – 2002) DISCURSIVA

Ao tentar traduzir o "discurso biológico" em informações acessíveis para o grande público, o texto abaixo apresenta inadequações que não refletem de maneira apropriada o fenômeno biológico apresentado.

"**Estresse faz quaresmeiras florirem mais** – (...) Segundo biólogos e engenheiros, as plantas estressadas sabem que terão vida mais curta e produzem mais flores para garantir mais sementes (...). Quando submetidas a um estresse, as árvores sabem que podem perecer mais rápido".

(**Folha de S.Paulo**, 03/03/02)

a) Indique o principal problema de inadequação biológica existente na linguagem utilizada nesse texto. (5 pontos)

b) Reescreva o texto usando um discurso adequado. (5 pontos)

c) O aumento da quantidade de flores garante aumento na produção de sementes, como leva a crer o texto? Justifique sua resposta. (10 pontos)

Nota: Quaresmeiras são plantas arbóreas da família Melastomataceae. Sob esse nome comum encontram-se principalmente representantes de *Tibouchina granulosa* Cogn. *ex* Britton.

45. (ENADE – 2002) DISCURSIVA

A riqueza de espécies varia entre os polos e o equador, segundo um padrão determinado.

a) Descreva esse padrão. (5 pontos)

b) Apresente duas possíveis explicações para a existência do padrão. (10 pontos)

c) Proponha um procedimento para verificar se esse padrão se confirma no Brasil. (5 pontos)

46. (ENADE – 2000) DISCURSIVA

O esquema abaixo representa diferentes tipos de florestas tropicais dispostos segundo um gradiente de precipitação pluviométrica.

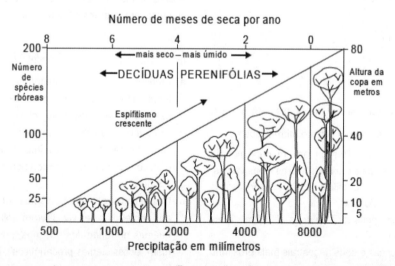

(Fonte: http://www.forestry.utoronto.ca/urban/tropical/1999/tropical_forest_structure.htm)

Baseando-se no esquema, responda as questões abaixo.

a) Cite três características biológicas relacionadas ao grau de complexidade dos cinco tipos de floresta. **(Valor: 5,0 pontos)**

b) Qual é a grande mudança que ocorre na composição das espécies quando a precipitação ultrapassa a 2 000 mm? **(Valor: 5,0 pontos)**

c) Por que aumenta o epifitismo? **(Valor: 5,0 pontos)**

d) Por que a probabilidade de ocorrer espécies *r*-estrategistas (oportunistas) é maior no lado esquerdo do gradiente de precipitação? **(Valor: 5,0 pontos)**

B) Morfofisiologia

1. (ENADE – 2011)

Um biólogo avaliou a influência do extrato de uma planta nativa da Mata Atlântica no metabolismo de carboidratos de ratos de uma linhagem padrão. O delineamento experimental foi feito de forma rigorosa, com dois grupos de 20 ratos machos, de mesma idade em dias, mantidos individualmente em gaiolas apropriadas, exatamente sob as mesmas condições experimentais. Os ratos do grupo chamado Experimental receberam, durante os 30 dias do experimento, 1 mL de solução aquosa do extrato da planta, acrescido aos 19 mL diários de água destilada para beber, enquanto os ratos do grupo chamado Controle receberam 20 mL de água destilada.

Pesagens diárias foram realizadas em balança eletrônica e os resultados foram utilizados para análise estatística.

As Figuras A e B ilustram, respectivamente, os resultados obtidos para os grupos Experimental e Controle. A massa dos ratos, em g, está representada no eixo vertical e os dias de tratamento, no eixo horizontal.

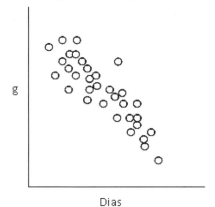

Figura A – Grupo Experimental

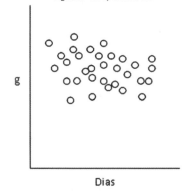

Figura B – Grupo Controle

De acordo com o experimento, as duas variáveis, massa e dias de tratamento,

I. apresentam uma associação negativa forte no Grupo Experimental.
II. apresentam uma associação positiva forte no Grupo Experimental.
III. não apresentam associação no Grupo Controle.
IV. apresentam uma associação positiva forte no Grupo Controle.

É correto apenas o que se afirma em

(A) I.
(B) II.
(C) I e III.
(D) II e IV.
(E) III e IV.

2. (ENADE – 2011)

A poda na arborização urbana visa conferir à árvore uma forma adequada durante o seu desenvolvimento, além de eliminar ramos mortos, danificados, doentes ou praguejados. Ainda, objetiva remover partes da árvore que podem colocar em risco a segurança das pessoas ou causar danos incontornáveis às edificações ou equipamentos urbanos.

A poda de formação é empregada para substituir os mecanismos naturais que inibem as brotações laterais para conferir à árvore a possibilidade de crescimento ereto e, à copa, a altura necessária para permitir o livre trânsito de pedestres e de veículos.

Disponível em: <ww2.prefeitura.sp.gov.br/arquivos/secretarias/meio_ambiente/ eixo_biodiversidade/arbonizacao_urbana/0002/> (com adaptações).

Com relação à poda de formação, a qual processo fisiológico estão relacionados os mecanismos naturais que inibem as brotações?

(A) Dominância apical exercida pelas auxinas.
(B) Déficit hídrico exercido pelo porte avantajado da árvore.
(C) Espessura do súber que impede o crescimento das gemas.
(D) Deficiência nutricional devido à alocação de nutrientes para a floração.
(E) Dormência das gemas laterais devido à alta concentração de giberelinas.

3. (ENADE – 2011)

Os animais mais conhecidos popularmente pertencem ao filo *Chordata*, ao qual também pertence a espécie humana.

A esse respeito, avalie as afirmações abaixo.

I. A notocorda, presente nos cordados, é um bastão rígido de células envolvidas por uma bainha gelatinosa, cuja principal finalidade é funcionar como um esqueleto axial.
II. O tubo neural é constituído no embrião a partir do dobramento da camada de células ectodérmicas, na superfície corpórea dorsal e acima da notocorda.
III. Os *Amniota* e os *Reptilia* não são reconhecidos como táxons válidos pela Classificação Cladística, por serem considerados agrupamentos parafiléticos.
IV. O celoma dos cordados é desenvolvido e constituído por estruturas musculares responsáveis pela sua locomoção.

É correto apenas o que se afirma em

(A) I.
(B) II.
(C) I e III.
(D) II e IV.
(E) III e IV.

4. (ENADE – 2008)

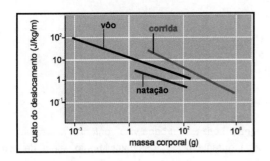

Com base na figura anterior, que expressa o custo energético do deslocamento de animais adultos, julgue os seguintes itens.

I. Independentemente do modo de locomoção, corpos maiores resultam em menor custo energético relativo ao deslocamento.
II. A natação é o modo mais econômico de deslocamento por unidade de massa animal transportada.
III. O custo de correr pode ser maior que o de voar, dependendo do tamanho do corpo do animal considerado.

É correto o que se afirma em

(A) I, apenas.
(B) II, apenas.
(C) I e III, apenas.
(D) II e III, apenas.
(E) I, II e III.

5. (ENADE – 2008)

Lagartos apresentam grande diversidade de padrões de atividade, desde espécies extremamente sedentárias, que passam horas em determinado local, até espécies que estão quase em constante movimento. Esses padrões estão associados a estratégias de forrageamento identificadas como caçadores de senta-e-espera e forrageadores ativos. Os lagartos caçadores de senta-e-espera normalmente passam a maior parte do tempo parados, observando uma área relativamente ampla e, ao perceberem uma presa potencial, realizam um ataque rápido; frequentemente, apresentam corpo robusto, cauda curta e coloração críptica, que favorece sua camuflagem no ambiente. Os lagartos forrageadores ativos movem-se na superfície do substrato, introduzindo o focinho sob folhas caídas e fendas do solo; têm corpo mais delgado, com cauda longa e padrões de listras que podem produzir ilusões de ótica, quando se movimentam.

POUGH et al. **A vida dos vertebrados**. São Paulo: Atheneu, 1999 (com adaptações).

Em relação ao texto acima, assinale a opção que apresenta a correlação correta entre modo de forrageio e características morfofisiológicas de lagartos.

(A) Caçadores de senta-e-espera orientam-se mais por estímulos visuais, têm coração proporcionalmente menor e menos hemácias no sangue e são capazes de alcançar maiores velocidades que forrageadores ativos.
(B) Forrageadores ativos movimentam-se lentamente, têm coração proporcionalmente menor e menos hemácias no sangue e dependem mais do metabolismo anaeróbico para sustentar seu forrageio.
(C) Forrageadores ativos orientam-se mais por estímulos visuais, têm coração proporcionalmente maior e mais hemácias no sangue e são capazes de alcançar maiores velocidades que caçadores de senta-e-espera.
(D) Caçadores de senta-e-espera realizam movimentos curtos e rápidos, têm coração proporcionalmente maior e mais hemácias no sangue e dependem mais do metabolismo anaeróbico para sustentar seu forrageio.
(E) Forrageadores ativos e caçadores de senta-espera orientam-se por estímulos químicos, têm coração de tamanho mediano e sangue com poucas hemácias e obtêm o ATP necessário para sua termorregulação no ambiente físico ao seu redor.

6. (ENADE – 2005)

A tabela abaixo resume uma experiência realizada por Spermann, em 1918, na qual trocou tecidos entre gástrulas de espécies de tritão com pigmentação diferente.

Com os dados obtidos concluiu que as células das gástrulas jovens não estavam determinadas com respeito à diferenciação mas, ao final do estágio de gastrulação, seus destinos eram imutáveis.

	Região da gástrula do doador	Região da gástrula do receptor	Resultados da diferenciação do tecido do doador
Início do estágio de gástrula	futura ectoderme neural	futura epiderme	I
	futura epiderme	futura ectoderme neural	II
Final do estágio de gástrula	futura ectoderme neural	futura epiderme	III
	futura epiderme	futura ectoderme neural	IV

Para completar corretamente a tabela, acrescentando os resultados que justificaram essas conclusões, I, II, III e IV devem ser substituídos, respectivamente, por

(A) epiderme, neurônio, neurônio, epiderme.
(B) neurônio, neurônio, epiderme, epiderme.
(C) epiderme, epiderme, neurônio, neurônio.
(D) neurônio, epiderme, epiderme, neurônio.
(E) epiderme, neurônio, epiderme, epiderme.

7. (ENADE – 2005)

A gravidade impõe problemas fisiológicos aos vertebrados de corpo alongado. Por exemplo, as serpentes apresentam adaptações do sistema cardiovascular de acordo com as demandas de seu hábitat. É correto afirmar que

(A) espécies arborícolas têm o coração mais próximo à cabeça do que espécies terrestres e aquáticas.
(B) serpentes terrestres são pouco susceptíveis à formação de edemas quando mantidas em posição vertical.
(C) nas espécies aquáticas a pressão sanguínea varia muito devido à pressão exercida pela água.
(D) a pressão arterial média varia segundo a relação: serpentes aquáticas > serpentes terrestres > serpentes arborícolas.
(E) espécies que passam a maior parte do tempo em postura horizontal são as que apresentam pressão mais elevada.

8. (ENADE – 2003)

Espécies de mamíferos, lagartos e anuros da Caatinga, quando comparadas a espécies congêneres de Floresta Tropical, apresentam as seguintes características:

	Mamíferos	Lagartos	Anuros
(A)	maior proporção de uratos na urina	maiores estoques de gordura marrom	maior tamanho relativo da bexiga
(B)	maior taxa metabólica basal	menor proporção de ácido úrico nas excretas	maior tamanho corpóreo
(C)	menor condutância térmica	maior temperatura crítica máxima	menor tamanho corpóreo
(D)	maior estoque de gordura marrom	maior temperatura de atividade	maior concentração de ureia na urina
(E)	menor taxa metabólica basal	maior temperatura crítica máxima	menor permeabilidade da pele

9. (ENADE – 2003)

A figura abaixo apresenta resultados de estudos da transpiração de folhas retiradas das plantas e pesadas em momentos sucessivos.

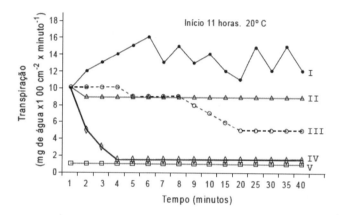

As curvas que representam o comportamento esperado para uma planta higrófita C_3, uma xerófita C_3 e uma epífita CAM são, respectivamente,

(A) I, II e III
(B) II, IV e V
(C) II, V e I
(D) IV, V e III
(E) V, III e II

10. (ENADE – 2003)

A figura abaixo apresenta a composição média dos tecidos de três diferentes órgãos de uma angiosperma.

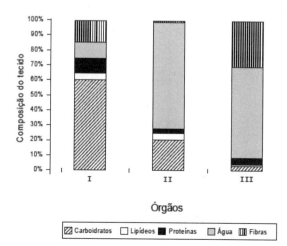

(Modificado de Herrera & Pellmyr. **Plant – Animal Interaction.** Blackwell Publ., 2002)

Considerando suas características e funções, os órgãos I, II e III correspondem, respectivamente, a

(A) sementes, folhas e frutos.

(B) folhas, frutos e sementes.

(C) sementes, frutos e folhas.

(D) frutos, folhas e sementes.

(E) folhas, sementes e frutos.

11. (ENADE – 2003)

Observe um trecho da letra da canção **Vamos Amar**, versão de Carlos Rennó para **Let's do it** (Cole Porter).

"Os louva-deuses, com fé, fazem
Dizem que bichos-de-pé fazem
Façamos, vamos amar
As taturanas também fazem
com ardor incomum"

Se, para o autor, "fazer" significa copular para reproduzir, taturanas (lagartas) que "fazem" poderiam ser consideradas um exemplo de

(A) heterocronia reversa, ou seja, inversão do tempo biológico.

(B) ontogenia recapitulando a filogenia.

(C) neogênese, ou seja, antecipação biológica em resposta a estresse ambiental.

(D) neotenia, ou seja, reprodução de um indivíduo com fenótipo juvenil.

(E) progeria, ou seja, envelhecimento precoce de uma linhagem evolutiva.

12. (ENADE – 2003)

Há uma estreita relação entre as características morfofisiológicas dos tubos digestórios dos mamíferos e sua dieta. Associe corretamente o hábito alimentar às características abaixo indicadas.

	Animal	Tubo digestório	Ceco
(A)	carnívoro	cólon longo indicando adaptação a alimentos secos	desenvolvido, para reabsorção de água
(B)	herbívoro	longo: a extração e absorção de nutrientes são difíceis	com bactérias que digerem celulose
(C)	carnívoro	longo e ramificado, para uma digestão rápida	funciona como um intestino delgado auxiliar
(D)	carnívoro	curto, porque a digestão ocorre no estômago	com bactérias que produzem vitaminas
(E)	herbívoro	intestino delgado longo, para digerir celulose	pequeno, secretando enzimas celulásicas

Atenção: A seguinte questão está relacionada ao texto abaixo.

As Florestas Tropicais estão entre os ecossistemas mais ameaçados, devido às suas características estruturais e funcionais e ao fato de estarem estabelecidas sobre solos arenosos e submetidas a clima quente e chuvoso. Atividades humanas alteram esses ecossistemas causando perda de habitats e fragmentação da área original. Os fragmentos sofrem um processo de progressiva insularização e as populações fragmentadas ficam isoladas e mais susceptíveis ao declínio e à extinção. Esta situação ocorre, por exemplo, com a Floresta Atlântica e exige medidas que conciliem a convivência das populações humanas com a conservação integral de sua biodiversidade. Trata-se de um dos biomas mais importantes da Terra, um dos centros de maior diversidade do planeta. Apresenta, por exemplo, cerca de 13.000 espécies de angiospermas, das quais 9.500 são endêmicas. Possui, ainda, grande diversidade de nichos decorrentes de gradientes de latitude e altitude, além da própria estratificação dentro da floresta.

13. (ENADE – 2002)

As florestas atlânticas são ecossistemas onde a precipitação excede a evapotranspiração potencial.

Mesmo nessas condições, algumas plantas abrem seus estômatos somente à noite. São as

(A) epífitas com metabolismo CAM.

(B) herbáceas com fechamento estomático rápido.

(C) samambaias resistentes ao dessecamento.

(D) epífitas e ervas C4.

(E) árvores pioneiras com cutícula espessa.

14. (ENADE – 2002)

Em comparação com as cactáceas da caatinga, as cactáceas da mata atlântica possuem:

	Porcentagem de água nos tecidos	Número de espinhos por área	Extensão do sistema radicular	Hábito
(A)	maior	menor	menor	rupícola
(B)	maior	maior	maior	terrestre
(C)	menor	maior	maior	epifítico
(D)	menor	menor	menor	epifítico
(E)	igual	menor	igual	terrestre

15. (ENADE – 2002)

Em alguns estudos sobre a composição da seiva elaborada utilizam-se afídeos para obtenção das amostras. A relação abaixo apresenta características de:

vegetais:

I. presença de nutrientes no xilema

II. presença de células companheiras no floema

III. pressão positiva nos vasos floemáticos

afídeos:

IV. aparelho bucal sugador especializado

V. hábito alimentar especializado

VI. aparelho digestivo simplificado

Possibilitam a técnica de amostragem utilizada somente as características

(A) I, II e IV

(B) I, IV e V

(C) II, III e VI

(D) II, V e VI

(E) III, IV e V

16. (ENADE – 2002)

Várias cactáceas da caatinga são polinizadas por morcegos que se alimentam de néctar.
As características esperadas nas flores que eles polinizam são:

	Cor	Quantidade de néctar	Concentração de açúcar no néctar	Antese (abertura da flor)	Número de estames
(A)	avermelhada	pequena	alta	noturna	muitos
(B)	avermelhada	abundante	baixa	vespertina	poucos
(C)	branca	abundante	alta	noturna	muitos
(D)	branca	abundante	baixa	vespertina	muitos
(E)	branca	pequena	alta	noturna	poucos

17. (ENADE – 2002)

O filo *Onychophora* apresenta, entre outras, as seguintes características:

I. tecidos e órgãos diferenciados

II. epitélio de revestimento com cutícula

III. ausência de vasos no sistema circulatório

IV. traqueias simples

Destas, as que são compartilhadas com o filo *Annelida* são

(A) I e II

(B) I e III

(C) I e IV

(D) II e III

(E) III e IV

18. (ENADE – 2001)

Na produção comercial de frutos utilizam-se, geralmente, sementes híbridas que originam plantas com características importantes, por exemplo, maior resistência a pragas e doenças. A qualidade dos frutos dessas plantas, porém, independe do pólen que as polinizou porque

(A) as plantas híbridas só podem ser polinizadas por pólen também híbrido.

(B) a qualidade do fruto é determinada por herança citoplasmática.

(C) os frutos dependem do genótipo do endosperma.

(D) as plantas híbridas não necessitam polinização para a formação de frutos.

(E) a parte comestível do fruto é um tecido de origem materna.

A irradiação dos seres vivos nos mais diversos ambientes e suas intrincadas interações resultaram na grande diversidade de padrões morfológicos e funcionais em vários níveis de organização. Essa diversificação é abordada na seguinte questão.

19. (ENADE – 2001)

A figura abaixo representa o desenvolvimento de um inseto.

(SCHMIDT-NIELSEN, K. **Fisiologia animal. Adaptações e meio ambiente**. 5. ed. São Paulo: Santos Livraria Editora, 1996. p. 512)

As glândulas protorácicas, estimuladas por um hormônio cerebral, secretam ecdisona, o hormônio da muda. Outro hormônio, o juvenil, é responsável pelos caracteres das fases imaturas.

Uma ninfa **V** poderá sofrer muda, transformando-se em adulto, na seguinte situação:

(A) cérebro e glândulas protorácicas intactos e ausência de hormônio juvenil.
(B) cérebro e glândulas protorácicas intactos e presença de hormônio juvenil.
(C) cérebro cauterizado, glândulas protorácicas intactas e presença de hormônio juvenil.
(D) cérebro intacto, glândulas protorácicas cauterizadas e ausência de hormônio juvenil.
(E) cérebro e glândulas protorácicas cauterizados e presença de hormônio juvenil.

Instruções: Para responder à seguinte questão, considere o texto a seguir.

"Toxinas são comuns em insetos e estes podem 'emprestar' compostos tóxicos das plantas das quais se alimentam. Por exemplo, o gafanhoto *Poekilocerus bufonius* alimenta-se de plantas leitosas (asclepiadáceas) que contêm uma série de toxinas complexas capazes de alterar funções cardíacas – os assim chamados cardenolídeos. O gafanhoto os extrai do alimento e os armazena em uma glândula de veneno. Quando atacado por predadores, defende-se ejetando um *spray* rico nessas toxinas. Quando mantido com uma dieta sem asclepiadáceas, o conteúdo de cardenolídeos no *spray* é bastante reduzido."

(BARNES, R.S.K., CALOW, P., OLIVE, P.J. **Os Invertebrados: uma nova síntese**. São Paulo: Atheneu, 1995. p. 347)

20. (ENADE – 2001)

P. bufonius tem dois problemas relacionados à herbivoria:

I. a digestão das paredes celulares do material ingerido
II. a abrasão exercida nas delicadas paredes do intestino médio pelas células vegetais ingeridas

I e II. são resolvidos, respectivamente, através da ação, no trato digestório, de micro-organismos

(A) fermentadores, produtores de lactase e da secreção de uma membrana peritrófica em torno do alimento.
(B) aeróbicos, produtores de proteases e da secreção de uma membrana peritrófica em torno do alimento.
(C) fermentadores, produtores de celulase e da secreção de uma membrana peritrófica em torno do alimento.
(D) fermentadores, produtores de celulase e do amolecimento das paredes celulares por embebição com água.
(E) aeróbicos, produtores de lactase e do amolecimento das paredes celulares por embebição com água.

O ser humano é peculiar pela extensão de modificações qualitativas e quantitativas que vem causando sobre o próprio ambiente que ocupa, inclusive sobre outros seres vivos. Essas interferências humanas são abordadas na seguinte questão.

21. (ENADE – 2001)

As primeiras plantas arbóreas que se estabelecem em regiões desmatadas de clima tropical são as que crescem rapidamente, completando seu ciclo de vida sem ficarem sombreadas. Comparando-se essas plantas pioneiras àquelas que as seguem, infere-se que apresentam

(A) maior capacidade de absorver nutrientes.
(B) menor taxa respiratória.
(C) menor taxa transpiratória.
(D) menor fotoinibição.
(E) folhas com cutícula espessa.

22. (ENADE – 2000)

O esquema abaixo representa duas plantas do Cerrado brasileiro.

(Oliveira, E.C. **Introdução à Biologia Vegetal**. São Paulo: Edusp, 1996)

Considerando-se as características dos dois sistemas radiculares, conclui-se que I é planta

(A) perene e tolera períodos de seca prolongados; II é anual e não tolera períodos de seca prolongados.
(B) decídua e não tolera períodos de seca prolongados; II é perene e tolera períodos de seca prolongados.
(C) anual e não tolera períodos de seca prolongados; II é xerófita e tolera períodos de seca prolongados.
(D) xerófita e II é perene; ambas toleram períodos de seca prolongados.
(E) arbustiva e II é herbácea; ambas toleram períodos de seca prolongados.

23. (ENADE – 2000)

Os esquemas abaixo mostram os planos básicos dos circuitos cardiovasculares de um peixe (I) e de um mamífero (II).

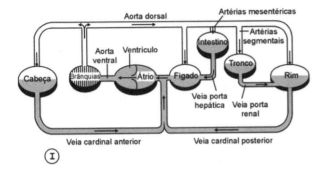

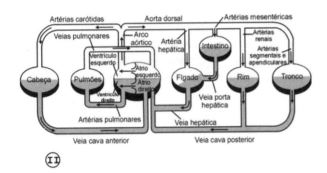

(Pough, F. et al. **A Vida dos Vertebrados**. 2.ed. São Paulo: Atheneu, 1999. p. 90)

Analisando-se os esquemas conclui-se que, em I e em II,

(A) há circulação de sangue oxigenado e de sangue não oxigenado no interior do coração.
(B) o retorno do sangue não oxigenado proveniente do tronco e das vísceras faz-se por duas vias diferentes.
(C) o maior retorno de sangue proveniente das vísceras é realizado através das veias cardinais e das veias cavas posteriores.
(D) estão presentes os sistemas porta-hepático e porta-renal.
(E) o sangue oxigenado flui pela aorta ventral e pela aorta dorsal.

24. (ENADE – 2000)

Em determinada área do infralitoral, verificou-se a presença de uma grande população de certa espécie de ouriço-do-mar e de populações muito pequenas de quatro espécies de algas. Durante um ano, foram retirados todos os equinodermos dessa área e observou-se que ela passou a ser densamente povoada por mais quatro espécies de algas, além das já existentes.

Esse experimento revelou que, nesse local,

(A) a presença de ouriços-do-mar beneficia as oito espécies de algas consideradas.
(B) as oito espécies de algas desenvolvem-se tanto na presença como na ausência de ouriços-do-mar.
(C) o crescimento das algas não é influenciado pela presença de ouriços-do-mar.
(D) a diversidade de algas depende da presença ou da ausência de ouriços-do-mar.
(E) as oito espécies de algas crescem somente na presença de ouriços-do-mar.

25. (ENADE – 2000)

Na fitopatologia conhecida como "amarelinho", o xilema de plantas do gênero *Citrus* é bloqueado pela bactéria *Xylella fastidiosa*. Em consequência dessa infecção cessam

(A) a gutação e o transporte de sais minerais das folhas para as raízes.
(B) a fotossíntese e o transporte de seiva elaborada das raízes para as folhas.
(C) os transportes de água e de açúcares das folhas para as raízes.
(D) a respiração e o transporte de oxigênio das folhas para as raízes.
(E) os transportes de água e de sais minerais das raízes para as folhas.

26. (ENADE – 2000)

O esquema abaixo representa um lagarto terrestre em repouso no leito seco de um riacho de deserto.

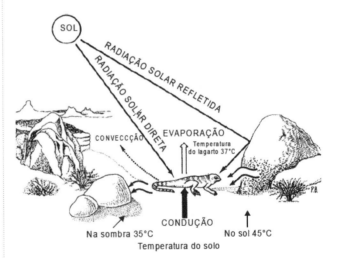

(Modificada: Pough, F. Harvey et al. **A vida dos Vertebrados**. 2. ed. São Paulo: Atheneu, 1999. p. 143)

Nas condições consideradas, é correto afirmar que a temperatura do animal

(A) aumenta por meio dos processos de convecção e condução.
(B) aumenta através da radiação solar direta e da absorção de calor pela região caudal.
(C) aumenta devido ao processo de condução e da absorção pela região craniana.
(D) diminui devido à perda de calor pela região caudal e ao processo de condução.
(E) diminui devido à troca de calor entre a região craniana e a caudal.

27. (ENADE – 2000)

A tabela abaixo indica as porcentagens de excretas nitrogenados presentes na urina de cinco quelônios.

Quelônio	Porcentagem de		
	Ácido Úrico	Amônia	Ureia
I	0,7	24,0	22,9
II	2,5	14,4	47,1
III	4,2	6,1	61,0
IV	6,7	6,0	29,1
V	56,1	6,2	8,5

(Adaptado de: Knut Schmidt-Nielsen. **Fisiologia Animal. Adaptação e Meio Ambiente**. São Paulo: Santos, 1996. p. 384)

Pela análise dos dados, conclui-se que a espécie adaptada a ambiente terrestre quase desértico é o quelônio

(A) I
(B) II
(C) III
(D) IV
(E) V

28. (ENADE – 2000)

Os esquemas abaixo representam os ciclos de vida de um anelídeo marinho e de uma samambaia.

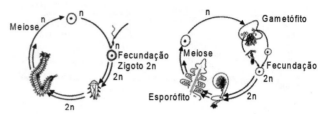

(Barnes, R. S. K. et al. **Os Invertebrados:** uma nova síntese. 2.ed. São Paulo: Atheneu, 1995. p. 360)

Comparando-se os esquemas, é correto afirmar que, nos ciclos de vida dos dois organismos,

(A) a meiose é gamética.
(B) há alternância de gerações.
(C) há exclusivamente reprodução sexuada.
(D) há uma fase em que a reprodução é assexuada.
(E) a fase adulta, de duração mais longa, é diploide.

29. (ENADE – 2000)

O diagrama relaciona eventos, respectivamente, no ovário e endométrio ao longo do ciclo menstrual da mulher.

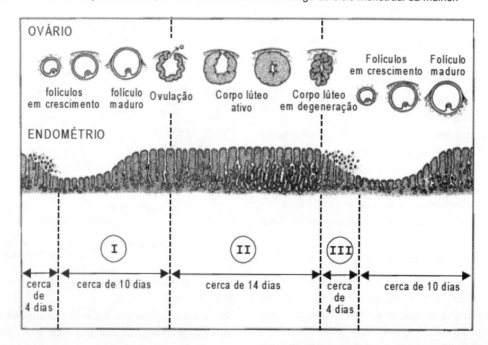

(Modificada: Youngh, J. Z. **The Life of Mammals** – Their anatomy and physiology. 2. ed. Oxford: Clarendon Press, 1975. p. 470)

Analisando o diagrama e associando a ação dos hormônios sexuais relacionados a esses eventos, pode-se afirmar que o intervalo

(A) I corresponde à fase menstrual, em que ocorre um aumento gradativo do hormônio luteinizante.
(B) II corresponde à fase lútea, que está sob a influência da progesterona.
(C) II corresponde à degeneração endometrial, em consequência dos altos índices de estrógeno.
(D) III corresponde à fase pré-menstrual e está sob a ação das mais altas taxas do hormônio folículo-estimulante.
(E) III corresponde ao período de ovulação, em que ocorre diminuição do hormônio folículo-estimulante.

30. (ENADE – 2000)

Recentemente, foi verificado um aumento no número de casos de febre amarela. A principal causa apontada para o ressurgimento dessa doença nas cidades é a

(A) migração dos mosquitos transmissores da área rural para as regiões urbanas.
(B) utilização de vacinas contaminadas com o vírus ativo da febre amarela.
(C) vinda, para as cidades, de pessoas contaminadas na área rural e a presença de mosquito vetor na área urbana.
(D) contaminação dos reservatórios de água potável das áreas urbanas pela bactéria patogênica.
(E) vinda, para as cidades, de pessoas contaminadas na área rural, que transmitiram o vírus por via aérea.

31. (ENADE – 2000)

O vírus HIV causador da AIDS infecta e mata os linfócitos portadores do receptor de superfície CD4. Com a morte desses linfócitos toda a resposta imune é profundamente atingida porque os

(A) linfócitos CD4 são responsáveis diretos pela produção de anticorpos.
(B) neutrófilos e eosinófilos não serão ativados pelos linfócitos CD4.
(C) macrófagos, produtores de anticorpos, não serão ativados pelos linfócitos CD4.
(D) macrófagos e os linfócitos citotóxicos não serão ativados pelos linfócitos CD4.
(E) linfócitos citotóxicos e os linfócitos B não serão ativados pelos linfócitos CD4.

32. (ENADE – 2008) DISCURSIVA

O processo de gastrulação de um vertebrado é o período em que são definidos o plano básico do corpo e os três eixos: o da bilateralidade, o dorsoventral e o craniocaudal. Nessa fase, muitas células adquirem seu destino de desenvolvimento e informação sobre posição. A maior parte da formação das camadas germinativas ocorre em um único ponto, o blastóporo, onde as camadas de células em proliferação direcionam-se e dobram-se para dentro da blastocele, originando as três camadas celulares: ectoderme, mesoderme e endoderme.

A partir do texto acima, faça o que se pede a seguir.

a) Cite dois tecidos originados em cada um dos folhetos embrionários dos vertebrados. **(valor = 5,0 pontos)**
b) Que característica comum a Equinodermos e Cordados aparece durante a fase de gastrulação? **(valor = 5,0 pontos)**

33. (ENADE – 2000) DISCURSIVA

No Reino Animalia a maioria das espécies apresenta simetria bilateral, em oposição a um número relativamente pequeno de animais com simetria radial. Esses dois modelos morfológicos estão relacionados à organização morfofuncional diferente de diversos sistemas de órgãos. Indique duas modificações morfofuncionais associadas ao sucesso evolutivo dos Bilateria e relacionadas:

a) ao sistema nervoso. **(Valor: 10,0 pontos)**
b) ao aparelho digestório. **(Valor: 10,0 pontos)**

C) Etologia

1. (ENADE – 2011)

Quando dois animais da mesma espécie interagem por um comportamento agonístico, raramente essa interação resulta em ferimentos ou morte, porque ela é composta por exibições rituais que definem as relações de dominância e determinam qual dos competidores terá acesso ao parceiro sexual, ao alimento ou ao território.

Nesse contexto, avalie as afirmações a seguir.

I. A exibição ritualística entre animais é o resultado de um processo evolutivo que funciona, basicamente, como comunicação entre os organismos.
II. A adoção de comportamentos de exibição ritualística em substituição a confronto direto permite que nenhum dos competidores seja prejudicado no processo.
III. Por meio da exibição ritualística, movimentos ou características simples tornam-se mais intensos ou conspícuos e devem ser claramente reconhecidos pelos animais em interação.
IV. O encerramento dessas exibições ritualísticas acontece quando um dos competidores foge ou exibe sinais rituais de submissão.

É correto apenas o que se afirma em

(A) I e II.
(B) I e III.
(C) III e IV.
(D) I, II e IV.
(E) II, III e IV.

2. (ENADE – 2000)

O diagrama abaixo representa a distribuição de quatro espécies de roedores escavadores de solo, em diferentes profundidades de um mesmo ambiente.

Distribuição de roedores

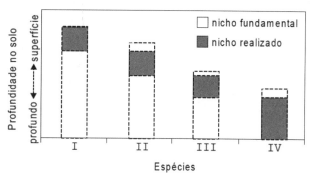

(Fonte: http://easyweb.easymet.co.uk/~middlecroft/biology/niche.htm)

A partir do diagrama, conclui-se que a espécie

(A) I é a mais tolerante e IV, a mais competitiva.
(B) I é a mais competitiva e IV, a menos tolerante.
(C) III é a mais tolerante e IV, a mais competitiva.
(D) II e IV são as menos tolerantes e I, a mais competitiva.
(E) I, II e III são igualmente tolerantes e IV, a mais competitiva.

Habilidade 03
ECOLOGIA E MEIO AMBIENTE

A) Ecologia de Organismos, Populações, Comunidades e Ecossistemas

1. (ENADE – 2011)

Na natureza, vários organismos benéficos são chamados de inimigos naturais, pois utilizam, para sua sobrevivência, alguns insetos considerados praga. Assim, várias espécies de pássaros, aves, aranhas, insetos, fungos, bactérias e vírus têm papel importante no controle do tamanho das populações de pragas, o que pode ser denominado de Controle Biológico Natural. Outro tipo de controle é o Controle Biológico Aplicado (CBA), que consiste na introdução e na manipulação artificial de inimigos naturais para controlar a praga. O CBA só é possível graças às técnicas de criação desses inimigos naturais em laboratório. No Brasil, surgiram várias empresas especializadas no comércio de parasitas e parasitoides, que proporcionaram um novo mercado de trabalho ao biólogo.

MENEZES, E. Controle Biológico: na busca pela sustentabilidade da agricultura brasileira. 2006. Disponível em: <www.cnpab.embrapa.br/publicacoes/artigos/ artigo_controle_biologico.html>. Acesso em: 7 set. 2011 (com adaptações).

Nessa perspectiva, uma empresa de CBA deve

I. avaliar e autorizar a importação e exportação dos agentes para controle biológico de pragas no país.

II. realizar a produção, pesquisa e comercialização de agentes biológicos para atuarem no controle de pragas no campo.

III. promover pesquisa científica em parceria com universidades e centros de pesquisa a fim de aprimorar a criação de insetos em laboratório e estabelecer táticas para implantação e melhoria de programas de controle biológico.

IV. promover palestras, treinamentos, consultorias e assistência técnica aos seus clientes, além de apoiar eventos para a divulgação do controle biológico de pragas e conscientização dos agricultores e associações de produtores.

É correto apenas o que se afirma em

(A) I e II.
(B) I e IV.
(C) III e IV.
(D) I, II e III.
(E) II, III e IV.

2. (ENADE – 2011)

Desde o seu surgimento, o planeta Terra tem passado por processos geológicos diversos, demonstrando que os sistemas são cíclicos e dinâmicos. Um desses ciclos é conhecido como Ciclo de Wilson, que é caracterizado pela abertura e fechamento de bacias oceânicas. Além disso, aceita-se que os processos dinâmicos continuam acontecendo e podem ser observados atualmente em diferentes partes do globo.

Considerando os Ciclos de Wilson ativos atualmente, avalie as afirmações abaixo.

I. O que se observa no *Rift Valley* na África é a fase inicial do processo, caracterizado pela ruptura de uma massa continental.

II. O que se observa no Mar Vermelho é a segunda fase do processo, caracterizado pela existência de uma pequena bacia oceânica.

III. Para que o ciclo se complete, é necessário que a bacia oceânica formada se transforme em um sistema deposicional subaéreo, como o observado na Bacia Amazônica.

IV. Bacias oceânicas intracontinentais, como a observada no Mar Cáspio, tendem a seguir o mesmo ciclo, formando sistemas semelhantes a lagos.

É correto apenas o que se afirma em

(A) I e II.

(B) I e III.

(C) III e IV.

(D) I, II e IV.

(E) II, III e IV.

3. (ENADE – 2008)

Bioma é uma área do espaço geográfico, com dimensões de até mais de um milhão de quilômetros quadrados, que tem por característica a uniformidade de determinado macroclima definido, de determinada fitofisionomia ou formação vegetal, de determinada fauna e outros organismos vivos associados, e de outras condições ambientais, como altitude, solo, alagamentos, fogo e salinidade. Essas características lhe conferem estrutura e funcionalidade peculiares e ecologia própria. O bioma é um tipo de ambiente bem mais uniforme em suas características gerais, em seus processos ecológicos, enquanto o domínio é muito mais heterogêneo. Bioma e domínio não são, pois, sinônimos.

COUTINHO, L. M. **O conceito de bioma**. *In*: **Acta Botanica Brasilica**, v. 20, 2006, p. 13-23 (com adaptações).

Acerca dos temas tratados no texto acima, assinale a opção correta.

(A) Os manguezais constituem um tipo de domínio de floresta tropical pluvial, paludosa, composto por um mosaico de biomas.

(B) As savanas constituem um único bioma, no qual devem ser incluídas as áreas de vegetação xeromorfa, com estacionalidade climática marcante.

(C) Aspectos abióticos são mais relevantes que as fisionomias em qualquer esforço de classificação de biomas.

(D) A Amazônia Legal é definida por critérios biogeográficos que se aproximam mais do conceito de domínio que do de bioma.

(E) A definição clara de termos como bioma e domínio é importante, pois tem implicações para a definição de políticas públicas de proteção à biodiversidade.

4. (ENADE – 2008)

Comunidades naturais são o resultado da ação de processos adaptativos, históricos e estocásticos sobre o conjunto de organismos que ocupa determinada área física ou ambiente. A própria atividade humana, em certas circunstâncias, pode ser considerada uma das forças que moldam a estrutura e organização das comunidades. Além disso, o entendimento da dinâmica natural é fundamental para que se possa compreender a amplitude e os efeitos da ação humana sobre os organismos e o meio ambiente.

Apesar de terem se estabelecido em ambientes muito distintos, a comunidade vegetal natural, em uma montanha, e a comunidade de organismos marinhos, em um costão rochoso, na zona entre marés, têm diversas características em comum, pois ambas se distribuem ao longo de gradientes ecológicos determinados por fatores físicos do ambiente.

Considerando-se a base da montanha e o nível das menores marés baixas como os extremos inferiores dos gradientes, que características são essas e a que gradientes correspondem?

(A) Maior riqueza e diversidade de espécies no extremo inferior do gradiente e rarefação de espécies no extremo superior, onde se concentram aquelas menos especializadas e com maior amplitude de tolerância a fatores físicos do ambiente. Na montanha, o gradiente inclui fatores como taxa de fotossíntese, altitude e declividade; no costão rochoso, os fatores são umidade, impacto de ondas e inclinação.

(B) Maior riqueza e diversidade de espécies no extremo superior do gradiente e rarefação de espécies no extremo inferior, onde se concentram aquelas menos especializadas ou com menor amplitude de tolerância a fatores físicos do ambiente. Na montanha, o gradiente inclui fatores como declividade e umidade; no costão rochoso, os fatores são umidade, densidade populacional e salinidade.

(C) Maior riqueza e diversidade de espécies no extremo inferior do gradiente e rarefação de espécies no extremo superior, onde se concentram aquelas mais especializadas ou com maior amplitude de tolerância a fatores físicos do ambiente. Na montanha, o gradiente inclui fatores como temperatura e nutrientes no solo; no costão rochoso, os fatores são umidade, temperatura e salinidade.

(D) Maior riqueza e diversidade de espécies no extremo inferior do gradiente e rarefação de espécies no extremo superior, onde se concentram aquelas menos especializadas e com menor amplitude de tolerância a fatores físicos do ambiente. Na montanha, o gradiente inclui fatores como quantidade de oxigênio, altitude e declividade; no costão rochoso, os fatores são umidade, inclinação e salinidade.

(E) Maior riqueza e diversidade de espécies no extremo superior do gradiente e rarefação de espécies no extremo inferior, onde se concentram aquelas mais especializadas ou com maior amplitude de tolerância a fatores físicos do ambiente. Na montanha, o gradiente inclui fatores como altitude, declividade e umidade; no costão rochoso, os fatores são umidade, inclinação e densidade populacional.

5. (ENADE – 2008)

Com o aumento da visitação no Parque Nacional Yosemite, na Califórnia, a progressiva redução da população de *cougars* (*Puma concolor*, a nossa onça-parda), predadores do topo da cadeia trófica local, resultou em um aumento explosivo da população do cervo (*Odocoileus hemionus*) por volta de 1920. Um estudo retrospectivo recentemente realizado sobre o recrutamento populacional (isto é, o crescimento de plântulas até árvores) de carvalhos negros, cujos indivíduos mais jovens são um dos principais itens da dieta dos cervos na região, inventariou todas as plantas dessa espécie em manchas maiores que 0,5 ha e acessíveis aos cervos. De modo similar, também foram inventariadas todas as plantas de carvalho negro que ocorriam em manchas de tamanho semelhante em áreas do parque inacessíveis aos cervos. Os resultados obtidos estão apresentados na figura abaixo.

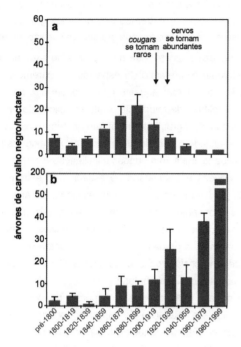

Estrutura etária do carvalho negro da Califórnia (com as barras de erro padrão) para (a) manchas de carvalho acessíveis aos cervos; (b) manchas não acessíveis aos cervos.

Com base nos estudos mencionados, é correto afirmar que

(A) houve, nas manchas inacessíveis aos cervos, redução do recrutamento, enquanto, nas áreas acessíveis, observou-se a estabilização do recrutamento na população de carvalhos a partir de 1920.

(B) os resultados apoiam a predição teórica de que uma redução da predação por grandes carnívoros pode causar o aumento populacional de grandes herbívoros e a redução das populações de plantas palatáveis.

(C) a reintrodução dos predadores ou o controle da população de cervos anulariam pressões evolutivas sobre as populações de carvalho que poderiam tornar suas folhas impalatáveis para os cervos.

(D) tanto as populações de carvalhos acessíveis aos cervos como as inacessíveis vivem, na atualidade, um declínio populacional no Parque Nacional Yosemite.

(E) a ausência de predadores do topo de uma cadeia trófica tem efeito inexpressivo sobre a sua base, devido ao efeito de magnificação observado em cadeias alimentares.

6. (ENADE – 2005)

Uma pesquisa realizada por estudantes investigou a densidade de árvores em duas regiões, sendo uma próxima e outra distante de uma indústria emissora de poluentes aéreos. As árvores foram contadas em 10 parcelas de 100 m x 100 m e os resultados foram submetidos a análises estatísticas, cujos resultados são apresentados abaixo.

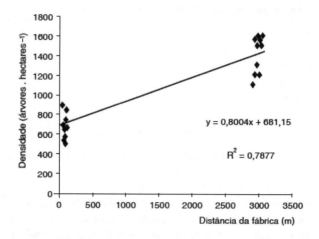

Densidade (número de árvores hectares^{-1})

	Área distante	Área próxima
Média	1411	726
Desvio padrão	113	94

$$\text{Teste } t \begin{cases} t = 6{,}73 \\ p < 0{,}0001 \\ t_{crítico} = 2{,}26 \end{cases}$$

A análise correta dos resultados deste experimento permite concluir que

(A) a densidade das plantas foi afetada pela poluição atmosférica.
(B) o impacto antrópico se reflete na densidade de árvores.
(C) há uma correlação positiva entre poluição e densidade.
(D) a densidade de árvores é significativamente diferente nas duas áreas.
(E) a poluição diminui à medida que a distância da fonte de emissão aumenta.

7. (ENADE – 2003)

Em ambientes semiáridos como a Caatinga, a produção primária é limitada, havendo baixa capacidade de acumulação e transferência de energia. Nesse ecossistema

(A) encontram-se pequenas populações de carnívoros de segunda ordem.
(B) as cadeias tróficas são grandes e as teias tróficas complexas.
(C) ocorre pequena diversidade de vertebrados ectotérmicos em relação aos endotérmicos.
(D) a quantidade de biomassa acumulada é grande.
(E) há grande número de relações biológicas e nichos amplos.

8. (ENADE – 2003)

Os gráficos abaixo representam a distribuição etária de populações de espécies diferentes de árvores encontradas em um mesmo ecossistema.

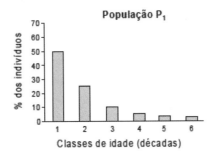

Foram elaboradas cinco hipóteses para explicar os resultados encontrados.

I. P_1 é uma população natural em crescimento.
II. P_2 sofre intensa predação de sementes e de jovens.
III. P_2 pode ser uma pioneira habitando comunidade madura.
IV. P_1 está em declínio na comunidade florestal madura.
V. P_1 e P_2 apresentam o mesmo número de indivíduos.

São plausíveis SOMENTE

(A) I, II e III
(B) I, III e IV
(C) II, III e IV
(D) II, III e V
(E) III, IV e V

9. (ENADE – 2002)

Números de espécies, como no texto da questão anterior, são usados muitas vezes como um indicativo da importância de um ecossistema ou bioma. Pode-se afirmar que o número de espécies

(A) expressa a diversidade, que é a proporção de espécies endêmicas no ecossistema.
(B) expressa a riqueza, que inclui valores de abundância relativa de endemismos.
(C) informa sobre a diversidade, que é expressa em termos de abundância relativa de espécies.
(D) expressa a diversidade, que é estimada em termos de riqueza.
(E) informa apenas sobre a riqueza, que é o número absoluto de espécies.

10. (ENADE – 2002)

O território brasileiro apresenta zonas de transição entre os ecossistemas. Alguns ambientalistas preocupam-se com sua manutenção por serem consideradas muito dinâmicas do ponto de vista evolutivo, já que apresentam

(A) aumento dos endocruzamentos.
(B) gradientes de pressões seletivas.
(C) gradientes de taxas de mutação.
(D) diminuições no número de espécies.
(E) aumento no número de lócus gênicos.

Atenção: O esquema seguinte indica algumas transformações fundamentais do ciclo do nitrogênio na natureza e deve ser usado para responder a seguinte questão.

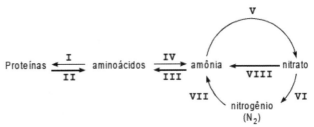

11. (ENADE – 2002)

Uma das mais importantes intervenções do homem nos ciclos da natureza é a fixação industrial de nitrogênio, responsável pela produção de grandes quantidades de nitrato utilizado na agricultura. O excedente do nitrato pode atingir corpos de água naturais e artificiais, provocando

(A) o aumento da população de peixes, por aumento direto da disponibilidade de nitrogênio assimilável.
(B) o crescimento massivo de algas, cujo aumento populacional é limitado pela concentração de nitrato.
(C) o aumento imediato das densidades populacionais dos animais presentes no corpo d'água.
(D) a proliferação de organismos capazes de utilizar NH_3 como fonte de nitrogênio.
(E) o aumento da fixação biológica do nitrogênio atmosférico.

12. (ENADE – 2000)

No Sudeste Asiático, a degradação progressiva de florestas está alterando a fauna de mamíferos da região.

O gráfico apresenta os diversos tipos de vegetação aí existentes, o número total de espécies nativas de mamíferos e o número de espécies introduzidas.

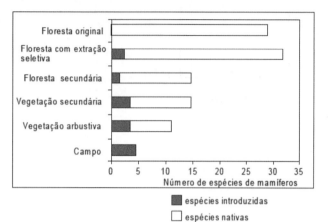

(Primack, R.B. **Essentials of Conservation Biology**. Sunderland: Sinauer Assoc. Inc., 1993)

A partir dos dados apresentados, conclui-se que a

(A) diversidade de mamíferos nativos diminui na área de vegetação arbustiva, reduzindo-se a zero na vegetação campestre.
(B) floresta original foi invadida por espécies introduzidas, que eliminaram as espécies nativas.
(C) floresta com extração seletiva apresenta menor diversidade de mamíferos do que a floresta secundária, uma vez que o número de espécies introduzidas é maior.
(D) vegetação secundária e a vegetação arbustiva apresentam igual diversidade de mamíferos, pois o número de espécies introduzidas é o mesmo.
(E) floresta com extração seletiva foi a que sofreu maior invasão de novas espécies.

Instruções: Para responder às duas seguintes questões, considere o esquema abaixo que representa o perfil de um costão rochoso, no qual estão assinaladas três regiões de distribuição de organismos.

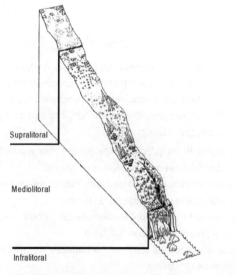

(Fincham, A. A. **Biología marina básica**. Barcelona: Omega, 1986. p. 61)

13. (ENADE – 2000)

Considerando-se que cada símbolo corresponde a uma espécie, é correto afirmar que, obrigatoriamente, a

(A) biomassa das espécies diminui do infra para o mediolitoral.
(B) biomassa das espécies aumenta do infra para o supralitoral.
(C) diversidade de espécies aumenta do supra para o mediolitoral.
(D) diversidade de espécies diminui do supra para o mediolitoral.
(E) diversidade de espécies não se altera do supra para o mediolitoral.

14. (ENADE – 2000)

Considerando-se a distribuição vertical de organismos no costão rochoso é correto afirmar que as espécies do

(A) infralitoral são mais eurialinas e mais tolerantes à dessecação do que as espécies do mediolitoral.
(B) mediolitoral são menos euritérmicas e menos tolerantes à dessecação do que as espécies do infralitoral.
(C) supralitoral são menos estenotérmicas e menos tolerantes aos altos níveis de irradiação solar do que as espécies do infralitoral.
(D) mediolitoral são mais euritérmicas e mais tolerantes às variações de umidade do que as espécies do infralitoral.
(E) infralitoral são menos estenoalinas e mais tolerantes às variações de temperatura do que as espécies do mediolitoral.

15. (ENADE – 2000)

Faz parte da teoria de evolução proposta originariamente por Charles Darwin a seguinte afirmação:

(A) A competição pela sobrevivência limita-se à luta entre os indivíduos.
(B) Variações nas populações surgem por meio de mutação e de recombinação gênica e sobre elas atua a seleção natural.
(C) As características hereditárias são transmitidas de uma geração para outra segundo regras bem estabelecidas.
(D) A vida na Terra se originou a partir de moléculas de ácidos nucleicos.
(E) As características dos indivíduos misturam-se em seus descendentes.

16. (ENADE – 2000)

Infecção hospitalar, cada vez mais comum nos últimos tempos, é altamente preocupante uma vez que as bactérias responsáveis por ela são resistentes a um grande número de antibióticos. Essa resistência é consequência do fato de as bactérias

(A) mutarem para se adaptar aos antibióticos, transmitindo essa mutação a seus descendentes.
(B) mutarem para se adaptar aos antibióticos, embora sejam incapazes de transmitir essa mutação a seus descendentes.
(C) modificarem seu metabolismo para neutralizar o efeito dos antibióticos usados nos hospitais.
(D) sofrerem seleção devido à ampla utilização de antibióticos, produzindo somente linhagens resistentes.

(E) sofrerem mutações contínuas, que as tornam cada vez mais patogênicas.

17. (ENADE – 2000)

Uma ilha oceânica, rica em vegetação, foi invadida por representantes de um vertebrado herbívoro, que se adaptaram muito bem às condições encontradas e povoaram toda a ilha. Esta, após certo tempo, foi dividida em duas por um fenômeno geológico. Os animais continuaram vivendo bem e se reproduzindo em cada uma das novas ilhas mas, depois de muitos anos, verificou-se que os indivíduos das duas ilhas haviam perdido a capacidade de produzirem descendentes férteis, quando intercruzados.

Esse texto exemplifica um caso de

(A) diferenciação morfológica.
(B) convergência adaptativa.
(C) especiação.
(D) seleção natural.
(E) radiação adaptativa.

18. (ENADE – 2000)

O gráfico abaixo relaciona a distribuição de pesos de recém-nascidos em uma população humana (histograma) e a porcentagem de mortalidade precoce entre eles (curva).

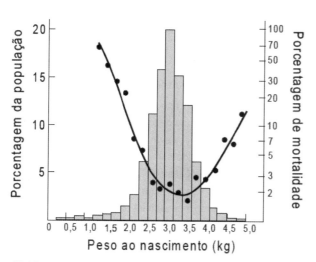

(Modificada: Cavalli-Sforza e Bodmer. **The genetics of human population**. São Francisco: Freeman, , 1971)

Os dados mostram que o menor índice de mortalidade precoce ocorre

(A) no grupo de maior peso, ocorrendo seleção direcional.
(B) no grupo de peso médio, ocorrendo seleção estabilizadora.
(C) nos grupos de pesos extremos, ocorrendo seleção estabilizadora.
(D) no grupo de menor peso, ocorrendo seleção diversificadora.
(E) no grupo de menor peso, ocorrendo seleção natural.

19. (ENADE – 2000)

Prepararam-se três tanques iguais, contendo água eutrofizada em fluxo contínuo proveniente de uma mesma origem. O tanque I recebeu *Eichhornia crassipes* (aguapé); o tanque II, *Pistia stratiotes* (alface-d'água); o tanque III, plantas das duas espécies. Nos três tanques, o peso total das plantas era o mesmo. Depois de um mês, as plantas foram retiradas e avaliado o aumento em peso. Esses dados, em porcentagem, constam da tabela abaixo.

	Tanque I	Tanque II	Tanque III
E. crassipes	64%	–	63%
P. stratiotes	–	98%	58%

Esse resultado mostra que houve competição por

(A) luz e *P. stratiotes* foi prejudicada.
(B) nutrientes e *E. crassipes* foi prejudicada.
(C) nutrientes e *P. stratiotes* foi prejudicada.
(D) luz e *E. crassipes* foi prejudicada.
(E) por luz e por nutrientes e *E. crassipes* foi prejudicada.

20. (ENADE – 2000)

A pirâmide etária é uma representação de uma população num determinado momento, contendo as proporções das diferentes faixas de idade sob forma de histograma horizontal. Os gráficos abaixo representam, respectivamente, as populações totais do Brasil e da Áustria.

Pirâmide etária da população brasileira

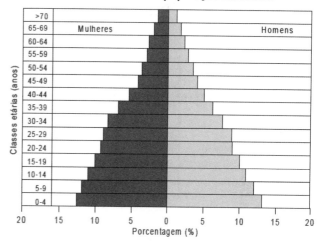

Pirâmide etária da população austríaca

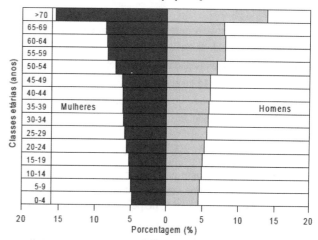

(Fontes: http://www.ibge.gov.br/ e http://www.undp.org/popin/wdtrends/belowrep/estimate.htm)

A partir das pirâmides etárias, pode-se concluir que a população

(A) austríaca apresenta uma reposição maior do que a brasileira, porque nela as faixas etárias dos adultos são maiores do que as de jovens.
(B) brasileira apresenta uma tendência ao crescimento, porque nela as faixas etárias dos mais velhos tende a aumentar.
(C) austríaca e a brasileira encontram-se em equilíbrio, porque apresentam indivíduos reprodutivos em proporções semelhantes.
(D) brasileira tende ao crescimento, porque nela a proporção das faixas etárias mais jovens é maior.
(E) austríaca está em equilíbrio, porque nela todas as faixas etárias estão, aproximadamente, nas mesmas proporções.

21. (ENADE – 2000)

O gráfico abaixo compara o crescimento das populações da Europa e da China em diversos anos e inclui uma projeção para o ano 2050.

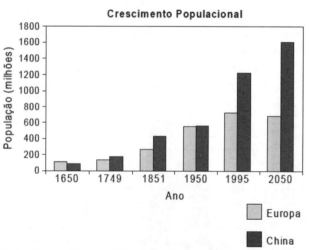

Fonte: http://www.iiasa.ac.at/Research/LUC/China Food/data/pop/pop6.htm)

Os dados mostram que

(A) ambas as populações estão estabilizadas.
(B) a população chinesa ajusta-se ao modelo sigmoidal de crescimento populacional.
(C) a população europeia apresenta evidências de controle atingindo sua capacidade de suporte K.
(D) a população chinesa ajusta-se ao modelo exponencial e atingiu a sua capacidade de suporte K.
(E) a população europeia ajusta-se ao modelo exponencial de crescimento populacional.

22. (ENADE – 2000)

A construção de barragem para a geração de energia elétrica transforma trechos de rios em reservatórios com baixo fluxo de água. Em relação à comunidade de peixes nesse novo ambiente, espera-se

(A) aumento na população de planctófagos, devido ao aumento na produção planctônica.
(B) aumento na população de insetívoros, devido à redução na população de piscívoros.
(C) redução na população de piscívoros, devido ao aumento na população de planctófagos.
(D) redução na população de iliófagos, devido ao aumento na produção planctônica.
(E) redução na população de insetívoros, devido à redução na população de piscívoros.

23. (ENADE – 2000)

Na Costa Rica, encontram-se dois tipos de cultivo de café: o **tradicional**, no qual se utilizam áreas semidesmatadas na floresta tropical para o plantio e a **monocultura** moderna, com desmatamento completo e introdução de subsídios agrícolas. Nos dois cultivos ocorrem sobreposições entre espécies de formigas que vivem sobre o solo e sobre as plantas de café. Há também três espécies que vivem exclusivamente nas plantas de café.

A tabela abaixo compara a porcentagem de sombreamento no solo e o número de espécies de formigas presentes nesses cultivos.

CULTIVOS		
Tradicional	Monocultura	
% de área sombreada no solo	98	39
Nº de espécies de formigas ativas no solo	10	6
Nº de espécies de formigas ativas sobre as plantas de café	9	9

(Adaptado de Perfecto, I., Snelling, R. Ecological Applications 5. 1995. n. 4, p 1085-97)

A partir das informações fornecidas, conclui-se que

(A) independentemente do tipo de cultivo, não há diferença no número total de espécies de formigas.
(B) o número total de espécies de formigas nos dois tipos de cultivos pode ser calculado somando-se o número de espécies ativas no solo ao das plantas de café.
(C) a monocultura produz menor sombreamento, abrigando, como consequência, uma comunidade mais rica de formigas.
(D) o cultivo tradicional representa uma comunidade vegetal mais complexa, abrigando, como consequência, uma comunidade mais rica de formigas.
(E) o cultivo tradicional produz maior sombreamento, abrigando, como consequência, menor número de espécies de formigas.

24. (ENADE – 2000)

A poluição de corpos de água doce por esgoto doméstico pode provocar mortandade em massa de peixes. Esse tipo de evento ocorre devido à

(A) proliferação de animais no zooplâncton, causada pelo aumento de nitrogênio e fósforo na água.
(B) falta de oxigênio na água, causada pela decomposição de matéria orgânica.
(C) competição dos peixes pelo alimento, causada pela piracema.
(D) proliferação de macrófitas, causada pela eutrofização.
(E) intolerância de peixes a baixas temperaturas.

25. (ENADE – 2005) DISCURSIVA

Considere o experimento abaixo esquematizado:

Figura 1

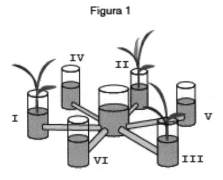

- Preparou-se um sistema com 7 potes cheios de areia umedecida, sendo um deles central e interligado aos demais por braços também cheios de areia (Figura 1).
- Em três potes (I, II e III) foram colocadas plantas de milho com 5 dias de idade.
- Pote I: recebeu 4 larvas de um besouro (*Diabrotica virgifera*), uma praga que ataca as raízes de plantas de milho.
- Pote II: as raízes da planta de milho foram mecanicamente danificadas.
- Pote III: as raízes da planta permaneceram intocadas.
- Potes IV, V e VI: só continham areia.
- Três dias depois introduziram-se 2.000 nematoides (*Heterorhabditis megidis*, um entomoparasita) no vaso central. Os nematoides podiam migrar livremente pelos braços até os potes.
- Após 24 horas, realizou-se uma contagem dos nematoides nos potes do sistema.
- Os resultados obtidos estão apresentados abaixo.

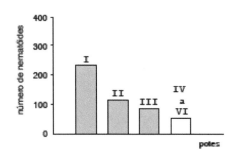

(Adaptado de Rasmann e colaboradores. **Nature** 434, p.732-7, 2005)

a) Considerando-se o experimento realizado, incluindo os parâmetros que foram estudados, que hipótese está sendo testada? (**valor: 5,0 pontos**)
b) Qual a importância dos potes contendo apenas areia (IV, V e VI) e do pote contendo a planta com as raízes intocadas (III) para o teste da hipótese? (**valor: 2,5 pontos**)
c) Que aplicação prática pode ser prevista com base nos resultados obtidos nesse experimento? (**valor: 2,5 pontos**)

ATENÇÃO: O uso inadequado da linguagem técnico-científica, poderá acarretar a perda de até 2(dois) pontos em cada questão.

26. (ENADE – 2003) DISCURSIVA

Alguns episódios de mortalidade em massa de peixes foram atribuídos a um dinoflagelado planctônico do gênero *Pfiesteria*. Há três hipóteses para explicar a atuação do microrganismo:

1. O dinoflagelado libera uma toxina potente que mata os peixes.
2. O dinoflagelado é um predador de peixes.
3. O dinoflagelado é tóxico quando ingerido pelo peixe.

Um grupo de cientistas (Wolfgang e colaboradores. **Nature**. n. 418, p. 967-70, 2002) fez um experimento no qual foram utilizados cinco aquários com água do mar. Em cada um deles uma membrana permeável separava dois compartimentos. Peixes (P) e dinoflagelados

(D) foram distribuídos nos dois compartimentos de cada aquário conforme a Figura 1. Durante quatro dias, verificou-se a mortalidade dos peixes e o número de dinoflagelados. Os resultados estão apresentados nas Figuras 2 e 3.

Figura 1 – Esquema experimental

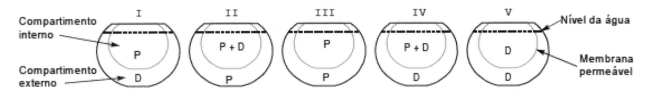

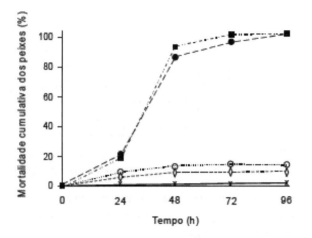

Figura 2 - Mortalidade cumulativa de peixes nos compartimentos dos aquários: (◊) I, interno; (■) II, interno; (O) II, externo; (x) III, interno e externo; (●) IV, interno.

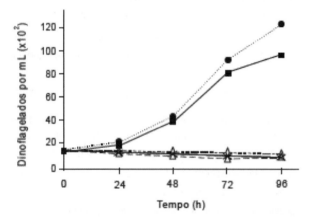

Figura 3 - Número de dinoflagelados nos compartimentos dos aquários: (◊) I, externo; (■) II, interno; (●) IV, interno; (⋈) IV, externo; (△) V, interno e externo.

a) Com base somente nos resultados apresentados na Figura 2, que hipótese ou hipóteses pode(m) ser mantida(s)? Justifique sua resposta. (10 pontos)

b) Considerando, em conjunto, os resultados das Figuras 2 e 3, explique qual é a hipótese mais adequada. Justifique sua resposta. (10 pontos)

27. (ENADE – 2002) DISCURSIVA

Comparando dois ambientes semelhantes, verificou-se que, em um deles, a predação de determinada espécie de lesma marinha por peixes era muito menor do que no outro. A única diferença entre os ambientes era a alta densidade de cnidários em um deles. No ambiente onde a concentração de cnidários era maior, observou-se que a predação de lesmas era menor. Sabe-se que os cnidários servem de alimento para as lesmas, mas não para os peixes.

a) Formule uma hipótese que explique a diferença de predação nos dois ambientes. (5 pontos)
b) Planeje um experimento que permita testar sua hipótese. (10 pontos)
c) Relacione o resultado do experimento proposto com sua hipótese. (5 pontos)

Atenção: A seguinte questão está relacionada ao texto abaixo.

As Florestas Tropicais estão entre os ecossistemas mais ameaçados, devido às suas características estruturais e funcionais e ao fato de estarem estabelecidas sobre solos arenosos e submetidas a clima quente e chuvoso. Atividades humanas alteram esses ecossistemas causando perda de habitats e fragmentação da área original. Os fragmentos sofrem um processo de progressiva insularização e as populações fragmentadas ficam isoladas e mais susceptíveis ao declínio e à extinção. Esta situação ocorre, por exemplo, com a Floresta Atlântica e exige medidas que conciliem a convivência das populações humanas com a conservação integral de sua biodiversidade. Trata-se de um dos biomas mais importantes da Terra, um dos centros de maior diversidade do planeta. Apresenta, por exemplo, cerca de 13.000 espécies de angiospermas, das quais 9.500 são endêmicas. Possui, ainda, grande diversidade de nichos decorrentes de gradientes de latitude e altitude, além da própria estratificação dentro da floresta.

28. (ENADE – 2001) DISCURSIVA

Cepaea nemoralis é um caracol terrestre capaz de produzir uma ampla variedade de padrões de coloração da concha, desde clara até escura. Esse caracol é predado por uma ave, o tordo, que o localiza através da visão. Em uma área habitada por essa espécie, houve aumento da cobertura vegetal e censos realizados em diferentes épocas mostraram que o número de caracóis com concha escura foi aumentando gradativamente.

Explique por que passaram a predominar os caracóis com concha escura nessa área, segundo as ideias

a) lamarckistas. **(Valor: 5,0 pontos)**
b) darwinistas. **(Valor: 10,0 pontos)**

B) Preservação, Conservação e Manejo da Biodiversidade

1. (ENADE – 2011)

No dia 3 de junho de 2011, foi inaugurado o projeto "Tartarugas da Amazônia: Conservando para o Futuro", coordenado pela Associação de Ictiólogos e Herpetólogos do Amazonas (AIHA), com a missão de ampliar os estudos científicos sobre os cinco principais quelônios mais ameaçados na região Amazônica. Entre as várias ameaças a que estão sujeitas as populações de quelônios, destaca-se a perda progressiva de hábitat, resultante de ações antrópicas e alterações climáticas. Modelos climáticos atuais predizem que a temperatura média na Amazônia possa aumentar em 4° C até o final do século 21, com grande redução da precipitação pluviométrica local.

Este cenário seria catastrófico para o bioma da região, tendo como consequência a substituição da vegetação amazônica por um sistema de savana.

Diante das previsões climáticas citadas acima, analise as afirmações acerca da biologia dos quelônios amazônicos.

I. A substituição da vegetação amazônica por savana não será tão preocupante para a conservação das populações desses animais quanto o aumento médio da temperatura no bioma da região.
II. A baixa precipitação não terá influência direta na incubação de seus ovos já que esses se desenvolvem em substrato seco e impermeável, e os embriões apresentam reservas em sua vesícula amniótica.
III. As alterações climáticas amazônicas poderão resultar em reduções populacionais do grupo já que a temperatura de incubação de seus ovos é fator determinante do sexo dos embriões.

É correto o que se afirma em

(A) I, apenas.
(B) III, apenas.
(C) I e II, apenas.
(D) II e III, apenas.
(E) I, II e III.

2. (ENADE – 2011)

Recentes relatórios do Painel Intergovernamental sobre Mudanças Climáticas (IPCC, na sigla em inglês) voltaram a defender que a ação antrópica tem contribuído significativamente para o aumento dos níveis de carbono na atmosfera terrestre. A consequência mais conhecida desse aumento é o aquecimento global, originado pela intensificação do efeito estufa. Todavia, há um assim chamado irmão gêmeo do mal do aquecimento global, que é pouco conhecido.

Trata-se do processo de acidificação dos oceanos, que já ocorreu antes na história da Terra, no limite Permo-Triássico, há, aproximadamente, 250 milhões de anos.

Correlacionando a importância dos oceanos na manutenção da vida na Terra com as possíveis causas do colapso ambiental observado pelo processo de acidificação dos oceanos ocorrido no limite Permo-Triássico, e ainda, com as consequências para a biodiversidade atual, analise as afirmações abaixo.

I. A acidificação dos oceanos resulta da dissolução de CO_2 na água, produzindo íons de hidrogênio, reduzindo o pH.
II. O processo de acidificação dos oceanos inferido para o limite Permo-Triássico, causado pelos altos níveis de CO_2 atmosféricos registrados, foi um dos responsáveis pela extinção em massa registrada naquele momento.
III. Atualmente, a acidificação dos oceanos geraria índices de extinção semelhantes aos observados no limite Permo-Triássico devido à desestabilização de sistemas costeiros.
IV. A redução dos níveis de O_2 atmosférico advinda da acidificação dos oceanos afetaria não somente a biodiversidade marinha, mas, também, a biodiversidade terrícola.

É correto apenas o que se afirma em

(A) I e II.
(B) II e III.
(C) III e IV.
(D) I, II e IV.
(E) I, III e IV.

3. (ENADE – 2011)

Sistemas com predomínio de vegetação herbáceoarbustiva (como pradarias, savanas e campos) cobrem cerca de 52,5 milhões de km^2 e, aproximadamente, 40,5% da superfície continental da Terra. Tendo em vista que esses sistemas não apresentam as características fisionômicas que popularmente se espera de ambientes preservados (como presença de densas florestas), a sua degradação em escala mundial acaba por passar despercebida da opinião pública. Estimativas da Avaliação Ecossistêmica do Milênio definem que cerca de 50 a 60% dos biomas que possuem esta fisionomia acabarão por estar degradados até 2050.

Pesquisas recentes mostram que elementos modeladores intrínsecos desses ambientes são fundamentais para a sua conservação e manutenção. No Brasil, esse tipo de bioma também ocorre e, seguindo a tendência mundial, se encontra em acelerado processo de degradação.

Considerando o exposto, planejamentos ambientais que priorizam a sustentabilidade da dinâmica dos processos naturais são necessários para viabilizar a conservação dos biomas brasileiros com essa fisionomia. Um dos elementos modeladores intrínsecos cujo resgate e manutenção deve ser considerado é a

(A) implantação de sistemas de silvicultura.
(B) ampliação da produção extensiva de ungulados.
(C) diversificação das culturas antrópicas já existentes.
(D) utilização do fogo como forma alternativa de manejo.
(E) ocupação em ampla escala para produção de biomassa para biocombustíveis.

4. (ENADE – 2008)

A figura abaixo apresenta índices de diversidade para três regiões hipotéticas, cada uma com três montanhas, calculados a partir da distribuição de espécies (identificadas pelas letras de A a G) observada em cada montanha. Algumas espécies estão isoladas em apenas uma montanha por região, enquanto outras estão em duas ou três montanhas.

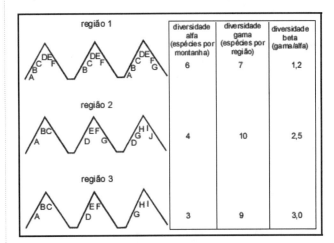

Considerando esses dados, selecione quais deveriam ser as escolhas do tomador de decisões sobre medidas de conservação, no sentido de proteger a maior riqueza de espécies, nas seguintes situações: (a) se houver recursos financeiros para proteger apenas uma das regiões; e (b) se os recursos permitirem proteger apenas uma das montanhas.

(A) Para se proteger apenas uma região, esta deveria ser a região 1, que apresenta a maior riqueza de espécies por montanha (diversidade alfa); para se proteger apenas uma montanha, deveria ser escolhida a terceira montanha da região 2, a única que tem a espécie J.

(B) Para se proteger apenas uma região, esta deveria ser a região 3, que apresenta a maior diferenciação de espécies entre as três montanhas (diversidade beta); para se proteger apenas uma montanha, deveria ser escolhida qualquer montanha da região 3, pois, como há menos espécies por montanha, estas vivem com menor competição.

(C) Para se proteger apenas uma região, esta deveria ser a região 1, que apresenta o maior número de espécies por montanha (diversidade alfa); para se proteger apenas uma montanha, deveria ser escolhida a terceira montanha da região 1, que tem a maior riqueza local (diversidade alfa).

(D) Para se proteger apenas uma região, esta deveria ser a região 2, que apresenta a maior diversidade total (diversidade gama); para se proteger apenas uma montanha, deveria ser escolhida a terceira montanha da região 2, que é a única que tem a espécie J.

(E) Para se proteger apenas uma região, esta deveria ser a região 2, que apresenta a maior diversidade total (diversidade gama); para proteger apenas uma montanha, deveria ser escolhida a terceira montanha da região 1, que tem a maior riqueza local (diversidade alfa).

5. (ENADE – 2008)

Um biólogo foi incumbido de definir um plano de reflorestamento de uma área de caatinga utilizando uma planta nativa que se encontra na lista de espécies ameaçadas de extinção do IBAMA: *Myracrodruon urundeuva* Allemão (aroeira). Interessado em informações técnicas que dessem suporte para a produção rápida e econômica de mudas, fez uma rápida busca na literatura científica e encontrou um trabalho que avaliava o efeito de diferentes tratamentos sobre o comportamento germinativo das sementes da espécie. Os dados estão sintetizados nos gráficos abaixo.

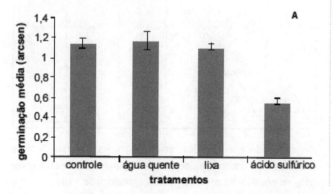

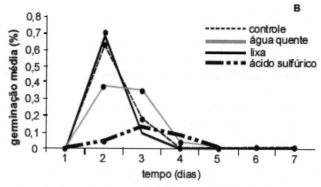

A) germinação total (com as barras de erro padrão). B) porcentagem média diária de germinação de sementes de *Myracrodruon urundeuva* (aroeira) submetidas a diferentes tratamentos de escarificação.

Myracrodruon urundeuva (aroeira) submetidas a diferentes tratamentos de escarificação. NUNES, Y. R. F. et al. **Revista Árvore**, v. 32, 2008, p. 233-43 (com adaptações).

Com base nesses resultados, é correto concluir que

(A) as sementes de aroeira apresentam dormência tegumentar, e faz-se necessário adotar tratamento de escarificação para melhorar a germinação. Portanto, o biólogo poderá adotar qualquer tratamento entre os que foram testados no experimento.

(B) a escarificação química demonstrou ser o melhor tratamento, pois, além de exibir as maiores taxas de germinação nos primeiros dias do experimento, resultou em boa porcentagem média de germinação. Portanto, o biólogo deve adotar tal procedimento, mesmo que envolva o uso de um produto tóxico.

(C) o grupo controle exibiu o melhor desempenho germinativo, apesar de as sementes de aroeira apresentarem dormência tegumentar. Portanto, não é necessário realizar qualquer tratamento ou efetuar gastos adicionais na produção de mudas.

(D) não houve variação no desempenho germinativo durante os primeiros três dias de avaliação do experimento, independentemente do tratamento a que foram submetidas as sementes. Portanto, o biólogo pode adotar qualquer dos métodos testados.

(E) as sementes não escarificadas apresentaram potencial de germinação semelhante ao daquelas submetidas à escarificação térmica, mas exibiram maior velocidade de germinação. Portanto, o biólogo não precisa usar qualquer tratamento para estimular a germinação das sementes.

6. (ENADE – 2005)

Em programas de conservação, além da manutenção das espécies das comunidades, também é importante levar em conta sua variabilidade genética. Assim, quando se detecta um repentino colapso populacional, a medida mais adequada é

(A) declarar a população geneticamente extinta, pois perdeu variabilidade.

(B) manter os indivíduos remanescentes em cativeiro, para recuperar a variabilidade.

(C) promover o rápido crescimento da população, para reduzir a perda de variabilidade.

(D) tentar estabelecer programas de hibridização controlada com espécies próximas.

(E) introduzir exemplares de populações de regiões muito distantes para aumentar a variabilidade.

7. (ENADE – 2005)

Uma cidade, cuja economia é baseada na agricultura e na pesca de subsistência, apresentou problemas relacionados à perda de qualidade da água, que foi eutrofizada pela lixiviação de fertilizantes para os rios. Foi estabelecido um programa educativo visando a recuperação das matas ciliares da região. Para maximizar o poder filtrante das matas ciliares, esses ecossistemas devem

(A) apresentar diversidade mínima de 500 espécies por hectare.
(B) ser compostos apenas por espécies climáxicas da flora brasileira.
(C) apresentar uma largura mínima de 10 metros nas duas margens.
(D) ser adubados e protegidos durante os primeiros anos de plantio.
(E) ser manejados e mantidos em estádio sucessional subclimáxico.

Atenção: A questão a seguir refere-se a populações que habitam as ilhas de um arquipélago hipotético representado no mapa abaixo. Para respondê-las, utilize as informações nele contidas e também as que se seguem:

I. Todas as ilhas surgiram simultaneamente e são habitadas por comunidades estáveis.
II. Em todas as ilhas pode ser encontrada uma espécie de roedor terrestre, *Hipothetycus imaginarius*.

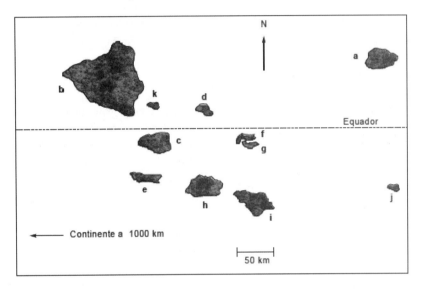

8. (ENADE – 2003)

A ilha mais adequada para o estabelecimento de uma unidade de conservação com o objetivo de maximizar a riqueza de espécies é

(A) **a**, devido ao maior isolamento do continente.
(B) **k**, devido ao efeito área-espécie.
(C) **a**, devido ao gradiente leste-oeste de diversidade.
(D) **b**, devido ao efeito espécie-área.
(E) **b**, devido ao gradiente norte-sul de diversidade.

9. (ENADE – 2003)

A figura abaixo mostra a variação nas concentrações de hormônios tireoideanos no plasma de anfíbios em função dos estágios do desenvolvimento.

O gráfico apresentado

(A) prova que o desenvolvimento de larvas de anuros depende de hormônios tireoideanos.
(B) não prova que os hormônios tireoideanos são responsáveis pela metamorfose.
(C) comprova que o final da metamorfose causa a diminuição da concentração de hormônios tireoideanos.
(D) sugere mas não demonstra que o aumento do tamanho em anfíbios acarreta o aumento da concentração de hormônios tireoideanos.
(E) indica que o tamanho dos indivíduos varia de forma inversamente proporcional à concentração de hormônios.

10. (ENADE – 2003)

Para recuperar uma espécie localmente extinta, propôs-se a recolonização da área a partir de três populações isoladas que apresentavam um grande número de indivíduos. Como medida preliminar, foram feitos cruzamentos entre indivíduos das três populações, analisando-se o tempo de desenvolvimento das proles. O gráfico abaixo apresenta o tempo de desenvolvimento dos parentais e do F2 de cada um dos cruzamentos.

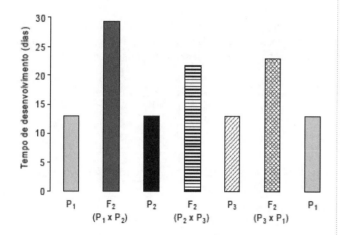

Os resultados permitem concluir que essa recolonização é

(A) aconselhável, pois a descendência é mais apta.
(B) desaconselhável, pois há inviabilidade dos híbridos.
(C) aconselhável, apenas para as populações P1 e P2.
(D) aconselhável, pois os parentais são equivalentes.
(E) desaconselhável, pois a descendência é menos vigorosa.

Atenção: As quatro seguintes questões estão relacionadas ao texto abaixo.

As Florestas Tropicais estão entre os ecossistemas mais ameaçados, devido às suas características estruturais e funcionais e ao fato de estarem estabelecidas sobre solos arenosos e submetidas a clima quente e chuvoso. Atividades humanas alteram esses ecossistemas causando perda de habitats e fragmentação da área original. Os fragmentos sofrem um processo de progressiva insularização e as populações fragmentadas ficam isoladas e mais susceptíveis ao declínio e à extinção. Esta situação ocorre, por exemplo, com a Floresta Atlântica e exige medidas que conciliem a convivência das populações humanas com a conservação integral de sua biodiversidade. Trata-se de um dos biomas mais importantes da Terra, um dos centros de maior diversidade do planeta. Apresenta, por exemplo, cerca de 13.000 espécies de angiospermas, das quais 9.500 são endêmicas. Possui, ainda, grande diversidade de nichos decorrentes de gradientes de latitude e altitude, além da própria estratificação dentro da floresta.

11. (ENADE – 2002)

As áreas mínimas necessárias para conter a população mínima viável de onças pintadas (*Pantera onça*) e das árvores mais raras da floresta foram utilizadas como critérios para o estabelecimento da área de uma unidade de conservação da Mata Atlântica. Para defender o uso destes critérios junto a uma comissão governamental, um biólogo deve basear sua argumentação, primariamente, nos conceitos de

(A) climatologia e sucessão.
(B) fluxo de energia e estrutura de comunidades.
(C) comportamento social e ciclos de nutrientes.
(D) predação e herbivoria.
(E) faunística e florística.

12. (ENADE – 2002)

Para preservar o mono muriqui ou mono carvoeiro (*Brachyteles arachnoides*) e restabelecer esta espécie em áreas onde sua população extinguiu-se ou está ameaçada, poderá ser iniciado um programa de reprodução assistida. Os indivíduos selecionados para esse fim deverão ser animais

(A) muito aparentados, para evitar incompatibilidade entre o material genético dos doadores.
(B) pouco aparentados, para evitar a ocorrência de mutações deletérias à espécie.
(C) muito aparentados, para recompor totalmente a diversidade genética original da espécie.
(D) pouco aparentados, para evitar a homozigose de alelos recessivos deletérios.
(E) pouco aparentados, para eliminar o excesso de diversidade genética no cativeiro.

13. (ENADE – 2002)

O estabelecimento de monoculturas em regiões dessas florestas resulta em frequentes fracassos a curto e a médio prazo. O principal motivo destes insucessos que também é a base para adoção, pelas populações nativas, dos sistemas de agricultura que alternam períodos de cultivo e descanso das áreas manejadas, é

(A) a lixiviação de nutrientes.
(B) a herbivoria pelos animais da floresta original.
(C) o fogo que se inicia devido ao acúmulo de combustível da biomassa.
(D) a disseminação de doenças tropicais que afetam as plantas nativas, mas não as cultivadas.
(E) a competição entre a vegetação nativa e as herbáceas cultivadas.

14. (ENADE – 2002)

Para maximizar o potencial de conservação, os fragmentos de florestas devem ser conectados através de corredores biológicos, a fim de

(A) diminuir os efeitos de borda e a erosão dos solos ricos em húmus.
(B) restabelecer o fluxo de energia e de nutrientes dos fragmentos.
(C) ampliar a área com macroclima e solos florestais.
(D) restabelecer o fluxo gênico e manter as metapopulações.
(E) aumentar a equitatividade e a biodiversidade de plantas nativas.

15. (ENADE – 2001)

A irradiação dos seres vivos nos mais diversos ambientes e suas intrincadas interações resultaram na grande diversidade de padrões morfológicos e funcionais em vários níveis de organização. Essa diversificação é abordada na seguinte questão.

Os morcegos são considerados espécies-chave para a avaliação da biodiversidade regional. Num levantamento realizado numa região dominada por pecuária, extensos reflorestamentos de eucalipto, atividades mineradoras e pequenas áreas florestais secundárias foram encontradas diversas espécies desses animais. O gráfico abaixo mostra a distribuição percentual das espécies, de acordo com o seu hábito alimentar.

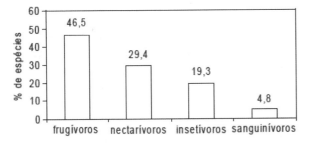

(BIOS. Cadernos do Depto de Ciências Biológicas da PUC-MG, v. 2, n. 2, 1994. p. 25-9)

Para aumentar a biodiversidade dos morcegos da região, deve-se aumentar a área de

(A) florestas, devido à maior diversidade vegetal.
(B) florestas, devido à presença de outros animais.
(C) pastos, devido à presença do gado.
(D) reflorestamento de eucaliptos, devido à maior biomassa vegetal.
(E) áreas de mineração, devido à presença de nichos vagos.

O ser humano é peculiar pela extensão de modificações qualitativas e quantitativas que vem causando sobre o próprio ambiente que ocupa, inclusive sobre outros seres vivos. Essas interferências humanas são abordadas nas três seguintes questões.

Instruções: Para responder às duas seguintes questões, considere a frase que se segue.

"O aumento de CO_2 na atmosfera causa aumento de temperatura conhecido como efeito estufa. Embora esse efeito tenha consequências negativas sobre o ambiente, pode também trazer benefícios."

16. (ENADE – 2001)

A revista **Science** (292:36-37, 2001) publicou um artigo mostrando que pinheiros cultivados no campo e fumigados com CO_2 por 4 anos tiveram maior crescimento. Isto pode ser explorado comercialmente, cultivando-se plantas em maior concentração de CO_2, em

(A) regiões mais quentes, nas quais os estômatos permanecem sempre abertos.
(B) estufas fechadas, aumentando a atividade de carboxilação na fotossíntese.
(C) estufas fechadas, aumentando a atividade de carboxilação na mitocôndria.
(D) regiões mais quentes, nas quais a absorção de água é maior.
(E) em estufas abertas, para que haja menor respiração e menor gasto de energia.

17. (ENADE – 2001)

O efeito estufa poderá afetar o sistema hídrico, causando estiagens mais longas e desertificações de certas áreas. Algumas plantas, porém, serão menos afetadas do que outras por serem mais eficientes no uso da água absorvida. Tais plantas conseguem manter por mais tempo o aumento da massa seca e são conhecidas como C4. Essa característica deve-se ao fato de

(A) possuírem cutícula espessa.
(B) acumularem amido como reserva.
(C) apresentarem fotorrespiração quase nula.
(D) possuírem menor densidade de estômatos nas folhas.
(E) manterem os estômatos fechados.

18. (ENADE – 2001)

Realizou-se um levantamento da população de cervos-do-pantanal na área a ser inundada com a construção da usina hidrelétrica de Porto Primavera, no Rio Paraná. Foram também observados os habitats dos cervos e sua preferência a cada um deles. Nos habitats de várzea, os cervos foram observados forrageando e, nos campos adjacentes a estes, repousando. A tabela apresenta os resultados do estudo.

Hábitat	% da área de cada hábitat existente na região a ser inundada	% de cervos observados utilizando cada área
várzea	52,0	81,5
campo	29,0	16,4
lagoa	5,0	1,5
cerrado	5,0	0,6
mata	8,0	0,0
arrozal	1,0	0,0

(**Biological Conservation**, v.75, 1996, p. 87-91)

A partir dessas informações e, levando-se em consideração o impacto e o futuro manejo, pode-se afirmar que a população de cervos-do-pantanal

(A) já esgotou o seu recurso, antes mesmo da inundação e, portanto, está em extinção.
(B) utiliza pouco quatro dos seis habitats de que dispõe, portanto, não haverá perda de recursos.
(C) dispõe de área de forrageamento maior do que a utilizada, portanto, não haverá perda populacional.
(D) já sofria com a competição com o gado, portanto, não sofrerá alteração.
(E) perderá seus habitats vitais e, portanto, haverá perda populacional.

19. (ENADE – 2000)

Numa região de pastagem abandonada na Amazônia, escolheram-se duas áreas com passado de uso moderado e intensivo e, em cada uma delas, subáreas com diferentes anos de abandono, com o objetivo de avaliar a regeneração da vegetação. A tabela abaixo mostra os resultados obtidos em relação às árvores presentes.

Uso de pastagem	Anos de abandono	Altura das árvores (m)	Nº de árvores em 100 m²
Moderado	3	3 – 4	28
Moderado	8	4 – 5	73
Intensivo	3	3 – 4	5
Intensivo	8	3 – 4	1

(Buschbacher, R. 1992. In: Wali, M.K. **Ecosystem Rehabilitation**. v. 2. The Hauge, SPB Acad. Publ. p. 257-74)

A partir dos dados acima, conclui-se que, no tempo considerado, a regeneração da vegetação foi mais eficiente na área com passado de uso

(A) intensivo, porque nela a altura das árvores permaneceu estável.

(B) intensivo, porque nela ocorreu incremento na altura e na densidade das árvores.

(C) moderado, porque nela ocorreu incremento na altura e na densidade das árvores.

(D) moderado, porque nela ocorreu estabilidade na altura e na densidade das árvores.

(E) moderado, porque nela a densidade permaneceu estável.

20. (ENADE – 2003) DISCURSIVA

Uma fazenda de pecuária que se tornou improdutiva por causa de sobrepastejo foi destinada a projetos de recuperação da comunidade de mamíferos nativos. Um desses projetos propôs a seguinte sequência de atividades preparatórias a serem executadas antes da introdução dos animais na área:

1. análise da fauna, flora e vegetação do entorno;
2. introdução de sementes e mudas das espécies nativas;
3. erradicação de plantas exóticas;
4. estudo e recuperação do banco de sementes nativas;
5. educação da população do entorno.

a) Esse projeto apresentado foi muito criticado por não considerar o solo. Justifique sua concordância ou discordância a essa crítica. (10 pontos)

b) Um dos itens da proposta foi considerado impróprio. Identifique-o e explique por que é impróprio. (10 pontos)

21. (ENADE – 2001) DISCURSIVA

Estações Ecológicas são unidades de conservação "representativas de ecossistemas brasileiros, destinadas à realização de pesquisas básicas e aplicadas de ecologia, à proteção do ambiente natural e ao desenvolvimento da educação conservacionista". (Lei nº 6.902, Artigo 1º, de 27/04/81)

Do ponto de vista ecológico, existem diversos critérios para delimitar uma área destinada à conservação. Por exemplo:

1) presença de alta diversidade de espécies;
2) estimativa de área mínima viável para a proteção de uma espécie ameaçada;
3) abundância de espécies endêmicas;
4) extensão do ecossistema.

Como biólogo, escolha dois dos critérios apresentados e, para cada um deles, apresente uma

a) justificativa ecológica que reforce sua utilização. **(Valor: 5,0 pontos)**

b) restrição ecológica que aponte sua fragilidade. **(Valor: 10,0 pontos)**

C) Planejamento e Gestão Ambiental

1. (ENADE – 2011)

Mais de 50% dos resíduos sólidos gerados em hospitais do Brasil são descartados de maneira irregular, segundo a Associação Brasileira de Empresas de Limpeza Pública e, em vez de serem destinados a uma seleção especial, os dejetos, muitas vezes, têm como destino os lixões comuns, colocando em risco a saúde pública.

A destinação final de todo lixo hospitalar no Brasil deveria ser a incineração.

PORQUE

Não existe tecnologia adequada para a disposição de lixo hospitalar em aterros sanitários ou para a reciclagem.

Acerca dessas asserções, assinale a opção correta.

(A) As duas asserções são proposições verdadeiras, e a segunda é uma justificativa correta da primeira.

(B) As duas asserções são proposições verdadeiras, mas a segunda não é uma justificativa correta da primeira.

(C) A primeira asserção é uma proposição verdadeira, e a segunda, uma proposição falsa.

(D) A primeira asserção é uma proposição falsa, e a segunda, uma proposição verdadeira.

(E) Tanto a primeira quanto a segunda asserções são proposições falsas.

2. (ENADE – 2008)

A construção da usina hidrelétrica de Balbina, no Amazonas, foi acompanhada de uma série de polêmicas, dado que o reservatório formado reteve muita matéria orgânica. Com a degradação anaeróbica da matéria orgânica, considerável quantidade de metano ($CH4$) é produzida. Como o metano tem grande contribuição para o efeito estufa, muito maior do que o gás carbônico ($CO2$), têm-se estudado alternativas para minimizar os efeitos ambientais da hidrelétrica.

Qual é a alternativa mais adequada para minimizar os problemas causados pela produção de metano?

(A) O metano poderia ser queimado, o que levaria à produção de gás carbônico e água, produtos que reduziriam os danos ambientais.

(B) O metano poderia ser queimado, o que provocaria a formação de ácido sulfúrico e água, base da chuva ácida.

(C) O metano poderia ser queimado, o que daria origem ao ozônio, que, em pequenas concentrações, protege o planeta dos efeitos da radiação ultravioleta.

(D) O metano poderia ser solubilizado em água, o que resultaria na formação de ácido carbônico, composto capaz de neutralizar o pH dos rios e lagos amazônicos.

(E) O metano poderia ser oxidado, o que poderia gerar amônia, importante matéria-prima para a produção de adubo.

Instruções: Para responder à seguinte questão, utilize a chave abaixo.

(A) a asserção e a razão estão corretas e a razão justifica a asserção.
(B) a asserção e a razão estão corretas, mas a razão não justifica a asserção.
(C) a asserção e a razão estão erradas.
(D) a asserção está correta e a razão está errada.
(E) a asserção está errada e a razão está correta.

3. (ENADE – 2005)

O estabelecimento de grandes áreas de reservas ecológicas pode ser difícil devido a questões fundiárias, ocupação humana, conflito de interesses, entre outros motivos.

Uma alternativa é proteger vários fragmentos pequenos, com uma área total equivalente a uma grande área

PORQUE estudos em ilhas revelam uma relação direta entre o tamanho da ilha e o número de espécies que ela apresenta.

Atenção: A questão a seguir está relacionada ao texto abaixo.

As Florestas Tropicais estão entre os ecossistemas mais ameaçados, devido às suas características estruturais e funcionais e ao fato de estarem estabelecidas sobre solos arenosos e submetidas a clima quente e chuvoso. Atividades humanas alteram esses ecossistemas causando perda de habitats e fragmentação da área original. Os fragmentos sofrem um processo de progressiva insularização e as populações fragmentadas ficam isoladas e mais susceptíveis ao declínio e à extinção. Esta situação ocorre, por exemplo, com a Floresta Atlântica e exige medidas que conciliem a convivência das populações humanas com a conservação integral de sua biodiversidade. Trata-se de um dos biomas mais importantes da Terra, um dos centros de maior diversidade do planeta. Apresenta, por exemplo, cerca de 13.000 espécies de angiospermas, das quais 9.500 são endêmicas. Possui, ainda, grande diversidade de nichos decorrentes de gradientes de latitude e altitude, além da própria estratificação dentro da floresta.

4. (ENADE – 2002)

Programas de recuperação de fragmentos degradados de floresta objetivam ampliar as áreas com vegetação primária e restaurar a condição original do ecossistema.

Estes programas são caros e, para otimizar custos e benefícios, deve-se considerar

(A) o conhecimento do clima e as características dos solos da região, principalmente em suas bordas.
(B) a composição da vegetação do fragmento, introduzindo inicialmente, em suas bordas, espécies secundárias e, no centro, as espécies clímax.
(C) a composição florística do fragmento, introduzindo inicialmente, em suas bordas, espécies clímax e, no centro, as espécies pioneiras.
(D) a flora e a fauna do fragmento, introduzindo, inicialmente, em suas bordas, líquens e decompositores.
(E) a flora e a fauna, introduzindo em toda sua área representantes de toda a comunidade clímax original.

5. (ENADE – 2002)

Uma localidade às margens de um córrego na periferia de uma grande cidade é periodicamente assolada por enchentes. A estas seguem-se muitos casos de leptospirose. Propuseram-se as medidas abaixo para diminuir a sua incidência.

I. Melhorar o sistema de fornecimento de água.
II. Exterminar o maior número possível de ratos.
III. Evitar o acúmulo de lixo em locais próximos às residências.
IV. Fumigação com inseticidas.
V. Não acumular água em vasilhames nos quintais das residências.

As medidas eficazes são:

(A) I e II
(B) I e III
(C) II e III
(D) III e IV
(E) III e V

6. (ENADE – 2000)

Pessoas podem contaminar-se com agrotóxicos direta ou indiretamente. O esquema abaixo resume as vias de contaminação.

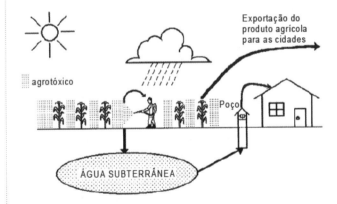

A partir das vias apresentadas, é correto afirmar que as pessoas da

(A) cidade podem contaminar-se diretamente através da água da chuva.
(B) cidade podem contaminar-se através do consumo de produtos agrícolas.
(C) zona agrícola contaminam-se somente através da água da chuva.
(D) zona agrícola e da cidade correm o mesmo risco de contaminação.
(E) cidade não correm risco algum de contaminação direta.

7. (ENADE – 2005) DISCURSIVA

O protocolo de Kioto, que foi ratificado recentemente, estabelece que o sequestro de carbono da atmosfera e a sua conservação em reservatórios ecológicos podem ser remunerados, como forma de compensação por atividades emissoras de CO_2. Esta medida leva a um segundo objetivo, pois pode ser conciliada com a conservação da biodiversidade.

a) Que tipo de ecossistema deve ser manejado para alcançar estes dois objetivos? Justifique. (**valor: 3,0 pontos**)

b) Que parâmetros ecológicos devem ser usados para avaliar:

1. o potencial de sequestro de carbono de cada ecossistema (**valor: 2,0 pontos**)

2. a quantidade de carbono conservado (indique as unidades dessas medidas) (**valor: 2,0 pontos**)

c) Que outras vantagens desta conservação devem ser divulgadas em programas educativos para formação da opinião pública e para angariar seu apoio para essa medida? (**valor: 3,0 pontos**)

D) Relação entre Educação, Saúde e Ambiente

1. (ENADE – 2008)

Em 1985, foram contabilizados 8.959 registros de leishmaniose visceral desde os primeiros casos identificados por Henrique Penna em 1932. No entanto, esse quadro se agravou. O Ministério da Saúde registrou, no período compreendido entre 1990 e 2007, 53.480 casos e 1.750 mortes. A leishmaniose visceral está mais agressiva. Matava três de cada cem pessoas que a contraíam em 2000. Hoje mata sete. Além disso, foi considerada por muito tempo um problema exclusivamente silvestre ou restrito às áreas rurais do Brasil. Não é mais. Nas últimas três décadas, desde que as autoridades da saúde começaram a identificar casos contraídos nas cidades, a leishmaniose visceral urbanizou-se e se espalhou por quase todo o território nacional. A chegada do mosquito-palha às cidades foi acompanhada de um complicador. Com a sombra e a terra fresca dos quintais, o inseto encontrou uma formidável fonte de sangue que as pessoas gostam de manter ao seu lado: o cão, que contrai a infecção facilmente e se torna tão debilitado quanto seus donos.

Uma doença anunciada. *In:* **Pesquisa FAPESP**, n.º 151, set./2008 (com adaptações).

A prefeitura de um município composto por uma cidade de médio porte, zona rural e áreas de mata nativa, solicitou a um biólogo que elaborasse um plano de ação para evitar o avanço da leishmaniose visceral em sua região. O plano elaborado sugeria várias ações.

Considerando o texto e a situação hipotética acima apresentados, seria **inadequada** a ação que propusesse

(A) adotar medidas de proteção contra as picadas do mosquito para trabalhadores que adentrem áreas de floresta próxima da cidade.

(B) controlar a população de cães domésticos, incluindo a eutanásia de animais infectados em áreas com alta incidência de casos.

(C) implementar sistema de coleta e tratamento de esgotos nas áreas em que houvesse alta incidência de casos.

(D) controlar o desmatamento em áreas naturais próximas da área urbana da cidade em questão.

(E) promover medidas educativas da população, principalmente em relação aos hábitos do mosquito transmissor.

2. (ENADE – 2003)

O agente causador da malária é transmitido por mosquitos. No caso da AIDS, o vírus HIV pode ser transmitido por relações sexuais e também por seringas compartilhadas pelos usuários de drogas injetáveis.

Fazendo-se uma comparação entre os programas de controle da malária e da AIDS, há analogia entre

(A) reduzir a população de mosquitos e educar para que usuários de drogas não compartilhem a seringa.

(B) tratar os afetados pela malária e educar para que as pessoas evitem a promiscuidade.

(C) evitar a multiplicação de mosquitos e tratar os pacientes com AIDS para que o vírus não se reproduza.

(D) tratar os afetados pela malária e educar para que as pessoas evitem ter relações sem preservativos.

(E) evitar os criadouros do mosquito e evitar relações sexuais.

3. (ENADE – 2003)

Um folheto informativo destinado a comunidades rurais, para as quais as saúvas representam um forte competidor, trouxe as seguintes informações:

I. A aplicação de fungicidas pode afetar as colônias de saúvas.

II. A eliminação de um formigueiro requer a morte da rainha.

III. Os inseticidas são específicos e não afetam outros animais.

IV. Inseticidas modernos são seguros e não poluem solo e água.

V. A aplicação de antibióticos é eficiente para o controle de saúvas.

Para corrigir o folheto, devem ser alteradas SOMENTE

(A) I e II

(B) II e III

(C) I, IV e V

(D) III , IV e V

(E) I, III, IV e V

4. (ENADE – 2003)

Em algumas regiões do Brasil, é comum a queima de extensas plantações de cana-de-açúcar com o objetivo de facilitar a colheita. Sugeriu-se aos professores de uma dessas regiões que o exemplo de tal realidade poderia ser usado para a abordagem de diversos assuntos:

I. O rápido enriquecimento do solo após a passagem do fogo, mas o seu empobrecimento, a longo prazo, após várias queimadas.

II. As causas e as consequências do efeito estufa.

III. A morte de invertebrados e micro-organismos das camadas profundas do solo.

IV. A sucessão ecológica e a colonização de novos ambientes.

V. Os efeitos da fumaça na saúde humana e os problemas causados por subprodutos das queimadas.

São pertinentes SOMENTE as sugestões

(A) I, II e III

(B) I, II e V

(C) II, III e IV

(D) II, III e V

(E) III, IV e V

Atenção: Para responder à seguinte questão, considere o texto abaixo.

Um dos problemas ambientais na Amazônia é a grande quantidade de mercúrio lançada em cursos de água, como consequência das atividades de garimpo de ouro. Os resultados apresentados no gráfico e na tabela abaixo fazem parte de estudos realizados em localidades em que os peixes são a principal fonte de proteínas dos habitantes.

Concentração de mercúrio em peixes do Reservatório de Tucuruí

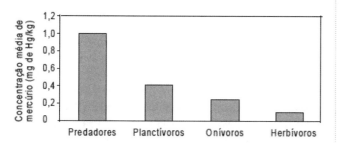

(Adaptado de Porvari, P. **The Science of the Total Environment**, 1995. n. 175, p. 109-17)

Peixes da região e seus alimentos

Peixe	Alimento
tucunaré	peixes, crustáceos
pescada	crustáceos, peixes
piranha	peixes
traíra	peixes
surubim	peixes
piau	sementes, frutas, larvas de insetos
piaba	frutas, insetos
mapará	zooplâncton
pacu	frutas e plantas

5. (ENADE – 2002)

Um educador, querendo diminuir os riscos de intoxicação por mercúrio nessas localidades, deverá aconselhar as populações a ingerirem, de preferência,

(A) tucunaré, pois este peixe está no centro da pirâmide alimentar.
(B) surubim, pois sua carne possui alto teor proteico.
(C) pacu, por estar mais próximo da base da pirâmide alimentar.
(D) mapará, que se alimenta de plâncton e apenas o bentos está contaminado.
(E) traíra, por ocupar o topo da pirâmide alimentar.

6. (ENADE – 2002)

Em cidades litorâneas, a queda da qualidade da água marinha coincide com as épocas de maior afluxo de turistas. Uma campanha educativa, destinada a esclarecer a população a respeito de medidas que permitam minimizar o problema, deve incluir duas informações:

I. origem da carga poluidora
II. o parâmetro adotado para o monitoramento e controle da balneabilidade das praias pelos governos

Identificam-se corretamente, I e II da seguinte maneira:

	I	II
(A)	esgoto doméstico	concentração de coliformes fecais, indicadora da possibilidade da existência de micro-organismos patogênicos
(B)	dejetos industriais	concentração de metais pesados, indicadores da possibilidade de doenças do sistema nervoso
(C)	esgoto doméstico	oxigênio dissolvido (OD), indicador do grau de eutrofização da água
(D)	lixões em áreas urbanas	concentração de nutrientes (nitrogênio e fósforo), causadores de eutrofização
(E)	lixões em áreas urbanas	quantidades totais de algas e protozoários patogênicos ao ser humano

7. (ENADE – 2002)

Toxocara canis é um nematoide da família *Ascaridae*, cuja forma adulta habita o intestino delgado dos cães, que eliminam com as fezes ovos do verme. Estes podem se desenvolver se ingeridos por animais de outras espécies, porém não são detectados nas suas fezes. Suponha que um agente de saúde esteja atuando junto a uma população na qual exames de sangue revelaram grande porcentagem de crianças infectadas por *Toxocara canis*.

Como medida mais eficaz para reduzir os novos casos dessa parasitose, ele deverá indicar

(A) o uso de calçados por todas as pessoas da população.
(B) o tratamento das crianças com anti-helmínticos.
(C) o tratamento dos cães com anti-helmínticos.
(D) a construção de banheiros e fossas em todas as residências.
(E) a fervura ou filtração da água dada aos cães.

O ser humano é peculiar pela extensão de modificações qualitativas e quantitativas que vem causando sobre o próprio ambiente que ocupa, inclusive sobre outros seres vivos. Essas interferências humanas são abordadas nas duas seguintes questões.

8. (ENADE – 2001)

A "tríplice lavagem" é uma medida adotada para reduzir a contaminação por agrotóxicos. Nela, utiliza-se um volume fixo de água para lavar, por três vezes, a embalagem plástica do agrotóxico, diminuindo os resíduos. Esta mesma água é utilizada para diluir o agrotóxico que será aplicado.

Medidas complementares seriam, além de instruir a população rural,

(A) centralizar o recolhimento das embalagens e promover a sua reciclagem.

(B) enterrar as embalagens e induzir a redução do uso de agrotóxicos.

(C) destruir as embalagens e promover o uso de agrotóxicos.

(D) recolher as embalagens e reutilizá-las para fins domésticos.

(E) incinerar as embalagens e manter o uso de agrotóxicos.

9. (ENADE – 2001)

O Brasil enfrenta sérios problemas de saúde pública causados por parasitas patogênicos diversos. Por essa razão, muitos municípios contam com o auxílio de pessoas da comunidade que, ligadas às Secretarias da Saúde e através de visitas periódicas, orientam as populações de risco ensinando-lhes medidas profiláticas adequadas. Entre estas medidas estão:

I. vacinação sistemática

II. combate ao vetor e/ou às suas larvas

III. combate ao agente patogênico e/ou às suas larvas

IV. monitoramento dos habitats do vetor e/ou de suas larvas

As medidas corretas que os orientadores devem passar à população, nos casos da doença de Chagas, esquistossomose e febre amarela são:

	Doença de Chagas	Esquistossomose	Febre Amarela
(A)	IV	I e III	II, III e IV
(B)	II e IV	II, III e IV	I, II e IV
(C)	I, II e III	I, III e IV	I e III
(D)	I, III e IV	II e IV	II e III
(E)	II, III e IV	I, II, III e IV	III e IV

10. (ENADE – 2000)

A poluição atmosférica produzida pela atividade industrial e pelos automóveis pode provocar doenças respiratórias principalmente em crianças. Tais doenças são mais frequentes na época de

(A) chuva, pois os poluentes dissolvem-se na água, tornando-a tóxica.

(B) chuva, pois é nesse período que ocorre inversão térmica, que dificulta a dissipação dos poluentes.

(C) estiagem, pois a baixa umidade dificulta a dissipação dos poluentes.

(D) baixas temperaturas, pois a inversão térmica dificulta a dissipação dos poluentes.

(E) altas temperaturas, pois a inversão térmica dificulta a dissipação dos poluentes.

11. (ENADE – 2008) DISCURSIVA

O que tem sido feito em termos de educação ambiental? A grande maioria das atividades é feita dentro de uma modalidade formal. Os temas predominantes são lixo, proteção do verde, uso e degradação dos mananciais, ações para conscientizar a população em relação à poluição do ar. A educação ambiental que tem sido desenvolvida no país é muito diversa, e a presença dos órgãos governamentais como articuladores, coordenadores e promotores de ações é ainda muito restrita.

A educação para a cidadania representa a possibilidade de motivar e sensibilizar as pessoas para transformar as diversas formas de participação em potenciais caminhos de dinamização da sociedade e de concretização de uma proposta de sociabilidade baseada na educação para a participação.

JACOBI, P. **Educação ambiental, cidadania e sustentabilidade**. *In*: **Cadernos de Pesquisa**, v. 118, 2003, p. 189-206 (com adaptações).

São diferentes os modelos de educação ambiental praticados no mundo. Apesar das grandes possibilidades de ação, da diversidade temática e das peculiaridades de cada região, a prática, não raro, parece estar muito centralizada na figura do "educador", ator que tem um conhecimento a transmitir para os sujeitos (atores que necessitam mudar sua visão de mundo e adotar novas posturas). Esse tipo de prática ignora os diferentes olhares e interesses das pessoas envolvidas no processo. Por exemplo, toda comunidade necessita de um programa de reciclagem de lixo? Esta é uma questão importante e urgente na visão da comunidade? Uma realidade, para ser transformada sem imposições, necessita do comprometimento, da participação e do envolvimento de todos os atores sociais. Afinal, precisamos de uma educação ambiental que signifique envolvimento e participação ambiental.

Considerando as ideias centrais desenvolvidas nos textos acima, redija um texto dissertativo sobre o seguinte tema.

Educação ambiental: envolvimento e participação.

Aborde em seu texto os seguintes aspectos:

a) papel dos diferentes atores sociais;

b) processos e métodos de trabalho na educação ambiental;

c) escolha dos temas a serem trabalhados na educação ambiental.

(valor = 10,0 pontos)

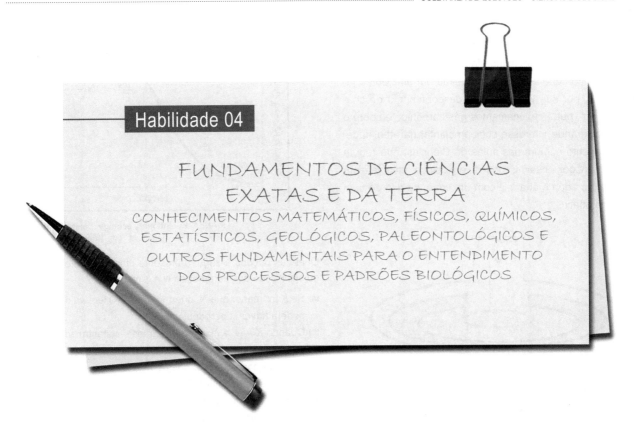

Habilidade 04

FUNDAMENTOS DE CIÊNCIAS EXATAS E DA TERRA
CONHECIMENTOS MATEMÁTICOS, FÍSICOS, QUÍMICOS, ESTATÍSTICOS, GEOLÓGICOS, PALEONTOLÓGICOS E OUTROS FUNDAMENTAIS PARA O ENTENDIMENTO DOS PROCESSOS E PADRÕES BIOLÓGICOS

1. (ENADE – 2011)

A Embrapa Soja atua em pesquisas com soja transgênica desde 1997. Por meio de técnicas de biotecnologia e com a parceria de outras empresas, a Embrapa passou a incorporar a seus cultivares um gene de outro organismo, capaz de tornar a soja tolerante ao uso do herbicida glifosato.

Disponível em: <www.cnpso.embrapa.br>. Acesso em: 03 out. 2011 (com adaptações).

Na elaboração de um parecer técnico acerca do efeito do uso da soja transgênica na saúde humana, seria correto um biólogo observar que

(A) a tecnologia de plantas transgênicas reduz o custo de produção e aumenta a produtividade.
(B) a redução no uso de agrotóxicos no cultivo da soja diminui a exposição humana à toxicidade.
(C) a diminuição da variabilidade genética da soja implica maior vulnerabilidade do cultivo.
(D) uma planta geneticamente modificada põe em risco as selvagens devido à polinização cruzada.
(E) a inserção aleatória do novo gene dentro do genoma da soja distorce o desenvolvimento da planta.

2. (ENADE – 2011)

O jornal **O Globo** publicou, em sua edição de 1/8/2011, a seguinte notícia:

Condomínios despejam esgoto irregularmente na Lagoa de Jacarepaguá

Rio de Janeiro - Uma das promessas de legado olímpico para o Rio parece estar indo por água abaixo. A limpeza das lagoas da região da Barra da Tijuca, na Zona Oeste, tem esbarrado no despejo irregular de esgoto feito por condomínios, cujas construções avançam em ritmo frenético no bairro.

Considerando a destinação inadequada de efluentes domésticos, avalie as seguintes asserções.

O despejo irregular de efluentes domésticos não tratados em corpos d'água pode resultar na liberação de gases tóxicos com odores desagradáveis e em anoxia (ausência de oxigênio dissolvido), a qual resulta na morte de peixes e de invertebrados.

PORQUE

O ambiente aquático passa de um estado oligotrófico para um estado eutrófico, o que contribui para a proliferação, principalmente, de micro-organismos decompositores, causando, entre outros, depleção de oxigênio.

Acerca dessas asserções, assinale a opção correta.

(A) As duas asserções são proposições verdadeiras, e a segunda é uma justificativa correta da primeira.
(B) As duas asserções são proposições verdadeiras, mas a segunda não é uma justificativa correta da primeira.
(C) A primeira asserção é uma proposição verdadeira, e a segunda, uma proposição falsa.
(D) A primeira asserção é uma proposição falsa, e a segunda, uma proposição verdadeira.
(E) Tanto a primeira quanto a segunda asserções são proposições falsas.

3. (ENADE – 2008)

A composição do ar foi estudada no século XVIII por meio de experimentos que envolviam a queima em ambientes fechados, que, por sua vez, levou ao descobrimento do chamado "ar fixo", que hoje chamamos gás carbônico e sobre o qual há um grande interesse socioambiental na atualidade. Um experimento comum nas aulas de Ciências, que repete um desses antigos ensaios, consiste em colocar uma vela em um prato com água e abafá-la com um copo, de acordo com o esquema abaixo.

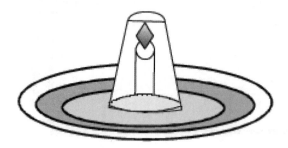

Esse experimento permitiu que se compreendesse mais acerca da composição do ar, conduzindo à descoberta do oxigênio, capaz de tornar o ar respirável novamente. Nota-se que a vela se apaga e que o nível de água dentro do copo se eleva. A observação atenta revela que o nível da água se eleva mais rapidamente após o apagamento da vela.

Esse resultado permite demonstrar um fenômeno

(A) físico, pois evidencia que o apagamento da vela diminuiu a temperatura do ar, que se contrai, permitindo a entrada da água, nada devendo ao gás carbônico.

(B) físico, pois evidencia que o apagamento da vela aumenta o volume de gás carbônico na água, aumentando seu volume, o que implica aumento de seu nível no copo.

(C) químico, pois evidencia que a queima da chama consome oxigênio e a água entra no copo para ocupar o lugar vazio, nada devendo ao gás carbônico.

(D) químico, pois evidencia que o gás carbônico produzido se dissolve na água que está no copo, e isso faz aparecer ácido carbônico, o que aumenta o volume da água.

(E) físico e químico, pois ocorre o efeito combinado do consumo químico do oxigênio, da dissolução do gás carbônico e da expansão física da água do copo.

A) Matemática

1. (ENADE – 2008)

A figura a seguir apresenta o crescimento de uma população de acordo com a equação logística de Pearl-Verhulst.

O resultado é tipicamente uma curva de formato sigmoidal, na qual N representa o número de indivíduos da população e K, a capacidade de suporte do ambiente.

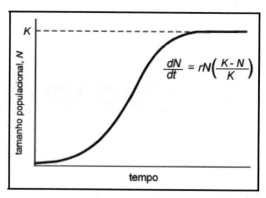

PIANKA. **Evolutionary ecology**. Benjamin Cummings, 6. ed., 1999 (com adaptações).

Qual das opções a seguir apresenta uma interpretação correta do significado dos parâmetros N e K no modelo?

(A) Se K for menor que N, o termo $(K – N/K)$ terá valor positivo, e poderá haver superpopulação.

(B) Quando $K = N$, a taxa de crescimento instantâneo da população é zero, e a população se estabiliza.

(C) Se K permanece maior do que N, então a população pára de crescer e corre o risco de extinção.

(D) K representa algum recurso natural, por exemplo, disponibilidade de alimento, caso em que é expresso em unidades do tipo kg/m^2.

(E) O termo $(K – N/K)$ representa o efeito da densidade sobre o crescimento da própria população, quando a área ocupada estiver aumentando.

2. (ENADE – 2011) DISCURSIVA

Diversas tecnologias têm sido utilizadas na remediação de solos e águas subterrâneas impactadas com hidrocarbonetos de petróleo. Em casos de derramamento de combustíveis automotivos, como a gasolina, em águas subterrâneas, os compostos monoaromáticos do grupo BTEX (benzeno, tolueno, etilbenzeno e xilenos) são de grande interesse devido à sua toxicidade e mobilidade na subsuperfície. No caso da presença simultânea de etanol e compostos BTEX em águas subterrâneas, estudos demonstram que o etanol é o substrato preferencial dos micro-organismos, consumindo a maior parte do oxigênio disponível. Nesses estudos, em razão da degradação biológica mais rápida do etanol em relação a outros compostos presentes na gasolina, tem sido considerada a introdução adicional de nitratos ao solo, com o objetivo de acelerar a degradação anaeróbica dos outros hidrocarbonetos de petróleo.

COSTA, A.H.R., NUNES, C.C. e CORSEUIL, H.X. **Biorremediação de águas subterrâneas impactadas por gasolina e etanol com o uso de nitrato**. Eng. Sanit. Ambient. v.14, n. 2, abr./jun. 2009. p. 265-274.

A respeito dessa situação, faça o que se pede nos itens a seguir:

a) De que forma a rápida degradação do etanol derramado pode causar desequilíbrio na diversidade da comunidade microbiana nesse solo? (valor: 5,0 pontos)

b) Como a adição de nitrato ao solo contribui para mitigar o prejuízo ambiental causado pelo derramamento de hidrocarbonetos de petróleo na subsuperfície? (valor: 5,0 pontos)

Habilidade 05

FUNDAMENTOS FILOSÓFICOS E SOCIAIS. CONHECIMENTOS FILOSÓFICOS, ÉTICOS E LEGAIS RELACIONADOS AO EXERCÍCIO PROFISSIONAL

1. (ENADE – 2008)

A Lei nº 6.684/1979 regulamenta as profissões de Biólogo e Biomédico e, em seu capítulo I, estabelece o seguinte.

Art. 1º O exercício da profissão de Biólogo é privativo dos portadores de diploma:

I. devidamente registrado, de bacharel ou licenciado em curso de História Natural, ou de Ciências Biológicas, em todas as suas especialidades, ou licenciado em Ciências, com habilitação em Biologia, expedido por instituição brasileira oficialmente reconhecida;

II. expedido por instituições estrangeiras de ensino superior, regularizado na forma da lei, cujos cursos forem considerados equivalentes aos mencionados no inciso I.

Art. 2º Sem prejuízo do exercício das mesmas atividades por outros profissionais igualmente habilitados na forma da legislação específica, o Biólogo poderá:

I. formular e elaborar estudo, projeto ou pesquisa científica básica e aplicada, nos vários setores da Biologia ou a ela ligados, bem como os que se relacionem à preservação, saneamento e melhoria do meio ambiente, executando direta ou indiretamente as atividades resultantes desses trabalhos;

II. orientar, dirigir, assessorar e prestar consultoria a empresas, fundações, sociedades e associações de classe, entidades autárquicas, privadas ou do poder público, no âmbito de sua especialidade;

III. realizar perícias, emitir e assinar laudos técnicos e pareceres de acordo com o currículo efetivamente realizado.

Antônio foi morar no exterior e, aproveitando uma oportunidade, matriculou-se em uma universidade estrangeira. Depois de 5 anos, voltou ao Brasil na condição de portador de diploma de licenciatura em História Natural emitido por essa universidade. Recebeu, então, oferta de trabalho em empresa que desenvolve projeto cujos objetivos são implantar infraestrutura de saneamento básico em área urbana, recuperar áreas degradadas e definir áreas adequadas para conservação e preservação da biodiversidade, e que conta com equipe multidisciplinar que inclui engenheiros agrônomos, engenheiros florestais e profissionais da saúde.

Acerca da situação hipotética descrita, e com base no disposto na Lei nº 6.684/1979, é correto afirmar que Antônio

(A) deve validar o diploma que trouxe da universidade estrangeira, comprovando que os cursos que fez são equivalentes aos de universidades brasileiras, antes de atuar na empresa.

(B) não poderia atuar nas atividades da empresa, pois, por ser licenciado, deve restringir suas atividades como biólogo a ministrar aulas de ciências físicas e biológicas para alunos do ensino fundamental.

(C) estaria impedido de elaborar projeto dirigido à criação de área de preservação da biodiversidade, pois a equipe da empresa conta com engenheiros florestais.

(D) poderia atuar como consultor, mas estaria impedido de assumir cargos de direção da empresa, pois sua formação inicial foi História Natural.

(E) poderia exercer, no projeto, atividades específicas de profissionais da saúde, como as de médico, desde que tivesse em seu currículo disciplinas próprias da Medicina.

2. (ENADE – 2008)

A Medida Provisória (MP) nº 2.186-16/2001 criou, no âmbito do Ministério do Meio Ambiente, o Conselho de Gestão do Patrimônio Genético (CGEN), de caráter deliberativo e normativo, composto de representantes de órgãos e entidades da administração pública federal. A seguir, são apresentados trechos desse instrumento legal.

Art. 8º Fica protegido por esta Medida Provisória o conhecimento tradicional das comunidades indígenas e das comunidades locais, associado ao patrimônio genético, contra a utilização e exploração ilícita e outras ações lesivas ou não autorizadas pelo Conselho de Gestão de que trata o art. 10, ou por instituição credenciada. Art. 9º À comunidade indígena e à comunidade local que criam, desenvolvem, detêm ou conservam conhecimento tradicional associado ao patrimônio genético, é garantido o direito de: I ter indicada a origem do acesso ao conhecimento tradicional em todas as publicações, utilizações, explorações e divulgações; (...). Art. 10 (...) § 5º Caso seja identificado potencial de uso econômico, de produto ou processo, passível ou não de proteção intelectual, originado de amostra de componente do patrimônio genético e de informação oriunda de conhecimento tradicional associado, acessado com base em autorização que não estabeleceu esta hipótese, a instituição beneficiária obriga-se a comunicar ao Conselho de Gestão ou à instituição onde se originou o processo de acesso e de remessa, para a formalização de Contrato de Utilização do Patrimônio Genético e de Repartição de Benefícios.

Uma conceituada empresa farmacêutica desenvolveu um potente antibiótico a partir de princípio ativo presente em uma planta medicinal conhecida e utilizada por um grupo indígena amazônico. O material foi obtido em uma visita feita por técnicos da empresa a uma das aldeias desse grupo indígena, na busca autorizada por outro produto, porém a descoberta foi acidental. A empresa não reconheceu o direito à participação nos benefícios comerciais oriundos dessa descoberta inesperada.

A partir da situação hipotética descrita e à luz do texto legal, é correto concluir que

(A) a empresa, assim que identificou o potencial econômico do princípio ativo, deveria reconhecer os direitos da comunidade indígena e formalizar junto ao CGEN um contrato de utilização do patrimônio genético e de repartição de benefícios.

(B) a MP não se aplica ao caso, pois a empresa desenvolveu um novo produto a partir das moléculas de uma planta, e a lei regulamenta apenas o acesso e uso de conhecimento tradicional associado ao patrimônio genético.

(C) não há necessidade de contrato de utilização e repartição de benefícios, uma vez que a pesquisa sobre o princípio ativo não foi intencional, mas a empresa deve citar a comunidade indígena em todas as publicações decorrentes desse conhecimento.

(D) a necessidade de um contrato de utilização e repartição de benefícios aplica-se apenas a casos de apropriação da fauna e flora brasileiras ou de processos conhecidos por comunidades tradicionais por empresas estrangeiras.

(E) o conhecimento sobre a planta utilizado pela empresa torna-se domínio público assim que gera produtos de utilidade pública, apesar de ter-se originado em uma comunidade indígena.

3. (ENADE – 2011)

A Resolução nº 227, de 18 de agosto de 2010, do Conselho Federal de Biologia (CFBIO), dispõe sobre a regulamentação das Atividades Profissionais e das Áreas de Atuação do Biólogo, em Meio Ambiente e Biodiversidade, Saúde, Biotecnologia e Produção, para efeito de fiscalização do exercício profissional. No seu parágrafo único, essa Resolução afirma que o exercício das atividades profissionais/técnicas vinculadas às diferentes áreas de atuação fica condicionado ao

(A) currículo efetivamente realizado e ao tempo de, no mínimo, 1 ano de experiência comprovada na área que pretende atuar.

(B) curso de pós-graduação lato sensu ou stricto sensu na área ou, no mínimo, 1 ano de experiência comprovada na área que pretende atuar.

(C) currículo efetivamente realizado ou à pós-graduação lato sensu ou stricto sensu na área ou à experiência profissional mínima de 460 horas na área, comprovada pelo acervo técnico.

(D) currículo efetivamente realizado ou à pós-graduação lato sensu ou stricto sensu na área ou à experiência profissional mínima de 360 horas na área, comprovada pelo acervo técnico.

(E) curso de pós-graduação lato sensu ou stricto sensu na área ou, no mínimo, 2 anos de experiência comprovada na área que pretende atuar.

4. (ENADE – 2005)

Considere a seguinte poesia:

A Ciência em si

(Gilberto Gil e Arnaldo Antunes

Se toda coincidência
Tende a que se entenda
E toda lenda
Quer chegar aqui
A ciência não se aprende
A ciência apreende
A ciência em si
Se toda estrela cadente
Cai pra fazer sentido
E todo mito
Quer ter carne aqui
A ciência não se ensina
A ciência insemina
A ciência em si

Se o que pode ver, ouvir, pegar, medir,
pesar
Do avião a jato ao jaboti
Desperta o que ainda não, não se pôde
pensar
Do sono eterno ao eterno devir
Como a órbita da Terra abraça o
vácuo devagar
Para alcançar o que já estava aqui
Se a crença quer se materializar
Tanto quanto a experiência quer se
abstrair
A ciência não avança
A ciência alcança
A ciência em si

A poesia explora

(A) a experimentação como foco para a compreensão dos fenômenos físicos da natureza.

(B) as características das formas de pensar em ciências físicas em relação a outras culturas.

(C) as linguagens específicas de diferentes áreas das ciências da natureza.

(D) os impactos sociais negativos das ciências no desenvolvimento econômico.

(E) a atuação do cientista em construir, somente em laboratórios, visões de universo.

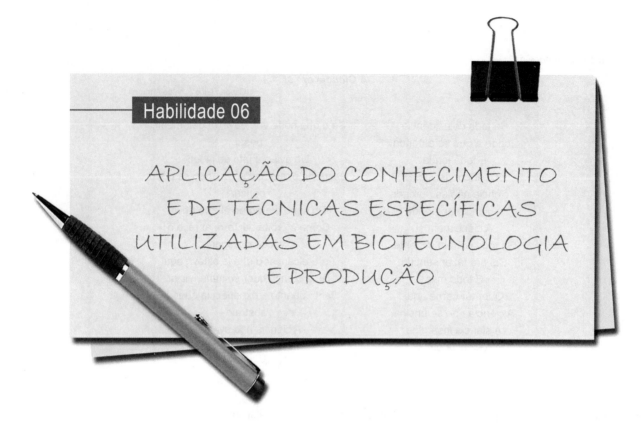

Habilidade 06

APLICAÇÃO DO CONHECIMENTO E DE TÉCNICAS ESPECÍFICAS UTILIZADAS EM BIOTECNOLOGIA E PRODUÇÃO

1. (ENADE – 2011)

A obtenção de fármacos provenientes de plantas medicinais esbarra na dificuldade de se obter matéria-prima na quantidade e qualidade necessárias para suprir a demanda. O cultivo de plantas medicinais e o fitomelhoramento constituem-se em possível solução para o problema. Por meio de técnicas de engenharia genética, um gene selecionado é inserido enzimaticamente em um plasmídio de uma bactéria específica. O micro-organismo é, posteriormente, introduzido, por transformação genética, em uma célula vegetal.

AMARAL E SILVA, **Biotecnologia Ciência e Desenvolvimento**, jan. - jun. 2003 (com adaptações).

Considerando a necessidade de regeneração da planta a partir da célula que foi geneticamente modificada, analise as seguintes asserções.

A cultura de tecidos, ao ser utilizada em biotecnologia, permite aumentar a produtividade de substâncias derivadas de tecidos vegetais regenerando a planta.

PORQUE

A cultura de tecidos permite interferir nas rotas metabólicas vegetais mediante o cultivo de plantas em meio preparado com agentes estressantes, elicitores e mutagênicos, que afetam qualitativa e quantitativamente os princípios ativos produzidos e alteram sua composição e teor.

A respeito dessas asserções, assinale a opção correta.

(A) As duas asserções são proposições verdadeiras, e a segunda é uma justificativa da primeira.
(B) As duas asserções são proposições verdadeiras, mas a segunda não é uma justificativa correta da primeira.
(C) A primeira asserção é uma proposição verdadeira, e a segunda, uma proposição falsa.
(D) A primeira asserção é uma proposição falsa, e a segunda, uma proposição verdadeira.
(E) As duas asserções são proposições falsas.

2. (ENADE – 2011)

A irradiação é uma técnica eficiente na conservação dos alimentos, pois reduz as perdas naturais causadas por processos fisiológicos, além de eliminar ou reduzir parasitas e pragas, sem causar qualquer prejuízo ao alimento, tornando-os também mais seguros ao consumidor.

Em relação ao texto, avalie as afirmações que se seguem.

I. Na irradiação de alimentos, o tratamento é realizado com radiação ionizante.
II. Os principais tipos de radiações ionizantes são as radiações alfa, beta, gama, raios X e nêutrons.
III. A partícula beta é formada por dois prótons e dois nêutrons e, por isso, é semelhante ao núcleo de hélio.
IV. A partícula alfa tem a massa do elétron e pode ser negativa ou positiva.
V. Os raios gamas são ondas eletromagnéticas extremamente penetrantes.

É correto apenas o que se afirma em

(A) I, II e III.
(B) I, II e V.

(C) I, III e IV.

(D) II, IV e V.

(E) III, IV e V.

3. (ENADE – 2011)

O termo biotecnologias se refere às tecnologias que incorporam seres vivos (ou seus produtos derivados) como elementos na produção industrial de bens e serviços. Nesse caso, o ser vivo pode ser parte de um processo ou de um produto final. O desenvolvimento de tecnologias não garante ao pesquisador a possibilidade de usufruir com exclusividade dos lucros e benefícios da comercialização do produto, pois, para isso, é necessário que sua tecnologia seja

(A) registrada em cartório e patenteada no INPI.

(B) patenteada no INPI e licenciada por órgão competente.

(C) publicada em revista científica e patenteada no INPI.

(D) registrada em cartório e licenciada por órgão competente.

(E) licenciada por órgão competente e publicada em revista científica.

Texto para a seguinte questão

Há sete anos, em uma cidade da região rural do sul do país, foi registrado o desaparecimento de uma criança de dois anos de idade que brincava no quintal de sua casa. Durante as investigações, foram encontrados vestígios biológicos no local do desaparecimento, que foram coletados e submetidos a análises de biologia forense, que revelaram a presença de sangue humano contendo vários tipos celulares, como hemácias, neutrófilos e linfócitos, além de contaminação com células animais de outra espécie. Além desses exames, foram realizados estudos de vínculo genético entre as amostras de sangue humano encontradas no local do desaparecimento e as dos pais biológicos da criança desaparecida. Recentemente, foi encontrada uma criança de nove anos de idade que apresenta um sinal na pele muito semelhante ao da criança desaparecida. Foram colhidas amostras de sangue e realizadas análises comparativas com o material obtido sete anos atrás, que confirmaram tratar-se da mesma pessoa.

4. (ENADE – 2008)

Considere que, para realizar as análises descritas no texto, estivessem disponíveis no laboratório de biologia forense as técnicas de PCR (reação em cadeia da polimerase), eletroforese e sequenciamento automático de DNA, indicadas para analisar marcadores genéticos dos tipos SNPs (polimorfismo de nucleotídeo único) do DNA mitocondrial, STR (repetições curtas em série) nucleares e SNPs nucleares. Acerca desse assunto, assinale a opção correta.

(A) Caso a amostra contenha apenas hemácias, a análise de marcadores genéticos SNPs do DNA mitocondrial não poderá ser utilizada.

(B) Para que se possa usar a técnica de PCR, é necessário acrescentar ao sistema micro-organismos que secretem a enzima DNA polimerase.

(C) Para a obtenção de um perfil genético individual, é necessária a análise de regiões genômicas do tipo STRs que apresentem repetições de sequências maiores que 1.024 bases.

(D) Para se realizar a PCR, deve-se, antes, separar a amostra por eletroforese e(ou) sequenciamento automático.

(E) As técnicas mencionadas são independentes e, portanto, não podem ser combinadas entre si.

5. (ENADE – 2005)

Após debates intensos, a Lei de Biossegurança foi aprovada no Congresso em março de 2005, permitindo o uso de embriões humanos em pesquisas sobre células-tronco embrionárias, desde que congelados há mais de três anos e com consentimento dos casais doadores.

Um pesquisador submeteu ao Conselho Nacional de Ética em Pesquisa (CONEP) a proposta de um projeto em que tentaria realizar a transferência de núcleos de células somáticas de um paciente tetraplégico para ovócitos sem núcleo, com a finalidade de estabelecer uma linhagem de células-tronco embrionárias geneticamente semelhantes às do paciente, para futuras terapias.

O projeto está de acordo com a lei

PORQUE

a Lei da Biossegurança permite as pesquisas com clonagem terapêutica.

(A) a asserção e a razão estão corretas e a razão justifica a asserção.

(B) a asserção e a razão estão corretas, mas a razão não justifica a asserção.

(C) a asserção e a razão estão erradas.

(D) a asserção está correta e a razão está errada.

(E) a asserção está errada e a razão está correta.

6. (ENADE – 2005)

É antigo na humanidade o conhecimento de que a conservação de carnes e peixes por longo tempo pode ser conseguida por acréscimo de sal. Suponha que um agricultor tenha obtido um excesso de produção de frutos e deseja aproveitar economicamente esse excesso, conservando-o. Se for empregado o mesmo princípio utilizado em carnes e peixes, ele deve

(A) adicionar antibióticos aos frutos.

(B) elevar a temperatura e enlatar os frutos.

(C) fazer geleias com os frutos.

(D) fazer a pasteurização dos frutos.

(E) tratar os frutos com radiação ionizante.

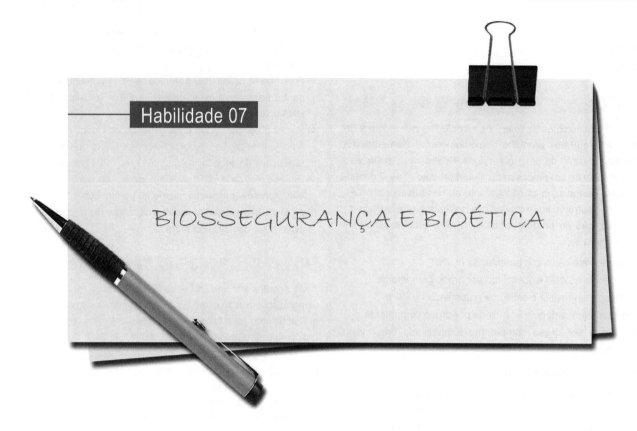

Habilidade 07
BIOSSEGURANÇA E BIOÉTICA

1. (ENADE – 2005)

Os candidatos à doação de sangue respondem a um questionário clínico confidencial sobre suas condições de saúde e hábitos. Se um candidato afirmar ter usado drogas injetáveis recentemente, a bolsa contendo seu sangue para doação deverá ser

(A) utilizada após ser submetida a triagens sorológicas para detecção de doenças virais.
(B) descartada, pois anticorpos em níveis detectáveis nos testes para doenças virais podem demorar a aparecer.
(C) descartada, pois nem todos os bancos de sangue no Brasil têm capacidade para fazer o teste do HIV.
(D) descartada, pois as drogas afetam a capacidade de detecção do vírus HIV.
(E) utilizada após o sangue ser filtrado para remover as substâncias nocivas.

2. (ENADE – 2011) DISCURSIVA

O conceito de biossegurança e sua respectiva aplicação têm como objetivo principal dotar os profissionais e as instituições de ferramentas para o desenvolvimento de atividades com grau de segurança adequado. Nesse sentido, podemos definir *biossegurança* como sendo a condição de segurança alcançada por meio de um conjunto de ações destinadas a prevenir, controlar, reduzir ou eliminar riscos inerentes às atividades que possam comprometer a saúde humana, animal, vegetal e o ambiente.

São reconhecidos quatro níveis de biossegurança, denominados NB-1, NB-2, NB-3 e NB-4. Esses níveis estão relacionados aos requisitos crescentes de segurança para o manuseio dos agentes biológicos, terminando no maior grau de contenção e de complexidade do nível de proteção. O NB-1 é o nível de contenção laboratorial que se aplica aos laboratórios de ensino básico, onde são manipulados os micro-organismos pertencentes à classe de risco 1. O NB-2 diz respeito ao laboratório em contenção, onde são manipulados micro-organismos da classe de risco 2, aplicados aos laboratórios clínicos ou hospitalares de níveis primários de diagnóstico, sendo necessário, além da adoção das boas práticas, o uso de barreiras de proteção individual. O NB-3 é destinado ao trabalho com micro-organismos da classe de risco 3 ou para manipulação de grandes volumes e altas concentrações de micro-organismos da classe de risco 2. O NB-4 é o laboratório de contenção máxima, destinado à manipulação de micro-organismos da classe de risco 4, onde há o mais alto nível de contenção, além de representar uma unidade geográfica e funcionalmente independente de outras áreas.

Ministério da Saúde. **Diretrizes Gerais para o Trabalho em Contenção com Agentes Biológicos.** Série A. Normas e Manuais Técnicos, 2006 (com adaptações).

Para elaboração e desenvolvimento de um Laboratório de Microbiologia destinado a fornecer serviços para comunidade, as diretrizes referentes às normas e aos procedimentos de biossegurança devem ser todas obedecidas, desde a construção dos espaços até a compra e instalação de equipamentos.

Considerando as informações acima, elabore um projeto de Laboratório de segurança para trabalhar com cultivo e isolamento de micro-organismos presentes em amostras de água colhidas em nascente e poços de uma cidade de médio porte.

Aborde, em seu texto, os seguintes aspectos.

a) descrição do nível de biossegurança adequado; (valor: 4,0 pontos)

b) equipamentos indispensáveis para realização do trabalho de análise de água, obedecendo às normas de biossegurança, incluindo os itens para proteção individual e coletiva; (valor: 3,0 pontos)

c) metodologias adequadas para isolamento dos micro-organismos da água. (valor: 3,0 pontos)

Habilidade 08

ENSINO DE CIÊNCIAS NO ENSINO FUNDAMENTAL E BIOLOGIA NO ENSINO MÉDIO

A) Concepção dos Conteúdos Básicos de Ciências Naturais para o Ensino Fundamental, e de Saúde para o Ensino Fundamental e Médio;

1. (ENADE – 2011)

Muito se fala sobre a necessidade de melhorar a qualidade da Educação Básica no Brasil e são várias as estratégias defendidas com esta finalidade: aprimorar a formação dos docentes, aumentar o tempo de permanência na escola, melhorar a infraestrutura e equipar os estabelecimentos de ensino. Todas são válidas e, certamente, se colocadas em prática, colaboram para melhorar a educação. Contudo, existe uma alternativa de grande impacto que é pouco lembrada: a incorporação do ensino de Ciências ao currículo desde os primeiros anos do ensino fundamental. No Brasil, o ensino de Ciências tem pouca ênfase dentro da Educação Básica, apesar da forte presença da tecnologia na vida das pessoas e do lugar central que a inovação tecnológica detém enquanto elemento de competitividade entre as empresas e as nações.

Ciência Hoje, 23 ago. 2006

Em relação à importância do ensino de Ciências desde as séries iniciais, avalie as afirmações abaixo.

I. O ensino de Ciências gera um impacto sobre a qualidade da educação, pois envolve um exercício de raciocínio que desperta na criança seu espírito criativo, seu interesse, melhorando a aprendizagem de todas as disciplinas.

II. O conhecimento científico, associado à tecnologia, é fundamental para tornar o ensino de Ciências estimulante e eficiente para todas as crianças e, com isso, atrair talentos para as carreiras científicas.

III. A inclusão da Ciências desde o ensino básico deve estar associada a uma política de formação de docentes, de modo que eles possam propiciar aos alunos aprendizagens significativas.

É correto o que se afirma em

(A) I, apenas.
(B) II, apenas.
(C) I e III, apenas.
(D) II e III, apenas.
(E) I, II e III.

2. (ENADE – 2011)

Em relação ao ensino de Ciências nos anos iniciais, as Ciências da Natureza precisam ser entendidas como elemento da cultura e também como construção humana, considerando que os conhecimentos científicos e tecnológicos desenvolvem-se em grande escala na atual sociedade.

BERTUCCI, M. C. S.; OVIGLI, D. F. **O ensino de Ciências nas séries iniciais e a formação do professor nas instituições públicas paulistas.** Disponível em: <www.pg.utfpr.edu.br/sinect/anais>. Acesso em: 10 set. 2011.

De acordo com essa perspectiva, a prática pedagógica nesses anos de escolaridade deve enfatizar

(A) a exposição de ideias, reforçando o processo de transferência dos saberes produzidos em Ciências.
(B) a valorização dos conhecimentos tecnológicos, em detrimento dos conhecimentos das Ciências Naturais.

(C) a compreensão dos fenômenos naturais como resultado das reações dos componentes do ambiente, independentemente da ação dos homens sobre eles.
(D) a análise acerca de onde e de como aquele conhecimento discutido em aula está presente na vida dos sujeitos e as implicações dele para a sociedade.
(E) a sistematização dos conteúdos por meio da consulta e realização de exercícios dos livros-texto adequados aos anos iniciais e à educação infantil.

3. (ENADE – 2011)

Considerando os Parâmetros Curriculares Nacionais (PCN) para o ensino fundamental e médio, em relação às Ciências Naturais e Biologia, verifica-se que os eixos temáticos para as Ciências Naturais são quatro e os temas estruturadores para a Biologia são seis. Assinale a opção que apresenta dois tópicos dos eixos temáticos, seguidos de dois tópicos dos temas estruturadores.

(A) Tecnologia e sociedade; diversidade da vida; ser humano e saúde; origem e evolução da vida.
(B) Terra e universo; diversidade da vida; tecnologia e sociedade; origem e evolução da vida.
(C) Diversidade da vida; terra e universo; origem e evolução da vida; qualidade de vida das populações humanas.
(D) Vida e ambiente; diversidade da vida; origem e evolução da vida; terra e universo.
(E) Vida e ambiente; ser humano e saúde; identidade dos seres vivos; diversidade da vida.

4. (ENADE – 2005)

O esquema abaixo foi extraído de uma revista destinada a adolescentes. A reportagem parte da torcida do público por duas mulheres, personagens de uma novela, que se amam.

Qual é a sua? Veja onde você pode se encaixar na "linha lesbo"

100% meninas
A menina lésbica se interessa, pensa e quer só garotas. Por isso, quando ela sai para paquerar ou quer namorar alguém, é em uma garota que ela está pensando. Meninos não têm a mínima chance.

Todas as formas de amor
Algumas garotas ficam com meninas e meninos e são capazes de se apaixonar, namorar e sofrer por pessoas de ambos os sexos. As ficadas com outras meninas são levadas a sério porque envolve sentimento ou existe a intenção de que role.

Curtição total
A menina que beija outras meninas só por curtição faz isso por pura atração física, sem nenhum envolvimento amoroso. Não rola ciúme nem exclusividade nessas ficadas. Geralmente, ela beija as amigas que sabem bem qual é a dela.

Curiooooosa!
Essa é aquela que fica pensando "Como é?", "Será que é legal?" ou "Por que algumas amigas minhas entraram nessa?". Eventualmente a menina pode sentir atração física por outras e experimentar um beijo gay só para ver "qual é".

Só meninos!
A menina daqui nunca pensou em beijar outra garota. E não tem a mínima vontade de experimentar. E muitas até têm asco da ideia. Blergh!

No esquema, o tratamento dado ao tema homossexualidade difere das formas como os temas de sexualidade humana são geralmente trabalhados nas escolas, pois

(A) é apresentada a saúde em seu contexto individual e não social.
(B) são desconsiderados os interferentes ou condicionantes culturais.
(C) são abordados os aspectos pessoais, das experiências e da intimidade.
(D) buscam-se padronizar as relações entre hábitos saudáveis e comportamentos.
(E) reforçam-se noções de comportamentos desejáveis ou não a partir de mitos do Bem e do Mal.

5. (ENADE – 2005)

A Legislação brasileira vigente, referente às orientações e regulamentações para o ensino médio, focaliza no currículo uma de suas principais políticas. Desviando-se da ideia de currículo disciplinar, os parâmetros curriculares atuais fundamentam-se em princípios como

(A) interdisciplinaridade, contextualização e competências.
(B) competências, disciplina e transversalidade.
(C) transdisciplinaridade, cidadania e temas polêmicos.
(D) habilidades, multidisciplinaridade e inovação.
(E) tradição, metodologia participativa e ética.

B) Fundamentação Pedagógica e Instrumentação para o Ensino de Ciências e Biologia

1. (ENADE – 2011)

Na Sociologia da Educação, o currículo é considerado um mecanismo por meio do qual a escola define o plano educativo para a consecução do projeto global de educação de uma sociedade, realizando, assim, sua função social. Considerando o currículo na perspectiva crítica da Educação, avalie as afirmações a seguir.

I. O currículo é um fenômeno escolar que se desdobra em uma prática pedagógica expressa por determinações do contexto da escola.

II. O currículo reflete uma proposta educacional que inclui o estabelecimento da relação entre o ensino e a pesquisa, na perspectiva do desenvolvimento profissional docente.

III. O currículo é uma realidade objetiva que inviabiliza intervenções, uma vez que o conteúdo é condição lógica do ensino.

IV. O currículo é a expressão da harmonia de valores dominantes inerentes ao processo educativo.

É correto apenas o que se afirma em

(A) I.
(B) II.
(C) I e III.
(D) II e IV.
(E) III e IV.

2. (ENADE – 2011)

O fazer docente pressupõe a realização de um conjunto de operações didáticas coordenadas entre si. São o planejamento, a direção do ensino e da aprendizagem e a avaliação, cada uma delas desdobradas em tarefas ou funções didáticas, mas que convergem para a realização do ensino propriamente dito.

LIBÂNEO, J. C. **Didática**. São Paulo: Cortez, 2004, p. 72.

Considerando que, para desenvolver cada operação didática inerente ao ato de planejar, executar e avaliar, o professor precisa dominar certos conhecimentos didáticos, avalie quais afirmações abaixo se referem a conhecimentos e domínios esperados do professor.

I. Conhecimento dos conteúdos da disciplina que leciona, bem como capacidade de abordá-los de modo contextualizado.

II. Domínio das técnicas de elaboração de provas objetivas, por se configurarem instrumentos quantitativos precisos e fidedignos.

III. Domínio de diferentes métodos e procedimentos de ensino e capacidade de escolhê-los conforme a natureza dos temas a serem tratados e as características dos estudantes.

IV. Domínio do conteúdo do livro didático adotado, que deve conter todos os conteúdos a serem trabalhados durante o ano letivo.

É correto apenas o que se afirma em

(A) I e II.
(B) I e III.
(C) II e III.
(D) II e IV.
(E) III e IV.

3. (ENADE – 2011)

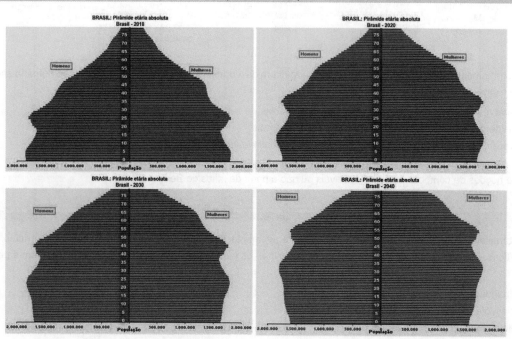

Figura. **Brasil: Pirâmide Etária Absoluta (2010-2040)**
Disponível em: <www.ibge.gov.br/home/estatistica/populacao/projecao_da_populacao/piramide/piramide.shtm>. Acesso em: 23 ago. 2011.

Com base na projeção da população brasileira para o período 2010-2040 apresentada nos gráficos, avalie as seguintes asserções.

Constata-se a necessidade de construção, em larga escala, em nível nacional, de escolas especializadas na Educação de Jovens e Adultos, ao longo dos próximos 30 anos.

PORQUE

Haverá, nos próximos 30 anos, aumento populacional na faixa etária de 20 a 60 anos e decréscimo da população com idade entre 0 e 20 anos.

A respeito dessas asserções, assinale a opção correta.

(A) As duas asserções são proposições verdadeiras, e a segunda é uma justificativa correta da primeira.
(B) As duas asserções são proposições verdadeiras, mas a segunda não é uma justificativa da primeira.
(C) A primeira asserção é uma proposição verdadeira, e a segunda, uma proposição falsa.
(D) A primeira asserção é uma proposição falsa, e a segunda, uma proposição verdadeira.
(E) Tanto a primeira quanto a segunda asserções são proposições falsas.

4. (ENADE – 2011)

QUINO. **Toda a Mafalda**. Trad. Andréa Stahel M. da Silva *et al*. São Paulo: Martins Fontes, 1993, p. 71.

Muitas vezes, os próprios educadores, por incrível que pareça, também vítimas de uma formação alienante, não sabem o porquê daquilo que dão, não sabem o significado daquilo que ensinam e quando interrogados dão respostas evasivas: "é pré--requisito para as séries seguintes", "cai no vestibular", "hoje você não entende, mas daqui a dez anos vai entender". Muitos alunos acabam acreditando que aquilo que se aprende na escola não é para entender mesmo, que só entenderão quando forem adultos, ou seja, acabam se conformando com o ensino desprovido de sentido.

VASCONCELLOS, C. S. **Construção do conhecimento em sala de aula**. 13ª ed. São Paulo: Libertad, 2002, p. 27-8.

Correlacionando a tirinha de Mafalda e o texto de Vasconcellos, avalie as afirmações a seguir.

I. O processo de conhecimento deve ser refletido e encaminhado a partir da perspectiva de uma prática social.
II. Saber qual conhecimento deve ser ensinado nas escolas continua sendo uma questão nuclear para o processo pedagógico.
III. O processo de conhecimento deve possibilitar compreender, usufruir e transformar a realidade.
IV. A escola deve ensinar os conteúdos previstos na matriz curricular, mesmo que sejam desprovidos de significado e sentido para professores e alunos.
V. Os projetos curriculares devem desconsiderar a influência do currículo oculto que ocorre na escola com caráter informal e sem planejamento.

É correto apenas o que se afirma em

(A) I e III.
(B) I e IV.
(C) II e IV.
(D) I, II e III.
(E) II, III e IV.

5. (ENADE – 2011)

Nos últimos anos, estudantes com necessidades especiais têm sido incluídos nas classes regulares das escolas. Docentes relatam que tal situação foi colocada sem prévia capacitação para que possam realmente atuar na aprendizagem e inclusão social desses estudantes.

Uma das estratégias que vem sendo utilizada pelos docentes da área de Ciências é a pesquisa participativa.

Nessa atividade,

I. o pesquisador tem o papel de agente facilitador do amadurecimento das relações humanas, visando provocar mudanças na realidade concreta com uma participação social efetiva.

II. os resultados estão vinculados à tomada de consciência dos fatores envolvidos nas situações de vida imediata e na participação coletiva para a mudança da ordem social.

III. as experiências caminham no sentido da articulação entre teoria/prática e sujeito/objeto, na medida em que o conhecimento e a ação sobre a realidade se concretizam na investigação das necessidades e interesses locais.

IV. se estabelece o equilíbrio entre o pensamento científico e o desenvolvimento humano, por uma metodologia assentada no tripé: curiosidade, investigação científica e descoberta.

Refletem características da pesquisa participativa o que se afirma em

(A) I, II e III, apenas.
(B) I, II e IV, apenas.
(C) I, III e IV, apenas.
(D) II, III e IV, apenas.
(E) I, II, III e IV.

6. (ENADE – 2008)

Com relação ao projeto político-pedagógico, percebe-se que ele não se tem constituído em instrumento de construção da singularidade das escolas, visto que não encontramos, nas representações sociais dos conselheiros, referências aos pressupostos sociopolítico-filosóficos que dariam a feição da escola; além disso, em sua maioria, as representações sobre o projeto ancoram-se no planejamento.

O projeto, porém, indica um grande avanço quando verificamos, consensualmente, que sua elaboração se deu de forma participativa. Participação essa que envolveu conflitos e negociações, resolvidas a partir de decisões majoritárias, indicando uma nova forma de organização escolar, que rejeita o caráter hierárquico historicamente construído.

Assim, a elaboração do projeto político-pedagógico constitui-se em um momento de aprendizagem democrática.

Marques L. R. **O projeto político-pedagógico e a construção da autonomia e da democracia nas representações dos conselheiros**. *In*: **Educação e Sociedade**, 83(24): 577-97, 2003 (com adaptações).

Tendo em vista as conclusões apresentadas no texto acima, resultantes de pesquisa realizada com uma comunidade próxima a Recife, infere-se que o projeto pedagógico de uma instituição escolar

(A) tem uma dimensão teórica pouco importante e ligada à efetivação da autonomia de escolas singulares, mas sua dimensão prática estimula a participação da comunidade escolar para planejar o futuro da escola.

(B) depende do compartilhamento de pressupostos sociopolítico-filosóficos que possam dar feição à escola, pois nada adianta um discurso centrado no planejamento se não se sabe ao certo do que se está falando.

(C) está intrinsecamente ligado ao caráter hierárquico da instituição escolar, vista como aparelho ideológico de estado, a serviço da lógica do capital e da premissa da exploração do homem pelo homem, visando ao lucro.

(D) depende de uma ruptura prévia com os modelos tradicionais de escola, o que conduz à conclusão obrigatória de que há uma ligação intrínseca entre a própria ideia de projeto pedagógico e inovação educacional, no sentido da aprendizagem.

(E) tem funcionado apenas como um mote para catalisar a participação da comunidade em torno da escola, o que permite a ela que se compartilhem efetivamente os mesmos pressupostos sociopolítico-filosóficos que dão feição à escola.

7. (ENADE – 2008)

O estudo do desenvolvimento humano tem se baseado, em grande parte, nas pesquisas com crianças de classe média da Europa e da América do Norte, as quais têm ensejado generalizações excessivas sobre toda a humanidade. Afirmações como "a criança começa a fazer isso ou aquilo" em determinada idade seriam mais bem enunciadas como "a criança da cultura X fez isso ou aquilo" na idade tal.

ROGOFF, Barbara. **A natureza cultural do desenvolvimento humano**. Porto Alegre: Artmed, 2005 (com adaptações).

Com base no texto acima, analise as asserções seguintes, que poderiam ter sido enunciadas por um professor brasileiro, ao justificar sua crença de que não pode apresentar a seus alunos certos conteúdos. Crianças brasileiras de 10 anos que estão na escola hoje não compreendem como é possível o inverno ser a estação da neve e o outono a estação em que árvores ficam com as folhas vermelhas,

porque

vivem em um país tropical e não podem ser comparadas a crianças de mesma idade de países de clima temperado, que presenciam alterações cíclicas anuais diferentes.

Com referência a essas asserções, assinale a opção correta.

(A) As duas asserções são proposições verdadeiras, e a segunda é uma justificativa correta da primeira.

(B) As duas asserções são proposições verdadeiras, mas a segunda não é uma justificativa correta da primeira.

(C) A primeira asserção é uma proposição verdadeira, e a segunda é uma proposição falsa.

(D) A primeira asserção é uma proposição falsa, e a segunda é uma proposição verdadeira.

(E) As duas asserções são proposições falsas.

8. (ENADE – 2008)

A interdisciplinaridade tem uma ambição diferente daquela da pluridisciplinaridade. Ela diz respeito à transferência de métodos de uma disciplina para outra. Podemos distinguir três graus de interdisciplinaridade: um grau de aplicação. Por exemplo, os métodos da física nuclear transferidos para a medicina levam ao aparecimento de novos tratamentos para o câncer; um grau epistemológico. Por exemplo, a transferência de métodos da lógica formal para o campo do direito produz análises interessantes da epistemologia do direito; um grau de geração de novas disciplinas. Por exemplo, a transferência dos métodos da matemática para o campo da física gerou a física matemática.

NICOLESCU, B. **Educação e transdisciplinaridade**.
UNESCO, Brasília, 2000 (com adaptações).

De acordo com o texto acima, é correto afirmar que

(A) a interdisciplinaridade difere da pluridisciplinaridade por ter esta a ambição de transferir métodos de uma disciplina a várias outras.

(B) a transferência de métodos e epistemologias leva à superação da antiga ideia de um campo delimitado de conhecimento reconhecido como disciplina.

(C) a interdisciplinaridade trouxe avanços significativos para poucas áreas, podendo ser citados a oncologia, o direito e a física matemática.

(D) as tradicionais disciplinas acadêmicas perderam sua razão de ser diante das novas disciplinas criadas pelo grau maior da interdisciplinaridade.

(E) a interdisciplinaridade pode contribuir para a criação de novas disciplinas e não para o fim da ideia de disciplina como campo delimitável do conhecimento.

9. (ENADE – 2005)

Definir ser vivo, seja no âmbito da Biologia, seja no contexto esco-lar, não é tarefa simples. Uma definição muito comum, presente em materiais didáticos, é aquela que afirma que todo ser vivo "nasce, cresce, se reproduz e morre". Mesmo apresentando pro-blemas, ainda é muito utilizada nas aulas de ciências, em especial no ensino fundamental. Sobre a utilização de definições científicas complexas no ensino fundamental de ciências, pode-se afirmar que essa definição de ser vivo é

(A) inadmissível, pois deve ser considerado somente o conceito correto cientificamente, independente do seu grau de complexidade.

(B) inadmissível, pois as aproximações do conceito buscando sua simplificação são consideradas incorretas, nos diferentes níveis de escolaridade.

(C) admissível, pois devem ser consideradas somente as ideias prévias dos alunos, mesmo que elas possuam erros conceituais.

(D) inadmissível, pois os alunos devem alcançar a complexidade do conceito dominando-o em sua totalidade.

(E) admissível, mostrando aos alunos os limites das simplificações e considerando-se aproximações do conceito.

10. (ENADE – 2005)

O diálogo abaixo é parte de uma entrevista sobre um debate ocorrido em sala de aula (adaptado de Wildson e colaboradores – **A argumentação em discussões sociocientíficas: reflexões a partir de um estudo de caso** – Revista da Associação Brasileira de Pesquisa em Educação em Ciências, v. 6, p. 148, 2001).

Pesquisador: Tá. E, compreender o significado do que é ciência, do que é religião e do que é magia...

Professor: É complicado.

Pesquisador: É complicado, né? E você acha que eles conseguiram compreender esse significado?

Professor: Eu acho que eu deveria ter trabalhado mais com eles. (...) Teve alguns assuntos que eu abri e não conseguia fechar.

Pesquisador: Quais por exemplo?

Professor: Por exemplo a parte de alquimia. Eu abri um texto, conversei com eles, mas eu não consegui fechar qual a diferença de alquimia prá química, foi só depois quando eu entrei em reação química.

Este trecho refere-se à utilização de um conteúdo de Química para argumentar

(A) favoravelmente à aproximação entre ciência e magia.

(B) que não é polêmica a relação entre Química e Alquimia.

(C) as diferenças entre ciência e senso comum.

(D) porque a Química é considerada uma ciência.

(E) favoravelmente à aplicação social de conhecimentos de Química.

11. (ENADE – 2005)

Filmes e novelas mostram, muitas vezes, aulas onde o aluno é apenas ouvinte e depositário das informações.

Este modelo transmissor está fundamentado em determinados pressupostos de ensino-aprendizagem fortemente questionados pelas teorias atuais. Um dos pressupostos presentes nas teorias atuais deste campo indica que

(A) os alunos elaboram explicações para os fenômenos naturais na medida em que interagem com o mundo e seus objetos e com as outras pessoas.

(B) ao entrar na escola, os alunos não possuem ideias sobre os fenômenos científicos, já que estes são muito complexos.

(C) a atenção e a disciplina são os elementos fundamentais no processo de aprendizagem e devem ser reforçados.

(D) o erro tem o papel exclusivo de mostrar que o aluno não aprendeu o assunto e que deve estudar mais em casa.

(E) a aprendizagem ocorre num processo de acúmulo de informação ao longo do tempo e de forma individual.

12. (ENADE – 2005)

Considere o texto sobre o registro do trabalho de uma professora e uma tirinha utilizada em suas aulas.

Com uma turma, que acompanhei durante três anos, passei o filme Frankenstein e, como não estava trabalhando com conteúdos ligados à genética, não esperava que os alunos fizessem uma conexão entre o filme e a genética. Na hora do filme muitos perguntaram: "o Frankenstein é um clone? É um monstro ou não? O ser humano cria coisas que muitas vezes não sabe no que vai dar? O clone vai ser humano ou não?" X-Men foi outro filme explorado nas aulas, desta vez junto com um texto da Marilena Chauí sobre preconceito.

(Adaptado de **Comciência**. Patrimônio Genético, 2003).

Essa professora de Biologia participa da construção de um projeto pedagógico que certamente

(A) busca relacionar procedimentos de avaliação da aprendizagem com as concepções prévias que os alunos têm sobre os temas.
(B) tem no estímulo à discussão das relações entre ciências, culturas e tecnologias o principal foco das aulas.
(C) é considerado como participante dos movimentos da Escola Nova, uma vez que busca problematizar a Biologia.
(D) trabalha as questões de ensino de Biologia a partir da realização de projetos e atividades interdisciplinares.
(E) reconhece o papel mediador dos problemas da comunidade local na seleção dos conteúdos.

13. (ENADE – 2005) DISCURSIVA

As propostas a seguir referem-se ao desenvolvimento de duas aulas sobre o Sistema Respiratório. Os objetivos são idênticos, "criar condições para que o aluno compreenda o conceito de sistema respiratório e o seu funcionamento".

PROPOSTA 1:

Desenvolvimento: O professor escreve, na lousa, a definição de sistema respiratório e solicita que os alunos a registrem em seu caderno. Em seguida, apresenta a prancha anatômica do sistema respiratório e mostra onde se localizam os órgãos que o constituem, explicando também o seu funcionamento. A seguir, pede que os alunos leiam, no livro didático, o capítulo referente ao tema e, depois, que o copiem no caderno, respondendo às questões do exercício apresentado. Para finalizar, exibe um vídeo sobre sistema respiratório e saúde.

PROPOSTA 2:

Desenvolvimento: O professor solicita aos alunos que, em trios, desenhem o caminho que eles acreditam que o ar percorre dentro do corpo humano. Cada trio mostra o seu material aos colegas, explicando-o. À medida que os alunos apresentam seus esquemas aos demais, o professor organiza as explicações, propondo questões.

Em seguida, o professor exibe um pequeno vídeo sobre o sistema respiratório e saúde. Em seguida, abre espaço para comentários e, nesse momento, surgem questões dos alunos relacionadas a doenças respiratórias e o ar: "Por que minha bronquite fica pior no frio?"

"Por que o médico recomenda não passar as férias na cidade?" Tais questões são discutidas e respondidas pelo grupo com orientação do professor.

Ao final, este apresenta um texto teórico sobre o tema e solicita aos alunos que elaborem um texto próprio, incorporando os elementos trabalhados na aula.

a) Identifique, em cada uma das propostas, o papel do professor no processo de ensino-aprendizagem. (**valor: 1,0 ponto**)

b) Nas duas propostas explicitaram-se o objetivo, o conteúdo e o desenvolvimento das aulas. Contudo, toda proposta de aula revela outras dimensões, nem sempre explicitadas. Indique dois aspectos que as propostas aqui apresentadas revelam sobre o processo educativo, justificando com exemplos. (**valor: 4,5 pontos**)

c) Em quais momentos, nas duas propostas de aula apresentadas, foi considerada a relação entre ciência e contextos socioculturais? (**valor: 4,5 pontos**)

14. (ENADE – 2005) DISCURSIVA

Responda às questões, a partir da seguinte situação hipotética.

Uma professora de Biologia trabalha em uma organização não governamental que atua no campo de políticas públicas para desenvolvimento sustentável de uma cidade. Junto com a população local constrói propostas que subsidiam negociações nos fóruns municipais.

A discussão, no momento, gira em torno da instalação na cidade de uma multinacional com histórico de gerar grandes impactos ambientais negativos nas cidades dos países em desenvolvimento em que está instalada.

Em uma das reuniões de trabalho com a comunidade, um grupo de moradores levou a figura abaixo, que gerou controvérsias.

Pessoas ligadas à igreja contestavam a relação entre macaco e homem. Outras questionavam o poder da tecnologia em romper o nosso pertencimento à natureza. Algumas, ainda, achavam que essa discussão não levaria a qualquer possibilidade de consenso dentro do grupo.

Em busca de soluções, a professora propôs que o tema da relação entre o progresso humano e a preservação ambiental fosse investigado pelo grupo e as tomadas de decisão fossem construídas a partir desta investigação.

(Adaptada de Stephen Jay Gould. **Vida Maravilhosa.**
S. Paulo: Companhia das Letras, 1990. p. 33)

a) Toda metodologia participativa apresenta riscos e vantagens quanto a atingir os objetivos propostos. Aponte um exemplo de cada na situação apresentada. **(valor: 5,0 pontos)**
b) O processo pedagógico apresentado na situação hipotética descrita possui características das metodologias de ação-intervenção e da educação popular. Apresente dois exemplos dessas características existentes no texto. **(valor: 3,0 pontos)**
c) Se a professora fizesse uma crítica à figura apresentada no que diz respeito à relação entre evolução biológica e progresso, como poderia argumentar tendo como base a Teoria Sintética da Evolução? **(valor: 2,0 pontos)**

D) Fundamentação Teórica sobre o Uso da Pesquisa Participativa para a Solução de Problemas como Alternativa Filosófica e Metodológica para a educação em Ciências

1. (ENADE – 2011)

Na escola em que João é professor, existe um laboratório de informática, que é utilizado para os estudantes trabalharem conteúdos em diferentes disciplinas. Considere que João quer utilizar o laboratório para favorecer o processo ensino-aprendizagem, fazendo uso da abordagem da Pedagogia de Projetos. Nesse caso, seu planejamento deve

(A) ter como eixo temático uma problemática significativa para os estudantes, considerando as possibilidades tecnológicas existentes no laboratório.
(B) relacionar os conteúdos previamente instituídos no início do período letivo e os que estão no banco de dados disponível nos computadores do laboratório de informática.
(C) definir os conteúdos a serem trabalhados, utilizando a relação dos temas instituídos no Projeto Pedagógico da escola e o banco de dados disponível nos computadores do laboratório.
(D) listar os conteúdos que deverão ser ministrados durante o semestre, considerando a sequência apresentada no livro didático e os programas disponíveis nos computadores do laboratório.
(E) propor o estudo dos projetos que foram desenvolvidos pelo governo quanto ao uso de laboratórios de informática, relacionando o que consta no livro didático com as tecnologias existentes no laboratório.

2. (ENADE – 2011)

Uma Escola Estadual desenvolveu, no âmbito de seu planejamento curricular, um projeto de preservação do meio ambiente junto à comunidade, em parceria com uma organização não governamental (ONG). O projeto se referia à coleta seletiva e tratamento de lixo e teve efeitos tanto no aspecto geral da escola quanto no bairro.

Para se concretizar na prática educativa, o planejamento no qual se inseriu o projeto deve ter sido construído com base

(A) nos pressupostos que estruturam a criação da ONG.
(B) no estudo do contexto cultural, político e econômico da comunidade escolar e do seu entorno.
(C) na análise das técnicas de ensino, haja vista a neutralidade que apresentam, quando devidamente utilizadas.
(D) no estudo da Cultura, visando à manutenção do pensamento hegemônico e, por decorrência, da estrutura social.
(E) na relativização das teorias de ensino-aprendizagem cujo papel na formação acadêmica é distinto do exigido no contexto escolar.

3. (ENADE – 2005)

Uma das formas de trabalhar a interdisciplinaridade no ensino de Biologia é trazer para ele as discussões do campo da Educação Ambiental,

(A) integrando a relação entre ser humano e natureza, colocando-o como elemento central.
(B) articulando aspectos da ecologia relacionados aos níveis molecular, de espécie e ambiental.
(C) utilizando estratégias didáticas como reciclagem de papel e construção de materiais com garrafas plásticas.
(D) integrando os conteúdos de ensino a aspectos taxonômicos, enfatizando a valoração econômica dos seres vivos e processos ecológicos.
(E) enfocando as dimensões científicas, estéticas, éticas e afetivas da relação entre ser humano e ambiente.

Capítulo VIII
Gabarito e Padrão de Resposta

CAPÍTULO III
COMPUTAÇÃO

HABILIDADE 01 – ALGORITMOS E COMPLEXIDADE

1. C	7. E	12. B
2. E	8. C	13. B
3. B	9. E	14. E
4. C	10. B	15. B
5. D	11. C	16. E
6. B		

HABILIDADE 02 – ARQUITETURA DE COMPUTADORES, REDES DE COMPUTADORES E DE TELECOMUNICAÇÕES, E SISTEMAS DISTRIBUÍDOS

1. D	12. B	22. C
2. A	13. A	23. E
3. C	14. B	24. C
4. D	15. C	25. A
5. D	16. C	26. D
6. A	17. A	27. B
7. B	18. B	28. A
8. A	19. E	29. B
9. D	20. D	30. B
10. C	21. D	31. A
11. C		

HABILIDADE 03 – ENGENHARIA DE SOFTWARE, GERÊNCIA DE PROJETOS, QUALIDADE DE SOFTWARE E GESTÃO

1. E	7. B	13. A
2. E	8. B	14. B
3. C	9. B	15. D
4. B	10. A	16. A
5. A	11. C	17. B
6. C	12. E	18. B

HABILIDADE 04 – ESTRUTURAS DE DADOS, TIPOS DE DADOS ABSTRATOS E BANCO DE DADOS

1. A	8. C	15. B
2. C	9. A	16. B
3. D	10. D	17. A
4. A	11. C	18. B
5. D	12. A	19. C
6. D	13. E	20. D
7. E	14. C	21. D

HABILIDADE 05 – ÉTICA, COMPUTADOR E SOCIEDADE

1. B	3. B	4. C
2. D		

* As questões subjetivas estão disponíveis no site www.editorafoco.com.br, no campo Atualizações.

HABILIDADE 06 – LINGUAGENS FORMAIS, AUTÔMATOS, COMPUTABILIDADE E COMPILADORES

1. B	4. A	7. E
2. C	5. D	8. D
3. E	6. C	9. B

HABILIDADE 07 – LÓGICA, MATEMÁTICA, MATEMÁTICA DISCRETA, PROBABILIDADE E ESTATÍSTICA

1. D	7. D	13. A
2. E	8. C	14. E
3. E	9. C	15. A
4. C	10. E	16. C
5. D	11. D	17. C
6. A	12. D	18. C

HABILIDADE 08 – FUNDAMENTOS DE PROGRAMAÇÃO, LINGUAGEM DE PROGRAMAÇÃO, MODELOS DE LINGUAGENS DE PROGRAMAÇÃO

1. D	3. C	5. D
2. E	4. D	6. E

HABILIDADE 09 – SISTEMAS DIGITAIS E CIRCUITOS DIGITAIS

1. B	5. E	9. B
2. D	6. C	10. A
3. B	7. B	11. A
4. E	8. A	

HABILIDADE 10 – SISTEMAS OPERACIONAIS

1. B	3. A	5. A
2. A	4. D	6. A

HABILIDADE 11 – TEORIA DOS GRAFOS

1. D

HABILIDADE 12 – COMPUTAÇÃO GRÁFICA E PROCESSAMENTO DE IMAGEM

1. A	4. D	7. C
2. E	5. B	8. E
3. B	6. D	

HABILIDADE 13 – INTELIGÊNCIA ARTIFICIAL E COMPUTACIONAL

1. C	3. B	5. B
2. A	4. A	6. D

HABILIDADE 14 – SISTEMAS DE INFORMAÇÃO APLICADOS

1. D

CAPÍTULO IV
FÍSICA

HABILIDADE 01 – CONTEÚDOS GERAIS E ESPECÍFICOS PARA O BACHARELADO

1) EVOLUÇÃO DAS IDEIAS DA FÍSICA

1. D	6. A	11. B
2. E	7. B	12. A
3. B	8. A	13. E
4. A	9. C	14. B
5. B	10. A	

2) MECÂNICA

1. A	15. C	28. D
2. B	16. A	29. A
3. A	17. C	30. A
4. D	18. D	31. E
5. D	19. C	32. C
6. A	20. A	33. B
7. B	21. E	34. C
8. E	22. E	35. E
9. C	23. C	36. A
10. D	24. C	37. C
11. D	25. B	38. D
12. D	26. C	39. B
13. E	27. E	40. E
14. B		

3) TERMODINÂMICA E FÍSICA ESTATÍSTICA

1. B	8. D	15. E
2. D	9. E	16. B
3. E	10. E	17. C
4. B	11. C	18. E
5. C	12. C	19. D
6. D	13. E	20. C
7. C	14. C	21. E

4) ELETRICIDADE E MAGNETISMO

1. C	20. A	16. D
2. B	21. E	17. A
3. B	22. E	18. B
4. E	23. A	19. D
5. E	24. B	35. D
6. A	25. A	36. E
7. C	26. B	37. E
8. B	27. E	38. C
9. B	28. A	39. E
10. A	29. D	40. D
11. D	30. B	41. B
12. C	31. A	42. C
13. D	32. C	43. D
14. B	33. E	44. A
15. E	34. E	45. A
46. E	50. D	54. D
47. C	51. A	55. B
48. D	52. B	56. D
49. C	53. E	

5) FÍSICA ONDULATÓRIA E ESTATÍSTICA FÍSICA

1. D	18. A	35. E
2. E	19. C	36. B
3. A	20. B	37. C
4. A	21. A	38. A
5. C	22. C	39. A
6. C	23. B	40. C
7. C	24. D	41. C
8. D	25. C	42. C
9. C	26. E	43. C
10. E	27. E	44. B
11. D	28. D	45. D
12. D	29. B	46. A
13. E	30. A	47. C
14. C	31. E	48. E
15. A	32. C	49. B
16. E	33. B	50. A
17. E	34. D	

6) FÍSICA MODERNA E ESTRUTURA DA MATÉRIA

1. C	19. D	37. E
2. C	20. A	38. B
3. C	21. C	39. D
4. B	22. E	40. B
5. D	23. B	41. A
6. D	24. C	42. D
7. E	25. D	43. A
8. E	26. A	44. A
9. B	27. D	45. E
10. A	28. B	46. B
11. B	29. D	47. C
12. D	30. A	48. D
13. B	31. D	49. C
14. C	32. B	50. A
15. E	33. E	51. B
16. A	34. D	52. E
17. D	35. B	53. A
18. B	36. D	

HABILIDADE 02 – CONTEÚDOS ESPECÍFICOS PARA A LICENCIATURA

1) FUNDAMENTOS HISTÓRICOS, FILOSÓFICOS E SOCIOLÓGICOS DA FÍSICA E O ENSINO DA FÍSICA

1. B
2. B
3. D
4. C
5. A
6. D
7. A
8. E

2) POLÍTICAS EDUCACIONAIS E O ENSINO DA FÍSICA

1. E
2. D
3. E
4. C
5. D
6. C

3) RESOLUÇÃO DE PROBLEMAS E A ORGANIZAÇÃO CURRICULAR PARA O ENSINO DA FÍSICA

1. C
2. A
3. E
4. C

4) METODOLOGIA DO ENSINO DA FÍSICA

1. A
2. D
3. B
4. A
5. B
6. A
7. E

CAPÍTULO V
MATEMÁTICA

HABILIDADE 1 – COMUNS AOS BACHARELANDOS E LICENCIANDOS E REFERENTES A CONTEÚDOS MATEMÁTICOS DA EDUCAÇÃO BÁSICA:

A) NÚMEROS REAIS: RACIONAIS, IRRACIONAIS, FRAÇÕES ORDINÁRIAS, REPRESENTAÇÕES DECIMAIS;

1. E	6. E	10. C
2. B	7. C	11. C
3. D	8. C	12. E
4. E	9. B	13. B
5. D		

B) CONTAGEM E ANÁLISE COMBINATÓRIA, PROBABILIDADE E ESTATÍSTICA: POPULAÇÃO E AMOSTRA, ORGANIZAÇÃO DE DADOS EM TABELAS E GRÁFICOS, DISTRIBUIÇÃO DE FREQUÊNCIAS, MEDIDAS DE TENDÊNCIA CENTRAL;

1. A	8. D	15. C
2. E	9. B	16. E
3. E	10. C	17. A
4. C	11. D	18. D
5. B	12. C	19. D
6. B	13. C	20. C
7. D	14. B	

C) FUNÇÕES: FORMAS DE REPRESENTAÇÃO (GRÁFICOS, TABELAS, REPRESENTAÇÕES ANALÍTICAS ETC.), RECONHECIMENTO, CONSTRUÇÃO E INTERPRETAÇÃO DE GRÁFICOS CARTESIANOS DE FUNÇÕES, FUNÇÕES INVERSAS E FUNÇÕES COMPOSTAS, FUNÇÕES AFINS, QUADRÁTICAS, EXPONENCIAIS, LOGARÍTMICAS E TRIGONOMÉTRICAS;

1. D	8. C	15. C
2. A	9. A	16. A
3. D	10. A	17. E
4. D	11. E	18. A
5. C	12. D	19. C
6. C	13. A	20. C
7. D	14. D	21. C

D) PROGRESSÕES ARITMÉTICA E GEOMÉTRICA;

1. D	2. B	3. B

E) EQUAÇÕES E INEQUAÇÕES;

1. A	6. B	10. B
2. A	7. C	11. D
3. E	8. D	12. A
4. E	9. D	13. B
5. A		

F) POLINÔMIOS: OPERAÇÕES, DIVISIBILIDADE, RAÍZES;

1. C	7. D	12. A
2. A	8. E	13. C
3. E	9. C	14. E
4. A	10. D	15. B
5. B	11. E	16. E
6. A		

G) MATRIZES, DETERMINANTES E SISTEMAS LINEARES;

1. C	5. C	9. E
2. E	6. A	10. D
3. B	7. B	11. B
4. A	8. E	12. E

H) GEOMETRIA PLANA: PARALELISMO; PERPENDICULARIDADE, CONGRUÊNCIA; SEMELHANÇA, TRIGONOMETRIA, ISOMETRIAS, HOMOTETIAS E ÁREAS;

1. C	5. B	9. B
2. E	6. C	10. D
3. C	7. B	11. A
4. A	8. A	12. B

I) GEOMETRIA ESPACIAL: SÓLIDOS GEOMÉTRICOS, ÁREAS E VOLUMES;

1. B	5. D	9. A
2. B	6. D	10. E
3. C	7. C	11. E
4. E	8. B	

J) GEOMETRIA ANALÍTICA PLANA: PLANO CARTESIANO, EQUAÇÕES DA RETA E DA CIRCUNFERÊNCIA, DISTÂNCIAS;

1. A	7. D	13. D
2. E	8. D	14. E
3. E	9. A	15. C
4. A	10. C	16. A
5. C	11. E	17. C
6. B	12. B	18. B

HABILIDADE 02 – COMUNS AOS BACHARELANDOS E LICENCIANDOS E REFERENTES AOS CONTEÚDOS MATEMÁTICOS DO ENSINO SUPERIOR:

A) NÚMEROS COMPLEXOS: INTERPRETAÇÕES GEOMÉTRICA E ALGÉBRICA, OPERAÇÕES, FÓRMULA DE DE MOIVRE;

1. B	6. C	10. D
2. B	7. E	11. E
3. C	8. B	12. A
4. E	9. D	13. E
5. D		

B) GEOMETRIA ANALÍTICA: VETORES, PRODUTOS INTERNO E VETORIAL, DETERMINANTES, RETAS E PLANOS, CÔNICAS E QUÁDRICAS;

1. A	9. B	15. D
2. B	10. E	16. D
3. E	11. B	17. E
5. C	12. E	18. A
6. D	13. A	19. D
7. B	14. E	20. A
8. C		

C) FUNÇÕES DE UMA VARIÁVEL: LIMITES, CONTINUIDADE, TEOREMA DO VALOR INTERMEDIÁRIO, DERIVADA, INTERPRETAÇÕES DA DERIVADA, TEOREMA DO VALOR MÉDIO, APLICAÇÕES;

1. C	4. A	7. D
2. C	5. B	8. D
3. A	6. B	

D) INTEGRAIS: PRIMITIVAS, INTEGRAL DEFINIDA, TEOREMA FUNDAMENTAL DO CÁLCULO, APLICAÇÕES;

1. D	3. D	4. A
2. A		

E) FUNÇÕES DE VÁRIAS VARIÁVEIS: DERIVADAS PARCIAIS, DERIVADAS DIRECIONAIS; DIFERENCIABILIDADE, REGRA DA CADEIA, APLICAÇÕES;

1. E	4. D	7. D
2. C	5. A	8. A
3. B	6. E	

F) TEORIA ELEMENTAR DOS NÚMEROS: PRINCÍPIO DA INDUÇÃO FINITA, DIVISIBILIDADE, NÚMEROS PRIMOS, TEOREMA FUNDAMENTAL DA ARITMÉTICA, EQUAÇÕES DIOFANTINAS LINEARES, CONGRUÊNCIAS MÓDULO M, PEQUENO TEOREMA DE FERMAT;

1. D	4. B	6. A
2. B	5. B	7. C
3. C		

G) ÁLGEBRA LINEAR: SOLUÇÕES DE SISTEMAS LINEARES, ESPAÇOS VETORIAIS, SUBESPAÇOS, BASES E DIMENSÃO, TRANSFORMAÇÕES LINEARES E MATRIZES, AUTOVALORES E AUTOVETORES, PRODUTO INTERNO, MUDANÇA DE COORDENADAS, APLICAÇÕES;

1. C	7. C	13. A
2. D	8. B	14. C
3. D	9. C	15. D
4. C	10. B	16. D
5. E	11. D	17. E
6. A	12. B	

H) FUNDAMENTOS DE ANÁLISE: NÚMEROS REAIS, CONVERGÊNCIA DE SEQUÊNCIAS E SÉRIES, FUNÇÕES REAIS DE UMA VARIÁVEL, LIMITES E CONTINUIDADE, EXTREMOS DE FUNÇÕES CONTÍNUAS;

1. B	11. C	20. D
2. E	12. A	21. B
3. D	13. D	22. A
4. B	14. E	23. E
5. C	15. C	24. B
6. D	16. C	25. A
7. D	17. B	26. A
8. B	18. E	27. D
9. B	19. B	28. D
10. D		

I) ESTRUTURAS ALGÉBRICAS: GRUPOS, ANÉIS E CORPOS, ANÉIS DE POLINÔMIOS.

1. E	4. C	7. D
2. C	5. D	8. B
3. A	6. E	

HABILIDADE 03 – ESPECÍFICAS PARA OS BACHARELANDOS

A) ÁLGEBRA: ANÉIS E CORPOS, IDEAIS, HOMOMORFISMOS E ANÉIS QUOCIENTE, FATORAÇÃO ÚNICA EM ANÉIS DE POLINÔMIOS, EXTENSÕES DE CORPOS, GRUPOS, SUBGRUPOS, HOMOMORFISMOS E QUOCIENTES, GRUPOS DE PERMUTAÇÕES, CÍCLICOS, ABELIANOS E SOLÚVEIS;

1. C	4. D	7. A
2. D	5. A	8. A
3. B	6. B	

B) ESPAÇOS VETORIAIS COM PRODUTO INTERNO: OPERADORES AUTOADJUNTOS, OPERADORES NORMAIS, TEOREMA ESPECTRAL, FORMAS CANÔNICAS, APLICAÇÕES;

1. D	2. A	3. B

C) ANÁLISE: DERIVADA, FÓRMULA DE TAYLOR, INTEGRAL, SEQUÊNCIAS E SÉRIES DE FUNÇÕES;

1. D	3. B	5. D
2. C	4. C	

D) INTEGRAIS DE LINHA E SUPERFÍCIE, TEOREMAS DE GREEN, GAUSS E STOKES;

Resposta Subjetiva

E) FUNÇÕES DE VARIÁVEL COMPLEXA: EQUAÇÕES DE CAUCHY-RIEMANN, FÓRMULA INTEGRAL DE CAUCHY, RESÍDUOS, APLICAÇÕES;

Resposta Subjetiva

F) EQUAÇÕES DIFERENCIAIS ORDINÁRIAS, SISTEMAS DE EQUAÇÕES DIFERENCIAIS LINEARES;

1. C   **2.** E

G) GEOMETRIA DIFERENCIAL: ESTUDO LOCAL DE CURVAS E SUPERFÍCIES, PRIMEIRA E SEGUNDA FORMA FUNDAMENTAL, CURVATURA GAUSSIANA, GEODÉSICAS, TEOREMAS EGREGIUM E DE GAUSS-BONET;

1. D   **3.** C   **5.** E
2. E   **4.** A   **6.** D

H) TOPOLOGIA DOS ESPAÇOS MÉTRICOS.

1. D

HABILIDADE 04 – ESPECÍFICAS PARA OS LICENCIANDOS:

A) MATEMÁTICA, HISTÓRIA E CULTURA: CONTEÚDOS, MÉTODOS E SIGNIFICADOS NA PRODUÇÃO E ORGANIZAÇÃO DO CONHECIMENTO MATEMÁTICO PARA A EDUCAÇÃO BÁSICA;

1. B   **4.** E   **6.** A
2. D   **5.** E   **7.** C
3. C

B) MATEMÁTICA, ESCOLA E ENSINO: SELEÇÃO, ORGANIZAÇÃO E TRATAMENTO DO CONHECIMENTO MATEMÁTICO A SER ENSINADO;

1. B

C) MATEMÁTICA, LINGUAGEM E COMUNICAÇÃO NA SALA DE AULA: INTENÇÕES E ATITUDES NA ESCOLHA DE PROCEDIMENTOS DIDÁTICOS; HISTÓRIA DA MATEMÁTICA, MODELAGEM E RESOLUÇÃO DE PROBLEMAS; USO DE TECNOLOGIAS E DE JOGOS;

1. A   **5.** D   **8.** C
2. D   **6.** E   **9.** C
3. D   **7.** D   **10.** E
4. A

D) MATEMÁTICA E AVALIAÇÃO: ANÁLISE DE SITUAÇÕES DE ENSINO E APRENDIZAGEM EM AULAS DA ESCOLA BÁSICA; ANÁLISE DE CONCEPÇÕES, HIPÓTESES E ERROS DOS ALUNOS; ANÁLISE DE RECURSOS DIDÁTICOS.

1. D   **5.** B   **9.** E
2. E   **6.** B   **10.** A
3. C   **7.** E   **11.** D
4. A   **8.** D

CAPÍTULO VI
QUÍMICA

HABILIDADE 01 – GERAIS

1) TRANSFORMAÇÕES QUÍMICAS

1. E	4. E	7. B
2. C	5. D	8. E
3. C	6. B	9. B

2) ESTUDO DE SUBSTÂNCIAS

1. A	7. B	13. D
2. A	8. A	14. C
3. C	9. C	15. D
4. D	10. E	16. C
5. A	11. A	17. B
6. C	12. A	18. C

3) ELEMENTOS QUÍMICOS

1. E	2. E

4) ESTRUTURA ATÔMICA E MOLECULAR

1. D	10. B	18. E
2. D	11. D	19. D
3. C	12. A	20. A
4. C	13. E	21. D
5. A	14. B	22. E
6. B	15. E	23. B
7. E	16. C	24. A
8. E	17. B	25. C
9. B		

5) ANÁLISE QUÍMICA

1. A	10. D	18. E
2. B	11. B	19. C
3. E	12. C	20. B
4. E	13. C	21. B
5. D	14. C	22. D
6. B	15. A	23. B
7. E	16. D	24. C
8. E	17. D	25. E
9. B		

6) ESTADOS DISPERSOS

1. C	7. C	13. B
2. C	8. C	14. D
3. B	9. E	15. E
4. B	10. D	16. C
5. E	11. B	17. B
6. A	12. A	18. E

7) EQUILÍBRIO QUÍMICO

1. D	7. E	13. D
2. C	8. A	14. A
3. A	9. E	15. E
4. D	10. D	16. D
5. A	11. D	17. A
6. C	12. C	

8) CINÉTICA QUÍMICA

1. B	6. C	10. E
2. E	7. D	11. D
3. D	8. E	12. A
4. C	9. A	13. B
5. A		

9) ELETROQUÍMICA

1. B	6. A	10. A
2. A	7. B	11. E
3. A	8. B	12. C
4. A	9. D	13. E
5. B		

10) TERMODINÂMICA

1. C	9. A	17. E
2. D	10. A	18. D
3. E	11. E	19. D
4. D	12. C	20. E
5. B	13. A	21. A
6. D	14. D	22. A
7. B	15. A	23. C
8. E	16. D	

11) COMPOSTOS ORGÂNICOS

1. D	4. E	7. C
2. B	5. D	8. B
3. A	6. A	

12) BIOQUÍMICA

1. D	4. B	6. D
2. C	5. C	7. C
3. B		

13) MACROMOLÉCULAS NATURAIS E SINTÉTICAS

1. E	2. A

14) MATERIAIS CERÂMICOS, METÁLICOS E POLIMÉRICOS

1. B	3. C	5. E
2. E	4. A	6. C

15) QUÍMICA AMBIENTAL

1. E	4. D	7. B
2. E	5. B	8. D
3. B	6. D	

16) OPERAÇÕES BÁSICAS DE LABORATÓRIO

1. A   **3.** D   **4.** D
2. C

17) SEGURANÇA EM LABORATÓRIO

1. D   **2.** C   **3.** B

HABILIDADE 02 – QUÍMICO BACHAREL

1) COMPOSTOS ORGANOMETÁLICOS: ESTRUTURA E LIGAÇÕES QUÍMICAS

Questões subjetivas disponíveis no site.

HABILIDADE 03 – QUÍMICO LICENCIADO

1) A HISTÓRIA DA QUÍMICA NO CONTEXTO DO DESENVOLVIMENTO CIENTÍFICO E A SUA RELAÇÃO COM O ENSINO DE QUÍMICA

1. C   **2.** E

2) CONTEÚDOS CURRICULARES DE QUÍMICA: CRITÉRIOS PARA A SELEÇÃO E ORGANIZAÇÃO

Questões subjetivas disponíveis no site.

3) ESTRATÉGIAS DE ENSINO E DE AVALIAÇÃO EM QUÍMICA E SUAS RELAÇÕES COM AS DIFERENTES CONCEPÇÕES DE ENSINO E APRENDIZAGEM

1. A

4) ANÁLISE CRÍTICA DE MATERIAIS DIDÁTICOS PARA O ENSINO DE QUÍMICA

1. B

5) RELAÇÕES ENTRE CIÊNCIA, TECNOLOGIA, SOCIEDADE E AMBIENTE NO ENSINO DE QUÍMICA

1. D

6) A EXPERIMENTAÇÃO NO ENSINO DE QUÍMICA

1. E

7) AS POLÍTICAS PÚBLICAS E SUAS IMPLICAÇÕES PARA O ENSINO DE QUÍMICA

1. A   **2.** E

HABILIDADE 04 – QUÍMICO COM ATRIBUIÇÕES TECNOLÓGICAS

1) PRINCÍPIOS DE TRANSFERÊNCIA DE MOMENTO, MASSA E CALOR

Questões subjetivas disponíveis no site.

2) OPERAÇÕES UNITÁRIAS DA INDÚSTRIA QUÍMICA

1. C

3) PRINCÍPIOS DE GESTÃO DA PRODUÇÃO E DA QUALIDADE E ADMINISTRAÇÃO INDUSTRIAL

1. B

4) PROCESSOS ORGÂNICOS E INORGÂNICOS NA INDÚSTRIA QUÍMICA

1. D

5) PROCESSOS BIOQUÍMICOS NA INDÚSTRIA QUÍMICA

1. C   **2.** D

6) HIGIENE, NORMAS E SEGURANÇA DO TRABALHO

1. A

CAPÍTULO VII
BIOLOGIA

HABILIDADE 01 – BIOLOGIA CELULAR E MOLECULAR

A) MICROBIOLOGIA, IMUNOLOGIA E PARASITOLOGIA;

1. C	4. D	6. E
2. E	5. A	7. C
3. B		

B) BIOQUÍMICA;

1. C	7. C	13. B
2. E	8. E	14. D
3. C	9. C	15. D
4. E	10. A	16. D
5. B	11. D	17. D
6. C	12. B	18. B

C) BIOFÍSICA;

1. B	2. D	3. D

D) BIOLOGIA MOLECULAR;

1. D	10. E	19. E
2. D	11. A	20. A
3. D	12. B	21. A
4. A	13. C	22. C
5. B	14. E	23. D
6. D	15. D	24. C
7. D	16. D	25. B
8. E	17. C	26. A
9. A	18. B	

E) FISIOLOGIA

1. C	3. B	5. A
2. D	4. C	6. D

F) GENÉTICA

1. B	9. A	16. E
2. D	10. D	17. C
3. D	11. E	18. E
4. C	12. A	19. A
5. C	13. C	20. B
6. A	14. E	21. E
7. A	15. A	22. A
8. E		

G) EVOLUÇÃO BIOLÓGICA

1. C	5. C	9. E
2. B	6. B	10. B
3. A	7. E	11. A
4. B	8. C	12. D

HABILIDADE 02 – DIVERSIDADE BIOLÓGICA (ZOOLOGIA, BOTÂNICA, MICROBIOLOGIA E MICOLOGIA)

A) TAXONOMIA, SISTEMÁTICA E BIOGEOGRAFIA

1. E	14. A	27. A
2. A	15. B	28. B
3. C	16. C	29. E
4. E	17. E	30. E
5. E	18. C	31. C
6. D	19. D	32. B
7. C	20. E	33. E
8. C	21. D	34. C
9. C	22. A	35. D
10. B	23. D	36. B
11. D	24. E	37. C
12. B	25. D	38. E
13. E	26. B	39. B

B) MORFOFISIOLOGIA

1. C	12. B	22. A
2. A	13. A	23. B
3. B	14. D	24. D
4. E	15. E	25. E
5. A	16. C	26. C
6. A	17. A	27. E
7. A	18. E	28. E
8. E	19. A	29. B
9. B	20. C	30. C
10. C	21. D	31. E
11. D		

C) ETOLOGIA

1. B	2. A

HABILIDADE 03 – ECOLOGIA E MEIO AMBIENTE

A) ECOLOGIA DE ORGANISMOS, POPULAÇÕES, COMUNIDADES E ECOSSISTEMAS

1. E	9. E	17. C
2. A	10. B	18. B
3. E	11. B	19. A
4. C	12. A	20. D
5. B	13. C	21. C
6. D	14. D	22. A
7. A	15. E	23. D
8. A	16. D	24. B

B) PRESERVAÇÃO, CONSERVAÇÃO E MANEJO DA BIODIVERSIDADE

1. B	8. D	15. A
2. D	9. B	16. B
3. D	10. E	17. C
4. E	11. B	18. E
5. E	12. D	19. C
6. C	13. A	
7. E	14. D	

C) PLANEJAMENTO E GESTÃO AMBIENTAL

1. E	3. E	5. C
2. A	4. B	6. B

D) RELAÇÃO ENTRE EDUCAÇÃO, SAÚDE E AMBIENTE

1. C	5. C	8. A
2. A	6. A	9. B
3. D	7. C	10. D
4. B		

HABILIDADE 04 – FUNDAMENTOS DE CIÊNCIAS EXATAS E DA TERRA. CONHECIMENTOS MATEMÁTICOS, FÍSICOS, QUÍMICOS, ESTATÍSTICOS, GEOLÓGICOS, PALEONTOLÓGICOS E OUTROS FUNDAMENTAIS PARA O ENTENDIMENTO DOS PROCESSOS E PADRÕES BIOLÓGICOS

1. B	2. A	3. A

A) MATEMÁTICA

1. B

HABILIDADE 05 – FUNDAMENTOS FILOSÓFICOS E SOCIAIS. CONHECIMENTOS FILOSÓFICOS, ÉTICOS E LEGAIS RELACIONADOS AO EXERCÍCIO PROFISSIONAL

1. A	3. D	4. B
2. A		

HABILIDADE 06 – APLICAÇÃO DO CONHECIMENTO E DE TÉCNICAS ESPECÍFICAS UTILIZADAS EM BIOTECNOLOGIA E PRODUÇÃO

1. A	3. B	5. C
2. B	4. A	6. C

HABILIDADE 07 – BIOSSEGURANÇA E BIOÉTICA

1. B

HABILIDADE 08 – ENSINO DE CIÊNCIAS NO ENSINO FUNDAMENTAL E BIOLOGIA NO ENSINO MÉDIO

A) CONCEPÇÃO DOS CONTEÚDOS BÁSICOS DE CIÊNCIAS NATURAIS PARA O ENSINO FUNDAMENTAL, E DE SAÚDE PARA O ENSINO FUNDAMENTAL E MÉDIO;

1. E	3. E	5. A
2. D	4. C	

B) FUNDAMENTAÇÃO PEDAGÓGICA E INSTRUMENTAÇÃO PARA O ENSINO DE CIÊNCIAS E BIOLOGIA

1. B	5. E	9. E
2. B	6. B	10. D
3. D	7. A	11. A
4. D	8. E	12. B

C) FUNDAMENTAÇÃO TEÓRICA SOBRE O USO DA PESQUISA PARTICIPATIVA PARA A SOLUÇÃO DE PROBLEMAS COMO ALTERNATIVA FILOSÓFICA E METODOLÓGICA PARA A EDUCAÇÃO EM CIÊNCIAS

1. A	2. B	3. E